“十二五”国家重点图书出版规划项目

工程博弈论基础及电力系统应用

梅生伟　刘　锋　魏　韡　著

科学出版社

北　京

内 容 简 介

本书主要介绍现代工程博弈基本理论及其在电力系统控制与决策领域的应用，内容分为三部分. 第一部分为基础篇(第 2 章~第 7 章)，主要从工程系统控制与决策角度阐述一般博弈论的基本概念及基本方法，包括静态非合作博弈、一般动态博弈、静态合作博弈、微分博弈及演化博弈等内容；第二部分为方法篇(第 8 章~第 11 章)，主要介绍工程博弈论的 4 类先进设计方法，涉及多目标优化、鲁棒优化、鲁棒控制和多层优化 4 个领域；第三部分为应用篇(第 12 章~第 17 章)，重点介绍工程博弈论在电力系统中的应用实例，主要涉及电力系统规划、调度、控制、电力经济、电网安全及电网演化等内容.

本书可作为电气工程、自动控制和系统工程专业的研究生教材，也可供从事上述专业的研究人员和工程技术人员参考.

图书在版编目(CIP)数据

工程博弈论基础及电力系统应用/梅生伟，刘锋，魏韡著. —北京：科学出版社，2016.9

“十二五”国家重点图书出版规划项目

ISBN 978-7-03-050010-6

Ⅰ. ①工… Ⅱ. ①梅… ②刘… ③魏… Ⅲ. ①博弈论-控制与决策-电力系统 Ⅳ. ①TM7

中国版本图书馆 CIP 数据核字(2016)第 230742 号

责任编辑：周 炜 / 责任校对：桂伟利
责任印制：吴兆东 / 封面设计：左 讯

科学出版社出版
北京东黄城根北街 16 号
邮政编码：100717
http://www.sciencep.com
北京中石油彩色印刷有限责任公司 印刷
科学出版社发行 各地新华书店经销
*
2016 年 9 月第 一 版 开本：720×1000 1/16
2024 年 1 月第六次印刷 印张：35
字数：703 000

定价：280.00 元

(如有印装质量问题，我社负责调换)

序

博弈论也称为对策论，是现代数学的一个分支，主要研究当多个决策主体之间存在利益关联或冲突时，各决策主体如何根据自身能力及所掌握的信息，做出利己决策的一种理论. 进一步，还可认为博弈论是一门有关策略相互作用的理论，即每个决策主体选择行动时，都必须考虑其他决策主体如何行动及这种行动将对己方利益产生何种影响. 博弈论从其诞生至今半个多世纪以来，已对经济学、社会学、军事学、政治学及工程科学等诸多领域产生了深远影响，成为控制与决策领域不可或缺的分析和辅助设计工具. 目前博弈论在各学科领域硕果累累，据笔者所知，已有“政治博弈论”、“军事博弈论”、“社会博弈论”等，似独缺“工程博弈论”. 该书能否担当“填补空白”之大任尚有待读者评说，但该书作者立足于电力系统控制与决策问题，梳理和总结工程博弈方法论并将之用于解决电力系统工程实际问题，勇气可嘉，雄心可勉.

随着现代电力系统理论和技术的不断发展，传统的互联电网在结构、运行、调度和控制等诸多方面均发生了重大变化. 例如，在发电侧，出现了大型风电场、集中式光伏电站等可再生能源电站，极大增加了电源出力的控制难度；在配电侧，出现了分布式发电、储能设备和微电网等新型供电模式，它们在提升电网运行灵活性的同时，也增加了调度复杂度；在用户侧，随着电动汽车、智能家居及楼宇的日益普及，使负荷更具主动性. 综合上述发电、配电及用户三个方面，易见主导现代电力系统运营的决策主体日趋多元化. 另外，无论是现在还是将来，电力系统运营的最高境界永远是安全、经济、优质等多指标自趋优运行，而不可否认的是，上述目标之间往往具有竞争性乃至冲突性. 此种情况下，电力系统多指标自趋优问题可归结为一类复杂系统多主体、多目标的优化决策问题. 显而易见，传统的以单主体决策为主要特征的优化方法难以解决该类优化问题，而能够考虑多决策主体相互作用、多目标协调平衡的博弈理论无疑有望成为攻克上述电力系统优化决策难题的有力工具.

该书包括博弈基础理论、博弈优化方法和电力系统工程应用三个部分. 第一部分涵盖非合作博弈、合作博弈和演化博弈这三项基本博弈理论，叙述简洁明快、内容完备丰富. 第二部分主要论述复杂系统控制与决策的四种典型博弈优化方法，涉及多目标优化、鲁棒优化、鲁棒控制及双层优化等课题. 第三部分是上述第二部分理论成果应用于实际电力系统的推演实例，包括电力系统控制、调度、规划、演化及若干电力经济问题.

该书不仅是一本良好的博弈论基础读物，而且有助于读者了解博弈论前沿学术动态，更在博弈论和电力系统控制与决策之间搭建了一座桥梁. 相信该书会为有志于将博弈论应用于工程技术领域的读者提供有价值的参考.

该书的三位作者均是我的学生 (过去的和现在的)，他们从事工程博弈论研究的起点来自于基于微分博弈的电力系统非线性鲁棒控制，应该说正是此项研究激发他们勤奋工作、勇于创新，该书即是他们探索工程博弈论新方向的一个创试. 希望他们继续努力，百尺竿头更进一步，以促进我国电力系统学术水平和运营效率的提高.

卢强

2015 年 4 月于清华园

前　言

博弈论也称为对策论，它既是现代数学的一个分支，也是运筹学的重要组成部分. 博弈论是以数学为工具，定量研究竞争与合作并存环境中优化问题的学科.

一般来讲，博弈论主要包括合作博弈、非合作博弈及演化博弈三个分支，其中合作博弈理论为 von Neumann 所创立，1944 年他与 Morgenstern 出版了名著《博弈论与经济行为》，正式奠定了现代博弈论的数学基础. 非合作博弈则以 Nash 的工作为代表，他证明了非合作博弈解，即 Nash 均衡的存在性，从而奠定了现代非合作博弈的理论基础，可以说自 20 世纪 50 年代以来，非合作博弈已成为博弈论研究的主线. 至于演化博弈，一般公认为是 Maynard Smith 在 1973 年正式创立，该理论可视为一般博弈理论与动态演化过程的有机结合，其中前者在有限理性而非完全理性的框架内研究博弈问题，后者则借鉴生物学中的生物演化理论 (Darwin 的自然选择学说). 简言之，演化博弈中的决策主体 (参与者) 在有限知识、信息及推理能力条件下，根据环境变迁和其他决策主体的策略不断调整己方策略，以适应博弈环境. 一般而言，博弈论是研究当多个决策主体之间的行为具有相互作用时，各决策主体如何根据所掌握的信息及对自身能力的认知，选择有利于己之决策的一种优化理论. 换言之，博弈论是有关策略相互作用的理论，每个决策主体行动时都必须考虑其他决策者的行动.

博弈论从诞生至今的半个多世纪里，已经对经济学乃至整个社会科学产生了重要影响，成为一个重要的决策分析工具. 时至今日，博弈论不仅已成为微观经济学的基础和主流经济学的主要组成部分，更有学者认为它是整个社会科学的基础. 可以毫不夸张地讲，博弈论是人类深刻理解和探索经济行为及社会问题的基本工具之一，过去 40 余年来，更成为政治、军事、工程、信息、生物乃至管理学等诸多领域的重要研究方法.

考虑到博弈论的工程应用日益广泛，本书主要关注工程领域尤其是电力系统控制与决策中的博弈问题，力图从控制与决策角度探讨工程博弈论的一般规律. 笔者长期从事电力系统鲁棒控制研究工作，多年前即致力于运用微分博弈理论构造具有高抗干扰能力的鲁棒控制器. 事实上，若将存在于人工系统运行过程中不确定性 (主要指外部干扰和内部未建模动态) 视为一个虚拟的决策主体，则线性/非线性 H_∞ 控制问题均可由二人零和微分博弈格局描述，而人们熟知的古典控制 (主要指 PID 控制)、线性最优控制和非线性控制等也可纳入统一的博弈论框架.

受控制理论发展及其工程应用推广的启发，本书的写作动机及思路遵循了一般控制论到工程控制论的发展规律. 1948 年，Wiener 出版了其经典名著《控制论——或关于动物和机器中控制和通信的科学》，该书原创性地提出了现代控制理论的基本概念和方法，如反馈、稳定性和镇定等，一般认为该书是控制论诞生的标志. Wiener 也由此赢得了巨大的学术声誉，但学术界最初对该书的评价充满争议，其中最尖锐的意见莫过于批评它太过宽泛模糊，没有实用价值，缺乏严格的理论基础. 1954 年，钱学森出版了《工程控制论》一书，实现了控制论与工程应用的紧密联系，同时也平息了学术界对 Wiener 控制论的质疑.

需要指出的是，当前面向电力工程实际的博弈论研究内容过于宽泛，并有过度数学化的趋势，同时过度依赖决策主体完全理性假设，即现有工程博弈研究中通常假定各决策主体 (或参与者) 是完全理性的，从而以各种优化方法研究其决策行为. 简言之，现今的工程博弈论只能说是博弈论在工程中各种应用的集合，内容庞杂，缺少对工程博弈科学问题的凝练，更未提炼出工程博弈的系统化方法，可以说当前工程博弈论的现状非常类似于 Wiener 创立控制论时的情况，迫切需要将其“工程化”. 有鉴于此，我们大胆借鉴钱学森先生创建工程控制论的思路，尝试探讨工程博弈论的基本理念和方法. 我们的基本观点是，工程博弈论即是工程设计与试验中应用博弈论的基本概念、建模与求解方法及考虑工程实际的技术性条件进行决策的理论. 必须承认，上述观点仅是我们的一家之言，而我们在工程博弈领域的研究也不可避免地带有两个方面的局限：一是理论层面，我们关注博弈理论的出发点或研究基础是鲁棒控制，即使从微分博弈高度看待鲁棒控制，我们的视野也或多或少受到控制论出身的限制，毕竟博弈论不同于控制论，特别是博弈论的精华，如 Nash 均衡和 von Neumann 的极小极大原理均在于处理以人为主体的决策行为，而控制论则侧重于利用反馈应对大自然或人工系统的不确定性；二是工程层面，本书所探讨的工程实例来源于电力系统，显然不能覆盖一般工程系统中具有共性的控制与决策等科学问题. 综合上述两个方面，要完成一部类似“工程控制论”的“工程博弈论”著作，对我们而言真可谓心有余而力不足. 事实上，本书所述各项工作，许多都来自于我们近年来的一些初步探索，远远未臻完善，尤其是安全博弈与演化博弈，与建立完整的理论和实用化方法尚有很大差距. 虽然如此，我们仍决定将这些不甚成熟的工作纳入本书，期望能将我们从工程博弈的角度和方法研究电力系统控制与决策问题的心得体会奉献给读者，以期抛砖引玉，引起学术界和工程界对工程博弈论的重视从而带动它的发展. 本着严谨求实和勇于创新相结合的原则，最终我们将本书定位为“工程博弈论基础”. 有鉴于此，本书的内容可以分为三个部分. 第一部分是基础篇，简要介绍博弈论的基本概念和理论体系；第二部分是方法篇，重点阐述工程博弈论对于解决多目标优化、鲁棒优化、鲁棒控制和多层优化等工程设计普遍面临的四个重要基础科学问题的思路与系统化求解方法；第三部分是应用篇，主要介绍电力系统工程博弈应用与设计实例.

本书在全面总结博弈论及其在工程技术领域国内外研究进展的基础上，重点介绍作者承担的国家自然科学基金委创新群体项目 (No.51321005)、“973” 项目 (2012CB215103) 及中国电力科学研究院院士咨询项目 (XTB51201303968) 等有关课题所取得的最新研究成果. 本书所涉及的内容，包括清华大学博士研究生王莹莹、王冠群、龚媛、刘斌、郭文涛、王程、梁易乐和李瑞等刻苦研究的成果，在此一并向他们表示感谢.

衷心感谢导师卢强先生，正是先生当年指导我用微分博弈理论研究电力系统鲁棒控制问题从而将我引入工程博弈论研究之门，并在之后的探索之路上不断予我以鼓励且指点迷津. 衷心感谢我所在研究团队的沈沉教授，陈来军、陈颖、张雪敏副教授和黄少伟老师的热心支持，没有他们的鼎力相助和无私奉献，要完成本书是不可想象的.

衷心感谢王光谦院士. 20 世纪 90 年代我在卢先生指导下从事大型水轮机组水门开度控制研究时，遇到流体力学中“水锤效应”难题，当时卢先生即让我向光谦先生请教，从那时起我即非常关注光谦先生的研究工作. 也许水电有缘，光谦先生在河流全流域水量调度、数字流域等方面的重大成就无不对电力系统智能调度、大电网仿真深有教益. 2013 年 7 月，光谦先生肩负清华大学重托，荣膺青海大学校长. 他远见卓识，上任伊始即将新能源光伏产业作为青海大学的三大战略方向之一. 承蒙光谦先生厚爱，我遂出任青海大学光伏研究中心主任，至此在他直接指导下工作，殊为荣幸. 两年来我在光伏中心开展的科研工作事无巨细，无不得到他的关心和支持，这些工作对本书形成了非常重要的理论和技术支撑，相关成果业已纳入本书，唯愿无负光谦先生之期望.

衷心感谢国家自然科学基金委丁立健教授. 早在 2012 年春季他就推荐和鼓励我以工程博弈论研究成果为内容申报“十二五”国家重点图书出版规划项目，也正是从那个时候起我开始了本书的撰写工作. 衷心感谢国际著名电力系统专家吴复立先生. 吴先生 20 世纪 90 年代开创应用博弈论研究电力市场之先河，取得的一系列开创性成果在学术界产生了深远影响. 在我们从事工程博弈论的研究过程中，吴先生多次莅临清华大学指导工作，极大坚定了我们克服困难勇攀高峰的信心. 本书的若干研究工作多次得到学术界同行专家的肯定. 例如，本书 9.3 节研究成果发表于《中国电机工程学报》，荣获 2014 年度“中国百篇最具影响优秀国内学术论文”；12.3 节研究成果发表于《系统科学与数学》，荣获“系统科学 2015 年最佳论文”；14.3 节研究成果发表于《电力系统及其自动化学报》，荣获 2014 年吴复立论文创新奖. 对我们而言不仅是荣誉更是激励. 特别值得一提的是，本书作者之一魏韡因在工程博弈论领域发表了一系列具有国际影响力的论文，2015 年获聘新能源领域国际顶级期刊 *IEEE Transactions on Sustainable Energy* 编委，这是年轻学者不可多得的荣誉.

本书列入“十二五”国家重点图书出版规划项目，这是我莫大的荣幸，也是我及另外两位作者不断克服困难，最终得以完成本书的主要动力.

限于作者的研究视野和学术水平，书中难免存在疏漏和不妥之处. 敬请读者批评指正.

梅生伟　谨　识

2015 年 4 月于清华园

目　录

基　础　篇

方 法 篇

应 用 篇

第1章　绪　论

1.1　从控制与决策的角度看工程博弈问题

博弈论又称对策论，是研究当多个决策主体之间行为具有相互作用时，各决策主体如何根据所掌握的信息及对自身能力的认知，做出有利于自己决策的一种理论[1]. 简言之，博弈论是有关策略相互影响的理论. 在博弈问题中，每个参与者在决策时都必须考虑其他参与者如何行动[2].

对博弈论的研究可追溯到 Zermelo(1913 年)、Borel(1921 年) 及 von Neumann(1928 年)，后由 von Neumann 和 Morgenstern(1944 年、1947 年) 首次对其系统化和形式化，其里程碑式成果为二人合作出版的名著《博弈论与经济行为》(*The Theory of Games and Economic Behavior*)[3]. 该书阐述的关于二人零和博弈问题的系统化研究方法不仅成为博弈论建模分析的标准范式，所提极大极小解的概念更为不确定性条件下博弈参与者进行理性决策提供了重要工具. 1950 年，Nash 给出了多人非合作博弈均衡的定义，并利用不动点定理证明了均衡点的存在性，为博弈论的一般化，尤其是为现代非合作博弈理论奠定了坚实的数学基础[4, 5]，可谓是博弈论发表史上的第二个里程碑. 相对于极小极大解，Nash 均衡是更为一般的博弈解概念，适用于包括零和博弈在内的所有博弈格局. 博弈论发展的第三个里程碑式工作是 Smith 于 20 世纪 70 年代创立的演化博弈论[6-8]，其核心理念在于用大规模行动解释博弈均衡，进一步结合生物、生态、心理及工程技术等学科的最新成果，分析生物种群、人类社会及人工系统的演化特性和博弈均衡问题.

博弈论源于经济学，但其在军事、社会、工程等领域也有广泛的应用. 从诞生以来的半个多世纪里，博弈论已经对经济学乃至整个社会科学产生了重要影响，成为一个重要的决策分析工具. 时至今日，博弈论不仅已成为微观经济学的基础和主流经济学的重要组成部分，更有学者认为它是整个社会科学的基础. 本书关注的是博弈论在工程领域的应用成果及其方法提炼，主要从电力系统控制与决策两个层面讨论工程博弈论的背景、需要解决的问题及对未来的展望.

众所周知，随着智能电网的发展，传统电力系统的结构、运行、调度、控制等诸多形态均发生了重大变化. 例如，在发电侧，出现了大型风电场、集中式光伏电站等可再生能源发电，极大增加了电源出力的不确定性；在配电侧，出现了分布式发电、微电网等新型电力供应模式，在增加电网运行方式灵活性的同时更增加了运行复杂度；在用户侧，电动汽车、智能家居及智能楼宇的日益普及，使负荷更具主动性，若进一步考虑各种规模的储能系统 (电站或设备) 的接入，参与主导电力系统运营的决策主体将愈趋多样化. 凡此种种，表明以智能化为主要特征的新一代电力系统运营特性日趋繁杂. 在此情况下，如何确定各决策主体最佳策略从而优化和平衡电力系统有关各方利益是一项极具挑战性的课题，而传统的以单主体决策为主要特征的确定性最优化理论体系难以克服此困难[9]. 此种背景下，面向复杂主体多目标优化的博弈论完全有望成为攻克智能电网诸多关键难题的有力工具. 需要说明的是，博弈论在电力系统应用久已有之. 笔者长期从事电力系统控制研究，多年前即已注意到控制论与博弈论密不可分. 广义而言，控制论可以视为博弈论的一个特例. 例如，目前广泛应用于实际工程的古典控制 (如 PID) 和最优控制 (含线性、非线性两种情形)，均为典型的单主体决策方法；而鲁棒控制则有不确定性 (主要是指外部干扰和内部未建模动态) 和控制两个决策主体，从而形成非合作博弈格局，其中不确定性作为一个虚拟博弈者，其博弈目标是最大程度地对系统施加有害的影响，而控制器设计的目标则是使闭环系统能够充分抑制这种影响. 文献 [10] 以博弈论为统一构架阐述了线性与非线性 H_∞ 控制理论，该文献认为，可将任何形式的自动控制看成是施控者与干扰 (既可能是大自然，也可能是真实存在的攻击决策者) 之间的博弈. 以下从博弈论的角度考察人工系统控制与决策问题的博弈内涵.

一般而言，对一个人工系统进行控制器设计或优化决策时，其根本目的在于使该系统能够满足预期目标，如安全稳定、经济运行等. 任何一个人工系统不可能孤立运行，必将与其运行的外部环境发生交互作用. 换言之，系统在运行中除了受到人工干预力以外，还不可避免地受到大自然 (或外部环境) 的影响. 对于一艘在海洋中航行的轮船，代表大自然特性的洋流总是倾向于使轮船偏离航道；反之，轮船导航系统则会修正航道，因此轮船自动控制系统与大自然相互对抗从而形成博弈格局，博弈结果将决定轮船是向目的地行驶还是偏离航线. 进一步，在某些人工系统控制设计问题中，设计者不仅要面对来自大自然 (或外部环境) 的挑战，更要面对来自其他设计者的挑战，而且通常后者更难应对. 例如，地空导弹的设计目标是快速准确地击落敌机，但敌机会依赖飞行控制系统来规避导弹，这样就形成一种导弹设计者与飞机控制系统设计者对立的竞争型博弈格局：导弹导引律试图缩小导弹与飞机间的距离，而飞机自控系统则设法拉开二者的距离，以实现逃逸目的从而免遭击中. 因此，拦截导弹性能越卓越，飞机自控系统设计者面临的挑战就越大，而且这种挑战远大于湍流或阵风等自然力的威胁. 又如，目前实际应用的大型发电机组励磁控制器设计方法，在建模时往往采用具有固定结构和参数的模型，其控制器设计目标是改善系统动态性能. 然而电力系统在其运行过程中不可避免地会受到不确定因素的影响，如负荷扰动、短路故障、线路跳闸、自动装置误操作，以及所建立模型的不精确性、传感装置的测量误差和数学模型的参数误差等，这类不确定性或广义干扰都可能使实际控制效果趋于恶化.

再举一个含风电电力系统调度的例子，它是可再生能源发电面临的一类亟待解决的典型优化决策问题. 通常对此类电力系统施加作用的决策主体有二：一是人工决策者，其发出的调度指令能够平抑风电波动性对系统的影响，实现风电的高效消纳；二是大自然，它确定风电出力，其可能的策略集包括微风、阵风、强风 (含高爬坡率阵风) 等，这些策略倾向于使电力系统运行状况恶化，或使其运行成本升高. 因此，电力系统是否能够安全经济运行，取决于系统决策者或电网调度与大自然相互博弈的结果. 从此观点出发，可以将系统决策者 (他确定最佳调度指令) 和大自然 (它确定随机变化的风电出力) 建模为一类二人零和博弈格局的参与者. 后者代表外界不确定性对系统运行带来的影响，是“拟人化”的虚拟决策变量，而博弈的最终目标是，针对某一受限集合内的任一外界干扰 (或不确定性)，设计最佳策略以使系统可能遭受的成本损失或运行风险达到最小，从而最大限度地抑制不确定性对系统的不利影响. 综上所述，正是由于实际中的众多工程控制与决策问题均具有竞争与合作的内涵，在工程设计与试验中应用博弈论的基本理论、建模与求解方法，并考虑工程实际的技术性条件进行决策才有章可循.

我们提出“工程博弈论”的概念并发展其理论体系事实上受到了控制理论发展过程的启发. 1948 年，Wiener 出版了其经典名著《控制论 —— 或关于动物和机器中控制和通信的科学》[11] (下文简称为《控制论》)，该书被认为是控制论的奠基之作，甚至还被评价为 20 世纪人类最伟大的三项成就之一 (另外两项是量子力学和电气工程)，从而确定了该书的科学价值. 然而，该书问世之初也曾面临巨大的争议：科学界认为 Wiener 的《控制论》是一部哲学著作，主要讨论世界观、认识论和方法论，其哲学观点的晦涩使《控制论》难于理解，特别难于透过其哲学思想发现其与科学技术的联系；工程界认为尽管该书系统地提出了反馈、稳定性和镇定等基本控制概念及控制方法，但其重点在于解决机电元件如何形成具有稳定性和目标行为的自组织结构这一科学问题，而忽略了系统各部分的相互关系及其与整个系统的综合行为，内容宽泛模糊，缺乏严格的理论基础，实用性不高. 1954 年，钱学森出版了《工程控制论》[12]，该书系统揭示了 Wiener 的《控制论》对自动化、航空、航天、电子通信等科学技术的意义和影响，实现了控制论与工程应用的紧密联系，同时也平息了学术界对 Wiener 控制论的质疑. 借鉴钱学森先生关于工程控制论的基本思想，我们将面向工程实际的博弈理论和方法称为工程博弈论，文献 [10] 中采用博弈论对鲁棒控制进行的建模和分析便可视为工程博弈论的一个良好例证. 事实上，面向智能电网的实际工程中还有更加广泛的控制决策问题可以基于博弈论进行建模分析并辅助决策，对此郭雷院士在文献 [13] 中有精辟论述：“今后面对真正的智能机器和智能网络等智能对象时，现在的控制理论就不能套用了，因为被控者与控制者往往存在博弈关系 …… 我认为，把博弈因素恰当地放到控制理论框架中，是一个非常重要的研究问题，也是社会经济等领域问题中不可回避的，将会大大拓展控制理论的研究与应用范围.”郭雷院士的上述真知灼见，实际上也是从事工程博弈研究的重要指导原则之一.

应当指出，博弈论与现有优化控制和决策方法并无冲突，它是后者在面临多决策主体和策略交互时的自然推广. 博弈论与若干控制和决策问题的关系如表 1.1 所示.

表 1.1 博弈论与若干控制和决策问题的关系

决策类型	单主体决策	多主体决策
单阶段决策	单阶段优化	静态博弈
多阶段决策	多阶段优化	动态博弈
连续决策	最优控制	微分博弈

从表 1.1 可以看出，工程博弈论可以视为一门特殊的具有多个决策主体的优化方法论. 一般优化方法所追求的“最优解”或“最优控制策略”此时对应的是博弈格局的“均衡”. 另外，以往所熟悉的优化方法，包括控制论也属于博弈论范畴，不过它们是只考虑单个参与者的特殊博弈格局.

以下分三个部分予以介绍：首先，概述博弈论的基本概念和工程应用中所面临的基础科学问题及其博弈解决思路；其次，归纳总结工程博弈的一般方法论；最后，以现代电力系统为背景，简述博弈论在电力系统规划、调度、控制、电力经济、电网安全及电网演化等领域的应用情况.

1.2 博弈论基础

所谓博弈，是指若干决策主体 (如个人、团队或大自然等) 面对一定的环境条件，在一定的静态或动态约束条件下，依靠决策主体各自掌握的信息，同时或先后、一次或多次从各自的可行策略集中优选策略并实施，最终取得最佳收益的过程。简言之，形成一个博弈格局至少应包括参与者、策略与支付或收益三个要素，其中，参与者是指决策主体，本节用 $N=\{1,2,\cdots,n\}$ 表示一个 n 人博弈的参与者集合；S_i 表示参与者 $i\in N$ 的策略集合，$S=\{S_1,S_2,\cdots,S_n\}$ 表示所有参与者的策略集合，$s=\{s_1,s_2,\cdots,s_n\}$ 表示所有参与者的策略组合；支付或收益用于度量参与者在博弈中所获效益，$u=\{u_1,u_2,\cdots,u_n\}$ 表示所有参与者的支付或收益向量. 参与者的目标通常为极小化支付或极大化收益. 一个典型的博弈可以表示为 $G=\{N;S_1,S_2,\cdots,S_n;u_1,u_2,\cdots,u_n\}$. 一般而言，博弈论主要包括合作博弈、非合作博弈和演化博弈三个分支，简述如下.

首先是由 von Neumann 创立的合作博弈论[3]. 合作博弈中各参与者之间存在

具有约束力的协议. 若一个合作博弈中，合作得到的额外收益可以在参与者中分配，则称为支付可转移的合作博弈，通常是联盟型博弈；反之，则称为支付不可转移的合作博弈，其又可进一步分为支付不可转移的联盟型博弈和谈判问题两种形式.

合作博弈主要有两个方面的研究内容：第一，各参与者如何达成合作；第二，各参与者如何分配因相互合作而带来的额外收益. 合作博弈最基本的研究手段是公理化方法，即合作博弈中分配策略的制定均采用公理化的设计机制，其代表性研究成果包括 Nash 讨价还价博弈理论[14, 15] 及 Shapley 值[16] 的概念.

实际工程中往往存在一类非常复杂的决策问题，由于涉及面广、因素繁杂，导致决策者面对众说纷纭甚至充满争议的多种预案难以取舍. 典型者如风电上网电价问题，合作博弈恰为解决此类决策问题提供了科学的定量评估工具. 又如，在不断开放的电力市场环境下，风电场、光伏电站等售电主体往往属于不同的所有者，而风、光资源的天然互补性使二者的合作存在获益的可能，采用合作博弈为分析工具可合理确定二者的合作方式及收益分配机制.

非合作博弈则以 Nash 的工作为代表[4, 5]，Nash 证明了一定条件下非合作博弈解的存在性，即著名的 Nash 均衡的存在性，从而奠定了现代非合作博弈的理论基础. 非合作博弈中各参与者之间不存在具有约束力的协议，可分为静态博弈和动态博弈. 其中，静态博弈中所有参与者同时选择行动，或虽非同时但后行动者并不知晓先行动者采取的行动，静态非合作博弈通常为策略式博弈；动态博弈是指参与者的行动存在先后顺序，且参与者可以获得博弈的历史信息，决策前根据当前所掌握的所有信息优化自己的行动.

如前所述，Nash 均衡为非合作博弈的核心概念，本书将在第 3 章详细介绍，其物理意义为，在 Nash 均衡处，任何参与者均不能通过单方面改变策略而获益. Nash 均衡在不同的博弈形式下有不同的表现方式，如完全静态信息的混合策略 Nash 均衡、完全动态信息下的子博弈精炼 Nash 均衡、不完全信息静态博弈下的 Bayes-Nash 均衡及不完全信息动态博弈下的精炼 Bayes-Nash 均衡等. 从 Nash 均衡的定义可以看出，非合作博弈是传统多目标优化问题的推广，其显著特征是具有多个决策主体且各目标之间一般具有竞争关系，每个决策主体或参与者均企图使自身收益最大.

从上述非合作博弈的特质来看，电力系统的大多数控制与决策问题均属于非合作博弈范畴，典型者如鲁棒优化、鲁棒控制等。由于运行工况变化、外部干扰及建模误差，通常难以建立电力系统的精确数学模型，而系统的各种故障也将导致不确定性. 因此，可以说模型不确定性在电力系统中广泛存在. 所谓鲁棒控制问题，简言之即为针对一个具有不确定性的被控对象，如何设计控制器，使闭环系统满足相应控制指标，一般表现为最大限度地抑制不确定性对系统带来的不利影响. 鲁棒优化的目的是求得这样一个解，对于不确定性可能出现的所有情况，不仅约束条件均可得到满足，而且使最坏情况下的目标函数值最优. 显而易见，鲁棒控制与鲁棒优化问题均可归结为一类最具竞争性的二人零和博弈问题，博弈的一方为代表不确定性的大自然，另一方为人工决策者. 另外，如多目标优化问题，该类问题中的不同目标往往具有竞争性，一方的优化往往以牺牲另一方的利益为代价. 有鉴于此，将多目标优化问题转化为多人非合作博弈问题是一个可行的求解思路.

相较于合作博弈和非合作博弈，演化博弈出现得最晚，一般认为是由 Smith 于 1973 年创立[6]. 演化博弈源于生物进化学，早期主要用于揭示生物进化过程中的竞争现象. 传统博弈论假定博弈者是完全理性的，与之不同的是，演化博弈论只要求博弈者具有有限理性.

演化博弈主要有两个方面的研究内容：第一，选取合适的适应度函数；第二，设定合理的选择与变异机制. 与传统博弈中的支付函数类似，演化博弈中的适应度函数是评价演化结果的指标，也是有限理性的反映. 适应度函数通常影响演化稳定策略的存在性，而选择和变异机制则是演化得以进行的驱动力量. 通过选择机制能够保留上一轮演化的优势策略，通过变异机制能够保持策略的多样性. 适应度函数和选择与变异机制共同决定最终的演化稳定策略.

演化博弈论虽起步相对较晚，但在经济、生物等诸多领域已获得广泛应用，成果丰硕，尤其是演化经济学，已被不少经济学家认为是当今经济学“最热门、最前沿的研究领域”[17]. 近年来，演化博弈在工程技术领域的应用表现为两个方面：一是直接利用演化稳定均衡和复制者动态解决多阶段决策问题. 例如，文献 [18] 建立了电力市场交易中的竞价策略模型，给出了参与竞价的发电机组演化稳定策略, 即最佳报价. 二是基于生物演化和复制者动态思想，研究和提出工程演化论一般理论框架，这以殷瑞钰院士等的《工程演化论》[19] 为代表，尽管该书并没有直接使用“复制者动态”这一演化博弈基本概念. 受该书特别是周孝信院士提出的三代电网理论[20] 的启发，我们将驱动电网演化的各种主要因素，如社会发展需求、管理部门、技术创新与进步及大自然等视为决策主体，电网演化则可视为由上述主体参与的多阶段博弈过程，从而形成一类工程演化博弈格局，最终希望通过演化博弈论方法揭示电网时空演化规律. 当前，电力系统正处于高速发展的关键时期，全面、准确地分析和预测电网关键属性 (如形态、结构等) 的发展演化过程，不仅对电力系统本身的发展意义重大，对社会经济的发展也有重要影响. 在此背景下，演化博弈论在未来电网形态研究方面有望发挥重要作用.

1.3 工程博弈论关键基础科学问题

根据以上一般博弈论基本理念并结合工程应用实际状况，本书讨论的工程博弈论可归属于多目标、多主体优化决策理论范畴，具体包括两个鲜明特征：一是由各决策主体主导的多目标优化，而各目标往往相互冲突，传统的多目标优化问题只有一个决策主体，故其为工程博弈论的一个特例；二是将不确定性作为决策主体之一，实际上是一个虚拟的博弈者，任何一个实际运行的工程系统都不可避免地受到不确定性的影响. Wiener 控制论的精髓即在于构造反馈控制使闭环系统能够充分抑制不确定性对系统带来的不利影响. 从博弈观点来看，Wiener 控制论可归结为一类由控制器设计者与不确定性参与的二人零和博弈问题. 从此出发，则可引出工程博弈的核心科学问题，即在一个将不确定性作为决策成员之一的多主体决策问题中如何设计各主体决策策略，以最大限度地抑制不确定性带来的不利影响，同时实现各主体的优化目标. 综合上述两个方面，本书将工程设计中最常见的多主体、多目标优化问题和不确定性抑制问题归纳总结为若干工程博弈论面临的基础科学问题，以下分别予以简要介绍.

问题 1 如何利用多人静态博弈求解多目标优化问题?

目前多目标优化理论面临的主要问题在于无论采取何种方法，所求得的最优解均为 Pareto 意义下的解集，通常包含无穷多解，而正是解的多样性导致 Pareto 最优解的选择往往带有主观性. 再则所谓 Pareto 最优解从物理本质上讲只是“非劣”，缺乏客观理性的评价标准，尤其当各目标存在相互冲突或竞争关系时，“非劣”并不能反映参与者的理性，换言之，在非劣解处，某参与者单方面改变策略即可增加自身收益，故非劣解的可实现性需要在强有力的约束下才具有可行性.

为解决此问题，首先简要分析多人静态博弈与多目标优化问题的内在关系. 在多人策略式博弈中，每个参与者都试图通过寻找自己的策略以最大化自身的收益，该收益与所有参与者的策略有关，因此每个决策者在制定策略时都需要考虑其他参与者的策略. 由此可见，多人静态博弈是一个策略相互影响的多人决策问题. 设想，倘若存在一个局外人，通过统一决策来实现所有参与者各自收益的最大化，则此时的决策问题即为多目标优化问题. 显然，多人静态博弈与多目标优化在目标函数与决策变量两方面均不相同，故所得到的解也可能不尽相同，其中前者对应博弈格局的 Nash 均衡，而后者通常采用 Pareto 最优解描述.

具体而言，考虑用非合作博弈和合作博弈研究多目标优化问题. 首先是非合作博弈，显然其 Nash 均衡点的求解不能由多目标优化来替代；反之，非合作博弈的 Nash 均衡点通常也不能得到多目标优化问题的 Pareto 最优解，主要因为二者具有不同的理论基础，即非合作博弈中，Nash 均衡点是多个相互影响的参与者为最大化自身利益的竞争决策的结果，而多目标优化则表示所有的决策者具有一个一致的行动意向，由一个局外人进行协调决策. 关于合作博弈，由于各博弈者组成联盟共同决定单一目标函数，故其可视为一类特殊的多目标优化方法. 认识到非合作博弈和多目标优化问题的差别，加之多目标优化理论本身的不足，因此基本思路是首先将多目标优化问题转化为非合作博弈问题，进而求解 Nash 均衡，以此作为原多目标优化问题的解. 此外，还可以通过合作博弈探讨在 Nash 均衡处，博弈参与者可能的合作行为，从而给出合作博弈意义下的 Pareto 最优解.

问题 2 如何利用零和博弈求解鲁棒优化问题?

数学规划的威力在于将复杂的决策问题以简明的数学模型表示，并提供最优策略，以指导工程实践. 数学规划中理论最为成熟的是凸优化，而保障凸优化模型有效性的前提是模型参数精确已知，在此基础上则可利用凸优化相关算法求出全局最优解. 然而现实世界的决策环境往往是不确定的，数学规划模型中的不确定性往往来源于两个方面：内部不确定性和外部扰动，其中前者通常包括数值误差和测量误差，而后者通常包括预测误差和环境变化. 上述不确定性在数学规划的模型中体现为参数的摄动. 通常目标函数中的参数摄动只影响解的最优性，而约束条件中的参数摄动则影响策略的可行性，在工业生产中则体现为安全性. 如果策略不可行，则可能引发灾难性事故，从而造成巨大的经济损失. 综上所述，决策过程中面临的不确定环境及决策失误所承担的巨大风险对传统数学规划理论提出了新的要求，于是一种面向不确定环境的决策理论 —— 鲁棒优化理论应运而生，并引起数学家和工程师们的极大兴趣.

本书考虑采用二人零和博弈研究鲁棒优化问题. 具体而言，将不确定性和人工系统均视为“理性”的决策者. 对于大自然这样的决策者，多数情况下，其策略不明朗，或有关信息不完备，此时进行工程决策谈不上公平原则，故最好的应对手段是先观察其最坏干扰 (对大自然本身而言是其最佳策略)，再构建应对之策. 因此，求解鲁棒优化问题可以转化为求解不确定性和决策者之间的二人零和博弈问题. 需要指出的是，鲁棒优化要求最优策略对于不确定性所有可能的实现均满足约束条件，因此不可避免地具有保守性. 为此可在人工决策中引入反馈机制，形成动态鲁棒优化问题，从而构成决策者与大自然之间的动态博弈格局. 本书将重点讨论如何通过求解二人零和博弈解决鲁棒优化问题.

问题 3 如何利用微分博弈构造鲁棒控制器?

与鲁棒优化问题中的不确定性类似，任何一个实际工程系统在其运行过程中不可避免会受到内部和外部两种不确定性的影响，如系统参数变化、环境条件改变和外界干扰等. 最优控制理论进行控制器设计时，由于在建模阶段忽略了这些干扰 (为简明起见，此处干扰系指不确定性)，从而难以计及它们对闭环系统性能的影响，导致实际应用中控制律的最优性与控制效果并不能得到充分保证. 鲁棒控制即是针对存在干扰情况下系统控制器的一类先进设计方法，所设计的鲁棒控制器在保证系统稳定性的前提下，能够充分抑制干扰对控制系统性能的不利影响. 从 20 世纪 90 年代开始, 微分博弈理论在 H_∞ 控制中得到广泛的应用，其基本思想是将干扰作为零和微分博弈中的一方，将控制策略作为另一方，应用最大最小极值原理优化控制代价. 文献 [10] 对这一思想作了系统的论述.

对线性控制系统而言，其鲁棒控制问题通常可建模为线性二次型微分博弈格局，其 Nash 均衡的求解等价于求解代数 Riccati 不等式. 对非线性系统而言，其微分博弈模型的求解可归结为 Hamilton-Jacobi-Issacs(HJI) 不等式，而该二次偏微分不等式的解析解在数学上没有一般的求解方法. 鉴于鲁棒控制的微分博弈模型是明确的，本书将重点讨论如何求解微分博弈问题的一类反馈 Nash 均衡.

问题 4 如何利用主从博弈求解多层优化问题?

多层优化是一种具有递阶结构的数学规划问题，每层问题都有各自的决策变量、约束条件和目标函数. 以双层优化为例，上层参与者可通过自己的决策引导下层决策者，而非直接干涉下层参与者的决策，其收益也与下层参与者的策略有关; 而下层参与者的策略虽然受制于上层参与者，却可以根据自身需求或偏好做出有利于自身的决策. 这种决策机制使上层参与者在选择策略时，必须考虑到下层参与者对自己策略的反应.

进一步以两层优化为例，上、下层各有一个决策主体，二者的交互作用自然构成了一个主从博弈格局. 然而实际工程问题中每层都可能存在多个决策主体，每层内部同时决策，形成 Nash 竞争，上、下层之间顺次决策，形成 Stackelberg 竞争. 有鉴于此，考虑采用非合作博弈对这种决策问题进行建模，从而形成 Nash-Stackelberg-Nash 主从博弈格局，最终借助有关博弈均衡的求解算法解决多主体、多层优化问题.

问题 5 如何求解上述工程博弈问题的均衡策略?

毫无疑问，上述四种基础科学问题的最终解决均依赖于可行的博弈均衡求解方法. 一方面，由于所建立的博弈模型决策主体 (参与者) 往往较多、策略空间元素丰富、目标函数不尽相同，使得博弈问题的求解计算复杂度很高; 另一方面，即使存在均衡解，也往往伴随多解的情况. 因此，研究和发展一类兼具高效性和完备性的博弈均衡求解算法势在必行. 为此，本书重点介绍两个方面的研究工作.

一是静态非合作博弈均衡解的求解方法. 传统的 Nash 均衡一般采用不动点型迭代算法进行求解. 此类算法对博弈模型具有较高的要求，如凸性，再者当问题规模增加时，该求解方法效率显著降低，难以满足实际应用需求. 而主从博弈或多层优化问题中，由于上层决策者需要考虑下层决策者对自身策略的反应，因此，通常的不动点型迭代算法不再适用. 为此，本书致力于研究一般静态非合作博弈均衡的高效求解算法，典型者如驻点法、势博弈法等.

二是微分博弈 Nash 均衡的求解算法. 一般而言, 表征仿射非线性系统鲁棒控制问题的微分博弈格局的 Nash 均衡可归结为 HJI 不等式的求解, 而要得到其解析表达式, 在数学上是非常困难的. 本书介绍一种变尺度反馈线性化方法, 可将非线性微分博弈转化为线性微分博弈, 进而求解代数 Riccati 不等式以获得一个近似的反馈 Nash 均衡. 进一步, 本书将采用近似动态规划求解满意的 Nash 均衡数值解, 并通过附加学习控制的方式实现. 此外, 本书还介绍了 Hamilton 系统设计方法, 其主要思路是构建 Hamilton 能量存储函数, 从而构建非线性鲁棒控制器以避免求解 HJI 不等式, 此类控制器恰好对应于端口受控 Hamilton 系统 (由原非线性系统通过 Hamilton 函数转换而来) 的反馈 Nash 均衡.

1.4 电力系统工程应用展望

现代电力系统作为一个融合先进电力、信息、控制和计算技术的巨维信息–物理系统, 其复杂的结构促使人们采用全新的分析手段应对不同层次的技术挑战, 如设计、规划、调度和控制等. 近年来的研究表明, 博弈论有望成为指导未来电网设计与运行的关键工具之一.

电力工业在不同的时期具有不同的特征. 在 20 世纪 80 年代之前, 传统电力工业实行垂直管理, 即发–输–配一体化的集中垄断经营模式. 随着电力工业规模的进一步扩大, 规模效益逐渐丧失, 造成了投资不断增加、成本不断攀升, 社会效益低下等不良后果, 因此, 人们逐渐认识到在电力工业中引入竞争、打破垄断、建立电力市场的必要性.

电力市场的诞生为博弈论的应用提供了一个良好的 “舞台”[21]. 一方面, 各个市场参与者要尽力使自己在与他人竞争中的收益最大化; 另一方面, 市场管理者需要监督、阻止市场参与各方的不良行为. 例如, 一些发电公司借机抬高电价, 或组成利益集团联合投标以追求最大利润等, 都属于企图操纵、控制电力市场的不良投机行为. 由于电能是一种特殊的商品, 电能交易形式又呈现多样化, 因此, 博弈论在电力市场中最先取得了广泛的应用. 例如, 著名经济学家 Cournot 和 Bertrand 提出的双寡头模型, 它们分别用于分析寡头市场中产量战和价格战中的决策者之间策略相互影响机制及各自决策的过程, 目前已成为描述完全竞争环境下决策行为的基本模型[21], 此类模型广泛应用于电力市场的竞价决策.

需要说明的是, 上述基于博弈论的电力市场理论及方法只是工程博弈论研究的一个先声, 事实上, 现代电力系统在除电力市场之外的其他复杂环境下的控制与决策问题, 也可借鉴博弈的思想. 从博弈的观点来看, 电力系统中众多优化与控制问题均可用博弈论建模方法进行描述, 尤其是不断开放的市场环境及大规模风光发电并网带来更多不确定性所引发的电力系统的规划、调度、控制及演化等问题,在适当的环境下，均可通过博弈论进行建模和分析[9].

1.4.1 电力系统规划

电力系统规划是电力学科研究的重要课题之一，是电网升级改造的依据，直接关系到电网建设和运行的安全性与经济性. 科学合理的规划可带来巨大的社会效益和经济效益. 电力系统规划应做到整体利益和局部利益协调统一、眼前利益与长远利益协调统一、经济性和可靠性协调统一，使优化决策的综合效益达到最佳. 考虑多投资方的电力系统规划可归结为一类典型的多主体、多目标优化问题，也正因为如此，博弈论在电力系统电源规划、电网规划和新能源规划等方面有着广泛的应用.

在电力系统电源规划方面，文献 [22] 提出了发电公司在竞争性电力市场中发电增长规划的非合作博弈模型，在该模型中，各发电公司以发电量为决策变量，根据其他发电公司的发电量确定自身最佳发电量. 文献 [23] 研究了在共同利益驱使下多个发电商容量增长规划的合作博弈模型. 文献 [24] 考虑了风–光–储混合电力系统规划的非合作博弈模型、合作博弈模型及分配策略. 文献 [25] 综合考虑电源和电网规划，建立了发电企业和电网公司的博弈规划模型.

在可再生能源装机规划方面，文献 [26] 建立了风–光–储混合电力系统的博弈规划模型，研究了完全不合作、部分合作和完全合作等多种博弈格局下风–光–储的容量优化配置问题. 文献 [27] 以此为基础，讨论了完全合作博弈下多种典型分配策略，认为基于 Shapley 值的分配策略更为合理. 文献 [28] 研究了风电接入电力系统后静态备用容量配置规划问题.

1.4.2 电力系统调度

电力系统调度的主要目标是保证电网的安全、稳定和经济运行，向用户提供可靠优质的电能. 为达到上述目标，在发电计划中为应对来自负荷侧的不确定因素的影响，需预留一定的备用容量. 随着风电等随机性较大能源的接入，电力系统中的不确定性增强，使系统调度愈加复杂. 基于博弈论的调度方法可将电力系统调度视为电力系统调度人员与大自然之间的博弈格局，进而可以以博弈论为基本工具求解鲁棒调度策略，从而最大限度地抑制不确定性对调度安全性和经济性的影响.

文献 [29] 提出了鲁棒调度的理念，从基本概念、数学模型等方面探讨了鲁棒调度的关键问题. 文献 [30] 将含风电等不确定性能源的电力系统调度、控制及规划问题归结为一类典型的鲁棒优化问题，建立了其极小极大优化问题的数学模型，进一步从工程博弈论角度阐述了这类问题的二人零和博弈物理内涵. 文献 [31] 阐述了鲁棒调度问题的博弈模型和物理意义，进一步提出了鲁棒调度问题的割平面算法. 文献 [32] 以大规模风电接入电力系统后的鲁棒机组组合和鲁棒备用整定问题为例，介绍了鲁棒调度的具体实现方法.

1.4.3　电力系统控制

线性与非线性鲁棒控制是微分博弈最典型的应用场景. 电力系统在实际运行过程中不可避免地会受到各种偶然因素 (简称为干扰) 的影响. 为此，基于微分博弈的电力系统鲁棒控制为解决该类问题提供了重要手段[33-35]. 文献 [36-39]采用微分博弈理论研究了大型发电机组的励磁系统干扰抑制问题，所设计的非线性控制器具有 L_2 增益意义下的鲁棒性，即该控制器能够最大限度抑制干扰的不利影响. 相关成果已成功应用于实际工程[40].

进一步，微分博弈理论在电力系统调频控制方面也有重要的应用. 文献 [41，42] 采用微分博弈理论提出了发电厂有功出力的动态协调方法. 基于该方法，各发电厂通过微分博弈的 Nash 均衡整定控制器的参数调节自身出力，同时尽量减小调速器阀门的调节量. 此外，博弈论在解决大型可再生能源电站的出力控制[43]、微电网的运行控制[44] 及电动汽车充电控制[45] 等方面也有广泛的应用前景.

1.4.4　分布式电源与微电网

随着分布式电源的接入、微电网的兴起，电网正逐渐演变为综合电力、信息、控制和计算技术的大规模异构信息–物理系统 (cyber-physical system). 与传统电网相比，分布式电源与微电网的引入使得配电网与分布式电源、分布式电源之间、分布式电源与微电网、微电网与配电网，以及微电网之间的运行与决策过程相互联系、相互制约，从而导致市场环境下系统的运行管理变得极为复杂[46-48]. 大量分布式电源和微电网的接入使电网运行决策呈现下述两个特点.

(1) 系统运行工况与环境呈现大范围时变性与高度不确定性.

(2) 系统决策主体的异构多元化.

上述两个特点使现有的集中优化决策框架难以适用，而博弈论作为分析多决策主体行为相互耦合、相互影响的数学理论，可为分析研究分布式电源及微电网接入后的异构多主体决策问题提供新的数学工具和合理的研究框架，目前已经逐渐成为研究的重要热点. 当前，该领域的主要进展集中在以下四个方面.

(1) 采用合作博弈方法研究分布式电源、微电网和配网间的能量交换、定价和优化调度决策问题[49-54].

(2) 采用非合作博弈方法研究分布式电源发电不确定性影响、微电网中异构多源多负荷的均衡等问题[55-57].

(3) 采用多阶段动态博弈研究分布式电源及微电网的市场机制与协调问题[58].

(4) 采用一般博弈方法研究微电网的通信构架问题[59].

总之，分布式电源及微电网引入的异构分布式自主决策特性使博弈论方法的广泛应用成为必然，并将成为未来分布式能源与微电网研究的重要方向之一。

1.4.5 需求响应

智能电网的重要特征之一就是将以往单向的 (自上而下)“负荷管理”转换为交互的“需求响应”. 显然，大量智能家居、电动汽车参与电力系统运行，给需求响应带来便利的同时，其决策过程也将变得更加复杂.

文献 [60] 研究了考虑多个分散用户之间存在博弈的需求响应问题. 该文献的主要思路是，电网公司通过设定合理的电价机制调节负荷特性，各用户则根据电价信息及其他用户用电信息调整自身负荷曲线. 仿真结果表明，该文献所提方法能够在减小系统负荷峰谷差的同时降低用户的用电成本. 文献 [61] 基于主从博弈研究了电动汽车充放电管控问题. 在未来智能小区零售商和电动汽车的博弈中，由于零售商可以先行制定电价，从而引导电动汽车合理充放电. 另外，电动汽车可以根据实时电价调整各自充放电策略，从而降低用电成本. 由此可见，需求响应管理是一类典型的主从博弈问题.

1.4.6 电网安全

以特高压线路为网架的我国新一代互联电网是一个包含上万个节点、数万条线路和数千台发电机组的大规模、跨区域的广域复杂系统. 随着电力市场改革的深入、各种新技术的应用，以及风电、太阳能等分布式发电系统的发展，现代电力系统的复杂度急剧增大，如何保障其安全运行是极具挑战的课题. 传统的确定性电力系统安全评估方法主要有灵敏度分析方法[62]、数值仿真方法[63]、直接法[64]等，但因各种局限性，这些方法均不足以用于准确评估蓄意攻击下电力系统的安全水平，遑论灾变防治.

幸运的是，博弈论为分析电网防御与进攻的交互行为进而为电网安全评估提供了可行的研究手段. 一方面，进攻方试图攻击电力系统中的薄弱环节以最大化系统损失；另一方面，防御方采取适当防护策略以增强系统运行的安全性，如此则需要研究和发展一种特殊的动态博弈方法 —— 安全博弈[65]，该博弈模型及其均衡解可为系统防御决策提供指导性意见，同时可用于预测蓄意攻击行为，合理评估系统遭受攻击后的运行可靠性与脆弱性. 为此，需要研究以下两个关键问题.

(1) 电网安全分析的博弈模型及求解. 广义而言，可将元件失效、通信失败等归结为理性攻击者的策略集. 在此基础上，分析辨识对电力系统安全运行影响最大者并将其作为薄弱环节. 从安全博弈格局角度看，所谓薄弱环节和最佳防御策略即为对应于安全博弈的均衡解. 由于电力系统规模大、结构复杂，寻找高效的安全博弈问题的均衡求解算法至关重要.

(2) 基于电网安全分析的电网规划设计. 在安全分析基础上制定部署合理的电

网规划, 提高薄弱环节的防护程度, 使系统即使在真实发生的蓄意攻击下也具有较高的供电可靠性.

1.4.7 电网演化

随着社会经济的发展, 电力需求不断增加, 电网规模也随之扩大, 电网形态逐渐变化. 自电网产生至今的 100 多年里, 保障其安全、稳定、经济运行一直是电力科技工作者孜孜以求的最高目标. 在这一过程中, 理解和掌握电力网络的时空演化规律, 厘清其建立链接的方式和意图, 包括形成互联电网的前提条件及驱动因素、网络生长法则, 则可深入认识电力网络的发展演化规律, 从而既可为电力系统提供有效的预防及安全稳控措施, 又可指导电力系统经济运行, 更可为电力系统发展规划提供决策依据. 应该说现有电网规划理论在研究电网演化领域功不可没, 但尚存在两个难以克服的局限性: 一是现有规划方法的数学本质在于求解一类带约束条件的混合整数规划问题, 其所确定的最佳规划策略是固定不变的, 既无法适应未来不可预见的情况, 也难以揭示电网生长发展机制; 二是现有方法均基于当前时间、空间物理初始条件分析预测未来电网发展演化过程及最终形态, 但明显缺失对过去时间 (历史) 系统状况的分析, 不能全程分析电网发展过程, 导致难以揭示系统演化机制. 幸运的是, 源于生物进化论的演化博弈理论有望克服上述局限性, 从而成为研究电网演化的有力工具. 在此方面, 周孝信院士提出的三代电网理论提供了一个从生物进化乃至演化博弈角度研究电网演化的崭新思路[20]. 循此思路, 基于演化博弈理论的电网演化研究涉及两类关键课题.

(1) 电网演化中适应度函数的构建. 在生物演化中, 适应度函数定义比较明确, 一般是指生物的繁殖能力. 在电网演化中, 可以考虑将装机容量的增加、负荷的增长、线路的扩建等因素与之进行类比, 构建电网演化博弈模型中的适应度函数, 刻画演化过程中电网的坚强程度.

(2) 电网演化中选择与变异机制的设计. 在生物演化中, 通过基因的遗传与变异实现生物的继承与发展. 在电网演化中, 可以考虑将网架结构、输电方式、电压等级等作为遗传和变异的关键特征, 分析电网演化过程中相关特征的发展过程, 预测电网演化各阶段的具体形态.

综合上述现代电力系统面临的七个方面的控制与决策问题, 鉴于博弈论所具有的理论优势及鲜明的工程背景, 本书系统总结了十余年来我们应用博弈论解决电力系统控制与决策问题的相关工作, 可以说这些工作目前已初步形成了包括工程系统信息处理, 以及对象建模、控制、评估、演化的较为完备的方法论, 故我们将其视为一种新的基础理论体系 —— 工程博弈论基础. 希望通过发展工程博弈论的理论与方法, 克服传统的博弈论内容过于宽泛、过度数学化及过度依赖参与者完全理性等问题, 为面向智能电网的现代电力系统控制与决策问题提供系统化的解决方案. 尤其是在市场环境及可再生能源发电两大因素作用下，将“博弈”因素考虑到现代电力系统控制与决策中是不可避免的. 具体而言，一般博弈论关注人与人之间“合作–竞争”决策问题，工程博弈论则兼顾人与自然之间的合作–竞争决策问题 (主要是竞争关系). 然而，任何一门新的学科都有一个长期的发展过程. 本书面向现代电力系统控制与决策中的若干关键课题，着重从不完全信息下的分布式调控、多主体多指标自趋优及不确定环境下鲁棒调度与控制等角度入手，梳理总结工程博弈论的一般方法论，进而指导电力工程实践.

工程科学的发展一直遵循这样一个规律：首先是提出要解决的工程问题，然后是弄清物理实质，建立物理定律，进而构建数学模型并求解，最终为解决所提出的实际工程问题提供依据. 回顾本书所述科研工作历程，无不遵循此规律. 对此，2005 年著名科学家 Kalman 在第十六届国际自动控制联合会 (IFAC) 大会报告中有更为精辟的论述：回忆过去 100 多年系统理论的发展历史，一个不争的结论是，在基本的物理实质弄清之后，系统理论中工程问题的解决直接依赖于其内在的纯数学问题的解决. 现代电力系统的快速发展使电力系统发、输、配、用各个环节的参与者越来越多，如何平衡不同参与主体之间的利益既是电力系统规划、调度、控制等诸多方面共同面临的技术挑战，更是优化理论乃至系统科学、运筹学面临的全新课题. 另外，正是因为现代电力系统呈现的多主体、多目标特征 (这些目标之间一般存在相互竞争的关系)，使得采用博弈论为工具对其进行建模和分析成为必然趋势. 这一事实不仅印证了 Kalman 的上述灼见，也是从事工程博弈论研究的必由之路.

1.5 本书的主要内容

本书内容从以下三个方面依次展开：基础篇针对工程实际中遇到的各种控制与决策问题，系统阐述所涉及博弈问题的基本概念及基本理论；方法篇重点讨论工程博弈论中的关键基础科学问题并给出解决方法；应用篇给出电力系统工程应用方面的多个典型应用实例.

如前所述，博弈论可分为合作博弈、非合作博弈和演化博弈. 按照博弈中参与者行动的时序性博弈论又可分为静态博弈和动态博弈，其中静态博弈描述参与者同时决策的竞争格局或即使非同时决策但后行动者并不知道先行动者所采取的策略；动态博弈是指在博弈中，参与者的行动有先后顺序，且后行动者能够观察到先行动者所选择的行动. 微分博弈是一种特殊的动态博弈. 此外，演化博弈论虽起步相对较晚，也得到了通信、电工等工程领域学者的关注并被广泛采用，本书也将对其做适当介绍. 本书将按照此分类阐述工程博弈论的主要研究内容. 循此思路，本书基础篇包括第 2~7 章，主要介绍数学基础、静态非合作博弈、一般动态博弈、静态合作博弈、微分博弈及演化博弈等内容. 方法篇包括第 8~11 章，主要介绍工程博弈论的四类先进设计方法，涉及多目标优化、鲁棒优化、鲁棒控制和多层优化四个领域，此部分内容为本书重点所在. 应用篇包括第 12~17 章，重点介绍方法篇总结的四类工程博弈方法在电力系统中的应用实例，主要涉及电力系统规划、调度、控制、电力经济、电网安全及电网演化等内容.

参 考 文 献

[1] Peters H. Game Theory: A Multi-leveled Approach. New York: Springer Science & Business Media, 2008.

[2] 罗云峰. 博弈论教程. 北京：清华大学出版社, 2007.

[3] Morgenstern O，von Neumann J. Theory of Games and Economic Behavior. Princeton: Princeton University Press, 1944.

[4] Nash J F. Equilibrium points in n-person games. Proceedings of the National Academy of Sciences, 1950, 36(1):48-49.

[5] Nash J F. Non-cooperative games. Annals of Mathematics, 1951, 54(2):286-295.

[6] Smith J M，Price G R. The logic of animal conflict. Nature, 1973, 246:15.

[7] Smith J M. Game theory and the evolution of behavior. Proceedings of the Royal Society of London. Series B. Biological Sciences, 1979, 205(1161):475-488.

[8] Smith J M. Evolution and the Theory of Games. Cambridge: Cambridge University Press, 1982.

[9] 卢强，陈来军，梅生伟. 博弈论在电力系统中典型应用及若干展望. 中国电机工程学报, 2014, 34(29):5009-5017.

[10] 杨宪东，叶芳柏. 线性与非线性 H_∞ 控制理论. 台北: 全华科技图书股份有限公司, 1997.

[11] Wiener N. 控制论 —— 或关于在动物和机器中控制和通信的科学. 郝季仁译. 北京：北京大学出版社, 2007.

[12] Tsien H S. Engineering Cybernetics. New York: McGrow-Hill, 1954.

[13] 郭雷. 关于控制理论发展的某些思考. 系统科学与数学, 2012, 31(9):1014-1018.

[14] Nash J F. Two person cooperative games. Econometrica, 1953, 21(1):128-140.

[15] Nash J F. The bargaining problem. Econometrica, 1950, 18(2):155-162.

[16] Shapley L S. A value for N-person games. Technical Report, RAND Corp. SANTA MONICA CA, 1952.

[17] 盛昭瀚，蒋德鹏. 演化经济学. 上海：上海三联书店, 2002.

[18] 高洁，盛昭瀚. 发电侧电力市场竞价策略的演化博弈分析. 管理工程学报, 2004, 18(3):91-95.

[19] 殷瑞钰，李伯聪，汪应洛. 工程演化论. 北京：高等教育出版社, 2011.

[20] 周孝信，陈树勇，鲁宗相. 电网和电网技术发展的回顾与展望 —— 试论三代电网. 中国电机工程学报, 2013, 33(22):1-11.

[21] 刁勤华，林济铿，倪以信，等. 博弈论及其在电力市场中的应用. 电力系统自动化, 2001, 25(1):19-23.

[22] Chuang A S，Wu F，Varaiya P. A game-theoretic model for generation expansion planning: Problem formulation and numerical comparisons. IEEE Transactions on Power Systems, 2001, 16(4):885-891 .

[23] Voropai N I，Ivanova E. Shapley game for expansion planning of generating companies at many non-coincident criteria. IEEE Transactions on Power Systems, 2006, 21(4):1630-1637.

[24] 王莹莹. 含风光发电的电力系统博弈论模型及分析研究. 北京：清华大学博士学位论文, 2012.

[25] Jenabi M，Fatemi G S M T，Smeers Y. Bi-level game approaches for coordination of generation and transmission expansion planning within a market environment. IEEE Transactions on Power Systems, 2013, 28(3):2639-2650.

[26] Mei S，Wang Y，Liu F，et al. Game approaches for hybrid power system planning. IEEE Transactions on Sustainable Energy, 2012, 3(3):506-517.

[27] 王莹莹，梅生伟，刘锋. 混合电力系统合作博弈规划的分配策略研究. 系统科学与数学, 2012, 32(4):418-428.

[28] Mei S，Zhang D，Wang Y，et al. Robust optimization of static reserve planning with large-scale integration of wind power: A game theoretic approach. IEEE Transactions on Sustainable Energy, 2014, 5(2):535-545.

[29] 杨明，韩学山，王士柏，等. 不确定运行条件下电力系统鲁棒调度的基础研究. 中国电机工程学报, 2011, 31(S1):100-107.

[30] 梅生伟，郭文涛，王莹莹，等. 一类电力系统鲁棒优化问题的博弈模型及应用实例. 中国电机工程学报, 2013, 33(19):47-56.

[31] 魏韡，刘锋，梅生伟. 电力系统鲁棒经济调度 (一) 理论基础. 电力系统自动化, 2013, 37(17):37-43.

[32] 魏韡，刘锋，梅生伟. 电力系统鲁棒经济调度 (二) 应用实例. 电力系统自动化, 2013, 37(18):60-67.

[33] 卢强，梅生伟. 现代电力系统控制评述 —— 清华大学电力系统国家重点实验室相关科研工作缩影及展望. 系统科学与数学, 2012, 32(10):1207-1225.

[34] 卢强，梅生伟，孙元章. 电力系统非线性控制. 第 2 版. 北京：清华大学出版社, 2008.

[35] 梅生伟，朱建全. 智能电网中的若干数学与控制科学问题及其展望. 自动化学报, 2013, 39(2):119-131.

[36] Lu Q，Mei S，Hu W，et al. Nonlinear decentralized disturbance attenuation excitation control via new recursive design for multi-machine power systems. IEEE Transactions on Power Systems, 2001, 16(4):729-736.

[37] Lu Q，Mei S，Hu W，et al. Decentralised nonlinear H_∞ excitation control based on regulation linearization. IEE Proceedings Generation, Transmission and Distribution, 2000, 147(4):245-251.

[38] 卢强，梅生伟，申铁龙，等. 非线性H_∞励磁控制器的递推设计. 中国科学 E 辑：技术科学, 2000, 1:70-78.

[39] Lu Q，Zheng S M，Mei S W，et al. NR-PSS (nonlinear robust power system stabilizer) for large synchronous generators and its large disturbance experiments on real time digital simulator. Science in China Series E: Technological Sciences, 2008, 51(4):337-352.

[40] Mei S，Wei W，Zheng S，et al. Development of an industrial non-linear robust power system stabiliser and its improved frequency-domain testing method. IET Generation, Transmission and Distribution, 2011, 5(12):1201-1210.

[41] 叶荣，陈皓勇，娄二军. 基于微分博弈理论的频率协调控制方法. 电力系统自动化, 2011, 35(20):41-46.

[42] 叶荣，陈皓勇，卢润戈. 基于微分博弈理论的两区域自动发电控制协调方法. 电力系统自动化, 2013, 37(18):48-54.

[43] Marden J R，Ruben S D，Pao L Y. A model-free approach to wind farm control using game theoretic methods. IEEE Transactions on Control Systems Technology, 2013, 21(4):1207-1214.

[44] Weaver W W，Krein P T. Game-theoretic control of small-scale power systems. IEEE Transactions on Power Delivery, 2009, 24(3):1560-1567.

[45] Ma Z，Callaway D S，Hiskens I A. Decentralized charging control of large populations of plug-in electric vehicles. IEEE Transactions on Control Systems Technology, 2013, 21(1):67-78.

[46] 王蓓蓓，李扬，万秋兰，等. 需求弹性对系统最优备用投入的影响. 电力系统自动化, 2006, 30(11):13-17.

[47] 薛禹胜，罗运虎，李碧君，等. 关于可中断负荷参与系统备用的评述. 电力系统自动化, 2007, 31(10):1-6.

[48] 张国新，王蓓蓓. 引入需求响应的电力市场运行研究及对我国电力市场改革的思考. 电力自动化设备, 2008, 28(10):28-33.

[49] Aristidou P，Dimeas A，Hatziargyriou N. Microgrid modelling and analysis using game theory methods. Energy-Efficient Computing and Networking, Lecture Notes of the Institute for Computer Sciences, Social Informatics, and Telecommunications Engineering, 2011, 54(1):12-19.

[50] Saad W，Zhu H，Poor H V. Coalitional game theory for cooperative micro-grid distribution networks. IEEE International Conference on Communications Workshops, 2011: 1-5.

[51] Chakraborty S，Nakamura S，Okabe T. Scalable and optimal coalition formation of

microgrids in a distribution system. IEEE PES Innovative Smart Grid Technologies Conference Europe, 2014: 1-6.

[52] 王冠群，张雪敏，刘锋，等. 船舶电力系统重构的博弈算法. 中国电机工程学报, 2012, 32(13):69-76.

[53] 赵敏，沈沉，刘锋，等. 基于博弈论的多微电网系统交易模式研究. 中国电机工程学报, 2015, 35(4):848-857.

[54] 赵敏. 基于博弈论的分布式电源及微电网运行模式研究. 北京：清华大学博士学位论文, 2015.

[55] Asimakopoulou G E, Dimeas A L, Hatziargyriou N D. Leader-follower strategies for energy management of multi-microgrids. IEEE Transactions on Smart Grid, 2013, 4(4): 1909-1916.

[56] Maity I，Rao S. Simulation and pricing mechanism analysis of a solar powered electrical microgrid. IEEE System Journal, 2010, 4(3):275-284.

[57] 梅生伟，魏韡. 智能电网环境下主从博弈模型及应用实例. 系统科学与数学, 2014, 34(11):1331-1344.

[58] Cintuglu M H，Martin H，Mohammed O A. Real-time implementation of multiagent-based game theory reverse auction model for microgrid market operation. IEEE Transactions on Smart Grid, 2015, 6(2):1064-1072.

[59] Ekneligoda N C，Weaver W W. Game-theoretic communication structures in microgrids. IEEE Transactions on Smart Grid, 2015, 6(2):1064-1072.

[60] Mohsenian-Rad A H，Wong V W S，Jatskevich J，et al. Autonomous demand-side management based on game-theoretic energy consumption scheduling for the future smart grid. IEEE Transactions on Smart Grid, 2010, 1(3):320-331.

[61] Wei W，Liu F，Mei S. Energy pricing and dispatch for smart grid retailers under demand response and market price uncertainty. IEEE Transactions on Smart Grid, 2015, 6(3):1364-1374.

[62] 段献忠，袁骏，何仰赞，等. 电力系统电压稳定灵敏度分析方法. 电力系统自动化, 1997, 21(4):9-12.

[63] 白雪峰，倪以信. 电力系统动态安全分析综述. 电网技术, 2004, 28(16):14-20.

[64] 曾沅，余贻鑫. 电力系统动态安全域的实用解法. 中国电机工程学报, 2003, 23(5):24-28.

[65] Yao Y，Edmunds T，Papageorgiou D，et al. Trilevel optimization in power network defense. IEEE Transactions on Systems, Man, and Cybernetics, Part C: Applications and Reviews, 2007, 37(4):712-718.

基　础　篇

第2章　数学基础

博弈论是一门博大精深的学科，涉及众多数学概念与知识，包括拓扑、分析、泛函、优化、控制、随机过程等方面. 本章仅对将涉及的必要数学基础作简要介绍，并略去了大部分定理的证明过程. 读者若感兴趣，可参考文献 [1-12].

2.1　函数与映射

函数 (function) 是微积分的主要研究对象. Newton 在研究流数法 (微积分) 时，采用流量来表示依赖时间变化的量，这实质上是函数的雏形. Leibniz 明确提出函数一词，用以表示随一个量的变化而变化的另一个量. Euler 引进了 $f(x)$ 这一符号来表示函数. 经过 Cauchy、Dirichlet、Weierstrass 等的不断努力，函数的概念逐步完善. 其中，Dirichlet 在研究 Fourier 级数时提出了与现代数学非常接近的函数的定义：在给定区间上，若对每个 x 的值都有唯一的 y 与之对应，则称 y 为 x 的函数. 由此可见，函数主要关注的是定义域、值域及其对应关系. 注意，这种对应关系并不要求存在解析的表达式，数学分析中的隐函数即为典型实例.

映射 (mapping) 是函数概念的一般性推广. 如果将函数定义中定义域与值域的概念推广至一般的集合，则可得到映射的定义.

定义 2.1　设 X 与 Y 是两个非空集合，如果对任意 $x\in X$，都存在唯一的 $y\in Y$ 与之对应，并记此对应关系为 f，则称 f 为从 X 到 Y 的映射，记为 $f: X\to Y$. 其中，与 $x\in X$ 所对应的元 $y\in Y$ 称为 x 在映射 f 下的像，称 x 为 y 在映射 f 下的原像，记为 $x=f^{-1}(y)$. 特别地，在 Euclid 空间上，有 $X\subset \mathrm{R}^n$，$Y\subset \mathrm{R}^m$，此时 $y=f(x)$ 即表示通常意义下的函数. 若令 $y=0$，则有

$$f(x)=0 \tag{2.1}$$

式 (2.1) 即为通常意义下的 (代数) 方程组. 相应地，若存在 $x^*\in X$，使得

$$f(x^*)=0 \tag{2.2}$$

则称 x^* 为方程组 (2.1) 的解.

2.2　空间与范数

定义 2.1 中，自变量 x 和因变量 y 分别定义在集合 X 与 Y 上. 因此，X 与 Y

的结构对一般的映射研究具有非常重要的意义. 空间概念是用以刻画集合结构的重要工具，如拓扑空间、向量空间、线性空间、内积空间等. 所谓空间，即是具备某种特殊结构的集合. 例如，拓扑空间，定义了开集、闭集、极限、可数性、可分离性等基本概念，从而可以刻画集合最基本的几何结构. 进一步定义度量 (距离) 的概念.

定义 2.2 设 X 是一非空集合. 若存在映射 $d: X\times X \longrightarrow \mathrm{R}$ 的映射 d，使 $\forall x,y,z\in X$，d 满足下述条件.

(1) 非负性 $d(x,y)\geqslant 0, d(x,y)=0\Leftrightarrow x=y$.

(2) 对称性 $d(x,y)=d(y,x)$.

(3) 三角不等式 $d(x,y)\leqslant d(x,z)+d(z,y)$.

则称 $d(x,y)$ 为 X 中元素 x 和 y 之间的度量 (距离)，而赋以度量 (距离)d 的集合 X 称为度量 (距离) 空间，记为 (X,d).

所谓度量或距离，是指实数集 R 上两点距离 $d(x,y)=|x-y|$ 的推广，它用以刻画集合中元素之间的距离，也可推广至元素到集合、集合到集合的距离. 同一个集合 X 可以有不同的度量，在不同度量下构成的是不同的度量空间. 两种常见的度量空间是线性赋范空间和内积空间. 线性赋范空间是指在一个线性空间上定义其范数，从而诱导出该线性空间的度量. 范数定义如下所述.

定义 2.3 设 X 是一非空集合，$x,y\in X$. 映射 $\|\ \|: X\to \mathrm{R}$ 称为 X 上的范数，当且仅当其满足以下性质:

(1) 非负性: $\|x\|\geqslant 0$，且 $\|x\|=0\Leftrightarrow x=0$.

(2) 齐次性: $\|\alpha x\|=|\alpha|\,\|x\|, \forall\alpha\in\mathrm{R}$.

(3) 三角不等式: $\|x+y\|\leqslant\|x\|+\|y\|$.

范数定义在一般的集合 X 上. 而在实际应用中，主要在 R^n 上展开讨论. 以下是一些 R^n 空间中常用的范数.

2.2.1 向量范数

设向量 $x=[x_1,x_2,\cdots,x_n]^{\mathrm{T}}\in\mathrm{R}^n$，有如下范数定义.

1. l_∞ 范数

$$\|x\|_\infty=\max_i|x_i|,\quad i=1,2,\cdots,n$$

2. l_1 范数

$$\|x\|_1=\sum_{i=1}^n|x_i|$$

3. l_2 范数

$$\|x\|_2=\left(\sum_{i=1}^n x_i^2\right)^{1/2}$$

4. l_p 范数

$$\|x\|_p = \left(\sum_{i=1}^{n}|x_i|^p\right)^{1/p}, \quad 1<p<\infty$$

例 2.1 设 $x=[1,2,-3,4]^{\mathrm{T}}$，则 $\|x\|_\infty=4$，$\|x\|_1=10$，$\|x\|_2=\sqrt{30}$.

2.2.2 诱导矩阵范数

设矩阵 $A=a_{ij}\in \mathrm{R}^{n\times n}$，有如下范数定义.

1. 诱导矩阵范数

$$\|A\| = \max_{x\neq 0}\left\{\frac{\|Ax\|}{\|x\|}\right\}$$

2. 诱导 l_1 矩阵范数

$$\|A\|_1 = \max_{j}\left\{\sum_{i=1}^{n}|a_{ij}|\right\}$$

3. 诱导 l_∞ 矩阵范数

$$\|A\|_\infty = \max_{i}\left\{\sum_{j=1}^{n}|a_{ij}|\right\}$$

4. 诱导 l_2 矩阵范数

$$\|A\|_2 = \sqrt{\lambda_{A^{\mathrm{T}}A}}$$

其中，$\lambda_{A^{\mathrm{T}}A}$ 为矩阵 $A^{\mathrm{T}}A$ 的最大特征值.

例 2.2 设矩阵

$$A=\begin{bmatrix} 1 & 2 & 0 & 2\\ 3 & 2 & 1 & 3\\ 5 & 0 & 6 & 3\\ 2 & 4 & -9 & 7 \end{bmatrix}$$

则有

$$\|A\|_1 = 16, \quad \|A\|_\infty = 22$$

同一个线性空间可以定义不同的范数，从而构成不同的线性赋范空间. 值得注意的是，同一个有限维线性赋范空间上定义的不同范数是等价的.

命题 2.1 设 $\|x\|_\alpha$ 与 $\|x\|_\beta$ 是定义在线性空间 X 中的两种范数，则有

$$\|x\|_\alpha \to 0 \Leftrightarrow \|x\|_\beta \to 0$$

内积空间是结构更为特别的一类空间，它在集合上定义内积运算：

$$\langle x, y\rangle = x^{\mathrm{T}} y$$

由上式可见，内积空间必定是赋范空间，因为可以定义其范数为

$$\|x\| = \sqrt{\langle x, x\rangle}$$

同样，赋范空间也必定是度量空间，因为可以选取其度量为

$$d(x, y) = \|x - y\|$$

2.3 连续性、可微性与紧性

有了距离或范数的定义，即可刻画度量空间上的函数或映射的连续性 (continuity). 首先给出邻域的定义.

定义 2.4 设 (X, d) 是度量空间，r 是正实数. 对于 $\forall x_0 \in X$，称集合

$$B_r(x_0) = \{x | x \in X, d(x, x_0) < r\} \tag{2.3}$$

是 x_0 的 r 开邻域，在不引起误解的情况下，开邻域简称为邻域.

邻域 $B_r(x_0)$ 实质上是 X 中以 x_0 为中心、以 r 为半径的开球. 利用邻域的概念，可以进一步定义度量空间上映射的连续性.

定义 2.5 设距离空间 (X, d) 及 (Y, d) 上有映射 $f: X \to Y$. 对 $x_0 \in X$，称 f 在 x_0 处连续，如果对任意 $\varepsilon > 0$，存在 $\delta = \delta(\varepsilon, x_0)$，使得对任意 $x \in B_\delta(x_0) \subset X$，均有 $d(f(x) - f(x_0)) < \varepsilon$. 若映射 f 在 X 内任意一点都连续，则称映射 f 在 X 上连续，简称为连续.

很多时候，我们希望映射有更好的性质，不但具有连续性，而且具有光滑性. 映射的光滑程度是由可微性 (differentiability) 来刻画的.

定义 2.6 设距离空间 (X, d) 及 (Y, d) 上有映射 $f: X \to Y$. 对 $x_0 \in X$，如果其一阶偏导 $\partial f/\partial x$ 在 x_0 处存在且连续，则称 f 在 x_0 处可微. 若映射 f 在 X 内任意一点都可微，则称映射 f 在 X 上可微，简称为可微.

定义 2.6 给出了距离空间上映射的一阶可微性定义. 特别地，当映射定义在 R^n 空间上时，对于标量映射，其一阶偏导是一个向量，一般称为梯度，记作 $\nabla f(x) = \partial f/\partial x$，其二阶偏导称为 Hessian 矩阵. 对于向量映射，其一阶偏导是一个矩阵，一般称为 Jacobi 矩阵. 更高阶的偏导通常难以用简单的形式写出，半张量积方法为表示多维高阶偏导提供了一个非常好的工具，读者可以参考文献 [12]. 进一步，读

者还可通过高阶偏导自行推导并定义映射的高阶可微性. 高阶可微意味着映射更加光滑，相应也就具有更好的结构和性质.

除了连续性，集合或空间还有一个重要的性质 —— 紧性. 对 R 上的有界闭区间 $[a,b]$，有 Bolzano-Weierstrass 定理，即任何有界数列必有收敛的子列，此即为实数轴上的列紧性定理，它可以推广到 R^n 空间，并进一步推广到一般度量空间.

定义 2.7 设 M 是度量空间 X 的一非空子集. 如果 M 中任意无限点列 $\{x_n\}$ 都有收敛的子列 $\{x_{n_k}\}$ 使得 $x_{n_k} \to x \in X$，则称 M 是相对列紧的. 进一步如果收敛子列的极限都在 M 中，则称 M 是列紧的. 特别地，如果空间 X 本身是列紧的，则称 X 是列紧空间.

除了列紧集合外，还有另一个相关的概念 —— 紧集.

定义 2.8 设 M 是度量空间 X 的一非空子集，如果 M 的任意一族开覆盖都存在 M 的一个有限子覆盖，则称 M 是紧集. 特别地，如果空间 X 本身是紧的，则称 X 是紧空间.

列紧性和紧性主要关心集合中任意的无限序列是否存在收敛点 (聚点)，进而关心这些收敛点是否仍在集合中，前者与集合的有界性密切相关，而后者与集合的闭性密切相关. 事实上，在度量空间中，相对列紧性是有限维空间 R^n 中集合有界性的推广，而列紧性和紧性则是有限维 Euclid 空间 R^n 中集合有界闭性的推广. 如果度量空间 X 的子集 M 是相对列紧的，则它是有界的；如果 M 是列紧的或紧的，则它是有界闭的. 在一般拓扑空间里，列紧性与紧性是有区别的，但是在度量空间中，二者是等价的，在本书中不作严格区分.

有了紧性的定义，容易将 Euclid 空间 R^n 中有界闭集上连续函数的一些重要性质推广至度量空间中紧集上的连续映射. 例如，在度量空间中，连续映射将紧集映射为紧集，对紧集上的连续单值映射，其逆映射也连续. 连续映射在紧集上有界，且在紧集上能达到它的界.

除集合的紧性外，我们还关心在度量空间的结构是否足够“完整”，从而在进行极限运算时不会遇到困难. 显然，所谓的“完整性”是由度量空间的完备性来决定的，它可仿照实数完备性的 Cauchy 收敛原理来定义.

定义 2.9 (完备度量空间) 设度量空间 (X,d) 中有点列 $\{x_n\}$，如果 $\forall \varepsilon > 0$，$\exists N \in \{1,2,\cdots\}$，使得当 $m,n > N$ 时，恒有 $d(x_m,x_n) < \varepsilon$，则称 $\{x_n\}$ 是度量空间 (X,d) 的一个基本列或 Cauchy 列. 如果 (X,d) 中每个基本列都收敛于该空间内的点，则称 (X,d) 是完备的度量空间.

上述定义表明，在 Cauchy 序列的意义下，空间的完备性意味着其内部和边界上都不能有“缺陷”. 进一步由紧集定义和完备度量空间定义可知，一个度量空间如果是 (列) 紧的，则它是完备的. 下面给出一些完备空间和不完备空间的例子.

例 2.3 整个实数轴按 Euclid 距离 $d(x,y) = |x-y|$ 构成一个完备的度量空

间，而所有有理数集则构成不完备的度量空间.

例 2.4 R^n 空间按 Euclid 距离构成完备度量空间.

完备的内积空间称为 Hilbert 空间，而完备的赋范空间称为 Banach 空间，这些空间都是泛函分析中最重要和最常见的研究对象. 很多情形下，针对一个不完备的空间，可以扩展其结构，使其变成完备的空间，此即空间的完备化.

2.4 集值映射及其连续性

集值映射 (set-valued mapping) 是普通映射概念的推广，其含义较普通意义上的映射更为复杂和抽象，它是博弈论中进行较为深刻的理论分析时必须使用的重要工具. 由于该理论比较艰深，本节仅介绍其最基本的概念与定义，对一些基本的性质和定理也不加证明地给出，以便读者对此有初步认识.

以下给出集值映射的定义.

定义 2.10 设 D、Z 是两个非空集合，$G : D \to Z$ 是一种对应法则，即若 $\forall x \in D$，通过 G 均有 Z 中的某个子集 $G(x)$ 与之相对应，则称 G 是 D 到 Z 的一个集值映射. 记为

$$G : D \to P_0(Z)$$

其中，$P_0(Z)$ 为 Z 所有子集组成的集合.

定义 2.11 设 $G : D \to P_0(Z)$ 为非空集合 D 到 Z 的一个集值映射，称集合 $D \times Z$ 的子集

$$\text{graph}(G) = \{(x, y)|(x, y) \in D \times Z, y \in G(x)\}$$

为集值映射 G 的图. 进一步，若 graph(G) 是 $D \times Z$ 中的闭集，则称集值映射 G 是闭的，graph(G) 是集值映射 G 的闭图.

设 graph(G) 是闭图，由定义 2.11 可知，若

$$(x_\alpha, y_\alpha) \in \text{graph}(G), \quad (x_\alpha, y_\alpha) \to (x, y)$$

则必有

$$(x, y) \in \text{graph}(G)$$

或等价地

$$\forall x_\alpha \in D, \quad x_\alpha \to x$$
$$\forall y_\alpha \in G(x_\alpha), \quad y_\alpha \to y$$

从而有

$$y \in G(x)$$

上述事实表明，闭图意味着映射 G 是闭的. 进一步，映射 G 是闭的意味着 $G(x)$ 是闭集.

集值映射也有连续性的概念，但是较之普通映射上定义的连续性更为复杂.

定义 2.12　设 $G: D \to P_0(Z)$ 为非空集合 D 到 Z 的一个集值映射. 若对 $X_0 \in D$ 以及 Z 中满足 $G(x_0) \subset Z_0$ 的任意开集 Z_0，总存在 x_0 的某个开邻域 $B(x_0)$，使 $\forall x \in B(x_0)$，均有 $G(x) \subset Z_0$，则称 G 在 x_0 处是上半连续的. 进一步，若 G 在任意 $x \in D$ 处都上半连续，则称 G 是上半连续的.

定义 2.13　设 $G: D \to P_0(Z)$ 为非空集合 D 到 Z 的一个集值映射. 若对 $X_0 \in D$ 以及 Z 中满足 $G(x_0) \cap Z_0 \neq \varnothing$ 的任意开集 Z_0，总存在 x_0 的某个开邻域 $B(x_0)$，使 $\forall x \in B(x_0)$，均有 $G(x) \cap Z_0 \neq \varnothing$，则称 G 在 x_0 处是下半连续的. 进一步，若 G 在任意 $x \in D$ 处都下半连续，则称 G 是下半连续的.

上半连续与下半连续的含义是不同的，从下面的例子可看出.

例 2.5　考察如图 2.1 所示的集值映射:

$$G_1 = \begin{cases} [-1,1], & x \neq 0 \\ \{0\}, & x = 0 \end{cases}$$

$$G_2 = \begin{cases} \{0\}, & x \neq 0 \\ [-1,1], & x = 0 \end{cases}$$

根据定义 2.12 和定义 2.13 分析可知，G_1 下半连续但不上半连续，G_2 上半连续但不下半连续.

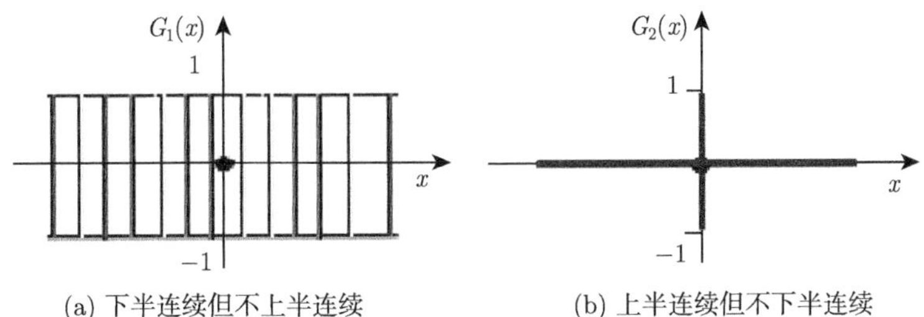

(a) 下半连续但不上半连续　　(b) 上半连续但不下半连续

图 2.1　上半连续与下半连续

定义 2.14　设 $G: D \to P_0(Z)$ 为非空集合 D 到 Z 的一个集值映射. 若 G 在 x_0 处既上半连续又下半连续，则称 G 在 x_0 处连续. 进一步，若对任意 $x \in D$，G 都是连续的，则称 G 是 D 上的连续映射.

显然，若常规映射 $f: X \to Y$ 是连续的，则其作为集值映射也是连续的，并且既上半连续，又下半连续. 需要说明的是，上半连续的集值映射是博弈论中证明 Nash 均衡的重要理论工具，以下给出一个定理，用以判定一个集值映射是否是上半连续的.

定理 2.1 设 G 是拓扑空间 D 到紧拓扑空间 Z 的集值映射，如果 G 有闭图，则 G 是上半连续的.

2.5 凸集与凸函数

在求解优化问题或博弈问题时，目标函数及可行域是否具备凸性关系到问题能否有效求解，这就涉及凸集 (convex set) 和凸函数 (convex function) 的概念.

定义 2.15 若对非空集合 D 中的任意元素 x 和 y，有

$$\lambda x+(1-\lambda)y\in D,\quad \forall\lambda\in[0,1] \tag{2.4}$$

则称集合 D 为凸集.

根据以上定义，一个集合是凸集当且仅当集合中连接任意两点的线段仍包含在该集合内.

例 2.6 凸集的几何意义. 如图 2.2所示，(a) 是凸集，而 (b) 不是凸集.

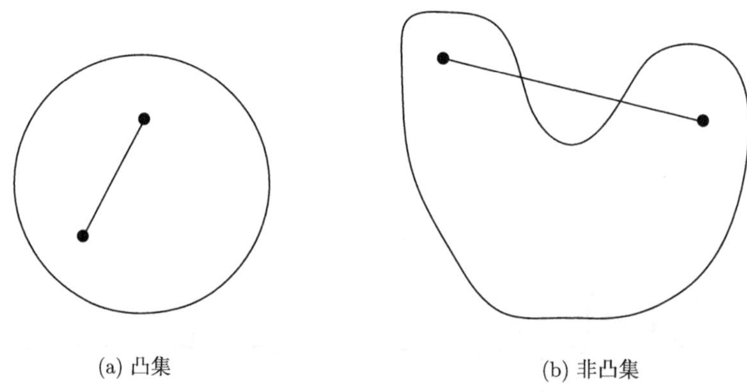

(a) 凸集　　(b) 非凸集

图 2.2 凸集与非凸集

例 2.7 设 $x,p\in\mathrm{R}^n$, $a\in\mathrm{R}$，以下三类集合均是凸集:

(1) 超平面 $H=\{x|p^{\mathrm{T}}x=a\}$.

(2) 闭半空间 $H_c^-=\{x|p^{\mathrm{T}}x\leqslant a\}$ 和 $H_c^+=\{x|p^{\mathrm{T}}x\geqslant a\}$.

(3) 开半空间 $H_o^-=\{x|p^{\mathrm{T}}x<a\}$ 和 $H_c^+=\{x|p^{\mathrm{T}}x>a\}$.

凸集具有下列基本性质:

命题 2.2 设 S_1 和 S_2 是 R^n 中的凸集，则

(1) $S_1\cap S_2$ 是凸集.

(2) $S_1\pm S_2=\{x\pm y|x\in S_1,y\in S_2\}$ 是凸集.

了解了集合的凸性后，下面给出凸函数和凹函数的定义.

定义 2.16　设 $S \subset \mathrm{R}^n$ 是非空凸集，f 是定义在 S 上的函数，若其满足

$$f(\lambda x + (1-\lambda)y) \leqslant \lambda f(x) + (1-\lambda)f(y), \quad \forall x, y \in S, \quad \forall \lambda \in [0,1]$$

则称 f 为 S 上的凸函数. 若 $x \neq y$ 时上述不等式严格成立，则称 f 为 S 上的严格凸函数. 若 $-f$ 是 S 上的 (严格) 凸函数，则 f 是 S 上的 (严格) 凹函数.

例 2.8　图 2.3 中，(a) 是凹函数；(b) 是凸函数；(c) 既不是凸函数，也不是凹函数.

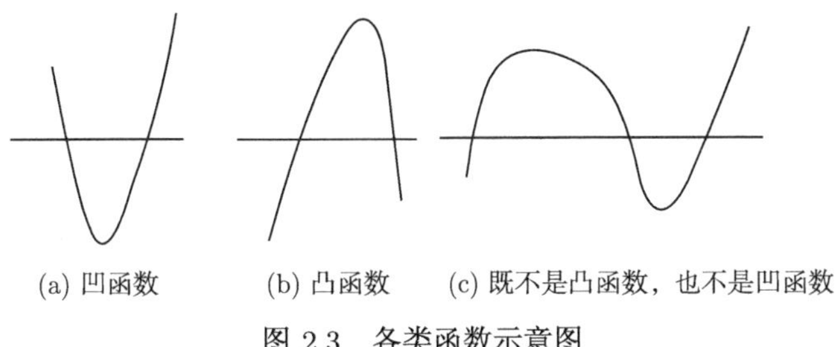

(a) 凹函数　(b) 凸函数　(c) 既不是凸函数，也不是凹函数

图 2.3　各类函数示意图

例 2.9　线性函数 $f(x) = p^{\mathrm{T}}x + a$ 在 R^n 上既是凸函数又是凹函数.

凸函数具有以下一些重要的基本性质.

命题 2.3　设 $f_1, f_2, \cdots, f_m$ 是凸集 S 上的凸函数，则

(1) 对任意实数 $k > 0$，kf_i 也是 S 上的凸函数.

(2) 对实数 $a_1, a_2, \cdots, a_m \geqslant 0$，函数 $\sum\limits_{i=1}^{m} a_i f_i$ 也是 S 上的凸函数.

2.6　不动点与压缩映射

在优化计算和博弈分析中，常常要考虑最优解或均衡点的存在性和唯一性问题，这需要用到泛函分析中的不动点 (fixed point) 理论及压缩映射 (contractive mapping) 原理.

定义 2.17　考虑映射 $f: X \to Y$，若 $\exists x^* \in X$ 使 $x^* = f(x^*)$ 成立，则称 x^* 为映射 f 的不动点.

由上述定义可知，不动点是指能被映射到自身的点. 不动点对方程的求解、稳定性分析等具有极其重要的作用. 数学家们提出了各种不动点理论，以讨论不同情况下不动点的存在与唯一性问题. 下面给出两个应用最广泛的不动点定理.

定理 2.2 (Brouwer 不动点定理)　设 $X \subset \mathrm{R}^n$ 是有界闭凸集合，映射 $f: X \to X$ 连续，则 f 在 X 上至少有一个不动点.

注意上述不动点原理的应用条件，一是所关心的集合 X 须为紧凸集，二是需要映射自身具有连续性及在 X 上的封闭性. 不动点在现实生活中很容易找到相应

的例子.

例 2.10 将地图 A 缩小 (不要求均匀按比例) 后记为地图 B，将地图 B 旋转任意角度放回地图 A(A 完全包含 B)，地图 B 的每一点在地图 A 上都有一点与之对应，也许地图 B 的北京在地图 A 的上海，地图 B 的南京在地图 A 的成都. 不动点原理告诉我们: 地图 B 上必有一个点位置没有变，该点在 A、B 两张地图上表示相同的位置.

Brouwer 不动点定理主要关心的是常规映射，它也可以推广至集值映射, 对此有如下 Kakutani 不动点定理.

定理 2.3 设 $D \subset \mathrm{R}^n$ 是非空有界闭凸集，集值映射 $G: D \to P_0(D)$ 满足 $\forall x \in D$，$G(x)$ 是 D 上的非空闭凸集，且 G 在 D 上是上半连续的，则 $\exists x^* \in D$, 使得 $x^* \in G(x^*)$.

压缩映射是用来研究不动点最基本、最重要的方法，类似于函数与映射的关系，压缩映射理论也能推广至一般度量空间.

定义 2.18 设 (X, d) 是度量空间，称映射 $f: X \to X$ 是压缩映射，如果存在正数 $\alpha \in (0,1)$, 使得

$$d(f(x)-f(y)) \leqslant \alpha d(x-y), \quad \forall x, y \in X \tag{2.5}$$

其中，α 为压缩系数.

利用压缩映射，可以得到一系列不动点存在性与唯一性的判定定理. 下面给出在泛函分析中经常用到的 Banach 压缩映射原理，也称为 Banach 不动点定理 (定理 2.4).

定理 2.4 设 f 是完备度量空间 X 上的压缩映射，则 f 在 X 中存在唯一的不动点.

容易看出，利用定理 2.4 中的压缩映射可在完备度量空间中构成一个点列，映射的连续性保证基本列的极限存在，完备性则保证该极限点位于空间之内，而映射的压缩性则使任意两个不动点的距离会趋向于 0，从而保证了不动点的唯一性.

2.7 单目标优化问题

实际工程决策问题中，通常需要寻找最优策略，故可将其建模为一个最优化问题来求解. 本节简要介绍无约束和带约束优化问题的基本理论.

对于 $x \in D \subseteq \mathrm{R}$，无约束最优化问题形式为

$$\min \ f(x) \tag{2.6}$$

假定函数 $f(x)$ 二阶可微，将其一阶偏导和二阶偏导分别记为

$$g(x) = \nabla f(x), \quad H(x) = \nabla^2 f(x)$$

以下列举若干求解无约束最优化问题的基本定理.

定理 2.5 (一阶必要条件) 若 $x^* \in D$ 是优化问题 (2.6) 的局部极小点，则 $g(x^*) = 0$.

定理 2.6 (二阶必要条件) 若 $x^* \in D$ 是优化问题 (2.6) 的局部极小点，则 $g(x^*) = 0$，且 $H(x^*)$ 半正定.

定理 2.7 (二阶充分条件) 若 $g(x^*) = 0$，且 $H(x^*)$ 正定, 则 $x^* \in D$ 是优化问题 (2.6) 局部极小点.

定理 2.8 (凸充要条件) 若 D 是凸集，且 f 是严格凸函数，则 $x^* \in D$ 是优化问题 (2.6) 全局极小点当且仅当 $g(x^*) = 0$.

根据上述定理，可以构造多种无约束优化问题的求解方法. 一般优化问题很难获得解析解，通常需要进行数值迭代求解. 需要说明的是，在求解博弈问题的均衡解时，也经常需要将其转化为优化问题进行求解.

例 2.11 两个电厂发电量分别为 p_1 和 p_2. 已知单位电价为 4，电厂 G_1 发电成本为

$$C = p_1^2 - p_1 p_2$$

设电厂 G_2 的发电量 $p_2 = 8$，试问电厂 G_1 发电量应为多少?

将上述问题建模为下述无约束的优化问题:

$$\max f(p_1, p_2) = 4p_1 - (p_1^2 - p_1 p_2) \tag{2.7}$$

或等价地

$$\min f(p_1, p_2) = -4p_1 + (p_1^2 - p_1 p_2) \tag{2.8}$$

首先对式 (2.8) 求一阶必要条件:

$$\frac{\partial f}{\partial p_1} = -4 + 2p_1 - p_2 = 0$$

得到

$$p_1^* = 2 + \frac{p_2}{2}$$

再验证二阶充分条件:

$$\frac{\partial^2 f}{\partial^2 p_1} = 2 > 0$$

故电厂 G_1 的最佳发电量为 6.

在实际工程控制与决策问题中，总存在各种约束条件，因此必须考虑带约束的优化问题. 约束通常包括等式约束和不等式约束. 首先考虑带等式约束的优化问题，其模型可以写为

$$\begin{aligned} &\min f(x) \\ &\text{s.t.}\quad h(x) = 0 \end{aligned} \tag{2.9}$$

该问题不能直接应用无约束优化问题的基本定理求解，可以采用 Lagrange 乘子法先将其转化为无约束优化问题，然后进行求解，其基本原理概述如下.

首先写出 Lagrange 函数

$$L(x) = f(x) + \lambda^{\mathrm{T}} h(x) \tag{2.10}$$

则带等式约束的优化问题 (2.9) 等价于如下无约束优化问题:

$$\min L(x) \tag{2.11}$$

其一阶最优必要条件相应地变为

$$\begin{cases} \dfrac{\partial L}{\partial x} = 0 \\ \dfrac{\partial L}{\partial \lambda} = 0 \end{cases} \tag{2.12}$$

进一步考虑约束中含有不等式的情形. 此时优化问题模型为

$$\begin{aligned} &\min f(x) \\ &\text{s.t.}\quad h(x) = 0 \\ &\qquad g(x) \leqslant 0 \end{aligned} \tag{2.13}$$

我们仍然可以采用 Lagrange 乘子方法将其转化为无约束的优化问题.

令

$$L(x) = f(x) + \lambda^{\mathrm{T}} h(x) + \eta^{\mathrm{T}} g(x) \tag{2.14}$$

则带不等式约束的优化问题 (2.13) 等价于下述无约束优化问题:

$$\min\ L(x) \tag{2.15}$$

其一阶最优性必要条件相应地变为

$$\begin{cases} \dfrac{\partial L}{\partial x} = 0 \\ \dfrac{\partial L}{\partial \lambda} = 0 \\ \eta \geqslant 0, \quad g(x) \leqslant 0, \quad \eta^{\mathrm{T}} g(x) = 0 \\ h(x) = 0 \end{cases} \tag{2.16}$$

此条件又称为 Karush-Kuhn-Tucker 最优性条件，简称为 KKT 条件[4].

例 2.12 仍考虑例 2.11 中的两个发电厂. 现设发电厂 G_1 的发电量不能超过 5，其余条件不变. 试问为了实现最大收益，电厂 G_1 的发电量应为多少？

首先写出该问题的 Lagrange 函数

$$L(p_1, p_2) = -4p_1 + (p_1^2 - p_1 p_2) + \lambda(p_1 - 5) \tag{2.17}$$

此时 KKT 条件为

$$\begin{cases} \dfrac{\partial f}{\partial p_1} = -4 + 2p_1 - p_2 + \eta = 0 \\ \eta(p_1 - 5) = 0 \end{cases} \tag{2.18}$$

求解该方程组可得

$$p_1 = 5, \quad \eta = 2$$

故 $p_1^* = 5$ 即为电厂 G_1 的最佳发电量.

求解优化问题时，直接求解原问题往往较为复杂，此时如果将其转化为对偶问题，则有可能大幅度降低求解难度. 当然，是否需要将优化问题转化为对偶问题，应根据具体情况而定，以下列举一例予以说明.

考虑下述线性最优化问题:

$$\begin{aligned} \min \ & c^{\mathrm{T}} x \\ \text{s.t.} \ & A_1 x = b_1 \\ & A_2 x \leqslant b_2 \\ & x \geqslant 0 \end{aligned} \tag{2.19}$$

其对偶问题为

$$\begin{aligned} \max \ & w_1 b_1 + w_2 b_2 \\ \text{s.t.} \ & w_1 A_1 + w_2 A_2 \leqslant c \\ & w_2 \leqslant 0 \end{aligned} \tag{2.20}$$

其中，w_1、w_2 为 Lagrange 乘子.

由原问题及对偶问题的数学模型可看出，当约束条件数量较多时，采用对偶问题求解会更方便. 需要说明的是，实施对偶变换时应注意对偶问题与原优化问题是否等价，即是否存在对偶间隙. 对于线性规划，对偶间隙必定为 0，即原问题与对偶问题具有相同的最优值.

2.8 动态优化与最优控制

本章 2.7 节简要介绍了一般函数优化的基本理论与方法，它属于静态优化范畴. 在实际工程控制与决策问题中，还常常会遇到动态优化问题，即需要优化的不再是一个点，而是一个过程，它本质上考虑的是泛函极值问题，这需要用到变分法. 所谓泛函，可粗略地理解为“函数的函数”，即其自变量也是函数. 普通函数求极值需要用到微分，它表示函数增量中与自变量变化量呈线性关系的主要部分. 与之相类似，变分表示泛函增量与其自变量函数增量呈线性关系的主要部分，以下给出其定义.

定义 2.19 设有映射 $J: Y \to \mathrm{R}$，其中 Y 是由函数 $y = y(x)$ 构成的空间，$x \in X \subset \mathrm{R}^n$，则称 J 为 Y 上的一个泛函. 又设 $y, y_0 \in Y$，则称 $\delta y = y - y_0$ 为 y 在 y_0 的变分. 相应地，若令 $\alpha \in R$，则泛函 J 在 y_0 处的变分可定义为

$$\delta J = \frac{\partial}{\partial \alpha} J(y_0 + \alpha \delta y)_{\alpha=0} \tag{2.21}$$

其中，变分 δy 为 x 的函数，它与常规函数微分 Δy 的区别在于，变分 δy 表示整个函数的改变，而 Δy 表示同一个函数 $y(x)$ 因 x 的不同值而产生的差异. 由上述定义可以看出，泛函是一般函数概念的推广，它的定义域从常规的实数或复数空间扩展为函数空间 (空间上的每个点表示一个函数)，而变分也是常规函数微分概念的推广. 有了变分的定义，即可得到泛函极值问题的基本定理，实为函数极值定理在泛函极值问题上的推广.

定理 2.9 (泛函极值必要条件) 如果具有变分的泛函 $J(y(x))$ 在 $y = y_0(x)$ 处达到极值，则沿 $y = y_0(x)$ 的轨线，恒有 $\delta J = 0$.

应用变分法求泛函极值时，通常还会用到下述定理.

定理 2.10 设函数 $\Phi(x)$ 在有界闭区间 $[a, b]$ 上是连续的，如果对任意连续可微并在 $[a, b]$ 端点处取值为零的函数 $\eta(x)$，恒有

$$\int_a^b \Phi(x)\eta(x)\mathrm{d}x = 0 \tag{2.22}$$

则有

$$\Phi(x) = 0, \quad x \in [a, b]$$

利用定理 2.9 和定理 2.10，即可讨论泛函极值问题的求解.

考察下述泛函

$$J(y) = \int_{t_0}^{t_1} f(t, y(t), \dot{y}(t))\mathrm{d}t \tag{2.23}$$

$J(y)$ 取得极值的必要条件可由式 (2.24) 给出:

$$\delta J=0\Rightarrow\frac{\partial f}{\partial y_i}-\frac{\mathrm{d}}{\mathrm{d}t}\frac{\partial f}{\partial\dot{y}_i}=0 \tag{2.24}$$

式 (2.24) 即为古典变分的 Euler 方程.

利用 Euler 方程求解泛函极值问题时，没有考虑约束条件. 当泛函极值问题带有约束时，可以采用前面提到的 Lagrange 乘子法，先将其转化为无约束的泛函极值问题，然后利用 Euler 方程求解.

考虑下述带约束的泛函极值问题:

$$\min J(y)=\int_{t_0}^{t_1}f(t,y(t),\dot{y}(t))\mathrm{d}t \tag{2.25}$$

$$\text{s.t.}\quad \phi(t,y)=0 \tag{2.26}$$

首先引入 Lagrange 乘子 λ，令

$$F=f+\lambda^{\mathrm{T}}\phi \tag{2.27}$$

对式 (2.27) 直接利用 Euler 方程即可得到带约束泛函极值问题的下述必要条件:

$$\begin{cases}\dfrac{\partial F}{\partial y_i}-\dfrac{\mathrm{d}}{\mathrm{d}t}\dfrac{\partial F}{\partial\dot{y}_i}=0\\[2ex]\dfrac{\partial F}{\partial\lambda_j}-\dfrac{\mathrm{d}}{\mathrm{d}t}\dfrac{\partial F}{\partial\dot{\lambda}_j}=0\end{cases} \tag{2.28}$$

式 (2.28) 即为古典变分的 Euler-Lagrange 方程.

Euler-Lagrange 方程应用广泛，其中最重要的应用之一就是求解最优控制问题.

考察控制系统

$$\dot{x}=f(x,u) \tag{2.29}$$

其中，$f:X\times U\to X$ 为光滑映射；$x\in X$ 为系统状态变量；$u\in U$ 为系统控制输入. 式 (2.29) 又称为系统的状态方程.

设优化性能指标为

$$J=\int_0^{\mathrm{T}}L(x,u)\mathrm{d}t \tag{2.30}$$

则相应的最优控制问题可描述为：如何设计控制输入 u 使性能指标 (2.30) 在状态方程 (2.29) 的约束下达到最小. 注意需要寻找的最优控制律 u 实际上并不是一个数值，而是一个函数，因此，最优控制问题本质上属于带约束的泛函极值问题范畴，故可用 Euler-Lagrange 方程求解.

首先令

$$F=L(x,u)+\lambda^{\mathrm{T}}[f(x,u)-\dot{x}] \tag{2.31}$$

对式 (2.31) 应用 Euler-Lagrange 方程可得

$$\begin{cases} \dot{x} = f(x, u) \\ \dot{\lambda} = -\dfrac{\partial H}{\partial x} \\ \dfrac{\partial H}{\partial u} = 0 \end{cases} \tag{2.32}$$

或等价地

$$\begin{cases} \dot{x} = f(x, u) \\ \dot{\lambda} = -\dfrac{\partial H}{\partial x} \\ \min\limits_{u} H(x^*, \lambda^*, u) = H(x^*, \lambda^*, u^*) \end{cases} \tag{2.33}$$

其中

$$H = L(x, u) + \lambda^{\mathrm{T}} f(x, u) \tag{2.34}$$

此处 H 为 Hamilton 函数. 式 (2.32) 或式 (2.33) 被称为 Hamilton-Pontryagin(HP) 方程. 该方程刻画了最优控制的必要条件，式 (2.33) 最后一个方程表明，最优控制 u^* 使 Hamilton 函数取得极值，不论其是否可导，此即为著名的 Pontryagin 极值原理. 利用该原理可以求解各种最优控制问题. 下面以线性最优控制系统为例说明如何利用 Pontryagin 极值原理设计最优控制器.

例 2.13 线性系统最优控制设计原理.

考察线性动态系统:

$$\dot{x} = Ax + Bu \tag{2.35}$$

选取优化性能指标为如下积分型二次函数:

$$\min_{u} J(x, u) = \int_{0}^{\infty} \frac{1}{2}(x^{\mathrm{T}} Q x + u^{\mathrm{T}} R u)\mathrm{d}t \tag{2.36}$$

其中，Q 和 R 分别为半正定和正定常系数矩阵. 试求上述线性最优控制问题的解.

以下为线性最优控制的基本设计步骤.

第 1 步 构造线性最优控制问题的 Hamiltonian 函数

$$H = \frac{1}{2}(x^{\mathrm{T}} Q x + u^{\mathrm{T}} R u) + \lambda^{\mathrm{T}}(Ax + Bu)$$

第 2 步 应用式 (2.32) 可求得上述线性最优控制问题的必要条件为

$$\begin{cases} \dot{x} = Ax + Bu \\ \dot{\lambda} = -Qx - A^{\mathrm{T}}\lambda \\ Ru + B^{\mathrm{T}}\lambda = 0 \end{cases}$$

第 3 步　求解上述方程组得

$$u = -R^{-1}B^{\mathrm{T}}\lambda$$

$$\dot{x} = Ax - BR^{-1}B^{\mathrm{T}}\lambda$$

第 4 步　设有常数对称正定矩阵 P 使得

$$\lambda = Px$$

则有

$$\begin{cases} u = -R^{-1}B^{\mathrm{T}}Px \\ PA - A^{\mathrm{T}}P - PBR^{-1}B^{\mathrm{T}}P + Q = 0 \end{cases}$$

第 5 步　求解下述 Ricatti 代数方程:

$$PA - A^{\mathrm{T}}P - PBR^{-1}B^{\mathrm{T}}P + Q = 0$$

若其解为 P^*，则线性最优控制律为

$$u = -R^{-1}B^{\mathrm{T}}P^*x$$

2.9　多目标优化与 Pareto 最优

本章 2.7 节简要讨论了单目标优化问题的求解方法，而在实际工程控制与决策问题中通常需要优化多个目标. 例如，现代电力系统运营，既要求安全稳定，又要求经济环保，还要求电能优质，这三大目标、类型完全不同，甚至相互冲突. 显然传统的单目标优化理论难以直接处理此类问题，为此多目标 (向量) 优化理论应运而生，它成为现代优化理论一个不可或缺的重要分支.

考察下述多目标优化问题:

$$\min \quad [f_1(x), \cdots, f_m(x)] \tag{2.37}$$

$$\text{s.t.} \quad h(x) = 0$$

$$g(x) \leqslant 0$$

其中，$x \in S \subseteq \mathrm{R}^n$，映射 $[f_1(x), \cdots, f_m(x)]$ 为多目标优化问题的目标函数；$h(x) = 0$ 和 $g(x) \leqslant 0$ 分别为多目标优化问题的等式及不等式约束条件，满足约束的 x 为可行解. 以下给出多目标优化问题的若干基本概念.

定义 2.20 (理想解)　若某个可行解 x^* 使得多目标优化问题 (2.37) 的各个目标均达到最优值，则称 x^* 为理想解 (ideal solution，IS).

显然，在多目标优化中，理想解一般是不存在的. 图 2.4 给出了一个理想解的例子，两个目标 f_1 与 f_2 同时在 $X^{(0)}$ 处取得极小值. 而图 2.5 所示的例子不存在理想解. 尽管如此，理想解可以为实际求解多目标优化的非理想解提供一个基准，这对于评估一般可行解的优劣是有意义的.

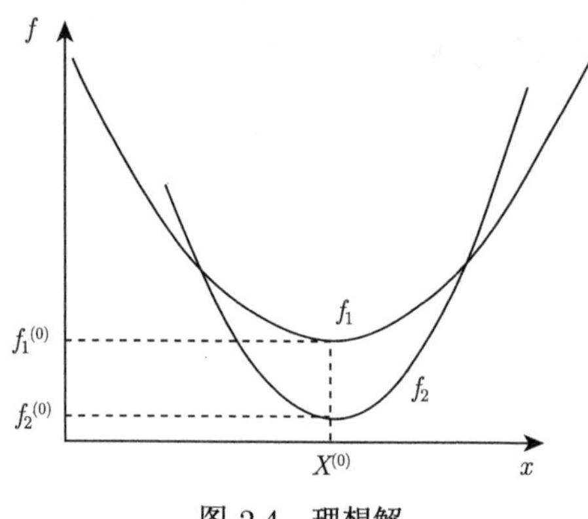

图 2.4　理想解

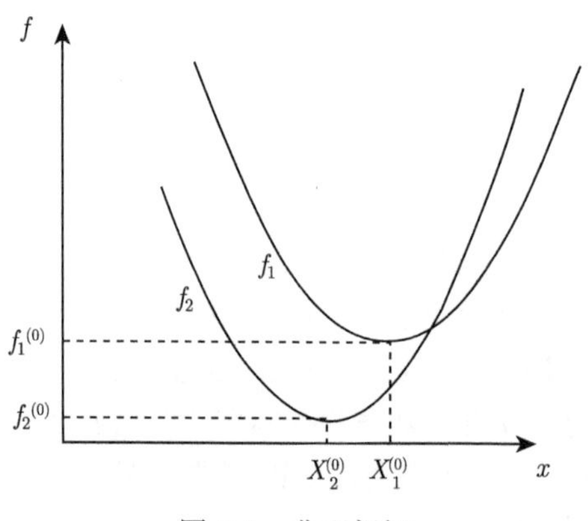

图 2.5　非理想解

定义 2.21 (占优解)　多目标优化问题 (2.37) 的某个可行解 x_1 称为相对另一可行解 x_2 的占优解 (dominant solution，DS)，当且仅当下述两个条件满足:

(1) 在所有的目标分量上，x_2 都不优于 x_1.

(2) 至少在一个目标分量上，x_1 严格优于 x_2.

定义 2.22 (非劣解)　目标优化问题 (2.37) 的可行解 x^*，使其他任何可行解都不能构成它的占优解，则称 x^* 为非劣解 (non-dominated solution，NDS)，又称为 Pareto 解.

Pareto 最优意味着找不到其他更好解向量，使得至少在一个目标分量上有改进，而其余分量不会变差.

定义 2.23 (非劣解集) 多目标优化问题 (2.37) 的所有非劣解构成的集合称为非劣解集 (non-dominated solution set，NDSS)，又称为 Pareto 最优解集或 Pareto 前沿.

2.10 动态规划与近似动态规划

2.10.1 动态规划

如本章 2.8 节所述，Pontryagin 极值原理给出了泛函极值问题的必要条件，而一定条件下，动态规划方法中的 Bellman 最优性原理则给出了泛函极值问题的充分必要条件.

Bellman 于 1957 年提出并系统建立了动态规划理论，动态规划的理论基础是 Bellman 最优性原理[6]：一个全过程的最优策略应具有这样的性质，即对最优策略过程中的任意状态而言，无论其过去的状态和决策如何，余下的决策必须构成一个最优子策略. 简言之就是“整体最优则步步最优”，或“整体最优必定局部最优”. 以下分离散系统和连续系统分别予以介绍.

1. 离散系统的 Bellman 最优性原理

考察离散时间系统：

$$x_{k+1} = F(x_k, u_k) \tag{2.38}$$

其中，k 为离散时间；x_k 为状态变量；$u_k = \pi(x_k)$ 为决策变量或控制变量，$\pi(x_k)$ 为策略函数；$F(x_k, u_k)$ 为系统状态转移函数.

定义系统 (2.38) 的代价函数为

$$J^{\pi}(x_k) = \sum_{i=k}^{\infty} r(x_i, \pi(x_i)) \tag{2.39}$$

其中，$J^{\pi}(x_k)$ 为系统在策略 $\pi(x_k)$ 作用下从状态 x_k 出发的代价函数；$r(x_i, \pi(x_i))$ 为系统在时间 i 的瞬时代价函数.

进一步，定义系统 (2.38) 的最优代价函数 $J^*(x_k)$ 为

$$J^*(x_k) = \min_{\pi} J^{\pi}(x_k) \tag{2.40}$$

根据 Bellman 最优性原理，系统的最优代价函数 $J^*(x_k)$ 应满足如下 Bellman 方程：

$$J^*(x_k) = \min_{u_k} \{r(x_k, u_k) + J^*(x_{k+1})\} \tag{2.41}$$

2. 连续系统的 Bellman 最优性原理

考察连续时间系统:

$$\dot{x}(t) = F(x(t), u(t)) \tag{2.42}$$

其中，t 为时间；$x(t)$ 为状态变量；$u(t) = \pi(x(t))$ 为决策变量或控制变量，$\pi(x(t))$ 为策略函数；$F(x(t), u(t))$ 描述系统动态.

定义系统 (2.42) 的代价函数为

$$J^{\pi}(x(t)) = \int_{t}^{\infty} r(x(\tau), \pi(x(\tau)))\mathrm{d}\tau \tag{2.43}$$

其中，$J^{\pi}(x(t))$ 为系统在策略 $\pi(x(t))$ 作用下从状态 $x(t)$ 出发的代价函数；$r(x(\tau), \pi(x(\tau)))$ 为系统在时刻 τ 的瞬时代价函数.

进一步，定义系统 (2.42) 的最优代价函数 $J^*(x(t))$ 为

$$J^*(x(t)) = \min_{\pi} J^{\pi}(x(t)) \tag{2.44}$$

根据 Bellman 最优性原理，系统的最优代价函数 $J^*(x(t))$ 应满足如下 Bellman 方程:

$$J^*(x(t)) = \min_{\pi}\left\{\int_{t}^{t+\Delta t} r(x(\tau), \pi(x(\tau)))\mathrm{d}\tau + J^*(x(t+\Delta t))\right\} \tag{2.45}$$

当 Δt 趋于零时，由式 (2.45) 可以导出:

$$-\frac{\partial J^*}{\partial t} = \min_{\pi}\left\{r\left(x\left(t\right), \pi\left(x\left(t\right)\right)\right) + \left(\frac{\partial J^*}{\partial x}\right)^{\mathrm{T}} F\left(x\left(t\right), u\left(t\right)\right)\right\} \tag{2.46}$$

该方程即为著名的 Hamilton-Jacobi-Bellman 方程， 简称 HJB 方程.

综上所述，基于 Bellman 最优性原理，动态规划方法将一个多阶段最优决策问题转换成一系列单阶段最优决策问题进行求解，即把整体优化问题简化为各阶段优化问题，每阶段只需要处理变量维数较低的优化问题，逐阶段进行优化计算从而获得整体问题的最优解. 因此，动态规划方法在工程技术、社会经济、工业生产，以及军事、政治等各个领域得到了广泛应用.

2.10.2 近似动态规划

本章 2.10.1 节介绍的动态规划方法本质上是一种“聪明”的枚举方法，但随策略空间、状态空间维数的增长，或决策阶段数的增长，其计算过程存在典型的“维数灾”问题，导致动态规划在复杂工程控制与决策问题中的应用受到限制. 为此，学者们提出了近似动态规划 (approximate dynamic programming, ADP) 方法，以

克服“维数灾”问题并有效应对系统难以精确建模、运行过程中受到不确定因素的影响等挑战[7].

为降低经典动态规划算法的存储负担，在近似动态规划中，代价函数和策略是由特定的函数逼近结构来估计的，如多项式函数、径向基函数、神经网络等. 这些函数逼近结构均呈现参数化特性，其参数由近似动态规划算法进行辨识.

近似动态规划通常采用图 2.6 所示的“执行–评价”结构. 执行部分用以逼近近似策略，进而产生控制动作作用于系统；评价部分用以近似逼近代价函数，进而对动作效果进行评价，并通过近似代价函数指导执行部分的策略更新. 通过策略评价和策略更新的反复迭代，评价部分和执行部分将分别逼近最优代价函数和最优策略，从而实现近似求解动态规划问题的目标.

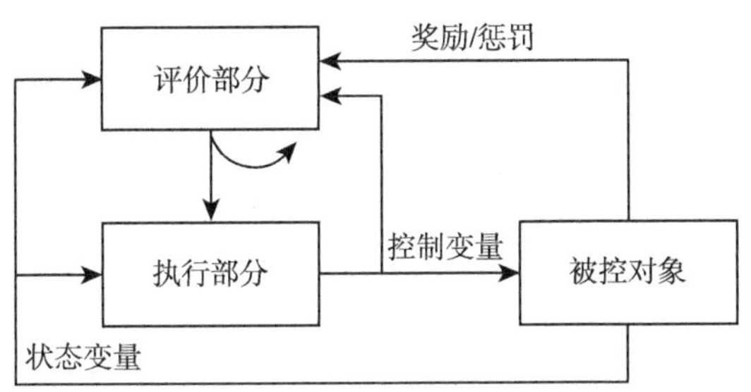

图 2.6 近似动态规划结构示意图

近似动态规划包括值函数迭代和策略迭代两种基本算法. 两种迭代方法最终均能收敛于最优代价函数和最优策略，但二者迭代过程性质不同. 前者从零初始值函数出发进行迭代，迭代过程中的值函数单调递增，但收敛速率较慢；后者从一个初始容许策略 (容许策略下系统的代价函数有限) 出发进行迭代，其迭代过程中的值函数单调下降，收敛速率较快. 下面以离散系统的策略迭代算法为例，简要说明近似动态规划的基本原理.

第 1 步 初始容许策略 $u_k=\pi^0(x_k)$，收敛误差 $\theta>0$，$i=0$.

第 2 步 策略评价，计算值函数:

$$J^i(x_k)=r(x_k,\pi^i(x_k))+J^i(x_{k+1})$$

第 3 步 策略更新，计算策略:

$$\pi^{i+1}(x_k)=\arg\min_{u_k}\left\{r(x_k,u_k)+J^i(x_{k+1})\right\}$$

第 4 步 重复第 3 步和第 4 步，直至 $|J^{i+1}(x_k)-J^i(x_k)|<\theta$.

由上述算法流程可以看出，策略迭代算法由评价部分和执行部分的迭代组成. 它从一个初始容许策略开始，不断逼近值函数和更新策略，这与经典动态规划的递推方法有显著差异，也是其能克服“维数灾”问题的原因所在.

2.11 概　率　论

2.11.1 样本、事件与概率

大自然与人类社会发生的现象可分为确定性和随机性两类. 前者是指一定条件下必然发生或必然不发生的现象; 后者是指相同条件下进行重复试验, 其结果有多种, 但在试验前无法预知, 从而呈现出偶然性的现象.

定义 2.24 随机试验每一种可能的结果称为样本点 (也称为基本事件), 通常用 ω 表示.

定义 2.25 样本点的全体称为样本空间, 通常用 Ω 表示.

定义 2.26 样本空间 Ω 的一个子集 A, 称为一个随机事件, 简称为事件.

根据上述定义, 若在试验中出现事件 A 所包含的某一样本点 ω, 则称事件 A 发生, 并记为 $\omega \in A$.

定义 2.27 设 F 是由非空集合 Ω(样本空间) 的若干子集所构成的集合, 若其满足如下三个条件:

(1) $\Omega \in F$.

(2) 若 $A \in F$, 则 $\bar{A} \in F$.

(3) 若 $A_i \in F(i=1,2,\cdots)$, 则 $\bigcup\limits_{i=1}^{\infty} A_i \in F$.

则称 F 是一个 σ- 代数, 进一步称 (Ω, F) 为可测空间.

定义 2.28 设 (Ω, F) 为可测空间, 考察下述映射.

$$P: F \rightarrow [0,1], \quad \forall A \in F$$

若 P 满足下述条件:

(1) 规范性, 即 $P(\Omega)=1$.

(2) 可加性, 即 $\forall A_i \in F(i=1,2,\cdots)$ 为一列两两互不相交的事件, 有

$$P\left(\bigcup_{i=1}^{\infty} A_i\right)=\sum_{i=1}^{\infty} P\left(A_i\right)$$

则称 $P(A)$ 为事件 A 的概率, 并称三元组 (Ω, F, P) 为所研究随机试验的概率空间.

例 2.14 抛掷均匀硬币. 若用 $\omega=\{1,0\}$ 分别表示硬币正面朝上或反面朝上, 则样本空间为

$$\Omega=\{0,1\}$$

σ-代数为

$$F=\{\{0,1\},\{1\},\{0\},\varnothing\}$$

概率 P 定义为

$$P(\{1\}) = p, \quad P(\{0\}) = 1-p, \quad P(\{0,1\}) = 1, \quad P(\varnothing) = 0$$

显见，(Ω, F, P) 构成抛掷硬币这一随机事件的概率空间.

2.11.2 概率论若干基本定理

定理 2.11 $P(\varnothing) = 0$.

定理 2.11 表明空事件的概率为 0.

定理 2.12 设 $A_1, A_2, \cdots, A_n$ 为有限不相交事件，则有

$$P\left(\bigcup_{i=1}^{n} A_i\right) = \sum_{i=1}^{n} P(A_i)$$

显见，定理 2.12 是概率可加性的一个特例，由该定理可推知，某一事件的概率和该事件的补的概率之和为 1，即

$$P(A) + P(\bar{A}) = 1$$

上式的直接推论是任何事件的概率不大于 1，即

$$\forall A \in F, \quad 0 \leqslant P(A) \leqslant 1$$

进一步，若事件 B 同时是事件 A 的真子集，则事件 A 发生的概率至少和事件 B 发生的概率一样大，即有下述结论.

定理 2.13 若 $B \subseteq A$, 则 $P(B) \leqslant P(A)$.

以下给出事件的并的概率定理.

定理 2.14 两个事件 A 与 B 的并 $A \cup B$ 发生的概率为

$$P(A \cup B) = P(A) + P(B) - P(AB)$$

定理 2.15 任意 n 个事件的并发生的概率为

$$P\left(\bigcup_{i=1}^{n} A_i\right) = \sum_{i=1}^{n} \left[P(A_i) - \sum_{i<j}^{n} P(A_i A_j) + \sum_{i<j<k}^{n} P(A_i A_j A_k) - \cdots\right]$$

2.11.3 条件概率与全概率公式

概率论研究的一个重点是分析各个事件发生概率之间的关系，如此则需知道某事件的发生如何影响另一事件发生的概率，即给定事件 A 和 B，若已知事件 B 发生，在此前提下，问事件 A 发生的概率是多少？这就是所谓的条件概率问题.

一种可能是这两个 (或多个) 事件发生的概率没有任何关系，即事件 A 发生与否，不受事件 B 发生与否的影响，在此前提下，可给出事件独立性的一般定义.

定义 2.29 设 $A_1, A_2, \cdots, A_n$ 是一组事件，若 $P(\bigcup_{i=1}^{n} A_i) = \prod_{i=1}^{n} P(A_i)$，则称事件 $A_1, A_2, \cdots, A_n$ 相互独立.

除去各个事件相互独立的情形，我们更关心的是各个事件之间存在依赖性的情况，分析事件之间这种关系最重要的概念是条件概率，以下给出其一般定义.

定义 2.30 设 A、B 是两个事件，且 $P(A) > 0$，称

$$P(B|A) = \frac{P(AB)}{P(A)}$$

为在事件 A 发生的条件下事件 B 发生的条件概率.

由上述定义可以得到下述概率乘法公式.

定理 2.16 设 $P(A) > 0$，则有 $P(AB) = P(A)P(B|A)$.

定理 2.17 设 $A_1, A_2, \cdots, A_n$ 为 n 个事件且 $P(A_1A_2\cdots A_{n-1}) > 0$，则有

$$P(A_1A_2\cdots A_n) = P(A_1)P(A_2|A_1)P(A_3|A_1A_2)\cdots P(A_n|A_1A_2\cdots A_{n-1})$$

由上述乘法公式可以推出全概率公式，它是计算复杂事件发生概率的一个有效途径，能够大大简化一个复杂事件的概率计算问题. 定理 2.18 即为全概率公式.

定理 2.18 给定概率空间 (Ω, F, P)，设 $A, B_1, \cdots, B_n \in F$，$B_iB_j = \varnothing, i \neq j, 1 \leqslant i, j \leqslant n$，且 $\bigcup_{i=1}^{n} B_i = \Omega$，$P(B_i) > 0 (i = 1, \cdots, n)$，则有

$$P(A) = P(B_1)P(A|B_1) + P(B_2)P(A|B_2) + \cdots + P(B_n)P(A|B_n)$$

显见，上述全概率公式实际上是借助于样本空间 Ω 的一个划分 $B_1, B_2, \cdots, B_n$ 将事件 A 分解成几个相互独立的事件：$AB_1, AB_2, \cdots, AB_n$，进而将 $P(A)$ 分成若干部分，分别计算再求和，如此达到了计算"复杂"事件 A 发生概率的目的.

2.11.4 Bayes 法则

博弈论中一个重要问题是预测各参与者如何利用所观测到事件估计未观测到事件发生的概率. Bayes 法则圆满地回答了这一问题，以下定理即为 Bayes 法则.

定理 2.19 给定概率空间 (Ω, F, P)，设 $A, B_1, \cdots, B_n \in F$，$B_iB_j = \varnothing$，$i \neq j$，$1 \leqslant i, j \leqslant n$，$\bigcup_{i=1}^{n} B_i = \Omega, P(A) > 0, P(B_i) > 0 (i = 1, \cdots, n)$，则有

$$P(B_i|A) = \frac{P(B_i)P(A|B_i)}{\sum_{j=1}^{n} P(B_j)P(A|B_j)}$$

2.12 随机过程

2.12.1 基本概念及统计特征

随机过程可以认为是概率论的“动力学”部分，即随机过程的研究对象是随时间演化的随机现象，换言之，对某一事物变化全过程进行一次观察得到的结果是一个关于时间 t 的函数，但对同一事物的变化过程独立地重复进行多次观察所得的结果是不同的，而且每次观察之前不能预知试验结果.

例 2.15 在海浪分析中，需要观测某固定点处海平面的垂直振动，设 $X(t)$ 表示在 t 时刻的海平面对于平均海平面的高度，则 $X(t)$ 是随机变量，而 $\{X(t)|t \in [0,+\infty)\}$ 是随机过程.

以下给出随机过程的一般定义.

定义 2.31 设 (Ω, F, P) 是概率空间，$\Omega=\{\omega\}$ 是其样本空间，T 是给定的参数集 (通常表示时间)，若对每个 $t\in T$ 有一个随机变量 $X(t,\omega)$ 与之对应，则称随机变量族 $\{X(t,\omega), t\in T\}$ 是随机过程，简记为 $X(t)(t\in T)$.

显见，随机过程可以视为是两个变量 ω 和 t 的函数 $X(t,\omega)$，$t\in T$，$\omega\in\Omega$. 特别地，对一个特定的样本点 $\omega\in\Omega$，$X(t,\omega)$ 即为对应于 ω 的样本函数或样本曲线，称为随机过程的一个轨道 (或一次实现)，简化为 $x(t)$. 对每个固定的参数 $t\in T$, $X(t,\omega)$ 即为一个定义在样本空间 Ω 上的随机变量，称为随机过程在 t 时刻的状态.

综上所述，随机过程可以视为是对应于所有不同试验结果 $\omega\in\Omega$ 的一簇时间函数 $\{X(t,\omega_1),\ X(t,\omega_2),\cdots,X(t,\omega_n),\cdots\}$ 的总体 $X(t,\omega)$.

由于随机过程在任一时刻的状态均为随机变量，故可利用随机变量 (一维和多维) 描述随机过程的统计特征.

定义 2.32 给定随机过程 $\{X(t), t\in T\}$，对于每一固定的 $t\in T$，随机变量 $X(t)$ 的一维分布函数定义为

$$F(x,t)=P\{X(t)\leqslant x\},\quad x\in \mathrm{R}$$

特别称 $\{F(x,t), t\in T\}$ 为一维分布函数族.

一维分布函数族刻画了随机过程在各个时刻的统计特性. 为了描述随机过程在不同时刻之间的统计联系，一般可对任意 n 个不同时刻 $t_1,t_2,\cdots,t_n\in T$，引入随机过程的 n 维分布函数

$$F(x_1,x_2,\cdots,x_n;t_1,t_2,\cdots,t_n)=P\{X(t_1)\leqslant x_1, X(t_2)\leqslant x_2,\cdots,X(t_n)\leqslant x_n\}$$

$$x_i\in \mathrm{R},\quad i=1,2,\cdots,n$$

特别地，对于固定的 n，称 $\{F(x_1, x_2, \cdots, x_n; t_1, t_2, \cdots, t_n), t_i \in T, i = 1, 2, \cdots, n\}$ 为随机过程 $X(t)$ 的 n 维分布函数族.

随机过程的分布函数族虽然能够完整刻画随机过程的统计特性，但在实际研究随机现象时，根据随机试验往往只能得到随机过程的部分样本，而用它来确定 n 维分布函数族是非常困难的，为此引入下述随机过程的基本统计 (数字) 特征.

定义 2.33　随机过程 $X(t)$ 的均值函数 (数学期望) 定义为

$$\mu_X(t) = E[X(t)]$$

其中，$\mu_X(t)$ 为 $X(t)$ 在各个时刻的摆动中心.

定义 2.34　随机过程 $X(t)$ 的均方值定义为

$$\Phi_X^2(t) = E[X^2(t)]$$

定义 2.35　随机过程 $X(t)$ 的方差函数定义为

$$\sigma_X^2(t) = D[X(t)] = E\{[X(t) - \mu_X(t)]^2\}$$

其中，$\sigma_X^2(t)$ 为 $X(t)$ 在 t 时刻对均值 $\mu_X(t)$ 的二阶中心距.

定义 2.36　随机过程 $X(t)$ 的自相关函数定义为

$$R_X(t_1, t_2) = E[X(t_1)X(t_2)]$$

定义 2.37　随机过程 $X(t)$ 的自协方差函数定义为

$$C_X(t_1, t_2) = \text{Cov}[X(t_1), X(t_2)] = E\{[X(t_1) - \mu_X(t_1)][X(t_2) - \mu_X(t_2)]\}$$

若令 $t_1 = t_2 = t$，则有

$$\sigma_X^2 = R_X(t, t) - \mu_X^2(t)$$

一般而言，均值函数和自相关函数是随机过程最主要的两个数字特征.

定义 2.38　若随机过程 $X(t)$ 的二阶矩 $E[X^2(t)]$ 存在，则称 $X(t)$ 为二阶矩过程.

定理 2.20　若 $X(t)$ 为二阶矩过程，则其自相关函数 $R_X(t_1, t_2)$ 一定存在.

上述定理可由 Cauchy-Schwartz 不等式推得.

需要说明的是，正态过程即是一种特殊的二阶矩过程，意味着正态过程的全部统计特性完全可由它的均值函数和自相关函数确定.

2.12.2 Poisson 过程和 Wiener 过程

定义 2.39 (独立增量过程) 给定二阶矩过程 $X(t)$ 及其所在区间 $[s,t]$ 上的增量 $X(t)-X(s)(t>s\geqslant 0)$，若 $\forall n\in N$ 及任意给定的 $0\leqslant t_0<t_1<t_2<\cdots<t_n$，$n$ 个增量 $X(t_1)-X(t_0)$、$X(t_2)-X(t_1)$、$X(t_n)-X(t_{n-1})$ 相互独立，则称 $X(t)$ 为独立增量过程.

显见，独立增量过程意味着在不重叠的区间上，状态的增量是相互独立的.

定义 2.40 若 $\forall h\in R$ 和 $t+h>s+h\geqslant 0$，$X(t+h)-X(s+h)$ 与 $X(t)-X(s)$ 具有相同的分布，则称 $X(t)$ 具有增量平稳性，相应的独立增量过程是齐次过程.

Poisson 过程是一类典型的独立增量过程，对应着自然界和社会普遍存在的随着时间推移迟早会重复出现的事件，如电子管阴极发射的电子到达阳极、意外事故或意外差错的发生，以及要求服务的顾客到达服务站等.

进一步可以将上述事件归纳抽象为随时间推移陆续出现在时间轴上的多个质点构成的质点流，如此若以 $N(t),t\geqslant 0$ 表示在时间间隔 $(0,t]$ 内出现的质点数，则 $\{N(t),t\geqslant 0\}$ 即为一类状态取非负整数、时间连续的随机过程，称为计数过程.

定义 2.41 给定记数过程 $N(t)$，若其满足

(1) $X(t)$ 是独立增量过程.

(2) $\forall t>t_0\geqslant 0$，增量 $N(t)-N(t_0)$ 服从参数为 $\lambda(t-t_0)$ 的 Poisson 分布.

(3) $N(0)=0$.

则称 $N(t)$ 为一强度为 λ 的 Poisson 过程.

由上述定义可知，若 $N(t)$ 为 Poisson 过程，则其在 $(t_0,t]$ 内出现 k 个质点的概率为

$$P_k(t_0,t)=\frac{[\lambda(t-t_0)]^k}{k!}\mathrm{e}^{-\lambda(t-t_0)} \tag{2.47}$$

由式 (2.47) 可知，增量 $N(t_0,t)=N(t)-N(t_0)$ 的概率分布仅与 $t-t_0$ 有关，故 Poisson 过程是一个齐次过程.

容易推知 Poisson 过程的均值函数和方差函数为

$$E[N(t)]=\mathrm{Var}[N(t)]=\lambda(t) \tag{2.48}$$

式 (2.48) 表明，Poisson 过程的强度等于单位时间间隔内出现的质点数目的期望值.

定义 2.42 给定二阶矩过程 $\{X(t),t\geqslant 0\}$，若其满足

(1) 它是独立增量过程.

(2) $\forall t>s\geqslant 0,\ X(t)-X(s)\sim N(0,\sigma^2(t-s)),\ \sigma>0$.

(3) $X\,(0)=0$.

则称 $X(t)$ 为 Wiener 过程.

由上述定义，可以推知 Wiener 过程的均值函数和方差函数分别为

$$E[X(t)] = 0, \quad D[X(t)] = \sigma^2 \tag{2.49}$$

Wiener 过程是 Brown 运动的数学模型，它清晰地揭示了受到大量随机的、相互独立分子撞击的微粒做高速不规则运动的发生机制. Wiener 过程是齐次的独立增量过程.

2.12.3 Markov 过程与 Markov 链

现实世界有许多这样的随机现象：对某一过程而言，在已经知道现在情况的条件下，该过程未来某时刻的情况只与现在的情况有关，而与过去的历史情况无直接关系. 例如，研究一个汽车销售商店的累计销售额，若现在某一时刻的累计销售额已经知道，则未来某一时刻的累计销售额与现在时刻以前的任一时刻累计销售额无关. 一般称描述此类随机现象的数学模型为 Markov 过程，以下给出其定义.

定义 2.43 若随机过程 $X(t)$ 在 t_0 所处的状态为已知条件下，$X(t)$ 在 $t > t_0$ 所处状态的条件分布与过程在 t_0 之前所处状态无关，即在已知过程“现在”的条件下，$X(t)$ 的“将来”不依赖于其“过去”，则称 $X(t)$ 具有无后效性 (或 Markov 性).

定义 2.44 设 $\{X(t), t \in T\}$ 的状态空间为 I，若 $\forall n \in N(n \geqslant 3)$ 个时刻 $t_1 < t_2 < \cdots < t_n < T$，有

$$P\{X(t_n) \leqslant x_n \mid X(t_1) = x_1, \cdots, X(t_{n-1}) = x_{n-1}\} = P\{X(t_n) \leqslant x_n \mid X(t_{n-1}) = x_{n-1}\}$$

则称 $\{X(t), t \in T\}$ 为 Markov 过程.

由上述定义可知，Poisson 过程为时间连续状态离散的 Markov 过程，Wiener 过程为时间状态都连续的 Markov 过程.

定义 2.45 称时间和状态都离散的 Markov 过程为 Markov 链.

根据上述定义，Markov 链可以视为在时间集 $T = \{0, 1, 2, \cdots\}$ 对离散状态集 $\{X_n = X(n), n = 0, 1, 2, \cdots\}$ 观测的结果. 若记状态空间 $I = \{a_1, a_2, \cdots\}$，$a_i \in \mathrm{R}$，则其 Markov 性可用下述条件分布表示，即 $\forall n, r \in N$，$0 \leqslant t_1 < t_2 < \cdots < t_r < m$，$t_i, m, m+n \in T$，有

$$\begin{aligned} &P\{X_{m+n} = a_j \mid X_{t1} = a_{i1}, X_{t2} = a_{i2}, \cdots, X_{tr} = a_{tr}, X_m = a_i\} \\ =&P\{X_{m+n} = a_j \mid X_m = a_i\}, \quad a_k \in I \end{aligned}$$

定义 2.46 称条件概率

$$P_{ij}(m, m+n) = P\{X_{m+n} = a_j | X_m = a_i\}$$

为 Markov 链在时刻 m 处于状态 a_i 的条件下，在时刻 $m+n$ 转移到状态 a_j 的概率，P 称为转移概率矩阵.

定义 2.47 若转移概率 $P_{ij}(m,m+n)$ 只与状态 a_i、a_j 及时间间距 n 有关，即

$$P_{ij}(m,m+n)=P_{ij}(n)$$

则称 Markov 链为齐次的，又称其转移概率具有平稳性.

定义 2.48 设 X_n 为齐次 Markov 链，称其转移概率

$$P_{ij}(n)=P\{X_{m+n}=a_j|X_m=a_i\}$$

为 X_n 的 n 步转移概率，$P(n)=(P_{ij}(n))$ 为 n 步转移概率矩阵.

定理 2.21 (Chapman-Kolmogorov 方程) 设 $\{X(n),n\in T\}$ 是齐次 Markov 链，则对 $\forall u,v\in T$，有

$$p_{ij}(u+v)=\sum_{k=1}^{+\infty}p_{ik}(u)p_{kj}(v),\quad i,j=1,2,\cdots \tag{2.50}$$

Chapman-Kolmogorov 方程的物理意义明确，即从任意时刻s所处状态$a_i\,(X(s)=a_i)$ 出发，经过时段 $u+v$ 转移到状态 $a_j(X(s+u+v)=a_j)$ 这一事件可分解为从 $X(s)=a_i$ 出发，先经过时段 u 转移到中间状态 $a_k\,(k=1,2,\cdots)$，再从 a_k 经过时段 v 转移到状态 a_j 这样一些事件的和.

Chapman-Kolmogorov 方程也可写成矩阵乘积的形式，即

$$P(u+v)=P(u)P(v) \tag{2.51}$$

若令 $u=1,v=n-1$，则有

$$P(n)=p^n$$

综上所述，齐次 Markov 链的 n 步转移概率矩转是其一步转移概率矩阵的 n 次方，进一步，齐次 Markov 链的有限维分布由其初始分布和一步转移概率完全确定.

2.13 随机微分方程

2.13.1 均方连续、均方导数与随机积分

定义 2.49 设有二阶矩过程 $\{X(t),t\in T\}$，若

$$\lim_{h\to0}E[|X(t+h)-X(t)|^2]=0,\quad \forall t\in T \tag{2.52}$$

则称 $X(t)$ 在 t 点均方收敛，记作 $\lim\limits_{h\to0}X(t+h)=X(t)$.

进一步，若对 T 中一切点都均方收敛，则称 $X(t)$ 在 T 上连续.

定理 2.22 (均方连续准则)　二阶矩过程 $\{X(t), t \in T\}$ 在 t 点均方连续的充要条件为自相关函数 $R_X(t_1, t_2)$ 在点 (t, t) 处连续.

定义 2.50　设 $\{X(t), t \in T\}$ 是二阶矩过程，若存在一个随机过程 $X'(t)$ 满足

$$\lim_{h \to 0} E\left[\left|\frac{X(t+h) - X(t)}{h} - X'(t)\right|^2\right] = 0 \tag{2.53}$$

则称 $X(t)$ 在 t 点均方可微，记作

$$X'(t) = \frac{\mathrm{d}x(t)}{\mathrm{d}t} = \lim_{h \to 0} \frac{X(t+h) - X(t)}{h}$$

并称 $X'(t)$ 为 $X(t)$ 在 t 的均方导数.

定义 2.51　设 $f(s, t)$ 是二元函数，若极限

$$\lim_{\substack{h_1 \to 0 \\ h_2 \to 0}} \frac{1}{h_1 h_2} [f(s+h_1, t+h_2) - f(s+h_1, t) - f(s, t+h_2) + f(s, t)] \tag{2.54}$$

存在，则称 $f(s, t)$ 在 (s, t) 处广义二阶可导.

定理 2.23 (均方可微准则)　二阶矩过程 $\{X(t), t \in T\}$ 在 t 点均方可微的充要条件为自相关函数 $R_X(t_1, t_2)$ 在点 (t, t) 的广义二阶导数存在.

定义 2.52　设 $\{X(t), t \in T\}$ 是二阶矩过程，其中 $T = [a, b]$. 用一组分点将 T 作如下划分：

$$a = t_0 < t_1 < \cdots < t_n = b$$

记

$$\max_{1 \leqslant i \leqslant n} \{(t_i - t_{i-1})\} = \Delta_n$$

令

$$S_n = \sum_{i=1}^{n} X(t_i')(t_i - t_{i-1}), \quad t_i' \in [t_{i-1}, t_i]$$

若存在 $S \in \mathrm{R}$ 使

$$\lim_{\Delta_n \to 0} E[|S_n - S|^2] = 0$$

则称 $X(t)$ 在区间 $[a, b]$ 上均方可积，记为

$$S = \int_a^b X(t)\mathrm{d}t = \lim_{\Delta_n \to 0} \sum_{i=1}^{n} X(t_i')(t_i - t_{i-1})$$

并称 S 为 $X(t)$ 在区间 $[a, b]$ 上的均方积分.

定理 2.24 (均方可积准则) 二阶矩过程 $\{X(t), t \in T\}$ 在区间 $[a,b]$ 上均方可积的充要条件为自相关函数 $R_X(t_1,t_2)$ 在 $[a,b]\times[a,b]$ 上可积.

定理 2.25 设 $\{X(t), t \in T\}$ 在区间 $[a,b]$ 上均方可积，则

(1) $E\left[\int_a^b X(t)\mathrm{d}t\right] = \int_a^b E[X(t)]\mathrm{d}t$.

(2) $E\left[\int_a^b X(t_1)\mathrm{d}t_1 \int_a^b X(t_2)\mathrm{d}t_2\right] = \int_a^b \int_a^b R_X(t_1,t_2)\mathrm{d}t_1\mathrm{d}t_2$.

2.13.2 三类简单随机微分方程

本节介绍三类简单随机微分方程.

1. 第 I 类

考察下述线性随机微分方程:

$$\begin{cases} \dfrac{\mathrm{d}X(t)}{\mathrm{d}t} = Y(t), \quad t \in T \\ X(t_0) = X_0 \end{cases} \tag{2.55}$$

其中，$Y(t)$ 为均方连续的实二阶矩过程；X_0 为实二阶矩随机变量，且 $Y(t)$ 和 X_0 相互独立. 上述随机微分方程的解为

$$X(t) = X(t_0) + \int_{t_0}^t Y(t)\mathrm{d}t \tag{2.56}$$

2. 第 II 类

考察下述线性随机微分方程:

$$\begin{cases} \dfrac{\mathrm{d}X(t)}{\mathrm{d}t} = a(t)X(t) + Y(t) \\ X(t_0) = X_0 \end{cases} \tag{2.57}$$

其中，$a(t)$ 为普通函数；$Y(t)$ 为均方连续的实二阶矩过程；X_0 为常数. 上述随机微分方程的解为

$$X(t) = X_0 \exp\left\{\int_{t_0}^t a(t)\,\mathrm{d}t\right\} + \int_{t_0}^t Y(t')\exp\left\{\int_{t'}^t a(u)\,\mathrm{d}u\right\}\mathrm{d}t' \tag{2.58}$$

3. 第 III 类

考察下述线性随机微分方程:

$$\begin{cases} \dfrac{\mathrm{d}X(t)}{\mathrm{d}t} = a(t)X(t) + Y(t) \\ X(t_0) = X_0 \end{cases} \tag{2.59}$$

其中，$Y(t)$ 为均方连续的实二阶矩过程；$a(t)$ 为普通函数；X_0 为实二阶矩随机变量. 上述随机微分方程的解为

$$X(t) = X_0 \exp\left\{\int_{t_0}^{t} a(u)\,\mathrm{d}u\right\} + \int_{t_0}^{t} Y(v) \exp\left\{\int_{v}^{t} a(u)\,\mathrm{d}u\right\} \mathrm{d}v \tag{2.60}$$

其中，等号右边第二项包含 $Y(v)$ 的积分为均方积分.

2.13.3　Ito 方程

定义 2.53　Ito 微分方程.

考察下述微分方程:

$$\dot{X}(t) = f(X(t),t) + G(X(t),t)\dot{W}(t), \quad X(t_0) = X_0 \tag{2.61}$$

其中，f, G 为连续函数；X_0 为实二阶距随机变量；$X(t)$ 在 T 上均方连续；$W(t)$ 是均值为 0 的 Wiener 过程.

将方程 (2.61) 写成如下形式:

$$\mathrm{d}X(t) = f(X(t),t)\mathrm{d}t + G(X(t),t)\mathrm{d}W(t), \quad X(t_0) = X_0 \tag{2.62}$$

式 (2.62) 即称为 Ito 方程. Ito 方程在工程技术中，如自动控制、滤波和通信等领域具有非常广泛的应用.

定理 2.26　Ito 方程中，假设 $X(t_0) = X_0$ 与 $W(t)$ 相互独立，且 $f(X,t)$ 和 $G(X,t)$ 满足下述条件:

(1) f 和 G 在 $T \times (-\infty, +\infty)$ 上连续，且 $x \in (-\infty, +\infty)$ 关于 t 一致连续.

(2) $f^2(x,t) \leqslant K^2(1+x^2)$, $g^2(x,t) \leqslant K^2(1+x^2)$.

(3) $|f(x_2,t) - f(x_1,t)| \leqslant K|x_2 - x_1|$, $|g(x_2,t) - g(x_1,t)| \leqslant K|x_2 - x_1|, K > 0$.

则 Ito 方程存在唯一的均方连续解.

参 考 文 献

[1] Mandelkern M. Limited omniscience and the bolzano-weierstrass principle. Bulletin London Mathematical Society, 1988, 20(4):319-320.

[2] Aubin J P，Cellina A. Differential Inclusions: Set-valued Maps and Viability Theory. New York：Springer-Verlag, 1984.

[3] Fan K. Fixed-point and minimax theorems in locally convex topological linear spaces. Proceedings of the National Academy of Sciences of the United States of America, 1952, 38(2):121.

[4] Kuhn M. The Karush-Kuhn-Tucker Theorem. Mannheim：CDSEM Uni Mannheim, 2006.

[5] Damen A. Modern Control Theory. Eindhoven：Measurement and Control Group Department of Electrical Engineering, Eindhoven University of Technology, 2002.

[6] Bellman R E. Dynamic Programming. Princeton: Princeton University Press, 1957.

[7] Si J，Barto A，Powell W，et al. Handbook of Learning and Approximate Dynamic Programming: Scaling up to the Real World. New York: IEEE Press, John Wiley & Sons, 2004.

[8] Bertsekas D P. Abstract Dynamic Programming. Belmont：Athena Scientific, 2013.

[9] 俞建. 博弈论与非线性分析. 北京：科学出版社, 2010.

[10] 夏道行，吴卓人，严绍宗，等. 实变函数论与泛函分析. 北京：高等教育出版社, 2010.

[11] Boyd S，Vandenberghe L. Convex Optimization. Cambridge：Cambridge University Press, 2004.

[12] 梅生伟，刘锋，薛安成. 电力系统暂态分析中的半张量积方法. 北京：清华大学出版社, 2010.

第 3 章　静态非合作博弈

博弈是在政治、经济、生活、工程等方面普遍存在的问题. 本章将介绍博弈论的一般概念和数学描述，包括参与者、策略和支付等. 在此基础上，介绍最基本的博弈格局 —— 完全信息静态博弈. 在此博弈格局下，博弈的参与者 (或决策主体) 需要同时做出决策或进行行动，而决策的前提是参与者对其他参与方关心的支付信息完全清楚. 基于对完全信息静态博弈的分析，本章对博弈论最重要的概念 ——Nash 均衡进行阐释. 当博弈参与者对其他方的支付信息不完全清楚时，该博弈构成不完全信息静态博弈，此时通过引入“Harsanyi 转换”可将此博弈由不完全信息转换为完全但不完美信息 (此概念在本书第 4 章详细介绍)，并根据 Bayes 法则对各参与者的策略和支付进行推断. 该博弈又称为静态 Bayes 博弈，相应的 Nash 均衡称为精炼 Bayes-Nash 均衡. 对该理论感兴趣的读者可进一步参考文献 [1-13]. 本章所述定义、命题及定理如无特殊说明均引自文献 [4].

3.1　博弈论的基本概念

3.1.1　博弈的基本要素

首先来看一个成绩博弈的例子.

例 3.1　假设一群学生参加一次评级考试，所有学生随机地分为两两一组，互相不能商量，每人独立在 x 和 y 中作出一个选择，最终成绩按如下规则确定:

(1) 若同组两人都选 x，则二者成绩都得 C.

(2) 若同组两人都选 y，则二者成绩都得 B.

(3) 若同组一人选 x 另一人选 y，则选 x 者得 A，选 y 者得 D.

具体如表 3.1 所示.

表 3.1　收益矩阵

(a) 参与者 1

		参与者 2	
		x	y
参与者 1	x	C	A
	y	D	B

(b) 参与者 2

		参与者 2	
		x	y
参与者 1	x	C	D
	y	A	B

显然，参与者 1 愿意选择 x，因为无论参与者 2 选择 x 还是 y，参与者 1 选择 x 的成绩 (C 或 A) 都高于选择 y 时的成绩 (D 或 B). 从例 3.1 可以看出，博弈参

与者通过清楚而明确的规则相互作用，可最大化自身的收益. 而站在对方的立场上想问题，正是博弈与常规优化不同之处. 通过例 3.1，对博弈有了一个简单直观的认识. 以下简要介绍博弈的基本要素.

1. 参与者

在博弈论里，参与者 (player)(也称为决策主体) 是指能够在博弈中作出决策的实体. 称由 n 位参与者组成的博弈格局为 n 人博弈. 若给每位参与者编号，并记为 $N=\{1,2,\cdots,n\}$，其中的每个编号都代表一位参与者，则可用 $i\in N$ 代表博弈中的任意一位参与者. 例如，上文的成绩博弈问题即构成一个 2 人博弈，每组内的 2 位同学可分别记为参与者 1 和参与者 2.

除了一般的参与者，博弈中还可以有虚拟参与者 (pseudo-player)—— 大自然 (the nature). 尽管大自然本身并不存在收益的问题，但大自然的行为会影响决策者的收益；另外，大自然的行为充满不确定性，而人们总是会力图避免大自然给自身收益带来的最坏影响，这等价于假定大自然总会给决策者带来最坏影响. 从这一观点看，大自然被赋予了理性从而成为博弈者，但这种理性的赋予并非来自大自然本身，而是来自大自然行为的不确定性及人们趋利避害的行为模式. 这种“避免最坏情况”的思想常常用来处理含有不确定因素的工程控制与决策问题，从而成为应用博弈论解决此类工程控制与决策问题的主要手法. 例如，动态优化控制系统中经常存在各种噪声，但噪声是自然产生的，很多情况下人们并不知道其具体形式，故在构造反馈控制器时，设计者会考虑根据噪声可能产生的最坏影响来优化控制器，由此产生了鲁棒控制的思想. 从博弈论观点看，鲁棒控制本质上属于设计者与大自然间的一类微分博弈问题. 此外，计及不确定因素的电力系统调度问题也是人与大自然博弈的一种典型形式.

2. 策略

策略 (strategy) 是对参与者如何进行博弈的一个完整描述. 在策略型博弈中有两种策略类型，首先介绍纯策略 (简称为策略). 所谓策略是指每个参与者在博弈中可以采取的行动方案，每个参与者都有可供其选择的多种策略. 设 S_i 为参与者 i 的纯策略集合或纯策略空间，$s_i\in S_i$ 为参与者 i 的策略. n 个参与者各选择一个策略形成策略向量 $s=(s_1,s_2,\cdots,s_n)$，称为策略组合 (strategy profile). 策略组合集合 S 定义为各参与者自身策略集合的乘积空间，即

$$S=S_1\times\cdots\times S_n=\prod_{i\in N}S_i$$

这里又称 S 为策略组合空间 (strategy profile space).

如果 S_i 对所有的 i 均为有限集，则称 S 为有限策略空间，相应的博弈为有限博弈 (finite game). 如果记参与者 i 之外的其他参与者所采取的策略组合为

$s_{-i}=\{s_j\}_{j\neq i}$，则策略组合可记为 $(s_i,s_{-i})\in S$. 考察前述成绩博弈实例 3.1，$S_1=S_2=\{x,y\}$ 即为纯策略空间，其中 x 和 y 分别为不同的纯策略. 进一步，如果存在某个参与者 i，其策略集合 S_i 为无限集，则称该博弈为无限策略型博弈 (infinite game)，如某参与者的策略空间为 $S_i=[0,1]$.

除纯策略概念外，还存在另一种策略概念 —— 混合策略 (mixed strategy)，它是在纯策略基础上形成的. 参与者 i 的混合策略 σ_i 是其纯策略空间 S_i 上的一种概率分布，表示参与者实际博弈时依照该概率分布在纯策略空间中随机选择加以实施，一般用 $\sigma_i(s_i)$ 表示 σ_i 分配给纯策略 s_i 的概率. 如此，将参与者 i 的混合策略空间记为 Σ_i，则有 $\sigma_i\in\Sigma_i$. 相应地，混合策略组合空间可记为 $\Sigma=\prod\limits_{i\in N}\Sigma_i$.

例 3.2 猜数字游戏中，双方同时在 0 和 1 中选取一个数字，若两人所猜数字相同，则参与者 1 得 1 分，参与者 2 扣 1 分；反之，若两人所猜数字不同，则参与者 2 得 1 分，参与者 1 扣 1 分. 具体如表 3.2 所示.

表 3.2 猜数字游戏 (混合策略)

		参与者 2	
		$1:p$	$0:1-p$
参与者 1	$1:q$	$1,-1$	$-1,1$
	$0:1-q$	$-1,1$	$1,-1$

参与者 1 选 1 的概率为 q，选 0 的概率为 $1-q$；参与者 2 选 1 的概率为 p，选 0 的概率为 $1-p$. 由此，参与者 1 的策略空间为

$$\sigma_1=\{q\sim1,(1-q)\sim0\}$$

在不引起误解的情况下，简记为

$$\sigma_1=\{q,\ 1-q\}$$

参与者 2 的策略空间为

$$\sigma_2=\{p\sim1,(1-p)\sim0\}$$

同样在不引起误解的情况下简记为

$$\sigma_2=\{p,\ 1-p\}$$

策略组合空间为

$$S=\{q,1-q\}\times\{p,1-p\}$$

除了策略的形式外，行动的先后顺序也是一个重要的概念. 在动态博弈中，行动的先后顺序将会影响博弈的结果. 以下为工程决策问题的例子.

例 3.3 考虑一个含有大规模风电场的电力系统，调度人员需要提前制订次日的发电机组出力计划. 若调度人员能准确预测风电场次日的出力情况，则调度人员即可利用先动优势，提前优化各机组的出力；若调度人员只能以有限精度预测风电场次日的出力情况，则在制订机组出力计划时，由于无法事先知道风电场的出力，因此不再具有先动优势. 当观测到风电场实际出力后，调度人员可以迅速改变当前机组的出力，以取得满意的运行状态，这实际上是利用了后动优势. 从此例可以看出，行动的顺序对博弈的格局和参与者的收益都将产生重要影响.

3. 支付或收益

支付或收益是指每个参与者在博弈中追求的目标 (若该目标需要极小化则称为支付，反之称为收益)，它是策略组合 s 的函数，即称

$$u_i(s) : S \to \mathrm{R}$$

为参与者 i 的支付或收益函数. 为了严格定义支付或收益，Morgenstern 和 von Neumann[12] 提出了效用理论. 通常存在以下三种不同类型的效用函数 (utility function).

1) 序数效用

效用类似于一种心理感受，只能用序数 (第 1、第 2、···) 来表示，即只能相互比较，不能做常规的加减等数学运算.

某人口渴时，喝一杯茶感觉好，看一份报纸感觉一般，所以两者比较，喝茶的效用大于看报的效用，故喝茶的效用排在第一，看报的效用排在第二. 又以某生期末考试为例，若因为期末成绩得 A 比得 B 好，则 A 的效用高于 B，但是得两个 B 的是不是优于得 A 呢？这就难以比较，因为序数效用 (ordinal utility) 仅仅包含排序的信息.

2) 基数效用

若效用采用基数 $1, 2, 3, \cdots$ 表示，则不仅可以比较大小，还可进行加减运算.

再以某人口渴为例，他喝一杯茶感觉好，效用评价为 10 个效用单位；然后又看了一份报纸，感觉还好，效用评价为 5 个效用单位；因此，喝一杯茶的效用大于看一份报纸的效用，两件事的总效用为 15 个效用单位.

3) 期望效用

策略 s 对应的概率分布为 $P_s(c)$，在该概率分布下的期望效用 (expected utility) 函数为

$$u(s) = \int u(c)\,\mathrm{d}P_s(c)$$

若 $P_s(c)$ 为连续概率分布函数，对应的概率密度为 $p_s(c)$，则期望效用函数可

写为

$$u(s) = \int u(c)\, p_s(c)\, \mathrm{d}c$$

若 $p_s(c)$ 为离散形式的概率分布，则有

$$u(s) = \sum_{j=1}^{n} p_j^s u(s_j), \quad \sum_{j=1}^{n} p_j^s = 1$$

例 3.4 一场赌博游戏，有 1/3 的概率可以赢得 10 美元，但有 2/3 的概率会输掉 10 美元，则期望效用函数为

$$u(s) = \frac{1}{3} \times 10 - \frac{2}{3} \times 10 = -\frac{10}{3}$$

3.1.2 标准型博弈

下面正式给出标准型博弈的基本定义.

定义 3.1 [标准型博弈 (normal-form game)] 一个标准型博弈 $\Gamma = \langle N, S, u \rangle$ 具备以下三个要素:

(1) 博弈参与者的集合 $N = \{1, 2, \cdots, N\}$.

(2) 每个参与者的策略 s_i 和策略空间 S_i，其中 $s_i \in S_i, i = 1, 2, \cdots, N$.

(3) 每个参与者的支付函数 (也称收益函数或效用函数) $u_i : S_i \to \mathrm{R}, i = 1, 2, \cdots, N$.

标准型博弈又称为策略型博弈，它一般可用矩阵描述，以下以著名的囚徒困境问题为例进行说明.

例 3.5 两人因为涉罪被捕，被警方隔离审讯. 他们面临的形势是: 若两人都坦白罪行，则各自将被判处 5 年有期徒刑; 若一方坦白而另一方不坦白，则坦白者从宽，无罪释放，抗拒者从严，判处 10 年有期徒刑; 若两人均不坦白，因为证据不充分，则各自被判处 2 年有期徒刑.

此博弈中，参与者分别是囚徒 A 和囚徒 B，每个参与者有 2 种策略，用表 3.3 所示的博弈矩阵可以清晰地描述他们之间的博弈格局.

表 3.3 囚徒困境 (标准型策略)

		囚徒 B	
		坦白	不坦白
囚徒 A	坦白	5,5	0,10
	不坦白	10,0	2,2

表 3.3 所示矩阵中，每个单元格内的第一个数字表示参与者 1 在对应策略组合形成的结局中得到的支付，第二个数字表示参与者 2 的相应支付. 这种矩阵有时

也被称为双支付矩阵，表中常常省略参与者 1 和参与者 2 的标记，缺省设定为参与者 1 选择行，参与者 2 选择列.

当考虑博弈者采用混合策略时，标准型博弈被称为混合策略博弈，其定义如下.

定义 3.2 (混合策略博弈) 标准型博弈 $\Gamma = \langle N, S, u\rangle$ 的混合策略博弈记为 $\Gamma^m = \langle N, S, u^m\rangle$，其中 $\sigma_i \in \Sigma_i$ 为参与者 i 的一个混合策略，σ_i 通过纯策略 s_i 的概率分布来定义；$\sigma \in \Sigma = \prod_{i\in N} \Sigma_i$ 为混合策略组合. 对所有的 $i \in N$，期望效用函数 $u_i : \Sigma_i \to \mathrm{R}$ 为

$$u_i(\sigma_i, \sigma_{-i}) = \sum_{s_{-i}\in S_{-i}} \sum_{s_i\in S_i} u_i(s_i, s_{-i})\sigma_i(s_i)\sigma(s_{-i})$$

3.1.3 博弈论的基本假设

1. 理性

理性 (rationality) 是指参与者总会选择能够给他们带来最高期望效用或最低支付的策略. 理性与效用函数密切相关，并且在很大程度上会影响博弈的结果. 若博弈的参与者仅具有个体理性，则一般属于非合作博弈；若博弈参与者还具有整体理性，则一般构成合作博弈；一定条件下，如参与者之间存在有效协议 (binding agreement)，非合作博弈可以转化为合作博弈.

例 3.6 电力系统为了保证系统频率稳定与品质，需要采用自动发电控制 (automatic generation control, AGC) 调节发电机出力. 若每个控制区域的控制目标仅考虑维持联络线功率偏差，则各控制区域实际上只具备个体理性，但由于联络线功率偏差仅仅是局部的信息，此时 AGC 构成的是非合作博弈；若将控制目标再加上频率偏差项，由于频率是个全网指标，则各控制区域在具备了个体理性基础上，又具备了整体理性，此时 AGC 将构成合作博弈.

为便于理论分析，通常假定理性是完全的，但在实际博弈中，理性一般都是有限的. 例如，国际著名象棋大师 Kasparov 和超级计算机“深蓝”的国际象棋世纪大战中，“深蓝”具有完全的理性，而 Kasparov 尽管是最杰出的国际象棋大师，他仍然有失算的时候，此时他具有的是不完全的理性.

作为一个虚拟博弈者，应该如何理解大自然的理性呢？这个问题实质上等价于如何考虑大自然的策略对支付的影响. 当决策者总是力图防止最坏的情况时，就等价于大自然具有完全理性. 换言之，大自然的理性源自于决策者自身的理性及大自然的不确定性，或者说是决策者总是遵循避免最坏情况的原则.

2. 公共知识

公共知识 (common knowledge) 是指“所有参与者知道，所有参与者知道所有参与者知道，所有参与者知道所有参与者知道所有参与者知道 ……”的知识. 公

共知识是博弈论中一个非常强的假定，它意味着赋予了每个参与者获取知识和进行逻辑推理的完美能力. 与之相近的概念是“共有知识” (mutual knowledge)，但二者有本质的不同. 在现实的许多博弈中，即使参与者“共同”享有某种知识，但每个参与者也许并不知道其他参与者知道这些知识，或并不知道其他人知道自己拥有这些知识，这只能称为共有知识，而非公共知识.

例 3.7 银行有时会因为某些原因遇到挤兑，此时大家都认为银行可能破产，因而纷纷要求兑现. 若任其发展，银行真的会因此破产. 但若此时政府及时站出来，在公开场合表明会无条件支持银行，公众则会选择停止挤兑，银行因此可以免于破产. 这里政府将重要信息以公共信息的方式告知公众，从而改变了博弈的结果.

由例 3.7 可知：

(1) 信息的透明程度会改变博弈的结果.

(2) 公共知识可通过信息的公布来实现.

(3) 在公共知识下，所有完全理性的参与者不会有不同的推理.

公共知识是与信息密切相关的一个重要概念. 除了公共知识外，信息还有其他更一般的体现形式，在博弈论中称为信息结构. 在不同的信息结构下，博弈者有时需要处理完全信息与不完全信息，此时关心信息的对称性；有时还需要处理完美信息与不完美信息，此时关心信息的延续性. 关于信息结构的细节将在后续的章节中探讨.

3.1.4 博弈的基本分类

根据不同的分类标准，博弈可以划分为不同类型.

根据博弈者个数的不同，可分为单人博弈、二人博弈和 n 人博弈；根据策略类型的不同可分为纯策略博弈和混合策略博弈、连续博弈和离散博弈及无限博弈和有限博弈；根据博弈的过程可以分为静态博弈、动态博弈和重复博弈；根据支付可以分为零和博弈和非零和博弈；根据博弈者的理性可以分为合作博弈和非合作博弈、完全理性博弈和有限理性博弈，包括演化博弈；根据信息结构可以分为完全信息博弈和不完全信息博弈 (对支付的信息)、完美信息博弈和不完美信息博弈 (对博弈过程的信息).

3.1.5 标准型博弈的解

下面简单介绍一些关于标准型博弈解的相关基本概念.

1. 占优策略与严格占优策略

定义 3.3 (占优策略) 对参与者 i，若其效用函数对所有 $s_i' \in S_i$ 和 $s_{-i} \in S_{-i}$ 均有

$$u_i(s_i, s_{-i}) \geqslant u_i(s_i', s_{-i})$$

则称策略 $s_i \in S_i$ 为参与者 i 的占优策略.

定义 3.4 (严格占优策略) 对参与者 i，若其策略 $s_i' \in S_i$ 满足

$$u_i(s_i, s_{-i}) > u_i(s_i', s_{-i}), \quad \forall s_{-i} \in S_{-i}, \quad s_i' \in S_i, \quad s_i' \neq s_i$$

则称策略 s_i 为参与者 i 的严格占优策略.

定义 3.5 (严格占优均衡) 对于任意一个参与者 i，若策略 s_i^* 均是严格占优策略，则策略组合 s^* 为严格占优均衡.

如表 3.3 所示的囚徒博弈，对于囚徒 A 来说，若 B 选择坦白，则 A 应选择坦白才能使自己的损失较小 $(5 < 10)$；若 B 选择不坦白，则 A 应仍然选择坦白才能使自己的损失最小 $(0 < 2)$，因此坦白为 A 的严格占优策略；同理分析可知 B 的严格占优策略也为坦白. 综上可见，(坦白，坦白) 为此囚徒博弈问题的严格占优均衡.

2. 劣策略

定义 3.6 (严格劣策略) 对参与者 i，若存在一个策略 $s_i' \in S_i$，使其效用函数对所有 $s_{-i} \in S_{-i}$ 均有

$$u_i(s_i', s_{-i}) > u_i(s_i, s_{-i})$$

则称策略 $s_i \in S_i$ 为参与者 i 的严格劣策略.

定义 3.7 (弱劣策略) 对参与者 i，若存在一个策略 $s_i' \in S_i$，使其效用函数对所有 $s_{-i} \in S_{-i}$ 均有

$$u_i(s_i', s_{-i}) \geqslant u_i(s_i, s_{-i})$$

则称策略 $s_i \in S_i$ 为参与者 i 的弱劣策略.

3. 逐步剔除严格劣策略

由劣策略的定义可知，对于任何一个博弈而言，理性的参与者永不选择劣策略是一般性原则. 由此可以通过逐步剔除严格劣策略来求取某些博弈的均衡解.

算法 3.1 对于一个标准型博弈 $\Gamma = \langle N, S, u \rangle$，逐步剔除严格劣策略的算法步骤如下所述.

第 1 步 对每个 i，定义 $S_i^0 = S_i$.

第 2 步 对每个 i，定义

$$S_i^1 = \left\{ s_i \in S_i^0 | \nexists\, s_i' \in S_i^0 \text{ s.t. } u_i\left(s_i', s_{-i}\right) > u_i\left(s_i, s_{-i}\right) \ \forall s_{-i} \in S_{-i}^0 \right\}$$

第 k 步　对每个 i，定义

$$S_i^k = \left\{ s_i \in S_i^{k-1} | \nexists\, s_i' \in S_i^{k-1} \text{ s.t. } u_i\left(s_i', s_{-i}\right) > u_i\left(s_i, s_{-i}\right) \ \ \forall s_{-i} \in S_{-i}^{k-1} \right\}$$

第 ∞ 步　对每个 i，定义

$$S_i^{\infty} = \bigcap_{k=0}^{\infty} S_i^k$$

上述算法中，S_i^{∞} 与剔除顺序无关. 该算法也可推广到弱劣策略的剔除，但剔除的顺序会影响最终的结果.

如表 3.4 所示的一个静态博弈问题，在此博弈问题中，参与者 1 的策略空间为

$$S_1 = \{上，下\}$$

参与者 2 的策略空间为

$$S_2 = \{左，中，右\}$$

不难看出，参与者 1 和参与者 2 均不存在严格占优策略. 但参与者 2 发现，策略“右”是策略“中”的严格劣策略 (因为 $1 < 2$，且 $0 < 1$). 因此，理性的参与者 2 不会选择“右”. 这时，参与者 1 知道参与者 2 是完全理性的，因此他就可直接把“右”从参与者 2 的策略空间中剔除. 如此，参与者 1 就可将表 3.4 所示的博弈视为同表 3.5 所示的博弈.

表 3.4　逐步剔除严格劣策略(第 1 次剔除)

		参与者 2		
		左	中	右
参与者 1	上	1,0	1,2	0,1
	下	0,3	0,1	2,0

表 3.5　逐步剔除严格劣策略(第 2 次剔除)

		参与者 2	
		左	中
参与者 1	上	1,0	1,2
	下	0,3	0,1

在表 3.5 中，对参与者 1 来说，策略“下”相对于策略“上”是严格劣策略 (因为 $0 < 1$，且 $0 < 1$). 于是，若参与者 1 是理性的 (且其知晓参与者 2 是理性的，原博弈才能简化为表 3.5 的形式)，则参与者 1 绝不会选择策略“下”. 此时，由于参与者 2 知道参与者 1 是理性的，且参与者 2 也知道参与者 1 知道参与者 2 是理

性的 (否则，参与者 2 不会知道原博弈已被简化为表 3.5 所示的形式)，则参与者 2 就可把策略“下”从参与者 1 的策略空间中剔除. 如此，参与者 2 又可进一步将表 3.5 简化为如表 3.6 所示的形式.

表 3.6 逐步剔除严格劣策略(第 3 次剔除)

		参与者 2	
		左	中
参与者 1	上	1,0	1,2

在表 3.6 中，对参与者 2 来说，策略“左”相对于策略“中”是严格劣策略 (因为 $0 < 2$)，于是理性的参与者 2 不会选择“左”，结果仅剩的 s^* ={上，中}就成为原博弈问题的均衡解.

以上即为利用逐步剔除严格劣策略法最终找到博弈均衡的完整过程. 由上例可以发现，逐步剔除严格劣策略最后剩下一个平衡点，在此平衡点处，所有的参与者都采取了自己在此博弈格局下的最佳策略，也即对其他参与者策略的最佳反应 (best response, BR).

需要说明的是，逐步剔除严格劣策略的方法也存在明显的缺陷. 首先，每次剔除都需要假设对方完全理性并具备共同知识；其次，这一过程通常并不能给出博弈行为的准确判断. 如表 3.7 所示的一个静态博弈问题，在此博弈问题中，采用逐步剔除严格劣策略的方法并不能剔除任何策略.

表 3.7 逐步剔除严格劣策略失效

	L	C	R
T	0,4	4,0	5,3
M	4,0	0,4	5,3
B	3,5	3,5	6,6

要解决这一问题，需要深入了解博弈均衡的概念和性质，以下介绍非合作博弈最重要的概念 ——Nash 均衡.

3.1.6 Nash 均衡

Nash 均衡是博弈论中最重要的基本概念，以下为其定义.

定义 3.8 [Nash 均衡 (Nash equilibrium，NE)] 称混合策略组合 σ_i^* 为 Nash 均衡，若下述不等式成立:

$$u_i\left(\sigma_i^*, \sigma_{-i}^*\right) \geqslant u_i\left(s_i, \sigma_{-i}^*\right), \quad \forall s_i \in S_i, \quad \forall i \tag{3.1}$$

当上述策略是纯策略时，称为纯策略 Nash 均衡 s^*. 显然，混合策略 Nash 均衡是更为一般性的定义，因为纯策略可看成是特殊形式的混合策略.

Nash 均衡具有“策略稳定性”(strategically stable) 和“自我强制性”(self-reinforcement). 事实上，由 Nash 均衡的定义，若各参与者达到 Nash 均衡，则任意一个参与者都没有动机偏离此均衡，因为此时单方面选择 Nash 均衡以外的任何策略都无法使其获得额外的收益. 另外，Nash 均衡也意味着不需要外力的协助就可自动实现. Nash 均衡这些重要特性表明，它是关于博弈结局的一致性预测 (consistent prediction). 若所有参与者预测一个特定的 Nash 均衡会出现，则该 Nash 均衡就必定出现，且各参与者的预测不会出现矛盾. 另外，只有 Nash 均衡才能使每个参与者都认可这种结局且没有动力偏离这一结局，并且所有参与者都知道其他参与者也认可这种结局.

值得注意的是，一个博弈的 Nash 均衡可能并不唯一. 当存在多个 Nash 均衡时，究竟哪一个会在现实中出现是一个难以预测的问题. 特别是在解决工程博弈问题时，通常需要对 Nash 均衡进行精炼，以剔除部分不合理的均衡解.

当式 (3.1) 中的不等式严格成立时，该 Nash 均衡称为强 Nash 均衡. 强 Nash 均衡意味着每个参与者对对手的策略有且仅有唯一的最佳反应. 强 Nash 均衡是比 Nash 均衡更强的均衡概念，它具有自稳定性，即使支付中出现微小的扰动，强 Nash 均衡仍能保持不变. 此外，由于参与者改变策略一定会使其利益受损，所以参与者具有维持均衡策略的动力. 而在 Nash 均衡中，可能出现最佳反应策略不唯一的情况，此时不能保证 Nash 均衡的唯一性. 需要指出的是，强 Nash 均衡必定是唯一的，但一般不能保证其存在性，很多博弈问题中并不存在强 Nash 均衡.

当参与者数目 n 和每个参与者的策略空间都较大时，用定义 3.8 中的不等式条件去检验一个策略组合是否是 Nash 均衡将变得非常复杂. 对于两人有限博弈，参与者的收益函数可由双变量矩阵描述，此时可通过划线法寻求 Nash 均衡，主要步骤如下所述.

第 1 步 观察并决定参与者 1 针对参与者 2 每个给定策略的最优策略，即在双变量矩阵每一列中，找出参与者 1 的最优策略，即找出双变量中第一个分量的最大者，并在相应的收益下划一横线.

第 2 步 找出参与者 2 的最优策略，即在双变量矩阵的每一行中，找出双变量中第二个分量的最大者，在其下划一横线.

第 3 步 若双变量矩阵中某个单元的两个收益值下面都被划了横线，则该单元对应的策略组合即为一个 Nash 均衡，否则转第 1 步.

考察表 3.8 所示的博弈.

首先，在双变量矩阵的三列中，分别找出第一个分量的最大值 4、4、2，并在它们下面划一道横线. 其次，在双变量矩阵的三行中，分别找出第二个分量的最大值 3、2、4，在它们下面划一道横线. 最后，右下角单元 (2，4) 两个收益值下面都被划了横线，则对应的 $s^* =$(下，右) 就是一个 Nash 均衡.

表 3.8 划线法求解 Nash 均衡

		参与者 2		
		左	中	右
参与者 1	上	3, $\underline{3}$	$\underline{4}$, 1	1, 2
	中	$\underline{4}$, 0	0, $\underline{2}$	1, 1
	下	2, $\underline{4}$	2, 3	$\underline{2}$, $\underline{4}$

3.2 完全信息静态博弈

静态博弈格局根据参与者对其他参与者支付的了解程度可分为完全信息静态博弈和不完全信息静态博弈两类. 若任意参与者均知晓所有参与者各种情况下的支付信息，则称该博弈具有完全信息 (complete information)，相应的博弈称为静态完全信息博弈; 反之，若至少部分参与者不完全知晓所有人在所有情况下的支付信息，则称该博弈具有不完全信息 (incomplete information)，相应的博弈称为不完全信息博弈. 对于不完全信息博弈，根据其是否关心动作顺序，又可分为静态不完全信息博弈和动态不完全信息博弈.

3.2.1 连续策略博弈

在很多博弈格局中，参与者可选择的策略是连续变量 (如实数区间). 在一定的可微条件下，求解连续策略博弈的 Nash 均衡可以通过分析参与者对其他参与者策略组合的最佳反应函数来实现，即在其他参与者策略组合给定时优化己之支付，进而求得最佳反应策略，该反应策略是其他参与者策略组合的函数. 在得到每个参与者的最佳反应函数后，联立求解即可得到连续策略博弈的 Nash 均衡.

例 3.8 发电公司的 Cournot 竞争问题.

两家发电公司在同一市场中竞争，参与者 i 的策略空间为其发电量 $q_i \in [0, \infty)$，收益为其收入减去总成本，表达式为

$$u_1(q_1, q_2) = q_1 P(Q) - cq_1$$
$$u_2(q_1, q_2) = q_2 P(Q) - cq_2$$

其中，c 为单位发电成本，$Q = q_1 + q_2$ 为两家发电公司的总发电量，电价用如下分段线性函数表示:

$$P(Q) = \max\{0, a - Q\}$$

其中，a 为最高电价，即总发电量 $Q = 0$ 时的电价目标.

假定每家发电公司的目标均为最大化自身收益，他们对对方策略的最佳反应函数为

$$q_1 = \frac{a - q_2 - c}{2}, \quad q_2 = \frac{a - q_1 - c}{2}$$

求其交点可得

$$q_1^* = q_2^* = \frac{a-c}{3}$$

验证该点处二者收益函数的二阶导数均小于 0，说明其为极大值点，进一步可求得

$$Q^* = \frac{2(a-c)}{3}$$

$$P^* = \frac{a+2c}{3}$$

$$u_1^* = u_2^* = \frac{(a-c)^2}{9}$$

若两家发电公司联合起来，发电量设定为

$$q_1 = q_2 = \frac{a-c}{4}$$

则有

$$P^* = \frac{a+c}{2}$$

$$u_1^* = u_2^* = \frac{(a-c)^2}{8}$$

即双方的利润均会增加，每家发电公司都会得到更好的收益. 但这一结局是可信的吗? 容易看出，这一结局并非 Nash 均衡，这意味着双方都会有单方面改变策略的动机. 事实上，当任一发电公司发电量固定为 $(a-c)/4$ 时，另一方的最优反应为 $3(a-c)/8$，即可通过增加产量获利. 因此，Cournot 竞争模型和囚徒困境一样，存在着个体理性和集体理性的矛盾. 竞争的结果导致收益下降，但这显然对消费者是有利的. 这正是市场经济中竞争存在的重要价值.

一般地，我们称

$$BR_i(s_{-i}) = \arg\max_{s_i \in S_i} u_i(s_i, s_{-i})$$

为最佳反应对应 (best response correspondence). 此处不再将之称为函数，是因为它有可能是多值的，属于集值映射范畴，而非常规意义下的函数. 读者可以进一步思考对应，若两家公司的策略集合不是趋向无穷大而是有约束的，该问题应如何求解?

3.2.2 混合策略博弈

前面提到过，某些博弈格局不存在纯策略 Nash 均衡，但在混合策略意义下，Nash 均衡总是存在的. 下面先通过一个例子来说明混合策略型博弈的特点及混合策略 Nash 均衡的求解方法.

例 3.9 假设两人赌博，每人都有一枚硬币，可以出硬币的正反面，赌注是 1 元. 该博弈问题可用表 3.9 所示的双变量矩阵描述.

表 3.9 参与者收益

		参与者 2	
		正面	反面
参与者 1	正面	1,−1	−1,1
	反面	−1,1	1,−1

经简单分析可以看出，上述博弈不存在纯策略 Nash 均衡，因为无论采取何种策略，参与者均可通过改变策略将输赢结果颠倒而获利. 下面来看混合策略下的博弈结局会有怎样的变化.

记参与者 1 的混合策略为

$$\sigma_1 = \{p_1, 1 - p_1\}$$

即以 p_1 的概率选择正面，$(1 - p_1)$ 的概率选择反面. 同样参与者 2 的混合策略为

$$\sigma_2 = \{p_2, 1 - p_2\}$$

此时参与者 1 选正面、反面的期望效用分别为

$$u_1 = p_2 - (1 - p_2) = 2p_2 - 1$$

以及

$$u_1 = -p_2 + (1 - p_2) = 1 - 2p_2$$

因此，参与者 1 的总期望效用为

$$u_1(\sigma_1, \sigma_2) = p_1(2p_2 - 1) + (1 - p_1)(1 - 2p_2) = (1 - 2p_1)(1 - 2p_2)$$

同理，参与者 2 的总期望效用为

$$u_2(\sigma_1, \sigma_2) = p_2(1 - 2p_1) + (1 - p_2)(2p_1 - 1) = (1 - 2p_1)(2p_2 - 1)$$

每个参与者混合策略下的最佳反应如图3.1所示， 图中最佳反应曲线的交点为 $(1/2, 1/2)$，因此，该混合策略的 Nash 均衡为

$$\sigma_1 = \left\{\frac{1}{2}, \frac{1}{2}\right\}, \quad \sigma_2 = \left\{\frac{1}{2}, \frac{1}{2}\right\}$$

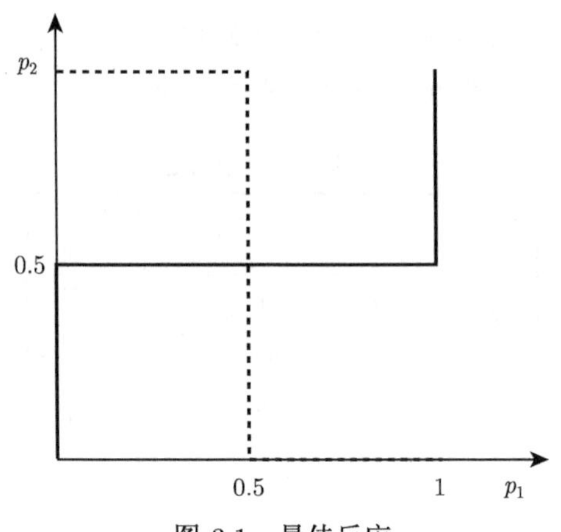

图 3.1　最佳反应

需要说明的是，还有某些博弈中可能既存在纯策略 Nash 均衡，也存在混合策略 Nash 均衡. 事实上，存在多个纯策略 Nash 均衡的博弈必定存在混合策略 Nash 均衡.

下面给出混合策略 Nash 均衡的一般定义.

定义 3.9 (混合策略 Nash 均衡)　称混合策略 $\sigma^* \in \Sigma$ 是标准型博弈 $\Gamma^m = \langle N, \Sigma, u^m \rangle$ 的混合策略 Nash 均衡，当且仅当对所有的 $\sigma_i \in \Sigma_i, i \in N$，下述不等式均成立

$$u_i(\sigma_i^*, \sigma_{-i}^*) \geqslant u_i(\sigma_i, \sigma_{-i}^*)$$

或

$$u_i(\sigma_i^*, \sigma_{-i}^*) \geqslant u_i(s_i, \sigma_{-i}^*), \quad \forall s_i \in S_i$$

对于混合策略博弈，有以下两个重要命题.

命题 3.1 (最佳反应)　混合策略博弈 $\Gamma^m = \langle N, S, u^m \rangle$ 中，记参与者 i 的最佳反应 $\sigma_i^* \in \Sigma_i$ 为

$$\sigma_i^* = \left\{\sigma_i^{1*}, \sigma_i^{2*}, \cdots, \sigma_i^{k*}\right\}$$

若 σ_i^* 的某个分量 $\sigma_i^{j*} > 0$，则有

$$u_i(s_i^j, \sigma_{-i}^*) = u_i(\sigma_i^*, \sigma_{-i}^*)$$

由命题 3.1 可知，混合策略中，概率取值大于 0 的纯策略能够取得混合策略所能带来的最佳效用. 换言之，概率大于 0 的纯策略本身即为 σ_{-i}^* 的最优反应. 事实上，正是这些概率值大于 0 的纯策略确定了参与者的最佳混合策略.

定义 3.10 (支撑集)　混合策略 $\sigma_i \in \Sigma_i$ 所包含的所有具有正概率的纯策略构成混合策略的支撑集.

命题 3.2(最佳反应) 对于混合策略博弈 $\Gamma^m = \langle N, S, u^m \rangle$，其策略组合 $\sigma_i^* \in \Sigma_i$ 是 Nash 均衡，当且仅当对于所有的 $i \in N$，σ_i^* 的支撑集中的任一纯策略都是 σ_{-i}^* 的最佳反应.

命题 3.2 的合理性很容易理解：假定一个混合策略组合是 Nash 均衡，其中某个纯策略的概率分配为正. 若该纯策略不构成最佳反应，则将此概率移到另外的某些纯策略上必定可以增加期望效用，这与该混合策略组合是 Nash 均衡矛盾. 有兴趣的读者可自行思考这两个命题的严格证明. 命题 3.1 和命题 3.2 意味着，混合策略 Nash 均衡的支撑集中的任意一个纯策略，其效用等价于混合策略 Nash 均衡下的效用. 我们可以利用最佳反应的这一性质来寻找混合策略 Nash 均衡.

首先来看例 3.9，该博弈不存在纯策略 Nash 均衡，混合策略下的 Nash 均衡分析如下. 参与者 1 选正面、反面的期望效用分别为

$$u_1 = 2p_2 - 1, \quad u_1 = 1 - 2p_2$$

两个纯策略必定都是支撑集的元素，因此有

$$2p_2 - 1 = 1 - 2p_2$$

故 $p_2 = 1/2$. 同理可得 $p_1 = 1/2$. 因此，该硬币博弈的混合策略 Nash 均衡为

$$\left\{\frac{1}{2}, \frac{1}{2}\right\}, \quad \left\{\frac{1}{2}, \frac{1}{2}\right\}$$

对于同时存在纯策略均衡和混合策略均衡的博弈问题仍然可以采用迭代剔除劣策略的方法寻找 Nash 均衡. 例如，对于表 3.10 所示的博弈问题，令 $q_1 = q_2 = 1/2$，则可看出策略“D”是混合策略 $\{\mathrm{U}, \mathrm{M}, \mathrm{D}\} = \{1/2, 1/2, 0\}$ 的严格劣策略，根据迭代消除严格劣策略的原则，可将参与者 1 的 D 策略去掉，转化成表 3.11 所示的博弈问题，可以很容易求得其 Nash 均衡为 (M, R).

表 3.10 混合博弈问题

		参与者 2	
		L(p)	R($1-p$)
参与者 1	U(q_1)	3,1	0,2
	M(q_2)	0,2	3,3
	D($1-q_1-q_2$)	1,3	1,1

表 3.11 混合博弈问题(第 1 次剔除)

		参与者 2	
		L(p)	R($1-p$)
参与者 1	U(q_1)	$\underline{3}$,1	0,$\underline{2}$
	M(q_2)	0,2	$\underline{3}$,$\underline{3}$

将上述的方法一般化，即可得到混合策略意义下的劣策略定义.

定义 3.11 (混合严格劣策略) 若存在一个混合策略 $\sigma_i \in \Sigma_i$ 使得

$$u_i(\sigma_i, s_{-i}) > u_i(s_i, s_{-i}), \quad \forall s_i \in S_i$$

则称 s_i 是严格劣的 (strictly dominated).

混合策略 Nash 均衡作为一个比纯策略 Nash 均衡更为一般的概念，可以从以下三个视角来理解.

(1) 行动的随机化及概率分布. 例如，在石头–剪刀–布和猜硬币的游戏中，参与者必须采用随机化的策略，使对手无法猜到自己的行动. 另外，为了最大化自己的期望效用，参与者也必须按照某个概率分布来实施自己的行动. 总体来说，这是多次行动的结果 —— 可以想象，单次行动很难用这种理论来解释.

(2) 群体选择的概率分布. 当玩石头–剪刀–布这一游戏的人不是两个，而是分成两组的很多人，此时，混合策略可理解为大量参与者对同一对局作出的不同抉择. 当然，人们关心的结果不再是个体间的胜负，而是两组参与者间的胜率.

(3) 对对手采用某个策略的信心或推断 (belief). 若对局中，某一对手的策略集有多个可供选择的策略，那么他会选择哪个策略呢? 也许都有可能，此时参与者需要根据各种信息判断或估计对手选取不同策略的概率是多大.

3.2.3 Nash 均衡的存在性

Nash 均衡是博弈论最重要、最核心的概念. 如前所述，纯策略的 Nash 均衡不一定存在，但混合策略的 Nash 均衡是普遍存在的，这正是博弈论成为控制与决策最重要的分析与设计工具的原因之一，因为它表明各种经济、社会乃至工程决策问题中某些稳定状态的存在性及决策向这些稳定状态发展演化的必然性. 本节将从理论上讨论 Nash 均衡的存在性. 在讨论 Nash 均衡之前，先引入两个定理，第一个定理，即 Kakutani 不动点定理在第 2 章中已经介绍过，为叙述清楚，将其重写为下述形式.

定理 3.1 (Kakutani 定理) 设 $D \subset \mathrm{R}^d$ 是紧凸集，若集值映射 $G: D \to P_0(\mathrm{R}^d)$ 满足:

(1) $\forall x \in D$，$G(x)$ 非空.

(2) $G(x)$ 上半连续且是凸的.

则 G 在 D 上具有不动点.

下述定理给出了一类特殊形式的集值映射非空和上半连续的充分条件.

定理 3.2 (Berge 定理) 设 $X \subset \mathrm{R}^d$ 及 $M \subset \mathrm{R}^z$ 是紧凸集，设映射

$$f(x, m): X \times M \to \mathrm{R}$$

在 X 和 M 上均连续. 定义集值映射 $G: M \to P_0(X)$ 为

$$G(m) = \arg\max_{x \in X} f(x, m)$$

则对任意 $m \in M$，$G(m)$ 均为非空和上半连续的.

定理 3.3 (Nash 定理) 任意有限策略型博弈 $\Gamma = \langle N, S, u \rangle$ 至少存在一个 Nash 均衡.

证明 Nash 均衡可能是纯策略也可能是混合策略. 由于纯策略可以看成是混合策略的特例，因此只需要证明至少存在一个混合策略 Nash 均衡.

对于一个有限策略型博弈，设 S_i 和 Σ_i 分别为参与者 i 的纯策略和混合策略空间. 由于是有限策略博弈，S_i 是有限集合 (假设有 n 种纯策略 $s_1, s_2, \cdots, s_n$)，因此 Σ_i 是 Euclid 空间的紧凸子集 (任意 σ_i 可视为以 $s_1, s_2, \cdots, s_n$ 为顶点的超多面体的闭包，故其一定有界且凸)，进而混合策略的策略空间 $\Sigma = \prod\limits_{i \in N} \Sigma_i$ 也是 Euclid 空间的紧凸集. 参与者 i 的支付函数为

$$u_i(\sigma_i, \sigma_{-i}) = \sum_{s_{-i} \in S_{-i}} \sum_{s_i \in S_i} u_i(s_i, s_{-i}) \sigma_i(s_i) \sigma(s_{-i})$$

此处 $u_i(\sigma_i, \sigma_{-i})$ 为 σ_i 和 σ_{-i} 的线性函数，且在 Σ_i 和 Σ_{-i} 上连续.

定义集值映射 $b_i: \Sigma_{-i} \to P_0(\Sigma_i)$ 为

$$b_i(\sigma_{-i}) = \arg\max_{\sigma_i \in \Sigma_i} u_i(\sigma_i, \sigma_{-i})$$

注意，$b_i(\sigma_{-i})$ 实际上是第 i 个参与者相对于其他参与者策略组合的最佳反应.

根据定理 3.2，对任意 $\sigma_{-i} \in \Sigma_{-i}$，$b_i(\sigma_{-i})$ 非空且上半连续. 由于对任意 $\sigma_{-i} \in \Sigma_{-i}$，$u_i(\sigma_i, \sigma_{-i})$ 是线性的，若有 $\sigma_i', \sigma_i'' \in \Sigma_i$ 均为 σ_i 的最佳反应，记为

$$u_i(\sigma_i', \sigma_{-i}) = u_i(\sigma_i'', \sigma_{-i}) = \max_{\sigma_i \in \sum_i} u_i(\sigma_i, \sigma_{-i})$$

则对 $\forall \lambda \in (0, 1)$，有

$$u_i(\lambda \sigma_i' + (1 - \lambda) \sigma_i'', \sigma_{-i}) = u_i(\sigma_i', \sigma_{-i}) = \max_{\sigma_i \in \sum_i} u_i(\sigma_i, \sigma_{-i})$$

因此，$b_i(\sigma_{-i})$ 为凸集.

进一步，定义集值映射 $b(\sigma): \Sigma \to P_0(\Sigma)$ 为

$$b(\sigma) = (b_1(\sigma_{-1}), b_2(\sigma_{-2}), \cdots, b_n(\sigma_{-n}))$$

因此，集值映射 $b(\sigma)$ 是非空、上半连续和凸的，故其满足 Kakutani 不动点定理，因此必定存在不动点 $\sigma^* \in b(\sigma^*)$.

注意，$b(\sigma)$ 与有限博弈 Γ^m 的混合策略 Nash 的最佳反应对应，不动点 $\sigma^* \in b(\sigma^*)$ 的存在意味着有限博弈混合策略 Nash 均衡的存在性.

证毕

对于连续策略型博弈的 Nash 均衡，有如下定理.

定理 3.4 对策略式博弈 $G = \{N; S_1, \cdots, S_i, \cdots, S_n; u_1, \cdots, u_i, \cdots, u_n\}$，若策略集合 S_i 为 Euclid 空间的非空紧凸集，支付函数 u_i 关于策略组合 s 连续，且关于 s_i 拟凹，则该博弈存在纯策略 Nash 均衡.

该定理以较强的条件给出较强的结果，即纯策略 Nash 均衡的存在性. 现实中，有些博弈存在纯策略 Nash 均衡，但并不唯一，即具有多重均衡的情况. 处理该类多重性问题的方法有两大类：一类方法根据 Nash 均衡的定义得到精炼的均衡解，如子博弈精炼 Nash 均衡；另一类方法称为非规范式方法，如聚焦效应等. 例如，将定理 3.4 中的相关条件放松即可得到混合策略 Nash 均衡存在性的如下结论.

定理 3.5 对策略式博弈 $G = \{N; S_1, \cdots, S_i, \cdots, S_n; u_1, \cdots, u_i, \cdots, u_n\}$，若策略集合 S_i 为 Euclid 空间的非空紧子集，支付函数 u_i 关于策略组合 s 连续，则该博弈存在混合策略 Nash 均衡.

定理 3.4 和定理 3.5 均要求参与者的支付函数关于策略组合的连续性，然而在实际应用中，非连续或非拟凹的收益函数也很常见，在此情况下，一个紧的策略空间并不能保证 Nash 均衡一定存在. 为此，若对相关条件进行放松，则有如下定理.

定理 3.6 [4] 对策略式博弈 $G = \{N; S_1, \cdots, S_i, \cdots, S_n; u_1, \cdots, u_i, \cdots, u_n\}$，若对于所有的参与者 i，其策略空间 S_i 为有限维 Euclid 空间的非空紧凸子集，支付函数 u_i 关于 s_i 拟凹，关于 s 上半连续且

$$\max_{s_i} \; u_i(s_i, s_{-i})$$

关于 s_{-i} 连续，则该博弈存在纯策略 Nash 均衡.

3.2.4 Nash 均衡的求解

前面章节提到的 Nash 均衡求解方法，如迭代剔除弱策略方法、划线法等，对参与者人数较少的情况是适合的. 当参与者人数较多时，则非常烦琐. 本节介绍一种系统化的求解方法，该方法适用于一般 n 人博弈问题.

考察一个 n 人策略型博弈 $\Gamma = \langle N, X, u \rangle$，参与者 i 有 k_i 个纯策略，其纯策略空间为

$$S_i = \{s_i^1, s_i^2, \cdots, s_i^{k_i}\},$$

混合策略为

$$\sigma_i = \{\sigma_i^1, \cdots, \sigma_i^{k_i}\}$$

则 Nash 均衡可通过求解下述优化问题求得

$$\begin{aligned} &\max \sum_{i=1}^{n} \left(u_i\left(\sigma_i, \sigma_{-i}\right) - v_i\right) \\ \text{s.t.} \quad & u_i\left(s_i^j, \sigma_{-i}\right) \leqslant v_i, \quad j = 1, \cdots, k_i, \quad \forall i \in N \\ & \sum_{i=1}^{k_i} \sigma_i^j = 1, \quad \forall i \in N \end{aligned} \tag{3.2}$$

其中，v_i 为参与者 i 在 Nash 均衡点的期望收益.

如此，混合策略博弈问题即转化为一个常规的优化问题，故可采取常规的优化算法求解.

3.2.5 二人零和博弈

本节介绍一类最简单的博弈问题 —— 二人零和博弈 (two-person zero-sum game)，该博弈只有两个参与者，其支付之和恒为 0，这意味着一方的所得必定是另一方的损失，两个博弈者间构成了完全对立的格局. 显见，对于二人零和博弈问题，只需知道其中一个博弈者的支付矩阵，也就确定了整个博弈格局. 因此，一个有限二人零和博弈也可简单地记为 $A = \{a_{ij}\}$. 二人零和博弈中，Nash 均衡条件要求每一个参与者的策略都应该是最佳反应对应，当某个参与者确定自己的最佳决策时，他必须推测对手对自己决策的最佳反应对应.

为了探讨决策顺序对于二人零和博弈 Nash 均衡的影响，首先给出以下定理.

定理 3.7 对于二人零和博弈 $A = \{a_{ij}\}$，有

$$\max_i \min_j \{a_{ij}\} \leqslant \min_j \max_i \{a_{ij}\} \tag{3.3}$$

定义 3.12 (鞍点) 对于二人零和博弈 $A = \{a_{ij}\}$，称 $a_{i^*j^*}$ 为鞍点，若存在 i^* 及 j^*，使

$$\max_i \min_j \{a_{ij}\} = a_{i^*j^*} = \min_j \max_i \{a_{ij}\} \tag{3.4}$$

定理 3.8 (极大极小原理) 若二人零和博弈 $A = \{a_{ij}\}$ 的某个策略组合 (i^*, j^*) 是它的 Nash 均衡，当且仅当 (i^*, j^*) 是鞍点.

证明

(1) 必要性. 若 (i^*,j^*) 是鞍点，则式 (3.4) 成立，因此 (i^*,j^*) 互为对方的最佳反应，由 Nash 均衡的定义，(i^*,j^*) 是二人零和博弈问题的 Nash 均衡.

(2) 充分性. 设 (i^*,j^*) 是博弈问题的 Nash 均衡，则有

$$\max_i \min_j \{a_{ij}\} = \max_i a_{ij^*} \geqslant a_{i^*j^*}$$

以及

$$\min_j \max_i \{a_{ij}\} = \min_j a_{i^*j} \leqslant a_{i^*j^*}$$

进一步有

$$\min_j \max_i \{a_{ij}\} \leqslant a_{i^*j^*} \leqslant \max_i \min_j \{a_{ij}\}$$

由定理 3.7 可知

$$\min_j \max_i \{a_{ij}\} = a_{i^*j^*} = \max_i \min_j \{a_{ij}\}$$

因此 (i^*,j^*) 是鞍点.

证毕

对于混合策略二人零和博弈的情况，也有类似的结果.

定义 3.13 (混合策略)　对于二人零和博弈 $A=\{a_{ij}\}$，称混合策略组合 (σ_1^*,σ_2^*) 为鞍点，若存在一个混合策略组合 (σ_1^*,σ_2^*)，使

$$u(\sigma_1^*,\sigma_2^*) = \max_{\sigma_1} \min_{\sigma_2} u(\sigma_1,\sigma_2) = \min_{\sigma_2} \max_{\sigma_1} u(\sigma_1,\sigma_2)$$

其中，$u=\sigma_1^{\mathrm{T}} A \sigma_2$ 为博弈的期望收益.

定理 3.9　若二人零和博弈 $A=\{a_{ij}\}$ 的某个混合策略组合 (σ_1^*,σ_2^*) 是它的 Nash 均衡，当且仅当 (σ_1^*,σ_2^*) 是鞍点.

定理 3.10 (二人零和博弈混合策略 Nash 均衡的求解)　若二人零和博弈 $A=\{a_{ij}\}$ 存在一个混合策略组合

$$\sigma_1^* = \{\sigma_1^{1*},\cdots,\sigma_1^{n*}\},\quad \sigma_2^* = \{\sigma_2^{1*},\cdots,\sigma_2^{m*}\}$$

以及常数 v，使

$$\begin{cases} \displaystyle\sum_{i=1}^{n} a_{ij}\sigma_1^{i*} \geqslant v, & \forall j\in\{1,2,\cdots,m\} \\ \displaystyle\sum_{j=1}^{m} a_{ij}\sigma_1^{j*} \leqslant v, & \forall i\in\{1,2,\cdots,n\} \end{cases} \tag{3.5}$$

则混合策略组合(σ_1^*,σ_2^*)为二人零和博弈A的 Nash 均衡，v为均衡点处的期望收益.

对该博弈问题的 Nash 均衡，有如下定理.

定理 3.11 对于二人零和博弈 $A=\{a_{ij}\}$，若其 Nash 均衡点处的期望收益 v 大于 0，则混合策略 Nash 均衡 (σ_1^*,σ_2^*) 为下述两个线性规划问题的解:

$$\min\sum_{i=1}^{n}p_i$$

$$\text{s.t.}\quad p_i\geqslant 0,\quad i=1,2,\cdots,n$$

$$\sum_{i=1}^{n}a_{ij}p_i\geqslant 1,\quad j=1,2,\cdots,m$$

$$\max\sum_{j=1}^{m}q_j$$

$$\text{s.t.}\quad q_j\geqslant 0,\quad j=1,2,\cdots,m$$

$$\sum_{j=1}^{m}a_{ij}q_j\leqslant 1,\quad i=1,2,\cdots,n$$

该 Nash 均衡点的支付为

$$v=\frac{1}{\sum\limits_{i=1}^{n}p_i}=\frac{1}{\sum\limits_{j=1}^{m}q_j}$$

相应的 Nash 均衡为

$$\sigma_1^*=\{vp_1,vp_2,\cdots,vp_n\}$$

及

$$\sigma_2^*=\{vq_1,vq_2,\cdots,vq_m\}$$

二人零和博弈在实际工程问题中应用广泛，这是由于实际工程中一般要求系统具有较高的可靠性，而内部和外部的扰动、未建模动态等不确定性因素都可能引发运行风险. 此种情况下，可以把不确定因素看成是博弈的一方，而设计者是博弈的另一方，二者构成一个二人零和博弈格局. 工程设计的核心目标即是考虑在最坏干扰下实现系统的最佳性能. 以下考察一个关于鲁棒控制的二人零和博弈问题.

例 3.10 在鲁棒控制/H_∞ 控制问题中，博弈的双方分别为控制器和未知的干扰 (或不确定性)，其中干扰总是倾向于降低系统的性能，而控制器设计者总是要尽量提升闭环系统性能. 定义控制器的支付为其控制性能目标函数，该支付的上升完全由扰动造成. 如此，双方可形成一个二人零和博弈问题，其 Nash 均衡即为最优控制律 u^* 和最坏干扰激励 w^*，二者可通过求解下述微分博弈问题获得.

$$\inf_u\sup_w J(u,w)=\sup_w\inf_u J(u,w)$$

$$\text{s.t.}\quad \dot{x}=f(x,u,w)$$

在均衡点 (u^*, w^*) 处，最优控制律 u^* 和最坏干扰 w^* 构成一个鞍点，此时有

$$J(u^*, w) \leqslant J(u^*, w^*) \leqslant J(u, w^*)$$

需要指出的是，在某些情况下，鲁棒控制/H_∞ 控制问题的鞍点可能不存在，故无法求解 Nash 均衡. 但在一般工程控制问题中，我们其实并不关注干扰的支付，而只关注控制的支付. 因此，通常只需要求解下述优化问题：

$$\begin{aligned} &\inf_u \sup_w J(u, w) \\ &\text{s.t.} \quad \dot{x} = f(x, u, w) \end{aligned}$$

上述博弈格局实为主从微分博弈，这已超出本节静态博弈问题的范畴，将在后续章节予以介绍.

3.3 不完全信息静态博弈

3.2 节讨论了完全信息静态博弈，但在实际博弈问题中，经常会遇到信息不完整的情况，即参与者对其他参与者的支付并不完全了解. 处理此类问题的关键在于利用 Bayes 法则处理不完全信息带来的条件概率问题. 因此，不完全信息静态博弈也被称为静态 Bayes 博弈. 本节对其进行讨论.

3.3.1 不完全信息

前述各种静态博弈实例均有一个共同点，即每个参与者完全知晓自己和对手的支付相关信息. 但实际问题中，经常出现某个 (或所有) 参与者对于其他参与者 (甚至自身) 支付或策略的信息了解并不充分的情况. 下面举一个不完全信息静态博弈的例子.

例 3.11 现有 A、B 两个可再生能源发电公司，其中 A 在某个地区已经成为垄断者 (参与者 1)，B 现在要决定是否进入该地区建设电厂 (参与者 2)，同时参与者 1 也要决定是否要再建新电厂. 现在面临的问题是，参与者 2 不知道参与者 1 的建厂成本是高还是低. 如此则形成表 3.12 所示的不完全信息博弈问题.

表 3.12 市场进入博弈问题

参与者 1 高成本		参与者 2		参与者 1 低成本		参与者 2	
		进入	不进入			进入	不进入
参与者 1	新建	0,−1	2,0	参与者 1	新建	1,−1	4,0
	不新建	2, 1	3,0		不新建	2, 1	3,2

不完全信息引起了参与者 2 决策的困难. 从表 3.12 可以看出，若参与者 1 的建厂成本高，则存在唯一的纯策略 Nash 均衡，即为参与者 1 不建厂，参与者 2 进

入；若参与者 1 的建厂成本低，也存在唯一的纯策略 Nash 均衡，即参与者 1 建厂，参与者 2 不进入. 因此，建厂成本是高还是低对于两个参与者最终如何决策非常重要，它们分别对应于不同的均衡结局. 例 3.11 中，参与者需要在对不确定的支付信息做出主观判断的基础上进行决策，故上述市场进入博弈问题是一类典型的静态不完全信息博弈问题.

一般地，在不完全信息博弈中，并非所有人均知晓同样的信息. 博弈参与者除了均知晓的公共信息外，还具有各自的私有信息. 由于参与者的私有信息对其他参与者是未知的，因此在决策时，参与者只能对对手的私有信息进行猜测，同时还要对其他参与者对自己私有信息的猜测作出猜测，这种猜测之猜测序列可以无限持续下去. 这一点与共同知识非常相似，所不同的是，基于公共知识可得到的是确定性的推断，而不完全信息下，参与者只能获得一定条件下的概率性猜测.

3.3.2 非对称信息的 Cournot 寡头竞争模型

首先来看一个 Cournot 竞争问题的例子.

例 3.12 两家发电公司在同一市场中竞争，参与者 i 的行动为其发电量 $q_i \in [0,\infty)$. 参与者 i 的收益为其收入减去总成本，表达式为

$$u_1(q_1,q_2) = q_1P(Q) - cq_1$$
$$u_2(q_1,q_2) = q_2P(Q) - cq_2$$

其中，$Q = q_1 + q_2$ 为两家发电公司的总发电量；$P(Q) = \max\{0, a - Q\}$ 为电价，a 为最高电价；c 为单位发电量的成本 (两家公司相同). 现求两家发电公司的最佳发电量.

例 3.12 是典型的 Cournot 竞争问题，现在对该问题做若干假设来说明不完全信息博弈的基本思想. 首先，假设企业 1 知道自己的成本函数但不知道企业 2 的成本函数，而企业 2 知道自己和企业 1 的成本函数. 如此，模型中的两个参与者具有不对称的信息，企业 2 比企业 1 享有信息优势是双方的公共知识，即企业 1 知道企业 2 享有信息优势，企业 2 也知道企业 1 知道自己有信息优势. 此时，两家企业的成本函数分别为如下线性函数：

(1) 企业 1 $C_1(q_1) = cq_1$.

(2) 企业 2 $C_2(q_2) = c_{\mathrm{H}}q_2$ 的概率为 x；$C_2(q_2) = c_{\mathrm{L}}q_2$ 的概率为 $1-x$，其中 $c_{\mathrm{L}} < c_{\mathrm{H}}$.

两参与者对发电量的选择如下：

(1) 企业 1 q_1^*.

(2) 企业 2 $q_2(c_{\mathrm{H}})$ 或 $q_2(c_{\mathrm{L}})$.

假定 q_1^* 是企业 1 的最佳发电量决策，则企业 2 的最优反应分别为

(1) 高成本情形，$q_2^*(c_{\rm H}) = \arg\max\limits_{q_2}[(a - q_1^* - q_2) - c_{\rm H}]q_2$.

(2) 低成本情形，$q_2^*(c_{\rm L}) = \arg\max\limits_{q_2}[(a - q_1^* - q_2) - c_{\rm L}]q_2$.

此时，企业 1 的最佳反应满足下述条件:

$$q_1^* = \arg\max_{q_1} x\{[a - q_1 - q_2^*(c_{\rm H})] - c\}q_1 + (1 - x)\{[a - q_1 - q_2^*(c_{\rm L})] - c\}q_1$$

上述三个最优化问题的一阶必要条件分别为

$$q_2^*(c_{\rm H}) = \frac{a - q_1^* - c_{\rm H}}{2}$$

$$q_2^*(c_{\rm L}) = \frac{a - q_1^* - c_{\rm L}}{2}$$

$$q_1^* = \frac{x[a - q_2^*(c_{\rm H}) - c] + (1 - x)[a - q_2^*(c_{\rm L}) - c]}{2}$$

求解上述方程组可得

$$q_1^* = \frac{a - 2c + xc_{\rm H} + (1 - x)c_{\rm L}}{3}$$

$$q_2^*(c_{\rm H}) = \frac{a - 2c_{\rm H} + c}{3} + \frac{(1 - x)(c_{\rm H} - c_{\rm L})}{6} \geqslant \frac{a - 2c_{\rm H} + c}{3}$$

$$q_2^*(c_{\rm L}) = \frac{a - 2c_{\rm L} + c}{3} - \frac{x(c_{\rm H} - c_{\rm L})}{6} \leqslant \frac{a - 2c_{\rm L} + c}{3}$$

根据上述结果可知，在边际成本较低时，企业 1 将会生产更多的产品. 虽然企业 2 具有信息优势，但是不完全信息同样会影响企业 2 的决策和收益，并且企业 1 信息的不完全并非总是对企业 2 有利. 事实上，当企业 2 的实际成本较高时，其产量高于 $(a - 2c_{\rm H} + c)/3$，信息的不完全的确对其更有利；但当企业 2 的实际边际成本较低时，其产量却低于 $(a - 2c_{\rm L} + c)/3$，这说明此时企业 1 的信息不完全对企业 2 并非有利.

上述这样一个简单的例子，可以清楚地说明不完全信息是如何影响各参与者的支付及他们的决策的. 读者也许可以思考一个问题，此时企业 2 是否可以根据他对对方成本信息的了解，决定是否发布自己的成本信息，以达到最大化产量? 事实上，在国际政治、经济发展中，经常有这样的做法，有的实力较弱的国家，需要不断向国际上发布自己大规模杀伤武器的进展信息，而实力较强的国家，则对自己的高级武器实行严密的信息封锁. 需要说明的是，寡头垄断市场中，产量并非参与者的最终目标，寡头可能更关心产品在市场中的价格，这涉及另外一个经典模型 —— Bertrand 垄断模型. 读者可以尝试将参与者的策略空间由产量修改为价格，推导这一模型.

3.3.3 不完全信息静态 (Bayes) 博弈

前文通过 Cournot 模型的例子初步了解了不完全信息博弈问题. 以下给出不完全信息博弈的标准定义. 我们知道完全信息标准型博弈可以表示为 $\Gamma = \langle N, (S_i)_{i\in N}, (u_i)_{i\in N}\rangle$，而要描述对不完全信息的标准型静态博弈，需要涉及以下几个要素.

1. 参与者

参与者 (player) 与完全信息标准型博弈一致，$i \in N$.

2. 类型

在博弈论中用类型 (type) 来定义参与者的私有信息. 在不完全信息博弈中，每个参与者可能具有一种或多种类型. 此时，类型的差异将对参与者的决策产生影响，这种影响本质是由信息不完全导致参与者期望支付发生变化造成的. 因此，若某个参与者在两种类型下形成的最终支付在所有情况下均完全相同，则这两种类型对于该不完全信息决策来说无法也无需区分，可合并为一种类型. 还有一类参与者，他知道自己属于某种特定的类型，而其他参与者只知道他是若干可能类型中的一种，但不能确切地知道是哪一种类型. 这种情况称为该参与者具有私有信息，而所有参与者均知道的公共知识是：各个参与者的具体类型是该参与者的若干类型中的一种，且所有参与者知道其他参与者都知道这一信息. 一般将参与者 i 的类型记为 $\theta_i \in \Theta_i$，其中 Θ_i 是参与者 i 所有可能的类型构成的集合. $\Theta = \prod\limits_{i\in N} \Theta_i$ 是所有参与者的类型组合构成的空间，称为类型空间. 其中任一类型组合记为 $\theta = (\theta_i, \theta_{-i})$，$\theta_{-i}$ 与 Θ_{-i} 分别表示除参与者 i 以外的所有参与者的类型构成的一个组合，以及由所有这种类型组合 θ_{-i} 构成的集合.

3. (联合) 概率分布

为描述参与者对类型的公有信息，可假设参与者 i 的类型 $\{\theta_i\}_{i=1}^n$ 来自于一种类型上的联合概率分布 $p(\theta_1, \cdots, \theta_n)$，这种联合概率分布对所有参与者而言是公共知识.

4. 信念

信念 (belief) 是指各个参与者在公有信息 [联合概率分布 $p(\theta_1, \cdots, \theta_n)$] 的基础上形成对其他参与者实际类型概率的判断，即参与者 i 在知道自己类型为 θ_i 的情况下对其他参与者类型的条件概率分布 $p(\theta_{-i}|\theta_i)$ 的推断. 信念 $p(\theta_{-i}|\theta_i)$ 描述了参与者 i 对其他 $n-1$ 个参与者的不确定性的判断.

上述定义中，$p(\theta_{-i}|\theta_i)$ 表示条件概率，即在 θ_i 成立的条件下，θ_{-i} 成立的概率.

它满足下述 Bayes 法则：

$$p_i(\theta_{-i}|\theta_i) = \frac{p_i(\theta_{-i}, \theta_i)}{p_i(\theta_i)} = \frac{p_i(\theta_{-i}, \theta_i)}{\sum\limits_{\theta_{-i} \in \Theta_{-i}} p_i(\theta_{-i}, \theta_i)} \tag{3.6}$$

下面以一个企业市场竞争实例说明信念的物理内涵.

例 3.13 两个企业在某种产品市场上竞争，他们清楚地知道自己的实力，但是彼此不清楚对方的实力. 显然，双方实力的不同会导致博弈局势和均衡解的改变. 这种博弈可简化描述为双方均有两种类型，实力强与实力弱，可称其为 "强" (s) 类型与 "弱" (w) 类型. 为给出这种博弈问题的数学描述，考察表 3.13 所示的联合概率分布.

表 3.13 联合概率分布

		参与者 2	
		强 (s)	弱 (w)
参与者 1	强 (s)	0.3	0.2
	弱 (w)	0.1	0.4

根据上述联合概率分布，利用 Bayes 准则，每个参与者即可对其他参与者在不同情况下的类型进行概率推断. 以参与者 1 为例，当他自身类型为强时，对于对手的类型可作出下述推断：

$$p_1(\text{s}|\text{s}) = \frac{0.3}{0.3 + 0.2} = 0.6, \quad p_1(\text{w}|\text{s}) = \frac{0.2}{0.3 + 0.2} = 0.4$$

即当自身类型为强时，对方类型也是强的概率为 0.6，而对方类型是弱的概率则为 0.4. 同样，当参与者 1 类型为弱时，可作如下推断：

$$p_1(\text{s}|\text{w}) = \frac{0.1}{0.1 + 0.4} = 0.2, \quad p_1(\text{w}|\text{w}) = \frac{0.4}{0.1 + 0.4} = 0.8$$

5. 行动

$a_i \in A_i$ 代表参与者 i 可能的行动 (action)，A_i 是所有可能行动的集合，即行动集.

6. 策略

参与者 i 的策略 (strategy) 是一个从 Θ_i 到 S_i 的映射：$\phi_i : \Theta_i \to S_i$，该映射为参与者 i 对每个可能的类型 $\theta_i \in \Theta_i$ 规定了一个策略 $s_i \in S_i$. 一般来说，不完全信息博弈中，策略可以分为两类：一是分离策略 (separating strategy)，是指 Θ_i 中的每个类型 θ_i 从行动集合 A_i 中选择不同的行动 a_i；二是集中策略 (pooling strategy)，是指所有的类型均选择相同的行动.

7. **支付**

若支付 (payoff) 函数、可能的类型及联合概率分布都是公共知识，则参与者 i 类型 θ_i 下的期望支付为

$$u_i\left(s_i, s_{-i}, \theta_i\right) = \sum_{\theta_{-i}\in\Theta_{-i}} p\left(\theta_{-i}|\theta_i\right) u_i\left(s_i, s_{-i}(\theta_{-i}), \theta_i, \theta_{-i}\right)$$

或

$$u_i\left(s_i, s_{-i}, \theta_i\right) = \int u_i\left(s_i, s_{-i}(\theta_{-i}), \theta_i, \theta_{-i}\mathrm{d}P(\theta_{-i}|\theta_i)\right)$$

定义 3.14　静态不完全信息博弈 (Bayes 博弈) 可记为 $\Gamma = \langle N, S, \Theta, p, u\rangle$.

例 3.14　考察如表 3.14 所示的静态不完全信息博弈实例.

表 3.14　静态不完全信息博弈

s-s		参与者 2(s)		s-w		参与者 2(w)	
		L	R			L	R
参与者 1 (s)	U	−4, −4	2, −2	参与者 1 (s)	U	−4, −4	1, 0
	D	−2, 2	0, 0		D	−2, 0	0, 1
w-s		参与者 2(s)		w-w		参与者 2(w)	
		L	R			L	R
参与者 1 (w)	U	−4, −4	0, −2	参与者 1 (w)	U	−4, −4	0, 0
	D	0, 2	1, 0		D	0, 0	1, 1

表 3.14 中，参与者 1 和参与者 2 的类型为

$$\Theta_1 = \Theta_2 = \{\mathrm{s}, \mathrm{w}\}$$

行动集为

$$A_1 = \{\mathrm{U}, \mathrm{D}\}(\theta_1 = \{\mathrm{s}, \mathrm{w}\})$$

$$A_2 = \{\mathrm{L}, \mathrm{R}\}(\theta_2 = \{\mathrm{s}, \mathrm{w}\})$$

策略集为

$$S_1 = \{(\mathrm{U}, \mathrm{U}), (\mathrm{U}, \mathrm{D}), (\mathrm{D}, \mathrm{U}), (\mathrm{D}, \mathrm{D})\}$$

$$S_2 = \{(\mathrm{L}, \mathrm{L}), (\mathrm{L}, \mathrm{R}), (\mathrm{R}, \mathrm{L}), (\mathrm{R}, \mathrm{R})\}$$

信念为

$$p_1(\mathrm{s}|\mathrm{s}) = \frac{p_{\mathrm{ss}}}{p_{\mathrm{ss}} + p_{\mathrm{sw}}}, \quad p_1(\mathrm{w}|\mathrm{s}) = \frac{p_{\mathrm{sw}}}{p_{\mathrm{ss}} + p_{\mathrm{sw}}}$$

$$p_1(\mathrm{s}|\mathrm{w}) = \frac{p_{\mathrm{ws}}}{p_{\mathrm{ws}} + p_{\mathrm{ww}}}, \quad p_1(\mathrm{w}|\mathrm{w}) = \frac{p_{\mathrm{ww}}}{p_{\mathrm{ws}} + p_{\mathrm{ww}}}$$

$$p_2(\mathrm{s}|\mathrm{s}) = \frac{p_{\mathrm{ss}}}{p_{\mathrm{ss}} + p_{\mathrm{ws}}}, \quad p_2(\mathrm{w}|\mathrm{s}) = \frac{p_{\mathrm{ws}}}{p_{\mathrm{ss}} + p_{\mathrm{ws}}}$$

$$p_2(\mathrm{s}|\mathrm{w}) = \frac{p_{\mathrm{sw}}}{p_{\mathrm{sw}} + p_{\mathrm{ww}}}, \quad p_2(\mathrm{w}|\mathrm{w}) = \frac{p_{\mathrm{ww}}}{p_{\mathrm{sw}} + p_{\mathrm{ww}}}$$

参与者 1 在“s”类型下选择策略“U”的支付为

$$u_1(\mathrm{U}, s_2, \mathrm{s}) = u_1(\mathrm{U}, (\mathrm{L},\mathrm{L}), \mathrm{s}) + u_1(\mathrm{U}, (\mathrm{L},\mathrm{R}), \mathrm{s}) + u_1(\mathrm{U}, (\mathrm{R},\mathrm{L}), \mathrm{s}) + u_1(\mathrm{U}, (\mathrm{R},\mathrm{R}), \mathrm{s})$$

其中

$$u_1(\mathrm{U}, (\mathrm{L},\mathrm{L}), \mathrm{s}) = u_1(\mathrm{U},\mathrm{L},\mathrm{s},\mathrm{s})p_1(\mathrm{s}|\mathrm{s}) + u_1(\mathrm{U},\mathrm{L},\mathrm{s},\mathrm{w})p_1(\mathrm{w}|\mathrm{s}) = \frac{-4p_{\mathrm{ss}}}{p_{\mathrm{ss}} + p_{\mathrm{sw}}} + \frac{-4p_{\mathrm{sw}}}{p_{\mathrm{ss}} + p_{\mathrm{sw}}}$$

$$u_1(\mathrm{U}, (\mathrm{L},\mathrm{R}), \mathrm{s}) = u_1(\mathrm{U},\mathrm{L},\mathrm{s},\mathrm{s})p_1(\mathrm{s}|\mathrm{s}) + u_1(\mathrm{U},\mathrm{R},\mathrm{s},\mathrm{w})p_1(\mathrm{w}|\mathrm{s}) = \frac{-4p_{\mathrm{ss}}}{p_{\mathrm{ss}} + p_{\mathrm{sw}}} + \frac{p_{\mathrm{sw}}}{p_{\mathrm{ss}} + p_{\mathrm{sw}}}$$

$$u_1(\mathrm{U}, (\mathrm{R},\mathrm{L}), \mathrm{s}) = u_1(\mathrm{U},\mathrm{R},\mathrm{s},\mathrm{s})p_1(\mathrm{s}|\mathrm{s}) + u_1(\mathrm{U},\mathrm{L},\mathrm{s},\mathrm{w})p_1(\mathrm{w}|\mathrm{s}) = \frac{2p_{\mathrm{ss}}}{p_{\mathrm{ss}} + p_{\mathrm{sw}}} + \frac{-4p_{\mathrm{sw}}}{p_{\mathrm{ss}} + p_{\mathrm{sw}}}$$

$$u_1(\mathrm{U}, (\mathrm{R},\mathrm{R}), \mathrm{s}) = u_1(\mathrm{U},\mathrm{R},\mathrm{s},\mathrm{s})p_1(\mathrm{s}|\mathrm{s}) + u_1(\mathrm{U},\mathrm{R},\mathrm{s},\mathrm{w})p_1(\mathrm{w}|\mathrm{s}) = \frac{2p_{\mathrm{ss}}}{p_{\mathrm{ss}} + p_{\mathrm{sw}}} + \frac{p_{\mathrm{sw}}}{p_{\mathrm{ss}} + p_{\mathrm{sw}}}$$

同样可求得参与者 1 在“s”类型下策略“D”的支付，以及在“w”类型下策略“U”或“D”的支付. 参与者 2 的支付计算也完全类似. 假定例 3.14 中的联合概率分布为

$$p_{\mathrm{ss}} = 0.2, \quad p_{\mathrm{sw}} = 0.3, \quad p_{\mathrm{ws}} = 0.2, \quad p_{\mathrm{ww}} = 0.3$$

则根据 Bayes 法则有下述相关推断：

$$p_1(\mathrm{s}|\mathrm{s}) = 0.4, \quad p_1(\mathrm{w}|\mathrm{s}) = 0.6, \quad p_1(\mathrm{s}|\mathrm{w}) = 0.4, \quad p_1(\mathrm{w}|\mathrm{w}) = 0.6$$

$$p_2(\mathrm{s}|\mathrm{s}) = 0.5, \quad p_2(\mathrm{w}|\mathrm{s}) = 0.5, \quad p_2(\mathrm{s}|\mathrm{w}) = 0.5, \quad p_2(\mathrm{w}|\mathrm{w}) = 0.5$$

综上所述，可以写出该博弈格局的矩阵表达式，如表 3.15 所示.

表 3.15 静态不完全信息博弈的矩阵表示

(s,w)	(L, L)	(L, R)	(R, L)	(R, R)
(U, U)	(−4,−4),(−4,−4)	(−0.4,−1.6),(−4,0)	(−1.6,−2.4),(−2,−4)	(2,0),(−2,0)
(U, D)	(−4,0),(−1,−2)	(−0.4,0.6),(−1,0.5)	(−1.6,0.4),(−1,−2)	(2,1),(−1,0.5)
(D, U)	(−2,−4),(−1,−2)	(−0.8,−1.6),(−1,0.5)	(−1.2,−2.4),(−1,−2)	(0,0),(−1,0.5)
(D, D)	(−2,0),(2, 0)	(−0.8,0.6),(2, 1)	(−1.2,0.4),(0,0)	(0,1),(0,1)

观察该博弈矩阵，容易看出，参与者 1 的策略 (U, U) 是 (U, D) 的劣解，(D, U) 是 (D, D) 的劣解，因此可以剔除这两个策略. 进一步，参与者 2 的策略 (L, L) 和 (R, L) 分别是 (L, R) 和 (R, R) 的劣解，故也可剔除. 于是该矩阵可简化为表 3.16 所示的形式.

表 3.16 静态不完全信息博弈剔除劣解后的格局

(s,w)	(L, R)	(R, R)
(U, D)	(−0.4, 0.6), (−1, 0.5)	(2, 1), (−1, 0.5)
(D, D)	(−0.8, 0.6), (2, 1)	(0, 1), (0, 1)

由表 3.16 可知，参与者 1 的策略 D 被 U 优超，而对于参与人 1 的行动 (U, D)，参与人 2 采取不同行动获得的支付相同，故该博弈问题存在两个纯策略均衡解：((U, D), (L, R)) 及 ((U, D), (R, R)). 由此例可以看出，当信息不完全时，参与者只要知道其他参与者的类型及相关的联合分布概率即可求取各种类型及各策略下的支付，进而可以求解博弈问题. 但还有一个问题尚未得到解答：参与者的类型及相关的联合分布概率如何得到？为此，Harsanyi 在 1967~1968 年提出了一个解决方案，即 Harsanyi 转换 [9-11]，其主要思想是引入“大自然”作为一个虚拟的博弈者参与博弈，在原来的参与者行动之前先行决策，从而确定好每个参与者的类型及类型上的联合概率分布，其决策过程简述如下.

第 0 阶段 大自然在博弈各方的类型空间中设定一个类型向量

$$\theta = (\theta_1, \theta_2, \cdots, \theta_n), \quad \theta_i \in \Theta_i$$

进一步，将 (先验的) 联合概率分布 $p(\theta)$ 赋予此类型向量，并假定类型向量 θ 和联合概率分布 $p(\theta)$ 均为公共知识.

第 1 阶段 大自然告知各参与者 i 自身的类型 θ_i，但是不会告知其他参与者的类型 θ_{-i}.

第 2 阶段 各参与者根据 Bayes 准则对其他参与者的类型进行推断，据此制定自身的最佳策略 s_i，并同时行动，最终得到各自的支付 $u_i(s_i, s_{-i}, \theta_i, \theta_{-i})$.

由上述决策过程可知，Harsanyi 转换将一个信息不完全的静态博弈过程转换为一个两阶段的博弈过程. 在此过程中，关于支付的信息是完整的，因此是完全信息博弈，但是由于参与者 i 并不知道“大自然”给其他参与者分配何种类型，因此他对博弈过程之前的行动并不完全清楚，这种信息的不完整性称为“非完美信息”(imperfect information). 因此，通过 Harsanyi 转换，原来的不完全信息博弈转变为完全非完美信息博弈. 当然，转换后的博弈问题严格来说是一个两阶段动态博弈问题，而非原来的静态博弈问题，对此类博弈，将在第 4 章深入讨论. 此外，还需强调的是，公共知识在静态非完全信息博弈中所起作用非常重要. 由 Harsanyi 转换过程可知，需要假定所有参与者都知晓大自然在选择参与者类型时所采用的 (联合) 概率分布，并且所有参与者都认为其他参与者知晓这一信息. 这使得在后续的博弈过程中，各参与者可以对其他参与者可能的行动进行推测.

3.3.4 Bayes-Nash 均衡

与静态完全信息博弈的均衡概念类似，静态不完全信息博弈也需要探讨其均衡概念. 不完全信息下，静态博弈均衡又称为 Bayes-Nash 均衡，其核心思想仍然是要求每个参与者的策略必须是对其他参与者策略的最佳反应. 换言之，Bayes-Nash 均衡即为不完全信息静态博弈 (也称 Bayes 博弈) 的 Nash 均衡.

定义 3.15 (Bayes-Nash 均衡) 考察一类静态 Bayes 博弈问题

$$\Gamma = \langle N, S, \Theta, p, u \rangle$$

称策略组合 $(\phi_i^*(\theta_i), \phi_{-i}^*, \theta_i)$ 为一个 Bayes-Nash 均衡，若

$$E[u_i(\phi_i^*(\theta_i), \phi_{-i}^*; \theta_i)] \geqslant E[u_i(s_i, \phi_{-i}^*; \theta_i)], \quad \forall s_i \in S_i, \quad \forall \theta_i \in \Theta_i, \quad \forall i \in N$$

其中，$E[u_i]$ 为参与者 i 的期望效用.

若采用 Bayes 博弈中期望效用表达式，则可给出 Bayes-Nash 均衡的下述等价定义.

定义 3.16 (Bayes-Nash 均衡) 考察一类静态 Bayes 博弈问题

$$\Gamma = \langle N, S, \Theta, p, u \rangle$$

称策略组合 $s^* = (s_i^*, s_{-i}^*)$ 为 (纯策略) Bayes-Nash 均衡，若

$$s_i^*(\theta_i) \in \arg\max_{s_i \in S_i} \sum_{\theta_{-i} \in \Theta_{-i}} p(\theta_{-i}|\theta_i) u_i(s_i, s_{-i}(\theta_{-i}), \theta_i, \theta_{-i}), \quad \forall \theta_i \in \Theta_i, \quad \forall i \in N$$

需要说明的是，Bayes-Nash 均衡中，参与者 i 的纯策略空间是从 Θ_i 到 S_i 的映射的集合. 类似地，还有混合策略 Bayes 均衡的定义. 关于 Bayes-Nash 均衡的存在性，有如下两个定理.

定理 3.12 对于任何一个有限不完全信息静态博弈 (或 Bayes 博弈)，至少存在一个混合策略 Bayes-Nash 均衡.

这里，所谓有限是指参与者 N 有限，策略空间 S_i 有限，类型 Θ_i 有限. 定理 3.12 也适用于混合策略 Bayes-Nash 均衡. 定理 3.12 的证明与完全信息下有限静态博弈均衡存在性证明类似. 感兴趣的读者可尝试自行证明.

很多情况下，静态不完全信息博弈会涉及连续策略和连续类型，此时有如下定理.

定理 3.13 对于一个具有连续策略空间和连续类型的静态 Bayes 博弈，若策略集和类型集均是紧集，支付函数为连续凸函数，则纯策略的 Bayes-Nash 均衡必定存在.

3.3.5 不完全信息静态博弈的典型应用 —— 拍卖

静态 Bayes 博弈的一个主要应用就是拍卖，这是在拍卖参与者之间分配具有不同估值商品的常用方法. 由于不同潜在买家对商品的估值是未知的，故拍卖显然属于不完全信息博弈范畴. 一般来说，拍卖均以利润最大化为目的，也就是将拍卖的物品以尽可能高的价格卖出. 以下给出一个典型拍卖过程的博弈分析.

设有一个待售物品和 n 个潜在买家. 竞标者 i 对该物品的估价为 v_i，其愿意支付的价格为 b_i，该竞标者的效用为 $v_i - b_i$；假设每个竞标者 i 对该物品的估价 v_i 在区间 $[0, v]$ 上独立同分布，累积分布函数为 F，连续概率密度函数为 f；竞标者 i 知道自己对该商品估价 v_i，但对其他竞标者的估价需要通过 F 来推断. 换言之，在此拍卖模型中，除了各买家对商品的真实估价外，其余信息皆为公共知识. 竞标者的目标是最大化自己的期望效用，这是其理性所在. 因此上述拍卖模型实质上可归结为一类 Bayes 博弈，参与者 (竞标者) 的类型是他们各自对待售物品的估价，参与者的纯策略为报价，该报价是估价区间到正实数区间的一个映射，即

$$\phi : [0, \bar{v}] \to \mathrm{R}^+$$

下面探讨第一价格拍卖 (first price auction). 在此拍卖中，所有竞标者同时出价，出价最高者获得商品，并且支付其所报价格，这是一种静态 Bayes 博弈. 假设各竞标者 i 对该物品的估价为 v_i，其报价为 b_i，则相应的支付为

$$u_i(b_i, b_{-i}, v_i, v_{-i}) = \begin{cases} v_i - b_i, & b_i > \max\limits_{j \neq i} b_j \\ 0, & b_i < \max\limits_{j \neq i} b_j \end{cases}$$

若有两个竞标者出价相同，即 $b_i = b_j$ 时，则可通过掷硬币决定谁将获得拍卖品，这种情况下的收益是期望收益. 不过上述规则实用性较低，因为在报价服从连续分布的情况下，出现相同报价的概率为 0.

为方便求解上述拍卖问题的 Nash 均衡，首先对若干必要的符号和假设给出说明：由于所有的竞标者是对等的，故其均衡策略对称，假设为 ϕ. 为了分析方便，进一步假设均衡策略是可微的，且竞标者 i 选择的策略 $\phi : [0, \bar{v}] \to \mathrm{R}^+$ 是单调增可微函数. 假定竞标者 i 采用竞标策略 ϕ，当其估价为 v_i 时，出价为 b_i，即 $\phi(v_i) = b_i$. 以下简要分析竞标的博弈过程.

显见，若一个竞标者对商品的估价为 0，他必定不会报出正的价格，即 $\phi(0) = 0$. 对于竞标者 i 来说，只要有

$$\max_{j \neq i} \phi(v_j) < b_i$$

则竞标者 i 就会获胜并赢得商品. 由于 ϕ 是单调增的，故有

$$\max_{j \neq i} \phi(v_j) = \phi(\max_{j \neq i}(v_j)) = \phi(v_{\mathrm{r}})$$

其中，$v_{\mathrm{r}} = \max\limits_{j\neq i}\{v_j\}$，此式意味着竞标者 i 在 $v_{\mathrm{r}} < \phi^{-1}(b_i)$ 时即可获胜.

同时, 设竞标者 i 的估价应满足

$$v_{\mathrm{r}} = \phi^{-1}(b_i)$$

为最大化自身期望收益，其最优报价 b_i 应满足

$$b_i = \arg\max_{b_i\geqslant 0}\{P(\phi^{-1}(b_i))(v_i - b_i)\} \tag{3.7}$$

其中，$P(v_i)$ 为随机变量 v_i 的累积概率分布函数，表示竞标者 i 报价为 b_i 时赢得商品的概率，即

$$P(v_i) = \Pr(\phi(v_{\mathrm{r}}) < b_i)$$

或等价地

$$P(v_i) = \Pr(v_{\mathrm{r}} < v_i)$$

为分析方便，假定 $p(\cdot) = P'(\cdot)$ 是其概率密度函数. 注意，式 (3.7) 实际上是竞标者 i 的最佳反应. 根据式 (3.7) 的一阶最优条件可得

$$p(\phi^{-1}(b_i))(\phi^{-1}(b_i))'(v_i - b_i) - P(\phi^{-1}(b_i)) = 0 \tag{3.8}$$

由于

$$\phi(\phi^{-1}(b_i)) = b_i$$

上式两边对 b_i 求导得

$$\phi'(\phi^{-1}(b_i))(\phi^{-1}(b_i))' = 1$$

由于 ϕ 单调增，因此

$$(\phi^{-1}(b_i))' \neq 0$$

从而有

$$(\phi^{-1}(b_i))' = 1/\phi'(\phi^{-1}(b_i))$$

则式 (3.8) 可转化为

$$\frac{p(\phi^{-1}(b_i))}{\phi'(\phi^{-1}(b_i))}(v_i - b_i) - P(\phi^{-1}(b_i)) = 0 \tag{3.9}$$

当然，若要保证 b_i 是最优解，还应检验最优解是否满足二阶充分条件.

假设 $b_i = \phi(v_i)$ 是优化问题 (3.7) 的解，则由式 (3.9) 得

$$p(v_i)(v_i - b_i) - P(v_i)\phi'(v_i) = 0$$

因此

$$\frac{\mathrm{d}}{\mathrm{d}v_i}(P(v_i)\phi(v_i)) = P(v_i)\phi'(v_i) + p(v_i)\phi(v_i) = v_i p(v_i)$$

其边界条件为 $\phi(0) = 0$.

两边对 v_i 积分有

$$P(v_i)\phi(v_i) = \int_0^{v_i} xp(x)\mathrm{d}x$$

即

$$\phi(v_i) = \frac{1}{P(v_i)}\int_0^{v_i} xp(x)\mathrm{d}x$$

注意到

$$P(v_i) = \Pr(v_\mathrm{r} < v_i)$$

故有

$$\phi(v_i) = E[v|v < v_i] \tag{3.10}$$

式 (3.10) 即为竞标者 i 的最优竞标策略. 由于 i 是任意的，故 $\phi(v_i)$ 即为该博弈的 Nash 均衡. 特别地，假设所有竞标者的估值服从 [0,1] 均匀分布，即竞标者 i 的估值累积概率分布为

$$P(v_i) = v^{n-1}$$

其概率密度函数为

$$p(v_i) = (n-1)v^{n-2}$$

由式 (3.10) 可得

$$\phi(v_i) = \frac{1}{P(v_i)}\int_0^{v_i} xp(x)\mathrm{d}x = \frac{1}{v^{n-1}}\int_0^{v} x(n-1)x^{n-2}\mathrm{d}x = \frac{n-1}{n}v$$

因此，竞标者的最佳竞标策略为

$$\phi^*(v) = \frac{n-1}{n}v$$

上式表明，当参与竞拍的人数足够多时，按第一价格拍卖竞标者可以实现按估价出价.

3.3.6　混合策略的再认识

在博弈均衡处，任意一个参与者的策略选择应该是对其他参与者策略的最佳反应，但最佳反应策略可能并不唯一. 在混合策略均衡中，若对手采取所指定的混合策略，则参与者采用混合策略中任意一个正概率的策略都将获得同样的支付，因为这些策略都是其他参与者策略的最佳反应，或者说，都是理性反应. 因此，参与

者可直接在支撑集中任选一个策略执行，而不必通过随机机制确定自己所采用的策略；同理，其他参与者也不需要采用随机机制来应对该参与者. 既如此，采用混合策略的意义又何在呢？这正是混合策略受到质疑的重要原因.

Harsanyi 利用 Bayes 博弈理论对混合策略的意义做了重新解释[13]. 他认为，混合策略均衡可以被视为微小扰动形成的不完全信息博弈的纯策略 Bayes-Nash 均衡的极限. 事实上，从上述讨论可以看出，在 Bayes 博弈中，参与者在确定策略时需要考虑对手类型的概率分布，这类似于与采用混合策略的参与者进行博弈. 下面通过一个例子予以说明.

例 3.15 (性别战博弈)　有一对夫妇度周末，丈夫李雷想去看拳击，妻子韩梅梅想去看歌剧，但他们都想呆在一起而不是分开各做各的. 如果他们不相互商量，会如何度过周末呢？上述性别战博弈的收益矩阵可以用表 3.17 表示.

表 3.17　完全信息性别战博弈

		李雷	
		歌剧	拳击
韩梅梅	歌剧	2,1	0,0
	拳击	0,0	1,2

从表 3.17 中可以看出，此博弈局势有两个纯策略均衡，分别为

$$s_1^* = (歌剧, 歌剧), \quad s_2^* = (拳击, 拳击)$$

此外，还存在一个混合策略均衡:

$$p^* = (p_1^*, p_2^*)$$

其中

$$p_1^* = \left\{\frac{2}{3}, \frac{1}{3}\right\}, \quad p_2^* = \left\{\frac{1}{3}, \frac{2}{3}\right\}$$

表 3.17 所示的收益矩阵表明，两人对对方听歌剧或看拳击比赛的效用是完全清楚的，因而该博弈是一个完全信息静态博弈. 现在对博弈的设定稍作改变，假设两人还不完全了解对方参加不同活动的效用. 特别地，假设两人都去听歌剧，韩梅梅的效用为 $(2+t_{\rm c})$，这里的 $t_{\rm c}$ 可视为韩梅梅的私有信息，李雷并不清楚. 类似地，若两人都去看拳击，李雷的效用变为 $(2+t_{\rm p})$，这里 $t_{\rm p}$ 是李雷的私有信息，韩梅梅并不知道. 不妨假定 $t_{\rm c}$ 和 $t_{\rm p}$ 相互独立，且在 $[0,x]$ 上均匀分布. 此处，x 是一个很小的常数，$t_{\rm c}$ 和 $t_{\rm p}$ 可看成是博弈中的随机扰动. 以上都是公共知识. 由于韩梅梅和李雷都不完全清楚对方的效用，因此，原博弈转变为一个不完全信息静态博弈，收益矩阵如表 3.18所示.

表 3.18 不完全信息性别战博弈

		李雷	
		歌剧	拳击
韩梅梅	歌剧	$2+t_{\mathrm{c}}, 1$	$0, 0$
	拳击	$0, 0$	$1, 2+t_{\mathrm{p}}$

此时，双方的策略空间分别为

$$A_{\mathrm{c}} = A_{\mathrm{p}} = \{\text{歌剧，拳击}\}$$

相应地，类型空间为

$$\Theta_{\mathrm{c}} = \Theta_{\mathrm{p}} = [0, x]$$

设想韩梅梅在 t_{c} 达到或超过某个临界值 $c \in [0, x]$ 时选择歌剧，否则选择拳击. 即韩梅梅的纯策略为

$$s_{\mathrm{c}}(t_{\mathrm{c}}) = \begin{cases} \text{歌剧}, & t_{\mathrm{c}} > c \\ \text{拳击}, & t_{\mathrm{c}} < c \end{cases}$$

类似地，李雷在 t_{p} 达到或超过某个临界值 $d \in [0, x]$ 时选择拳击，否则选择歌剧，即李雷的纯策略为

$$s_{\mathrm{p}}(t_{\mathrm{p}}) = \begin{cases} \text{拳击}, & t_{\mathrm{p}} > d \\ \text{歌剧}, & t_{\mathrm{p}} < d \end{cases}$$

由于 t_{c} 在 $[0, x]$ 上均匀分布，对于韩梅梅来说，有

$$P(t_{\mathrm{c}} < c) = \frac{c}{x}, \quad P(t_{\mathrm{c}} \geqslant c) = \frac{x-c}{x}$$

同样，对于李雷来说，有

$$P(t_{\mathrm{p}} < d) = \frac{d}{x}, \quad P(t_{\mathrm{p}} \geqslant d) = \frac{x-d}{x}$$

因此，上述博弈等价于韩梅梅以 $(x-c)/x$ 的概率选择歌剧，以 c/x 的概率选择拳击；而李雷以 $(x-d)/x$ 的概率选择拳击，以 d/x 的概率选择歌剧.

假设李雷的策略已经给定，则韩梅梅选择歌剧的期望收益为

$$\frac{d}{x}(2+t_{\mathrm{c}}) + \frac{x-d}{x} \cdot 0 = \frac{d}{x}(2+t_{\mathrm{c}})$$

而她选择拳击的期望收益为

$$\frac{d}{x} \cdot 0 + \frac{x-d}{x} \cdot 1 = 1 - \frac{d}{x}$$

为最大化期望效用，当

$$\frac{d}{x}(2+t_{\mathrm{c}}) \geqslant 1 - \frac{d}{x}$$

即 $t_{\mathrm{c}} \geqslant x/d-3$ 时，韩梅梅选择歌剧是最优的. 因此韩梅梅决策的临界值为

$$c=\frac{x}{d}-3$$

类似地，给定韩梅梅的策略，李雷选择歌剧或拳击的期望收益分别为 $1-c/x$ 和 $c(2+t_{\mathrm{p}})/x$. 因此，当

$$\frac{c}{x}(2+t_{\mathrm{p}}) \geqslant 1-\frac{c}{x}$$

成立时，李雷选择拳击是最优的. 于是可得李雷决策的临界值为

$$d=\frac{x}{c}-3$$

联立求解，可得 c、d 表达式为

$$c=d=-\frac{3}{2} \pm \frac{\sqrt{9+4x}}{2}$$

由于 $c, d \in [0, x]$，则上述二次方程的负解应舍去，于是可以得到不完全信息条件下性别战博弈的 Bayes-Nash 均衡. 此时，韩梅梅选择歌剧的概率及李雷选择拳击的概率均为

$$\bar{p}=\frac{x-c}{x}=\frac{x-d}{x}=1-\frac{\sqrt{9+4x}-3}{2x}$$

当 $x \rightarrow 0$ 时，有 $\bar{p} \rightarrow 2/3$，此时的不完全信息博弈问题转化为完全信息静态博弈，参与者在不完全信息博弈中的 Bayes-Nash 均衡下选择行动的概率趋于原来完全信息博弈的混合策略 Nash 均衡，即

$$p^*=\left(\left\{\frac{2}{3}, \frac{1}{3}\right\}, \left\{\frac{1}{3}, \frac{2}{3}\right\}\right)$$

Harsanyi 在文献 [9,10]中证明，给定一个标准型博弈 $\Gamma=\langle N, S, u\rangle$ 及其摄动博弈 $\Gamma(\varepsilon)$(该博弈为一静态 Bayes 博弈)，则 Γ 的任何 Nash 均衡均为 $\Gamma(\varepsilon)$ 在 $\varepsilon \rightarrow 0$ 时的纯策略均衡序列的一个极限，这意味着，当支付中的随机扰动逐步减小时，标准型博弈 Γ 的几乎任一混合策略均衡都趋向于其摄动博弈 $\Gamma(\varepsilon)$ 的纯策略均衡.

参 考 文 献

[1] Gibbons R. Game Theory for Applied Economists. Princeton: Princeton University Press, 1992.

[2] Fudenberg D, Tirole J. Game Theory. Cambridge: MIT Press, 1991.

[3] 黄涛. 博弈论教程. 北京: 首都经济贸易大学出版社, 2004.

[4] 罗云峰. 博弈论教程. 北京: 北京交通大学出版社, 2007.

[5] 范如国. 博弈论. 武汉：武汉大学出版社, 2011.

[6] 艾里克·拉斯穆森. 博弈与信息——博弈论概要. 第四版. 韩松译. 北京：中国人民大学出版社, 2009.

[7] 谢识予. 经济博弈论. 第二版. 上海：复旦大学出版社, 2002.

[8] 诺兰·麦卡蒂，亚当·梅罗威茨. 政治博弈论. 孙经纬，高晓晖译. 上海：上海人民出版社, 2009.

[9] Harsanyi J C. Games with incomplete information played by “Bayesian” players, Part I: The basic model. Management Science, 1967, 14(3):159-182.

[10] Harsanyi J C. Games with incomplete information played by “Bayesian” players, Part II: Bayesian equilibrium points. Management Science, 1968, 14(5):320-334.

[11] Harsanyi J C. Games with incomplete information played by “Bayesian” players, Part III: The basic probability distribution of the game. Management Science, 1968, 14(7):486-502.

[12] Morgenstern O，von Neumann J. Theory of Games and Economic Behavior. Princeton: Princeton University Press, 1944.

[13] Harsanyi J C. Games with randomly disturbed payoffs: A new rationale for mixed-strategy equilibrium points. International Journal of Game Theory, 1973, 2(1):1-23.

第 4 章　一般动态博弈

本书第 3 章介绍的静态博弈格局中，各参与者同时决策或行动. 但在实际工程设计中，许多决策或行动具有先后顺序，需要依次决策，后动方可对先动方的决策进行观察，且其决策受到先动方的影响，可根据当前所掌握的所有信息选择自己的最优策略. 这类博弈称为“动态博弈”或“序贯博弈”，生活中的典型例子是下棋或打牌. 由于双方相继行动，每个参与者的决策都是决策前所获信息的函数，这与静态博弈具有显著区别. 本章介绍与行动顺序相关的动态博弈问题. 感兴趣的读者可进一步参考文献 [1-10]. 本章所述定义、命题及定理如无特殊说明均引自文献 [1].

4.1　完全信息动态博弈

在正式介绍动态博弈之前，先看下面的例子 —— 双寡头 Cournot 模型.

例 4.1　发电商的发电量竞争问题 ——Stackelberg 模型.

两家发电商在同一市场中竞争，参与者 i 的策略空间为发电量 $q_i \in [0, +\infty)$ ，其收益为收入减去总成本，即

$$u_1(q_1, q_2) = q_1 P(Q) - cq_1$$
$$u_2(q_1, q_2) = q_2 P(Q) - cq_2$$

参数含义同例 3.8. 与例 3.8 不同，此处假设发电商 1 先行动，然后发电商 2 再行动. 此时，该博弈的均衡将会如何变化?

在例 3.8 中，两家发电公司在行动前互相不了解对方的行动，仅能猜测，且必须同时行动. 本例中，规定了行动的先后顺序，在本质上改变了博弈的格局，即静态博弈变为动态博弈，我们称之为主从博弈或 Stackelberg 博弈. 由于发电商 1 有先行动的权利，具有主导性，发电商 2 只能依据对发电商 1 行动的观察确定自己的最佳策略，具有随从性.

上述模型中，博弈分成了两个阶段，因此需要对这两个阶段分别进行分析，这里采用逆推法. 首先分析第二阶段的博弈格局. 假定发电商 2 观察到发电商 1 给出的发电量决策是 q_1^*，则易得发电商 2 的最佳响应为

$$q_2^* = \frac{a - q_1^* - c}{2} \tag{4.1}$$

接下来分析第 1 阶段，即发电商 1 的决策过程. 由于发电商 1 对发电商 2 的策略和收益函数很清楚，根据理性原则，因此他必定会根据发电商 2 的最佳响应

来决定自己的最佳发电量，即在已知 q_2^* 的情况下最大化自己的收益. 因此发电商 1 将求解如下优化问题:

$$\max\ q_1(a-(q_1+q_2^*)-c) \tag{4.2}$$

考虑到发电商 2 的最佳反应函数，式 (4.2) 可写为

$$\max\ q_1\left(a-\left(q_1+\frac{1}{2}(a-q_1-c)\right)-c\right) \tag{4.3}$$

由一阶最优条件可解得发电商 1 的最佳发电量为

$$q_1^*=\frac{a-c}{2}$$

因此，发电商 2 的最佳发电量为

$$q_2^*=\frac{a-c}{4}$$

此时总发电量为

$$Q^*=q_1^*+q_2^*=\frac{3(a-c)}{4}$$

二者的收益分别为

$$u_1^*=\frac{(a-c)^2}{8}$$

$$u_2^*=\frac{(a-c)^2}{16}$$

由上述分析可得以下结论.

(1) 行动顺序会影响博弈均衡点. 与 Cournot 模型相比，例 4.1 中先行动的发电商收益提高，而后行动的发电商收益降低. 这一事实表明，行动顺序的确影响参与者的决策及最后博弈的结局.

(2) 信息结构会影响博弈. 例 4.1 中，后行动的发电商掌握的信息有所增加，它在行动前先获知了发电商 1 的行动. 但需要注意的是，信息的增加并不一定都是有利的. 若发电商 1 先行动，而发电商 2 无法获知该行动，则该博弈等价于同时决策的静态博弈，发电商 2 反而会因为缺乏信息而获利. 因此，发电商 1 在行动时，应选择将此信息公开发布，此时发电商 2 将会由于获得更多的信息而导致收益降低.

(3) 博弈中存在不可信的均衡. 由例 3.8 可知，尽管 Cournot 均衡也是一个博弈均衡解，但发电商 2 似乎有下面一种方案：不论所获得的发电商 1 的决策信息如何，坚持威胁发电商 1 要以 Cournot 模型下的均衡解作为自己的策略，迫使发电商 1 仍回到 Cournot 模型下的均衡解，从而增加自己的收益. 这样做看似有理，因为均衡的意义是“最佳反应的最佳反应”，博弈双方必须要根据对方的策略制定自身的策略，而发电商 2 的威胁正是基于一个均衡提出的. 但问题是，这一威胁

是可信的吗？事实上，如果此时发电商 2 真的单方面修改它的策略，其收益会从 $(a-c)^2/16$ 下降为 $(a-c)^2/18$. 换言之，发电商 2 单方面修改策略会导致其收益进一步受损. 因此，若发电商 2 是理性的，则会认识到发电商 1 不会相信其威胁. 这一事实表明，博弈中有很多均衡可能并不可靠，这也可以解释为什么有一些均衡在实际博弈中很少能被使用甚至被观察到. 因此，必须采取某种方法剔除这些不可靠的均衡，而这也是动态博弈研究的重要内容.

由例 4.1 可以看出，前面章节介绍过的标准型博弈并不能刻画博弈中的行动顺序和信息结构这两个特点，因此，需要引入另外一种形式的博弈，即扩展式博弈.

4.1.1 扩展式博弈

扩展式博弈主要研究多个参与者进行顺序决策的博弈问题，具有以下 4 个特征：

(1) 多个阶段，这意味者参与者的行动会存在先后顺序的问题.

(2) 在每个阶段中，参与者可能先后行动，也可能同时行动，先后行动一般对应完美信息的博弈问题，而同时行动一般对应非完美信息的博弈问题. 所谓完美信息，是指参与者在决策时知晓对手之前的行动. 在同时行动的情况下，参与者无法知道本次博弈中对手采取什么行动，因此信息是非完美的.

(3) 每个参与者知晓其对手之前每个阶段的所有支付，即具备完全信息.

(4) 参与者在做决策时，依据的是整个行动序列的收益，而不是单次行动的收益.

标准型博弈一般采用收益矩阵来描述，扩展式博弈一般采用博弈树来描述. 下面再看一个例子.

例 4.2 市场进入博弈问题.

有 A、B 两家可再生能源发电公司，其中公司 B 在某个地区已经成为垄断者，公司 A 现在要决定进入或不进入该地区建设电厂，公司 B 则要决定是否采取行动阻止公司 A，此时公司 A 的策略集为 {进入，不进入}，公司 B 的策略集为 {接纳，阻止}，分别记为 {In，Out}和 {A，F}，二者形成的博弈格局如表 4.1 所示.

表 4.1 市场进入博弈

		公司 B	
		A	F
公司 A	In	2, 1	0, 0
	Out	1, 2	1, 2

利用划线法容易发现，该博弈存在两个均衡：(In，A) 及 (Out，F).

注意，上述博弈隐含着对行动顺序的描述，即若公司 A 有行动，公司 B 才会采取相应的行动. 显然，采用支付矩阵表示的标准型博弈无法体现出博弈者的行动顺序. 为此本章采用分支图来表示上述博弈格局，称为博弈树 (game tree). 下面以上述市场进入博弈问题为例，简要介绍博弈树的基本概念和构成.

如图 4.1 所示，首先画出一点 x_1 作为整个博弈树的根节点 (root node)，意味着博弈过程从此处开始. 在根节点 x_1 处标出公司 A ，意味着该节点处由公司 A 行动. 由于公司 A 有两种可能的行动 In 或 Out，因此从根节点 x_1 处引出两条边 (branch)$\overline{x_1x_2}$ 及 $\overline{x_1x_3}$ ，并分别标上“In”和“Out”，表示公司 A 决策可能导致的两种不同博弈路径. 沿此两条边，分别到达新的决策节点 (decision node)x_2 和 x_3. 接着公司 B 行动，因此在节点 x_2 和 x_3 处标出公司 B ，此时公司 B 有两种可能的行动 A 和 F，共可形成 4 条路径分别到达 $x_4 \sim x_7$，即博弈的终节点 (terminal node). 每个终节点对应一条决策路径，如 x_4 对应着路径 $x_1 \to x_2 \to x_4$，同时对应着该决策路径下双方的支付为 (2，1)，将这些支付写在对应的终节点下，最终即可得到整个博弈格局的博弈树.

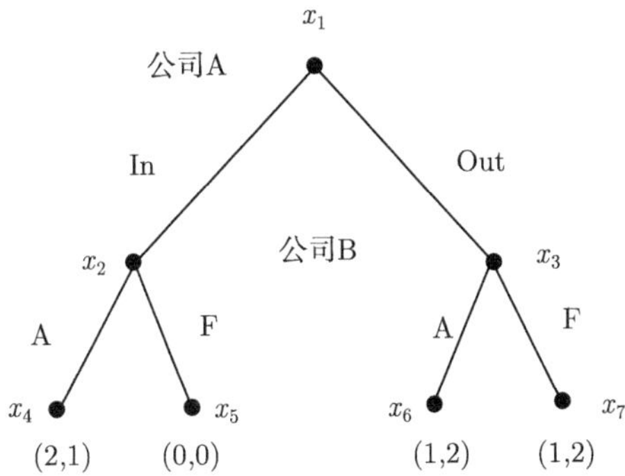

图 4.1 市场进入博弈问题的博弈树

注意在终节点 x_6、x_7 处，二者的支付相同，因此该树枝可以被修剪以简化博弈. 剪枝后的博弈树变为如图 4.2 所示.

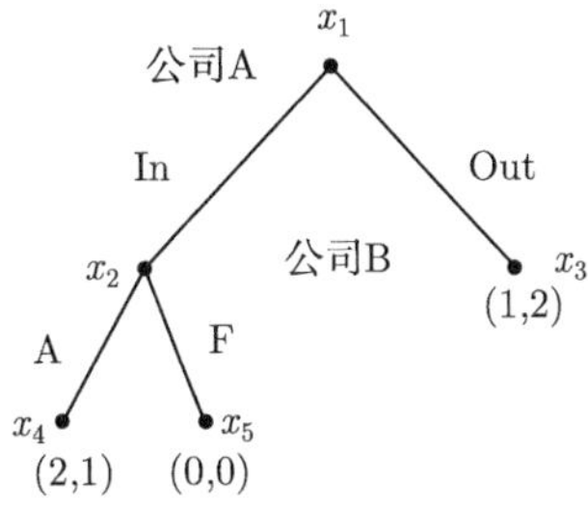

图 4.2 市场进入博弈问题博弈树的简化表示

由例 4.2 可以看出，博弈树实质上是一个树枝图，其任意一个子节点只有一个父节点，如此既可保证博弈过程中不会出现循环 (闭合路径)，也不会出现一个博弈结果由多种博弈过程导出 (多条分支指向同一个节点) 的情况.

为了深入研究扩展式博弈的理论，先要给出其定义. 一般来说，描述一个扩展式博弈主要包括以下 5 个要素:

(1) 参与者的集合.

(2) 参与者的行动顺序，即何时采取了何种行动，在动态博弈中一般用“历史”(history) 来描述.

(3) 参与者的策略集合，即每次行动的可选策略.

(4) 信息集，即参与者开始行动时所知道的关于对方行动的所有信息.

(5) 参与者的收益函数.

由上述要素可以发现，与标准型博弈相比，动态博弈有两个显著的不同：一是标准型博弈中策略与行动可以不加区分，但在动态博弈中则需要区分，严格地讲，策略是各种情景下行动的详尽计划；二是动态博弈中出现了行动顺序和信息集两个新要素. 在动态博弈过程中，每个参与者的一次决策称为一个阶段. 当一个阶段中有多个参与者同时决策时，这些决策者的同时决策也构成一个阶段.

以下对这些基本要素进行简要介绍.

1. 参与者

参与者与标准型博弈一致，$i \in N$.

2. 历史

动态博弈中，若记 a_i^k 为第 i 个参与者在第 k 阶段的行动，则可考虑如下一个有限或无限的参与者行动序列组成的集合.

$h^0 = \varnothing$：初始行动历史，此时无任何行动发生.

$a^0 = \left(a_1^0, \cdots, a_n^0\right)$：阶段 0 的行动组合.

$h^1 = a^0$：阶段 0 结束后的行动历史.

……

$h^{k+1} = \left(a^0, a^1, \cdots, a^k\right)$：阶段 k 结束后的行动历史.

注意，以上过程仅考虑一种博弈行动的发展过程 (仅对应某一个终节点)，而动态博弈需要考虑的是所有可能的行动发展过程，因此引入另一个集合序列 $H^k = \{h^k\}$，用其表示在第 k 阶段所有可能的行动历史. 显然，若某个动态博弈的阶段是有限的，如共有 K 个阶段，则 H^{K+1} 即为所有可能终节点的行动历史. 进一步令

$$H = \bigcup_{k=0}^{K+1} H^k$$

则 H 表示有限阶段动态博弈的所有可能的行动历史集.

3. 纯策略

动态博弈中，第 i 个参与者在第 k 阶段的纯策略 (pure strategy) 是对所有可能行动历史 $H^k=\{h^k\}$ 的详尽应对方案. 一般地，参与者 i 在第 k 阶段的策略集可表示为

$$S_i\left(H^k\right)=\bigcup_{h^k\in H^k}S_i\left(h^k\right)$$

因此，参与者 i 在第 k 阶段的一个纯策略，实际上是在该阶段从之前行动历史到下一步可能行动的一个映射，即

$$s_i^k:H^k\to S_i\left(H^k\right)$$

使得

$$s_i^k\left(h^k\right)\in S_i\left(h^k\right)$$

进而，参与者 i 的纯策略可定义为

$$s_i=\{s_i^k\}_{k=0}^K$$

即该参与者在每个阶段根据所有可能的行动历史信息所选取的可能行动方案，由此可知有下述关系：

$$a^k=s^k(h^k),\quad k\geqslant 0$$

上述序列给出了策略组合的动态发展路径.

4. 支付

动态博弈中，参与者 i 的支付定义为行动历史集上的一个实值映射

$$u_i:\ H^{K+1}\to \mathrm{R}$$

或等价地，支付 $u_i(s)$ 定义了一个策略空间 $S=\bigcup_{i,k}S_i^k(H^k)$ 上的实值函数.

为了帮助理解上述关于行动历史和策略的定义，我们仍以例 4.2 为例进行分析. 在此例中，参与者为公司 A 和公司 B.

第 1 阶段 公司 A 行动之前的行动历史为空集，而他有两个可能的行动选择 {In,Out}，因此有

$$H^0=\varnothing$$

相应地该阶段策略集为

$$S_1=\{\mathrm{In,Out}\}$$

第 2 阶段 对公司 B 来说，公司 A 可能的行动历史可能为{In} ，也可能为{Out}，因此他所了解到的行动历史集应为

$$H^1 = \{\{\text{In}\}, \{\text{Out}\}\}$$

公司 B 的可能行动集合是 {A, F}，他需要根据这些可能的行动历史做出选择自己的行动，因此策略集应为

$$S_2 = \{\text{AA}, \text{AF}, \text{FA}, \text{FF}\}$$

其中，AA 为不论公司 A 的行动为 In 还是 Out，公司 B 都执行行动 A；AF 为公司 A 的行动为 In 时，公司 B 执行行动 A，而当公司 A 的行动为 Out 时，公司 B 执行行动 F，FA 和 FF 可依此类推.

值得注意的是，策略描述的是各种情景下行动的详尽计划，这中间也包括看起来不可能的情景. 上述过程中，若策略组合为 $s=$ (In，AF)，由于公司 A 已经做出行动 In，则公司 B 的策略 AF 中的 F 看来是不需要的，因此实际上该策略下的博弈结果应为 (In，A). 同理，若策略组合为 $s=$ (Out，AF)，则博弈结果应为 (Out，F). 但是，参与者从自己掌握的行动历史信息中，未必可以准确知晓对手的行动历史，而参与者的策略应该是对对手所有策略的应对措施，因此，上述写法是有必要的.

由上例注意到，公司 B 在制定其行动策略时，需要考虑行动前所掌握的所有关于之前行动的历史信息. 这意味着，对信息的了解程度会影响博弈的进程与结果. 对此，需要引入一个专门的概念来描述信息的结构.

5. 信息集

信息集 (information set) 表示参与者在决策前所获知的所有参与者之前行动的信息. 它可以看成是行动历史集概念的扩展. 一个信息集是博弈树节点的一个划分. 在某个给定的博弈阶段上，信息集是博弈树在这一阶段上某些节点 $\{x_i\}$ 的集合，它表示该参与者将从这些节点出发选择自己的行动. 在某个信息集中任意两个节点 x_i, x_j 对该参与者来说是无法区分的，即在同一个信息集里，参与者不能区分自己是从哪一个节点开始后续行动的. 除此之外，同一个信息集的所有节点，它们所有的可能行动集是相同的.

有了上述信息集的定义，即可进一步给出第 3 章中提及的完美信息博弈的正式定义.

定义 4.1　完美信息博弈 (perfect information game).

一个博弈具有完美信息，是指它的每个信息集都有且只有一个元素 (节点)，即信息集为单点集. 否则称为不完美信息博弈.

仍以市场进入博弈为例，如图 4.3 所示.

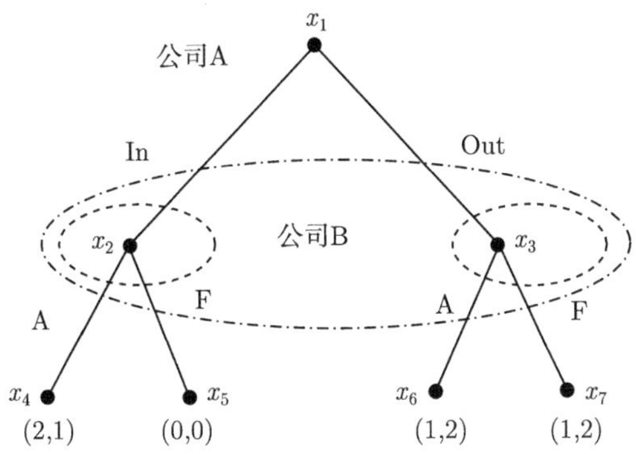

图 4.3 市场进入博弈问题的信息集

图 4.3 中若参与者 2(公司 B) 在行动时，不清楚参与者 1(公司 A) 的行动，则其信息集为

$$\{x_2, x_3\}$$

显见，信息集中的元素为图 4.3 中点划线椭圆所包含的节点，而该博弈为不完美信息博弈. 此时，公司 B 的信息集只有 1 个，可能的行动有 2 个，分别为 A 和 F . 而公司 A 的可能行动也有 2 个，分别为 In 和 Out. 据此可以写出该博弈格局的支付矩阵如表 4.2 所示.

表 4.2 市场进入博弈的支付矩阵

		公司 B	
		A	F
公司 A	In	2, 1	0, 0
	Out	1, 2	1, 2

若公司 B 在行动时，完全知晓公司 A 的行动，则其信息集为

$$h = \{\{x_2\}, \{x_3\}\}$$

显见，信息集中的元素为图 4.3 中虚线椭圆所包含的节点，而该博弈为完美信息博弈. 此时，公司 B 的信息集有 2 个，每个信息集下可能的行动均有 2 个，分别为 A 和 F ，因此总的可能行动共有 4 个，分别为 AA、AF、FA、FF. 而参与者 1 的可能行动有 2 个，分别为 In 和 Out，由此写出该博弈格局的支付矩阵. 如前所述，策略组合 (In，AA) 对应的博弈结果应为 (In，A)，其支付为 (2，1). 因此，最终的博弈矩阵如表 4.3 所示.

表 4.3 市场进入博弈的支付矩阵(不完美信息)

		公司 B			
		AA	AF	FA	FF
公司 A	In	2, 1	2, 1	0, 0	0, 0
	Out	1, 2	1, 2	1, 2	1, 2

第 3 章介绍了静态 Bayes 博弈，通过 Harsanyi 转换将其变为完全信息的扩展式 (动态) 博弈. 这里，通过引入“大自然”作为虚拟参与者，可以使参与者完全知晓其对手的支付，但其对大自然的行动情况却不清楚，因而是一个非完美信息的扩展式博弈. 在静态 Bayes 博弈中，策略是从类型到行动的映射，而从扩展式博弈来看，策略即为行动历史到下一步行动的映射. 类型在 Harsanyi 转换后变为“大自然”这一虚拟参与者的历史行动，若考虑该行动是通过混合策略执行的 (按概率执行)，则静态 Bayes 博弈即可与非完美信息的扩展式博弈完全对应.

需要说明的是，在动态博弈中，所谓的历史行动不仅包括到达当前决策节点的前一阶段的行动信息，还包括前面每个阶段的行动历史. 从这个角度讲，动态博弈研究的不仅仅是参与者在某一阶段的行动，还有各参与者在每个决策阶段根据之前对手行动出现的各种情况决定后续行为的详尽计划所构成的策略组合. 为此，需要对动态博弈的均衡进行分析. 下面考虑完全信息下的动态博弈均衡问题.

4.1.2 子博弈精炼 Nash 均衡

1. 空洞威胁

为了解动态博弈的均衡概念，首先通过一个例子来分析扩展式博弈均衡的特点. 仍然考虑例 4.2 中的市场进入博弈问题，该博弈可以简化为如图 4.4 所示的博弈树.

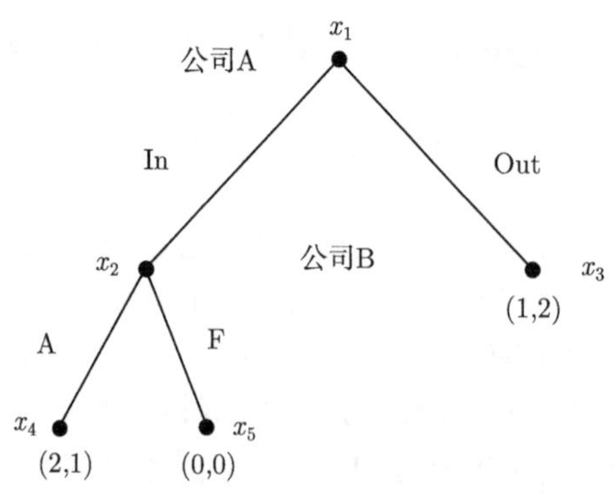

图 4.4 市场进入博弈问题的简化博弈树

图 4.4 中，公司 A 的策略集为 {In，Out}，而由于公司 B 在 x_3 处无需再选择行动，因此其策略集为 {A，F}，由此可以写出其双支付博弈矩阵，如表 4.4 所示.

表 4.4 简化后市场进入博弈的支付矩阵

		公司 B	
		A	F
公司 A	In	2, 1	0, 0
	Out	1, 2	1, 2

通过划线法容易得到，该博弈存在两个均衡：{In，A}及 {Out，F}，其支付分别为 (2，1) 和 (1，2). 现在的问题是：这两个均衡都是合理的吗？

以下进行深入分析. 首先，公司 A (进入市场者) 实际上不会选择 Out 这一行动，原因如下：在行动 Out 下，公司 B 会选择 F 从而达到均衡，此时公司 A 的支付为 1 . 但公司 A 如果选 In，他知道作为理性的决策者，公司 B 一定会选择支付更高的行动 A，此时公司 A 的支付为 2 ，大于选择行动 Out 的支付. 由于公司 A 具有首选权，所以他一定会选择行动 In 而不会选择行动 Out. 因此均衡 {Out，F}是不合理的，此处只有一个合理的博弈均衡存在，即 {In，A}.

从博弈树可以看出，公司 B 希望公司 A 选择行动 Out，从而使他能获得最大支付 2. 但可以设想，为了实现这一最大支付，他可以威胁公司 A：如果公司 A 选择 In ，他将要采取行动 F，使公司 A 的支付降为 0. 但是，这样的威胁实际上是不可信的，公司 A 不会相信公司 B 的威胁. 因为，一旦自己选择行动 In，公司 B 只有选择行动 A 才能获得最大支付 1，否则就会遭受损失. 作为一个理性的参与者，公司 B 只会选择行动 A. 博弈论中将这样的威胁称为空洞威胁 (empty threaten).

2. 子博弈精炼 Nash 均衡

标准型博弈中可能存在多个均衡解，但在扩展式博弈中会发现某些均衡其实是不合理的. 因此，有必要对均衡的概念做一些改进，如此则可以排除一些不合理的均衡. 下面介绍子博弈完美均衡的概念，它要求均衡解不但在博弈的终节点处是最优的，还要求它在整个博弈历史过程中都是最优的.

定义 4.2 (子博弈) 设扩展型博弈 Γ 的博弈树中所有节点集合为 V_Γ，则其子博弈 Γ' 由 Γ 的一个单节点开始且包括以后的所有节点和分支组成，且保证信息集的结构完整，即满足 $\forall x' \in V_{\Gamma'}$ 及 $x'' \in h(x')$，必有 $x'' \in V_{\Gamma'}$, 其中，子博弈 Γ' 的信息集和支付函数由原博弈 Γ 继承而来. 一般将从单节点 x 开始的原博弈 Γ 的子博弈记为 $\Gamma'(x)$.

定义 4.2 表明，一个子博弈是原博弈的一部分，但它自身也构成一个完整的博弈，因此它具有构成博弈的所有要素，即博弈参与者、策略集、行动顺序、收益函数、信息结构等. 同时应注意，子博弈总是从一个仅包含单个元素的信息集开始.

前文市场进入博弈的例子中 (图 4.5)，两个虚线框表示该动态博弈的两个子博弈. 当公司 A 选择行动 In 时，公司 B 选择行动 A 还是行动 F 构成了原博弈的子博弈；同理，当公司 A 选择行动 Out 时，公司 B 选择行动 A 还是行动 F 也构成了原博弈的子博弈. 注意，原博弈也构成自身的一个子博弈，只是这样的子博弈通常没有实际意义，一般称为平凡子博弈.

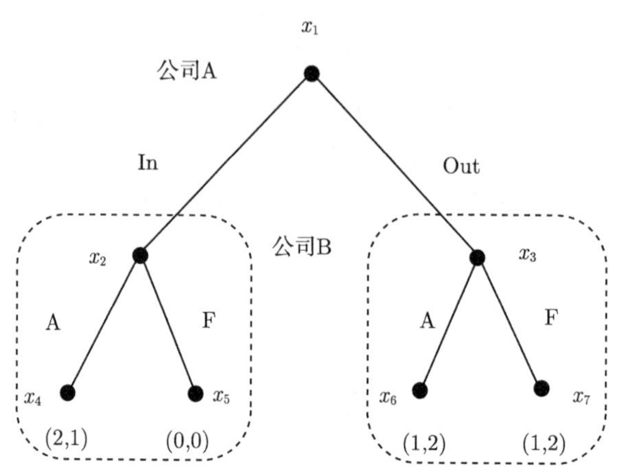

图 4.5　市场进入博弈问题的两个子博弈

定义 4.3 (子博弈精炼 Nash 均衡)　若对 Γ 任意的子博弈 Γ'，策略组合 s^* 均是 Γ' 的 Nash 均衡，则称为扩展型博弈 Γ 的子博弈精炼 Nash 均衡 (subgame perfect equilibrium，SPE).

该定义有两层含义. 首先，子博弈精炼 Nash 均衡在原博弈的各个子博弈中均构成 Nash 均衡；其次，空洞威胁对应的策略在其中一些子博弈中不能构成 Nash 均衡，因此子博弈精炼 Nash 均衡将空洞威胁排除在外.

根据子博弈精炼 Nash 均衡的定义，理论上可以采取如下两种方法构造子博弈均衡：首先求取原博弈所有的 Nash 均衡点，然后在每个子博弈中进行校核，去掉所有非完美均衡解. 显然，要真正实现这一方法是困难和烦琐的. 另一种方法是，将原博弈完全分解为一系列子博弈，然后从博弈树上最末端的子博弈开始，逆向寻找各子博弈的 Nash 均衡，直到根节点为止. 最终获得的均衡解是所有子博弈的 Nash 均衡，也即为原博弈的子博弈精炼 Nash 均衡. 该方法称为动态博弈分析的“逆推法”.

回顾上述市场进入博弈，除去平凡子博弈 (原博弈自身)，该博弈还有 2 个子博弈. 最末端的子博弈是单人博弈，只需求占优策略即可. 如此，原博弈可简化为如图 4.6 所示的简化扩展博弈，此时公司 A 仅需在此博弈格局下判断自己的策略是否占优，如此则最终博弈均衡即为 (In, A)，且该均衡是一个子博弈精炼 Nash 均衡. 同样，若前述例 4.1 中的均衡 $[(a-c)/2,(a-c)/4]$ 也是子博弈精炼 Nash 均衡.

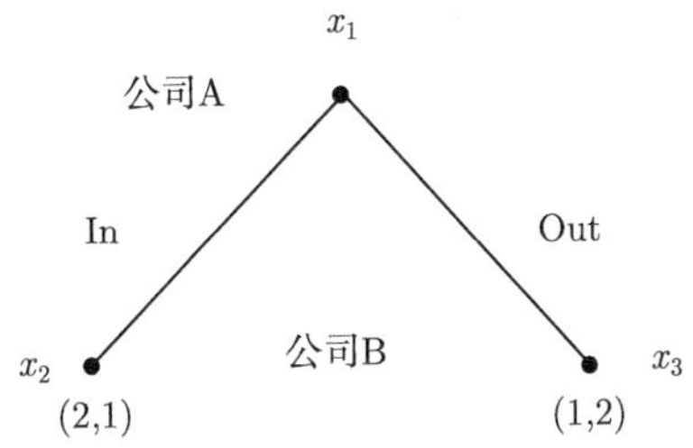

图 4.6 市场进入博弈问题的简化博弈树

下面再看一个例子.

例 4.3 求取图 4.7 所示的扩展式博弈的子博弈精炼 Nash 均衡.

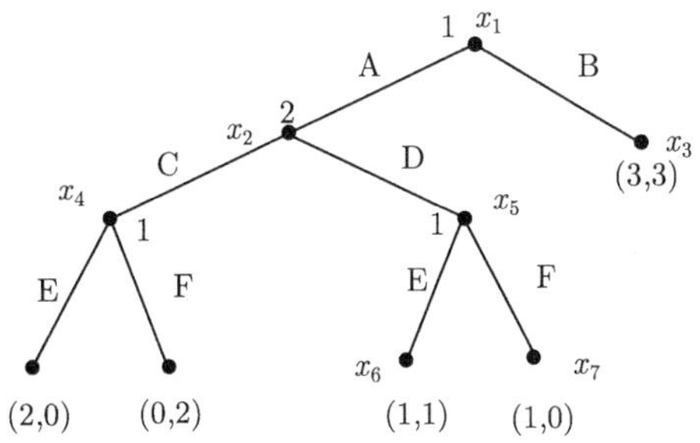

图 4.7 子博弈精炼 Nash 均衡的求解

图 4.7 所示的博弈树包括 3 阶段，其中第 3 阶段由参与者 1 行动，但他不能观察到参与者 2 在第 2 阶段的行动 (不能区分 x_4、x_5)，即这一阶段信息是不完美的. 因此，原博弈有两个子博弈 $\Gamma'(x_2)$ 和 $\Gamma'(x_3)$. 对于前者，采用逆推法从最末端的子博弈开始考察，该子博弈为不完美信息下的两阶段博弈，可等效为两个参与者的标准型博弈，其支付矩阵如表 4.5所示.

表 4.5 子博弈 $\Gamma'(x_2)$ 的支付矩阵

		参与者 2	
		C	D
参与者 1	E	$\underline{2}$, 0	$\underline{1}$, $\underline{1}$
	F	0, $\underline{2}$	$\underline{1}$, 0

由支付矩阵容易解得该子博弈均衡为 (E，D)，将子博弈收缩到节点 x_2，相应的支付为 (1，1)，原博弈则可简化为如图 4.8 所示的简单博弈.

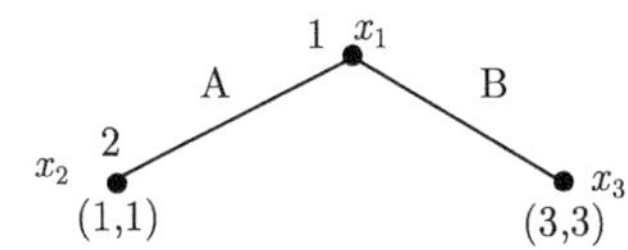

图 4.8 简化后子博弈完美均衡的求解

分析上述简单博弈问题，可以直接得到此阶段参与者 1 的均衡策略是 B. 至此，得到该博弈的子博弈精炼 Nash 均衡为 $(\{B,E\},D)$，其含义为第 1 阶段 (节点 x_1 处) 参与者 1 行动为 B，第 3 阶段 (节点 x_5 处) 参与者 1 行动为 E；参与者 2 在第 2 阶段 (节点 x_2 处) 行动为 D.

关于子博弈完美均衡的存在性，以下介绍 3 个重要定理.

定理 4.1 每一个有限的完美信息扩展式博弈都存在一个纯策略的子博弈精炼 Nash 均衡.

对于完美信息扩展型博弈，每个参与者的信息集都是单点集，即每次仅有一个参与者进行决策. 根据逆向归纳法，从最后一个子博弈开始分析，对该子博弈，显然只有一个参与者进行决策，且该参与者必定选择相应的占优策略，也就是该子博弈下的纯策略均衡. 进一步逆推，求解过程中的每个子博弈都是单人决策问题，故可求取相应的纯策略最优解，直至第一阶段博弈结束. 由于博弈是有限的，因此经过有限次逆推之后，必定可以得到纯策略的子博弈完美均衡.

定理 4.2 每一个有限的扩展式博弈都存在子博弈精炼 Nash 均衡.

该定理的证明与定理 4.1 的证明类似，不同之处在于其中有些子博弈可能存在混合策略均衡.

定理 4.3 对于有限的扩展式博弈，逆推法可给出其全体子博弈精炼 Nash 均衡.

因为逆推法的求解过程将遍历所有的子博弈，故该定理成立.

值得注意的是，逆推法假定了扩展式博弈是有限阶段的. 对于无限阶段扩展式博弈，由于不存在最终阶段，因此直接应用上述方法存在困难. 但逆推法的思想仍然可以借鉴.

例 4.4 Rubinstein 讨价还价模型.

讨价还价是现实生活中常见的一类博弈问题，博弈过程中双方交替“出价”和“还价”从而构成多阶段动态博弈. 为此，Rubinstein 提出了一种谈判模型：甲、乙两人分一块蛋糕，在第 $0,2,4,\cdots$ 阶段甲提议自己分得 $x(x\leqslant 1)$ 份蛋糕. 若乙同意该提议，则可得 $1-x$ 份蛋糕，博弈结束；若不同意，则由乙在其后的奇数阶段提出自己分得 $x''(x''<1)$ 份蛋糕，甲分得 $1-x''$ 份. 重复这一过程，只要双方互不接受对方的提议，谈判就一直进行下去. 显然，这是一个无限阶段的扩展式博弈. 由于持续谈判会消耗时间，为了描述时间的代价，引入折扣因子 $\delta_1<1$ 和 $\delta_2<1$，每增加一个阶段，甲、乙双方的收益会分别乘以 δ_1 和 δ_2. 若在第 $k(k$ 是偶数) 阶段谈判达成一致，则相应的收益分别变为 $[\delta_1^k x,\delta_2^k(1-x)]$，其中 x 为甲获得的蛋糕份额.

下面采用逆推法来分析该动态博弈问题. 由于存在无穷多个阶段，无法找到最终阶段进行分析，因此直接采用逆推法不可行. 但是该问题的关键在于，从甲出价的任何一个阶段开始的子博弈等价于从第 0 阶段开始的整个博弈. 假设在子博弈精炼 Nash 均衡中甲能得到的最大份额为 $\bar{v}_1$，对于任意 $t \geqslant 2$ 阶段甲先提方案，他能得到的最大份额也是 $\bar{v}_1$. 由于对甲而言，t 阶段的 $\bar{v}_1$ 等价于 $t-1$ 阶段的 $\delta_1\bar{v}_1$，故乙在第 $t-1$ 阶段提议时只要让甲所得高于 $\delta_1\bar{v}_1$ 即可让甲接受，因此，乙会让自己得到 $1-\delta_1\bar{v}_1$；同理，由于对乙而言，$t-1$ 阶段的 $1-\delta_1\bar{v}_1$ 相当于 $t-2$ 阶段的 $\delta_2(1-\delta_1\bar{v}_1)$，故甲在 $t-2$ 阶段只要让乙所得高于 $\delta_2(1-\delta_1\bar{v}_1)$ 即可让乙接受，因此在 $t-2$ 阶段甲之所得为 $1-\delta_2(1-\delta_1\bar{v}_1)$. 对于甲来说，第 $t-2$ 阶段与第 t 阶段的博弈问题完全相同，因此他们的最高利益也应该一致，可得到如下方程：

$$1-\delta_2\left(1-\delta_1\bar{v}_1\right)=\bar{v}_1 \tag{4.4}$$

从式 (4.4) 可以求出甲的最高收益为

$$\bar{v}_1=\frac{1-\delta_2}{1-\delta_1\delta_2} \tag{4.5}$$

同理，也可以求得甲的最低收益为

$$\underline{v}_1=\frac{1-\delta_2}{1-\delta_1\delta_2} \tag{4.6}$$

因此有

$$\bar{v}_1=\underline{v}_1$$

式 (4.6) 说明甲在该分配方案下所能获得的最高收益和最低收益相等. 进一步，乙的收益为 $\overline{V}_2=\dfrac{\delta_2-\delta_1\delta_2}{1-\delta_1\delta_2}$，故 $(\overline{V}_1,\overline{V}_2)$ 为该谈判问题唯一的子博弈精炼 Nash 均衡.

考察上述博弈结果，若 $\delta_i=0, i=1,2$ ，则表明谈判者 i 没有任何耐心，必须要在第 1 轮结束就达成协议，此时谈判的结果将是他一点蛋糕也分不到；反之，若 $\delta_i=1$ ，即谈判者 i 有等待无穷时间的耐心，则当对方不具有足够耐心时，他就有可能争取到全部蛋糕. 若双方的耐心都足够好，则他们会一直谈判下去，直到蛋糕坏掉.

4.1.3 重复博弈

重复博弈是动态博弈的一种特例，它在每个阶段的博弈都具有相同的结构，故可视为某个博弈对局的不断重复，即在该博弈过程中，参与者在每个阶段都面临相同的博弈格局. 值得注意的是，虽然每个阶段博弈格局都相同，但各参与者的行为会在每个阶段结束后被观察到，因此参与者的行为并非简单重复. 相反，参与者可以通过观察其对手在前面阶段的行为修正自己的策略，从而影响整个博弈过程、博弈结果及均衡. 因此，重复博弈不能单独分析某个阶段的博弈过程，而必须将其当成一个整体来考察.

在囚徒困境中，我们知道该博弈有一个均衡，但它并不是最好的选择，虽然博弈双方都不认罪是最好的选择，但由于个体支付最大化的理性导致他们无法自动实现合作. 然而, 在社会生活中, 却常常能观察到看来似乎是囚徒困境的博弈中, 由于不断地重复该博弈, 逐渐会有合作的情况发生. 现在的问题是, 如果同一个博弈过程重复进行多次, 是否有可能促成合作? 或者更一般地, 重复博弈对均衡有什么影响?

1. 有限次重复博弈

首先考察有限次重复博弈的情况. 重复博弈是静态博弈或动态博弈的重复进行, 比较常见的是原博弈重复多次, 一般称这种由原博弈的有限次重复构成的重复博弈为有限次重复博弈. 一个动态博弈或静态博弈 Γ 重复进行 T 次, 且每次重复该博弈前, 参与者均能观察到之前博弈的结果, 这样的博弈过程称为 Γ 的 T 次重复博弈, 记为 $\Gamma(T)$; Γ 称为重复博弈 $\Gamma(T)$ 的原博弈或阶段博弈.

重复博弈的整体收益是指各阶段收益之和. 前文在讨论 Rubinstein 讨价还价博弈时, 提到时间是有代价的, 或是有偏好的. 重复博弈中也有类似的考虑, 因此也需要引入折扣因子的概念. 一个实际生活中的例子就是利率或折现率. 100 元钱存进银行, 年利率 10%, 第 2 年变为 110 元, 第 3 年就是 121 元, 因此现金是有时间价值的. 实际分析计算时, 需要将不同时间阶段上的金额折算到当前, 如两年后的 121 元钱折现后就是 100 元. 考虑折现率后, 整体收益就变成单次博弈收益的折现加权和, 或称为折现累加收益. 折现率 δ 与利率 r 的关系为

$$\delta=\frac{1}{1+r}$$

若一个 T 次重复博弈中的某个参与者在各阶段的支付分别为 $g^0,g^1,g^2,\cdots,g^T$, 则考虑时间价值 (折现率为 $\delta<1$) 后的整体支付可表示为

$$u=g^0+\delta g^1+\delta^2g^2+\cdots+\delta^Tg^T=\sum_{t=0}^{T}\delta^tg^t \tag{4.7}$$

以下给出有限重复博弈的标准定义.

定义 4.4 (整体支付)　整体支付是指参与者在各阶段支付的折现加权和.

定义 4.5 (折现率)　折现率是指使未来支付按照线性或指数下降的某个常数 $\delta\in[0,1)$.

定义 4.6 (有限重复博弈)　T 阶段重复博弈记为 $\Gamma(T)$, 包括以下要素:

(1) 博弈行动组合序列为 $a=\{a^t\}_{t=0}^T$, 其中 $a^t=\{a_i^t\}_{i=1}^N$, N 为参与者个数.

(2) 博弈参与者 i 的整体支付为 $u_i(a)=\sum\limits_{t=0}^{T}\delta^tg_i\left(a_i^t,a_{-i}^t\right)$.

这里每次博弈记为

$$\Gamma = \langle N, (A_i)_{i\in N}, (u_i^t)_{i\in N}\rangle$$

其中，A_i 为每个阶段博弈中参与者 i 的行动空间. 而参与者 i 在 t 阶段在策略组合 (a_i^t, a_{-i}^t) 下的支付为

$$u_i^t = g_i\left(a_i^t, a_{-i}^t\right)$$

此处假定每次博弈结果可以完美观测.

需要注意的是：第一，重复博弈中的行动组合是指一个序列，即每次博弈行动构成的序列，并非仅仅某个阶段的策略组合；第二，若行动组合是混合策略，则也可相应给出混合行动组合，它同样是一个行动组合序列；第三，整体支付是单阶段支付的折现累加和，而并非某个阶段的支付，这将对博弈的结果产生重要影响.

例 4.5 考察如表 4.6 所示的重复博弈下的囚徒困境，试分析其有限次博弈的均衡.

表 4.6 囚徒困境博弈的支付矩阵

		囚徒 2	
		坦白	不坦白
囚徒 1	坦白	$\underline{0}, \underline{0}$	2, −1
	不坦白	−1, 2	1, 1

本例采用逆推法进行分析. 首先考虑最终阶段博弈，即第 T 次博弈. 由于是最后一阶段博弈，两个参与者仅需要考虑本阶段获取最大支付. 此时，(坦白，坦白) 是占优均衡，也是唯一的 Nash 均衡. 然后考虑第 $T-1$ 次博弈，此时理性的参与者应知晓第 T 次博弈的结果必然是 (坦白，坦白)，因此该阶段的博弈支付应该是将第 T 阶段博弈结果的支付直接加入本次博弈支付矩阵中，如表 4.7 所示.

表 4.7 囚徒困境的有限次重复博弈问题

		囚徒 2	
		坦白	不坦白
囚徒 1	坦白	$\underline{0+0}, \underline{0+0}$	2+0, −1+0
	不坦白	−1+0, 2+0	1+0, 1+0

由于 (坦白，坦白) 的支付是 (0，0)，故其仍然是占优均衡. 依此类推，(坦白，坦白) 在每个阶段均是占优均衡. 综上所述，(坦白，坦白) 是这一重复博弈中唯一的子博弈精炼 Nash 均衡.

通过上面的分析，在囚徒困境博弈的有限次重复博弈中，唯一的子博弈精炼 Nash 均衡是每次都采用原博弈的 Nash 均衡，即有限次重复博弈并没有改变囚徒困境的低效率均衡. 对此，介绍如下定理.

定理 4.4　对于有限次重复博弈，若各阶段博弈仅有一个纯策略的 Nash 均衡，则该均衡为有限次重复博弈的子博弈精炼 Nash 均衡，即每次博弈的结局都是该 Nash 均衡.

根据逆推法，容易证明上述定理，有兴趣的读者可自行尝试.

接下来考虑，如果阶段博弈中存在的不是一个而是多个 Nash 均衡，则在有限次重读博弈中其均衡是否会有改变？为此考察下述修正的囚徒困境有限次重复博弈问题.

例 4.6　考察囚徒困境问题. 若每个囚徒增加一种策略 (沉默)，则相应的支付矩阵如表 4.8 所示. 试分析其重复博弈时均衡个数的变化情况.

表 4.8　囚徒困境阶段博弈支付矩阵

		囚徒 2		
		坦白	不坦白	沉默
囚徒 1	坦白	$\underline{0}, \underline{0}$	$\underline{1.2}, -1$	$0, -2$
	不坦白	$-1, \underline{1.2}$	$1, 1$	$0, -2$
	沉默	$-2, 0$	$-2, 0$	$\underline{0.5}, \underline{0.5}$

该阶段博弈存在两个均衡，分别为 (坦白，坦白) 和 (沉默，沉默). 容易看出 (不坦白，不坦白) 这一策略组合可以使双方都获得最好的结果. 然而，该策略组合却并不是 Nash 均衡，因此在单次博弈中，两个囚徒都不会选择此策略.

现在考虑这一情况的两次重复博弈. 首先分析第 2 阶段，此时只可能出现 (坦白，坦白) 和 (沉默，沉默) 两种 Nash 均衡. 但问题是，这两种均衡下，两个囚徒应该如何抉择呢？为此，逆推回第 1 阶段，考虑两个囚徒采用以下规则：如果第 1 阶段结局是 (不坦白，不坦白)，则第 2 阶段采用策略沉默，否则第 2 阶段采用策略坦白. 注意，这一规则是人为制定的，这里不考虑它的实际意义，仅仅看在这种规则下两阶段博弈的均衡会发生何种变化.

由上述条件可知，若第 1 阶段选择为 (不坦白，不坦白)，则第 2 阶段必为 (沉默，沉默)，且在第 2 阶段的得益为 (0.5，0.5)，因此实际上第 1 阶段 (不坦白，不坦白) 对应的收益应该加上第 2 阶段的收益，变为 (1.5，1.5).

而当第 1 阶段为其他策略组合时，第 2 阶段的选择即为 (坦白，坦白)，相应的收益为 $(0,0)$. 因此，总收益等于第 1 阶段的收益.

通过以上两步，可将原来的两次重复博弈等价转化为一个单次博弈，支付矩阵如表 4.9 所示.

表 4.9 囚徒困境两次重复博弈第 1 阶段等价支付矩阵

		囚徒 2		
		坦白	不坦白	沉默
囚徒 1	坦白	$\underline{0}, \underline{0}$	$\underline{1.2}, -1$	$0, -2$
	不坦白	$-1, \underline{1.2}$	$\underline{1.5}, \underline{1.5}$	$0, -2$
	沉默	$-2, 0$	$-2, 0$	$\underline{0.5}, \underline{0.5}$

从上述支付矩阵可以看出，该博弈中除了 (坦白，坦白) 和 (沉默，沉默) 两个均衡外，新增加了一个均衡 (不坦白，不坦白)，且可实现两个囚徒的最佳支付. 因此第 1 阶段选择 (不坦白，不坦白)、第 2 阶段选择 (沉默，沉默) 是该两次重复博弈的子博弈精炼 Nash 均衡.

例 4.6 表明，当博弈存在多个均衡时，通过有限次重复博弈及设计恰当的规则可以产生新的均衡. 其原因在于，当博弈存在多个阶段时，参与者可以将下一阶段中性能较差的均衡作为威胁. 由于 Nash 均衡的强制性，这种威胁不是空洞的，而是有约束力的；同时参与者将下一阶段中较好的均衡作为奖励，以促进合作，由于 Nash 均衡的强制性，这种奖励是可兑现的. 因此，通过这种方式，囚徒走出了困境，实现了双方的合作. 上述过程中，通过重复博弈使得参与者在决策时需要考虑长期效益，而恰当的规则使得该长期效益分配到希望达成均衡的策略组合上. 但要真正实现这样的效益再分配，则要依靠 Nash 均衡的强制性来保证. 此外，采用 Nash 均衡作为惩罚和奖励这一原则应当是所有参与者的公共知识.

2. 无限次重复博弈

在一个重复博弈中，被重复进行的博弈被称为阶段博弈，若一个重复博弈中包含无限个阶段，则称为无限次重复博弈，记为 $\Gamma(\infty)$.

考虑参与者 i 的支付函数为 g_i，t 阶段的策略为 a_i^t，并且以同样的折扣因子 δ 计入时间价值，则无限次重复博弈的整体支付可表示为

$$u_i = (1-\delta)\sum_{t=0}^{+\infty}\delta^t g_i\left(a_i^t, a_{-i}^t\right) \tag{4.8}$$

这里需要注意的是，上述整体支付的定义中乘了一个因子 $1-\delta$. 若考虑每个单次博弈的支付为 1，则无限次重复博弈的整体支付为 $1/(1-\delta)$，乘以 $1-\delta$ 后该支付为 1，因此 $1-\delta$ 又称为归一化因子. 进一步，我们将考虑折扣因子 δ 的无限阶段重复博弈记为 $\Gamma(\infty,\delta)$.

下面介绍触发策略的概念. 触发策略是重复博弈中一种非常重要的机制，在前面介绍有限次重复博弈时已经有所涉及. 采用触发策略意味着将对以后的策略实施可信的威胁或奖赏，并影响后续博弈行动的选择. 所谓触发策略，本质上是要制造一个更坏的支付作为惩罚措施，并以此来威胁参与者，促使其不会偏离大家

共同认可的行动策略. 一种特殊的触发策略称为不原谅触发策略，又称为冷酷策略 (cruel strategy)，它是指如果参与者发生单方面的偏离之后，该惩罚策略将永久执行. 一般的冷酷策略可表述为

$$a_i^t = \begin{cases} \bar{a}_i, & \text{if } \forall\tau < t, \ \ a^\tau = \bar{a} \\ \underline{a}_i, & \text{if } \exists\tau < t, \ \ a^\tau \neq \bar{a} \end{cases} \tag{4.9}$$

其中，a^τ 为 τ 时段所有参与者的策略组合；$\bar{a}$ 为参与者共同认可的策略，一般是博弈中的高支付策略；$\underline{a}$ 为惩罚策略，在某个参与者单方面偏离共同认可的策略后将被永久执行. $\bar{a}_i$ 和 $\underline{a}_i$ 分别为 $\bar{a}$ 和 $\underline{a}$ 中参与者 i 对应的分量. 通常来说，惩罚策略应是 Nash 均衡，并且是一个最低支付的 Nash 均衡，否则该策略不具备强制力，从而变为空洞威胁.

例 4.7 无限次重复囚徒困境博弈.

再考虑例 4.5 中的囚徒困境收益如表 4.10 所示，试问若该博弈重复无限次其均衡将有何变化. 我们采用如下冷酷策略分析此问题：若参与者在某一阶段都执行合作策略 (不坦白，不坦白)，则在后续阶段一直执行这一策略；否则，若博弈的任一阶段有参与者选择了坦白策略，则后续阶段永远执行 (坦白，坦白).

表 4.10 囚徒困境的无限阶段重复博弈问题

		囚徒 2	
		坦白	不坦白
囚徒 1	坦白	$\underline{0}$, $\underline{0}$	2, −1
	不坦白	−1, 2	1, 1

考虑折扣因子 δ，则该博弈可能出现两种情况. 其一是双方永远都执行 (不坦白，不坦白)，该情况下整体支付为

$$(1-\delta)\left[1+\delta+\delta^2+\cdots\right] = (1-\delta)\times\frac{1}{1-\delta} = 1 \tag{4.10}$$

其二是在重复博弈的某一阶段，其中一人选择了坦白策略，这次策略的偏离带来的支付是 2，但之后所有参与者将永远执行非合作的策略. 由于非合作策略 (坦白，坦白) 是 Nash 均衡，因此之后的整体收益为

$$(1-\delta)\left[2+0+0+\cdots\right] = 2(1-\delta) \tag{4.11}$$

若要让无限次重复博弈的策略保持在第一种情况，即 (不坦白，不坦白)，当且仅当第 1 种情况的整体支付大于第 2 种情况的整体支付，即 $2(1-\delta) < 1$ 或 $\delta > 1/2$ 时，博弈双方都不会有意愿偏离策略，策略组合 (不坦白，不坦白) 构成了子博弈完美均衡. 可以看出，折扣因子的取值表明了参与者对于长期利益的重视程度，出于对长期利益的考虑，囚徒最终走出了困境.

通过以上分析易知，单次博弈中的非均衡解 (不坦白，不坦白) 在无限次重复博弈中成为子博弈精炼 Nash 均衡，但这依赖于折扣因子的选择，其原因在于折扣因子引入后的重复博弈可能导致均衡的多样性. 此外，对比前面有限次重复博弈的例子，虽然阶段博弈均为相同的囚徒困境博弈，但无限次重复博弈却得到了与有限次重复博弈完全不同的结果. 总而言之，若多阶段博弈只有一个均衡解，通过有限次重复博弈并不能改变博弈结局，但无限次重复博弈则有可能产生新的博弈均衡，且根据不同的折扣因子，所产生的均衡解具有多样性. 为说明这一原理，介绍如下定理.

定理 4.5 (Folk 定理) 记阶段博弈 Γ 的 Nash 均衡处的支付向量为 $e=[e_1, e_2,\cdots,e_n], V=[V_1,V_2,\cdots,V_n]$ 是其他任意可行策略对应的支付向量. 若 $V_i>e_i,\forall i$, 则存在正数 $\delta^*\in(0,1)$, 使得 $\forall\delta\in(\delta^*,1)$, 存在无限阶段重复博弈 $\Gamma(\infty,\delta)$，其子博弈精炼 Nash 均衡对应的支付向量为 V.

Folk 定理中之所以要求 $\delta>\delta^*$ ，是为了让博弈中未来的支付足够大，从而使参与者不会因为眼前利益而放弃长远利益. 该定理表明，若每位参与者具有足够的耐心，则对任何一个可实现的支付向量，只要它能使所有参与者获得多于各自单次博弈均衡所具有的支付，都可通过无限次重复博弈来实现. 以下简要给出 Folk 定理的证明.

证明 令策略组合 a^* 为阶段博弈 Γ 的 Nash 均衡，相应的支付向量为 e，又设 $v=(v_1,v_2,\cdots,v_n)$ 为任意的可行支付向量，它严格优于 e . 考虑参与者采用如下触发策略:

第 1 阶段 选择一种满足可行支付的策略组合 a'' .

第 t 阶段 若前面 $t-1$ 个阶段所有参与人都采取策略 a''，则下一步仍执行策略 a''. 若任意某个阶段有人违背相应的策略，则所有参与者将选择阶段博弈的 Nash 均衡 a^* 作为策略.

下面证明这种触发策略是重复博弈的 Nash 均衡，且是一个子博弈完美均衡.

假设除参与者 i 以外的所有参与者均采用该触发策略，而参与者 i 在某一阶段选择其最优偏离策略 a_i'，即对其余参与者策略 a_i 的最佳反应，相应的支付为 v_i'，则有

$$v_i'>v_i>e_i$$

进一步，虽然参与者 i 选择最优偏移策略将使其在当前阶段获得最大得益 V_i'，但却触发其他参与者在以后博弈阶段永远选择较差的 Nash 均衡 a^*，因此在以后阶段参与者 i 的最优策略应为 a_i^* ，且未来每个阶段的得益都将是 e_i ，如此参与者 i 未来可获得支付的现值为

$$u_i'=v_i'+\delta e_i+\delta^2 e_i+\cdots=v_i'+\frac{\delta}{1-\delta}e_i \tag{4.12}$$

若参与者 i 不偏离可行支付策略 a''，则可获得的收益为

$$u_i = v_i + \delta v_i + \delta^2 v_i + \cdots = \frac{v_i}{1-\delta} \tag{4.13}$$

若要策略 a'' 为最优，即参与者 i 不会选择偏离策略 a'' ，则必然要求选择策略 a'' 的收益优于偏离策略 a_i' 的未来收益，即

$$u_i \geqslant u_i'$$

故有

$$\frac{v_i}{1-\delta} \geqslant v_i' + \frac{\delta}{1-\delta} e_i \tag{4.14}$$

求解上述不等式可得

$$\delta \geqslant \frac{v_i' - v_i}{v_i' - e_i} \tag{4.15}$$

考虑到

$$v_i' > v_i > e_i$$

从而

$$\frac{v_i' - v_i}{v_i' - e_i} < 1 \tag{4.16}$$

因此只需要选择

$$\delta^* = \frac{v_i' - v_i}{v_i' - e_i}$$

于是 $\forall \delta \in (\delta^*, 1)$ ，均存在最优策略 a''. 由于 i 的任意性，a'' 是无限阶段重复博弈 $\Gamma(\infty, \delta)$ 的 Nash 均衡.

由于无限阶段重复博弈 $\Gamma(\infty, \delta)$ 的每一个子博弈均等价于 $\Gamma(\infty, \delta)$ 本身，因此该均衡即为子博弈精炼 Nash 均衡.

证毕

Folk 定理可利用囚徒困境例 4.7 说明. 图 4.9 给出了囚徒困境的下述 4 种策略:

$$(0,0), \quad (1,1), \quad (2,-1), \quad (-1,2)$$

其中，(0，0) 为 Nash 均衡的支付. 根据 Folk 定理，虚线所示范围内的任何一个支付向量，都存在着某个折扣因子 $s_s^2 = (m_1, m_2)$ 使该支付向量是某个 Nash 均衡的支付向量. 这里需要注意两点：第一，若对长期收益足够重视, 则任意严格优于原 Nash 均衡的支付都能通过设计某种 Nash 均衡获得；第二，相应的冷酷策略代价是高昂的，它通常伴随着自身收益的巨大损失，一旦执行，其结果就是两败俱伤.

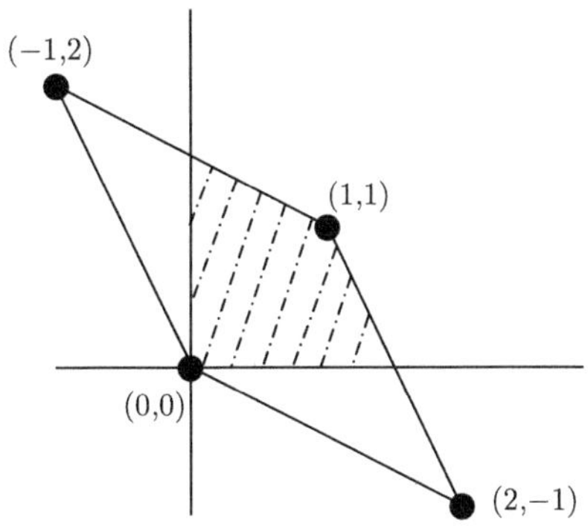

图 4.9 囚徒困境下的 Folk 定理示意图

例 4.8 无限次重复 Cournot 模型.

前面章节在分析 Cournot 模型时曾提到，两家发电商因为陷入囚徒困境而无法实现共谋. 现在我们分析无限次重复博弈是否能帮助他们走出囚徒困境. 首先，单阶段 Cournot 模型中存在唯一的 Nash 均衡，即

$$\left(\frac{a-c}{3}, \frac{a-c}{3}\right)$$

上式即为两家发电商的 Cournot 产量，用 q_{c} 表示，相应的支付均为

$$\pi_{\mathrm{c}} = \frac{(a-c)^2}{9}$$

若两家发电商实现共谋，则最佳发电量为

$$q_1 = q_2 = \frac{q_{\mathrm{m}}}{2} = \frac{a-c}{4}$$

其中，q_{m} 为单家公司垄断市场下的垄断发电量，相应的支付均为

$$\pi_{\mathrm{m}} = \frac{(a-c)^2}{8}$$

显见，π_{m} 高于采取 Cournot 产量时的收益，但这一结果在单次博弈或有限次重复博弈中是无法实现的.

现在考察无限次重复博弈，假定折扣因子为 δ 并考虑采用如下冷酷策略.

第 1 阶段 两家发电商均生产其垄断发电量的一半，即

$$q_1 = q_2 = \frac{a-c}{4}$$

第 t 阶段 若前 $t-1$ 阶段两家发电商的发电量都是 $(a-c)/4$，则继续保持该产量不变；否则，若有一家发电商单方面偏离这一发电量，则在此后的博弈中，永远采用 Cournot 发电量 $q_{\mathrm{c}} = (a-c)/3$ 作为策略.

上述触发策略实质是参与者试图先合作以提高双方的收益，一旦发现对方偏离策略，则选择低效益 Nash 均衡的发电量进行报复. 当两家发电商均采用触发策略时，每阶段博弈双方的支付均为 π_{m}，则无限次重复博弈的整体收益现值为

$$u_i = \pi_{\mathrm{m}}\left(1+\delta+\delta^2+\cdots\right) = \frac{1}{1-\delta}\pi_{\mathrm{m}} \tag{4.17}$$

假设在重复博弈过程中，发电商 1 选择偏离上述触发策略，则发电商 2 在该阶段的发电量为

$$q_2 = \frac{a-c}{4}$$

发电商 1 为使本阶段收益最大，应有

$$\pi_{\mathrm{d}} = \max_{q_1}\left(a - q_1 - \frac{a-c}{4} - c\right)q_1 \tag{4.18}$$

求解式 (4.18) 得

$$q_1 = \frac{3(a-c)}{8}$$

相应的收益为

$$\pi_{\mathrm{d}} = \frac{9(a-c)^2}{64}$$

显见，π_{d} 高于采用触发策略的单阶段得益 π_{m}. 由于采用偏离策略，后续阶段两发电商均将采用 Cournot 产量 q_{c} (见例 3.8)，后续各阶段收益为

$$\pi_{\mathrm{c}} = \frac{(a-c)^2}{9}$$

因此可以计算在偏离策略下，无限次重复博弈在未来阶段的整体收益现值为

$$u_i' = (\pi_{\mathrm{d}} - \pi_{\mathrm{c}}) + \frac{1}{1-\delta}\pi_{\mathrm{c}} \tag{4.19}$$

为使上述触发策略为 Nash 均衡，必须保证 $u_i \geqslant u_i'$，即

$$\frac{1}{1-\delta}\pi_{\mathrm{m}} \geqslant (\pi_{\mathrm{d}} - \pi_{\mathrm{c}}) + \frac{1}{1-\delta}\pi_{\mathrm{c}} \tag{4.20}$$

解得

$$\delta \geqslant 9/17$$

因此，当 δ 满足上式时，两家发电公司可以实现共谋，获得垄断利益，而相应的触发策略是无限次重复博弈的 Nash 均衡，且其为子博弈完美均衡. 反之，当 δ 不满足上式时，发电商会选择偏离触发策略，因为触发策略不再是无限次重复博弈的 Nash 均衡，也不是子博弈完美均衡. 此时，可以构造新的触发策略，使两家发电公司将发电量控制在 q_{c} 和 $q_{\mathrm{m}}/2$ 之间，从而避免囚徒困境，达成合作，实现博弈效率的提升.

4.2 不完全信息动态博弈

针对本书 4.1 节介绍的 3 种不同形式的博弈，包括标准式博弈，Nash 定理保证了它们在一般条件下存在 Nash 均衡；而当博弈中对收益函数或参与者类型不能确切知悉时，博弈格局则转化为不完全信息静态博弈，为此，可利用 Harsanyi 转换将其进一步转化为 (动态) 完全但不完美信息博弈，即通过基于 Bayes 准则的推断获得类型的概率分布，此时相应均衡概念扩展为 Bayes 均衡；进一步，当考虑行动顺序和信息结构时，博弈格局转变为完全信息动态博弈，Nash 均衡相应地扩展为子博弈精炼 Nash 均衡，而该均衡恰可消除空洞威胁. 以下介绍同时考虑行动顺序和信息不完全时的动态博弈问题，一般称为不完全信息动态博弈或动态 Bayes 博弈.

4.2.1 不完全信息动态博弈的基本概念

不完全信息动态博弈的定义主要包括以下 7 个方面：

(1) 参与者 $i \in N$.

(2) 第 k 阶段的博弈行动历史序列 H^k.

(3) 信息集，即参与者决策时所知道的信息.

(4) 参与者 i 的策略 $s_i \in S_i$ ，指每个信息集上所有可能的详尽行动计划.

(5) 参与者 i 的类型 $\theta_i \in \Theta_i$ ，其中 Θ_i 为参与者 i 的可能类型的集合.

(6) 概率分布，设参与者的类型 $\{\theta_i\}_{i=1}^n$ 来自于概率分布 $p(\theta_1, \cdots, \theta_n)$ ，每个参与者可以在此基础上根据 Bayes 准则形成对其他参与者实际类型的概率判断.

(7) 参与者 i 的收益函数 $u_i(s_i, s_{-i}, \theta_i)$，可视为参与者策略和类型到实数值的一类映射.

在不完全信息动态博弈中，参与者的行动存在先后顺序，后续参与者可以通过观察先行参与者的行动而修正已之行动. 这里同样可以通过 Harsanyi 转换将不完全信息动态博弈转化为完全不完美信息动态博弈，即通过假定其他参与者均知道某一参与者的所述类型的概率分布，计算该博弈的 Bayes 均衡解.

例 4.9 Harsanyi 转换的例子.

考虑两个参与者 1 和 2, 其中参与者 1 有两种类型，分别用 θ_1 、θ_2 表示，每种类型的分布概率分别为 p_1 和 p_2 . 在两种类型下，参与者 1 均有 U、M、D 3 种行动可选. 参与者 2 对参与者 1 的类型不清楚，但是参与者 1 行动完毕之后，参与者 2 能够完全获知参与者 1 的行动信息，并有 L 和 R 两种行动可选，该博弈可用图 4.10 所示的博弈树表述.

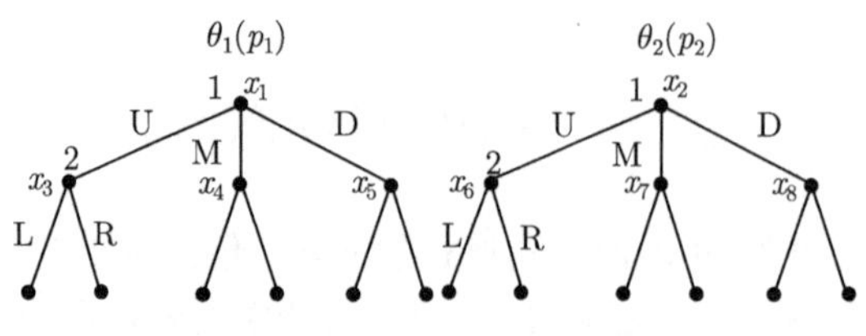

图 4.10 不完全信息动态博弈

这是一个典型的不完全信息动态博弈问题，可以通过 Harsanyi 转换引入“大自然”这一虚拟参与者将该博弈问题转化为完全非完美信息动态博弈，如图 4.11 所示.

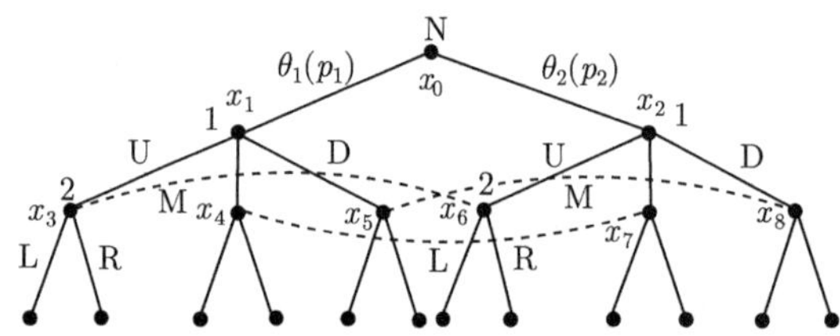

图 4.11 不完全信息动态博弈的 Harsanyi 转换

图 4.11 中虚线连接的决策节点属于同一个信息集. 由于参与者 2 清楚参与者 1 的行动，因此若参与者 1 的行动是“U”，则参与者 2 应当从节点 x_3 或 x_6 开始决策，但是参与者 2 不知道参与者 1 的类型，即不知道“大自然”的行动，因此，他不能区分到底是从 x_3 开始决策还是从 x_6 开始决策，也就是说，$\{x_3, x_6\}$ 是其中一个信息集. 同样，可以找到另外两个信息集分别为 $\{x_4, x_7\}$ 和 $\{x_5, x_8\}$.

4.2.2 精炼 Bayes-Nash 均衡

Harsanyi 转换将不完全信息处理为在博弈开始时由大自然根据特定概率选择的一种行动，此时从非初始节点出发的任何子博弈树都必然会割裂原有的信息集，因此转化后的博弈只存在唯一的子博弈，即自身. 这意味着子博弈精炼 Nash 均衡无法精炼不完全信息动态博弈均衡. 为处理这一问题，我们结合 Bayes 均衡的概念，介绍完美 Bayes 均衡的概念.

不完全信息动态博弈需要考虑每个信息集上的博弈问题，但经过 Harsanyi 转换后的动态博弈信息并不完美，为此需要在每个信息集上定义参与者的信念或推断 (belief)，推断的概念在静态 Bayes 博弈中已经介绍. 通过 Harsanyi 转换可将不完全信息静态博弈转换为两阶段的扩展式博弈，因此对于每个参与者，信息集一般只有一个. 而在不完全动态信息博弈中，一般会出现多个信息集，为此需要对每个信息集都给出推断. 如此，整个推断自身即构成一个完整的体系，称为推断系统.

参与者的行动策略是指自每个信息集上，对每种可能行动的概率分配，即在每个信息集上，以多大概率执行各个可能的行动，这种做法可视为混合策略在多阶段博弈中的推广.

若给定各个参与者的“推断”，则他们的策略必须满足序贯理性 (sequential rationality) 的要求，即在每个信息集中，若给定当前应做出决策的参与者的推断和其他参与者的后续策略，则该参与者的行动选择及后续策略应该以己之支付或期望支付最优为目标，即所谓序贯理性. 需要说明的是，后续策略是相应的参与者在到达给定的信息集以后的阶段中，对所有可能的情况应如何行动的完整计划. 所谓完整，是指某些可能的情况行动实际上并不会达到，但是在策略中同样应该考虑.

一致性是针对推断系统提出的. 所谓一致性，是指针对一个给定的均衡策略，推断系统中所有的推断均是通过 Bayes 法则导出的，即遵循一般条件概率公式. 在单点信息集上，若均衡策略到达这一信息集，则概率只能为 1，故 Bayes 法则自然满足；若均衡策略到达的信息集不是单点的，则相应的参与者是以一定的概率分布位于其中的节点上，当参与者进行后续决策时，必须根据对手之前的行动推断自己以多大概率位于信息集中的各个节点上，数学上表现为一个条件概率估计问题，因此必须遵循 Bayes 法则. 总之给定的均衡策略提供了一个对手的行动序列，根据先验概率分布通过 Bayes 法则进行推断，客观上表现为通过先验概率加上条件求取后验概率的过程. 根据每一步的行动，不断更新后验概率，最终即可得到合理的推断系统.

下面通过一个例子说明推断系统的必要性.

例 4.10 给定如图 4.12 所示的完全非完美信息动态博弈问题，试对其进行推断.

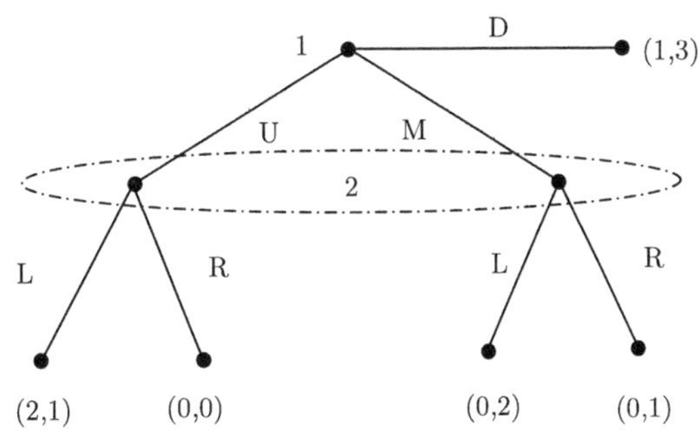

图 4.12 不完全信息动态博弈的 Harsanyi 转换

针对图 4.12 中所示的博弈问题可以写出如表 4.11 所示的支付矩阵.

表 4.11　例 4.10 动态博弈的支付矩阵

		参与者 2	
		L	R
参与者 1	U	$\underline{2}, \underline{1}$	0, 0
	M	0, $\underline{2}$	0, 1
	D	1, $\underline{3}$	$\underline{1}, \underline{3}$

由上述收益矩阵可以看出该博弈存在两个 Nash 均衡分别为 (U,L) 和 (D,R)，显然后者不是一个可信的均衡，因为当参与者 1 策略为“U”或“M”时，对参与者 2 来说，“R”是“L”的严格劣势策略.

从例 4.10 可以看出，在不完全信息动态博弈中，子博弈完美均衡的概念并不够用，必须由更强的均衡概念来处理这一博弈问题. 按照第 3 章处理不完全信息静态博弈问题的思路，可以对均衡概念增加一些限定条件，从而将一些不可信的均衡剔除. 为此引入下列两个条件.

条件 1　当某个信息集到达时，参与者对该信息集中决策节点的概率分布存在一个推断.

条件 2　在给定的推断下，参与者策略是序贯理性的.

条件 1 的要求是自然的，因为一旦有联合概率分布这一先验概率，参与者即可根据该先验概率对每个信息集中决策节点的概率进行推断. 而条件 2 的要求也是平凡的，这是均衡概念在动态不完全信息博弈下的自然推广，即要求在各阶段下参与者的行动都是最优反应.

对于例 4.10，其博弈树如图 4.13所示. 首先建立推断系统，此处只有一个非单点信息集 $\{x_2, x_3\}$，假定到达 x_2 的概率是 p，则到达 x_3 的概率即为 $1-p$.

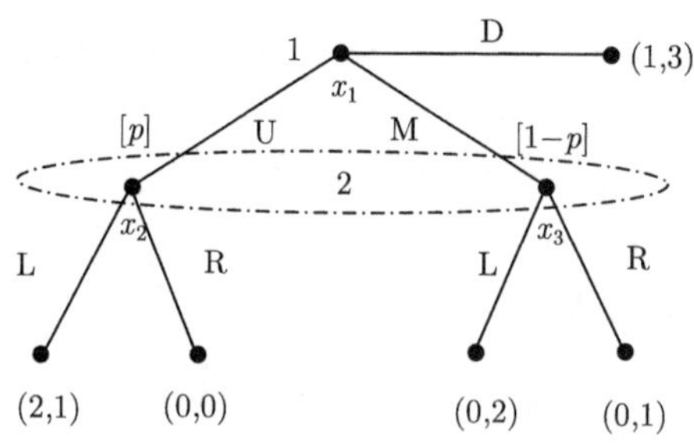

图 4.13　例 4.10 的博弈树

以下在给定的推断下，分析参与者的序贯理性.

对参与者 2 来说，选择行动 R 的期望收益为

$$p \cdot 0 + (1-p) \cdot 1 = 1 - p$$

而选择行动 L 的期望收益为

$$p \cdot 1 + (1-p) \cdot 2 = 2 - p$$

由于

$$2 - p > 1 - p$$

始终成立，因此理性的参与者 2 不会选择行动 R .

图 4.13 给出的博弈树中只有参与者 2 有一个包含两个决策节点的信息集，因此仅需要考虑参与者 2 在该信息集上如何进行推断. 若参与者 1 的均衡策略是在第 1 阶段选择 U，则参与者 2 的推断只能是“参与者 1 以概率 $p=1$ 选择 U”，如此才能与参与者 1 选择的策略相符合. 根据这一推断，参与者 2 会在自己的第 2 阶段选择策略 L . 因此，该推断是参与者 2 决策的依据和双方均衡策略稳定的基础. 既如此，如何保证上述推断是合理的呢?

假设该博弈存在一个混合策略均衡，其中参与者 1 选择 U 的概率为 q_1，选择 M 的概率为 q_2，选择 D 的概率为 $1-q_1-q_2$. 根据 Bayes 准则，参与者 2 在其第 2 阶段选择时的推断为

$$p\,(\mathrm{U}) = \frac{q_1}{q_1+q_2}, \quad p\,(\mathrm{M}) = \frac{q_2}{q_1+q_2}$$

从上式可以看出，在进行推断时不需要考虑策略 D ，这是因为策略 D 的支路不会到达参与者 2 的信息集 $\{x_2, x_3\}$. 为了对信息集做进一步分析，以下介绍两个概念.

定义 4.7 位于均衡路径之上 (on the equilibrium path) 给定一个均衡策略，若某个信息集是按正概率到达的，则称其位于均衡路径之上.

定义 4.8 位于均衡路径之外 (off the equilibrium path) 给定一个均衡策略，若其是不可到达的，则称其位于均衡路径之外.

上述两个概念中的均衡可以是 Nash 均衡、子博弈精炼 Nash 均衡、Bayes-Nash 均衡及将要介绍的精炼 Bayes-Nash 均衡. 显然，信息集是否在均衡路径上，与均衡的选择直接相关. 图 4.14 所示的例子中，对于参与者 2 的信息集 $\{x_2, x_3\}$ 而言，当参与者 1 第 1 阶段选择策略 D 时，该信息集不在均衡路径上；而当参与者 1 第 1 阶段不采取策略 D 时，该信息集在均衡路径上.

在判定信息集是否位于某条均衡路径上之后，再给出如下限定条件.

条件 3 (策略一致性) 在均衡路径上的信息集，其推断由相应的均衡策略及 Bayes 法则决定.

例 4.11 考察如下经过 Harsanyi 转换后的等价动态完全非完美信息博弈问题，试分析其推断.

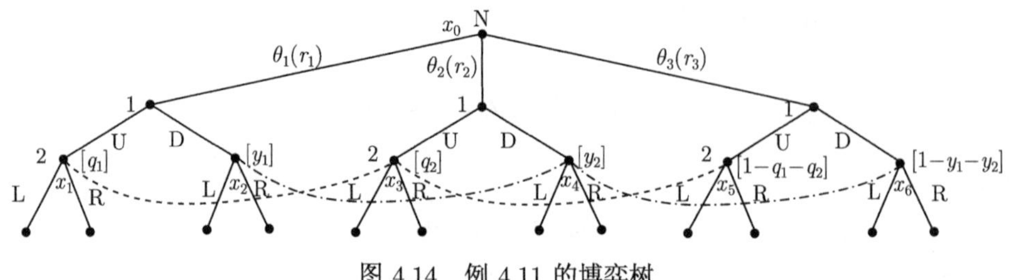

图 4.14　例 4.11 的博弈树

此例有两个参与者，其中参与者 1 有三种类型 $\{\theta_1,\theta_2,\theta_3\}$，其概率分布为 r_1、r_2 和 r_3，每种类型可能的行动集为 $\{\mathrm{U},\mathrm{D}\}$，参与者 1 知道自己的类型. 参与者 2 不知道参与者 1 的类型，其可能的行动集为 $\{\mathrm{L},\mathrm{R}\}$. 假设参与者 1 类型为 θ_1、θ_2 时执行策略 U，当其类型为 θ_3 时执行策略 D. 从图 4.14 中可以看出，参与者 2 存在两个信息集，即 $\{x_1,x_3,x_5\}$ 和 $\{x_2,x_4,x_6\}$，每个信息集上都有两种可能行动 $\{\mathrm{L},\mathrm{R}\}$. 显见每一个信息集都处于均衡路径上. 为此可以利用 Bayes 条件确定参与者 2 在信息集上的如下推断.

1) 先验概率

$$p(\theta_1)=r_1,\quad p(\theta_2)=r_2,\quad p(\theta_3)=r_3$$

2) 条件概率

由于参与者 1 的均衡策略是 (U,U,D)，因此有

$$p(\mathrm{U}|\theta_1)=p(\mathrm{U}|\theta_2)=p(\mathrm{D}|\theta_3)=1,\quad p(\mathrm{D}|\theta_1)=p(\mathrm{D}|\theta_2)=p(\mathrm{U}|\theta_3)=0$$

根据上述先验概率及 Bayes 法则，参与者 2 在信息集 $\{x_1,x_3,x_5\}$ 上的推断为

$$p(\theta_i|a_i)=\frac{p(a_i|\theta_i)\,p(\theta_i)}{\sum_{\theta_j\in\Theta_j}p(a_i|\theta_j\ )p(\theta_j)} \tag{4.21}$$

$$q_1=p(\theta_1|\mathrm{U})=\frac{p(\mathrm{U}|\theta_1)\,p(\theta_1)}{\sum_{\theta_j\in\Theta_j}p(\mathrm{U}|\theta_j\ )\,p(\theta_j)}=\frac{1\times r_1}{1\times r_1+1\times r_2+0\times r_3}=\frac{r_1}{r_1+r_2} \tag{4.22}$$

$$q_2=p(\theta_2|\mathrm{U})=\frac{p(\mathrm{U}|\theta_2)\,p(\theta_2)}{\sum_{\theta_j\in\Theta_j}p(\mathrm{U}|\theta_j\ )\,p(\theta_j)}=\frac{1\times r_2}{1\times r_1+1\times r_2+0\times r_3}=\frac{r_2}{r_1+r_2} \tag{4.23}$$

$$q_3=p(\theta_3|\mathrm{U})=\frac{p(\mathrm{U}|\theta_3)\,p(\theta_3)}{\sum_{\theta_j\in\Theta_j}p(\mathrm{U}|\theta_j\ )\,p(\theta_j)}=\frac{0\times r_3}{1\times r_1+1\times r_2+0\times r_3}=0 \tag{4.24}$$

同理，参与者 2 在信息集 $\{x_4,x_6,x_8\}$ 上的推断为

$$y_1=p(\theta_1|\mathrm{D})=\frac{p(\mathrm{D}|\theta_1)\,p(\theta_1)}{\sum_{\theta_j\in\Theta_j}p(\mathrm{D}|\theta_j\ )\,p(\theta_j)}=\frac{0\times r_1}{0\times r_1+0\times r_2+1\times r_3}=0 \tag{4.25}$$

$$y_2 = p(\theta_2|\mathrm{D}) = \frac{p(\mathrm{D}|\theta_2)\,p(\theta_2)}{\sum_{\theta_j\in\Theta_j} p(\mathrm{D}|\theta_j\,)\,p(\theta_j)} = \frac{0\times r_1}{0\times r_1 + 0\times r_2 + 1\times r_3} = 0 \tag{4.26}$$

$$y_3 = p(\theta_3|\mathrm{D}) = \frac{p(\mathrm{D}|\theta_3)\,p(\theta_3)}{\sum_{\theta_j\in\Theta_j} p(\mathrm{D}|\theta_j\,)\,p(\theta_j)} = \frac{1\times r_1}{0\times r_1 + 0\times r_2 + 1\times r_3} = 1 \tag{4.27}$$

因此，该博弈的均衡为

$$\left((\mathrm{U},\mathrm{U},\mathrm{D}),\left(q_1 = \frac{r_1}{r_1+r_2}, q_2 = \frac{r_2}{r_1+r_2}, q_3 = 0\right), (y_1 = 0, y_2 = 0, y_3 = 1)\right)$$

由例 4.11 可以看出，动态不完全信息博弈中，均衡由最佳反应策略组合及各信息集上的推断共同构成.

例 4.11 考虑的是信息集全部位于均衡路径上的情况. 对于不处于均衡路径上的信息集，同样需要下述限定条件.

条件 4 (结构一致性) 位于均衡路径外的信息集，其推断由 Bayes 法则和参与者在此处可能的均衡策略组合决定. 由于位于均衡集外的行动从理论上说不应存在，即相当于零概率事件发生，此时 Bayes 法则中分母为 0，因此该法则失效. 但在应用此要求时，可任意确定某个推断，只要该推断与参与者的某个可能的均衡策略相一致.

例 4.12 考察如图 4.15 所示的不完全信息动态博弈问题，试分析其均衡.

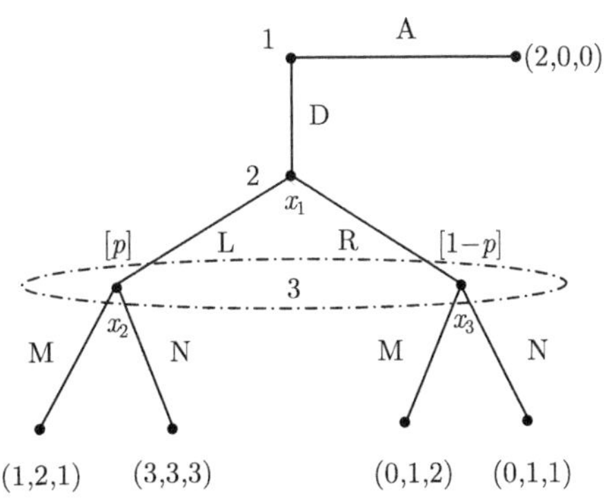

图 4.15 例 4.12 的博弈树

在该博弈中，共有 3 个参与者. 第 1 阶段参与者 1 有 A 和 D 两个选择，对参与者 1 的具体选择，参与者 2 和参与者 3 都能得知. 在第 2 阶段参与者 2 有 L 和 R 两种选择，但参与者 3 不知道参与者 2 的具体选择. 参与者 3 在第 3 阶段有 M 和 N 两种选择，这是一个两节点信息集，反映出参与者 3 对参与者 2 信息的了解不完美. 该博弈的支付矩阵如表 4.12 所示. 根据该支付矩阵，可求出其共有 4 个纯策略均衡

$$(\mathrm{A},\mathrm{L},\mathrm{M}),\quad (\mathrm{A},\mathrm{R},\mathrm{M}),\quad (\mathrm{A},\mathrm{R},\mathrm{N}),\quad (\mathrm{D},\mathrm{L},\mathrm{N})$$

现在依据前述 4 条要求来分析这些均衡是否合理.

表 4.12 例 4.12 不完全信息动态博弈支付矩阵

		参与者 1(A)		参与者 1 (D)	
		参与者 3			
		M	N	M	N
参与者 2	$L(p)$	$\underline{2}, \underline{0}, \underline{0}$	$2, \underline{0}, \underline{0}$	$1, \underline{2}, 1$	$\underline{3}, \underline{3}, \underline{3}$
	$R(1-p)$	$\underline{2}, \underline{0}, \underline{0}$	$\underline{2}, \underline{0}, \underline{0}$	$0, 1, \underline{2}$	$0, 1, 1$

假设参与者 3 推断参与者 2 选择 L 和 R 的概率分别为 p 和 $1-p$. 若参与者 1 在第 1 阶段选择策略 A，则博弈结束，相应的支付为 $(2,0,0)$ ；若参与者 1 在第 1 阶段选择策略 D，则博弈继续进行. 在第 2 阶段参与者 2 分别以概率 p 和 $1-p$ 选择策略 L 和 R，然后博弈进入第 3 阶段. 考虑使用逆推法，在博弈的第 3 阶段，若参与者 3 选择策略 M，此时他的期望支付为

$$1 \cdot p + 2 \cdot (1-p) = 2 - p$$

若参与者 3 选择策略 N，则此时的期望收益为

$$3 \cdot p + 1 \cdot (1-p) = 1 + 2p$$

显然当参与者 3 的最佳反应为 M 时，应满足

$$2 - p > 1 + 2p$$

即 $p < 1/3$ 时，参与者 3 应该选择策略 M；同理，当 $p > 1/3$ 时，参与者 3 应该选择策略 N；当 $p = 1/3$ 时，选择 M 或 N 其收益相同. 假设参与者 3 推断 $p > 1/3$，则他的策略选择为 N. 然后倒推回第 2 阶段，由于 L 是参与者 2 的严格占优策略，因此他必将选择 L. 再倒推回第 1 阶段，由于参与者 1 知晓只要博弈进入第二阶段，则后续选择必为 (L, N). 因此，若参与者 1 选择策略 D 其收益为 3 ，高于其选择策略 A 所带来的收益，故其必定会选择策略 D . 综上得到，均衡策略组合 (D, L, N) 满足条件 1、2、3. 进而，由于上述策略组合不存在均衡路径外的非单点信息集，因此条件 4 自然满足. 由上述分析过程可以看出，该均衡也是子博弈完美均衡.

下面考虑均衡策略组合 (A, L, M)，假定此时推断为 $p = 0$. 由于参与者 1 在第一阶段选择策略 A，因此第一阶段博弈结束. 在该推断下，策略 (A, L, M) 满足序贯理性，因此均衡 (A, L, M) 满足条件 1、2、3. 然而，该均衡并非子博弈完美均衡，因为该博弈中，以 x_1 为根节点的子博弈唯一的均衡为 (L, N). 这是由于条件 1、2、3 并没有对参与者 3 的推断做任何限制，因为若参与者 1 选择策略 A，博弈不会到达参与者 3 的信息集. 由此可见，仅仅满足条件 1、2、3 并不能保证其均衡

的合理性. 事实上，参与者 3 的信息集 $\{x_2, x_3\}$ 不在均衡路径上，根据条件 4，在该信息集上的推断也必须满足各方的均衡策略. 参与者 3 在推断 $p=0$ 的条件下，显然与参与者 2 的选择 L 不符；而在推断 $p=1$ 的条件下，参与者 3 的最佳反应为 N. 因此，条件 2 与条件 4 无法同时满足，导致这一均衡并不合理. 同样，(A, R, M) 和 (A, R, N) 也不是合理的均衡.

基于例 4.12，下面给出不完全信息动态博弈均衡的一般性定义.

定义 4.9(完美 Bayes 均衡) 满足前述条件 1~ 条件 4 的策略组合及相应的推断系统构成不完全信息动态博弈的完美 Bayes 均衡.

完美 Bayes 均衡的概念排除了参与者选择任何始于均衡路径之外的信息集的严格劣策略的可能性，进而通过推断系统的引入，使其他参与者不会相信该参与者将采取劣策略. 需要说明的是，通常情况下由于不完美信息的存在，一般不能像完全信息动态博弈那样直接采用逆推法，这是由于每个阶段的信息集受到上一个阶段的行动影响，而这些行动又 (部分地) 依赖于参与者后续的策略，因此各阶段间相互耦合，不能简单进行逆推.

以下给出关于完美 Bayes 均衡的存在性定理.

定理 4.6(完美 Bayes 均衡存在性定理) 一个有限不完全信息动态博弈至少存在一个完美 Bayes 均衡.

4.2.3 几种均衡概念的比较

前文分别介绍了四类博弈问题：完全信息静态博弈、不完全信息静态博弈、完全信息动态博弈和不完全信息动态博弈，它们涵盖 4 个基本的博弈均衡概念，分别为 Nash 均衡、Bayes-Nash 均衡、子博弈精炼 Nash 均衡和精炼 Bayes-Nash 均衡，这 4 个均衡概念是密切相连、逐步强化的. 较强的博弈均衡概念是为了弥补较弱的均衡概念的不足和漏洞，剔除不合理的均衡解. 简言之，Bayes-Nash 均衡与子博弈精炼 Nash 均衡的概念较之 Nash 均衡概念更强，而精炼 Bayes-Nash 均衡的概念又较 Bayes-Nash 均衡与子博弈精炼 Nash 均衡更强，这主要是因为简单博弈中的合理行为在较为复杂的博弈中可能并不合理. 相应地，适用于简单博弈的均衡并不一定适用于复杂的博弈. 因此，对复杂情况下的博弈格局需要提出更严格的限制条件以强化均衡概念，从而剔除不合理的均衡.

另外，精炼 Bayes-Nash 均衡的概念是 4 个均衡概念中要求最严格的，即参与者所采用的策略不仅是整个博弈的 Bayes-Nash 均衡，而且在每一个后续子博弈上构成 Bayes-Nash 均衡，并且参与者需通过 Bayes 法则修正信息，在均衡路径上和均衡路径外都要做出合理的推断，从而强化了 Bayes-Nash 均衡的概念. 因此，其他几种均衡概念均可统一归结为某种条件下的精炼 Bayes-Nash 均衡，它在静态完全信息下与 Nash 均衡等价，在静态不完全信息下与 Bayes-Nash 均衡等价，而在动态完全信息下与子博弈精炼 Nash 均衡等价. 需要指出的是，即使是精炼 Bayes-Nash 均衡，也不能保证是完全合理的. 因此，研究者又提出“颤抖手均衡”(trembling-hand perfect equilibrium)、“恰当均衡”(proper equilibrium) 等概念，进一步对均衡进行精炼[11, 12].

4.2.4 不完全信息动态博弈的应用 —— 信号博弈

1. 信号博弈

信号博弈是一个典型的动态不完全信息博弈问题，它一般有两个参与者：一个是信号的发送者；另一个是信号的接收者. 信号发送者首先行动，向信号接收者传递信息. 信号接收者收到的信号可能存在不完全信息，但它能从发送者发出的信号中推测出部分信息. 根据对所接收信号的推断，信号接收者选择自己的行动.

根据前面介绍的对不完全信息博弈问题，信号博弈问题可以通过如下 Harsanyi 转换而成为完全但不完美信息的动态博弈.

第 0 阶段 假设“大自然”作为一个虚拟参与者按照一定概率分布 $p(\theta_i)$ $(p(\theta_i)>0, \sum_i p(\theta_i)=1)$，从信号发送者类型集合 $\Theta=\{\theta_1,\theta_2,\cdots,\theta_I\}$ 中选取某个类型，并将其分配给发送者.

第 1 阶段 信号发送者在获知自己类型 θ_i 后，从自己的行动空间 $M=\{m_1,m_2,\cdots,m_J\}$ 选择一个行动 m_j，将其作为信号发送给信号接收者.

第 2 阶段 信号接收者接收到发送者所发送的信号 m_j 后，根据此信号及对发送者类型 θ_i 的推断，在自己的行动空间 $A=\{a_1,a_2,\cdots,a_K\}$ 中选择某个行动 a_k.

整个博弈结束后，相应的支付函数分别为 $u_{\mathrm{S}}(m_j,a_k,\theta_i)$ 及 $u_{\mathrm{R}}(a_k,m_j,\theta_i)$.

以下考虑一个简单的信号博弈，其发送者的类型、策略空间、接收者的策略空间都只有两个元素，即

$$\Theta=\{\theta_1,\theta_2\},\quad M=\{m_1,m_2\},\quad A=\{a_1,a_2\}$$

该博弈过程可用图 4.16 表示，或采用图 4.17 的博弈树表示.

图 4.17 中 p 和 $1-p$ 表示大自然选择的概率分布. 信号发送者根据其不同类型 $\{\theta_1,\theta_2\}$ 有 4 种纯策略，即

$$s_{\mathrm{s}}^1=(m_1,m_1),\quad s_{\mathrm{s}}^2=(m_1,m_2),\quad s_{\mathrm{s}}^3=(m_2,m_1),\quad s_{\mathrm{s}}^4=(m_2,m_2)$$

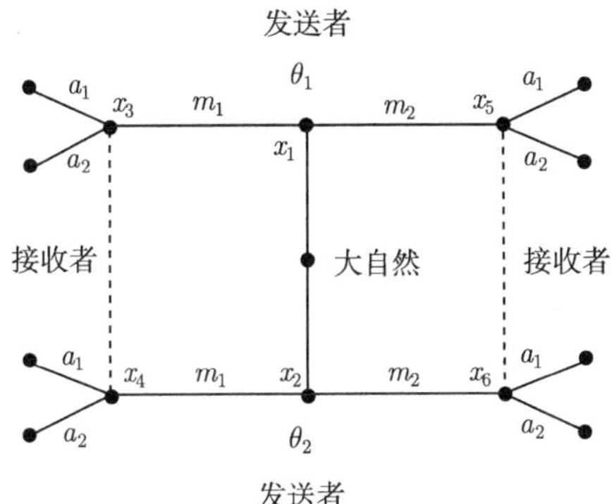

图 4.16 信号博弈问题

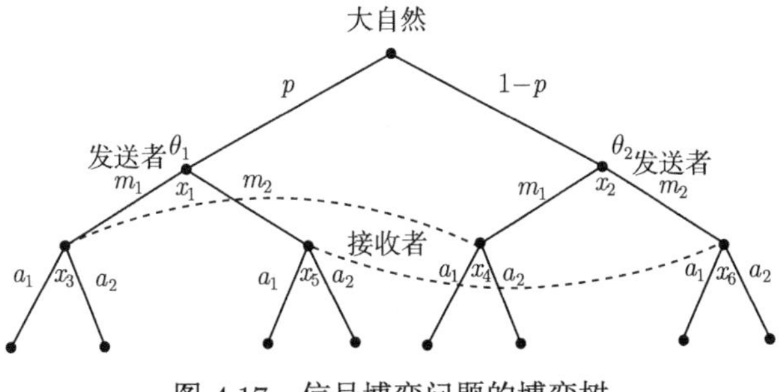

图 4.17 信号博弈问题的博弈树

信号接收者根据其接收到的不同信号 $\{m_1, m_2\}$ 也有 4 种纯策略，即

$$a_{\mathrm{r}}^1 = (a_1, a_1), \quad a_{\mathrm{r}}^2 = (a_1, a_2), \quad a_{\mathrm{r}}^3 = (a_2, a_1), \quad a_{\mathrm{r}}^4 = (a_2, a_2)$$

信号发送者的 4 个纯策略中，s_{s}^1 和 s_{s}^4 对大自然选择的不同类型发送者选择相同的策略，称为集中策略 (pooling strategy)；s_{s}^2 和 s_{s}^3 针对不同类型选择不同的策略，称为分离策略 (separating strategy). 由于该信号博弈中信号发送者的类型集和行动集都只有两个元素，因此其纯策略只有集中策略和分离策略两种. 更复杂的情况下，可能出现部分集中策略或准分离策略. 除此之外，还可以有混杂策略 (hybrid strategy). 例如，当大自然抽取类型为 θ_1 时，发送者选择策略 m_1，而大自然抽取类型为 θ_2 时，发送者在策略 m_1 和 m_2 中随机选择.

由于信号博弈是一个动态非完全信息博弈问题，根据精炼 Bayes-Nash 均衡的要求，信号接收者需要在接受到信号后给出关于发送者类型的推断，即当发送者选择行动 m_j 时，发送者是类型 θ_i 的概率分布为

$$p(\theta_i|m_j) \geqslant 0, \quad \sum_i p(\theta_i|m_j) = 1$$

在给出了发送方的信号和接收方的推断后，即可描述接收者的最佳反应，即接收者应选择 a_k 使其期望支付最大. 因此，a_k 是如下优化问题的解：

$$\max_{a_k}\sum_{\theta_i}p\left(\theta_i|m_j\right)u_R\left(a_k,m_j,\theta_i\right) \tag{4.28}$$

进一步根据序贯理性原则，信号发送者对接受者的最佳反应策略 $a^*\left(m_j\right)$ 同样是最佳反应，因此发送者应选择 m_j 使其支付最大，则有如下优化问题：

$$\max_{m_j}u_R\left(m_j,a^*\left(m_j\right),\theta_i\right) \tag{4.29}$$

由上述过程可以看出，求解信号博弈问题相当于求解与例 4.1 类似的 Stackelberg 博弈问题. 当然，根据精炼 Bayes-Nash 均衡的概念，信号接收者在其信息集处的推断必须要与信号发送者的策略相一致，同时还应遵循 Bayes 准则.

2. 信号博弈的应用实例

信号博弈在经济博弈、政治博弈中有很多应用，下面介绍两个常见的应用：一是企业投资博弈；二是就业市场信号博弈.

例 4.13 企业投资博弈.

假设某新能源发电商需要引入一笔外来投资新建一个光伏电场. 该发电商知道自身盈利能力，但这些私有信息对投资者是保密的. 为吸引投资，该发电商提出可将一定比例的股份分给投资者，试分析何种情况下投资人会愿意投资？

若将发电商看成是信号发送者，私人投资者看成是信号接收者，则该问题可转化为一个信号博弈问题. 假设该发电商具有高利润和低利润两种类型，即

$$\theta\in\Theta=\{L,H\}$$

其中，θ 为企业的利润. 设项目所需的投资为 I ，相应增加的收益为 R ，r 为潜在投资者的现有收益率. 显然，只有该项目的收益大于投资者现有收益时投资者才会选择投资. 该信号博弈可以表示如下.

(1) 首先由“大自然”决定新能源公司的原有利润是高还是低，即

$$p\left(\theta=L\right)=q,\quad p\left(\theta=H\right)=1-q$$

(2) 发电商知道自己原有利润的情况，提出用 s 比例的股份换取投资 $(0\leqslant s\leqslant 1)$.

(3) 投资者可以知道股份的比例 s，但不知道发电商原有利润 θ，然后选择是否接受投资.

(4) 若投资者拒绝，则投资者的收益为 $(1+r)I$，r 为收益率 (如存款利率或投资回报率等)，发电商的收益为 θ；若投资者接受，则投资者的收益为 $s(\theta+R)$，相

应地发电商的收益为

$$(\theta+R)-s(\theta+R)=(1-s)(\theta+R)$$

此处需假定 $R>(1+r)I$.

这里，信号发送者的类型只有两种 $\{L,H\}$，信号接收者的策略也只有两种 {投资，不投资}，信号发送者的策略空间是一个连续区间 $[0,1]$. 假设投资者得知发电商给出的股份为 s 后，推断其为高利润的概率为 x ，即

$$p(H|s)=x$$

则当下述条件

$$s[xH+(1-x)L+R]\geqslant I(1+r) \tag{4.30}$$

成立时，投资者才会接受投资.

另外，对于发电商来说，其可接受的股份比例 s 必须满足

$$(1-s)(\theta+R)\geqslant\theta \tag{4.31}$$

联立求解式 (4.30)、式 (4.31) 可得

$$\frac{I(1+r)}{xH+(1-x)L+R}\leqslant s\leqslant\frac{R}{\theta+R} \tag{4.32}$$

式 (4.32) 即为双方都愿意接受的条件. 当然，实际生活中，由于发电商与投资商都需要考虑一定的最低赢利，因此真实的区间要较式 (4.32) 所示小得多. 而且，双方为了使自己获得更高利润，还可能进行讨价还价博弈.

注意到

$$L+R\leqslant xH+(1-x)L+R\leqslant H+R$$

此时，低利润的发电商 $(\theta=L)$ 出价为

$$s=\frac{I(1+r)}{L+R}\geqslant\frac{I(1+r)}{xH+(1-x)L+R}$$

投资方会接受.

而高利润的发电商 $(\theta=H)$ 出价为

$$s=\frac{I(1+r)}{H+R}\leqslant\frac{I(1+r)}{xH+(1-x)L+R}$$

投资方不会接受. 这意味着低赢利能力的发电商能赢得投资，而高利润的项目反而会失去机会. 这实质上是信息不完全造成的市场经济的低效率.

例 4.14　就业市场信号博弈.

一般公司在招聘员工时，一般会设置一个选拔机制，最常见的就是考试，以此来分辨员工素质高低. 其原因是，不同素质的劳动者获得学历或通过考试所需要花费的边际成本是不同的，一般低素质的劳动者比高素质的劳动者的成本高. 因此，劳动者就会根据自身的素质选择相应的教育水平，这就给公司提供了一个隐含指标，从而可以通过选拔机制来判断劳动者的素质高低.

以下给出该博弈问题的决策顺序.

第 1 步　首先由大自然确定一个劳动者的素质 θ ，假定素质 θ 有高、低两种类型，即 $\theta=\{H,L\}$ ，其概率分布分别为

$$p\,(\theta=H)=x,\quad p\,(\theta=L)=1-x$$

第 2 步　劳动者根据自己的素质，选择一个教育水平 $e\geqslant 0$，素质为 θ 的劳动者接受教育水平为 e 的培训时花费的成本为 $c(\theta,e)$.

第 3 步　就业市场上两家公司根据同时观察到的劳动者受教育水平 e，但并不知道该劳动者的具体类型 θ，提出相应的工资水平.

第 4 步　劳动者接收工资水平较高的公司，若两家公司给出的工资水平相同，则随机决定接收哪一方. 这里用 w 表示劳动者所接受的工资水平.

在此博弈中，劳动者的收益为

$$u_{\mathrm{w}}=w-c\,(\theta,e)$$

雇得该劳动者的公司收益为

$$u_{\mathrm{y}}=y\,(\theta,e)-w$$

其中，$y\,(\theta,e)$ 是素质为 θ、受教育水平为 e 的劳动者的生产能力；没有雇得劳动者公司的收益为 0. 该博弈中，劳动者选择的教育水平为公司提供了一个劳动者生产能力强弱的信号，因此可以将之归为一类信号博弈问题，与例 4.13 不同的是，接收者是两个而不是一个，此类博弈格局属于三参与者两阶段不完全信息信号博弈.

由于未雇得劳动者公司的收益为 0，因此两家公司之间的竞争会使公司的期望收益趋近于 0，即公司的最佳策略是提出接近于劳动者生产能力的工资水平. 这是自由竞争导致的结果，即使只有两家公司参与竞争. 反之，若只有一家公司而有两个竞聘的劳动者，局势就会逆转. 此时，只有表现出自身的优势，才有可能获得大于 0 的净收益.

参 考 文 献

[1] 罗云峰. 博弈论教程. 北京：清华大学出版社，2007.

[2] 范如国. 博弈论. 武汉：武汉大学出版社, 2011.

[3] 黄涛. 博弈论教程. 北京：首都经济贸易大学出版社, 2004.

[4] Basar T，Olsder G J. Dynamic Noncooperative Game Theory. London：Academic Press, 1995.

[5] Bellman R E. Dynamic Programming. Princeton：Princeton University Press, 1957.

[6] 谢识予. 经济博弈论. 上海：复旦大学出版社, 2002.

[7] 高红伟，彼得罗相. 动态合作博弈. 北京: 科学出版社, 2009.

[8] 郎艳怀. 博弈论及其应用. 上海：上海财经大学出版社, 2015.

[9] 蒲勇健. 应用博弈论. 重庆：重庆大学出版社, 2014.

[10] 朱富强. 博弈论. 北京：经济管理出版社, 2013.

[11] Selten R. Reexamination of the perfectness concept for equilibrium points in extensive games. International Journal of Game Theory, 1975, 4(1):25-55.

[12] Myerson R B. Refinements of the Nash equilibrium concept. International Journal of Game Theory, 1978, 7(2):73-80.

第 5 章　静态合作博弈

第 3 章、第 4 章主要讨论了非合作博弈理论，其中每个参与者都只关心己之利益. 在非合作博弈格局下，参与者之间的利益相互冲突，加之参与者的理性支配，参与者之间呈完全对抗关系. 除非合作博弈外，合作博弈也是博弈论的重要分支. 与非合作博弈不同，合作博弈中一部分或全部参与者通过有强制力的协议形成联盟，参与者之间不再是完全的对抗关系，而呈现了合作格局. 人类社会活动和日常生活中合作博弈实例比比皆是，小到日常的拼车、团购等活动，大到跨国集团的并购、政府间缔结合作协议等事件，背后都有合作博弈的影子. 由于非合作博弈的参与者之间是完全对抗的格局，因此所能达到的均衡通常是缺乏效率的. 而形成联盟进行合作则能取得额外的整体收益，并通过合理的分配使联盟能够稳定，从而改变非合作博弈中的低效均衡. 本章简要介绍静态合作博弈的基本概念和方法，内容主要来自文献 [1-11].

5.1　从非合作博弈到合作博弈

合作博弈与非合作博弈有着紧密的关系. 通过改变博弈格局中的某些条件，可以将非合作博弈格局转化为合作博弈格局. 例如，第 3 章介绍的囚徒困境实例中，两个嫌疑犯若能形成有强制力的合作协议，则可能实现共谋，从而获得非合作博弈所不能达到的 Pareto 最优解，最终博弈的结果也将与非合作博弈完全不同. 事实上，正是通过合作协议将非合作博弈的格局转化成了合作博弈的格局.

合作博弈的结果是形成联盟，而联盟形成的关键要素同样是理性和收益. 在合作博弈中，所有参与者仍然遵循理性假设，追求自身利益的最大化，这一点与非合作博弈相同. 与非合作博弈的本质不同在于，合作博弈的参与者可以通过结盟获得额外收益. 合作博弈的理性具有两方面含义：一方面，联盟的整体利益大于参与者个体单独行动的收益之和 (整体理性)；另一方面，联盟的每个成员分配所得的利益均大于其单独行动时的收益 (个体理性). 满足这两方面条件的博弈格局在整体和个体理性驱动下自然形成合作，这正是合作博弈的基础.

合作博弈和非合作博弈并非完全对立. 我们经常会遇到一类非合作博弈问题，这类问题要求参与者必须考虑一部分合作的情况. 反之，我们也会在处理合作博弈时，必须考虑相互竞争的情况. 在实际生活和工程实践中，很少出现纯粹的非合作博弈或纯粹的合作博弈，经常是博弈的参与者在某些方面形成了合作，而在其他方面无法形成合作. 因此，实际中的博弈问题往往介于非合作博弈和合作博弈之间. 以上简要介绍了合作博弈及其基本特点，以及合作博弈与非合作博弈的关系. 本章将介绍合作博弈在建模分析和求解方面的数学方法.

5.2 合作博弈的基本概念

我们仍然从熟悉的囚徒困境例子开始展开讨论. 该例中博弈双方的支付矩阵如表 5.1 所示.

表 5.1 囚徒困境

		嫌疑犯 A	
		不坦白	坦白
嫌疑犯 B	不坦白	−0.5, −0.5	−10, 0
	坦白	0, −10	−3, −3

在第 3 章讨论的非合作博弈情形下，嫌疑犯 A 和 B 之间没有强有力的共谋协议，故在无法做到互相信任的情况下，任何一名嫌疑犯只要选择坦白，无论另一名嫌疑犯是否坦白，对于他本人都是最有利的. 因此, 在非合作的情形下，两名嫌疑犯都会坦白，他们所受到的惩罚远大于他们都不坦白的情形.

需要注意的是，由于审讯方采用了隔离审讯的方法，使得两名嫌疑犯即使事先串通，也难以做到互相完全信任，从而无法达成合作. 但若假设两名嫌疑犯之间因为某种原因能够达成可靠的合作关系，则他们都将会选择拒不坦白，从而将处罚降到最低. 这是该博弈问题的 Pareto 最优解 —— 因为没有任何其他策略能够在不损害对方收益的情况下改善自身收益. 因此，合作博弈的一个必要条件就是参与者达成具有约束力的协议，否则，合作是无法达成的.

以下以电力系统实例展开说明. 我国目前建有多个接入电网的大规模风电场. 风电是高效清洁的能源，但它也有一个很明显的缺点，即出力具有较强的不确定性，从而易对电力系统造成冲击. 现阶段电网运行中，风电场运行方会对风电场出力进行预测并提供给电网，而电网运行人员则根据预测出力安排发电计划及备用以实现电力实时平衡. 一方面，由于风电“靠天吃饭”的特性，难以实现对日前风电功率进行精确预测；另一方面，风电机组的控制手段有限，难以实施类似常规机组的大范围功率快速调节出力. 因此，在实时运行中，当风电场出力与预测值有显著偏离时将影响电力系统的安全稳定. 此时，风电场运行方会被电网运行方征收一定的罚款.

风电出力的随机性使得分布在一个较大区域内的若干个风电场的出力偏差值可能有正有负. 由于这些出力偏差可能会相互抵消，因此整体上对系统的影响可能较小，此即所谓的风电集群效应. 此时，从风电场运行方看，他们可以利用这一点来降低自己的罚款. 具体而言，这些风电场运行方可以形成联盟向电网运行方申报风电出力预测，并按照相互抵消后的总偏差向电网运行方缴纳罚款，之后再按照某种规则将罚款分摊到每个风电场运行方，如此则有望大幅度减少所缴纳的罚款额. 下面看一个具体的例子.

例 5.1　风电场罚款实例.

考察由 5 个风电场组成的集群. 风电场 i 的出力偏差为 w_i，如表 5.2 所示. 假设每个风电场缴纳的罚款额正比于其出力偏差绝对值，按照表 5.2 中的出力偏差情况，若每个风电场按照自身的出力偏差来单独缴纳罚款，即参照 $C_w^{abs}(i)$ 缴纳罚款，则 5 个风电场出力偏差绝对值的和为 19.5p.u.，因而需要缴纳罚款 195 元. 若 5 个风电场能够形成一个联盟，则可按其总出力偏差缴纳 25 元罚款，远小于不结盟情形下的总罚款，至于每个风电场需要分摊的罚款额，本章后续内容将予以讨论.

表 5.2　不结盟/结盟情形下风电场缴纳罚款的对比

i	w_i/p.u.	$C_w^{abs}(i)$/ £	$C_w(i)$/£	$C_w(i)/C_w^{abs}(i)$
1	11	110	0.758	0.007
2	−1	10	9.040	0.904
3	−3	30	4.345	0.145
4	−2	20	5.868	0.293
5	−2.5	25	4.989	0.200
N	−2.5	195	25.000	0.128

表 5.2 给出了各风电场分摊的罚款数额. 由该表可见，联盟各成员所需缴纳的罚款额也远小于单独缴纳的罚款额，因而相当于联盟中各成员获得的支付比单独行动时获得的支付更高.

由例 5.1 可见，合作博弈中联盟整体获得了额外收益，并且联盟中每个成员均可从中获益. 此例中，额外利益的驱动在风电场之间形成了有约束力的协议，从而促使 5 个风电场达成合作. 因此，在可靠协议的约束下，博弈参与者完全有可能通过合作实现整体最优效果. 事实上，若每个参与者均可从合作中获益，则合作就可能达成，这是由参与者的理性所决定的. 当然，除了理性外，还需要保证联盟成员收益分配的公平性，即每个成员增加的收益应与他的贡献正相关.

5.3　合作博弈的分类

在非合作博弈中，主要关注每个博弈参与者个体的竞争行为和个体收益，进而分析出最终可能形成的均衡. 而在合作博弈中，还需要关注各参与者的合作关系、联盟的收益，以及联盟内部如何分配利益等问题.

在合作博弈中，参与者可以与其他参与者形成联盟，以获得更大收益. 若联盟得到的总收益可以被分摊到每个参与者，则该博弈问题为效用可转移博弈 (transferrable utility game，TU)；反之则称该博弈问题为效用不可转移博弈 (non-transferrable utility game, NTU). 5.3 节 ~5.7 节讨论的合作博弈属于效用可转移博弈，5.8 节讨论的讨价还价博弈属于效用不可转移博弈.

根据联盟收益影响因素的不同，效用可转移博弈又可以进一步分为拆分函数博弈 (partition function game, PFG) 和特征函数博弈 (characteristic function game, CFG). 前者是指当博弈的所有参与者形成若干联盟后，每个联盟的收益除了依赖于自身行动外，还依赖于其他联盟的行动，这也是效用可转移博弈中最一般的情形. 而后者则较为特殊，此种博弈中，联盟的收益仅依赖于联盟自身的行动，而与其他联盟的行动无关. 因此, 在特征函数博弈中，每个联盟能够通过其自身最佳行动所确定的收益来辨识，而特征函数即是该联盟的收益. 为了更好地理解拆分函数博弈和特征函数博弈，下面来看一个例子.

例 5.2 合作开采石油实例.

S 国有石油资源，但缺乏开采技术，无法有效开采；A 国有开采技术，但国内的石油供不应求，需要从海外获得石油资源. 于是 A 国在 S 国投资建立石油开采基地，以推动该国经济发展，同时 A 国也可以获得石油资源，形成合作博弈格局. 假设不考虑世界原油市场价格对开采量的影响，并用石油开采量来衡量博弈的收益，则由于石油开采量和别国石油开采没有关系，只由两国合作的开采行为决定，这种情况下该博弈问题属于特征函数博弈. 如果用石油价格来衡量该博弈问题的收益，由于世界原油市场价格受到各国开采量等因素的影响，两国的收益将会受到其他国家石油开采量的影响，该情况下的博弈属于拆分函数博弈.

需要注意的是，尽管博弈的参与者可以结成联盟并使联盟获益，但每个联盟成员自身仍需遵循理性假设，即以追求自身利益最大化为目标. 若联盟不能使每一个成员获得最大利益，则会有参与者向自身利益最大化的方向行动，从而使联盟瓦解. 因此，在合作博弈中，一般情况下整体收益不是本质的，个体收益才是本质的. 若要促成博弈的合作格局，则必须考虑个体收益的 Pareto 最优解改进. 有鉴于此，若要参与者结成联盟，除了使联盟收益和各参与者的收益增加外，一个稳定的联盟还必须使任何参与者或参与者组成的联盟没有背离该联盟的动机. 例如，在国际合作方面，不论是经济合作还是政治合作，各国都会根据具体局势调整本国与他国之间的关系，国与国之间可能形成联盟，也可能联盟会瓦解，局势可能瞬息万变，其背后的驱动力就是本国利益，也即合作博弈中联盟各成员的个体理性.

5.4　特征函数博弈

5.4.1　特征函数

对于一个 n 人参与的效用可转移博弈，该 n 人集合中的任一子集都有可能构成一个联盟，而 n 人所有成员可共同构成一个单一的联盟，称为总联盟 (grant coalition). 本节着重介绍特征函数博弈问题.

定义 5.1(特征函数博弈)　特征函数博弈问题可表示为一个二元组 $G=\langle N,v\rangle$，其中 $N=\{1,2,\cdots,n\}$ 是博弈参与者编号的集合；$v:P_0(N)\rightarrow R$ 为合作博弈的特征函数. 对于 N 的任一子集 $C\subseteq N$，$v(C)$ 表示 C 中所有参与者形成的联盟的总收益.

上述定义中，$P_0(N)$ 表示编号集合 N 的所有子集构成的集合，当包含全集和空集两个特殊子集时，$P_0(N)$ 共有 2^n 个元素. 当 N 自身构成联盟 (N 中的所有参与者形成同一个联盟)，则该联盟称为总联盟. 通常特征函数 v 具有如下性质：

(1) 标准化 $v(\varnothing)=0$.

(2) 非负性 $v(C)\geqslant 0,\forall C\subseteq N$.

(3) 单调性 $v(C)\leqslant v(D),\forall C,D\subseteq N,C\subseteq D$.

下面用一个例子来说明上述定义.

例 5.3　采购设备实例.

假设有三家工厂 A、B、C 计划采购新变压器，为了降低成本，不同工厂可以合用变压器. 目前市面上有三种规格的变压器 X、Y、Z，容量和价格分别如表 5.3 所示.

表 5.3　用电变压器配置与价格

规格	X	Y	Z
容量/MVA	5	7.5	10
价格/万元	70	90	110

假设 A、B、C 三家工厂可用于购置新变压器的经费分别为 60 万元、40 万元、30 万元，若以工厂联合可以购买到的变压器容量为特征函数，则可有如下组合方式.

情景 1　若任意两家工厂都不合作，则自身经费均不足以购买任意一台变压器，此时有

$$v(\varnothing)=v(\{A\})=v(\{B\})=v(\{C\})=0$$

情景 2 若两家工厂合买，则有

$$v(\{A,B\})=7.5,\quad v(\{A,C\})=7.5,\quad v(\{B,C\})=5$$

情景 3 若三家工厂合买，则仅有一种联盟方式，即

$$v(\{A,B,C\})=10$$

上述三种情况枚举了三家工厂各种可能的联盟情况，并给出了对应的特征函数，不难检验该特征函数符合上述标准化、非负性和单调性三种性质.

5.4.2 支付与分配

在特征函数合作博弈中，联盟的总收益可以分摊到联盟各成员，而分摊额即对应非合作博弈中的支付概念. 在此之前，先介绍拆分的概念.

定义 5.2(联盟结构) 对合作博弈问题 $G=\langle N,v\rangle$，称 N 的子集的集合 $C^s=\{C_1,C_2,\cdots,C_k\}\,(C_i\subseteq N)$ 为 G 的一个拆分或联盟结构，若 C^s 满足

(1) $\bigcup\limits_{i=1}^{k}C_i=N$.

(2) $C_i\cap C_j=\varnothing,\ \forall i\neq j,\ i\geqslant 1, j\leqslant k$.

由上述定义可知，C^s 恰好将所有参与者分成了若干个互不相交的集合，这些集合即为参与者组成的各联盟，因此 C^s 可看成是若干个联盟的集合，C^s 也可称为联盟结构.

给定联盟结构 C^s 后，即可定义支付向量 $x=(x_1,x_2,\cdots,x_n)$，它表示当前联盟情况下所有参与者分摊到的联盟收益.

定义 5.3(支付向量) 给定联盟结构 $C=\{C_1,C_2,\cdots,C_k\}$，称 x 为支付向量，若其满足下述条件：

(1) $x_i\geqslant 0,\ \forall i\in N$.

(2) $\sum\limits_{i\in C_j}x_i=v(C_j),\ \forall C_j\in C^s$.

定义 5.4(支付) 对于一个合作博弈 $G=\langle N,v\rangle$，若给定联盟结构 C^s 和支付向量 x，则称二元组 $\langle C^s,x\rangle$ 为合作博弈 G 的一个结果 (outcome)，又称为该博弈的一个支付方案，简称为支付.

例 5.4 考虑由参与者 $i(i=1,2,3,4,5)$ 形成的双联盟结构合作博弈，参与者 1、2、3 形成联盟 1，参与者 4、5 形成联盟 2. 若 $v(\{1,2,3\})=9$，$v(\{4,5\})=4$，则

$$\langle C^s,x\rangle=\langle(\{1,2,3\},\{4,5\}),(3,3,3,3,1)\rangle$$

即为该合作博弈的一个支付，而

$$\langle C^s,x\rangle=\langle(\{1,2,3\},\{4,5\}),(2,3,2,3,1)\rangle$$

则不是支付，因为 $2+3+2<9$.

合作博弈的支付表示了参与者构成联盟的情况，以及在这种联盟情况下参与者对联盟收益的某种分摊. 在合作博弈中，每个参与者遵循理性假设，以追求自身利益最大化为目标. 需要指出的是，合作博弈的支付只是在定义了特征函数的条件下规定了分摊的基本数学特征，在实际情况下并不一定是一个合理的 (满足理性的) 分摊. 例如，尽管联盟的收益高于个体收益之和，但是若某个个体在联盟中分得的支付低于单独行动的支付，那么为了最大化自己的收益，该个体一定会离开联盟单独行动，从而使联盟瓦解. 因此，在一个合理的合作博弈中，必须对支付进行约束，即加入关于理性的相关规定，如此则引出了分配的概念.

定义 5.5(分配) 若博弈支付 $\langle C^s, x\rangle$ 满足下列条件：

$$x_i \geqslant v(\{i\}), \quad \forall i \in N \tag{5.1}$$

则称该支付为一个分配 (imputation).

式 (5.1) 又称为个体理性条件，它规定联盟成员获得的支付不得低于其单独行动获得的支付，即参与者在合作中获得的支付不能低于自身单独行动所能获得的支付，简言之，只有满足该条件，联盟的成员才有可能不会脱离该联盟，因而个体理性条件是形成联盟的一个必要条件.

给定一个博弈支付 $\langle C^s, x\rangle$，定义每个联盟 C_i 的分配 $x(C_i)$ 为

$$x(C_i) \triangleq \sum_{j\in C_i} x_j \tag{5.2}$$

例 5.5 考虑例 5.4 中的双联盟合作博弈，若特征函数为

$$v(\{i\})=1, \quad 1\leqslant i\leqslant 5, \quad i\in N, \quad v(\{1,2,3\})=9, \quad v(\{4,5\})=4$$

则不难得出下述结论:

(1) $\langle C^s, x\rangle = \langle(\{1,2,3\},\{4,5\}),(3,3,3,3,1)\rangle$ 是该博弈的一个分配.

(2) $\langle C^s, x\rangle = \langle(\{1,2,3\},\{4,5\}),(4,3,2,4,0)\rangle$ 不是该博弈的一个分配，因为 $0<1$.

再来看例 5.3 中三家工厂购置变压器的例子. 假定此时各工厂拥有的资金发生了变化，A、B、C 厂可提供的采购资金分别为 40 万元、30 万元、30 万元，若特征函数 v 仍为所购买变压器的容量，则可枚举各种联盟组合下的特征函数.

情景 1 若任意两家工厂都不合作，则有

$$v(\varnothing)=v(\{A\})=v(\{B\})=v(\{C\})=0$$

情景 2 若两家工厂合买，则有

$$v(\{A,B\})=5,\ \ v(\{A,C\})=5,\ \ v(\{B,C\})=0$$

情景 3 若三家工厂合买，则仅有一种联盟方式，即

$$v(\{A,B,C\})=7.5$$

综上，采购了新变压器后，三家工厂可扩大产能，但由于变压器可能是合买的，为了合理使用新购变压器，参与购买的工厂需要以某种方式分摊变压器的容量，作为新增生产用电容量的上限. 显见，在本例中，各工厂分摊的变压器容量值实际上即为该合作博弈问题的一个支付.

5.4.3 超可加性博弈

在联盟型合作博弈中，之所以最终多个参与者能够形成联盟，是因为联盟能够产生各参与者单独行动所能得到收益之外的额外收益，即产生"$1+1>2$"的效果. 实际上对于任何一个合作博弈问题，若形成更大联盟即可获得额外收益，则博弈格局即会趋向于联合，如此背景下，超可加性博弈问题应运而生，它实际上可归结为一种特殊的特征函数博弈问题.

定义 5.6 (超可加性博弈) 称一个特征函数合作博弈 $G=\langle N,v\rangle$ 为超可加性博弈，其满足如下条件:

$$v(C\cup D)\geqslant v(C)+v(D),\ \ \forall C\subseteq N,\quad D\subseteq N,\quad C\cap D=\varnothing$$

上述条件又称为超可加性条件.

例 5.6 考察一个特征函数合作博弈问题 $G=\langle N,v\rangle$，定义其特征函数为

$$v(C)=|C|^2,\quad \forall C\subseteq N$$

其中，$|C|$ 为集合 C 中元素的个数.

对于 N 中任意两个不相交的子集 C 和 D ，由于

$$C\bigcap D=\varnothing$$

则有

$$V(C\cup D)=|C|^2+2|C||D|+|D|^2\geqslant |C|^2+|D|^2=V(C)+V(D)$$

故该特征函数博弈是超可加性博弈.

超可加性条件总能保证两个联盟联合后不会使收益下降，因此在超可加性博弈中，参与者总是趋向于形成联盟，并最终趋向于形成总联盟. 进一步，在超可加性博弈中，通过总联盟的支付即可确定合作博弈结果.

再来看例 5.3 中三家工厂购置变压器合作博弈实例，不难验证，该博弈是超可加性博弈.

5.5 合作博弈的稳定性

5.5.1 联盟的稳定性

在一个合作博弈中，参与者可以形成若干个联盟，并确定该联盟划分情况下的分配. 但对于一个给定分配而言，其对应的联盟并不一定能够真正形成. 为说明此问题，我们仍然以工厂合买变压器的合作博弈例 5.3 为例，该例给出了一个分配

$$\langle \{A, B, C\}, (2.5, 3, 2) \rangle$$

但进一步分析会发现，实际上这个联盟不会形成. 虽然该分配中，工厂 A 和 C 分别拿到了 2.5MVA 和 2MVA 的容量，但若这两家工厂撇开 B 厂进行联合，则可购买到总容量为 5MVA 的变压器，如此 A 厂和 C 厂即可轻易得到比原分配方案更多的容量，如 A 厂得到 2.75MVA、C 厂得到 2.25MVA. 因此在利益驱动下，A、B、C 三厂联盟必定会瓦解.

问题到底出在哪里呢? 根本原因在于分配方案不合理导致联盟无法形成，即若分配方案不是使参与者利益最大化的可行方案，则在利益驱动下，参与者的行动一定会趋向于别的方案. 具体而言，对于一个联盟结构和该联盟结构下的分配，一旦若干参与者的分配额之和小于这些参与者形成的另一联盟 C_i' 的特征函数 $v(C_i')$，而且该联盟不属于当前联盟结构，则这些参与者即会倾向于形成新的联盟 C_i'，从而打破当前的联盟结构. 若要使联盟稳定存在，则必须避免这种情况出现，由此可引申出稳定分配的概念.

定义 5.7 (稳定分配) 称特征函数博弈 $G = \langle N, v \rangle$ 的分配 $\langle C^s, x \rangle$ 为一个稳定分配，满足

$$\sum_{i \in C} x_i \geqslant v(C), \quad \forall C \subseteq N$$

在例 5.3 中，因为

$$x_A + x_C < v(\{A, C\})$$

故

$$\langle C^s, x \rangle = \langle \{A, B, C\}, (2.5, 3, 2) \rangle$$

不是一个稳定分配. 同时也不难验证，分配

$$\langle C^s, x \rangle = \langle \{A, B, C\}, (2.5, 2.5, 2.5) \rangle$$

是一个稳定分配.

进一步研究例 5.3 中联盟 $\{A, B, C\}$ 稳定的条件. 由特征函数和稳定分配的定义，可得 $\langle \{A, B, C\}, (x_A, x_B, x_C) \rangle$ 是稳定分配的条件为

(1) 等式约束

$$x_A + x_B + x_C = 7.5 \tag{5.3}$$

(2) 不等式约束

$$\begin{aligned} x_A, x_B, x_C &\geqslant 0 \\ x_A + x_B &\geqslant v(\{A,B\}) = 5 \\ x_A + x_C &\geqslant v(\{A,C\}) = 5 \\ x_B + x_C &\geqslant v(\{B,C\}) = 0 \end{aligned}$$

通过简化上述约束，可以得到稳定分配的条件为

$$\begin{cases} x_A + x_B + x_C = 7.5 \\ 0 \leqslant x_B \leqslant 2.5 \\ 0 \leqslant x_C \leqslant 2.5 \end{cases} \tag{5.4}$$

综上，满足上述条件的分配均为在联盟结构 $C^s = \{A, B, C\}$ 下的稳定分配，图 5.1 中的三角形代表可行域，深色区域代表稳定分配. 从上例可以看出，稳定分配可以有无数种可能. 其中，约束条件 (5.4) 确定了该联盟结构下稳定分配的一个集合，该集合被称为特征函数合作博弈的 (稳定) 核.

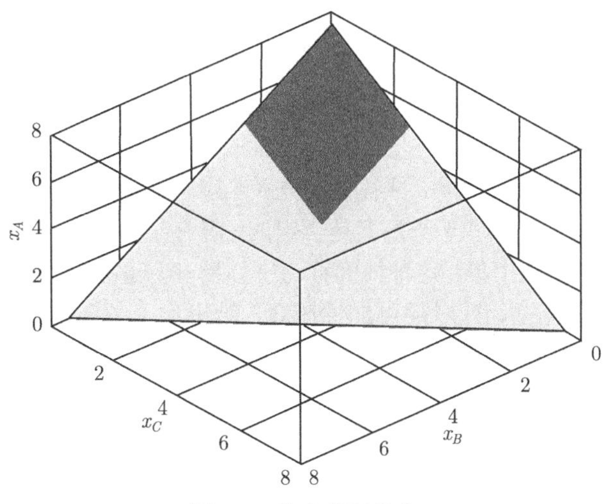

图 5.1 稳定分配集合

5.5.2 核

定义 5.8 (核) 考察一个特征函数合作博弈 $G = \langle N, v\rangle$，该博弈的核 core(G) 定义为给定联盟结构 C^s 下所有稳定分配的集合，即

$$\text{core}(G)=\left\{\langle C^s,x\rangle \,\middle|\, \sum_{i\in C}x_i\geqslant v(C),\ \forall C\subseteq N\right\} \tag{5.5}$$

核的存在保证了当前联盟结构不会趋于瓦解，这是因为核中的每个博弈分配保证每个联盟成员能够获得不少于它自身 (采取其他各种联盟方式) 所能获得的均能支付.

如前所述，在超可加性博弈中，博弈的结果总是趋向于形成总联盟. 此时，博弈的核对应于总联盟下的分配向量. 但需要注意的是，核的概念并不仅适用于超可加性博弈，对非超可加性博弈，很多情况下也能适用. 具体而言，对于非超可加性博弈，很多情况下博弈的核也同样对应于总联盟下的分配向量，这就要求在分析合作博弈问题时，要注意对具体问题进行分析，从而确定合理的分配向量和核.

例 5.3 中，通过等式约束和不等式约束求得的分配集合 (5.4) 即为该合作博弈的核. 根据定义 5.8 可知，$\langle C^s,x\rangle=\langle\{A,\ B,\ C\},(2.5,3,2)\rangle$ 不是核的成员，而 $\langle C^s,x\rangle=\langle\{A,\ B,\ C\},(2.5,\ 2.5,\ 2.5)\rangle$ 是核的成员.

例 5.7 给定特征函数

$$v(\{1,2,3\})=9,\quad v(\{4,5\})=4,\quad v(\{2,4\})=7$$

试问 $\langle C^s,x\rangle=\langle(\{1,2,3\},\{4,5\}),(3,3,3,3,1)\rangle$ 是核的成员吗?

事实上，容易看出在上述分配下，有

$$x_2+x_4=6<7$$

故其不是核的成员.

需要说明的是，尽管核并不一定能够保证实际分配的合理性，但由于它保证了分配的稳定性，给出了联盟存在的条件，因而核是合作博弈中的核心概念之一. 对于一个合作博弈问题的均衡解，往往会首先关心其核的存在性，如此我们要问：合作博弈中的核是否一定非空呢? 答案是否定的，确有某些博弈问题没有稳定解，如零和博弈，因而其核为空集，这种博弈称为空核博弈. 现在的问题是如何判断一个博弈问题的核是否非空? 针对超可加性博弈，给出如下关于核存在的充分必要条件.

定理 5.1(核存在的充分必要条件) 超可加性博弈 $G=\langle N,v\rangle$ 的核 core(G) 非空，当且仅当下述线性规划

$$\begin{aligned} &\min z=\sum_{i=1}^{n}x_i\\ &\text{s.t.}\quad \sum_{i\in C}x_i\geqslant v(C),\quad \forall C\subset N \end{aligned} \tag{5.6}$$

的解满足 $z^*\leqslant v(N)$.

为了便于理解该定理，考察如下实例.

例 5.8 公有地域资源联合开发实例.

有三个相邻国家的公有地域上有某种自然资源可以开采，但这三个国家都无力单独占有这些资源，故可考虑联合开采资源. 若任意两个国家联合，则会对另一个国家形成优势，从而这两个国家获得资源；若三个国家联合，则这三个国家可以共同开采资源. 对此建立合作博弈模型 $G=\langle N,v\rangle$，三个国家分别为该博弈中的三个参与者，并编号为 $N=\{1,2,3\}$. 以资源量为博弈的特征函数，并设总资源量为 1，则该博弈的特征函数为

$$v(\varnothing)=v(1)=v(2)=v(3)=0,\quad v(\{1,2\})=v(\{1,3\})=v(\{2,3\})=1,\quad v(\{1,2,3\})=1$$

以下考虑分配问题：是否存在稳定的分配及其对应的联盟？不妨对各种联盟结构 C^s 进行枚举分析，具体过程如下.

(1) 若 $C^s=\{\{1\},\{2\},\{3\}\}$，即每个参与者都单独行动. 此种情况下，每个参与者的收益只能是 0 . 而一旦任意两个参与者联合，就能共同得到总收益 1，从而使自己收益增加. 因此这种联盟结构是不稳定的.

(2) 若 $C^s=\{1,2,3\}$，即三个参与者共同组成一个联盟. 这种情况下三个参与者共获得收益 1，那么不管怎么分配，至少有一个参与者 i 的分配为正，即 $x_i>0$. 此时另外两个参与者的收益和一定小于 1，即有 $x(N\backslash\{i\})<1$. 但若这两个参与者自己结盟，则可以获得总收益 1，从而使他们的收益增加. 因此这个联盟结构也是不稳定的.

(3) 若 $C^s=\{\{1,2\},\{3\}\}$，即 1 和 2 联盟，3 单独行动. 此种情况下，1 和 2 可以获得总收益 1，3 的收益为 0. 由于不管怎么分配，1 和 2 中的某个参与者 i 的分配必定小于 1，而此时 3 的收益为 0 . 因此该参与者 i 可选择与 3 联盟，获得总和为 1 的收益，从而可以使 i 和 3 的收益均有所增加，因此 1 和 2 的联盟会分裂，该联盟结构是不稳定的. 而对于 $C^s=\{\{1,3\},\{2\}\}$ 和 $C^s=\{\{2,3\},\{1\}\}$，同理可知它们也是不稳定的.

以上已经枚举了所有可能的联盟结构，并得出了这些联盟结构都不稳定的结论，因此例 5.8 中的合作博弈问题没有稳定的分配. 这是因为资源的总量是一定的，三个国家利益上的冲突超过了它们之间合作的吸引力，因此无法形成稳定的联盟.

以下用定理 5.1 检验该问题核的存在性.

设 $x=(x_1,x_2,x_3)$ 为分配向量，则核存在的条件为

$$\begin{gathered}x_1\geqslant 0,\quad x_2\geqslant 0,\quad x_3\geqslant 0\\ x_1+x_2\geqslant 1\\ x_2+x_3\geqslant 1\\ x_1+x_3\geqslant 1\end{gathered}\tag{5.7}$$

由上述约束易得

$$x_1+x_2+x_3\geqslant 1.5\tag{5.8}$$

但由定理 5.1，核非空必须有

$$z = x_1 + x_2 + x_3 \leqslant v(N) = 1 \tag{5.9}$$

从而导致矛盾，因此三国无法形成稳定的联盟.

定理 5.1 针对超可加性博弈问题，以下简要讨论不具备超可加性条件的特征函数博弈问题. 在这种情况下有两种核的定义：一种对应于总联盟结构下分配向量的核；另一种对应于任何联盟结构下分配向量的核 (对应于稳定分配). 在非超可加性博弈中，即使有稳定分配存在，对应于总联盟的核也可能为空. 下面看一个非超可加性博弈的例子.

例 5.9 将例 5.8 中的博弈增加一个参与者，即博弈 $G = \langle N, v\rangle$，其中 $N = \{1,2,3,4\}$. 为将其变为非超可加性博弈，设定博弈的特征函数为

$$v(C) = \begin{cases} 0, & |C| \leqslant 1 \\ 1, & |C| > 1 \end{cases}, \quad C \subseteq N \tag{5.10}$$

其中，$|C|$ 为集合 C 中元素的个数.

由于

$$v(\{1,2\}) + v(\{3,4\}) = 2 > v(N) = 1 \tag{5.11}$$

故本例不是一个超可加性博弈. 下面分析总联盟中稳定分配的存在性.

若例 5.9 中 4 个参与者组成总联盟，则分析如下.

(1) 若收益最高的参与者得到的收益为 1，则另外三个参与者的收益均为 0，这三位参与者将趋向于离开联盟而形成新的联盟，以得到总收益 1，从而使三位参与者的收益提高.

(2) 若收益最高的参与者得到的收益小于 1(一定大于 0)，则联盟中任意两个参与者分得的收益之和均小于 1. 此时，若将参与者分成两个新的联盟，则每个联盟分别含有两个参与者，而每个联盟中都会得到总收益为 1，从而提高参与者的收益.

由上述分析可知，总联盟下无法实现稳定分配. 换言之，对应于总联盟的核是空集，这一结论也可通过核的定义推得. 事实上，设总联盟的分配向量 $x = (x_1, x_2, x_3, x_4)$，根据稳定分配的条件，不妨设

$$x_1 + x_2 \geqslant 1, \quad x_3 + x_4 \geqslant 1$$

此时有

$$x_1 + x_2 + x_3 + x_4 \geqslant 2$$

这与

$$x_1 + x_2 + x_3 + x_4 = 1$$

矛盾. 因此，在总联盟下上述博弈问题的核必定为空集.

上述事实是否意味着，在此非超可加性博弈问题中，不存在任何稳定的分配呢? 答案是否定的，因为可能存在总联盟以外的其他形式的联盟结构，使稳定分配成为可能. 对于例 5.9，如果设分配

$$\langle\{\{1,2\},\{3,4\}\},(0.5,0.5,0.5,0.5)\rangle$$

则不难验证，这样的分配是稳定的，相应博弈的核是非空的.

5.5.3 近似的稳定结果 ——ε-核和最小核

由于空核博弈中不存在严格稳定分配，故可以考虑退而求其次，寻求“近似”稳定的分配结果. 在严格稳定分配中要求当前分配下对任意可能联盟中成员收益之和不小于联盟的特征函数值，故在“近似”稳定中考虑将此要求进行一个大小为 ε 的松弛，即联盟成员收益之和可以承受 ε 的亏空. 如此做法在解决实际博弈问题中是有意义的，因为通常情况下，除非增加的收益超过一定程度，否则参与者缺乏足够动力离开当前联盟. 在此松弛条件下，一些原本无法达到稳定的博弈问题可以实现近似稳定，而这些近似稳定解构成的集合称为 ε-核. 以下给出 ε-核的严格定义.

定义 5.9 (ε-核) 考察一个特征函数合作博弈 $G=\langle N,v\rangle$，若给定某个 $\varepsilon\geqslant 0$，则博弈的 ε-核定义为

$$\varepsilon\text{-core}(G)=\left\{\langle C^s,x\rangle \,\middle|\, \sum_{i\in C} x_i \geqslant v(C)-\varepsilon,\ \forall C\subseteq N\right\} \tag{5.12}$$

为了更好理解 ε-核的概念，回顾例 5.8 中的空核博弈 $G=\langle N,v\rangle$，$N=\{1,2,3\}$，其特征函数为

$$v(C)=\begin{cases} 0, & |C|\leqslant 1 \\ 1, & |C|>1 \end{cases},\quad C\subseteq N \tag{5.13}$$

在总联盟结构下，ε-核中的元素满足下列条件:

$$\begin{cases} x_1+x_2+x_3=1 \\ x_1,x_2,x_3\geqslant -\varepsilon \\ x_1+x_2\geqslant 1-\varepsilon \\ x_2+x_3\geqslant 1-\varepsilon \\ x_1+x_3\geqslant 1-\varepsilon \end{cases} \tag{5.14}$$

分析式 (5.14) 可得，当 $\varepsilon \geqslant 1/3$ 时，式 (5.14) 有解，即 ε-核非空；而当 $\varepsilon < 1/3$ 时，ε-核为空集. 例如，不难验证分配向量 $x = (1/3, 1/3, 1/3)$ 是 1/2-核的成员. 换言之，该博弈形成稳定分配需要联盟承受至少 0.5 的利益亏空.

图 5.2~图 5.4 分别为 $\varepsilon = 0$、$\varepsilon = 1/3$ 和 $\varepsilon = 1/2$ 情况下的核. 其中，图 5.2 表示的约束没有交集，因此核为空；图 5.3 的约束交为一点，即核中仅有 $x = (1/3, 1/3, 1/3)$ 一个点；图 5.4 表示的核为中间三角形阴影区域.

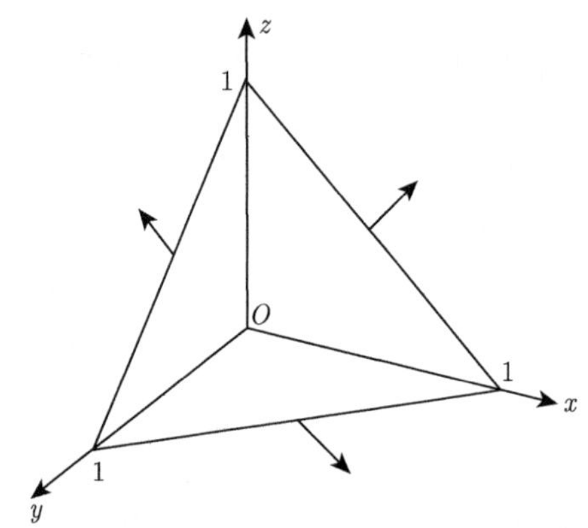

图 5.2　不同顺序对边际贡献计算结果的影响 ($\varepsilon = 0$)

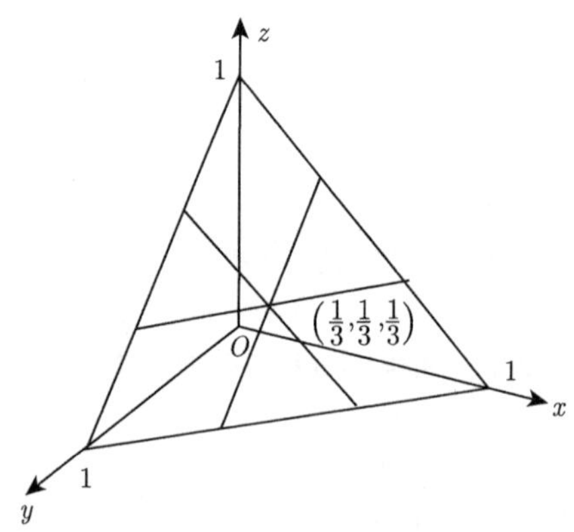

图 5.3　不同顺序对边际贡献计算结果的影响 ($\varepsilon = 1/3$)

值得注意的是，ε-核的概念主要是针对超可加性博弈而给出的，如果用于非超可加性博弈还需做必要的推广.

综上，ε-核表示以保证最大亏空为 ε 代价的近似稳定分配结果，即分配结果集合中的任何联盟亏空不会大于 ε，这正是其物理意义所在. 但需要指出的是，归根结底，联盟亏空是参与者不希望的，因而需要在取得稳定分配结果的前提下尽可能降低亏空. 为此，需要引入最小核的概念，即保证 ε-核非空的条件下最小化 ε.

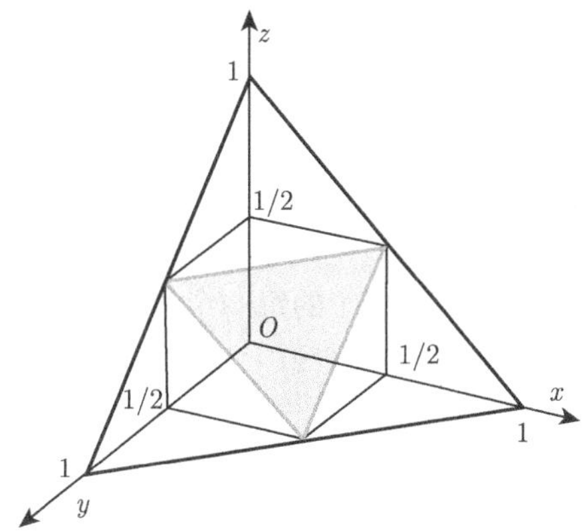

图 5.4 不同顺序对边际贡献计算结果的影响 $(\varepsilon = 1/2)$

定义 5.10 (最小核) 称一个特征函数合作博弈 $G = \langle N, v\rangle$ 的 ε-核为该博弈的最小核，若 ε 满足

$$\varepsilon^* = \inf\{\varepsilon | \varepsilon\text{-core}(G) \neq \varnothing\} \tag{5.15}$$

将满足上述条件的 ε 记为 $\varepsilon^*(G)$，简记为 ε^*.

考察例 5.3 中博弈的最小核. 求解如下线性规划问题:

$$\begin{aligned} &\min\ \varepsilon \\ \text{s.t.}\quad & x_1 + x_2 + x_3 = 1 \\ & x_1, x_2, x_3 \geqslant -\varepsilon \\ & x_1 + x_2 \geqslant 1 - \varepsilon \\ & x_2 + x_3 \geqslant 1 - \varepsilon \\ & x_1 + x_3 \geqslant 1 - \varepsilon \end{aligned}$$

其最优值为 $\varepsilon = 1/3$，即若 $\varepsilon \geqslant 1/3$，则 ε-核非空；若 $\varepsilon < 1/3$，则 ε-核为空集. 因此，该博弈的最小核为 1/3-核.

5.5.4 核仁

核仁的定义涉及剩余的概念，剩余的定义如下所述.

定义 5.11(剩余) 对于 n 人合作博弈 $G = \langle G, v\rangle$，C 是其中的一个联盟，若 $x = (x_1, \cdots, x_n)$ 为一个支付向量，则称

$$e(C, x) = v(C) - \sum_{i \in C} x_i$$

为 C 关于 x 的一个剩余. 记为 $e(C,x)$.

如果 x 为一个分配，则剩余 $e(C,x)$ 反映了联盟对分配的不满意程度. 显然，每个联盟都希望剩余越小越好. 由于 n 个参与者总共可以组成 2^n 个不同的联盟，所以 $e(C,x)$ 也有 2^n 个，可以将它们从小到大排列成一个向量

$$\theta(x)=(\theta_1(x),\cdots,\theta_{2^n}(x))$$

对 x、y 两个不同的支付向量，若 $\theta(x)$ 的每一个分量均小于 $\theta(y)$ 的对应分量，则记作 $\theta(x)<\theta(y)$. 如果分配 x、y 满足 $\theta(x)<\theta(y)$，则表明采用支付 x 时联盟的不满程度比支付 y 小，从而更容易被参与者接受. 而核仁则是分配向量中按照上述比较方法得到的最小支付向量集合，定义如下所述.

定义 5.12 (核仁) 对于 n 人合作博弈 $G=\langle G,v\rangle$，记其所有的支付向量集合为 X，它的核仁 $N(G)$ 是指集合

$$N(G)=\{x\in X|\theta(x)\leqslant\theta(y),\forall y\in X\}$$

定理 5.2 (核仁) 对于 n 人合作博弈 $G=\langle G,v\rangle$，有

(1) 核仁 $N(G)$ 包含且只包含一个元素.

(2) 如果核非空，则必定包含核仁.

综上, 核仁是唯一的分配策略, 可以保证最坏的剩余最好.

5.5.5 DP 指标

1974 年，Gately 提出 DP(disruption propensity) 指标[12]，并用其定量描述分配策略对每个参与者的吸引力. 具体而言，其定义如下所述：

定义 5.13(DP 指标) 参与者 i 的 DP 指标定义为

$$d(i)=\frac{\displaystyle\sum_{j\in\{N\backslash\{i\}\}}x(j)-v\left(\{N\backslash\{i\}\}\right)}{x(i)-v\left(\{i\}\right)} \tag{5.16}$$

其中，$x(k)$ 为参与者 k 在支付向量 x 中获得的收益.

由式 (5.16) 可以看出，DP 指标是一个比值，其含义为参与者 i 拒绝合作后给其他参与者带来的总损失与对自已带来损失的比值. 从式 (5.16) 可以看出，指标 $d(i)$ 的数值随参与者 i 所分得的支付 $x(i)$ 的增加而减小. 通常地，如果 $x(i)$ 非常小，则相应的 DP 指标 $d(i)$ 将会非常大，此时，参与者 i 很有可能拒绝合作或可以试图通过威胁其他参与者而获得更大的收益. 显然，DP 指标的数值越小，分配策略越稳定.

5.6 分配的公平性

回到三厂购置变压器的实例 5.3，由图 5.1 可知，可从其核中选取一个稳定分配来作为变压器容量分配的方案. 例如，选取核中元素 $\langle\{A,B,C\},(2.5,2.5,2.5)\rangle$，对应三家工厂各分得 2.5MVA 的容量作为扩大产能的上限. 但于此同时，也不难发现，分配 $\langle\{A,B,C\},(7.5,0,0)\rangle$ 也是核中的元素，这意味着工厂 A 将独占变压器的所有容量，而工厂 B 和 C 一无所得. 显然该分配是稳定的，因为即使 B 和 C 联合，也无法购买到变压器，故只能靠与 A 联合来买到变压器，但此结果并不合理，因为对 B 和 C 不公平，他们不会同意这样的分配方案. 产生这一情况的主要原因是上述分配没有考虑各厂付出的成本，或者说没有考虑各厂在变压器购置中的贡献. 因此，虽然稳定性是形成合作博弈的必要条件，但仅仅满足稳定性尚无法保证博弈结果的合理性. 为此，还需要进一步研究分配的公平性，以及如何给出公平的分配方案.

5.6.1 边际贡献

谈到分配，中国人常常说“论功行赏”，即按照贡献来确定奖赏，这是传统公平观念的体现. 合作博弈也如此，每个人的收益多少，应当根据自己为联盟作出的贡献大小来确定.

那么，如何从整个联盟的收益中衡量每个参与者的“贡献”呢？日常生活中经常采用一种比较增量的方式来评估贡献，即如果有了 A ，那么收益就会增长 100. 这种贡献评估模式启发我们，个体 A 的贡献可以通过其加入联盟后带来的额外收益来衡量. 在合作博弈中，可将这种思路量化：对于某个参与者，将含该参与者的联盟的特征函数减去去除该参与者后联盟的特征函数，所得差额即为该参与者的边际贡献.

定义 5.14 (边际贡献)　考察一个特征函数博弈 $G=\langle N,v\rangle$，若一个联盟加入参与者 i 后形成新的联盟 C ，则参与者 $i\in C$ 的边际贡献为

$$x_i \triangleq V(C)-V(C\backslash\{i\})$$

定义中的“边际”一词常用于经济学分析中，用于描述某个影响因素对效益影响的增量.

下面来看一个例子.

例 5.10　含有两个参与者的特征函数博弈 $G=\langle N,v\rangle$，$N=\{1,2\}$，特征函数为

$$v(\varnothing)=0,\quad v(\{1\})=v(\{2\})=5,\quad v(N)=v(\{1,2\})=20$$

考虑总联盟结构下的分配，并假设总联盟以 1 先加入、2 后加入的顺序形成，其边际贡献分别为

$$x_1 = v(\{1\}) - v(\varnothing) = 5, \quad x_2 = v(\{1,2\}) - v(\{1\}) = 15$$

按照边际贡献的概念，在总联盟中确定分配时，参与者 1 应分得 5，参与者 2 应分得 15. 然而，这一结果合理吗？

由于本例中两个参与者的地位完全相等，因此，可以推定最合理的分配应该是两个参与者平分收益，但这一做法与按照边际贡献确定的分配方法完全相悖. 问题究竟出在哪里呢？原因在于边际贡献是由计算贡献时假设的顺序决定的. 若将参与者 1 和参与者 2 加入联盟的顺序改变，则其边际贡献也会互换，而相应的分配恰好相反. 如何解决这一问题呢？一个简单的改进思路就是将所有可能顺序下得到的结果进行平均，如此则会得到下述平均边际贡献的概念与计算方法.

为了克服边际贡献计算结果受联盟形成顺序的影响，应该计算所有可能顺序下的边际贡献，并求平均值，所得结果即为平均边际贡献. 再次考察例 5.10，如图 5.5 所示，其边际贡献有以下两种计算顺序：

$$x_1' = v(\{1\}) - v(\varnothing) = 5, \quad x_2' = v(\{1,2\}) - v(\{1\}) = 15$$

$$x_2'' = v(\{2\}) - v(\varnothing) = 5, \quad x_1'' = v(\{1,2\}) - v(\{2\}) = 15$$

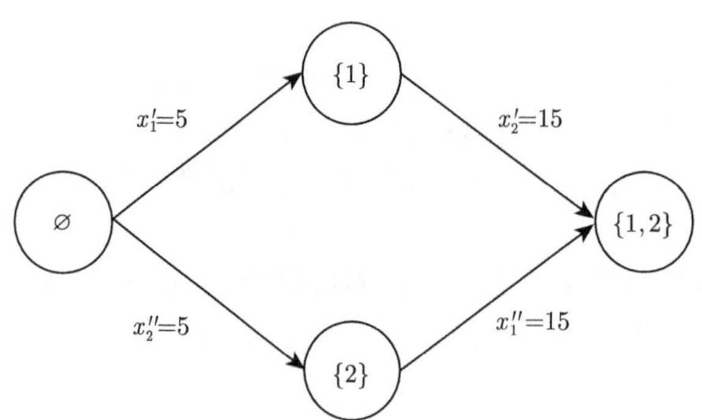

图 5.5　两种计算顺序下的边际贡献

根据平均边际贡献，最终的分配方案由上述两种顺序计算的平均值确定，即

$$x_1 = \frac{x_1' + x_1''}{2} = 10, \quad x_2 = \frac{x_2' + x_2''}{2} = 10$$

综上，最终得到的分配结果与我们的直觉认知相符，即合理的分配方式是两个参与者平分联盟收益.

5.6.2 Shapley 值

5.6.1 节讨论了如何根据平均边际效应确定合理的分配. 本节将这种计算方法一般化, 由此引出 Shapley 值的概念.

为了给出 Shapley 值的完整定义, 首先介绍置换的概念. 所谓置换, 即调换顺序, 可将其定义为顺序数集合到其自身的一对一映射, 即

$$\pi : \{1, 2, \cdots, n\} \rightarrow \{1, 2, \cdots, n\}$$

设 $P(N)$ 为集合 $N = \{1, 2, \cdots, n\}$ 下所有置换的集合, 那么集合 N 中可能的置换为 $\{1, 2, \cdots, n\}$ 的排列, 共有 $n!$ 种. 对于集合中某个选定的元素 i 和置换 $\pi \in P(N)$, $S_\pi(i)$ 为经过置换 π 后的集合中, 元素 i 之前的元素组成的集合. 对于 N 中的任意子集 $C \subseteq N$, 若定义

$$\delta_i(C) = v(C \cup \{i\}) - v(C)$$

则可给出合作博弈中参与者的 Shapley 值的下述定义.

定义 5.15 (Shapley 值) 对于合作博弈 $G = \langle N, v \rangle$, $|N| = n$, 参与者 i 的 Shapley 值定义为

$$\varphi_i(G) = \frac{1}{n!} \sum_{\pi \in P(N)} \delta_i(S_\pi(i)) \tag{5.17}$$

式中, $\delta_i(S_\pi(i))$ 为在给定置换 π 下参与者 i 的边际贡献, $\varphi_i(G)$ 即为对可能顺序下边际贡献的平均值. 从计算角度讲, 也可以将 Shapley 值的计算过程视为对参与者集合置换的抽样, 如此 Shapley 值即为抽样条件下参与者 i 的边际贡献期望值.

进一步, 还可以对 Shapley 值给出更为一般化的定义, 在此之前首先要给出两个概念: 哑成员和对称成员.

定义 5.16 (哑成员) 称参与者 i 为哑成员, 当且仅当

$$v(C \cup \{i\}) = v(C), \quad \forall C \subseteq N$$

即其加入或退出不影响任何联盟的收益.

定义 5.17 (对称成员) 称参与者 i 和 j 为对称成员, 当且仅当

$$v(C \cup \{i\}) = v(C \cup \{j\}), \quad \forall C \subseteq N \backslash \{i, j\}$$

即其对任何联盟的边际贡献都相同.

在上述定义的基础上, 可给出 Shapley 值的一般公理化定义.

定义 5.18 (Shapley 值) Shapley 值是由 $G = \langle N, v \rangle$ 到 R^n 的映射 φ (对应参与者的分量为 φ_i), 它满足下列 4 个性质:

(1) 效率性质：

$$\sum_{i=1}^{n} \varphi_i = v(N)$$

(2) 哑成员：哑成员对任意联盟的贡献为零.

(3) 对称性：若 i 和 j 是对称成员，则 $\varphi_i = \varphi_j$.

(4) 可加性：给定在相同成员集合上的任意两个特征函数博弈 $G_1 = \langle N, v_1 \rangle$ 和 $G_2 = \langle N, v_2 \rangle$，则有 $\varphi_i(G_1 + G_2) = \varphi_i(G_1) + \varphi_i(G_2)$.

定理 5.3 (Shapley 值) 定义 5.15 中的 Shapley 值计算公式是唯一满足上述 4 个性质的分配计算方法.

现在还有一个问题，按 Shapley 值分配一定是稳定分配吗？答案是否定的，读者可以根据稳定分配和 Shapley 值的概念思考一下两者的关系. 例如，某些空核博弈，即使可以计算其 Shapley 值，但该值肯定不是稳定分配. 以下针对满足某些条件的特殊博弈，给出 Shapley 值的相关结论.

定义 5.19 (凸博弈) 给定特征函数博弈 $G = \langle N, v \rangle$，若满足

$$v(S \cup T) \geqslant v(S) + v(T) - v(S \cap T), \quad \forall S, \quad T \subseteq N$$

则称 G 为凸博弈.

不难推断，若博弈 G 是凸博弈，则 G 一定是超可加性博弈，换言之，凸博弈的条件强于超可加性博弈. 关于凸博弈的分配稳定性和 Shapley 值，有如下两个定理.

定理 5.4 凸博弈的核非空.

定理 5.5 凸博弈的 Shapley 值在其核中.

需要说明的是，要证明上述两个定理只需要证明凸博弈的 Shapley 值是稳定分配即可[13]. 受篇幅限制，此处略去证明过程，感兴趣的读者可自行思考.

现在，我们利用 Shapley 值解决三家工厂购置变压器实例 5.3 中未解决的问题. 三厂合买 7.5MVA 变压器，总联盟的形成顺序共有 6 种，分别为

$$\{A, B, C\}, \{A, C, B\}, \{B, A, C\}, \{B, C, A\}, \{C, A, B\}, \{C, B, A\}$$

分别计算 A、B、C 三家工厂的 Shapley 值，可得

$$\varphi_A = \frac{25}{6}, \quad \varphi_B = \frac{5}{3}, \quad \varphi_C = \frac{5}{3}$$

因此，根据 Shapley 值得到的分配为

$$x = \left(\frac{25}{6}, \frac{5}{3}, \frac{5}{3}\right)$$

容易验证这个分配是稳定的.

5.7 合作博弈的计算问题

前文重点介绍了合作博弈中特征函数博弈问题，并研究了该博弈问题下的分配，以及分配的稳定性和公平性问题. 在此基础上分别给出了稳定分配与核的定义，以及 Shapley 值的计算方法. 在实际的分析计算中，除了关心核的存在性与 Shapley 值的求解，我们还希望提高计算的效率，使计算时间在可接受的范围内. 下面分别针对核的确定方法和 Shapley 值的计算进行讨论.

5.7.1 核的确定方法

为了确定博弈问题是否有稳定分配，即检查博弈的核是否为空，可以根据核的定义，建立一系列等式约束和不等式约束，搜寻是否有符合所有约束的可行解，本质上属于一类可行性检测问题.

定理 5.6 (分配向量的稳定性) 一个超可加性博弈 $G=\langle N,v\rangle$ 在总联盟结构下的分配向量 $x=(x_1,\cdots,x_n)$ 是稳定的，其满足如下三类约束.

(1) 整体理性约束

$$\sum_{i\in N} x_i = v(N)$$

(2) 个体理性约束

$$\sum_{x\in C} x_i \geqslant v(C), \quad \forall C\subseteq N$$

(3) 非负性约束

$$x_i \geqslant 0$$

若某一合作博弈存在稳定分配，则上述约束条件必定存在可行解. 反之，若上述约束条件没有可行解，则合作博弈的核为空集，我们退而求其最小核，即求解如下线性规划问题：

$$\begin{aligned} \min f &= \varepsilon \\ \text{s.t.}\quad x_i &\geqslant 0, \quad \forall i\in N \\ \sum_{i\in N} x_i &= v(N) \\ \sum_{x\in C} x_i+\varepsilon &\geqslant v(C), \quad \forall C\subset N \\ \varepsilon &\geqslant 0 \end{aligned} \tag{5.18}$$

显然，若最优值 $\varepsilon^*=0$，则该博弈问题一定有稳定分配；若最优值 $\varepsilon^*>0$，则合作博弈的核为空集，其最小核为 ε-核.

5.7.2 Shapley 值的计算方法

根据 Shapley 值的定义，可以在任意特征函数博弈下计算每个成员的 Shapley 值. 具体而言，根据式 (5.17) 可知，Shapley 值的计算复杂度随参与者的增加而迅速增高，特别是求和量与参与者的数量呈阶乘关系，这对大规模计算而言，其代价往往是高昂的.

在超可加性博弈中，通过合并同类项可以得到 Shapley 值的下述简化计算公式:

$$\varphi_i(G)=\frac{1}{n!}\sum_{S\subseteq N,i\in S}(|S|-1)!\,(n-|S|)!\,(v(S)-v(S\backslash\{i\})) \tag{5.19}$$

显见，式 (5.19) 可以将求和量减少到 2^n 量级，尽管可大幅度提高计算速度，但算法复杂度仍然太高. 回到 Shapley 值的含义，它实际上是对所有可能顺序下的边际贡献求平均值. 因此，在对计算精度要求不是很高而又希望进行较快计算的场合下，可以考虑采用 Monte Carlo 模拟法，对边际贡献进行采样，并求期望值，从而得到近似 Shapley 值. 随着采样次数的增加，根据大数定律，计算结果将逐渐趋近于真实值. 需要说明的是，在使用 Monte Carlo 模拟法时，应注意分析采样的误差，以确定采样的精度和相应需要的采样次数.

5.8 讨价还价博弈

上述讨论的合作博弈问题主要是联盟博弈，即多人通过形成联盟而共同获得收益，而形成合作的内部机制有时是通过讨价还价来确定的，此即形成了一类特殊的博弈问题 —— 讨价还价博弈[1,2]，它是博弈论最早研究的问题之一，也是合作博弈的重要理论基础. 为此本节简要介绍讨价还价博弈，阐述其基本理论，即二人讨价还价博弈的数学模型和基本解法.

二人讨价还价博弈描述的是实际生活中常见的一个场景. 例如，两个人分别作为买方和卖方对某一笔生意进行商谈，买方希望用尽量少的价格买到商品，而卖方希望商品卖出尽量高的价钱，以最大化自己的利润. 双方讨价还价的目的在于希望达成一个协议，并使自己在该协议中尽量多受益. 当然两人之间的利益是有一定冲突的，而且每个人受益的程度也是有限的，即超出一定限度后谈判就会破裂，即生意没有谈成.

设 (u_1,u_2) 为博弈双方的收益向量，U 为所有可能的收益向量构成的集合，显然 $(u_1,u_2)\in U$. 一般地，假定 U 是紧凸集. 给定 $d=(d_1,d_2)\in U$ 为谈判破裂点处的收益向量，即若双方未能达成协议，则两位参与者将采取不合作的策略，此时双方的收益为 $d=(d_1,d_2)$. 一般情况下，d 不会是 Pareto 最优的. 若讨价还价博弈可以达到一个均衡点，则它一定是双方以最大化自身利益为目的进行讨价还价的结果. 从直觉上讲，该均衡解应该使双方都离开自己的谈判破裂收益 (等价于最坏情况) 最远. 再进一步考虑到该问题的对称性，可通过求解以最大化效用函数 $(u_1-d_1)(u_2-d_2)$ 为目标的优化问题来求取均衡解. 一般情况下，双方的收益是双方策略 $x\in X$ 的函数，如此背景下，该问题可以表述为

$$\max_{x\in X}(u_1(x)-d_1)(u_2(x)-d_2) \tag{5.20}$$

上述结果由 Nash 在文献 [1,2] 中提出，故又称为 Nash 讨价还价博弈问题.

为将问题一般化，用二元组 $B=\langle U,d\rangle$ 定义上述讨价还价博弈问题，其含义为在可行收益向量集合中寻找一点，使其尽量远离谈判破裂点 d. 为此，定义一个映射

$$\pi: U\times d\to U$$

使得

$$(u_1^*,u_2^*)=\pi(U,d) \tag{5.21}$$

式中，(u_1^*,u_2^*) 为讨价还价博弈问题 B 的解，映射 π 为讨价还价博弈的解映射. 为了求出映射 π，Nash 提出下述公理[2].

公理 5.1(Pareto 最优) $\pi(U,d)>d$. 进一步，若存在 $(u_1,u_2)\in U$ ，且

$$(u_1,u_2)\geqslant\pi(U,d)$$

则有

$$(u_1,u_2)=\pi(U,d)$$

该公理意味着，若谈判不破裂，则必定存在一组谈判解使参与双方收益均获得提升. 此外，不会存在其他分配方案，能够在不降低某参与者收益的同时，提高另外参与者的收益，因此 Nash 谈判结果必定是 Pareto 最优的.

公理 5.2(线性变换无关性) 给定一组常数 a_1,a_2,b_1,b_2，定义

$$U'\triangleq\{(u_1',u_2')\,|u_1'=a_1u_1+b_1,u_2'=a_2u_2+b_2,\forall(u_1,u_2)\in U\}$$

$$d'\triangleq\{(d_1',d_2')\,|d_1'=a_1d_1+b_1,d_2'=a_2d_2+b_2\}$$

则有

$$\pi(U',d')=(a_1u_1^*+b_1,\ a_2u_2^*+b_2)$$

该公理表明，一个支付函数和它通过线性变换得到的另一支付函数是完全等价的. 换言之，线性变换不会改变谈判结果的相对关系.

公理 5.3(对称性) 假设可行集合 U 中，两位参与者是可互换的，即

$$(u_1,u_2)\in U\Longleftrightarrow(u_2,u_1)\in U$$

且有 $d_1=d_2$，则必有 $u_1^*=u_2^*$.

上述公理表明，每位参与者在谈判中的地位是对等的.

公理 5.4(选择无关性)　若 $\pi(U,d)=(u_1^*,u_2^*)\in D\subset U$，则 $\pi(D,d)=(u_1^*,u_2^*)$.

该公理表明，若保持谈判破裂点不变，则可去除可行集合的一部分，除非它使原有的 Nash 谈判解不可行，否则两个讨价还价博弈的 Nash 谈判解是相同的.

上述 4 条公理构成了讨价还价博弈的 Nash 谈判解的基础. 基于这些公理，可以给出如下定理.

定理 5.7 (Nash 讨价还价博弈)　满足公理 5.1～公理 5.4 的映射 π 唯一存在，该映射由优化问题 (5.20) 给出.

上述定理中，谈判破裂收益 (d_1,d_2) 是每位参与者能保证的收益，而 (u_1^*,u_2^*) 则是谈判的结果，即最终收益. 因此 $u_i-d_i\,(i=1,2)$ 可看成是每位参与者相对于谈判破裂导致最差结果的距离. 显然，每个参与者都希望离最差收益最远. 优化问题 (5.20) 旨在最大化二者距离的乘积.

在具体求解时，有时为了求解方便，也可将式 (5.20) 转化为如下对数形式：

$$\max_{x\in X}\{\log_2(u_1(x)-d_1)+\log_2(u_2(x)-d_2)\}\tag{5.22}$$

参 考 文 献

[1] Nash J F. Two person cooperative games. Econometrica, 1953, 21(1):128–140.

[2] Nash J F. The bargaining problem. Econometrica, 1950, 18(2):155–162.

[3] 董保民，王运通，郭桂霞. 合作博弈论. 北京：中国市场出版社, 2008.

[4] 施锡铨. 合作博弈引论. 北京：北京大学出版社, 2012.

[5] 黄涛. 博弈论教程 —— 理论. 应用. 北京：首都经济贸易大学出版社, 2004.

[6] 杨荣基，彼得罗相，李颂志. 动态合作 —— 尖端博弈论. 北京：中国市场出版社, 2007.

[7] 高红伟，彼得罗相. 动态合作博弈. 北京: 科学出版社, 2009.

[8] 董保民，王运通，郭桂霞. 合作博弈论: 解与成本分摊. 北京：中国市场出版社, 2008.

[9] 张朋柱，叶红心，薛耀文. 合作博弈理论与应用: 非完全共同利益群体合作管理. 上海：上海交通大学出版社, 2006.

[10] Kamishiro Y. New Approaches to Cooperative Game Theory: Core and Value. Providence: Brown University, 2010.

[11] Tijs S, Branzei R, Dimitrov D. Models in Cooperative Game Theory. Heidelberg: Springer-Verlag, 2008.

[12] Gately D. Sharing the gains from regional cooperation: A game theoretic application to planning investment in electic power. International Economic Review, 1974, 15(1): 195–208.

[13] Shapley L S. Cores of convex games. International Journal of Game Theory, 1971, 1(1):11–26.

第 6 章　微 分 博 弈

微分博弈属于动态博弈范畴. 所谓动态博弈，系指博弈格局中的任何一位参与者在某个时间点的行动依赖于该参与者之前的行动. 第 4 章所述的多阶段博弈或重复博弈，即是一类典型的离散动态博弈问题，而若每个阶段的时间间隔趋向于无穷小，则此多阶段博弈即成为一类时间连续的动态博弈，即微分博弈. 具体而言，微分博弈是指参与者在进行博弈活动时，基于微分方程 (组) 描述及分析博弈现象或规律的一种动态博弈方法，它是处理双方或多方连续动态冲突、竞争或合作问题的一种数学工具. 微分博弈实质上是一种双 (多) 方的多目标最优控制问题，它将最优控制理论与博弈论相结合，从而比最优控制理论更具对抗性和竞争性.

微分博弈按其参与者能否达成具有强制执行力的合作协议划分，有合作微分博弈、非合作微分博弈两类；按是否考虑随机动态划分，有确定性微分博弈和随机微分博弈. 本章主要介绍确定性合作/非合作微分博弈，主要参考文献为 [1-12].

6.1　非合作微分博弈

本节首先介绍 n 人微分博弈，它在工程、经济、社会和军事中应用广泛，由于参与者的利益相互冲突，理性参与者一般会从个人收益角度寻找最佳策略. 若 n 个参与者两两之间不相互合作，则每个参与者都将选择一个最大化己之收益的策略，从而形成 Nash 均衡.

6.1.1　非合作微分博弈的数学描述

考虑 n 个参与者的微分博弈，其状态方程为

$$\dot{x}(t) = f(x, u_1, \cdots, u_n, t), \quad x(t_0) = x_0 \tag{6.1}$$

其中，$x \in \mathrm{R}^m$ 为系统状态，$x(t_0)$ 为初始状态，$u_i \in U^i(i = 1, \cdots, n)$ 为 n 个参与者的决策变量 (或控制输入)，$U^i \subseteq \mathrm{R}^{m_i}$ 为第 i 个参与者的可行策略集合.

$$f : \mathrm{R}^m \times U^1 \times U^2 \times \cdots \times U^n \times \mathrm{R} \to \mathrm{R}^p$$

是连续函数. 参与者 $(i = 1, 2, \cdots, n)$ 的收益函数为

$$J_i : U^1 \times U^2 \times \cdots \times U^n \to \mathrm{R}$$

其表达式为

$$J_i(u_1,\cdots,u_n)=\phi_i(x(t_\mathrm{f}),t_\mathrm{f})+\int_{t_0}^{t_\mathrm{f}}L_i(x,u_1,\cdots,u_n,t)\mathrm{d}t,\quad i=1,\cdots,n \tag{6.2}$$

其中

$$L_i:\mathrm{R}^m\times U^1\times U^2\times\cdots\times U^n\times\mathrm{R}^+\to\mathrm{R}$$
$$\phi_i:\mathrm{R}^m\times\mathrm{R}^+\to\mathrm{R},\quad i=1,\cdots,n$$

均为连续函数. 为简明起见，假定末端时刻 t_f 不变，函数 $\phi_i(i=1,2,\cdots,n)$ 称为终端收益函数.

在非合作微分博弈中，每个参与者均知晓当前系统状态、系统参数和收益函数，但不知晓其他参与者的策略. 显见，非合作微分博弈的最终目标是求取闭环系统在完全信息结构条件下的 Nash 均衡策略. 以下给出其严格数学定义.

定义 6.1 考虑 n 人非合作微分博弈问题 (6.1)–(6.2), 设参与者 i 的控制策略 $u_i^*\in U^i,i=1,\cdots,n$. 若

$$J_i^*=J_i(u_1^*,\cdots,u_n^*)\leqslant J_i(u_1^*,\cdots,u_{i-1}^*,u_i,u_{i+1}^*,\cdots,u_n^*),\quad\forall i \tag{6.3}$$

则称 $u_i^*(i=1,\cdots,n)$ 为非合作微分博弈问题 (6.1)–(6.2) 的 Nash 均衡，特别地，记参与者 i 的最优策略为

$$u_i^*=\{u_i^*(t),t\in[t_0,t_\mathrm{f}]\},\qquad u_i=\{u_i(t),t\in[t_0,t_\mathrm{f}]\}$$

以下给出 Nash 均衡解的一个存在性条件：

考虑 n 人非合作微分博弈问题 (6.1)–(6.2), 设其控制策略 (或策略组合)

$$u=\{u_1,\cdots,u_n\}$$

为分段连续映射，又设第 i 个参与者的值函数为

$$V_i(x,t)=\inf_{u\in U}\left\{\phi_i(x(t_f),t_\mathrm{f})+\int_t^{t_\mathrm{f}}L_i(x,u,\tau)\mathrm{d}\tau\right\} \tag{6.4}$$

其中，$U=U^1\times U^2\times\cdots\times U^n,u=[u_1,\cdots,u_n]$

根据式 (6.1) 及 2.10 节动态规划最优性原理，值函数 V_i 满足下述 Hamilton-Jacobi(HJ) 方程[1]：

$$\left\{\begin{array}{l}\dfrac{\partial V_i(x,t)}{\partial t}=\inf\limits_{u_i\in U^i}H_i\left(x,t,u_1^*,\cdots,u_{i-1}^*,u_i,u_{i+1}^*,\cdots,u_n^*,\dfrac{\partial V_i}{\partial x}\right)\\ V_i(x(t_\mathrm{f}),t_\mathrm{f})=\phi_i(x(t_\mathrm{f}),t_\mathrm{f}),\quad i=1,\cdots,n\end{array}\right. \tag{6.5}$$

其中

$$H_i(x,t,u,\lambda_i^{\mathrm{T}}) = L_i(x,u,t) + \lambda_i^{\mathrm{T}} f(x,u,t), \quad i=1,\cdots,n \tag{6.6}$$

为 Hamilton 函数. 显见，所求的 Nash 均衡策略 $u^* = (u_1^*,\cdots,u_n^*)$ 的作用即是最小化 Hamilton 函数.

对于 HJ 方程 (6.5)，以 $x(t_f)$ 作为末端向后积分，同时在 $V(x,t) \in \mathrm{R}^m \times \mathrm{R}^1$ 处求解 Nash 均衡 $u_i^*(i=1,\cdots,n)$，如此则对所有的 $\{x,\lambda,t\}$ 及向量 $H=[H_1,\cdots,H_n]$，Nash 均衡 u^* 满足

$$\begin{cases} \dfrac{\partial V_i}{\partial t}(x,t) = -H_i\left(x,t,u^*\left(x,t,\dfrac{\partial V_1}{\partial t},\cdots,\dfrac{\partial V_n}{\partial t}\right),\dfrac{\partial V_i}{\partial x}\right) \\ \dot{x} = f(x,u_1,\cdots,u_n,t) \end{cases} \tag{6.7}$$

其中

$$u^* = u^*\left(x,t,\frac{\partial V_1}{\partial t},\cdots,\frac{\partial V_n}{\partial t}\right) \tag{6.8}$$

容易看出，若对方程 (6.7) 从末端向后积分，即可获得非合作微分博弈问题 (6.1)–(6.2) 的最优轨迹. 以下给出该系统 Nash 均衡存在性的一个必要条件.

定理 6.1[2](HJ 方程) 若存在 n 个 C^1 值函数 $V_i(1\leqslant i\leqslant n)$，$u^*=(u_1^*,\cdots,u_n^*)$ 为微分博弈问题 (6.1)–(6.2) 的 Nash 均衡，则其必满足 HJ 方程 (6.5).

6.1.2 非合作微分博弈的三种 Nash 均衡

从 6.1.1 节 n 人微分博弈的定义看，微分博弈理论可以视为最优控制理论的一个自然的推广. 事实上，从控制角度看，微分博弈问题属于一类具有对抗性 (或合作性) 的多主体驱动的动态系统控制问题范畴，它可视为单主体驱动的最优控制问题的一种拓展. 对于多人参与的控制系统，各参与者企图优化己方性能指标泛函. 此时各参与者作为控制器设计者，其目标是确定一个容许控制策略，以保证闭环系统的稳定性和最优化各自性能指标泛函，并最终形成均衡解. 显见，在微分博弈中，最优性是以均衡形式体现的，为此本节简要介绍非合作微分博弈的三种 Nash 均衡.

为简明起见，以下基于不考虑终端代价函数的非合作微分博弈问题进行阐述.

定义参与者 i 的支付函数为

$$J_i = J_i(u_1,\cdots,u_n) = \int_{t_0}^{t_f} L_i(x(\tau),u_i,\cdots,u_n,\tau)\mathrm{d}\tau, \quad i=1,2,\cdots,n \tag{6.9}$$

系统的状态方程为

$$\dot{x} = f(x,u_1,\cdots,u_n,t), \quad x_0 = x(t_0) \tag{6.10}$$

式 (6.9)、式 (6.10) 中各符号的意义同式 (6.1) 和式 (6.2).

微分博弈中 Nash 均衡的物理意义等同于完全信息静态博弈中的 Nash 均衡，即任何参与者单方面偏离 Nash 均衡策略将导致其收益下降. 在此背景下，基于系统的初始状态、微分方程模型和最优化性能指标泛函，参与者需要执行预先设计的策略，才能实现 n 人最优控制，以下给出此种背景下 Nash 均衡的严格定义.

定义 6.2(微分博弈问题 Nash 均衡) 称控制策略 $(u_1^*,\cdots,u_n^*), u_i^*\in U_i, i=1,2,\cdots,n$ 为微分博弈问题 (6.9)–(6.10) 的 Nash 均衡, 若其满足以下不等式组:

$$\begin{cases} J_1^*=J_1(x(t),u_1^*,u_2^*,\cdots,u_n^*)\leqslant J_1(x(t),u_1,u_2^*,\cdots,u_n^*) \\ J_2^*=J_2(x(t),u_1^*,u_2^*,\cdots,u_n^*)\leqslant J_2(x(t),u_1^*,u_2,\cdots,u_n^*) \\ \qquad\qquad\vdots \\ J_n^*=J_n(x(t),u_1^*,u_2^*,\cdots,u_n^*)\leqslant J_n(x(t),u_1^*,u_2^*,\cdots,u_n) \end{cases} \tag{6.11}$$

根据控制策略 u 的形式, 非合作微分博弈的 Nash 均衡通常可分为开环 Nash 均衡、闭环 Nash 均衡和反馈 Nash 均衡三类.

1. 开环 Nash 均衡

若控制向量 u 仅为当前时间 t 和初始状态 x_0 的函数, 即

$$u^*(t)=\alpha^*(t,x_0),\quad t\in[t_0,t_\mathrm{f}] \tag{6.12}$$

则称 $u^*(t)$ 为博弈问题 (6.9)–(6.10) 的开环 Nash 均衡. 开环 Nash 均衡中，参与者的策略不依赖除 x_0 以外任意时刻的系统状态，故为一种开环信息结构.

2. 闭环 Nash 均衡

若控制向量 u 是当前时间 t、初始状态 x_0 和当前状态 $x(t)$ 的函数, 即

$$u^*(t)=\alpha^*(t,x(t),x_0),\quad t\in[t_0,t_\mathrm{f}] \tag{6.13}$$

则称 $u^*(t)$ 为微分博弈问题 (6.9)–(6.10) 的闭环 Nash 均衡. 闭环 Nash 均衡中，每个参与者均知晓系统的完整历史状态，这是一种闭环的完全信息结构.

3. 反馈 Nash 均衡

若控制向量 u 是当前时间 t 和系统当前状态 $x(t)$ 的函数, 即

$$u^*(t)=\alpha^*(t,x(t)),\quad t\in[t_0,t_\mathrm{f}] \tag{6.14}$$

则称 $u^*(t)$ 为微分博弈问题 (6.9)–(6.10) 的反馈 Nash 均衡.

反馈 Nash 均衡是一种典型的状态反馈，实际上是将一般开环、闭环 Nash 均衡限制于反馈解子集中，故其既可消除推导开/闭环 Nash 均衡所面临的信息非唯一性问题，更可克服一般 Nash 均衡的多解性难题.

6.1.3 二人零和非合作微分博弈

本节介绍二人零和非合作微分博弈，它实际上是微分博弈问题 (6.1)–(6.2) 在 $n=2,\ J_1+J_2=0$ 时的特殊情形，为叙述方便，以下给出二人零和微分博弈问题的数学描述.

设 u、w 为两个参与者，其状态方程及初态为

$$\dot{x}=f(x,u,w),\quad x(t_0)=x_0 \tag{6.15}$$

其中，$x\in \mathrm{R}^n$ 为状态变量. $u\in U$ ，$w\in W$ ，U 和 W 分别为参与者 u 和 w 的容许策略集合. t_0 为初始时刻，$x(t_0)$ 为初始状态. 又设性能指标为

$$J_u(u,w)=-J_w(u,w)=J(u,w)=\varphi(x(t_\mathrm{f}),t_\mathrm{f})+\int_{t_0}^{t_\mathrm{f}} L(x(t),u(t),w(t),t)\mathrm{d}t \tag{6.16}$$

式中各符号意义同式 (6.1)、式 (6.2).

以下给出二人零和微分博弈的一个实例.

例 6.1 [2] 带有机动能力目标的拦截问题.

设拦截器为导弹 (下标为 M)，目标为飞机 (下标为 F)，二者均视为质点，导弹和飞机的三维位置矢量分别记为 x_M 和 x_F ，其速度矢量分别记为

$$v_\mathrm{M}=\frac{\mathrm{d}x_\mathrm{M}}{\mathrm{d}t},\quad v_\mathrm{F}=\frac{\mathrm{d}x_\mathrm{F}}{\mathrm{d}t} \tag{6.17}$$

导弹和飞机所处坐标系如图 6.1 所示.

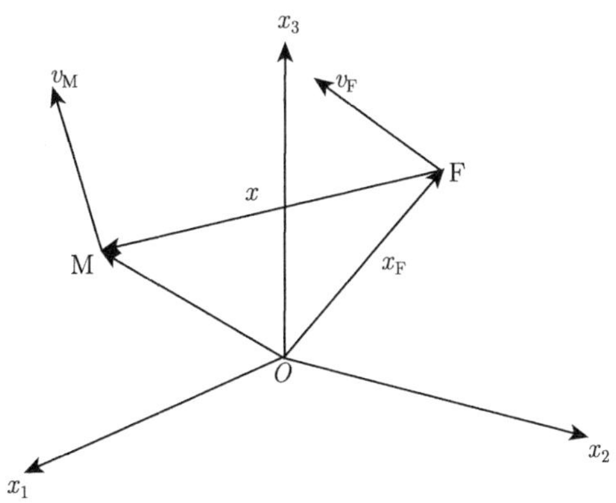

图 6.1 导弹拦截飞机示意图

令

$$\begin{cases} x=x_\mathrm{M}-x_\mathrm{F} \\ v=v_\mathrm{M}-v_\mathrm{F}=\dot{x}_\mathrm{M}-\dot{x}_\mathrm{F} \end{cases} \tag{6.18}$$

若忽略作用于飞机和导弹上的重力差和气动力差，则导弹和飞机相对运动方程为

$$\begin{cases} \dot{x} = v \\ \dot{v} = u_{\mathrm{M}} - u_{\mathrm{F}} \\ x(t_0) = x_0, \quad v(t_0) = v_0 \end{cases} \tag{6.19}$$

其中，u_{M} 为导弹的控制加速度；u_{F} 为飞机的控制加速度. 又设

$$u_{\mathrm{F}} \in U = \mathrm{R}^3, \quad u_{\mathrm{M}} \in V = \mathrm{R}^3$$

即导弹和飞机加速度的取值都不受约束. 进一步选取性能指标为

$$J(u_{\mathrm{M}}(\cdot), u_{\mathrm{F}}(\cdot)) = \frac{k}{2} x^{\mathrm{T}}(t_{\mathrm{f}}) x(t_{\mathrm{f}}) + \frac{1}{2} \int_{t_0}^{t_{\mathrm{f}}} [c_{\mathrm{M}} u_{\mathrm{M}}^{\mathrm{T}}(t) u_{\mathrm{M}}(t) - c_{\mathrm{F}} u_{\mathrm{F}}^{\mathrm{T}}(t) u_{\mathrm{F}}(t)] \mathrm{d}t \tag{6.20}$$

其中，k、c_{F} 和 c_{M} 分别为待定常数.

上述导弹拦截飞机的微分博弈问题可以归结为：拦截器导弹选择控制加速度 $u_{\mathrm{M}}(t)$ 使性能指标 (6.20) 达到最小，以实现击毁飞机的目标；而飞机选择控制加速度 $u_{\mathrm{F}}(t)$ 使性能指标式 (6.20) 达到极大，免遭击中，以实现逃逸的目的.

以下给出二人零和微分博弈问题 (6.15)–(6.16) 的 Nash 均衡的必要条件 —— Hamilton-Jacobi-Issacs(HJI) 方程.

定理 6.2 [3](HJI 方程)　考虑二人微分博弈问题 (6.15)–(6.16)，设其值函数 $V(x,t)$ 为 C^1 映射，则该微分博弈问题的 Nash 均衡解 (u^*, w^*) 满足：

$$\begin{aligned} -\frac{\partial V(x,t)}{\partial t} &= \inf_{u \in U} \sup_{w \in W} \left\{ \frac{\partial V(x,t)}{\partial x} f(x,u,w,t) + L(x,u,w,t) \right\} \\ &= \sup_{w \in W} \inf_{u \in U} \left\{ \frac{\partial V(x,t)}{\partial x} f(x,u,w,t) + L(x,u,w,t) \right\} \\ &= \frac{\partial V(x,t)}{\partial x} f(x,u^*,w^*,t) + L(x,u^*,w^*,t) \end{aligned} \tag{6.21}$$

边界条件为

$$V(x(t_{\mathrm{f}}), t_{\mathrm{f}}) = \varphi(x(t_{\mathrm{f}}), t_{\mathrm{f}})$$

上式称为微分博弈问题 (6.15)–(6.16) 的 HJI 方程. 显见，HJI 方程是定理 6.1 中 n 人非合作微分博弈 Nash 均衡解必要性条件在 $n=2$ 的特殊情形，该方程对线性及非线性鲁棒控制问题的求解至关重要. 第 10 章将对此予以专门论述.

对 HJI 方程 (6.21)，其解的含义讨论如下.

(1) 求解

$$H\left(x, u, w, \frac{\partial V}{\partial x}\right) \triangleq \frac{\partial J}{\partial x} f(x,u,w) + L(x,u,w)$$

分别关于 u 的极小解和关于 w 的极大解，若其存在，则有

$$u=u\left(x,\frac{\partial V}{\partial x}\right)$$

$$w=w\left(x,\frac{\partial V}{\partial x},u\right)=w\left(x,\frac{\partial V}{\partial x},u\left(x,\frac{\partial V}{\partial x}\right)\right)\triangleq w_1\left(x,\frac{\partial V}{\partial x}\right)$$

(2) 将$u\left(x,\dfrac{\partial V}{\partial x}\right)$ 和 $w_1\left(x,\dfrac{\partial V}{\partial x}\right)$ 代入 HJI 方程 (6.21)，则得如下带边界条件的偏微分方程:

$$\frac{\partial V}{\partial t}+\frac{\partial V}{\partial x}f\left(x,u\left(x,\frac{\partial V}{\partial x}\right),w_1\left(x,\frac{\partial V}{\partial x}\right)\right)+L\left(x,u\left(x,\frac{\partial V}{\partial x}\right),w_1\left(x,\frac{\partial V}{\partial x}\right)\right)=0$$

$$V(x(t_{\mathrm{f}}),t_{\mathrm{f}})=\varphi(x(t_{\mathrm{f}}),t_{\mathrm{f}})$$

假设上述偏微分方程关于 w 的解存在，记为 $w(x,t)$，令

$$w_1(x,t)\triangleq w\left(x,\frac{\partial V(x,t)}{\partial x},u(x,t)\right)$$

$$u(x,t)\triangleq u\left(x,\frac{\partial V(x,t)}{\partial x}\right)$$

则 $J(x,t)$、$u(x,t)$ 和 $w_1(x,t)$ 满足下述方程:

$$\frac{\partial V(x,t)}{\partial t}+\frac{\partial V(x,t)}{\partial x}f(x,u(x,t),w_1(x,t))+L(x,u(x,t),w_1(x,t))\equiv 0$$

$$V(x(t_{\mathrm{f}}),t_{\mathrm{f}})=\varphi(x(t_{\mathrm{f}}),t_{\mathrm{f}}),\quad \forall t\in[0,t_{\mathrm{f}}],\quad \forall x\in D\subseteq \mathrm{R}^n$$

进一步，若 $\exists V(x,t)>0,\forall(x,t)\in D\times[0,t_{\mathrm{f}}],x\neq 0,V(0,t)=0$，则称 $(V(x,t),u(x,t),w_1(x,t))$ 为 HJI 方程 (6.21) 在 $D\times[0,t_{\mathrm{f}}]$ 上的解.

根据上述对 HJI 方程的讨论，以下给出二人零和微分博弈问题 (6.15)–(6.16) Nash 均衡的一个充分条件.

定理 6.3 考虑微分博弈问题 (6.15)–(6.16)，设 $f(x,u,w)$ 满足相应初值问题解的存在性、唯一性及可延拓性条件，$L(x,u,w,t)$ 为连续正定函数. 若 HJI 方程 (6.21) 存在正解 $(V_+^*(x,t),u_+^*(x,t),w_+^*(x,t))$，则 $(u_+^*(x,t),w_+^*(x,t))$ 构成微分博弈问题 (6.15)–(6.16) 的 Nash 均衡.

6.2　合作微分博弈

6.1.2 节介绍了 n 人非合作微分博弈的三种 Nash 均衡. 显然，当各参与者相互之间不合作时，Nash 均衡 $(u_1^*,\cdots,u_n^*)$ 自然成为微分博弈的合理解，事实上，若某一参与者单方面采取其他策略，则支付不会减少，然而，若在博弈之前，全体参与者达成了某种合作协议，同时改变所有策略 $u_i^*(i=1,2,\cdots,n)$ 则有望改善其整体收益. 换言之，若参与者具有共同利益，则此微分博弈格局将有一个相互有利的最终博弈结果，此时微分博弈由非合作型转为合作型[12]. 合作微分博弈的前提是参与者达成了具有约束力的协议，从而形成微分博弈的整体理性，最终实现 Pareto 均衡，以下给出其定义.

定义 6.3 (Pareto 均衡)　令 $\alpha_i\in(0,1), i=1,2,\cdots,n$. 若存在一个参数集合:

$$\psi=\left\{\alpha=(\alpha_1,\cdots,\alpha_n),\alpha_i>0,\sum_{i=1}^{n}\alpha_i=1\right\}\tag{6.22}$$

使 $u^*\in U$ 满足

$$u^*\in\arg\min_{u\in U}\left\{\sum_{i=1}^{n}\alpha_iJ_i(u)\right\}\tag{6.23}$$

则称 u^* 为微分博弈问题 (6.9)–(6.10) 的 Pareto 均衡或 Pareto 最优策略.

下述定理给出了 Pareto 均衡的必要条件.

定理 6.4　微分博弈问题 (6.9)–(6.10) 的 Pareto 均衡满足如下方程:

$$\begin{cases}\dot{x}^*(t)=f(x^*(t),u_1^*(t),\cdots,u_n^*(t),t)\\ H(t,x^*,u^*,\lambda)\leqslant H(t,x^*,u,\lambda)\\ \dot{\lambda}(t)=-\left(\displaystyle\sum_{i=1}^{n}\alpha_i\frac{\partial L_i}{\partial x}+\lambda(t)\frac{\partial f}{\partial x}\right),\quad x^*(0)=x_0\end{cases}\tag{6.24}$$

其中

$$H(t,x,u,\lambda)=\sum_{i=1}^{n}\alpha_iL_i(t,x,u)+\lambda f(t,x,u)\tag{6.25}$$

函数 L_i、f 为连续可微函数.

以下讨论 Pareto 均衡的充分条件. 为叙述方便，将 Pareto 均衡表述为下述关于参数 α 的极小值优化问题:

$$\min_{u}J_0(\alpha,u)=\sum_{i=1}^{n}\alpha_iJ_i(u)\tag{6.26}$$

引入下述两个集合记号：

$$
\begin{aligned}
S &= \left\{ J(u) | J_1(\alpha, u) = \min_{u'} J(\alpha, u'), \alpha \in \psi \right\} \\
\bar{S} &= \left\{ J(u) | J_2(\alpha, u) = \min_{u'} J(\alpha, u'), \alpha \in \bar{\psi} \right\}
\end{aligned}
\tag{6.27}
$$

其中，$\bar{\psi}$ 为 ψ 的闭包. 显然 $\bar{\psi}$ 中每个元素均可视为参与者的权重向量; a_i 为参与者 i 的权重, 反映其在博弈格局中的作用、地位或重要性. 又记微分博弈问题 (6.9)–(6.10) 所有非劣解对应的支付向量构成的集合为 Λ，则有如下定理.

定理 6.5 设 ψ 是 n 人合作微分博弈问题的非劣支付集，则有 $S \subseteq \Lambda$.

证明 用反证法. 若存在 $J(u) \in S$，$J(u) \notin \Lambda$，则 u 不是 Pareto 最优策略，故存在策略 $\bar{u}$ 使得

$$J(\bar{u}) < J(u)$$

换言之，对某个 $i_0 (1 \leqslant i_0 \leqslant n)$，有

$$J_{i_0}(\bar{u}) < J_{i_0}(u)$$

而对任意 $i \neq i_0$，$i = 1, \cdots, n$ ，有

$$J_i(\bar{u}) \leqslant J_{i_0}(u)$$

故对任意 $\alpha \in \psi$，有

$$\sum_{i=1}^{n} \alpha_i J_i(\bar{u}) < \sum_{i=1}^{n} \alpha_i J_i(u)$$

上式表明，u 不是极小值优化问题 (6.26) 的解，即 $J(u) \notin S$，此与 $J(u) \in S$ 矛盾.

证毕

定理 6.5 说明，当参与者 i 的权重均为正数时，参与者 i 在博弈格局中的确发挥了作用，此时由优化问题 (6.26) 求得的策略必定是 Pareto 最优的. 因此，可以通过改变权重向量 α 求取其他 Pareto 最优策略. 显然，并非所有的 Pareto 最优策略均可由优化问题 (6.26) 求得，为此给出下述定理.

定理 6.6 [4] 设可行策略集 $U = U_1 \times U_2 \times \cdots \times U_n$ 为凸集. 若每个支付函数 $J_i(u) (i = 1, 2, \cdots, n)$ 均为 u 的凸函数，则 $\Lambda \subseteq \bar{S}$.

定理 6.6 表明，当参与者的支付函数均为凸时，所有 Pareto 最优策略均可由非负线性加权系数极小化问题 (6.26) 求得.

6.3 主从微分博弈

6.1 节和 6.2 节讨论的微分博弈问题，无论合作还是非合作，参与者均处于平等地位，但在许多实际工程控制与决策问题中，参与者在作用、地位及影响力方面关系并不平等. 例如，省级电网调度中心与地级电网调度中心即是一种上下级关系，他们掌握信息的时序和数量不尽相同，在决策权限上也存在主从关系. 4.1 节介绍了针对静态博弈问题的 Stackelberg 博弈，即完全信息动态博弈，本节介绍其在微分博弈中的推广，即主从微分博弈，主要内容来自文献 [5].

6.3.1 主从微分博弈的 Stackelberg 均衡

考察下述主从微分博弈问题.

设 u、v 为两个参与者，其中 u 为 Leader(领导者)，v 为 Follower(跟随者)，系统状态方程为

$$\dot{x} = f(t, x, u, v), \quad x(t_0) = x_0 \tag{6.28}$$

其中，$x \in \mathrm{R}^n$ 为状态变量；$u \in U \subseteq \mathrm{R}^p$，$v \in V \subseteq \mathrm{R}^1$，$U$ 和 V 分别为参与者 u 和 v 的容许策略集合；t_0 为初始时刻；$x(t_0)$ 为初始状态. 又设 Leader 和 Follower 的性能指标为

$$J_i(u, v) = \phi_i(x(t_\mathrm{f}), t_\mathrm{f}) + \int_{t_0}^{t_\mathrm{f}} L_i(x(t), u(t), v(t), t)\mathrm{d}t, \quad i = 1, 2 \tag{6.29}$$

式中各符号含义同式 (6.1)、式 (6.2).

基于上述问题，主从微分博弈本质上可视为一类特殊的二人非零和非合作微分博弈，通常满足下述假定：参与者 u 在博弈中起领导作用，他首先宣布其策略并有能力予以实施. 参与者 v 只能以 u 的策略作为约束限制并对此作出理性反应. v 在博弈中起到一种相应、追随的作用. Leader 考虑到 Follower 的理性反应，从而合理地选择自己的策略以期取得最好的结果.

主从微分博弈的决策过程如下.

Leader 首先宣布其策略 $u \in U$，Follower 则以策略 u 作为约束条件并对此选择相应的策略 $v \in V$ 以使自己的支付取得极小值，即存在映射 $\psi : U \to V$，使得对所有 $v \in V$，都有

$$J_2(u, \psi(u)) \leqslant J_2(u, v)$$

显然，若 $J_2(u, \psi(u))$ 不存在极小值，则 $\psi(u) = \varnothing$. 一般地，$\psi(u)$ 是一个多值映射.

定义 6.4 记集合

$$R(u) = \{v | v = \psi(u), (u, v) \in U \times V\}$$

称 $R(u)$ 为 Follower v 的理性反应集.

若 ψ 为单值映射，则对任意给定的 $u\in U$，$R(u)$ 是单元素集，记

$$R(u,v)=\{(u,v)|u\in U,v\in R(u)\}$$

由于 Leader 处于主导地位，不仅能发号施令，而且能了解 Follower 的反应信息. 因此，Leader 选择最优策略 $u^*\in U$ 使 Follower 按其理性反应选取策略 $v^*=\psi(u^*)\in V$ 时，可以取得支付函数 J_1 的极小值，即当 $(u,v)\in R(u,v)$ 时，有

$$J_1(u^*,v^*)\leqslant J_1(u,v)$$

根据上式，以下给出主从微分博弈的 Stackelberg 均衡的定义.

定义 6.5 若存在 $(u^*,v^*)\in R(u,v)$，使对所有 $(u,v)\in R(u,v)$ 有

$$J_1(u^*,v^*)\leqslant J_1(u,v) \tag{6.30}$$

则称 (u^*,v^*) 为二人非零和主从微分博弈的 Stackelberg 均衡，其中 u^* 为 Leader 的最优策略，$v^*=\psi(u^*)$ 为 Follower 的最优策略.

从上述定义可以看出，参与者之间的主从关系一旦确定，则 Stackelberg 均衡构成了 Leader 和 Follower 的最优策略. 若 Follower 采取其他策略，则其收益下降；若 Leader 采取其他策略，Follower 的策略也会随之改变，导致 Leader 收益下降.

若 ψ 不是单值映射，则对于给定的 $u\in U$，$R(u)$ 是多元素集，如此 Leader 会考虑 Follower 策略选择的非唯一性，故为安全起见，Leader 将采用保守策略，即将式 (6.30) 中的不等式修改为

$$\sup_{v\in R(u^*)} J_1(u^*,v)\leqslant \sup_{v\in R(u)} J_1(u,v)$$

如前所述，主从微分博弈实质上是一类非合作微分博弈. 现假定 Leader 与 Follower 都是以获得各自的支付函数极小值作为自己的目标，而不管对方支付如何，则此种博弈的结果将形成 Nash 均衡，记作 (u_N^*,v_N^*). 综上，对 Leader 支付函数有下述结论.

定理 6.7 $J_1(u^*,v^*)\leqslant J_1(u_N^*,v_N^*)$.

证明 由于

$$(u_N^*,v_N^*)\in R(u,v)$$

故由定义 6.5 可得

$$J_1(u^*,v^*)\leqslant J_1(u_N^*,v_N^*)$$

证毕

上述定理说明，主从微分博弈格局下 Leader 的最优收益不低于其在 Nash 博弈格局下的收益. 因此，每个参与者都希望自己作为 Leader 参与主从博弈. 对于 Follower 在两种博弈格局下的最优收益并无一般性结论，需视具体情况而定.

6.3.2 主从微分博弈的最优性条件

本节主要讨论主从微分博弈存在开环最优解的必要性条件. 闭环最优解的最优性条件与此类似，但要复杂一些. 读者可参阅文献 [5].

根据主从微分博弈的决策顺序，当 Leader 宣布其策略 $u \in U$ 后，Follower 理性反应映射 $v = \psi(u) \in V$ 的确定问题等价于求解下述以 u 为参数、v 为控制变量的最优控制问题：

$$\begin{aligned} &\min J_2(u,v) \\ \text{s.t.}\quad &\dot{x} = f(t,x,u,v) \\ &x(t_0) = x_0 \end{aligned}$$

其最优性条件为

$$\begin{cases} \dot{\lambda}_2 = -\dfrac{\partial H_2}{\partial x} \\ \lambda_2(t_{\mathrm{f}}) = \left.\dfrac{\partial \phi_2(t,x)}{\partial x}\right|_{t=t_{\mathrm{f}}} \\ \dfrac{\partial H_2}{\partial v} = 0 \end{cases} \tag{6.31}$$

其中，H_2 为 Follower 的 Hamilton 函数，即

$$H_2(t,x,u,v,\lambda_2) = h_2(t,x,u,v) + \lambda_2^{\mathrm{T}} \cdot f(t,x,u,v) \tag{6.32}$$

此处假设函数 H_2 连续可微. 否则，式 (6.31) 最后一式可用如下条件替换：

$$H_2(t,x,u,\psi(u),\lambda_2) = \min_{v\in V} H_2(t,x,u,v,\lambda_2)$$

Leader 考虑到 Follower 的理性反应，其最优策略 $u^* \in U$ 是下述最优控制问题的解

$$\begin{aligned} &\min J_1(u) = J_1(u,\psi(u)) \\ \text{s.t.}\quad &\dot{x} = f(t,x,u,\psi(u)) \\ &x(t_0) = x_0 \end{aligned}$$

将 Follower 的最优反应 $\psi(u)$ 用其最优性条件表示, 可得 Leader 面临的决策

问题为

$$
\begin{gathered}
\min J_1(u) = J_1(u,v) \\
\text{s.t.} \quad x(t_0) = x_0 \\
\dot{x} = f(t,x,u,v) \\
\dot{\lambda}_2 = -\frac{\partial H_2}{\partial x} \\
\frac{\partial H_2}{\partial v} = 0 \\
\lambda_2(t_{\rm f}) = \left.\frac{\partial \phi_2(t,x)}{\partial x}\right|_{t=t_{\rm f}}
\end{gathered}
$$

该问题的最优性条件为

$$
\begin{cases}
\dfrac{\partial H_1}{\partial u} = 0 \\
\dfrac{\partial H_1}{\partial v} = 0 \\
\dot{\lambda}_1 = -\dfrac{\partial H_1}{\partial x} \\
\dot{\lambda}_3 = -\dfrac{\partial H_1}{\partial \lambda_2} \\
\lambda_1(t_{\rm f}) = \left.\left(\dfrac{\partial g_1(t,x)}{\partial x} - \lambda_3^{\rm T}\dfrac{\partial^2 \phi_2(t,x)}{\partial x^2}\right)\right|_{t=t_{\rm f}} \\
\lambda_3(t_0) = 0
\end{cases}
\tag{6.33}
$$

其中，H_1 为 Leader 的 Hamilton 函数，即

$$
H_1(t,x,u,v,\lambda) = h_1(t,x,u,v) + \lambda_1^{\rm T}\cdot f(t,x,u,v) - \lambda_3^{\rm T}\left(\frac{\partial H_2}{\partial x}\right) + \lambda_4^{\rm T}\left(\frac{\partial H_2}{\partial v}\right) \tag{6.34}
$$

其中，$\lambda = (\lambda_1,\lambda_2,\lambda_3,\lambda_4)^{\rm T}$，$\lambda_4$ 为待定系数.

综上，可得主从微分博弈的下述最优性条件.

定理 6.8 [5] 若 (u^*,v^*) 是固定逗留期 $[t_0,t_{\rm f}]$ 主从微分博弈的最优解，且 u^* 与 v^* 分别是 U,V 的内点，则 (u^*,v^*) 与相应的最优轨迹 x^* 满足

$$
\dot{x}^* = f(t,x^*,u^*,v^*), \quad x^*(t_0) = x_0
$$

$$
\left.\frac{\partial H_2}{\partial v}\right|_{Q_1} = 0
$$

$$\dot{\lambda}_2 = -\left.\frac{\partial H_2}{\partial x}\right|_{Q_1}$$

$$\lambda_2(t_{\mathrm{f}}) = \left.\frac{\partial \phi_2(t,x)}{\partial x}\right|_{(t_{\mathrm{f}},x^*(t_{\mathrm{f}}))}$$

$$\left.\frac{\partial H_1}{\partial u}\right|_{Q_2} = 0$$

$$\left.\frac{\partial H_1}{\partial v}\right|_{Q_2} = 0$$

$$\dot{\lambda}_1 = -\left.\frac{\partial H_1}{\partial x}\right|_{Q_2}$$

$$\lambda_1(T_0) = \left.\left(\frac{\partial g_1(t,x)}{\partial x} - \lambda_3^{\mathrm{T}}\frac{\partial^2 \phi_2(t,x)}{\partial x^2}\right)\right|_{(t_{\mathrm{f}},x^*(t_{\mathrm{f}}))}$$

$$\dot{\lambda}_3 = -\left.\frac{\partial H_1}{\partial \lambda_2}\right|_{Q_2}, \quad \lambda_3(t_0) = 0$$

其中，$Q_1 = (t, x^*, u^*, v^*, \lambda_2)$, $Q_2 = (t, x^*, u^*, v^*, \lambda)$, Hamilton 函数 H_1 与 H_2 分别由式 (6.34) 和式 (6.32) 给定.

定理 6.8 为求解主从微分博弈问题提供了可行的途径. 该定理作为必要性条件，所得解是否为主从微分博弈的均衡解，尚需进一步验证.

例 6.2 经济增长问题.

令 $x(t)$ 为某国在时间 t 的财富总量，$x(t)$ 满足下述微分方程:

$$\dot{x} = ax - u_1 x - u_2, \quad x(0) = x_0, \quad t \in [0, T]$$

其中，$a > 0$ 为经济自然增长率；$u_2(t)$ 为即时消耗，如规划部门用于基础设施建设等的投资，设 t 时刻的税收额与财富量 $x(t)$ 成正比，比例系数为财政部门的税收率 $u_1(t)$. 又设财政部门和规划部门的目标函数分别为

$$J_1 = bx(T) + \int_0^T \varphi_1(u_1 x)\mathrm{d}t$$

$$J_2 = x(T) + \int_0^T \varphi_2(u_2)\mathrm{d}t$$

其中，φ_1 和 φ_2 为效用函数，本例中假定:

$$\varphi_1(s) = k_1 \ln s, \quad \varphi_2(s) = k_2 \ln s$$

经济增长过程中，财政部门首先发布一段时期内的税收率函数 $u_1(t)$，规划部门随后确定投资情况. 对于给定的税收率函数 $u_1^*(t)$，规划部门的决策可以归结为如下最优控制问题：

$$\begin{aligned}\max J_2 &= x(T) + k_2\int_0^T \ln u_2 \mathrm{d}t\\ \text{s.t.}\quad \dot{x} &= ax - u_1^* x - u_2\\ x(0) &= x_0,\quad t\in[0,T]\end{aligned}$$

根据式 (6.31)，该问题的最优轨线满足下述条件：

$$\begin{aligned}\dot{x}^* &= ax^* - u_1^* x - u_2^*\\ \dot{q}_2^* &= -q_2^*(a-u_1^*)\\ x(0) &= x_0,\quad q_2^*(T)=1\\ u_2^* &\in \arg\max_{y\geqslant 0}\{-q_2 y + k_2\ln y\} = \frac{k_2}{q_2}\end{aligned}$$

作为 Leader 的财政部门，其最优决策对应于如下最优控制问题：

$$\begin{aligned}&\max bx(T) + k_1\int_0^T \ln(u_1 x)\mathrm{d}t\\ &\text{s.t.}\ \dot{x} = ax - u_1\times\frac{k_2}{q_2}\\ &\dot{q}_2 = -q_2(a-u_1)\end{aligned}$$

其最优策略满足

$$u_1^* \in \arg\max_{y\geqslant 0}\{\lambda_1(-yx) + \lambda_2 q_2 y + \lambda_0 k_1 \ln(yx)\} = \frac{\lambda_0 k_1}{\lambda_1 x - \lambda_2 q_2}$$

根据式 (6.33)，系统最优轨线为如下微分方程的解：

$$\begin{cases}\dot{x} = \left(a - \dfrac{\lambda_0 k_1}{\lambda_1 x - \lambda_2 q_2}\right)x - \dfrac{k_2}{q_2}\\ \dot{q}_2 = \left(\dfrac{\lambda_0 k_1}{\lambda_1 x - \lambda_2 q_2} - a\right)q_2\\ \dot{\lambda}_1 = -\lambda_0\dfrac{k_1}{x} + \lambda_1\left(\dfrac{\lambda_0 k_1}{\lambda_1 x - \lambda_2 q_2} - a\right)\\ \dot{\lambda}_2 = -\lambda_1\dfrac{k_2}{q_2} + \lambda_2\left(a - \dfrac{\lambda_0 k_1}{\lambda_1 x - \lambda_2 q_2}\right)\\ x(0) = x_0,\quad q_2(T) = 1\\ \lambda_1(T) = \lambda_0 b,\quad \lambda_2(0) = 0\end{cases}$$

6.4　说明与讨论

虽然微分博弈问题最早来源于军事对抗问题，但随着微分博弈理论的不断发展和在工程应用中的不断推广，人们逐渐发现将一般工程领域内许多与控制和决策相关的问题描述为微分博弈问题更加合理，因此微分博弈受到越来越多的关注. 一般而言，微分博弈的参与者可以是对抗的，也可以是合作的. 微分博弈理论的发展对最优控制与鲁棒控制产生了重要的影响. 从控制论角度看，微分博弈即为具有对抗或合作的多决策主体的最优控制问题，它可视为单决策主体最优控制问题的推广，因此最优控制理论中的许多重要方法均可用于分析和求解微分博弈问题，而鲁棒控制问题的博弈内涵则更为突出，可理解为一类控制器设计者与不确定性参与的二人零和微分博弈问题. 经历了半个多世纪的发展, 微分博弈理论已在工程控制与决策中取得广泛的应用. 但时至今日，基于非线性微分博弈的鲁棒控制器的构造还取决于如何求解反馈 Nash 均衡 (包括 Stackelberg 均衡)，该问题在数学上表示为求解一类偏微分不等式或方程. 例如，针对仿射非线性不确定系统鲁棒控制器设计的 HJI 方程即为一类二阶偏微分方程. 针对此类偏微分方程，数学上并没有一般的求解方法，导致构造高抗干扰能力的鲁棒控制器面临巨大挑战. 有鉴于此，第 10 章将专门论述基于微分博弈求解鲁棒控制器的典型方法.

参 考 文 献

[1] 谭拂晓，刘德荣，关新平, 等. 基于微分对策理论的非线性控制回顾与展望. 自动化学报, 2014, 40(1):1–15.

[2] 王朝珠，秦化淑. 最优控制理论. 北京：科学出版社, 2003.

[3] Basar T，Olsder G J. Dynamic Noncooperative Game Theory. London：Academic Press, 1995.

[4] 杨荣基，彼得罗相，李颂志. 动态合作——尖端博弈论. 北京：中国市场出版社, 2007.

[5] 李登峰. 微分对策及其应用. 北京：国防工业出版社, 2000.

[6] 张嗣瀛. 微分对策. 北京: 科学出版社, 1987.

[7] Basar T，Bernhard P. H_∞ Optimal Control and Related Minimax Design Problems: A Dynamic Game Approach. New York：Springer Science & Business Media, 2008.

[8] 杨宪东，叶芳柏. 线性与非线性 H_∞ 控制理论. 台北: 全华科技图书股份有限公司, 1997.

[9] Isaacs R. Differential Games: A Mathematical Theory with Applications to Warfare and Pursuit, Control and Optimization. North Chelmsford：Courier Corporation, 1999.

[10] Ho Y C. Differential games, dynamic optimization, and generalized control theory. Journal of Optimization Theory and Applications, 1970, 6(3):179–209.

[11] 年晓红，黄琳. 微分对策理论及其应用研究的新进展. 控制与决策, 2004, 19(2):128–133.

[12] 高红伟，彼得罗相. 动态合作博弈. 北京：科学出版社, 2009.

第 7 章　演 化 博 弈

自 1944 年 Morgenstern 和 von Neumann 在著作 [1] 中将博弈论系统化和形式化后，它就一直是经济学研究的重要工具，并在经济学研究中不断取得突破性进展. 经济学领域存在两种研究模式：均衡分析和演化分析，它们分别对应经典博弈论 (前文各章所述) 和演化博弈论. 经典博弈论假定博弈者是完全理性的：一方面，这一假定极大地简化了博弈分析过程，能够得到非常简洁优美而又深刻的结果；另一方面，该假定也时常被认为过于苛刻而受到诟病. 与此不同的是，演化博弈论并不要求参与者具备完全理性，也不要求完全信息，因此可以更合理地刻画真实世界中的各种博弈行为，并被广泛地应用于经济学、生物学和社会学等领域. 随着心理学研究的发展，有限理性的概念被提出，经典博弈论与演化博弈论越来越多地得到相互印证和促进. 1973 年，Smith 提出了演化博弈理论中的基本概念 —— 演化稳定策略 (evolutionary stable strategy，ESS)[2]，它与复制者动态共同构成了演化博弈论的一对核心概念，分别表征演化博弈的稳定状态, 以及向这种稳定状态动态收敛的过程[3]. 简言之，演化博弈论是以有限理性的参与者群体为对象，采用动态过程研究参与者如何在博弈演化中调整行为以适应环境或对手，并由此产生群体行为演化趋势的博弈理论. 在方法论上，它强调动态的均衡，是对经典博弈论的重要补充. 以下简要介绍演化博弈的基本概念模型和分析方法，主要内容来自文献 [1-17].

7.1　两个自然界例子

平衡，是大自然最重要的法则，是世界生生不息的真谛. 以生态系统为例，生物链关系创造出了大自然中“一物降一物”的现象，维系着物种间天然的数量平衡.

7.1.1　狮子和斑马捕食

假如在一个岛屿上，有草、斑马和狮子三种生物. 植物从自然界中获取养分生长，它们之间的食物链是斑马吃草、狮子吃斑马. 为了便于叙述，不妨做如下假设：一头狮子每天捕食一只斑马，一只斑马每天吃掉一片草地；狮子进食后次日数量翻倍，斑马进食后次日数量翻倍，草地自然生长次日数量翻倍；若狮子、斑马没有进食，则次日死亡；受地形与环境限制，草地最大数量为 72；假设初始时刻该地区有 12 只斑马、2 头狮子. 试问在未来一段时间内，该生态系统如何演化？最终结果如何?

第 1 天开始时: 72 片草地, 12 只斑马, 2 头狮子;

第 1 天结束时: 60 片草地, 10 只斑马, 2 头狮子;

第 2 天开始时: 72 片草地, 20 只斑马, 4 头狮子;

第 2 天结束时: 52 片草地, 16 只斑马, 4 头狮子;

第 3 天开始时: 72 片草地, 32 只斑马, 8 头狮子;

第 3 天结束时: 40 片草地, 24 只斑马, 8 头狮子;

第 4 天开始时: 72 片草地, 48 只斑马, 16 头狮子;

第 4 天结束时: 24 片草地, 32 只斑马, 16 头狮子;

第 5 天开始时: 48 片草地, 64 只斑马, 32 头狮子;

第 5 天结束时: 0 片草地, 32 只斑马, 32 头狮子;

第 6 天开始时: 0 片草地, 64 只斑马, 64 头狮子;

第 6 天结束时: 0 片草地, 0 只斑马, 64 头狮子;

第 7 天开始时: 0 片草地, 0 只斑马, 128 头狮子;

第 7 天结束时: 0 片草地, 0 只斑马, 128 头狮子;

第 8 天开始时: 0 片草地, 0 只斑马, 0 头狮子.

上述演化过程和最终结果似乎不可思议. 在上述过程中, 由于斑马的数量急剧增加, 草地遭到过度啃食, 结果斑马和草的数量都会大大下降, 甚至会同归于尽; 斑马一旦消失, 狮子就会饿死, 最终导致生态系统崩溃. 然而, 自然界似乎自动避免了这一悲剧. 大自然拥有一种神秘却真实存在的力量, 这种力量无时无刻不在影响着生活在其“怀抱”内的所有生物, 维持着生态平衡. 如何揭示大自然的这种神奇能力及运行机制恰恰是演化博弈产生的原因及其威力所在.

7.1.2 鹰鸽博弈

鹰鸽 (hawk-dove) 博弈是研究动物群体和人类社会普遍存在的竞争和冲突现象的一个典型博弈示例. 假定某个生态环境中有鹰和鸽两种动物, 由于食物和生存空间有限, 它们必须竞争以求得生存与发展. 鹰的特点是凶悍, 喜欢发起攻击; 而鸽则与之相反, 在强敌面前常常选择退避. 竞争的获胜者获得生存资源从而能更好地繁衍后代, 失败一方则会失去生存资源而导致后代的数量减少. 假定资源总量为 V, 若鹰与鸽相遇并竞争资源, 则鹰会轻而易举地获得全部资源 V, 而鸽由于害怕强敌而退出争夺, 从而不能获得任何资源; 若鸽与鸽相遇并竞争生存资源, 由于它们均不愿战斗, 则结果为平分资源各得 $V/2$; 若鹰与鹰相遇并展开竞争, 由于双方都非常凶猛而相互残杀, 直至双方重伤力竭, 则竞争结果虽然双方都获得部分生存资源, 但损失惨重, 其获得资源量以减少 C 作为受伤的代价, 鹰、鸽两种动物进行的资源竞争格局可用表 7.1 所示的收益矩阵来描述.

表 7.1　鹰、鸽博弈的收益矩阵

物种 (策略)	鹰 (H)	鸽 (D)
鹰 (H)	$(V-C)/2, (V-C)/2$	$V, 0$
鸽 (D)	$0, V$	$V/2, V/2$

其中，鹰和鸽所能采取的纯策略如下所述：

鹰 (H) 策略：战斗，仅当自己受伤或对手撤退时才停止战斗.

鸽 (D) 策略：炫耀，当对手开始战斗时立即撤退.

事实上，鹰和鸽亦可代表相同物种为争夺资源进行的博弈中所采取的强势和弱势两种策略，并不一定具体指鹰和鸽这两种生物. 此时鹰和鸽所代表的纯策略对应的混合策略表示群体中采用强势策略和弱势策略的个体比例.

从经典博弈论的角度看，鹰鸽博弈属于完全信息静态博弈. 可以通过分析该博弈最终会选择哪一个均衡来判断鹰与鸽在长期演化后的比例. 该均衡策略与参数 V、C 相关，可分两种情形讨论.

情形 1　$V > C$

此时鹰鸽博弈具有唯一的纯策略均衡 $\{H, H\}$. 这意味着长期演化之后，种群中所有的成员都会逐渐成为鹰型.

情形 2　$V \leqslant C$

此时鹰鸽博弈具有唯一的混合策略均衡：

$$\left\{\left(\frac{V}{C}, 1-\frac{V}{C}\right), \left(\frac{V}{C}, 1-\frac{V}{C}\right)\right\}$$

若将混合策略视为大量博弈参与者做出不同决策所占的比例，则上述均衡意味着，长期演化之后，鹰在种群中所占比例应该保持在 V/C；若高于此比例，则鹰的生存情况会变糟糕，从而导致所占比例逐步降低；反之，鸽所占比例会自动降低. 二者比例始终保持在 $V:(C-V)$.

基于以上的博弈均衡分析，还可得到以下一些有趣的推断.

(1) 当伤痛代价非常大时 ($C \gg V$)，鹰所占比例将会很少. 实际观察也证实了这一点. 例如，动物，尤其是凶猛动物在种群内部的战争更多地是通过炫耀来施行的. 即使发生搏斗，也尽量避免升级. 种群内部真正导致大量伤亡的现象是非常罕见的.

(2) 当生存价值 V 非常高时 ($C \approx V$)，鹰所占比例将会上升. 例如，若将大量鸽关在同一个笼子里，则即使自然条件下的鸽也可能会选择战斗至死.

综上，博弈论很好地揭示了种群演化过程中不同类型的成员能够保持一定比例关系这一现象的内在机制，从策略角度来看，这应该是不同类型成员的最佳反应使然.

通过上述示例可以看出，自然界不同物种之间或同一物种内部，往往存在类似于博弈及其均衡的现象. 如此产生的一个科学问题是，只具备低等智力的动物在其生长演化过程中也能如同人一样进行博弈吗？下面介绍的演化博弈理论为自然界的这类现象给出了合理的解释.

7.2　演化博弈的基本理论

演化博弈一般分为两种：一种是由较快学习能力的小群体成员组成的反复博弈，相应的动态机制称为最佳反应动态 (best-response dynamic)；另一种是由学习速度很慢成员组成的大群体随机配对的反复博弈，策略调整则利用生物学进化的复制者动态 (replicator dynamic) 机制进行模拟. 这两种情况都有很大的代表性，特别是复制者动态，由于它对理性的要求不高，因此对我们理解演化博弈的意义有很大帮助. 假设在演化博弈开始时所有可能的策略都存在，进一步探讨采取哪些策略的个体将生存下去并得到发展，进而揭示其个体数占种群比例的动态演化规律, 即本节将按照演化过程 (最佳反应动态/复制者动态)— 演化结果 (演化稳定均衡) 的顺序介绍演化博弈.

7.2.1　演化博弈的基本内容与框架

演化博弈的基本思想来源于 Darwin 的生物进化论和 Lamarck 的遗传基因理论[6]. 在生物进化过程中，只有那些在竞争中能够获得较高繁殖成活率的物种才能幸存下来，这里存活率对应于经典博弈论中的支付；而获得较低支付的物种在竞争中被淘汰，即优胜劣汰，这与经典博弈论中的理性相对应. 换言之，我们可以这样理解生物进化论，凡是不选择最佳反应的物种最后都逐渐被淘汰，最终能够生存的物种都是 “理性” 的 —— 尽管这种理性并不一定为物种主观具备. 在优胜劣汰原则下，生物的行为趋于某个稳定状态，即所谓均衡. 由此可见，演化博弈论是进化论和经典博弈论的有机结合. 经典博弈论中的理性对应于演化博弈论中对自然选择的适应度 (成活率) 最大，而均衡则表征演化过程的动态性和稳定性.

演化博弈的结构一般可分为物理结构和知识结构，其中物理结构包括以下几个方面.

(1) 参与者集合：演化博弈关注群体而不是经典博弈论中的个体.

(2) 策略集：演化博弈策略包含纯策略或混合策略，这与经典博弈论一致.

(3) 支付集合：演化博弈中的支付即为适应度函数，该函数借鉴了生物进化论的相关概念.

(4) 均衡：均衡是指演化稳定策略及演化均衡，与经典博弈论不同，它强调演化过程的动态性和稳定性.

知识结构是指参与者对物理结构的认知，这一点与经典博弈论显著不同，即演化博弈假设理性是有限的. 换言之，它认为参与者的知识相当有限，远不能拥有博弈结构和规则的全部知识. 参与者通过某种传递机制 (如遗传) 而非理性选择策略. 尽管博弈的次数可能无穷，但在每次博弈中，通常从大群体中随机选择参与者，而他们之间缺乏了解，再次博弈的概率也较低. 由此可见，与经典博弈论相比，演化博弈的假设条件更接近现实情况.

7.2.2 演化博弈的分类

演化博弈理论按其所考察的群体数目可分为单群体模型 (monomorphic population model) 和多群体模型 (polymorphic population model), 其中单群体模型直接来源于生态学的研究. 生态学家在研究生态进化现象时，常常把同一个生态环境中的所有群体看成是一个大群体，由于生物的行为是由其基因唯一确定的，因而可以把生态环境中每一个种群视为一个特定的纯策略，从而使整个群体等价于一个可选择不同纯策略的个体. 此时，博弈并不是在随机抽取的两个个体之间进行，而是在个体与群体分布所代表的虚拟博弈者之间进行. 例如, 前述的鹰鸽博弈中，鹰与鸽代表的实际上是两种不同的纯策略，可供该生态群体中的个体在演化过程中进行选择，根据选择“鹰”策略与“鸽”策略的个体数在群体中所占的比例可计算不同策略下的期望收益，进而分析不同策略下种群数量的增减情况.

除上述单群体模型之外，演化博弈还有多群体模型. 它通过在单群体模型中引入角色限制行为 (role conditioned behavior)，从而将单个大群体分为许多不同规模的小群体，进而从这些小群体中随机抽取个体，使它们之间进行两两配对重复博弈. 研究表明，同一博弈在单群体与多群体时会有不同的演化稳定均衡. 理论分析证明，在多群体博弈中演化稳定均衡都是严格 Nash 均衡[6].

按照群体在演化中所受到的影响因素是确定性的还是随机性的，演化博弈模型还可分为确定性动态模型和随机性动态模型. 确定性模型较为简单，由于能够较好地描述系统的宏观演化趋势，因而研究较多. 随机性模型需要考虑许多随机因素对动态系统的影响，往往较为复杂，但该类模型却能够更准确地刻画系统的真实行为.

本章主要基于确定性单群体模型讨论演化博弈问题.

7.2.3 适应度函数

适应度本是生物演化理论的核心概念，主要用于描述基因或种群的繁殖能力，类似于经典博弈论里的“支付”概念. 适应度函数 (fitness function) 刻画了策略与适应度的映射关系，类似经典博弈论中的支付函数. 在生物进化论中，适应度函数有较为明确的定义，可用于确定后代的优劣排序，从而使适应度高的个体能产生高适应度的后代. 而在演化博弈论中，适应度函数的定义相对含糊，主要因为其取决于多种因素，包括策略在博弈中获得的支付、主观道德评价、个体学习能力和个体间社会互动模式等. 尽管从直观上适应度函数可以看成是某种支付函数，但实际上二者不能简单等同，一般需要经过特定转换.

7.2.4 演化过程

与经典博弈论不同，演化博弈关注群体规模和策略频率的演化过程. 该过程主要涉及两个重要的机制, 即选择机制 (selection mechanism) 和突变机制 (mutation mechanism)，它们均源自于生物进化论中的“遗传”与“突变”理论.

1. 选择机制

选择机制是指某个阶段中获得较高收益的策略能够被后代或竞争对手学习和模仿，并在下一阶段中继续采用，它是演化过程建模的基础. 该机制通过假定使用某一策略的个体数目的增长率等于使用该策略时所得的收益与平均收益之差，建立不同策略下个体数目演变的动态方程，从而刻画有限理性个体的群体行为变化趋势. 在此基础上若再考虑个体策略的随机变动影响，即可构成同时包含选择机制和变异机制的综合演化博弈模型. 作为演化博弈论最重要的基本模型，复制者动态模型能够较好地刻画群体行为. 下面对其予以简要介绍.

考虑某个种群中的个体有不同的策略可选择，假定只有适应性最强的群体才能生存下来，如此则当某个群体的收益超过全体种群的平均收益水平时，该群体的个体数量才会增加，反之其比例则会下降，直至最后被完全“淘汰”. 这一过程既可用连续动态过程刻画 (对应微分方程)，也可用离散动态过程刻画 (对应差分方程)，相应地可得到复制者动态的连续模型和离散模型.

设定种群中个体可选择的纯策略为

$$s_i \in S, \quad i \in \{1, 2, \cdots, n\}$$

记

$$s = (s_1, s_2, \cdots, s_n)$$

令 $x_i(t)$ 表示 t 时刻采用策略 s_i 的个体数量，又记

$$x = (x_1, x_2, \cdots, x_n)$$

则群体的总数为

$$N = \sum_{i=1}^{n} x_i$$

设选择策略 s_i 的个体数占总个体数的比例为 p_i，则有

$$p_i = \frac{x_i}{N}$$

且

$$\sum_{i=1}^{n} p_i = 1$$

设 $f_i(s,x)$ 是采用策略 s_i 的个体的适应度函数 (可简单理解为繁殖率)，则群体的平均适应度为

$$\bar{f} = \sum_{i=1}^{n} p_i f_i(s,x)$$

在离散情形下有

$$x_i(t+1) = [1 + f_i(s,x)] \cdot x_i(t) \tag{7.1}$$

在连续情形下有

$$\dot{x}_i = f_i(s,x) \cdot x_i \tag{7.2}$$

若采用个体数占总数比例作为状态变量，并记

$$p = (p_1, p_2, \cdots, p_n)$$

则有

$$p_i(t+1) = \frac{1 + f_i(s,x)}{1 + \bar{f}} p_i(t) \tag{7.3}$$

及

$$\dot{p}_i = [f_i(s,x) - \bar{f}] \cdot p_i \tag{7.4}$$

上述方程称为复制者动态模型, 揭示了种群数目或比例的演化规律: 若个体选择纯策略 s_i 的收益少于群体平均收益，则选择该策略的个体数增长率为负；反之则为正. 若个体选择纯策略所得的收益恰好等于群体平均收益，则选择该策略的个体数保持不变.

特别地，若只考虑对称博弈 (群体中个体无角色区分的博弈，博弈收益只与策略有关而与参与者无关)，并直接将策略的期望收益作为适应度，则有

$$p_i(t+1) = \frac{1 + (Ap)_i}{1 + p^{\mathrm{T}} A p} p_i(t) \tag{7.5}$$

及

$$\dot{p}_i = [(Ap)_i - p^{\mathrm{T}} A p] \cdot p_i \tag{7.6}$$

其中，A 为博弈的支付矩阵；$(Ap)_i$ 为向量 Ap 的第 i 个分量.

2. 突变机制

突变系指种群中的某些个体以随机的方式改变策略. 需要注意的是，突变仅仅是策略的改变，并不产生新策略. 一般而言，策略的突变将导致收益或支付的变化，既可能升高也可能降低. 使收益增加的突变策略经过选择将被保留并推广，而使收益降低的突变策略自然消亡. 在演化博弈中，变异机制的引入使演化均衡的稳定性能够得到检验. 若将突变机制与之前的复制者动态相结合，则可得到同时包含选择机制和突变机制的综合演化博弈模型 —— 复制者-变异者模型.

离散型的复制者-变异者模型为

$$p_i(t+1)=\sum_{j\neq i}^{n}[w(i|j)p_j(t)-w(j|i)p_i(t)]+\frac{1+(Ap)_i}{1+p^{\mathrm{T}}Ap}\cdot p_i(t) \tag{7.7}$$

连续型的复制者 - 变异者模型为

$$\dot{p}_i=\sum_{j\neq i}^{n}[w(i|j)p_j-w(j|i)p_i]+p_i[(Ap)_i-p^{\mathrm{T}}Ap] \tag{7.8}$$

其中，$w(i|j)$ 为策略 s_i 突变为策略 s_j 的概率；$w(j|i)$ 为策略 s_j 突变为策略 s_i 的概率；$\sum\limits_{j\neq i}^{n}[w(i|j)p_j-w(j|i)p_i]$ 为突变机制对策略 s_i 的综合影响.

7.2.5 演化稳定均衡

7.2.4 节介绍的复制者动态模型 (7.3)、模型 (7.4) 的渐近稳定平衡点即为演化均衡 (evolutionary equilibrium，EE)，它是某类种群对应的混合策略. 对此介绍以下两个定理.

定理 7.1 令 (σ^*,σ^*) 是博弈 G 的一个对称 Nash 均衡，则群体状态 $p^*=\sigma^*$ 是复制者动态方程的一个平衡点.

定理 7.2 令群体状态 p^* 是复制者动态模型 (7.3)、模型 (7.4) 的一个渐近稳定平衡点，若 $p^*=\sigma^*$，则策略组合 (σ^*,σ^*) 定义了博弈 G 的一个对称 Nash 均衡.

由定理 7.1 和定理 7.2 可知，演化均衡是 Nash 均衡的精炼. 这里，复制者动态模型平衡点的稳定性扮演了重要角色.

1973 年，Maynard 提出了演化稳定策略 (evolutionary stable strategy，ESS) 的概念[2]，用以描述这样一种策略：该策略一旦被接受，它将能抵制任何变异的干扰. 换言之，演化稳定策略在所定义的策略集中具有更大的稳定性. 这表明，若整个种群的每一个成员都采取此策略，则在自然选择的作用下，不存在一个突变策略能够入侵 (invade) 这个种群. 显然，该策略将导致一种动态平衡，在该平衡状态中，任何个体不会愿意单方面改变其策略. 由此易知，演化稳定策略必定是 Nash 均衡，但 Nash 均衡不一定是演化稳定策略. 因此，演化稳定策略是 Nash 均衡的一种精炼.

演化稳定策略的正式定义如下所述.

定义 7.1 (演化稳定策略)　称 $x \in S$ 为演化稳定策略，若 $\forall y \in S$ 且 $y \neq x$，均存在某个正数 $\bar{\varepsilon}_y \in (0,1)$，使得关于策略为 x 的群体的适应度函数 f 满足：

$$f[x, \varepsilon y + (1-\varepsilon)x] > f[y, \varepsilon y + (1-\varepsilon)x], \quad \forall \varepsilon \in (0, \overline{\varepsilon}_y) \tag{7.9}$$

式中，$\varepsilon y + (1-\varepsilon)x$ 为选择演化稳定策略群体与选择突变策略群体所组成的混合种群之策略. 若种群中几乎所有个体都采取了 x 策略，则这些个体的适应度必高于其他可能出现的突变个体的适应度，因此 x 是一个稳定策略，否则突变个体将侵害整个种群，此时 x 不可能稳定. 这一事实表明，策略 x 比策略 y 更适合生存.

等价地，演化稳定策略也可采用如下定义.

定义 7.2 (演化稳定策略)　在博弈 G 中，称一个行为策略 $s \in S$ 为演化稳定策略，若其满足.

(1) 平衡条件：$f(s', s) \leqslant f(s, s), \forall s' \in S$.

(2) 稳定条件：若 $f(s', s) = f(s, s)$，则有

$$f(s', s') < f(s, s'), \quad \forall s' \neq S$$

有兴趣的读者可自行证明定义 7.1 和定义 7.2 的等价性.

若考虑个体可采用混合策略，则可得到类似定义.

定义 7.3 (演化稳定策略)　设 $\sigma, \sigma^* \in \sum$ 是博弈的混合策略，称 σ^* 是演化稳定策略，若其满足.

(1) 平衡条件：$f(\sigma, \sigma^*) \leqslant f(\sigma^*, \sigma^*), \forall \sigma \in \Sigma$.

(2) 稳定条件：若 $f(\sigma, \sigma^*) = f(\sigma^*, \sigma^*)$，则有

$$f(\sigma, \sigma) < f(\sigma^*, \sigma), \quad \forall \sigma \neq \sigma^*$$

关于演化稳定策略，有如下定理.

定理 7.3　令 σ^* 是演化博弈 G 的一个演化稳定策略，则群体状态 $p^* = \sigma^*$ 是复制者动态模型 (7.3) 或模型 (7.4) 的渐近稳定平衡点.

例 7.1 [16]　电价竞价策略模型.

发电侧市场中，每个发电企业的收益不但取决于自身报价，还受到其他企业报价的影响，从而构成了一个博弈问题，各企业自身的可行报价集合即为其策略集. 发电企业报价策略将直接关系到其最终收益，因此各企业总是试图通过合理报价

获取最大收益。若企业完全按照生产成本报价则称为按基价报价,但显然这在一般情况下并非为最佳报价策略.

发电侧市场中，总是有多个发电企业参与报价。本例仅探讨最简单的情况，即只有两类发电企业参与 ($K=2$). 发电企业根据设备容量的多少分为小企业 $k=1$ 和大企业 $k=2$. 假定他们只有两个竞价策略 ($N=2$): 策略 1 按高于基价报价，记为“高价”($i=1$)；策略 2 按基价报价，记为“基价”($i=2$). 两类在不同报价策略组合下的支付如表 7.2 所示，其中 u_1 和 u_2 分别为两类发电企业都按策略 2 报价时各自的支付. 如果小企业选择策略 1，大企业选择策略 2，则大企业支付增加 f，相应地小企业支付减少 f. 当小企业选择策略 2，而大企业选择策略 1 时，前者支付增加 e，后者支付减少 e. 当二者都选择策略 1 时，都可获得额外利润 d. 显然二者均选择报高价会有最大支付，但是否大、小企业均会选择此策略呢？下面采用复制者动态和演化稳定策略理论进行分析.

表 7.2 发电企业的竞价博弈 ($d>0$, $e>0$, $f>0$)

企业 (策略)	大企业策略 1(高价)	大企业策略 2(基价)
小企业策略 1(高价)	u_1+e+d, u_2+f+d	u_1-f, u_2+f
小企业策略 2(基价)	u_1+e, u_2-e	u_1, u_2

首先构建系统的复制者动态模型. 设 p 为在小企业群体里使用策略 1 的小企业比例，q 为在大企业群体里使用策略 1 的大企业比例，则状态

$$s=(\{s_1^1,s_2^1\},\{s_1^2,s_2^2\})=(\{p,1-p\},\{q,1-q\})$$

可用 $[0,1]\times[0,1]$ 区域上的一点 (p,q) 来描述，它反映了发电企业竞价系统演化的动态.

令 $r^1=\{1,0\}$ 表示企业以概率 1 选择策略 1，$r^2=\{0,1\}$ 表示以概率 1 选择策略 2. 则小企业采用策略 1 的适应度函数 (支付) 为

$$f^1(r^1,s)=(u_1+e+d)q+(u_1-f)(1-q)$$

采用策略 2 的适应度函数为

$$f^1(r^2,s)=(u_1+e)q+u_1(1-q)$$

平均适应度函数为

$$f^1(p,s)=pf^1(r^1,s)+(1-p)f^1(r^2,s)$$

类似可得大企业采用策略 1 的适应度函数为

$$f^2(r^1,s)=(u_2+f+d)p+(u_2-e)(1-p)$$

采用策略 2 的适应度函数为

$$f^2(r^2,s)=(u_2+f)p+u_2(1-p)$$

平均适应度函数为

$$f^2(q,s)=qf^2(r^1,s)+(1-q)f^2(r^2,s)$$

只要一个策略的适应度比群体的平均适应度高，则使用该策略的群体即会增长. 采用策略 1 的小企业所占比例的增长率可表示为

$$\dot{p}=[f^1(r^1,s)-f^1(p,s)]p$$

即

$$\dot{p}=p(1-p)[(d+f)q-f] \tag{7.10}$$

同理可得采用策略 1 的大企业所占比例的增长率为

$$\dot{q}=q(1-q)[(d+e)p-e] \tag{7.11}$$

微分方程组 (7.10)–(7.11) 即为刻画发电企业竞价演化过程的复制者动态方程. 对于上述复制者动态方程，可以通过分析其平衡点的稳定性来分析其是否演化稳定策略.

方程 (7.10) 表明，仅当 $p=0,1$ 或 $q=f/(d+f)$ 时，小企业群体中使用策略 1 的小企业所占比例是稳定的. 同样地，方程 (7.11) 表明，仅当 $q=0,1$ 或 $p=e/(d+e)$ 时，大企业群体中使用策略 1 的大企业所占比例是稳定的. 为进一步分析其平衡点的稳定性，对复制者动态方程 (7.10) 和方程 (7.11) 求取系统 Jacobi 矩阵，得

$$J=\begin{bmatrix}(1-2p)[(d+f)q-f] & p(1-p)(d+f)\\ q(1-q)(d+e) & (1-2q)[(d+e)p-e]\end{bmatrix} \tag{7.12}$$

易知系统有 5 个局部平衡点，其局部稳定性分析结果如表 7.3 所示.

表 7.3 局部稳定分析结果 $(d>0,e>0,f>0)$

均衡点	J 的行列式 (符号)	J 的迹 (符号)	结果
$p=0,q=0$	$ef(+)$	$-e-f(-)$	稳定
$p=0,q=1$	$de(+)$	$e+d(+)$	不稳定
$p=1,q=0$	$df(+)$	$d+f(+)$	不稳定
$p=1,q=1$	$d^2(+)$	$-2d(-)$	稳定
$p=\dfrac{e}{d+e},q=\dfrac{f}{d+f}$	$-\dfrac{efd^2}{(d+e)(d+f)}(-)$	0	鞍点

由表 7.3 可见，系统的 5 个局部平衡点中包含 2 个稳定平衡点、2 个不稳定平衡点及 1 个鞍点, 其中两个稳定平衡点是演化稳定策略，分别对应于发电企业竞价过程中自发形成的两个模式：大企业和小企业都报高价或都按基价报价.

图 7.1 描述了两类发电企业竞价的动态过程. 由两个不稳定平衡点 $(1,0)$、$(0,1)$ 及鞍点 $(e/(d+e), f/(d+f))$ 连成的折线可以看成是系统演化轨迹收敛于不同平衡点的临界轨线. 当初始状态位于临界轨线左下方的深色区域内时，系统将收敛到 $(0,0)$ 点，即最终所有企业均按基价报价. 初始状态位于临界轨线右上方的浅色区域内时，系统将收敛到 $(1,1)$ 点，即最终所有企业均报高价. 在图 7.1 中，若设 $e=f=d$，则此时系统收敛于两种竞价模式的概率相同 (深色、浅色区域面积相等). 由此可见，不同的初始条件下，长期演化将导致两种截然不同的发电市场行为：一种趋向于人们所期待的合理报价；另一种趋向于人们不愿看到的不规范高价. 但是，两种状态均为演化稳定状态，系统究竟会演化至何种状态? 这取决于演化初始条件位于哪一个稳定平衡点的收敛域内，即初始点是位于深色区域还是浅色区域.

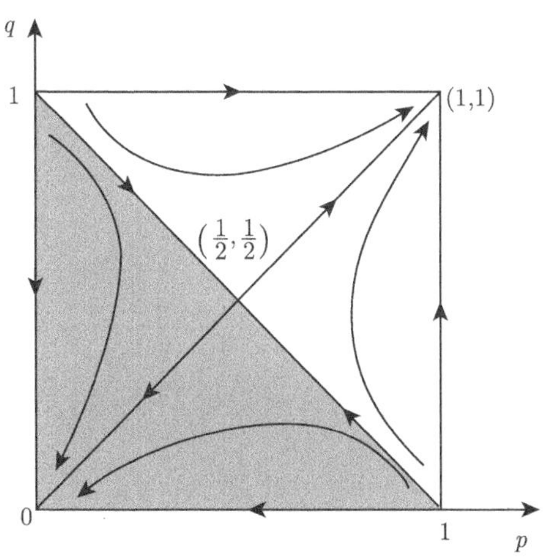

图 7.1 电企业竞价动态过程 $(e=f=d)$

注意, 参数 e、f、d 的变化将改变复制者动态系统的平衡点及各平衡点的收敛域，因此，可以通过调整这些参数使系统的演化轨迹趋向于合理的平衡点. 例如，降低参数 d 可使大、小企业不能通过报高价获得较高的收益，因此大、小企业都报高价的可能性将明显下降. 这一参数调整实际上对应着对发电标价市场进行政府监督. 若政府通过经济分析，确定发电企业上网电价的上、下限，使其盈利在合理范围内，一方面可以保证发电企业有适当的赢利和发展空间，另一方面可限制报高价企业的利润. 总之通过调整竞价规则, 可改变竞价博弈的支付，从而使各企业的

决策趋于理性. 为说明这一点不妨假设此时表 7.2 所示的支付满足下列条件:

$$d<0,\quad d+e>0,\quad d+f>0$$

对复制者动态方程的局部稳定性分析 (表 7.4) 发现，此时系统平衡点减少为 4 个，即

$$(0,0),\quad (0,1),\quad (1,0),\quad (1,1)$$

其中只有 $(0,0)$ 点是稳定平衡点，而 $(1,0)$ 、$(0,1)$ 是鞍点，$(1,1)$ 是不稳定平衡点. 因此，当且仅当各企业都按基价报价的竞价模式才是演化稳定策略，而报高价的竞价模式是不稳定策略. 由前述演化博弈理论可知，这些不稳定策略均将在演化过程中逐渐消失. 从图 7.2 的系统相轨迹图可见，从任何初始状态出发，系统都将收敛到 $(0, 0)$ 点. 由此可见，合理的竞价规则使上网电价趋于理性.

表 7.4　局部稳定分析结果 $(d<0,d+e>0,d+f>0)$

均衡点	J 的行列式 (符号)	J 的迹 (符号)	结果
$p=0,q=0$	$ef(+)$	$-e-f(-)$	稳定
$p=0,q=1$	$de(-)$	$e+d(+)$	鞍点
$p=1,q=0$	$df(-)$	$d+f(+)$	鞍点
$p=1,q=1$	$d^2(+)$	$-2d(+)$	不稳定

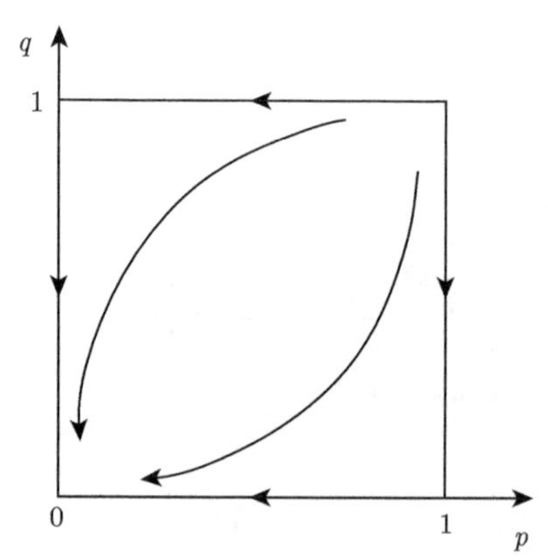

图 7.2　政府监督后发电企业竞价动态过程 $(d<0,d+e>0,d+f>0)$

7.3　经典博弈问题的再认识

假设存在一个拥有无限成员的种群，每个成员都随机采取 H 策略或 D 策略，在开始竞争前所有个体均有同样的适应值 W_0. 假定 p 为整个种群中选择 H 策略的个体比例，$1-p$ 为种群中选择 D 策略的个体比例；$W(H)$ 和 $W(D)$ 分别表示

H 策略、D 策略带来的适应度；$E(H,D)$ 表示个体选择 H 策略而对手选择 D 策略所带来的回报，$E(H,H),E(D,H),E(D,D)$ 类似，如此则有

$$\begin{cases} W(H)=W_0+pE(H,H)+(1-p)E(H,D) \\ W(D)=W_0+pE(D,H)+(1-p)E(D,D) \end{cases} \tag{7.13}$$

进一步，假设个体能够通过无性生殖复制出与其同类型的后代，且后代的数量与个体的适应度成正比，则下一代中采取 H 策略的概率为

$$p'=\frac{pW(H)}{\overline{W}} \tag{7.14}$$

其中，$\overline{W}=pW(H)+(1-p)W(D)$ 为平均适应度.

假定初始时刻只有“鸽”类型的个体，则群体将会保持这种状况并持续下去. 现在考虑由于某种因素的影响，该群体中出现一个“鹰”类型的突变者. 开始时整个群体中“鸽”类型数量占绝对多数，因此，“鹰”类型的个体几乎总是与“鸽”类型的个体相遇，从而在竞争中获得较多的资源并拥有较高的适应度. 此时“鹰”类型的数目将快速增长. 随着时间的推移，“鹰”类型个体的数量越来越多，“鸽”类型个体的数量不断下降. 反之，若初始时只有“鹰”类型的个体，由于“鹰”之间相遇会发生争斗，导致两败俱伤，从而使其数量不断减少，此时若其中出现“鸽”类型的突变者，其数量就会逐渐增加. 由此可见，二者比例将会稳定在某个状态.

下面采用演化博弈来分析此博弈过程. 根据演化稳定均衡的定义，容易推出以下结论.

(1) 由于 $E(D,D)<E(H,D)$，故 D 不可能是一个演化稳定策略.

(2) 若 $V>C$，则 H 是 D 的严格占优策略，显然 H 是一个演化稳定策略. 该事实表明，若竞争者冒着受伤的风险去争夺资源仍然有利可图，则选择 H 策略是明智之举.

(3) 若 $V\leqslant C$，则混合策略 $p=V/C$ 是一个演化稳定策略 (记为 I).

结论 (1)、(2) 显然成立，下面验证结论 (3).

容易验证

$$E(I,I)=E(D,I)=E(H,I)$$

因此，只需要验证 $E(I,D)>E(D,D)$ 及 $E(I,H)>E(H,H)$.

对于前者有

$$E(I,D)=pV+\frac{(1-p)V}{2}>E(D,D)=\frac{V}{2}$$

对于后者有

$$E(I,H)=pV+\frac{C}{2}>E(H,H)=V-\frac{C}{2}\quad V<C$$

因此结论 (3) 成立.

进一步，可以写出该演化博弈的复制者动态模型. 此时二者的适应度函数分别为

$$f(H)=\frac{p(V-C)}{2}+(1-p)V,\quad f(D)=\frac{(1-p)V}{2} \tag{7.15}$$

故可得连续动态的复制者动态模型为

$$p(1-p)\left[f(H)-f(D)\right]=\frac{p(1-p)(V-pC)}{2} \tag{7.16}$$

假设 $V=2$、$C=12$，则可给出该复制者动态相图, 如图 7.3 所示.

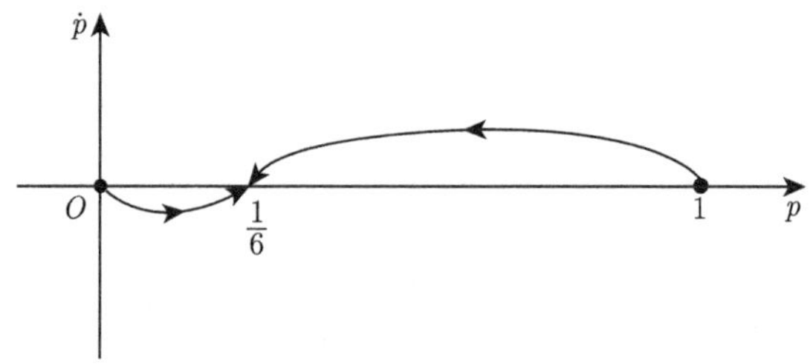

图 7.3 鹰鸽博弈的复制者动态相图

从图 7.3 可见，本节讨论的鹰鸽博弈的复制者动态方程 (7.16) 存在下述三个平衡点:

$$p_1^*=0,\quad p_2^*=\frac{1}{6},\quad p_3^*=1$$

其中唯一的稳定均衡点，即演化稳定策略为

$$p_2^*=\frac{1}{6}$$

综上，若 $V=2$、$C=12$，则达到演化稳定平衡时，鹰所占比例为 1/6.

7.4 演化博弈与经典博弈的关系

7.4.1 Nash 均衡对演化博弈的诠释

演化博弈的兴起与发展既受到经典博弈论的影响，又受到生物进化论的启示，尤其后者更为人们所关注. 考虑到本书致力于利用博弈论解决工程控制与决策问题，我们特别注意到以 Nash 均衡为核心的非合作博弈与以复制者动态和演化稳定均衡为核心的演化博弈的内在联系. 实际上，演化博弈的部分重要思想还可追溯到 Nash 对均衡概念的解释[17]. Nash 指出，均衡概念存在两种解释方式：一种是理性主义的解释；另一种是大规模行动的解释. 前者为传统博弈论的解释方式，后者为演化博弈论的解释方式. Nash 认为，均衡的实现并不一定要假设参与者对博弈结

构拥有全部知识，以及个体拥有复杂的推理能力，只要假设参与者在决策时都能够从具有相对优势的各种纯策略中积累相关经验信息 (如学习收益高的策略)，经过一段时间的策略调整，也能达到均衡状态. Nash 进一步详细阐述了“大规模行动”的基本分析结构：首先，假设每个博弈参与者都采用一个纯策略，将采用相同纯策略的个体视为同一群体，所有群体组成一个更大的种群；其次，假设每个参与博弈的个体都是从整个大种群中随机挑选定的；再次，假设收益较高的策略在群体中的频率将增加，反之，收益较低的将减少；最后，在这些假设的基础上，能够求出一个纯策略频率分布均衡, 可理解为混合策略均衡. 因此，尽管 Nash 没有明确提出“演化博弈”的术语，其“大规模行动”的思想实际上涵盖了演化博弈的实质内涵.

7.4.2　经典博弈的困惑

无须讳言，经典博弈论尚存在两大值得商榷之处. 一是理性与序贯理性的假设，该假设认为参与者是完全理性的，且每个参与者对博弈的结构及对方的支付有完全的了解；此外，求解子博弈精炼 Nash 均衡时所利用的逆推法 (backward induction)，不但要求参与者完全理性，而且还要求序贯理性 (sequential rationality)，这一要求显然与现实相差甚远. 二是处理不完全信息时，假设参与者知晓博弈格局面临的所有可能状态，以及随机抽取状态上的客观概率分布；此外，参与者必须具有很强的计算能力及推理能力. 这样的假定显然与现实不尽相符. 相比较而言, 演化博弈论放弃或削弱了经典博弈论的这些假设，从而有可能获得更加合理的均衡分析.

7.4.3　经典博弈与演化博弈的区别

经典博弈与演化博弈的区别可归纳为如表 7.5 所示的 6 个方面[17].

表 7.5　经典博弈与演化博弈的区别

博弈问题	经典博弈	演化博弈
理性假定	完全理性	有限理性
研究对象	参与者个体	参与者群体
动态概念	不涉及达到均衡的调整过程及外在因素对均衡的影响	注重群体行为达到均衡的调整过程
均衡概念	任何参与者单方面偏离均衡策略时其收益都不会增加	达成演化稳定均衡时群体能够消除微小突变
精炼均衡的方法	精炼思想来源于后向归纳法, 以序贯理性为前提	精炼思想来源于前向归纳法, 即遗传或学习
达到均衡的过程	系统常常处于均衡状态, 从非均衡到均衡无需时间	均衡是暂时的甚至是不可能的, 系统达到均衡需要通过长期演化

7.5 说明与讨论

与经典博弈理论不同，演化博弈论不需要严格的理性假设，而是采用了自然选择的机制. 同时，它采用动态视角看待博弈过程，除了关注博弈均衡本身外，它还能刻画参与博弈的群体到达均衡的动态过程。如果考虑复制者动态，则可进一步刻画可以达到均衡的区域，此即为复制者动态不动点的吸引域. 这些特点使得演化博弈论逐渐引起工程领域学者的关注，并在通信网络演化[18, 19]、电力网络演化[20] 及电力市场竞价策略等工程问题中得到广泛应用，以期帮助研究人员分析和预测网络形态、结构、群体行为特征等关键属性的发展趋势。然而，将演化博弈论应用于研究工程系统演化研究，目前还存在巨大的挑战，主要表现在以下几个方面.

(1) 演化博弈理论采用 Darwin 进化论的“自然选择”机制，但工程系统演化显然不是一个单纯的“自然选择”过程，而是所谓的“社会选择”过程，包括技术选择、市场选择、政治选择等. 这些选择过程需要考虑的因素过多，且绝大多数因素都相当复杂，难以建立准确的数学模型.

(2) 演化博弈理论采用适应度函数描述博弈的效用函数或支付函数，工程系统演化并不能直接套用，如何选取合适的工程系统演化的适应度函数尚属悬而未决的难题.

(3) 在研究生物演化过程时，演化博弈理论所关注的生物系统个体非常相似，或者仅有少量类型，因此相对容易对群体进行整体描述，如捕食者模型，而工程系统本身过于复杂，难以采用此方法进行数学刻画.

(4) 在应用演化博弈理论研究生物演化过程时，所涉及的策略集相对简单，但工程演化问题可能涉及的策略集构成一般都非常复杂。

综上，对于工程系统演化问题，直接采用演化博弈理论进行研究还存在诸多困难和挑战. 本书第 17 章将介绍我们应用演化博弈理论研究电网演化过程的初步工作.

参 考 文 献

[1] Morgenstern O, von Neumann J. Theory of Games and Economic Behavior. Princeton: Princeton University Press, 1944.

[2] Smith J M, Price G R. The logic of animal conflict. Nature, 1973, 246:15.

[3] Smith J M. Evolution and the Theory of Games. Cambridge: Cambridge University Press, 1982.

[4] 范如国. 博弈论. 武汉: 武汉大学出版社, 2011.

[5] Dennett D C. Darwin's Dangerous Idea. New York: Penguin Books Ltd, 1996.

[6] Vincent T L，Brown J S. Evolutionary Game Theory, Natural Selection, and Darwinian Dynamics. New York：Cambridge University Press, 2005.

[7] 张良桥. 进化稳定均衡与纳什均衡 —— 兼谈进化博弈理论的发展. 经济科学, 2001, 3:103–111.

[8] 黄仙，王占华. 多群体复制动态模型下发电商竞价策略的分析. 电力系统保护与控制, 2009, 37(12):27–31.

[9] Helbing D. Evolutionary Game Theory, In Quantitative Sociodynamics. Dordrecht: Springer Netherlands, 1995.

[10] 乔根威布尔. 演化博弈论. 王永钦译. 上海: 上海三联书店, 2006.

[11] Reeve H, Dugatkin L. Game Theory and Animal Behavior. Oxford：Oxford University Press, 1998.

[12] Vega-Redondo F. Evolution, Games, and Economic Behaviour. Oxford：Oxford University Press, 1996.

[13] Zhang Y C, Challet D. Emergence of cooperation and organization in an evolutionary game. Physica A: Statistical Mechanics and its Applications, 1997, 246(3):407–418.

[14] Sigmund K, Hofbauer J. Evolutionary game dynamics. Bulletin of the American Mathematical Society, 2003, 40(4):479–519.

[15] Brown J S, Vincent T L. Stability in an evolutionary game. Theoretical Population Biology, 1984, 26(3):408–427.

[16] 高洁，盛昭瀚. 发电侧电力市场竞价策略的演化博弈分析. 管理工程学报, 2004, 18(3):91–95.

[17] 黄凯南. 现代演化经济学基础理论研究. 杭州：浙江大学出版社, 2010.

[18] Niyato D，Hossain E. Dynamics of network selection in heterogeneous wireless networks：An evolutionary game approach. IEEE Transactions on Vehicular Technology, 2009, 58(4):2008–2017.

[19] Tembine H，Altman E，El-Azouzi R，et al. Evolutionary games in wireless networks. IEEE Transactions on Systems，Man，and Cybernetics，Part B：Cybernetics, 2010, 40(3):634–646.

[20] 梅生伟，龚媛，刘锋. 三代电网演化模型及特性分析. 中国电机工程学报, 2014, 34(7):1003–1012.

方　法　篇

第 8 章　多目标优化问题的博弈求解方法

工程实践中众多优化设计，包括控制问题均属于多目标优化问题，而这些目标往往是相互冲突的，如电力系统安全、经济、优质运行等目标. 因此，如何在设计中既兼顾各目标利益，又体现各目标地位，是求解多目标优化问题的关键. 多目标优化一直是优化领域的研究热点和难点，目前主要采用基于数学规划理论的多目标优化方法，在求解途径上大致可归纳为两类[1]：一是将多个目标函数作线性组合，建立一个单目标的评价函数，各目标的地位通过权重体现，如此则完成了多目标优化问题向单目标优化问题的转化；二是通过分层、分组、分类方法将多目标优化转化为单目标优化，其主要思路是依照某类优化次序依次将多目标转换为约束条件，以此体现各目标的地位. 显而易见，前一类方法的主要不足在于难以选择合适的权重系数，后一类方法的局限性为难以确定各目标的优化次序及相应的约束条件. 换言之，二者均从某一方面解决多目标优化问题，最终的优化策略不可避免受到设计者主观性的影响. 而事实上，决策人面向多个相互冲突目标进行决策时，其最终目标即是要调和此类冲突，为此, 需要利用某种先进理论和方法解决各目标之间的矛盾, 避免主观随意性. 在此背景下，利用博弈论解决多目标优化问题顺理成章，因为博弈论本身就是研究解决、调和冲突的科学理论. 根据博弈论基本原理，若针对一个多目标优化问题能够确定博弈者、策略集、收益函数及博弈规则，则可将此多目标优化问题转化为博弈问题，进而求解该博弈问题的均衡解集 (主要是 Nash 均衡)，最终从该解集中选取原多目标优化问题的满意解.

有鉴于此，本章主要介绍三种多目标优化问题的博弈论求解方法, 其中 8.2 节介绍的综合法要求多目标优化问题中的决策变量可以按目标分块解耦，8.3 节介绍的加权系数法要求多目标优化问题中的目标函数为线性函数，8.4 节介绍的 Nash 谈判法要求多目标优化问题呈现凸性. 尽管以上三种方法在应用场合各有局限，但它们均在一定程度上克服了现有多目标优化方法的不足，且在解决实际工程问题方面优势突出. 在应用本章介绍的方法时，可以按照实际问题特点灵活选择.

8.1　多目标优化问题及 Pareto 解

在传统的线性规划和非线性规划中，所研究的优化问题一般只含一个目标函数，这类问题常称为单目标最优化问题. 但在实际生产、生活中所遇到的决策问题往往需要同时考虑多个目标，称含有多个目标的优化问题为多目标优化.

多目标优化最早出现于 1772 年，当时 Franklin 就提出了多目标矛盾如何协调的问题[2]. 但国际上一般认为多目标优化问题最早由法国经济学家 Pareto 于 1896 年提出，当时他从政治经济学的角度，把若干不易比较的目标归纳成多目标优化问题[3]. 1944 年，von Neumann 和 Morgenstern 从博弈论的角度提出了含多个决策者而彼此目标又相互矛盾的多目标决策问题[4]. 1951 年，Koopmans 从生产与分配的活动分析中提出了多目标优化问题，并第一次提出了 Pareto 最优解概念[5]. 同年，Kuhn 和 Tucker 从数学规划的角度，给出了向量极值问题的 Pareto 最优解的概念，并研究了这种解的充分与必要条件[6]. 1976 年，Zeleny 撰写了第一本关于多目标优化问题的著作[7]. 迄今为止，多目标优化不仅在理论上取得很多重要成果，其应用范围也越来越广泛. 多目标优化作为基本工具在解决工程技术、经济、管理、军事和系统工程等众多领域的决策问题时显示出强大的生命力.

用现代数学方法解决实际工程问题时，首先要建立数学模型. 一般的多目标优化模型由以下要素构成：变量、约束条件和目标函数, 其中变量即待求解问题中的未知量，也称为决策变量, 约束条件即决策变量之间需要满足的限制条件, 目标函数即问题中各个目标的数学表达式.

不失一般性, 假定多目标优化问题中所有目标均取最小值, 则多目标优化问题便可归纳为下述紧凑形式:

$$\begin{aligned}&\min\ [f_1(x), f_2(x), \cdots, f_p(x)]\\&\text{s.t.}\quad G(x) \leqslant 0,\ H(x) = 0\end{aligned} \tag{8.1}$$

若对一部分目标求极大值, 则可极小化其相反数. 多目标优化问题与单目标优化问题的本质区别是：前者优化的目标为一个向量函数，后者优化的目标为一个标量函数，因此，在向量自然序的意义下，以下给出多目标优化问题解的概念.

定义 8.1 令 G 表示由约束条件形成的 x 的可行域，对于 $x^* \in G$，若不存在另一个 $x \in G$，使得对于所有目标都满足

$$f_j(x) \leqslant f_j(x^*), \quad j = 1, 2, \cdots, p$$

同时至少有一个不等式严格成立，即存在 j 使得

$$f_j(x) < f_j(x^*)$$

则称 x^* 为原多目标优化问题的 Pareto 最优解；进一步，所有 Pareto 最优解构成的集合称为 Pareto 前沿.

定义 8.2 对于 $x^* \in G$，若不存在另一个 $x \in G$，使得对于所有目标均满足

$$f_j(x) \leqslant f_j(x^*), \quad j = 1, 2, \cdots, p$$

则称 x^* 为原多目标优化问题的弱 Pareto 最优解.

定义 8.3 对于 $x^* \in G$，若不存在另一个 $x \in G$，使得对于所有目标均满足:

$$f_j(x) < f_j(x^*), \quad j = 1, 2, \cdots, p$$

则称 x^* 为原多目标优化问题的强 Pareto 最优解.

通常情况下，弱 Pareto 最优解集包含 Pareto 最优解集，而优化问题呈凸性时两者相同. 应当指出，要得到 Pareto 前沿的解析表达式是很困难的. 一般的方法是寻找落在 Pareto 前沿上的均匀分布的 Pareto 最优解. 以下采用著名的囚徒困境例子进一步说明博弈论的 Nash 均衡与多目标优化的 Pareto 最优解之间的区别和联系.

例 8.1 (囚徒困境) 若将其表述为博弈问题，显然该博弈为两人博弈，每人有两个策略 (坦白或不坦白) 可以选择，以判刑年数的相反数作为支付. 每人通过选择合适的策略最大化支付，以实现最小化判刑年限的目标. 该博弈的支付矩阵如表 8.1 所示. 根据划线法可得到策略组合 (坦白，坦白) 为该博弈唯一的 Nash 均衡策略.

表 8.1 囚徒困境的支付矩阵

		嫌疑犯 2	
		不坦白	坦白
嫌疑犯 1	不坦白	−2, −2	−4, 0
	坦白	0, −4	−3, −3

若将两嫌疑犯的策略作为方案记作向量 $x = [x_1, x_2]^{\mathrm{T}}$；将嫌疑犯 1 和嫌疑犯 2 的判刑年限分别作为目标，记作 $f_1(x)$ 和 $f_2(x)$，则可将其表述为如下多目标优化问题.

$$\begin{aligned} &\min_x \ [f_1(x), f_2(x)] \\ &\text{s.t.} \quad x = (x_1, x_2)^{\mathrm{T}} \\ &x_1, x_2 \in \{\text{不坦白，坦白}\} \end{aligned} \tag{8.2}$$

不同方案下各个目标的取值如表 8.2 所示.

表 8.2 多目标优化视角下的囚徒困境问题

方案	目标收益	
	嫌疑犯 1	嫌疑犯 2
(不坦白，不坦白)	−2	−2
(不坦白，坦白)	−4	0
(坦白，不坦白)	0	−4
(坦白，坦白)	−3	−3

进一步，可将表 8.1 中表述的两嫌疑犯在不同策略下的支付绘于二维平面上，如图 8.1 所示.

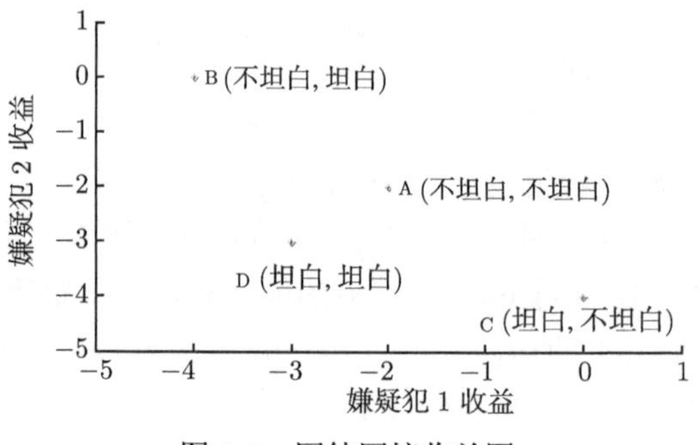

图 8.1 囚徒困境收益图

图 8.1 中，A、B、C、D 4 个点分别表示 4 种策略组合下的双方收益. 显然，A、B、C 3 个点所代表的策略组合互不占优，是式 (8.2) 所描述的多目标优化问题的 Pareto 最优解，而 D(坦白，坦白) 所代表的 Nash 均衡策略是多目标优化问题的劣解.

以上分析充分显示非合作博弈中的 Nash 均衡点的求解不能由多目标优化来替代；相应地，非合作博弈的 Nash 均衡点也不等同于多目标优化的 Pareto 最优解. 这主要源于二者具有不同的理论基础：非合作博弈中，Nash 均衡点是多个相互影响的博弈者为最大化自身利益进行竞争决策的结果；而多目标优化则表示所有的决策者具有一个一致的行动意向，由一个局外人进行协调决策.

需要说明的是，尽管非合作博弈与多目标优化不尽相同，但倘若非合作博弈参与者通过组成总联盟进行合作博弈决策，在此情况下，合作博弈的决策过程与多目标优化则有诸多相似之处.

8.2 综 合 法

本节首先介绍如何将多目标优化问题转化为多人博弈问题，主要方法源自文献 [8]，在此基础上，本节进一步对博弈均衡与 Pareto 最优解的关系做初步探讨.

8.2.1 多目标优化问题的博弈模型

为将多目标优化问题转换为博弈问题，具体包括两项基本步骤.

第 1 步 对于多目标优化问题

$$\min_{x\in \mathrm{R}^m}[f_1(x), f_2(x), \cdots, f_n(x)] \tag{8.3}$$

设 $m \geqslant n$，将 n 个目标函数 $f_i(x)(i=1,2,\cdots,n)$ 视为 n 人非合作博弈参与者的目标函数，进一步可将向量 x 分为 n 个子向量，即

$$x=[x_1,x_2,\cdots,x_n],\quad x_i\in \mathrm{R}^{m_i}$$

其中, $\sum_{i=1}^{n} m_i = m$，x_i 为第 i 个参与者的决策变量，其支付为 f_i，并用

$$x_{-i} = [x_1, \cdots, x_{i-1}, x_{i+1}, \cdots, x_n]$$

表示 x 中除 x_i 以外的策略.

第 2 步 构建如下 n 人非合作博弈模型:

参与者 $i = 1, 2, \cdots, n$，共 n 个.

策略组 $x = [x_1, x_2, \cdots, x_n], x_i \in \mathrm{R}^{m_i}, i = 1, \cdots, n$.

策略集$X = X_1 \times X_2 \times \cdots \times X_n, X_i \subset \mathrm{R}^{m_i}, i = 1, \cdots, n$.

支付 $f_1(x), f_2(x), \cdots, f_n(x)$.

在该博弈中，参与者 i 总是最小化自身支付，从而相应的博弈问题可表述为

$$\left\{ \min_{x_i \in X_i} f_i(x_i, x_{-i}) \right\}, \quad \forall i \tag{8.4}$$

根据以上步骤建立多目标优化问题的博弈模型后，即可利用非合作博弈求解该博弈问题的 Nash 均衡解，以此作为多目标决策的参考依据, 还可进一步分析合作/部分合作格局下利益的分配策略. 8.2.2 节和 8.2.3 节针对多目标优化问题的博弈模型展开讨论，重点介绍非合作博弈和合作博弈两种求解方法.

8.2.2 非合作博弈求解方法

若存在策略 x^* 满足

$$f_i(x_i^*, x_{-i}^*) \leqslant f_i(x_i, x_{-i}^*), \quad \forall x_i \in X_i, \quad \forall i \tag{8.5}$$

即 x^* 为博弈问题 (8.4) 的 Nash 均衡，则可将之作为多目标优化问题的解. 博弈问题 (8.4) 可以用文献 [9] 中的不动点型迭代算法求解，这里不再赘述.

应当指出，一般来讲，求解多目标优化问题希望获得 Pareto 最优解，其概念与 Nash 均衡有所不同，前者决策具有整体理性，即决策者企图改变某目标函数时可变动所有决策变量；而后者决策则强调个体理性，即参与者 i 优化自身目标函数 $f_i(x_i, x_{-i})$ 时，只能调控自身策略 x_i. 这种区别使得非合作博弈 (8.4) 的 Nash 均衡可能并非 Pareto 意义下的最优解. 本节后续将详细讨论 Nash 均衡与 Pareto 最优解的关系, 以及如何寻找 Nash 均衡附近的 Pareto 最优解.

8.2.3 合作博弈求解方法

根据第 5 章可知，合作博弈除探讨各参与者如何达成合作之外，其重点在于分析达成合作的各参与者如何分配合作带来的额外收益，而额外收益一般与多目

标优化问题本身的机制设计有关，因此，本节主要介绍文献 [8] 中采用合作博弈求解多目标优化问题的基本思想.

用合作博弈的方法求解多目标优化问题存在一个必要的前提，即各参与者组成联盟后其收益均不低于其非合作博弈时的水平. 以双目标优化问题为例，将按照非合作博弈方法求解得到的 Nash 均衡解记作 $(\bar{x}_1, \bar{x}_2)$，将按照合作博弈方法求解得到的均衡解记作 $(\hat{x}_1, \hat{x}_2)$. 又记博弈者组成联盟后获得的额外收益为 ΔF，其中分配给参与者 1 的部分为 ΔF_1，分配给参与者 2 的部分为 ΔF_2.

若下述不等式成立

$$\begin{aligned} f_1(\hat{x}_1, \hat{x}_2) + \Delta F_1 \geqslant f_1(\bar{x}_1, \bar{x}_2) \\ f_2(\hat{x}_1, \hat{x}_2) + \Delta F_2 \geqslant f_2(\bar{x}_1, \bar{x}_2) \end{aligned} \tag{8.6}$$

则参与者 1 和参与者 2 将由非合作博弈转为合作博弈.

对于一般多目标优化问题，按照前述综合法建立非合作博弈模型后，设该模型包含 n 个参与者. 若其中任意 $l(l \geqslant 2)$ 个参与者组成联盟后的收益大于完全非合作博弈时的收益，则原非合作博弈将形成部分参与者组成联盟与其他参与者非合作的博弈格局.

合作博弈的均衡 $(\hat{x}_1, \hat{x}_2)$ 可以由多种方法获得，如本章后续提到的加权系数法和 Nash 谈判法. 分配方案 ΔF_1 和 ΔF_2 则可按 5.6 节讨论的方法确定.

8.2.4 Nash 均衡与 Pareto 最优解的关系

多目标优化问题的最优解由 Pareto 前沿描述. 一般而言，求解多目标优化问题希望获得至少一个 Pareto 最优解. 8.2.1 节和 8.2.2 节已讨论如何将多目标优化问题转化为非合作博弈问题并求取其 Nash 均衡解. 那么 Nash 均衡是否为 Pareto 最优解呢? 从例 8.1 可以看出，答案是否定的. 本节进一步针对无约束多目标优化问题 (8.7) 及其对应的非合作博弈问题 (8.8)，讨论 Nash 均衡和 Pareto 最优解的关系，以及如何由 Nash 均衡出发寻找 Pareto 最优解. 本节多数结论稍加补充即可推广至带约束条件的多目标优化问题:

$$\min_{x \in \mathrm{R}^m} [f_1(x), f_2(x), \cdots, f_n(x)] \tag{8.7}$$

$$\left\{ \min_{x_i \in \mathrm{R}^{m_i}} f_i(x_i, x_{-i}) \right\}, \quad \forall i \tag{8.8}$$

定理 8.1 [10](Gordan 定理) 设 A 为 $n \times m$ 矩阵，$m > n$，集合 $S_1 = \{x \mid Ax < 0\}$，$S_2 = \{y \mid A^{\mathrm{T}} y = 0,\ y \geqslant 0,\ y \neq 0\}$，则

$$S_1 = \varnothing \Leftrightarrow S_2 \neq \varnothing$$

或

$$S_1 \neq \varnothing \Leftrightarrow S_2 = \varnothing$$

多目标优化问题 (8.7) 中，第 i 个目标函数 $f_i(x)$ 在 x^* 处的梯度记为 $\nabla f_i(x^*)$. 进一步，记矩阵

$$A(x^*) = [\nabla f_1(x^*),\ \nabla f_2(x^*),\ \cdots,\ \nabla f_n(x^*)]^{\mathrm{T}}$$

定理 8.2 (Pareto 最优解的充分条件) 若集合 $S_1 = \{h|A(x^*)h < 0\} = \varnothing$，则 x^* 是多目标优化问题 (8.7) 的一个 Pareto 最优解.

证明 x^* 邻域内的任何一点可以表示为 $x = x^* + \mu h$，其中 $\mu > 0$ 是标量，h 表示 x 的增长方向. 目标函数 f_i 的增量可表示为

$$f_i(x^* + \mu h) - f_i(x^*) = \mu \nabla f_i(x^*)^{\mathrm{T}} h + O(||\mu h||), \quad i = 1, 2, \cdots, n$$

若 $S_1 = \{h|A(x^*)h < 0\} = \varnothing$，即不存在 h 满足

$$\nabla f_i(x^*)^{\mathrm{T}} h < 0, \quad i = 1, 2, \cdots, n$$

上式说明 x^* 的邻域中不存在同时改进所有目标函数的点，故 x^* 是多目标优化问题 (8.7) 的一个 Pareto 最优解.

证毕

定理 8.3 (Nash 均衡和 Pareto 最优的关系) 设博弈问题 (8.8) 的 Nash 均衡为 x^*. 若梯度向量组 $\{\nabla f_i(x^*),\ i = 1, 2, \cdots, n\}$ 线性无关，则 x^* 不是多目标优化问题 (8.7) 的 Pareto 最优解.

证明 由于 $\{\nabla f_i(x^*),\ i = 1, 2, \cdots n\}$ 线性无关，故有

$$\sum_{i=1}^{n} y_i \nabla f_i(x^*) = 0 \ \Leftrightarrow \ y_i = 0, \quad i = 1, 2, \cdots, n$$

从而有

$$S_2 = \left\{y|A^{\mathrm{T}} y = 0, y \geqslant 0,\ y \neq 0\right\} = \varnothing$$

由定理 8.1 推知

$$S_1 = \{x|Ax < 0\} \neq \varnothing$$

进一步由定理 8.2 推知 Nash 均衡 x^* 不是多目标优化问题 (8.7) 的 Pareto 最优解.

证毕

推论 8.1 若博弈问题 (8.8) 的 Nash 均衡 x^* 是多目标优化问题 (8.7) 的 Pareto 最优解，则向量组 $\{\nabla f_i(x^*), i = 1, 2, \cdots, n\}$ 线性相关.

由于本章研究的多目标优化问题要求决策变量数不少于目标函数个数，也即向量组 $\nabla f_i(x^*)$ 的个数小于向量 x 的维数. 通常向量组 $\{\nabla f_i(x^*), i=1,2,\cdots,n\}$ 是线性无关的，换言之，非合作博弈的 Nash 均衡一般都不是多目标优化问题的 Pareto 最优解. 这是容易理解的，因为竞争的存在使优化的效率下降. 需要指出的是，即使梯度向量组 $\{\nabla f_i(x^*), i=1,2,\cdots,n\}$ 线性相关也不能断言 Nash 均衡 x^* 是 Pareto 最优解.

既然非合作博弈问题的 Nash 均衡不具有 Pareto 最优性，那么如何寻找 Nash 均衡附近的 Pareto 最优解呢？这需要赋予 Pareto 最优解更直观的充分条件. 由于 A^{T} 是 $m\times n$ 矩阵，且 $m>n$，故可选出 A^{T} 行空间的一组基，组成矩阵 B，B 是 $r\times n$ 矩阵，$r\leqslant n$，显然 B 是行满秩的. 进一步将 B 划分为 $[B_s, B_t]$，其中 B_s 是 $r\times r$ 的满秩矩阵，B_t 是 B 中其余的部分. 相应地将 y 划分为

$$y=\begin{bmatrix} y_s \\ y_t \end{bmatrix}$$

于是得到以下等价关系:

$$\exists y\geqslant 0,\quad y\neq 0: A^{\mathrm{T}}y=0 \iff \exists y\geqslant 0,\quad y\neq 0: By=0$$
$$By=0 \iff B_s y_s + B_t y_t = 0 \iff I y_s + P y_t = 0$$

其中，$P=B_s^{-1}B_t$.

定理 8.4 (Pareto 最优的充分条件) 若 P 的某列 $P_j\leqslant 0$, $P_j\neq 0$，则 x^* 是 Pareto 最优解.

证明 若 P 的某列 $P_j\leqslant 0$, $P_j\neq 0$，则可推出

$$y=\begin{bmatrix} -P_j \\ I_j \end{bmatrix}$$

是 $By=0$ 的一个非负解，进而是 $A^{\mathrm{T}}y=0$ 的一个非负解. 其中 I_j 表示单位矩阵的第 j 列. 由定理 8.1 知集合 $S_1=\{x\mid Ax<0\}$ 是空集，再由定理 8.2 知 x^* 是 Pareto 最优解.

证毕

根据上述定理可设计如下算法. 首先选定 x 的变化方向 h，再确定步长参数 μ，使得向量组 $\{\nabla f_i(x^*+\mu h), i=1,2,\cdots,n\}$ 线性相关，最后由定理 8.4 判断 $x^*+\mu h$ 是否为 Pareto 最优解.

将上述步骤归纳总结如下:

第 1 步 计算每个目标函数 f_i 的梯度向量，形成矩阵 $A=\{\nabla f_i(x^*), i=1,2,\cdots,n\}$.

第 2 步 确定一个可行的改进方向 h，满足 $Ah<0$.

第 3 步 以 x^* 为初始点，沿方向 h 计算以 μ 为参数的矩阵 $A(\mu)=\{\nabla f_i(x^*+\mu h), i=1,2,\cdots,n\}$.

第 4 步 求解方程 $\det(A_x(\mu))=0$ 得到 μ^*，令 $x^*=x^*+\mu h$，用定理 8.4 检验 x^* 是否 Pareto 最优，若是，结束；若否，报告未能获得 Pareto 最优解，采用原 Nash 均衡.

需要说明的是，第 2 步中 h 的选取可以遵循某种优化原则. 事实上，一种自然的考虑是求取最接近 Nash 均衡 x^* 的 Pareto 最优解，故可归结为如下优化问题：

$$
\begin{gathered}
\min \mu \\
\text{s.t.} \quad \mu \geqslant 0, \quad h^{\mathrm{T}}h=1 \\
\operatorname{Det}(A(x^*+\mu h))=0
\end{gathered}
$$

其中, $\operatorname{Det}(A)$ 为方阵 A 的行列式值.

例 8.2 考虑 R^2 上的双目标优化问题

$$
\min\begin{cases} f_1(x,y)=(x-1)^2+(x-y)^2 \\ f_2(x,y)=(y-3)^2+(x-y)^2 \end{cases} \tag{8.9}
$$

分别对每个目标函数优化的结果为

$$
\begin{aligned}
f_1^*=0, &\quad (x^*,y^*)=(1,1) \\
f_2^*=0, &\quad (x^*,y^*)=(3,3)
\end{aligned}
$$

上述两个函数不可能同时达到极小值，其 Pareto 最优解集可以通过求解以下含参数 λ 的单目标优化问题得到

$$
\min_{x,y} F(x,y,\lambda)=\lambda f_1(x,y)+(1-\lambda)f_2(x,y), \quad \lambda\in[0,1]
$$

而 F 达到极小值的条件为

$$
\begin{cases} \dfrac{\partial F(x,y,\lambda)}{\partial x}=0 \\ \dfrac{\partial F(x,y,\lambda)}{\partial y}=0 \end{cases}
$$

由此得到

$$
\begin{cases} x=\dfrac{\lambda^2+\lambda-3}{\lambda^2-\lambda-1}, \\ y=\dfrac{3\lambda^2-\lambda-3}{\lambda^2-\lambda-1}, \end{cases} \quad \lambda\in[0,1]
$$

上式即为双目标优化问题 (8.9) 的 Pareto 最优解集.

现将双目标优化问题 (8.9) 转化为二人非合作博弈. 假设有两位虚拟参与者, 参与者 1 的策略是 x, 支付函数为

$$f_1(x,y) = (x-1)^2 + (x-y)^2$$

参与者 2 的策略是 y, 支付函数为

$$f_2(x,y) = (y-3)^2 + (x-y)^2$$

参与者 1 和参与者 2 的最优反应方程分别为

$$2x - y - 1 = 0, \quad 2y - x - 3 = 0$$

联立上述方程求解, 得到 Nash 均衡点为

$$(x^*, y^*) = \left(\frac{5}{3}, \frac{7}{3}\right)$$

Nash 均衡处两个参与者的支付为 $(8/9, 8/9)$, 目标函数的梯度向量为

$$\nabla f_1 = \begin{bmatrix} 0 \\ 4/3 \end{bmatrix}, \quad \nabla f_2 = \begin{bmatrix} -4/3 \\ 0 \end{bmatrix}$$

显见, ∇f_1 和 ∇f_2 线性无关, 由定理 8.3 可知该 Nash 均衡不是 Pareto 最优解.

若设

$$h = [1, -1]^{\mathrm{T}}$$

则有

$$\begin{bmatrix} x \\ y \end{bmatrix} = \begin{bmatrix} 5/3 + \mu \\ 7/3 - \mu \end{bmatrix}, \quad A = \begin{bmatrix} 6\mu & 4(1/3 - \mu) \\ 4(\mu - 1/3) & -6\mu \end{bmatrix}$$

求解方程

$$\det(A) = 16\left(\mu - \frac{1}{3}\right)^2 - 36\mu^2 = 0$$

得其正根

$$\mu = \frac{2}{15}$$

从而有

$$\begin{bmatrix} x \\ y \end{bmatrix} = \begin{bmatrix} 9/5 \\ 11/5 \end{bmatrix}$$

经定理 8.4 检验, 该解是 Pareto 最优解, 参与者的支付为 $(4/5, 4/5)$, 相比于 Nash 均衡处的支付 $(8/9, 8/9)$, 两个参与者的支付都有所下降. Pareto 前沿、Nash 均衡与 Pareto 最优解如图 8.2 所示. 必须指出, 在 Pareto 最优解处, 参与者 1 或参与者 2 单方面改变策略均可降低自身支付.

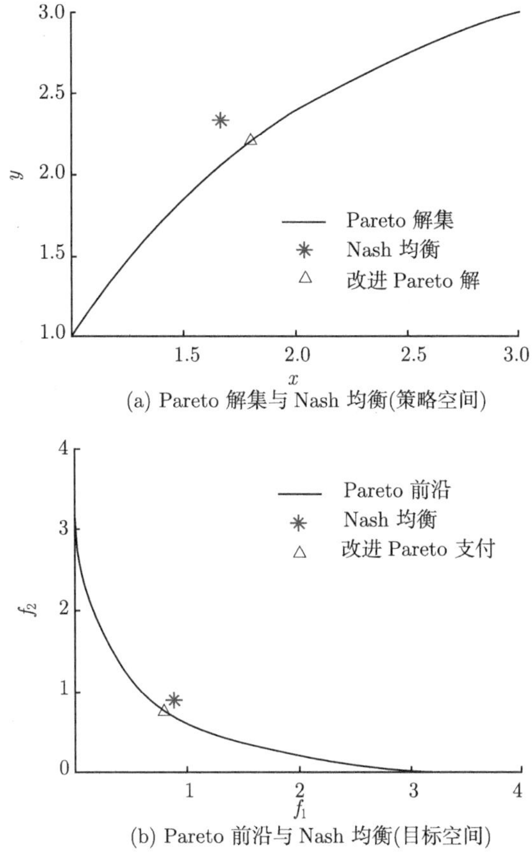

(a) Pareto 解集与 Nash 均衡(策略空间)

(b) Pareto 前沿与 Nash 均衡(目标空间)

图 8.2 Pareto 前沿、Nash 均衡与 Pareto 最优解关系

8.3 加权系数法

如前所述，求解多目标优化问题的方法多种多样，典型者如平方加权和法、目标规划法等[7]，本质上均可归结为下述以各目标的线性组合为目标函数的优化问题：

$$\min f(x)=\sum_{i=1}^{n}\lambda_i f_i(x)$$

$$\text{s.t.}\quad G(x)\leqslant 0,\quad H(x)=0$$

上述方法的不足之处在于难以准确设定各个目标的权重系数. 有鉴于此，本节介绍一种基于二人零和博弈的线性加权法[11]，其权重系数由该博弈的混合策略 Nash 均衡确定，从而克服了已有多目标优化加权系数法受限于决策者主观性的不足. 应当指出，此方法只适用于求解目标函数为线性的多目标优化问题.

设原多目标优化问题有 n 个目标，即 $f_1, f_2, \cdots, f_n$，变量 $x \in \mathrm{R}^m$. 单独优化目标 i 时，原问题最优解记作 x_i^*. 进一步，将相应最优解构成的集合记作 X^*.

假设博弈中有参与者 I 和参与者 II 两人. 参与者 I 的策略集为 $f_i \in \{f_1, f_2, \cdots, f_n\}$，即参与者 I 从原多目标优化问题中选取一个目标作为自己的策略；参与者 II 的策略集为 $x_i \in X^*$，即参与者 II 从单独优化各个目标得到的最优解集中选取一个解作为自己的策略. 应当指出，在原多目标优化问题中同时优化多个目标是为了最大化社会效益 (social benefit) 或最小化社会成本 (social cost)，一定程度上体现了各个目标的合作性；而各个目标之间潜在的冲突性又会降低所取得的社会效益或增加社会成本. 故此处赋予参与者 I 和 II 下述理性：参与者 I 的理性为尽可能的最大化社会效益或最小化社会成本，此时兼顾了各个目标；而参与者 II 的理性为尽可能的最小化社会效益或最大化社会成本以期实现某个目标最优. 参与者 I 和参与者 II 的策略空间没有耦合，故属于静态博弈的范畴. 以上分析与设计构成了一类典型的二人零和博弈问题，其模型如下所述：

$$\begin{array}{ll} \text{参与者} & \text{参与者 I, 参与者 II(虚拟参与者)} \\ \text{策略集} & f_i \in \{f_1, f_2, \cdots, f_n\}, \quad x_i \in \{x_1^*, x_2^*, \cdots, x_n^*\} \\ \text{支付} & f_i(x_i), -f_i(x_i) \end{array} \tag{8.10}$$

考虑到原问题的 n 个目标存在冲突，故参与者 I 的支付如表 8.3 所示，而参与者 II 的支付为参与者 I 支付的相反数.

在表 8.3 所示的策略式博弈矩阵中，支付 $f_{ij} = f_i(x_j^*)$ 表示当参与者 I 选择策略 f_i 且参与者 II 选择策略 x_j^* 时参与者 I 的期望支付. 考虑到多目标优化问题中的各个目标的量纲一般不同，为此还需要对各目标做下述归一化处理：

$$f'_{ij} = \frac{f_i(x_j^*)}{f_i(x_i^*)}, \quad i, j = 1, 2, \cdots, n$$

表 8.3　博弈者 I 的支付

虚拟参与者	x_i^*	$\cdots$	x_n^*
f_1	$f_1(x_1^*)$	$\cdots$	$f_1(x_n^*)$
$\vdots$	$\vdots$	$f_i(x_j^*)$	$\vdots$
f_n	$f_n(x_1^*)$	$\cdots$	$f_n(x_n^*)$

进一步，令 λ'_i 表示参与者 I 选择 f_i 作为策略的概率，μ'_j 表示参与者 II 选择 x_j^* 作为策略的概率. 参与者 I 总的期望支付为

$$F' = \sum_{i=1}^{n} \sum_{j=1}^{n} f'_{ij} \lambda'_i \mu'_j$$

若 F' 表示某种成本，则参与者 I 的目标是最小化 F'，而参与者 II 的目标是最大化 F'，据此可写出二人零和博弈模型如下:

$$
\begin{aligned}
&\max_{\mu'}\min_{\lambda'} F' = \min_{\lambda'}\max_{\mu'} F' \\
&\text{s.t.}\quad \sum_{i=1}^{n}\lambda_i' = 1,\quad \lambda_i' \geqslant 0 \\
&\qquad \sum_{i=1}^{n}\mu_j' = 1,\quad \mu_j' \geqslant 0
\end{aligned}
\tag{8.11}
$$

其中

$$
\mu' = (\mu_1', \mu_2', \cdots, \mu_n')
$$

$$
\lambda' = (\lambda_1', \lambda_2', \cdots, \lambda_n')
$$

博弈问题 (8.11) 的求解等价于求解如下两个线性规划问题:

$$
\begin{aligned}
&\max\sum_{i=1}^{n} r_i \\
&\text{s.t.}\quad r_i \geqslant 0 \\
&\sum_{i=1}^{n} f_{ij}' r_i \leqslant 1,\quad j = 1, 2, \cdots, n
\end{aligned}
\tag{8.12}
$$

$$
\begin{aligned}
&\min\sum_{j=1}^{n} s_j \\
&\text{s.t.}\quad s_j \geqslant 0 \\
&\sum_{j=1}^{n} f_{ij}' s_j \geqslant 1,\quad i = 1, 2, \cdots, n
\end{aligned}
\tag{8.13}
$$

求解上述两个优化问题，则最优支付为

$$
F^* = \frac{1}{\sum r_i^*} = \frac{1}{\sum s_j^*}
$$

而博弈问题 (8.10) 的混合策略 Nash 均衡为

$$
\lambda_i'^* = F^* r_i^*,\quad \mu_j'^* = F^* s_j^*
$$

其中, F^* 为该博弈问题的最优支付.

进一步可以得到原优化问题各个目标的权重系数为

$$
\lambda_i = \frac{\lambda_i'}{f_{ii}\sum_{i=1}^{n}(\lambda_i'/f_{ii})},\quad i = 1, 2, \cdots, n
\tag{8.14}
$$

综上可以得到与原多目标优化问题等价的单目标优化问题模型，如式 (8.11) 所示. 该模型中各权重系数是通过二人零和博弈得到的，因此克服了一般加权系数法依赖决策者主观性的不足.

例 8.3[12] 电网公司制订长期发电计划时需要综合考虑发电成本、节能及环保等多项因素，是一类典型的多目标优化问题. 本例考虑的目标有二，发电成本和煤耗，记作 f_1 和 f_2；决策变量即为各机组各时段出力，记作 x_{ij}，$i=1,2,\cdots,N$，$j=1,2,\cdots,T$(N 表示机组数，T 表示时段数)；约束条件即为功率平衡、机组发电能力等常规约束. 若用通常的将多目标优化问题转化为单目标优化问题的方法求解该问题，则各个目标的权重系数难以恰当选取. 下面采用前述基于二人零和博弈求解权重系数的方法确定原问题各个目标的权重系数.

如上所述，该长期发电计划制订问题中包含两个目标，即发电成本 f_1 和煤耗 f_2. 为简明起见，认为煤耗和购电两个目标函数都是线性的. 考虑含 10 台发电机的系统，机组参数如表 8.4 所示. 从表中可知，有些机组虽然煤耗较低，但购电价格较高 (如机组 8、9、10)；有些机组购电价格较低，但煤耗较高 (如机组 2、3、4). 因此，发电成本和煤耗有明显的冲突性.

表 8.4 10 机系统机组参数

机组	额定功率/MW	煤耗系数/(kg/MWh)	购电价格/(元/MWh)
1	125	418	400
2	200	380	342
3	300	355	318
4	455	305	352
5	600	285	370
6	600	285	400
7	650	290	390
8	700	294	450
9	830	280	500
10	1000	270	480

首先单独优化发电成本和煤耗，得到的最优发电计划分别记作 x^{F} 和 x^{C}，并计算每种发电计划对应的发电成本为 f_1 和煤耗 f_2；其次引入两个虚拟参与者，其策略分别为 f_1, f_2 和 $x^{\mathrm{F}}, x^{\mathrm{C}}$，形成二人零和博弈，其支付矩阵如表 8.5 所示.

表 8.5 购电问题零和博弈的支付矩阵

	x^{F}	x^{C}
f_1/元	1.556×10^{10}	1.583×10^{10}
f_2/kg	1.172×10^{10}	1.154×10^{10}

进一步，由式 (8.12) 和式 (8.13) 所确定的二人零和博弈问题求得其混合策略

Nash 均衡为

$$\lambda_1 = 0.5055, \quad \lambda_2 = 0.4945$$

如此则可确定各个目标的权重系数，从而将原双目标优化问题转换为如下单目标优化问题:

$$\min f(x) = \lambda_1 f_1(x) + \lambda_2 f_2(x)$$

求解上式可得，在最优发电计划下，购电成本和煤耗分别为 1.560×10^{10} 元和 1.160×10^{10}kg. 将不同优化方法得到的结果加以对比，如表 8.6 所示.

表 8.6 不同方法计算结果对比

优化方法	目标	发电费用/10^{10}元	煤耗/10^{10}kg	费用增加/%	煤耗增加/%
单目标优化	发电成本	1.550	—	0	—
	煤耗	—	1.150	—	0
多目标优化	发电成本	1.556	1.172	0.52	2.00
	煤耗	1.583	1.154	2.26	0.44
二人零和博弈	—	—	—	0.78	0.96

表 8.6 中所列单目标优化是指仅以最小化发电成本或煤耗为运行目标的计算结果; 所列多目标优化是指先将某一目标作为主要目标进行单目标优化，再将其他目标作为约束条件添加到原问题的约束集中得到的计算结果; 所列二人零和博弈是指利用本节所述的二人零和博弈方法确定各目标权重系数从而将多目标优化问题转化为单目标优化问题得到的计算结果. 由表 8.6 可知，本节提出的博弈方法较好地兼顾了经济性和节煤性，计算结果明显优于传统方法.

8.4 Nash 谈判法

Nash 在文献 [13] 中指出多目标优化问题中的各个目标可以看成是相互竞争的谈判单位 (negotiation primitive)，这些单位都想为自己的目标争取最优，尽量避免对自己不利的策略，最终达成妥协，从而得到各谈判单位均接受的方案. 在此意义下，Nash 将优化问题归结为博弈理论中一类经典的讨价还价问题, 即 Nash bargaining problem[13]. 对此第 5 章已予以简要介绍，下面以双目标优化问题

$$\begin{aligned} &\min\ [f_1(x), f_2(x)] \\ &\text{s.t.}\quad G(x) \leqslant 0, \quad H(x) = 0 \end{aligned} \tag{8.15}$$

为例予以说明.

在双目标优化问题的 Nash 谈判博弈模型中，首先构造两个虚拟参与者，即参与者 1 和参与者 2，其策略集分别为 $x_1 \in X$ 和 $x_2 \in X$，支付分别为 f_1 和 f_2，假定

谈判双方完全了解对方的支付. 应当指出，在 Nash 谈判问题中，参与者 1 和参与者 2 的策略集完全相同，且在博弈均衡解处有 $x_1 = x_2$，这正是谈判类博弈问题的特点. 谈判双方一般就同一问题展开谈判，但在该问题下的支付却不相同，双方都想最小化自身支付，因此会先后在策略空间 X 中选择一个策略 x 作为自身策略，若 $x_1 = x_2$，说明谈判双方对当前方案均满意，谈判结束，(x, x) 即为 Nash 谈判问题的均衡解；若 $x_1 \neq x_2$，则谈判继续. 二人 Nash 谈判问题的博弈模型表述如下：

$$\begin{array}{ll} \text{参与者} & \text{参与者 1，参与者 2(均为虚拟参与者)} \\ \text{策略集} & x_1 \in X, \quad x_2 \in X, \quad x_1 = x_2 \\ \text{支付} & f_1(x_1), \quad f_2(x_2) \end{array} \tag{8.16}$$

针对上述博弈问题，Nash 提出了 4 条公理[13]，用于求出一个博弈双方都可以接受的“合理”的解. 下面从多目标优化角度阐述这些公理及其物理意义.

(1) Pareto 有效性. 一个双方均可接受的结果不能被其他结果所“优超”，即不能有其他结果使双方均获得更大的收益, 否则博弈双方没有理由不选择这个新的结果. 由此，Nash 谈判问题的结果一定处于该优化问题的 Pareto 前沿，这是由参与者的理性决定的.

(2) 对称性. 博弈双方的 Nash 谈判结果与双方出价的顺序无关，唯一决定双方博弈结果的是他们的支付函数. 特别地，当双方支付函数完全相同时，其合理解一定在双方收益相等的点达到. 总之，对称性反映了双方对自身利益的偏好是相同的.

(3) 线性变换无关性. 该公理的含义为，若对多目标优化中任一目标函数做线性变换，最优策略不变. 这一公理表明，多目标优化问题的 Nash 谈判结果与目标函数的数量级无关. 这一事实对于目标函数表示不同物理量且数量级相差甚远的实际问题具有重要意义.

(4) 无关选择的独立性. 如果两个讨价还价问题的目标函数相同，仅可行域不同，分别记为 S_1 和 S_2，且有 $S_1 \subset S_2$. 又设它们的讨价还价解分别为 x_1^* 和 x_2^*，若 $x_1^* \in S_2$, 则 $x_1^* = x_2^*$. 应用此公理可以对多目标优化对应的 Nash 谈判问题进行简化, 如简化谈判破裂点的选取等.

Nash 证明了在满足上述公理的前提下，Nash 谈判问题存在唯一的合理解 x^*，且满足

$$\max_{x \in S} (f_1(x) - d_1)(f_2(x) - d_2) \tag{8.17}$$

其中，f_1、f_2 为博弈双方的支付函数；d_1、d_2 为博弈双方可能的最大支付, 即谈判破裂点；S 为多目标优化问题 (8.15) 的 Pareto 前沿. 优化问题 (8.17) 的数学解释为，谈判双方都希望自身支付距最大支付尽可能远，其几何意义如图 8.3 所示. 谈

判中, 参与者的理性在于使各自的支付远离自己所能接受的最大支付, 由 (d_1, d_2) 表示, 同时保证策略位于 Pareto 前沿上.

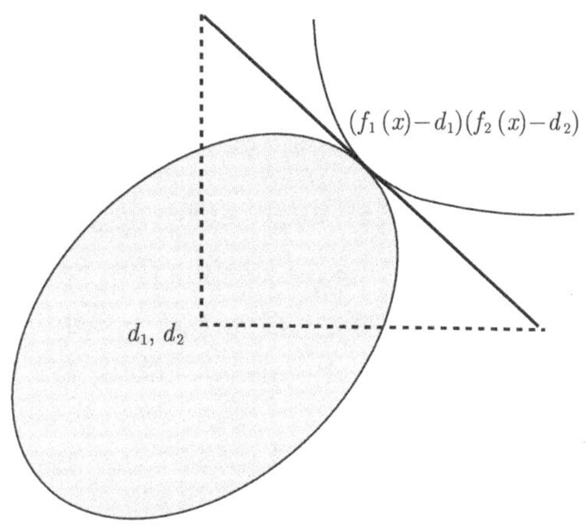

图 8.3 Nash 谈判的几何意义

考虑到用精确的数学 (几何) 语言难以描述 Pareto 前沿 S，从而给优化问题 (8.17) 的求解增加了难度. 为简明起见，下面以双目标线性优化问题为例，介绍一种 Pareto 前沿的求解方法[14].

考察双目标线性优化问题

$$\begin{aligned} &\min \ \{c_1^{\mathrm{T}}x, c_2^{\mathrm{T}}x\} \\ &\text{s.t.} \quad Gx \leqslant g \\ &\qquad Hx = h \end{aligned} \tag{8.18}$$

以及其加权线性优化问题

$$\begin{aligned} &\min \ \lambda c_1^{\mathrm{T}}x + (1-\lambda)c_2^{\mathrm{T}}x \\ &\text{s.t.} \quad Gx \leqslant g, \quad Hx = h \end{aligned} \tag{8.19}$$

记以 λ 为参数的优化问题 (8.19) 的最优解为 $x(\lambda)$，则优化问题 (8.18) 的 Pareto 前沿为

$$S = \bigcup_{\lambda \in [0,1]} x(\lambda)$$

为得到 Pareto 前沿的数学表达式，列出优化问题 (8.19) 的如下 KKT 条件:

$$\mathrm{KKT}(\lambda) = \left\{ (x, \eta, \xi) \;\middle|\; \begin{array}{c} \lambda c_1 + (1-\lambda)c_2 + G^{\mathrm{T}}\eta + H^{\mathrm{T}}\xi = 0 \\ 0 \leqslant (g - Gx) \perp \eta \geqslant 0, Hx = h \end{array} \right\} \tag{8.20}$$

其中，η、ξ 为对偶变量；表达式 $(g-Gx)\perp\eta$ 表示 $\eta^{\mathrm{T}}(g-Gx)=0$. 上述互补松弛条件可以进一步线性化表示为

$$0\leqslant\eta\leqslant M(1-z),\quad 0\leqslant g-Gx\leqslant Mz,\quad z\in\{0,1\}^{N_d}$$

其中，z 为 N_d 维 0-1 变量；N_d 为相应的维数.

综上，优化问题 (8.17) 等价于求解如下混合整数非线性规划问题：

$$\begin{gathered}\max_{x}\ (f_1(x)-d_1)(f_2(x)-d_2)\\ \text{s.t.}\quad Hx=h,\ z\in\{0,1\}^{N_d}\\ \lambda c_1+(1-\lambda)c_2+G^{\mathrm{T}}\eta+H^{\mathrm{T}}\xi=0\\ 0\leqslant\eta\leqslant M(1-z),\quad 0\leqslant g-Gx\leqslant Mz\end{gathered}\tag{8.21}$$

其中，d_1、d_2 满足

$$d_1=c_1^{\mathrm{T}}x_2^*,\quad d_2=c_2^{\mathrm{T}}x_1^*$$

x_1^* 和 x_2^* 分别为 λ 取 1 和 0 时式 (8.19) 的最优解.

式 (8.21) 的非线性特性仅体现在目标函数中的乘积项，可采用文献 [14] 中的方法求解. 综上，通过求解优化问题 (8.21)，即可得双目标优化问题 Nash 谈判下的均衡解. 事实上，一般多目标优化问题也可用 Nash 谈判模型建模求解，其等价于求解下述优化问题：

$$\max_{x\in S}(f_1(x)-d_1)(f_2(x)-d_2)\cdots(f_n(x)-d_n)$$

其中，$f_1,f_2,\cdots,f_n$ 为参与谈判博弈者的支付函数；$d_1,d_2,\cdots,d_n$ 为各个参与者可能的最大支付；S 为该多目标优化问题的 Pareto 前沿.

例 8.4 仍考虑例 8.2 中的多目标优化问题，即

$$\begin{aligned}f_1(x,y)&=(x-1)^2+(x-y)^2\\ f_2(x,y)&=(y-3)^2+(x-y)^2\end{aligned}$$

由例 8.2 中的分析可知，$d_1=d_2=4$，Pareto 前沿关于参数 λ 的表达式为

$$\begin{aligned}x_{\mathrm{p}}(\lambda)&=\frac{\lambda^2+\lambda-3}{\lambda^2-\lambda-1}\\ y_{\mathrm{p}}(\lambda)&=\frac{3\lambda^2-\lambda-3}{\lambda^2-\lambda-1}\end{aligned}$$

因此，该多目标优化问题的 Nash 谈判问题为

$$\max_{\lambda}F(\lambda)=[f_1(x_{\mathrm{p}}(\lambda),y_{\mathrm{p}}(\lambda))-4][f_2(x_{\mathrm{p}}(\lambda),y_{\mathrm{p}}(\lambda))-4]$$

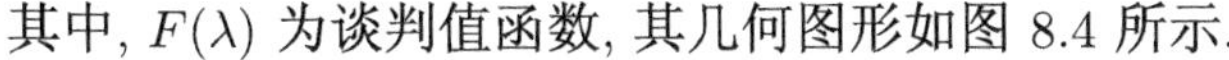
其中, $F(\lambda)$ 为谈判值函数, 其几何图形如图 8.4 所示.

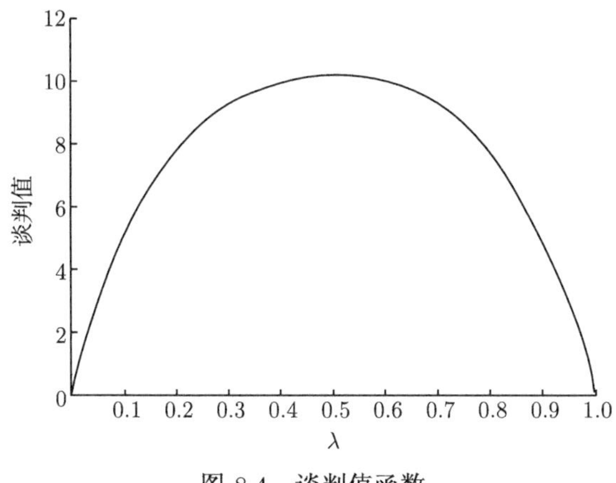

图 8.4 谈判值函数

可见，当 $\lambda = 0.5$ 时，$F(\lambda)$ 取得极大值 10.24，因此该多目标优化问题的 Nash 谈判解为

$$x^* = x_{\mathrm{p}}(0.5) = 1.8$$
$$y^* = y_{\mathrm{p}}(0.5) = 2.2$$

8.5 说明与讨论

本章主要介绍了如何将多目标优化问题描述为非合作或合作博弈问题及相应的求解方法，阐述了 Pareto 最优解和 Nash 均衡的相互关系，在此基础上探讨了一种基于 Nash 谈判选择合理的 Pareto 最优解的方法. 应用本章方法时，需要注意以下两点.

(1) 由于非合作博弈问题较多目标优化问题更具竞争性，导致 Nash 均衡一般并非 Pareto 最优解，为此需要通过合作获得 Pareto 最优解. 另外，在 Pareto 最优解处，非合作博弈的参与者一般可以通过单方面改变自身策略而获益. 因此, Pareto 有效性的前提是在博弈参与者之间达成具有强制性的合作协议.

(2) 采用 Nash 谈判可以获得合作博弈中各参与者的最优策略，而利益的分配可采用联盟型合作博弈或 Sharpley 值进行分析.

参 考 文 献

[1] 马小姝，李宇龙，严浪. 传统多目标优化方法和多目标遗传算法的比较综述. 电气传动自动化, 2010, 32(3):48–50.

[2] 郭晓强，郭振清. 富兰克林: 一位过早凋谢的科学之花. 自然辩证法通讯, 2005, 27(1):96–103.

[3] 冯星淇. 基于协同的多目标决策理论在项目管理中的应用. 北京: 华北电力大学硕士学位论文, 2012.

[4] von Neumann J, Morgenstern O. Theory of Games and Economic Behavior. Princeton: Princeton University Press, 1953.

[5] Koopmans T C. Activity Analysis of Production and Allocation. New York: Wiley, 1951.

[6] Kuhn H W，Tucker A W. Nonlinear Programming//Proceedings of the Second Berkeley Symposium on Mathematical Statistics and Probability. Berkeley: University of California, 1951:481–492.

[7] Zeleny M. Multiple Criteria Decision Making. New York: Springer-Verlag, 1976.

[8] 董雨，胡兴祥，陈景雄. 多目标决策问题的博弈论方法初探. 运筹与管理, 2004, 12(6):35–39.

[9] Scutari G，Palomar D P，Facchinei F，et al. Monotone Games for Cognitive Radio Systems. London: Distributed Decision Making and Control Springer, 2012: 83-112.

[10] 陈宝林. 最优化理论与算法. 北京: 清华大学出版社, 2005.

[11] Belenson S M，Kapur K C. An algorithm for solving multicriterion linear programming problems with examples. Journal of the Operational Research Society, 1973, 24(1):65–77.

[12] Chen L，Wang G，Gong Y，et al. Multi-objective long-term generation scheduling based on two person-zero sum games//31st Chinese Control Conference, Hefei, 2012, 6958–6962.

[13] Nash J F. The bargaining problem. Econometrica: Journal of the Econometric Society, 1950, 18(2):155–162.

[14] Wei W，Liu F，Mei S. Nash bargain and complementarity approach based environmental/economic dispatch. IEEE Transactions on Power Systems, 2015, 30(3):1548–1549.

第 9 章 鲁棒优化问题的博弈求解方法

数学规划的威力在于将复杂的决策问题以简明的数学模型表示，并提供最优策略指导工程实践. 数学规划中理论最为成熟的是凸优化，而凸优化模型有效性的基础是模型参数准确已知，在此基础上方可利用凸优化相关算法求出最优解. 然而现实世界的决策环境往往充满不确定性，数学规划模型中的不确定性可能来源于内部不确定性和外部扰动两个方面，其中前者通常包括以下两个方面.

(1) 数值误差. 在计算系统中任何数据只能以有限精度存储，导致所谓的浮点误差，该误差会在计算过程中扩大，即使严格的整数规划也不例外. 在具有代表性的 NETLIB 实例中，文献 [1] 报道了 90 个测试算例中有 13 个算例的最优解对系数非常敏感. 与非线性系统中的混沌现象类似，微小的参数误差完全有可能是截断误差造成的，却可能导致严重的后果，使人们不得不重新审视最优解的可靠性问题.

(2) 测量误差. 数学模型中的某些参数一般由实际测量提供，任何测量方法都具有一定的误差，由文献 [1] 可知，即使微不足道的误差对最优解可行性的影响也可能是不可忽略的.

而后者通常包括以下两个方面.

(1) 预测误差. 关于未来的预测通常是不准确的，最典型的例子是天气预测，在科学技术突飞猛进的今天，要进行准确的长期天气预报仍是非常困难的, 事实上也是不现实的. 对电力系统而言，即使短期风速或光照强度的预测精度也不是十分理想.

(2) 环境变化. 当决策问题涉及较长周期时，环境因素变得不可忽略. 例如, 投资决策中价格的变化、新技术的引进、不可预知的自然灾害和战争等，都会给决策带来极大的不确定性.

上述不确定性在数学规划的模型中体现为参数的摄动. 一般而言, 目标函数中的参数摄动只会影响解的最优性，而约束条件中的参数摄动会影响解的可行性，在工业生产中则体现为安全性. 策略不可行将可能造成灾难性事故，带来巨大损失. 决策过程中面临的不确定环境及决策失误所承担的巨大风险对传统数学规划理论提出了新的要求，于是一种面向不确定环境下的决策理论 —— 鲁棒优化应运而生，并引起数学家和工程师极大的兴趣.

应该说，鲁棒性是自然界广泛存在的一种系统属性，已渗透至工程技术领域的各个角落乃至经济和社会体系等，人们逐渐意识到这种客观属性在哲学中的深刻内涵及理论上的重要意义. 美国著名 Santa Fe 研究院系统地研究了鲁棒性的起源、机制和结果，提出了当今被学术界广泛认同的定义，即鲁棒性是指系统在内部结构和外部环境发生变化时，能够保持系统功能的能力[2, 3]. 应当指出，鲁棒优化领域的文献浩如烟海. 这些工作侧重于讨论如何将给定形式的鲁棒优化问题转换为可解形式, 即鲁棒伴随问题 (robust counter part). 本章内容并非试图以博弈论取代鲁棒优化本身, 而意在从博弈的视角审视鲁棒优化，并提供新的研究思路. 这对于二者的发展均有所裨益.

9.1 鲁棒优化问题的博弈诠释

一般而言，对一个人工系统进行优化设计 (包括控制、调度及规划决策等)，其根本目的在于使该人工系统能够满足预期目标，如安全稳定、经济运行等. 任何一个人工系统不可能独立运行，必将与其运行的外部环境相互作用. 简言之，除了受人工干预力以外，同时还不可避免地受到大自然 (或外部环境) 的影响. 以风力发电系统为例，对该系统施加作用的主要因素有两个: 一是电网调度系统，其调度策略能够平抑风电波动性对系统的影响，实现风电的高效消纳；二是大自然确定的风电出力，其可能的策略包括微风、阵风、强风 (含高爬坡率阵风) 及大风等，这些策略倾向于使电力系统运行状况恶化，或使其运行成本升高. 因此，风电系统是否能够安全经济运行，取决于电网调度与大自然相互博弈的结果. 从这一观点出发，可以分析鲁棒优化问题的博弈实质.

不确定因素引入优化问题以后，最直接的后果是模糊了优化决策的边界条件. 此时，对系统决策人员而言，最关心的是其优化决策在不确定性因素的影响下是否仍能满足相应的可靠性与安全性约束. 换言之，他们关心不确定性对系统决策的可靠性和安全性带来的最坏影响是什么，并尽力避免这一最坏情况带来的严重后果. 从这一角度看，不确定性与系统决策人员之间自然地构成了一种博弈关系：大自然的不确定性试图让系统规划与运行指标恶化，而系统决策者试图给出一种策略，在不确定各种可能的情况下依然让规划与运行指标得到满足甚至优化. 从此观点出发，可以将系统决策和大自然的随机变化建模为一类二人零和博弈的参与者. 后者代表不确定性对系统运行带来的影响，是拟人化的虚拟决策变量，而博弈的最终目标是，针对某一受限集合内的任一外界干扰 (或不确定性)，设计最佳策略以使系统可能遭受的成本损失或运行风险达到最小，以最大程度地抑制不确定性对系统的不利影响. 这一思路源自鲁棒控制理论中的微分博弈思想，数学上可将此博弈问题归结为一类带约束的 min-max 或 max-min 优化问题. 事实上，鲁棒优化与鲁棒控制的共同点在于二者均面向如何处理不确定性，均致力于提出优化策略以最大程度地抑制不确定性对系统带来的有害影响. 进一步，二者均以大自然 (或不确定性) 为博弈一方，人工决策为博弈另一方，从而形成一类典型的二人零和博弈格局. 为此，本节将微分博弈思想推广到含有不确定性的优化决策问题，为构建鲁棒优化问题的博弈模型奠定基础.

9.2 不确定性刻画及最优策略保守性讨论

系统优化面对多种形式的不确定性，如环境干扰、执行器误差和模型参数误差等. 一般来讲，可以将不确定性分为确定型 (deterministic type)、概率型 (probabilistic type) 或可能型 (possibilistic type)，数学上分别对应于不确定集合、概率分布和模糊集合[4]. 确定型建模描述了不确定性变化的范围，如给出某一参数的变化范围；概率型建模描述了不确定性的概率分布，如某一参数符合正态分布；可能型建模则用模糊集合描述了事件发生的隶属度. 本章主要针对鲁棒优化中的不确定性，即不确定集合展开讨论. 鲁棒优化的首要目标是提供对不确定集合 W 内的所有元素都可保持约束可行性的最优解. 由此可见，鲁棒优化最优解的存在性与保守性很大程度上取决于所选择的不确定集合. 于是构建合适的不确定集合 W 是影响鲁棒优化实用性的重要因素.

9.2.1 不确定性的刻画

由 9.1 节的分析可知，鲁棒优化问题中，将不确定性视为一个虚拟的博弈者“大自然”，与系统决策者形成一个二人零和博弈，该模型的均衡解，即两个博弈参与者的最佳策略：对人工决策者来说，其策略为最优策略；对大自然而言，其策略为最坏干扰激励. 事实上，只要所构建的最佳人工策略能够抵御此最坏干扰，则必能抵御 W 中的任何其他元素. 仍以风力发电系统为例，若电网调度系统能够平抑最高风险的风力爬坡事件对系统的影响，则其也一定能够平抑其他任何类型的风力事件. 由于对大自然行为的预测不可能实现完全精确，故其可行策略行为一般表现为一个集合 W，预测工作的最高目标即是最大程度地压缩 W 的“大小”(严格讲，是不确定性的某种测度)，使其对不确定性或干扰的预测，如每日负荷峰谷值、风电出力上下限等，保持在一个工程允许的范围之内. 换言之，需要在建立鲁棒优化模型时即给出 W 的描述. 一般而言，由鲁棒优化模型求得的人工决策不可避免地带有保守性，W 越大或越粗糙，保守性也越大，反之亦然.

为尽量压缩集合 W 的大小，一条可行的途径是将一些发生可能性较小的情景排除在不确定集合之外，具体做法是根据不确定因素自身的特点，在集合 W 中考虑一些附加条件，通过选择集合 W 中的参数，将不确定因素的变化范围限制在合理的范围，从而更加贴近实际情况. 由于鲁棒优化的最优解仅对集合 W 内的不确定性提供约束可行性保证，对集合外的不确定性并不能保证约束可行性. 因此，必须提出严格的理论，保证未来不确定性的实现以较大概率落在所构建的不确定集合 W 中. 为此，文献 [5-7] 分别从概率的角度和风险测度的角度提出了静态线性鲁棒优化问题中不确定集合的构建方法，为真实参数出现在集合 W 中提供了概率或风险意义上的保证. 其中文献 [5] 系统地给出了鲁棒优化中集合 W 的选择方法，除对不确定参数的区间预测之外，还引入了对总偏差的约束，可以针对不同风险水平合理地压缩集合 W 的测度. 文献 [8] 将这种方法用于构建风力发电系统鲁棒优化问题的不确定集合. 本节以文献 [5] 和文献 [8] 的工作为基础，综合考虑误差的统计特性等各方面因素，给出鲁棒优化中不确定集合的构建方法，具体包括：

(1) 不确定参数的上、下界的选择方法.

(2) 不确定性的总体偏差量的选择方法.

应当指出，根据决策机制的不同，鲁棒优化可分为静态鲁棒优化和动态鲁棒优化，但不论何种鲁棒优化，其决策者和“大自然”博弈的本质是不变的，作为“大自然”的策略集，集合 W 的制定目标也是一致的，即不确定集合 W 以较大概率覆盖不确定性所有可能发生的情况，同时把发生概率极低的情况排除在外以减小决策保守性.

假设鲁棒优化中不确定参数构成的向量为 w，其第 j 个元素记为 w_j，w_j 的预测值 (或期望值) 为 $w_j^{\rm e}$. 此处认为 w_j 满足以下两个基本假设.

假设 9.1 预测误差的方差 $\sigma_j^2 = {\rm Var}[w_j - w_j^{\rm e}]$ 已知.

假设 9.2 归一化预测误差 $e_j^{\rm N} = (w_j - w_j^{\rm e})/\sigma_j$ 独立同分布.

其中, 预测误差的方差 σ_j 可以由历史数据获得，与所采用的预测方法有关. 因此, 假设 9.1 易于满足. 对于假设 9.2，在实际工程问题中，只要不确定因素相对独立，也不难满足, 即使不独立, 只要具有同一时间断面的数据，方差也不难计算. 出于计算角度的考虑，W 作为一个集合通常需要具有良好的性质，如闭凸性等. 事实上, 采用线性约束即可很好地描述现实中的不确定性[5]. 本节提出的不确定集合将从两个方面刻画不确定性偏离预测的程度. 首先根据预测误差可以得到不确定参数变化的区间

$$w_j^{\rm l} \leqslant w_j \leqslant w_j^{\rm u}, \quad \forall j \tag{9.1}$$

其中, $w_j^{\rm u}$ 和 $w_j^{\rm l}$ 分别为不确定参数的上界和下界，其选择应当使式 (9.1) 以一定概率成立，具体方法见 9.2.2 节. 由于不确定参数偏离预测具有独立性，且单个不确定参数达到边界的可能性不大，故所有不确定参数同时达到边界的可能性就更小. 因此在不确定集合 W 中加入以下不确定性对预测总体偏差量的限制

$$\sum_j \frac{|w_j - w_j^{\rm e}|}{w_j^{\rm h}} \leqslant \Gamma \tag{9.2}$$

其中

$$w_j^{\mathrm{e}}=0.5(w_j^{\mathrm{u}}+w_j^{\mathrm{l}}),\quad w_j^{\mathrm{h}}=0.5(w_j^{\mathrm{u}}-w_j^{\mathrm{l}}) \tag{9.3}$$

当 $\Gamma=0$ 时，W 是单元素集合，意味着预报准确或不考虑预测误差，相应的鲁棒优化问题也将退化为传统确定性优化问题. 当 Γ 逐渐增大时，W 的测度也随之增大，意味着决策者面临着更加严重的不确定性. 可见参数 Γ 可用于控制不确定性的严重程度，同时也反映了决策者的风险偏好. Γ 越大, 说明决策者对不确定性的变化范围持更加谨慎的态度，也将付出更大的成本以应对可能出现的风险. 不确定集合 (9.1)~集合 (9.3) 也可以表示为以下形式[5]:

$$W=\{w|w_j=w_j^{\mathrm{e}}+w_j^{\mathrm{h}}z_j,|z_j|\leqslant 1,\forall j,\sum_j|z_j|\leqslant\Gamma\} \tag{9.4}$$

文献 [9] 指出，若 Γ 取整数，集合 (9.4) 具有单模矩阵结构，意味着不确定性最坏的情况下必然有 Γ 个 z_j 的绝对值等于 1. 或者说，当 Γ 为整数时，多面体不确定集合 (9.4) 的极点可用如下集合表示:

$$\begin{aligned}&W=\{w_j|w_j=w_j^{\mathrm{e}}+w_j^{\mathrm{h}}z_j^+-w_j^{\mathrm{h}}z_j^-,\forall j,\{z_j^+,z_j^-\}\in Z\}\\&Z=\{z_j^+,z_j^-|z_j^+,z_j^-\in\{0,1\},z_j^++z_j^-\leqslant 1,\forall j,\sum_j|z_j|\leqslant\Gamma\}\end{aligned} \tag{9.5}$$

在集合 (9.5) 中，Γ 为正整数.

事实上，工程技术领域中的不确定性大都可以描述为集合 (9.1)~集合 (9.3) 或集合 (9.5) 的形式，如物流管理中需求侧的不确定性、电力系统机组组合中新能源发电或负荷的不确定性等. 因此，本节介绍的不确定集合具有一般性.

9.2.2 参数选择

一般而言, 参数 w_j^{u}、w_j^{l} 和 Γ 的选取对鲁棒优化的结果起着决定性影响. 一个合理的不确定集合既不能过于保守，否则有失经济性原则; 又不能过于冒进，否则不能充分考虑不确定性给决策带来的影响，从而无法保证决策的可靠性. 因此，待定参数的选择应在可靠性和经济性之间合理权衡，并能根据决策者对风险的态度而调整. 有鉴于此，集合 (9.1)~集合 (9.3) 或集合 (9.5) 中的每个不等式均应当以一定置信概率得到满足，这是选择待定参数的根本原则. 以下分两部分阐述.

1. 区间上、下界的选择

本节讨论如何选择 w_j^{u} 和 w_j^{l}，原则是满足如下概率约束:

$$\Pr(w_j^{\mathrm{l}}\leqslant w_j\leqslant w_j^{\mathrm{u}})\geqslant\alpha,\quad\forall j \tag{9.6}$$

其中，α 为置信概率. w_j^{u} 和 w_j^{l} 与 w_j^{e} 和 w_j^{h} 的关系由集合 (9.3) 给出，其中 w_j^{e} 由预报直接给出，故为已知，因此问题归结为如何确定 w_j^{h}. 下面的定理给出了 w_j^{h} 的选择方法.

定理 9.1　若取 $w_j^{\mathrm{h}}=k\sigma_j$，则可使式 (9.6) 成立，其中 $k=\sqrt{1/(1-\alpha)}$.

证明　由 Chebyshev 不等式[10] 有

$$\Pr(|w_j-w_j^{\mathrm{e}}|\geqslant k\sigma_j)\leqslant\frac{1}{k^2}$$

因此，当 $k=\sqrt{1/(1-\alpha)}$ 时，取 $w_j^{\mathrm{h}}=k\sigma_j$，有

$$\Pr(|w_j-w_j^{\mathrm{e}}|\geqslant w_j^{\mathrm{h}})\leqslant 1-\alpha \tag{9.7}$$

故式 (9.7) 等价于式 (9.6).

证毕

定理 9.2　设 $v_j=(w_j-w_j^{\mathrm{e}})/\sigma_j\sim N(0,1)$，若取 $w_j^{\mathrm{h}}=k\sigma_j$ 则可使式 (9.6) 成立，其中 $k=\Phi^{-1}((1+\alpha)/2)$，$\varPhi$ 为标准正态分布的累计概率分布函数.

定理 9.2 由标准正态分布累计概率分布函数的定义直接得出，此处略去证明.

应当指出，认为预测误差遵守正态分布是统计学中的共识，然而实际工程中，在某些情况下，某种特定的分布可能更加适合特定物理量的预测误差. 例如, 文献 [11] 认为，与正态分布相比，Cauchy 分布可以更准确地表示某些风电场的风功率预测误差. 因此, 本节提出了定理 9.1 和定理 9.2 用以确定参数 w_j^{h}，其中前者不需要假设预测误差的分布，因此易于实现但偏保守，后者则需要预测误差呈正态分布，而从统计学的观点，采用正态分布描述误差分布通常是合理的, 当然也可根据实际情况采用某种特定的分布函数.

2. 不确定预算的选择

本节基于中心极限定理和概率不等式给出 Γ 的选取方法，原则是使

$$\Pr\left(\sum_j\frac{|w_j-w_j^{\mathrm{e}}|}{w_j^{\mathrm{h}}}\leqslant\Gamma\right)\geqslant\beta \tag{9.8}$$

其中，$0\leqslant\beta\leqslant 1$. 以下定理给出了 Γ 的选取方法.

定理 9.3　若设 $E[Y]=\mu,\mathrm{Var}[Y]=\sigma^2$，若取

$$\Gamma=\mu+\sigma\sqrt{\frac{1}{1-\beta}-1} \tag{9.9}$$

则其满足式 (9.8).

证明 以 Γ^S 的取法为例. 由单方 Chebyshev 不等式[12, 13] 有

$$\Pr(Y-\mu\geqslant d)\leqslant\left(1+\frac{d^2}{\sigma^2}\right)^{-1} \tag{9.10}$$

令

$$1-\beta=\left(1+\frac{d^2}{\sigma^2}\right)^{-1}$$

于是有

$$d=\sigma\sqrt{\frac{1}{1-\beta}-1}$$

将上式代入式 (9.10) 可得

$$\Pr\left(Y\geqslant\mu+\sigma\sqrt{\frac{1}{1-\beta}-1}\right)\leqslant 1-\beta \tag{9.11}$$

故当 Γ 按式 (9.9) 取值时，式 (9.11) 等价于式 (9.8).

证毕

定理 9.3 从概率不等式的角度给出了 Γ 的选取方法，该方法不依赖 Y 的分布函数，也不要求假设 9.2 成立，因此易于实现. 但也正是因为概率不等式没有充分考虑随机变量的分布特点，所得到的结果通常较为保守. 基于此，以下从中心极限定理出发确定 Γ 的取值. 为便于表述，记

$$z_j=\frac{w_j-w_j^{\mathrm{e}}}{w_j^{\mathrm{h}}},\quad Y=\Sigma_j|z_j|$$

定理 9.4 在假设 9.2 的前提下，令

$$E[|z_j|]=\mu_{\mathrm{s}},\quad \mathrm{Var}[|z_j|]=\sigma_{\mathrm{s}}^2$$

若取

$$\Gamma=n\mu_{\mathrm{s}}+\varPhi^{-1}(\beta)\sqrt{n}\sigma_{\mathrm{s}} \tag{9.12}$$

则 Γ 可满足式 (9.8)，其中 n 为向量 w 的维数.

证明 由假设 9.2，e_j^N 独立同分布，所以 z_j 及 $|z_j|$ 都满足独立同分布，由 Lindeberg-Levy 中心极限定理可知

$$\lim_{M\to\infty}\left(\frac{\displaystyle\sum_{j=1}^{n}|z_j|-M\mu_{\mathrm{s}}}{\sqrt{M}\sigma_{\mathrm{s}}}\right)\xrightarrow{D}N(0,1)$$

即

$$Y = \sum_{j} \frac{|w_j - w_j^{\mathrm{e}}|}{w_j^{\mathrm{h}}}$$

是均值为 $M\mu_{\mathrm{s}}$、方差为 $M\sigma_{\mathrm{s}}^2$ 的标准正态分布，故有

$$\Pr(Y \leqslant n\mu_{\mathrm{s}} + \varPhi^{-1}(\beta)\sqrt{n}\sigma_{\mathrm{s}}) = \beta$$

即 Γ 按式 (9.12) 取值时，式 (9.8) 成立.

证毕

这里需要说明三点.

(1) 定理 9.3 中的 μ 和 σ^2 的获取方法有多种，如统计分析法等. 特别地，针对预测误差是正态分布的情况，可以给出解析表达式. 若归一化预测误差 e_j^N 服从标准正态分布，则根据 w_j^{h} 的取法，有 $z_j \sim N(0, 1/k^2)$，$|z_j|$ 即为半正态分布[14]. 这种情况下 $|z_j|$ 的均值和方差由下式给出:

$$\mathrm{E}[|z_j|] = \mu_{\mathrm{s}} = \frac{\sqrt{2}}{\sqrt{\pi}k}$$

$$\mathrm{Var}[|z_j|] = \sigma_{\mathrm{s}}^2 = \frac{1 - 2/\pi}{k^2}$$

(2) 定理 9.3 和定理 9.4 原则上都不需要预知预测误差的概率分布函数，只需要均值和方差等简单信息，这是因为不论是概率不等式还是中心极限定理对各类独立同分布随机变量都是普遍成立的. 此外 μ_{s} 和 σ_{s}^2 的取值也可通过多种方式获得而不必依赖解析表达式. 因此，不确定集合 W 的整个构建过程是基于数据的，可以摆脱对不确定因素概率分布函数的依赖，符合鲁棒优化的基本思想.

(3) 由定理 9.1 和定理 9.4 可见，基于概率不等式和基于中心极限定理所得结果形式相同，区别仅在于个别系数. 这个结果在理论上深刻反映了两种方法的本质联系. 事实上，概率不等式方法往往给出较大的参数，因其对各种分布普遍成立；定理 9.4 实则预测了 Y 的概率分布，给出的结果通常与统计分析数据相符，本节假设预测误差独立分布. 至于考虑误差相关性的不确定集合，可参考文献 [15].

9.3 静态鲁棒优化问题

9.3.1 静态鲁棒优化问题的数学模型

本节讨论的静态鲁棒优化问题的数学模型可以表述为[16, 17]

$$\begin{aligned} &\max_{w \in W} J(u, w), \quad \min_{u \in U} J(u, w) \\ &\text{s.t.} \quad G(x, u, w) \leqslant 0 \end{aligned} \tag{9.13}$$

其中，u 为人工决策变量；w 为大自然的决策变量 (用于表征不确定性)；x 为系统的状态；$J(u,w)$ 为支付函数；$G(x,u,w)$ 为系统状态约束条件，若对于给定的 u 和 w，不等式 $G(x,u,w)\leqslant 0$ 不存在可行解 x，则系统运行可靠性无法保障；U 和 W 分别代表人工决策变量 u 和大自然决策变量 w 的可行策略集. 如前所述将大自然视为一个虚拟的博弈参与者的思想来源于鲁棒控制[18]，本节的主题即是遵循该思想，从对局及竞争的角度讨论系统优化设计问题.

在式 (9.13) 所示的鲁棒优化模型中，决策者通过对控制 u 的设计以使 $J(u,w)$ 达到最小，而大自然则通过施加干扰 w 使 $J(u,w)$ 最大，且二者的策略会相互影响，因此式 (9.13) 中 u 和 w 构成二人零和博弈，其最优解可由博弈的 Nash 均衡确定. 倘若 (u^*,w^*) 为该博弈问题的 Nash 均衡，则在该策略下，双方都不能通过单独更改策略而获益，因此 (u^*,w^*) 应满足如下不等式：

$$J(u^*,w)\leqslant J(u^*,w^*)\leqslant J(u,w^*) \tag{9.14}$$

记式 (9.14) 中支付函数 J 的上、下限分别为 $\bar{J}$ 和 $\underline{J}$，其具体形式如下：

$$\begin{cases} \underline{J}=\min\limits_{u}\max\limits_{w} J(u,w) \\ \bar{J}=\max\limits_{w}\min\limits_{w} J(u,w) \end{cases} \tag{9.15}$$

二者恒满足 $\bar{J}\geqslant\underline{J}$. 进一步，若存在 (u^*,w^*)，使 $\bar{J}=\underline{J}=J^*=J(u^*,w^*)$ 成立，则称 (u^*,w^*) 为一组鞍点解 (saddle-point solution) 或 Nash 均衡解. 该模型遵循著名的极小极大原理[19]，本质上属于 von Neumann 提出的二人零和博弈格局. 需要说明的是，式 (9.15) 中，优化变量按照由外向内的次序依次决策，即在 $\bar{J}$ 中 w 先行决策，而在 $\underline{J}$ 中 u 先行决策，这种表示方式多见于鲁棒优化领域文献，尤其是最新文献, 见文献 [20-22]，但与部分鲁棒控制领域文献所采用的方式有所不同，后者采用由内向外的顺序决策. 这种差异是由于针对二人零和博弈的研究在两个领域中是独立进行的. 为避免混淆，本书在阐述鲁棒优化及鲁棒控制问题时，仍沿用各自领域的习惯表达，但并不影响问题的实质.

实际上，并不是每一个二人零和博弈都有 Nash 均衡解，为此将上述鲁棒优化问题 (9.13) 改写为下述形式：

$$\begin{aligned} &\max_{w\in W}\min_{u\in U} J(u,w) \\ &\text{s.t.}\quad G(x,u,w)\leqslant 0 \end{aligned} \tag{9.16}$$

上述问题与原鲁棒优化问题 (9.13) 中大自然与人工系统同时决策不同，该问题中，大自然先行决策，人工系统在观测到大自然的策略后采取措施以应对其对系统产生的不利影响. 对于式 (9.16) 所示的鲁棒优化问题，一定存在一组解 (u^*,w^*) 使下式成立[23]：

$$J(\bar{u}^*, \bar{w}^*) = \max_{w} \min_{u} J(u, w) \tag{9.17}$$

式 (9.16) 和式 (9.17) 描述了鲁棒优化模型对应的 max-min 问题. 该模型在工程博弈问题 (包括工程控制问题) 中有很强的针对性和实用性，其基本博弈内涵 (或工程意义) 概述如下.

1. 人工决策变量的最佳选择是避免最坏情况

不言而喻，鲁棒控制器的设计理念即源于上述原则. 电力系统发电计划、机组组合及状态检修策略的制定更无一不遵守上述原则. 从另一个角度讲，只要避免了最坏情况的发生，即形成了一个合理的博弈格局，进而达到了由两个博弈者各自利益所强制形成的一种真正的均衡. 换言之，博弈者绝不会从他的最佳策略偏移到有损自己利益的策略上去.

2. 人工决策变量与大自然的合理决策顺序是 max-min 型[23]

式 (9.16) 确定的博弈双方最佳策略表示人工决策变量 u 允许大自然 w 先行决策，然后 u 介入扭转局势，这种设计为最恶劣情况下的设计. 虽然从博弈观点看，这样的决策顺序对 u 不公平，但根据大自然最恶劣策略 w^* 确定的决策策略 u^*，必能应对其他非最恶劣策略 w 的挑战，故而 u^* 虽然较为保守但绝对是安全的，这意味着其工程可行性.

尤其是面对大自然这样的博弈者，多数情况下，其策略不明朗，或有关信息不完备，此时进行工程决策谈不上公平原则，故最好的应对手段是先观察其最坏干扰 (对大自然本身而言是其最佳策略)，再构建应对之策.

例如，对风电调度系统而言，电网调度者不可能先行决策后再等大自然刮风. 由于对于风速的大小及空间分布难以准确预测，因此电网调度者在决策时处于被动位置. 在大自然策略 w 不明确的情况下，人工决策 u 只能考虑最坏的情况：假设此时出现最高风险的风力爬坡事件，调度者以此来设计调度策略. 若该策略能保障电网稳定运行，则也可应对一般风力爬坡事件. 这种针对最恶劣状况的设计理念，正是博弈模型 (9.16) 所蕴含的物理意义之所在，也是鲁棒优化设计的核心思想.

3. 人工系统与大自然均满足理性要求

所谓理性要求，即指博弈参与者均期望通过博弈最大化己方收益. 损人不利己，或利人不利己，均造成一个博弈格局所需必要条件的缺失. 无论是 von Neumann 还是 Nash 博弈格局，均要求参与者必须具备理性，否则博弈的核心 —— 均衡，没有物理意义. 对鲁棒优化问题 (9.16) 所对应的博弈格局，人工决策变量 u 显然是理性的，其目的在于最大程度地降低系统的支付函数，即在保证系统安全运行的前提下提高经济性. 大自然作为博弈参与者当然也是“理性”的，表现在大自然带来的不确定性总是会增加系统的支付，即降低系统的经济性或影响系统的运行安全. 例如，突然出现的阵风绝不会使风电场输出更加平滑. 因此，大自然 (或外部环境) 对系统带来的影响总是负面的，并企图极大化此负面影响，此即大自然的“理性”.

以上 3 个论断构成了建立静态鲁棒优化问题博弈模型的基本原则.

例 9.1 考虑如下鲁棒优化问题.

$$
\begin{gathered}
\max_{w\in W}\min_{u\in U} u^2-w^2\\
\text{s.t.}\ -1\leqslant x_1\leqslant 1,\quad -1\leqslant x_2\leqslant 1\\
x_1+x_2=2u+2w\\
x_1-x_2=2w
\end{gathered}
$$

其中

$$
\begin{gathered}
W=\{w|0\leqslant w\leqslant 1\}\\
U=\{u|-1\leqslant u\leqslant 1\}
\end{gathered}
$$

由约束条件可解得

$$
x_1=u+2w,\quad x_2=u
$$

进一步可得关于 u 和 w 的可行域为

$$
\left\{ w,u \,\middle|\, \begin{array}{c} 0\leqslant w\leqslant 1\\ -1\leqslant u\leqslant 1\\ 2w+u\leqslant 1 \end{array} \right\}
$$

因此对于给定的干扰 w，人工决策的最佳反应为

$$
u=1-2w
$$

故最坏干扰是如下优化问题的最优解:

$$
\begin{gathered}
\max_{w\in W}\ (1-2w)^2-w^2\\
\text{s.t.}\quad 0\leqslant w\leqslant 1
\end{gathered}
$$

解得

$$
w^*=\frac{2}{3}
$$

故

$$
u^*=-\frac{1}{3}
$$

9.3.2 静态鲁棒优化问题的求解算法

一般形式的 max-min 优化问题 (9.16) 无法直接通过现成求解器求解，这里推荐采用文献 [24] 提出的两阶段松弛算法求解鲁棒优化问题，具体步骤如下所述.

第 1 步 初始化大自然的策略 $w^1 \in W$，并记迭代次数 $n = 1$.

第 2 步 引入对偶变量 λ 和辅助变量 σ，求解松弛后的极小化问题：

$$\begin{aligned}&\min_{u,\lambda,\sigma} \sigma\\ \text{s.t.}\quad & J(u, w_i) - \lambda G(x, u, w_i) \leqslant \sigma, \quad i = 1, 2, \cdots, n\\ & u \in U, \quad \lambda \geqslant 0\end{aligned}$$

通过适当的优化算法，得到第 n 步的最优解 $(u_n, \lambda_n, \sigma_n)$. 需要说明的是，上式不等式约束的数目将会随着迭代次数的增加而增加，因此上式是一个松弛度不断降低的松弛极小化问题.

第 3 步 求解极大化问题：

$$\max_{w \in W} J(u_n, w) - \lambda_n G(x, u_n, w)$$

该问题中，仅以大自然的决策变量为变量，u_n 和 λ_n 均为上一步求得的值. 采用适当的优化算法得到该问题的最优解 w_{n+1}，并得到相应的目标函数值，记作 $h(u_n, \lambda_n)$.

第 4 步 检验算法是否结束.

若 $h(u_n, \lambda_n) \leqslant \sigma_n + \varepsilon$，则算法终止，$(u_n, w_{n+1})$ 即为所求静态鲁棒优化问题 (9.16) 的最优解，此处 ε 为一个很小的正数；否则，记 $n = n + 1$，增加如下约束.

$$J(u_n, w) - \lambda_n G(x, u_n, w) \leqslant \sigma$$

回到第 2 步.

文献 [24] 证明，对于任意给定的 $\varepsilon > 0$，以上两阶段松弛算法可通过有限步迭代收敛.

9.4 动态鲁棒优化问题

静态鲁棒优化要求所有变量必须在不确定性获知以前作出决策，其结果往往过于保守. 为此 Ben-Tal 等学者在文献 [25] 中首次将鲁棒优化的决策过程扩展到了两阶段，称为可调鲁棒优化 (adjustable robust optimization, ARO)，并按照随机规划的命名习惯将需要在不确定性获知之前作出决定的第一阶段变量 x 称为 Here-and-now 变量，将不确定性观测到之后作出的第二阶段变量 y 称为 Wait-and-see 变量或补偿变量. ARO 本质上是一类多阶段动态鲁棒优化问题，而动态鲁棒优化的特点在于随着时间的推移不确定性逐渐被观测到，人工决策者也会根据不确定性实际出现的情况进行一系列的调整. 动态鲁棒优化以 ARO 的两阶段决策过程最具代表性，更多阶段的决策过程在原理上与两阶段决策是类似的，不过计算上要复杂一些. 多阶段鲁棒优化中，以线性问题研究最为成熟，应用最为广泛，而非线性优化问题由于其非凸性难以构造鲁棒伴随模型 (robust counterpart)，因此研究成果较少. 本章主要阐述基于两阶段决策的线性 ARO 问题，并且假设不确定性仅出现在右端项.

9.4.1 ARO 的数学模型

ARO 的基本思想是：将决策过程分为预决策和再决策，其中预决策需要在不确定性被观测到之前确定，而再决策可以等到不确定性获知以后再确定，是对预决策的补充或校正措施. 动态鲁棒优化的鲁棒性是对预决策而言的，预决策一旦确定，不论不确定性如何取值都不再改变，而再决策可在不确定性观测到之后确定，也可将其理解为构成了针对不确定性的反馈. 由于决策机制更加灵活，因此与静态鲁棒优化相比，ARO 的保守性通常更小.

秉承博弈的观点，决策者最关心的仍是不确定性对系统安全性和经济性可能造成的最坏影响，即在不确定因素各种可能出现的情况下，其策略是否仍能满足相应的安全性约束，或存在可行的校正策略，使安全性约束得到满足. 因此，大自然掌控的不确定性与决策者掌控的系统之间仍然构成零和博弈关系：大自然的不确定性试图让系统运行指标恶化，而决策者则试图分两步化解不确定性带来的危害，在不完全了解不确定性可能出现的情况时作出部分决策，即预决策，同时保留一部分调节手段，在不确定性获知之后做出校正决策，也即再决策，使安全性约束得到满足. 从此观点出发，可以将 ARO 中预决策 x、不确定性 w 和再决策 y 之间的决策过程描述为动态零和博弈，即 x 首先决策，并需要考虑在其后决策的不确定性 w 所有可能的策略下，最后决策的 y 是否存在可行的策略. 在现实世界中，预决策 x 和再决策 y 都是人工决策者控制的，而虚拟决策者大自然的策略 w 则是“拟人化”的决策变量. 博弈的最终目标是，针对受限集合 W 内的任意干扰 w，在保证系统安全性的同时，满足一定的经济性指标. 综上，可以将 ARO 描述为如下动态博弈问题：

$$\min_{x\in X}\max_{w\in W}\min_{y\in Y(x,w)} f(x,w,y) \tag{9.18}$$

其中

$$f(x,w,y)=c^{\mathrm{T}}x+d^{\mathrm{T}}y(x,w)$$

$$y(x,w)=\min_{y\in Y(x,w)} d^{\mathrm{T}}y$$

$$Y(x,w)=\{y|By\leqslant b-Cw-Ax\}$$

在博弈问题 (9.18) 中，x 首先在策略集 X 中选择策略，随后不确定性 w 在不确定集合 W 中选择最坏的干扰策略，最后 y 在策略集 $Y(x,w)$ 中做出决策. 这里约定，若集合 $Y(x,w)$ 为空集，则目标函数 $f(x,w,y)$ 为无穷大. 换言之，若 $f(x,w,y)$ 最优值为有限值，则不论 w 如何取值，必定存在 y 使所有约束得到满足. 对于一般情况，博弈问题 (9.18) 所描述的 ARO 并不能直接求解. 文献 [25] 指出，ARO 是 NP-hard 复杂度问题. 以下给出三种处理方法.

9.4.2 ARO 的求解方法

根据 ARO 模型的不同，本节简要叙述三种 ARO 求解方法.

1. 基于线性反馈律的求解方法

当目标函数 $f(x,w,y)$ 中向量 $d=0$ 时，干扰 w 仅影响可行性而不影响目标函数值，故可采用文献 [25] 中的线性反馈方法处理. 该情况下，鲁棒优化的目标是使约束条件在不确定性的干扰下始终成立.

设可调变量 y 是不确定性 w 的线性函数，即

$$y = y^0 + Gw \tag{9.19}$$

其中, 向量 y^0 为对应于 $w=0$ 时的再决策；增益矩阵 G 为待求矩阵变量.

在此模型中大自然和人工决策者之间的博弈体现在集合 $Y(x,w)$ 是否为空集. 大自然总是试图使其成为空集，从而使目标函数趋向无穷大，而人工决策者则试图部署最优策略 x，使得不论大自然采取何策略，集合 $Y(x,w)$ 非空，即总能够根据大自然采用的 w 找到合适的策略 y 满足系统运行约束. 上述博弈过程可表示为

$$Ax + B(y^0 + Gw) \leqslant b - Cw, \quad \forall w \in W \tag{9.20}$$

或

$$(BG + C)w \leqslant b - Ax - By^0, \quad \forall w \in W \tag{9.21}$$

由式 (9.21) 可知，对于给定的 x、y^0 和增益矩阵 G，不确定性 (或干扰) 总是试图增大左端项使约束越界，为了在不确定性最坏可能的情况下保持约束可行性，决策者需要设计 x、y^0、G，使

$$\max_{w \in W} (BG + C)_i w \leqslant (b - Ax - By^0)_i, \quad i = 1, 2, \cdots \tag{9.22}$$

其中, $(\cdot)_i$ 为矩阵的第 i 行或向量的第 i 个元素. 式 (9.22) 阐述了 ARO 的博弈本质. 大自然的理性通过极大化左边项予以体现. 但约束条件 (9.22) 中的 max 算符不利于问题的求解. 为此可按下述步骤处理.

当不确定集合 W 表示为多面体 $\{w|Sw \leqslant h\}$ 时，根据线性规划的对偶定理可得

$$\max_{Sw\leqslant h}(BG+C)_i w = \min_{\Gamma_i \in \Pi_i} \Gamma_i h$$

其中, Γ 为对偶变量构成的矩阵; Γ_i 为 Γ 的第 i 行，也是第 i 个优化问题的对偶变量，其可行域为

$$\Pi_i = \{\Gamma_i|\Gamma_i \geqslant 0, \Gamma_i S = (BG+C)_i\}$$

据此可以将 ARO 转化为以下线性规划问题:

$$\begin{aligned}
&\min_{x,y^0,G,\Gamma} c^{\mathrm{T}}x \\
&\text{s.t.}\quad Ax + By^0 + \Gamma h \leqslant b \\
&\Gamma S = BG + C, \quad \Gamma \geqslant 0
\end{aligned} \tag{9.23}$$

其中, x 和 y^0 为向量; G 和 Γ 为矩阵. 显见，只要线性规划 (9.23) 有解，最优解 x 就能抑制最坏干扰 w，进而通过线性反馈 (9.19) 满足任意不确定参数 w 下系统运行约束.

另外，线性反馈 (9.19) 将会降低再决策的灵活性，在数学上反映为限制了变量 y 的可变范围. 从工程的角度讲，该线性反馈将限制不确定性获知以后校正措施的多样性，从而得出过于保守的结果. 不过线性反馈因其计算上的巨大优势使其成为一种颇具吸引力的代表性方法. 文献 [26] 将这种方法推广到了多种形式的不确定集合，并给出了等价的混合整数线性规划模型或半定规划模型，感兴趣的读者可以参考之.

2. 基于鲁棒可行域的求解方法

为解决线性反馈保守性的问题，文献 [27-29] 提出了 ARO 的鲁棒可行性约束模型:

$$\begin{aligned}
&\min c^{\mathrm{T}}x \\
&\text{s.t.}\quad x \in X \cap X_R
\end{aligned} \tag{9.24}$$

其中, X_R 为 x 的鲁棒可行域，其定义为

$$X_R = \{x|\forall w \in W, Y(x,w) \neq \varnothing\} \tag{9.25}$$

其中，再决策可行域 $Y(x,w)$ 的定义参见式 (9.18).

模型 (9.24) 中，再决策变量 y 可以在可行域 $Y(x,w)$ 中灵活选择，而不必是不确定性 w 的线性函数. 以下定理揭示了鲁棒可行域 X_R 的几何性质.

定理 9.5[8] 若 x 和 y 为连续变量且 $X_R \neq \varnothing$，则 X_R 是多面体.

证明 考虑集合

$$\Lambda = \bigcap_{w \in \text{vert}(W)} \{(x,y)|Ax + By \leqslant b - Cw\}$$

其中, vert(W) 为集合 W 的极点. 由于多面体具有有限多极点，故集合 Λ 是有限个多面体的交集，仍为多面体. 进一步，集合 X_R 是集合 Λ 到 x 所在子空间的投影，而投影变换 $\Lambda \to X_R$ 是线性变换，因此 X_R 也是多面体.

证毕

定理 9.5 揭示了 X_R 的凸属性，但并没有给出 X_R 的表达式. 事实上，X_R 并不存在解析表达式. X_R 的实质仍然是代表大自然的干扰 w 和决策 y 之间通过博弈影响 ARO 问题的可行性. 此外，求解鲁棒优化问题 (9.24) 时, 也无需 X_R 的具体表达式, 而只需要其中的起作用约束, 这需要检验对给定的 x, 集合 $Y(x,w)$ 是否非空.

为考察集合 $Y(x,w)$ 的非空性，引入正松弛向量 s^+、s^-，形成如下线性规划问题:

$$\begin{aligned} S(x,w) = &\min_{y,s^+,s^-} 1^{\mathrm{T}}s^+ + 1^{\mathrm{T}}s^- \\ \text{s.t.} \quad & By + Is^+ - Is^- \leqslant b - Cw - Ax \end{aligned} \tag{9.26}$$

其中，向量 s^+、s^- 可以理解为某种应急策略，而为避免使用应急策略，需极小化松弛向量元素之和. 如果上述线性规划问题的最优值为正，即 $S(x,w) > 0$，则可断定 $Y(x,w) = \varnothing$；否则若 $S(x,w) = 0$，最优解中的 y 分量即为 $Y(x,w)$ 中的元素，即 $Y(x,w) \neq \varnothing$. 因此, 最优值 $S(x,w)$ 可以作为衡量可行性的指标.

现考虑不确定参数 w 变化的情况，即 $\forall w \in W$，考察 $Y(x,w)$ 的非空性. 秉承博弈的观点，将 w 作为先行决策的攻击者，策略集是 W，其目的在于通过极大化 $S(x,w)$ 破坏再决策 y 的存在性，从而迫使决策者采用应急策略，达到威胁系统安全的目的. 而在再决策阶段，决策者只能根据大自然的策略 w，在其策略集 $Y(x,w)$ 中寻找策略，构建破解之策，形成如下零和博弈模型:

$$\begin{aligned} R = &\max_{w \in W} \min_{y,s^+,s^-} 1^{\mathrm{T}}s^+ + 1^{\mathrm{T}}s^- \\ \text{s.t.} \quad & By + Is^+ - Is^- \leqslant b - Cw - Ax \end{aligned} \tag{9.27}$$

类似地，若上述优化问题的最优值 $R = 0$，则有 $Y(x,w) \neq \varnothing, \forall w \in W$，预决策 x 鲁棒可行；反之若 $R > 0$，则均衡解中的 w^* 分量必定使 $Y(x,w^*) = \varnothing$，即预决策 x 非鲁棒可行，反映到实际问题中则意味着必须采取应急措施，否则系统不能安全运行. 若 x 鲁棒可行，则当 x 实施后，不论不确定性 $w \in W$ 如何变化，一旦实际的 w 获知之后必然存在再决策 $y \in Y(x,w)$ 能够校正系统运行状态, 从而使约束得到满足. 可见 R 能够反映不确定环境下系统运行状态的安全性，也是衡量鲁棒可行性的量化指标，其几何意义可描述为当前运行点距离鲁棒可行域边界的某种度量.

由于鲁棒可行域 X_R 是凸的，故可采用以下思路求解 ARO 问题 (9.24)：首先判断某个给定的 x^* 是否鲁棒可行，若否，将 x^* 及其附近的非鲁棒可行区域通过割平面割除 (若 X_R 非凸则割平面有可能破坏鲁棒可行域). 进一步，若能够把所有非鲁棒可行点割除，则相当于得到了 X_R 中的起作用约束. 遵循此思路，以下两个关键问题有待解决.

问题 1 如何求解博弈问题 (9.27) 并构造相应的割平面?

问题 2 如何产生足够多的割平面使 X_R 的近似具有较好的逼近度?

首先讨论问题 1.

写出线性规划 (9.26) 的对偶规划问题

$$\max_{u\in U}\ u^{\mathrm{T}}(b-Cw-Ax) \tag{9.28}$$

其中, u 为对偶变量; $U=\{u|u^{\mathrm{T}}B\leqslant 0^{\mathrm{T}},-1\leqslant u\leqslant 0\}$. 在优化问题 (9.28) 中将 w 视为变量，则可将博弈问题 (9.27) 转化为以下优化问题：

$$\max_{w\in W,u\in U} u^{\mathrm{T}}(b-Ax)-u^{\mathrm{T}}Cw \tag{9.29}$$

其中，不确定集合 W 由式 (9.1) 和式 (9.2) 定义. 需要说明的是，求解优化问题 (9.29) 的主要困难在于目标函数中存在非凸的双线性项 $u^{\mathrm{T}}Cw$，故采用一般算法只能求出局部最优解，从而导致鲁棒可行性发生误判. 为解决此问题，文献 [29] 提出一种方法将优化问题 (9.29) 转化为混合整数线性规划，从而借助成熟的混合整数线性规划求解器求出全局最优解，其方法步骤如下所述.

第 1 步(双线性标量化) 首先将目标函数写为

$$u^{\mathrm{T}}(b-Ax)-\sum_i\sum_j c_{ij}u_iw_j$$

可见非线性存在于乘积项 u_iw_j.

第 2 步(目标函数线性化) 注意到 w_j 可写为式 (9.1) 和式 (9.2) 的形式，故引入下述附加变量：

$$v_{ij}^{+}=u_iz_j^{+},\quad v_{ij}^{-}=u_iz_j^{-}$$

从而将目标函数线性化为

$$u^{\mathrm{T}}(b-Ax)-\sum_i\sum_j c_{ij}(u_iw_j^{\mathrm{e}}+v_{ij}^{+}w_j^{\mathrm{h}}-v_{ij}^{-}w_j^{\mathrm{h}})$$

第 3 步 (约束线性化) 进一步将 v_{ij}^+ 和 v_{ij}^- 用线性不等式表示，可将双线性规划 (9.29) 转化为以下混合整数线性规划问题：

$$
\begin{aligned}
R = \max_{u,v^+,v^-,z^+,z^-} & (u^{\mathrm{T}}(b-Ax) - \sum_i\sum_j c_{ij}(u_i w_j^{\mathrm{e}} + (v_{ij}^+ - v_{ij}^-)w_j^{\mathrm{h}})) \\
\text{s.t.} \quad & u \in U, \quad \{z^+, z^-\} \in Z \\
& v_{ij}^+ \leqslant 0, \quad u_i \leqslant v_{ij}^+, \quad -z_j^+ \leqslant v_{ij}^+, \quad v_{ij}^+ \leqslant -z_j^+ + u_i + 1, \quad \forall i, \quad \forall j \\
& v_{ij}^- \leqslant 0, \quad u_i \leqslant v_{ij}^-, \quad -z_j^- \leqslant v_{ij}^-, \quad v_{ij}^- \leqslant -z_j^- + u_i + 1, \quad \forall i, \quad \forall j
\end{aligned}
\tag{9.30}
$$

混合整数线性规划 (9.30) 和双线性规划 (9.29) 之间有如下关系.

定理 9.6 混合整数线性规划 (9.30) 等价于双线性规划 (9.29)，即二者具有相同的最优值和最优解 u、w.

证明 只需证明其目标函数与约束等价即可.

由于 $z_j^+ \in \{0,1\}$，由混合整数线性规划 (9.30) 的约束可知，当 $z_j^+ = 0$ 时，$v_{ij}^+ = 0$; 当 $z_j^+ = 1$ 时，$v_{ij}^+ = u_i$. 同理，当 $z_j^- = 0$ 时，$v_{ij}^- = 0$; 当 $z_j^- = 1$ 时，$v_{ij}^- = u_i$. 这与 $v_{ij}^+ = u_i z_j^+$ 和 $v_{ij}^- = u_i z_j^-$ 是等价的. 因此，混合整数线性规划 (9.30) 和双线性规划 (9.29) 的目标函数等价. 进一步，二者关于对偶变量 u 和不确定性 w(或 z^+, z^-) 的约束是相同的. 因此, 二者具有相同的最优值和最优解 u、w.

证毕

注意到为线性化每个双线性项 $v_{ij}^+ = u_i z_j^+$ 和 $v_{ij}^- = u_i z_j^-$，需要引入 1 个连续附加变量和 4 个附加约束. 不过考虑到矩阵 C 通常具有稀疏性，此举并不会显著增加问题的规模和求解难度，相反, 将非凸的双线性规划转化为混合整数线性规划，可以有效求出全局最优解，这为鲁棒可行性判断建立了严格的理论基础. 应当说明的是，混合整数线性规划的计算复杂度也为 NP-hard，不过式 (9.30) 中的整数变量是 w 维数的 2 倍，与变量 x 和 u 的维数无关，因此当 w 维数较低时可高效求解.

通过求解混合整数线性规划 (9.30) 得到最优解 R 后，即可判断 x 的鲁棒可行性. 由前文的分析可知，若要使 x 具有鲁棒性，必须使 $R = 0$. 当 $R > 0$ 时，需要沿 R 的可行下降方向调整 x 使其值下降为 0. 需要注意的是, 双线性规划 (9.29) 中，x 仅出现在目标函数中，其约束条件与 x 无关，因此, R 在 x^* 处的次梯度可表示为

$$
s_g^* = -u^{*\mathrm{T}} A
$$

其中, u^* 为以 x 为参数的双线性规划 (9.29) 最优解中的 u 分量. 次梯度 s_g^* 恰好提供了 R 在 x 的一个下降方向，即若在某 x^* 处 $R > 0$，则使 $R < 0$ 的区域为

$$
s_g^* x \leqslant -R(x^*) + s_g^* x^*
$$

上式的几何意义为，根据 $R(x)$ 的 1 阶 Taylor 展开能够估计鲁棒可行域 X_R 的边界. 事实上 R 不可能小于 0，因为松弛向量中的元素是非负的.

其次讨论问题 2.

若能找到一组合适的点，使得根据这些点构造的割平面组成 X_R 的边界，则可将 X_R 用一组线性不等式表示. 但实际应用中缺乏足够的先验知识获得这些点的分布情况. 有鉴于此，一种可行的处理办法是仿照约束产生方法 [30] 或 Benders 可行割方法[31]，先将鲁棒可行域 X_R 进行松弛，在迭代求解过程中逐次验证 x 的鲁棒可行性，并构造割平面，逐渐逼近鲁棒可行域 X_R，直至 $x \in X_R$. 基于此思路，有如下割平面算法.

第 1 步 (初始化) 设置迭代次数 $k=0, x^0=0, s^0=0, R^0=0$.

第 2 步 (预决策) 求解如下松弛鲁棒优化问题:

$$\begin{aligned} &\min_{x \in X} c^{\mathrm{T}} x \\ &\text{s.t.} \quad s_g^l x \leqslant -R^l + s_g^l x^l, \quad 0 \leqslant l \leqslant k \end{aligned} \tag{9.31}$$

更新 $k=k+1$，记问题 (9.31) 的最优解为 x^k.

第 3 步 (鲁棒可行性检验) 求解双线性规划 (9.29)，记其最优解为 u^k，最优值为 R^k，若 $R^k=0$，则 x^k 为最优预决策，至第 4 步，否则产生次梯度

$$s_g^k = -(u^k)^{\mathrm{T}} A$$

以及可行割

$$s_g^k x \leqslant -R^k + s_g^k x^k$$

将可行割加入问题 (9.31) 的约束中，返回第 2 步.

第 4 步 (再决策) 若不确定性已被准确预报，则求解以下线性规划:

$$\min_{y \in Y(x,w)} d^{\mathrm{T}} y$$

得到实际校正策略 y.

3. 基于 Benders 分解的求解方法

ARO 模型 (9.23) 和模型 (9.24) 中，目标函数仅包含第一阶段变量 x. 文献 [20, 21] 提出了 ARO 问题 (9.18) 的 Benders 分解算法. 注意, ARO 问题 (9.18) 的决策顺序，即 w 和 y 决策时，x 已经给定，因此可将 w 和 y 之间的决策行为描述为如下以 x 为参数的零和博弈问题，即

$$R(x) = \max_{w \in W} \min_{y \in Y(x,w)} d^{\mathrm{T}} y(x,w) \tag{9.32}$$

从而动态博弈问题 (9.18) 可以转化为如下形式：

$$\begin{aligned}&\min_{x,\sigma} c^{\mathrm{T}}x+\sigma\\ &\text{s.t.}\quad x\in X,\quad \sigma\geqslant R(x)\end{aligned}\tag{9.33}$$

式中, 函数 $R(x)$ 的解析表达式虽然未知，但可以采用割平面逐渐逼近. 求解上述问题的基本思路仍然是通过求解式 (9.32) 对应的双线性规划获得 $R(x)$ 关于 x 的灵敏度. 文献 [20] 采用基于外逼近的求解算法，该算法通过求解一系列线性规划求出双线性规划的解，其高效性是不言而喻的. 但作为一种凸优化的求解算法，该算法不能在理论上保证求出全局最优解. 为此, 文献 [21] 提出混合整数线性规划算法, 本节将其归纳总结如下. 类似于问题 (9.30)，将零和博弈问题 (9.32) 转化为如下双线性规划问题:

$$\begin{aligned}&\max_{u,w}\ \Big(u^{\mathrm{T}}(b-Ax)-\sum_i\sum_j c_{ij}u_iw_j\Big)\\ &\text{s.t.}\quad u^{\mathrm{T}}B\leqslant d^{\mathrm{T}},\quad u^{\mathrm{T}}\leqslant 0^{\mathrm{T}},\quad w\in W\end{aligned}\tag{9.34}$$

同理，引入附加变量 $v_{ij}^{+}=u_jz_j^{+}$ 和 $v_{ij}^{-}=u_jz_j^{-}$, 并将其线性化，可得如下混合整数线性规划问题:

$$\begin{aligned}R=&\max_{u,v^+,v^-,z^+,z^-}\left(u^{\mathrm{T}}(b-Ax)-\sum_i\sum_j c_{ij}(u_iw_j^{\mathrm{e}}+(v_{ij}^{+}-v_{ij}^{-})w_j^{\mathrm{h}})\right)\\ &\text{s.t.}\quad u^{\mathrm{T}}B\leqslant d^{\mathrm{T}},\quad u\leqslant 0,\quad \{z^+,z^-\}\in Z\\ &v_{ij}^{+}\leqslant 0,\quad u_i\leqslant v_{ij}^{+},\quad -Mz_j^{+}\leqslant v_{ij}^{+},v_{ij}^{+}\leqslant u_i-M(z_j^{+}-1),\quad \forall i,\quad \forall j\\ &v_{ij}^{-}\leqslant 0,\quad u_i\leqslant v_{ij}^{-},\quad -Mz_j^{-}\leqslant v_{ij}^{-},v_{ij}^{-}\leqslant u_i-M(z_j^{-}-1),\quad \forall i,\quad \forall j\end{aligned}\tag{9.35}$$

其中, M 为充分大的正数. 与上一小节不同，此处由于对偶变量的边界未知，需要引入参数 M. 从等价性角度来看，希望 M 越大越好；从计算角度来看，希望 M 越小越好，因为 M 越大问题条件数也越大, 容易产生数值稳定性问题.

根据混合整数线性规划 (9.35) 的最优解 (u^k,w^k) 构造最优割:

$$\sigma\geqslant(u^k)^{\mathrm{T}}(b-Ax)-(u^k)^{\mathrm{T}}Cw^k$$

综上，ARO 问题 (9.18) 的 Benders 分解算法归纳总结如下.

第 1 步 (初始化)　取 x 的初值为 x^0，求解混合整数线性规划 (9.35) 得到最优解 (w^1,u^1). 设置迭代次数 $k=1$，$LB=0$，$UB=1$，收敛误差 $\varepsilon>0$.

第 2 步 (定下界) 求解如下主问题:

$$\min_{x,\sigma} c^{\mathrm{T}}x+\sigma$$

$$\text{s.t.} \quad x\in X$$

$$\sigma \geqslant (u^l)^{\mathrm{T}}(b-Ax)-(u^l)^{\mathrm{T}}Cw^l, \quad \forall l\leqslant k$$

记其最优解为 (x^k,σ^k), 并设

$$LB=c^{\mathrm{T}}x^k+\sigma^k$$

第 3 步 (定上界) 求解混合整数线性规划 (9.35), 记其最优解为 (w^k,u^k), 最优值为 $R(x^k)$, 并设

$$UB=c^{\mathrm{T}}x^k+R(x^k)$$

第 4 步 (判敛) 若 $UB-LB\leqslant\varepsilon$, 算法结束, 返回 x^k; 否则 $k=k+1$, 返回第 2 步.

文献 [22] 的研究结果表明, 采用 Pareto 最优割可以大幅度提高上述算法的效率, 减少迭代次数.

本节最后用一个简单的例子说明决策顺序对鲁棒优化问题的可行性与最优值的影响.

例 9.2 [32] 考察如下带不确定参数的鲁棒优化问题

$$\min x_1 \tag{9.36}$$

$$\text{s.t.} \quad x_1,x_2\geqslant 0 \tag{9.37}$$

$$x_1\geqslant(2-\varsigma)x_2 \tag{9.38}$$

$$x_2\geqslant\frac{1}{2}\varsigma x_1+1 \tag{9.39}$$

其中, 不确定参数 $\varsigma\in[0,\rho],\rho<1$. 由于目标函数中不包含不确定性, 故参数 ς 仅影响解的可行性. 本例考察不确定性信息及参数 ρ 取值对优化问题的影响.

情形 1 x_1,x_2 均需要在不知晓 ς 精确取值的情形下做出, 且对任意 ς 约束条件需要得到满足.

当 $\varsigma=\rho$ 时, 约束条件 (9.39) 表明

$$x_2\geqslant\frac{1}{2}\rho x_1+1$$

当 $\varsigma=0$ 时, 约束条件 (9.38) 表明

$$x_1\geqslant 2x_2$$

因此 $x_1 \geqslant \rho x_1 + 2$，即

$$x_1 \geqslant \frac{2}{1-\rho}$$

可见，当 $\rho \to 1$ 时，最优值趋向于无穷大.

情形 2 仅 x_1 需要在不知晓 ς 精确取值的情形下做出，且对任意可能的 ς，允许 x_2 做出调整使得约束条件得到满足.

在此情形下，取

$$x_2 = \frac{1}{2}\varsigma x_1 + 1$$

总可以使约束 (9.39) 得到满足. 进一步根据约束 (9.38) 要求选取合适的 x_1，使得

$$x_1 \geqslant (2-\varsigma)\left(\frac{\varsigma}{2}x_1 + 1\right), \quad \forall \varsigma \in [0, \rho] \tag{9.40}$$

至此 x_1 的取值范围, 即可行域尚不明确. 若取 $x_1 = 4$ 代入式 (9.40) 可得

$$2(2-\varsigma)\varsigma + 2 - \varsigma \leqslant 4 \tag{9.41}$$

考虑到当 $\varsigma \in [0, \rho]$ 且 $\rho < 1$ 时，$(2-\varsigma)\varsigma \leqslant 1$，显见，式 (9.41) 对任意 $\varsigma \in [0, \rho]$ 成立，说明 $x_1 = 4$ 是一个可行解，因此情形 2 下不论 ρ 为何值，优化问题的最优值不大于 4.

综上分析可以看出，决策过程中根据所获得的不确定性信息做出相应的调整对降低鲁棒优化的保守性是至关重要的，同时也说明了动态鲁棒优化在建模上的优势.

9.5 说明与讨论

如何处理不确定性是鲁棒优化理论的关键所在. 任何一个实际运行的系统都会受到人工决策和大自然 (或内外不确定性或干扰) 两种因素的作用，从而影响工程决策问题的可行性或最优性. 为此可以建立一个二人零和博弈模型，其参与者为大自然和人工决策者. 一般而言，若能求得该模型的均衡解，则即可得到两个参与者的最佳策略: 对人工决策者来说，其策略为最优策略; 对大自然而言，其策略为最坏干扰激励，此最坏干扰激励即作为不确定性集合的一个典型代表，或作为一个最好的“预测”. 事实上，只要所构建的最佳人工策略能够抵御此最坏干扰，则必能抵御 W 中的任何其他元素. 由于对大自然行为的预测不可能实现完全精确，故其可行策略行为一般表现为一个集合，预测工作的最高目标即是最大程度地压缩 W 的“大小”(严格讲，是不确定性的某种测度)，使其对不确定性或干扰的预测保持在一个工程允许的范围之内. 一般而言，W 越大或越粗糙，保守性也越大，反之

亦然. 为尽量压缩集合 W 的大小，本章系统地给出了鲁棒优化模型中集合 W 的选择方法，除对不确定参数的区间进行预测之外，还引入了对总偏差的约束，并基于概率不等式或中心极限定理给出了集合 W 中参数的选择方法，可以针对不同风险水平合理地压缩集合 W 的测度.

本章优化问题的目标函数中若包含多重 max 或 min 算子，则根据优化类文献的惯例，一般按照由外向内的顺序进行决策. 本章讨论的静态鲁棒优化模型属 max-min 博弈格局，动态鲁棒优化模型属 min-max-min 博弈格局，前者的所有决策必须在不确定性获知以前做出，后者的部分决策可以到不确定性被观测到以后再做出，可将其理解为包含反馈机制，其保守性较前者较小. 需要指出的是，鲁棒优化方面的研究更侧重于求解不确定优化问题本身，而博弈论在更大程度上是一种应对不确定性的思想，最终问题的求解还要归结到算法. 因此, 二人零和博弈并不能取代鲁棒优化算法的研究. 另外，任何鲁棒优化的求解算法也可为对应二人零和博弈问题的求解提供有益的参考.

参 考 文 献

[1] Ben-Tal A, Nemirovski A. Robust solutions of linear programming problems contaminated with uncertain data. Mathematical Programming, 2000, 88(3):411–424.

[2] Jen E, Crutchfield J, Krakauer D, et al. Working definitions of robustness. SFI Robustness Site. http://discuss. santafe. edu/robustness, RS-2001-009, 2001.

[3] Jen E. Stable or robust? what's the difference. Complexity, 2003, 8(3):12–18.

[4] Beyer H, Sendhoff B. Robust optimization——A comprehensive survey. Computer Methods in Applied Mechanics and Engineering, 2007, 196(33):3190–3218.

[5] Bertsimas D, Sim M. The price of robustness. Operations Research, 2004, 52(1):35–53.

[6] Bertsimas D, Brown D B. Constructing uncertainty sets for robust linear optimization. Operations Research, 2009, 57(6):1483–1495.

[7] Natarajan K, Pachamanova D, Sim M. Constructing risk measures from uncertainty sets. Operations Research, 2009, 57(5):1129–1141.

[8] 魏韡. 电力系统鲁棒调度模型与应用. 北京: 清华大学博士学位论文, 2013.

[9] Wolsey L A. Integer Programming. New York: Wiley, 1998.

[10] Papoulis A, Pillai S. Probability, Random Variables, and Stochastic Processes. New York: McGraw-Hill, 1984.

[11] Hodge B, Milligan M. Wind power forecasting error distributions over multiple timescales//IEEE Power and Energy Society General Meeting, 2011.

[12] Bennett G. Probability inequalities for the sum of independent random variables. Journal of the American Statistical Association, 1962, 57(297):33–45.

[13] Hoeffding W. Probability inequalities for sums of bounded random variables. Journal of the American Statistical Association, 1963, 58(301):13–30.

[14] Leone F C, Nelson L S, Nottingham R B. The folded normal distribution. Technometrics, 1961, 3(4):543–550.

[15] 孙健，刘斌，刘锋, 等. 计及预测误差相关性的风电出力不确定性集合建模与评估. 电力系统自动化, 2014, 38(18):27–32.

[16] 梅生伟，郭文涛，王莹莹, 等. 一类电力系统鲁棒优化问题的博弈模型及应用实例. 中国电机工程学报, 2013, 33(19):47–56.

[17] Mei S, Zhang D, Wang Y, et al. Robust optimization of static reserve planning with large-scale integration of wind power: A game theoretic approach. IEEE Transactions on Sustainable Energy, 2014, 5(2):535–545.

[18] Isaacs R. Differential games: A mathematical theory with applications to warfare and pursuit, control and optimization. Courier Corporation, 1999.

[19] von Neumann J, Morgenstern O. The Theory of Games and Economic Behavior. Princeton: Princeton University Press, 1944.

[20] Bertsimas D, Litvinov E, Sun X A, et al. Adaptive robust optimization for the security constrained unit commitment problem. IEEE Transactions on Power Systems, 2013, 28(1):52–63.

[21] Jiang R, Wang J, Guan Y. Robust unit commitment with wind power and pumped storage hydro. IEEE Transactions on Power Systems, 2012, 27(2):800–810.

[22] Zhao L, Zeng B. Robust unit commitment problem with demand response and wind energy//IEEE Power and Energy Society General Meeting, 2012: 1–8.

[23] 杨宪东，叶芳柏. 线性与非线性 H_∞ 控制理论. 台湾：全华科技图书股份有限公司, 1996.

[24] Shimizu K, Aiyoshi E. Necessary conditions for min-max problems and algorithms by a relaxation procedure. IEEE Transactions on Automatic Control, 1980, 25(1):62–66.

[25] Ben-Tal A, Goryashko A, Guslitzer E, et al. Adjustable robust solutions of uncertain linear programs. Mathematical Programming, 2004, 99(2):351–376.

[26] Goulart P J. Affine feedback policies for robust control with constraints. Cambridge:University of Cambridge PhD Thesis, 2007.

[27] 魏韡，刘锋，梅生伟. 电力系统鲁棒经济调度 (一) 理论基础. 电力系统自动化, 2013, 37(17):37–43.

[28] 魏韡，刘锋，梅生伟. 电力系统鲁棒经济调度 (二) 应用实例. 电力系统自动化, 2013, 37(18):60–67.

[29] Wei W, Liu F, Mei S, et al. Robust energy and reserve dispatch under variable renewable generation. IEEE Transactions on Smart Grid, 2015, 6(1):369–380.

[30] Blankenship J W, Falk J E. Infinitely constrained optimization problems. Journal of Optimization Theory and Applications, 1976, 19(2):261–281.

[31] Bertsimas D, Tsitsiklis J N. Introduction to linear optimization. Athena Scientific Belmont, 1997.

[32] Ben-Tal A, El Ghaoui L, Nemirovski A. Robust Optimization. Princeton: Princeton University Press, 2009.

第 10 章　鲁棒控制问题的博弈求解方法

基于传递函数的经典 PID 控制、基于状态空间的线性最优控制及基于微分几何的非线性最优控制的理论和方法，依赖被控对象的精确数学模型，一般不考虑干扰 (不确定性)，故它们难以定量评估乃至充分抑制干扰对控制系统的不利影响. 上述干扰包括来自外界的干扰 (如测量噪声) 以及来自系统本身的干扰 (如未建模动态等). 为了研究控制系统对干扰的抑制能力，我们首先阐明鲁棒性和鲁棒控制的概念. 一个在无干扰时稳定的闭环系统，若其输出对系统所受的干扰不敏感，或系统所受到的干扰对该系统的输出影响足够小，则称该闭环系统对干扰有足够的鲁棒性. 进一步，如果一个稳定的闭环系统在相应控制作用下具有足够的鲁棒性，则称该控制是鲁棒控制. 由此可知，所谓某一动态系统的鲁棒性，其实际含义是指该系统所具有的降低干扰对输出影响的能力.

由以上对鲁棒性概念的认识可知，任何一个处于正常运行中的控制系统必具备两个特征：一是稳定性；二是或多或少地具有鲁棒性. 一个不具有鲁棒性的控制系统实际上是不能运行的，因为它在受到干扰后，其输出将会偏离工程上允许的范围. 随着科学技术的发展和人类对工程控制系统质量要求的不断提高，降低干扰对控制系统输出的不利影响，即通过设计控制器以显著改善闭环系统的鲁棒性，正是鲁棒控制所要解决的主要问题，也是鲁棒控制成为控制界研究的一大热门课题的原因.

微分博弈是使用博弈理论处理微分方程约束下的双方或多方连续动态冲突、竞争或合作问题的数学工具. 换言之，微分博弈是最优控制理论与博弈论融合的产物，是一种多方最优控制问题，从而比传统单目标最优控制理论具有更强的竞争性和对抗性. 微分博弈已经广泛应用于经济学、国际关系、军事战略和控制工程等诸多领域. 鲁棒控制的核心思想即是将控制器设计建模为二人零和微分博弈，其中将干扰视为虚拟的参与者，在此基础上应用最大最小极值原理，构造最佳鲁棒控制策略使最坏干扰激励对系统的影响在可接受的范围. 本章将从微分博弈的角度分析对比传统控制与鲁棒控制问题，系统地介绍面向鲁棒控制问题的二人零和微分博弈问题的 4 类解法.

10.1　鲁棒控制问题的博弈诠释

控制器设计是一种不折不扣的博弈. 一般而言，该博弈格局的参与者为大自然与控制器设计者，其中大自然是虚拟的参与者，表示干扰或不确定性. 随着实际工程系统对闭环控制效果要求的不断提升，控制问题所蕴含的博弈格局也越发复杂，从开环设计到闭环设计、从单人博弈到两人博弈. 人们在与自然较量的过程中，不断领悟博弈的规则，提升控制器的控制性能指标. 本章首先从博弈论角度诠释控制理论的发展沿革，包括经典控制、最优控制和鲁棒控制，进而给出鲁棒控制的二人零和微分博弈模型，并介绍相应 Nash 均衡即鞍点的求解方法. 文献 [1] 基于博弈论对经典 PID 控制、最优控制及鲁棒控制的物理内涵进行了精辟分析和总结，本节结合稳定性和鲁棒性理论，将文献 [1] 的主要论点梳理总结如下.

以博弈论观点深入考察控制理论发展史，可以看出早期控制理论，如经典 PID 控制、线性最优控制等，其本质是被动式的、单方面的控制理念. 对于经典 PID 控制，既无明确的设计目标，也无解析化的设计手段，通常根据经验法则和现场调试来确定控制策略，如根轨迹法、Nyquist 判据、Bode 图等，最终设计的策略 u 严格依赖于设计者的经验，故其所得只是一般策略，并非最优策略. 而对该设定的 u，可通过若干稳定性及性能分析法则，如幅值裕度或相角裕度等，辨识出系统所能承受的最坏外界干扰 w^*，因此 PID 控制可以认为是 (u, w^*) 型博弈格局，即以一般控制策略 u 应对最坏干扰 w^*.

LQG 通常利用 Riccati 方程求解最优控制策略，而大自然或干扰的策略 w 则由设计者主观设定，通常假定 w 只是一般微小干扰 (这也是对被控对象采用线性系统建模的前提之一)，没有经过“最优”设计，故 LQG 可视为 (u^*, w) 型博弈格局，即以最优控制策略 u^* 应对大自然的一般微小干扰 w. 事实上，从 Lyapunov 稳定性理论角度看，线性最优控制应对的干扰可以归纳为对微分方程描述的动态系统的瞬时扰动 (或微小扰动). 线性最优控制通过最优控制策略构成闭环系统，以保证系统在运行时对此类不确定性引起的初始条件响应的稳定性. 换言之，线性最优控制策略 u^* 只能应对由微小扰动 w 构成的干扰集. 从博弈策略集合的角度看，LQG 人为压缩了 w 的策略集合，使其在系统设计时无法事先定量地把握不确定性对系统性能品质的影响，最终造成这种处理方法与工程实际情况差距较大.

在实际工程控制问题中，控制工程师所构建的自动控制系统不可避免地受到干扰的影响. 这里所说的干扰，既包括外界环境的干扰因素，又包括设计控制器时未考虑到的系统内部动态. 鲁棒控制是针对存在干扰情况下系统控制器设计的一类控制理论和方法，在保证系统稳定性的前提下，尽可能抑制干扰对控制系统性能的不利影响. 事实上，鲁棒控制可以视为二人零和微分博弈在控制问题中的应用，控制器的作用与干扰的影响形成竞争对立的关系，控制器希望提高系统性能，干扰则降低系统性能，这在本质上形成一种控制器与干扰之间的博弈格局. 在此背景下最优控制策略和最坏干扰激励构成反馈 Nash 均衡，从而可以利用微分博弈的理论方法进行分析和求解.

进一步，实际工程中还有一类更广泛的鲁棒控制与决策问题，该类问题中控制器设计者不仅要面对来自外部环境的挑战，更要面对来自其他人工设计者的挑战，而且通常后者更难应对. 例如，地空导弹的设计目标是快速准确地击落敌机，但敌机会依赖飞行控制系统来规避导弹，这样就形成一种导弹设计者与飞机控制系统设计者竞争与对立的博弈格局：导弹导引律试图缩小导弹和飞机间的距离，而飞机自控系统则设法拉开二者的距离. 因此，导弹性能越卓越，飞机自控系统设计者就面临越大的挑战，而且这种挑战远大于湍流或阵风等自然力的威胁. 事实上，控制技术的发展即伴随着这种人与自然、人与人之间的竞争. 这类竞争格局进一步可以描述为一类二人零和博弈模型，包括参与者、策略集合和支付函数 (对应于极小化目标函数) 或收益函数 (对应于极大化目标函数) 三大要素. 为简明起见，用 u 和 w 表示控制策略和干扰激励，其最优策略的组合，即 Nash 均衡策略，记为 (u^*, w^*)，其中 u^* 和 w^* 分别是参与者 u 和 w 在均衡状态下的最优策略，即 u 和 w 均不会单方面选择离开 Nash 均衡的其他策略，否则参与者收益会降低或至少不会比采取 u^* 或 w^* 时获益更多.

综上所述，鲁棒控制理论是主动的、双方面的控制理念，对于任何形式和大小的干扰及攻击都作预先准备及评估，进而构建最优控制策略以形成抗扰能力最强的闭环系统，并分析该闭环系统能否抵御来自人为或自然的最坏可能干扰或攻击. 具体而言，鲁棒控制的目标即是探讨在最恶劣 (从大自然或攻击者的角度来看是最优) 的干扰 w^* 下，如何设计最优控制策略 u^*. 由此可见，鲁棒控制是一种“公平”的竞争，不特别强调 u 或 w，让两者均尽可能地发挥，如此形成的博弈结果 (u^*, w^*) 是最为合理的.

10.2　鲁棒控制问题的数学模型

本节针对考虑干扰的线性系统和非线性系统，分别给出其鲁棒控制问题的数学描述. 事实上，这两类系统的鲁棒控制物理或工程内涵一致，都包括闭环系统稳定和干扰抑制两个方面[2].

对于线性系统，通过引入时域 L_2 范数或频域 H_∞ 范数，可以对其鲁棒控制问题进行描述，所对应的线性鲁棒控制又称为线性 L_2 增益控制或线性 H_∞ 控制. 由于时域 L_2 范数和频域 H_∞ 范数等价，这两种建模方式本质上也是等价的，其数学描述如下.

考察含干扰的线性系统

$$\begin{cases} \dot{x} = Ax + B_1 w + B_2 u \\ z = Cx + Du \end{cases} \tag{10.1}$$

其中，$x \in \mathrm{R}^n$ 为状态变量；$u \in \mathrm{R}^m$ 和 $w \in \mathrm{R}^r$ 分别为控制输入向量和干扰信号向量；$z \in \mathrm{R}^p$ 为广义评价信号；A、B_1、B_2、C、D 分别为具有合适维数的定常矩阵. 所谓线性 L_2 增益控制或线性 H_∞ 控制问题，即是要设计反馈控制器 $u = Kx$，使闭环系统渐近稳定，并且从干扰输入 w 到广义输出 z 的闭环传递函数矩阵 $T_{zw}(s)$ 满足

$$\|T_{zw}(s)\|_\infty = \sup_{-\infty<\omega<\infty} |T_{zw}(j\omega)| < \gamma \tag{10.2}$$

其中，$\|\cdot\|_\infty$ 为传递函数算子的 H_∞ 范数；γ 为事先给定的正常数.

对于仿射非线性系统，其鲁棒控制问题的数学描述如下.

考察含干扰的仿射非线性系统:

$$\begin{cases} \dot{x} = f(x) + g_1(x)w + g_2(x)u \\ z = h(x) + k(x)u \end{cases} \tag{10.3}$$

其中，x、u、w、z 含义同式 (10.1), $f(x)$、$g_1(x)$、$g_2(x)$、$h(x)$、$k(x)$ 为具有合适维数的函数向量或矩阵，不失一般性，假设 $f(0) = 0, h(0) = 0$. 对于上述系统，所谓非线性 L_2 增益控制或非线性鲁棒控制问题是指，对于给定的正数 γ，构造状态反馈控制律 $u = \alpha(x), \alpha(0) = 0$，使闭环系统满足以下性能指标:

(1) 当 $w = 0$ 时，闭环系统在原点渐近稳定.

(2) $\forall T > 0$，当 $x(0) = 0$ 时，L_2 增益不等式成立，即

$$\int_0^{\mathrm{T}} \|z(t)\|^2 \mathrm{d}t \leqslant \gamma^2 \int_0^{\mathrm{T}} \|w(t)\|^2 \mathrm{d}t, \quad \forall w \in L_2[0, T] \tag{10.4}$$

其中

$$L_2[0, T] = \{w | w : [0, T] \to \mathrm{R}^r, \quad \int_0^{\mathrm{T}} \|w\|^2 \mathrm{d}t < +\infty\} \tag{10.5}$$

从上述非线性鲁棒控制问题建模过程不难看出，其建模是基于 L_2 范数的. 由于对于线性系统而言，L_2 范数与 H_∞ 范数等价，线性 L_2 增益控制与线性 H_∞ 控制等价. 因此, 尽管非线性系统不存在 H_∞ 范数，控制理论中仍把非线性 L_2 增益控制称为非线性 H_∞ 控制.

考察线性和非线性鲁棒控制问题的数学模型，可见其都有两个目标：一是控制器要保证无干扰情况下闭环系统的稳定性，这是对控制器的基本要求；二是控制器要具有抑制干扰的能力，表现为对系统 L_2 增益的限制，这是鲁棒控制的核心理念. 干扰抑制能力的大小与给定正数 γ 的大小相关，γ 值越小，抑制能力越强. 若 γ 取到极小值，即为最优鲁棒控制.

10.3 鲁棒控制问题的微分博弈模型

本节以仿射非线性系统 (10.3) 为例，讨论非线性鲁棒控制问题的微分博弈模型. 线性系统可视为仿射非线性系统的特例.

对系统 (10.3)，其 L_2 增益不等式 (10.4) 等价为

$$\int_0^{\mathrm{T}} \left(\|z(t)\|^2 - \gamma^2 \|w(t)\|^2\right)\mathrm{d}t \leqslant 0, \quad \forall T \geqslant 0 \tag{10.6}$$

定义性能指标函数

$$J(u,w) = \int_0^{\mathrm{T}} (\|z\|^2 - \gamma^2 \|w\|^2)\mathrm{d}t \tag{10.7}$$

则 L_2 增益不等式 (10.4) 等价为如下变分问题:

$$\begin{aligned} &\min_u \max_w J(u,w) \leqslant 0 \\ &\text{s.t.} \quad \dot{x} = f(x) + g_1(x)w + g_2(x)u \end{aligned} \tag{10.8}$$

式 (10.8) 即为非线性鲁棒控制的博弈模型. 由于约束条件为微分方程，故其为一个微分博弈模型. 博弈模型中的各个要素分析如下.

10.3.1 参与者

由博弈模型 (10.8) 可见，控制 u 与干扰 w 之间自然地构成了一种博弈关系: 干扰 w 的不确定性试图使闭环系统的 L_2 增益增大，而控制 u 则试图使闭环系统的 L_2 增益最小, 从此观点出发，可以将控制 u 与干扰 w 视为博弈的参与者.

10.3.2 支付

干扰 w 的目标是最大化 $J(u,w)$，而控制 u 的目标是最小化 $J(u,w)$，或最大化 $-J(u,w)$. 因此，干扰 w 和控制 u 的支付分别为 $J(u,w)$ 和 $-J(u,w)$，两者支付之和为零，所以该博弈格局为二人零和微分博弈.

由于控制器设计者的目标是抑制干扰对系统的影响，所以在鲁棒控制的博弈模型 (10.8) 中，控制 u 试图最小化 $J(u,w)$ 是容易理解的. 但干扰 w 企图最大化 $J(u,w)$，也即由大自然决定的干扰 w 也具备“理性”，这一点似乎并不直观. 之所以这样处理，是因为在设计控制器时，无法准确预测干扰 w 的行为，此时一种虽然保守但是绝对保险的办法就是针对最坏干扰激励 w^* 设计最佳控制 u^*，使得系统在最恶劣情况下也能达到满意的控制性能. 根据 w^* 确定的控制策略 u^*，必能应对其他非最恶劣干扰的挑战，故而 u^* 虽然较为保守但绝对是安全的，这意味着其工程可行性.

10.3.3 约束条件

博弈模型 (10.8) 的约束条件为描述系统动态的微分方程，以及对控制 u 和干扰 w 各自的限制，如 u 有界、w 能量有界等.

在式 (10.8) 所示的鲁棒控制博弈模型中，控制器设计者希望通过设计 u 的决策以使 $J(u,w)$ 达到最小，而干扰则通过控制 w 使 $J(u,w)$ 最大，且二者的策略会相互影响，其最优解可由博弈的 Nash 均衡 (u^*,w^*) 确定. 在该均衡策略下，双方均不能通过单方面更改策略而获得更大收益，因此 (u^*,w^*) 应满足如下不等式:

$$J(u^*,w) \leqslant J(u^*,w^*) \leqslant J(u,w^*) \tag{10.9}$$

二人零和微分博弈的 Nash 均衡 (u^*,w^*) 又称为鞍点 (saddle point), 其中 u^* 为鲁棒控制策略，w^* 为最坏干扰激励. 根据第 6 章的介绍, 该鞍点解即为二人零和微分博弈的反馈 Nash 均衡. 在工程实际中，控制器采用鲁棒控制策略 u^*，但实际干扰不一定为 w^*，意味着实际 L_2 增益不会大于鞍点解 (u^*,w^*) 确定的 L_2 增益，这正是鲁棒控制的目标.

10.4 鲁棒控制器的构造

本节首先基于微分博弈推导非线性鲁棒控制问题的 Hamilton-Jacobi-Issacs (HJI) 不等式，构造非线性鲁棒控制器必须求解该不等式，但 HJI 不等式是一类二次偏微分不等式，目前数学上尚无一般求解方法. 为解决此问题，本节介绍四种典型处理方法，这四种方法的共同之处在于在构造鲁棒控制器的过程中均可避免直接求解 HJI 不等式.

为了分析并得到非线性系统的最优控制策略和最坏干扰激励，可按下述步骤推导 HJI 不等式.

第 1 步 建立增广泛函 $\bar{J}$

$$\bar{J} = \int_0^{\mathrm{T}} (\|z\|^2 - \gamma^2 \|w\|^2 + \Lambda^{\mathrm{T}}[f(x) + g_1(x)w + g_2(x)u - \dot{x})]\mathrm{d}t$$

其中，$z = h(x) + k(x)u$ 为评价输出向量.

第 2 步 根据以上增广泛函被积函数写出系统的 Hamilton 函数

$$H(x,\Lambda,w,u) = \|z\|^2 - \gamma^2 \|w\|^2 + \Lambda^{\mathrm{T}}(t)[f(x) + g_1(x)w + g_2(x)u] \tag{10.10}$$

其中，$\Lambda(t)$ 为 Lagrange 乘子向量，也称为协状态向量.

将 z 的表达式代入式 (10.10) 并整理得

$$H(x,\Lambda,w,u) = \Lambda^{\mathrm{T}}(t)[f(x) + g_1(x)w + g_2(x)u] + \|h(x) + k(x)u\|^2 - \gamma^2 \|w\|^2 \tag{10.11}$$

第 3 步 由变分法原理可知，二人零和微分博弈 (10.8) 的鞍点 (u^*, w^*) 须满足以下必要条件，即

$$\frac{\partial H(x,\Lambda,w,u)}{\partial u}=0 \tag{10.12}$$

$$\frac{\partial H(x,\Lambda,w,u)}{\partial w}=0 \tag{10.13}$$

将 Hamilton 函数表达式 (10.11) 代入式 (10.12) 和式 (10.13) 中，求解 w 和 u 可得

$$\begin{bmatrix} w^*(x,\Lambda) \\ u^*(x,\Lambda) \end{bmatrix}=\begin{bmatrix} \dfrac{1}{2\gamma^2}g_1^{\mathrm{T}}(x)\Lambda \\ -R^{-1}(x)\left(\dfrac{1}{2}g_2^{\mathrm{T}}(x)\Lambda+k^{\mathrm{T}}(x)h(x)\right) \end{bmatrix} \tag{10.14}$$

设式 (10.14) 中 $R(x)=k^{\mathrm{T}}(x)k(x)$ 为正定矩阵，故该矩阵可逆.

根据 u^* 和 w^* 的表达式 (10.14) 和 Hamilton 函数表达式 (10.10), 令

$$H(x,\Lambda,w,u)=H^*(x,\Lambda)+\|u-u^*\|_R^2-\gamma^2\|w-w^*\|^2 \tag{10.15}$$

其中

$$H^*(x,\Lambda)=H(x,\Lambda,w^*,u^*)$$

$$\|u-u^*\|_R^2=[u-u^*]^{\mathrm{T}}R[u-u^*]$$

根据 $R(x)=k^{\mathrm{T}}(x)k(x)$ 为正定矩阵的假设，可知 $H(x,\Lambda,w,u)$ 关于 u 严格凸，关于 w 严格凹. 换言之，当 $w=w^*$ 时，Hamilton 函数 H 取极大值；当 $u=u^*$ 时，H 取极小值. 这一事实说明，$w=w^*$ 和 $u=u^*$ 是系统 Hamilton 函数的鞍点，即有

$$H(x,\Lambda,w,u^*)\leqslant H(x,\Lambda,w^*,u^*)\leqslant H(x,\Lambda,w^*,u) \tag{10.16}$$

若存在函数 $V(x):\mathrm{R}^n\to\mathrm{R}$，并以其梯度向量

$$V_x=\frac{\partial V(x)}{\partial x} \tag{10.17}$$

代替 Hamilton 函数中的协状态向量 Λ，使得

$$H^*(x,V_x,w^*,u^*)=H^*(x,V_x)\leqslant 0 \tag{10.18}$$

则由式 (10.15) 可知，此时

$$H(x,V_x,w,u)\leqslant\|u-u^*\|_R^2-\gamma^2\|w-w^*\|^2\leqslant 0 \tag{10.19}$$

从式 (10.19) 可以看出，系统的 Hamilton 函数 H 在 u^* 取极小值，故 u^* 是最优控制策略; Hamilton 函数在 w^* 取极大值, 故 w^* 是最坏干扰激励.

因此，非线性鲁棒控制问题归结为求正定函数 $V(x):\mathrm{R}^n\to\mathrm{R}$，使得

$$H^*(x,V_x)\leqslant 0 \tag{10.20}$$

从而得到两个“最佳”策略

$$w^*(x,V_x)=\alpha_1(x)=\frac{1}{2\gamma^2}g_1^{\mathrm{T}}(x)V_x \tag{10.21}$$

$$u^*(x,V_x)=\alpha_2(x)=-R^{-1}(x)\left(\frac{1}{2}g_2^{\mathrm{T}}(x)V_x+k^{\mathrm{T}}(x)h(x)\right) \tag{10.22}$$

构成二人零和微分博弈问题 (10.8) 的 Nash 均衡. 又由于 w 是干扰，故这个对“极大方”是“最佳”策略的 w^*，实际上就是最具威胁性的干扰 (最坏干扰激励).

综上，非线性鲁棒控制问题可归结为求解一个非负可微函数 $V(x)$，$V(0)=0$，使得式 (10.20) 成立. 如此则当 $u=u^*$ 和 $w=w^*$ 时，系统的 Hamilton 函数

$$H(x,V_x,w^*,u^*)\leqslant 0$$

又由式 (10.10) 可知，在这种条件下有

$$V_x^{\mathrm{T}}(f(x)+g_1(x)w+g_2(x)u)\leqslant\gamma^2\|w\|^2-\|z\|^2$$

或等价地

$$\left(\frac{\partial V(x)}{\partial x}\right)^{\mathrm{T}}\frac{\mathrm{d}x}{\mathrm{d}t}\leqslant\gamma^2\|w\|^2-\|z\|^2$$

亦即

$$\frac{\mathrm{d}V(x)}{\mathrm{d}t}\leqslant\gamma^2\|w\|^2-\|z\|^2 \tag{10.23}$$

由式 (10.23) 可得

$$V(x(T))-V(x(0))\leqslant\int_0^{\mathrm{T}}(\gamma^2\|w\|^2-\|z\|^2)\mathrm{d}t \tag{10.24}$$

由于 $V(0)=0, V[X(T)]\geqslant 0$, 故由式 (10.24) 可知式 (10.25) 成立, 即

$$\int_0^{\mathrm{T}}(\gamma^2\|w\|-\|z\|^2)\mathrm{d}t\geqslant 0,\quad \forall T>0 \tag{10.25}$$

由式 (10.25) 可知，针对 $L_2[0,T]$ 中的任何可能的干扰, 控制律 u^* 使得由输入 w 到输出 z 的 L_2 增益均不大于给定的正数 γ，因此即为所求的鲁棒控制律 u^*.

式 (10.20) 即为 HJI 不等式. 若能求解 HJI 不等式，将所得的非负解 $V(x)$ 的梯度向量 V_x 代入 $\alpha_2(x)$, 即可得到仿射非线性系统 (10.3) 的非线性鲁棒控制律 u.

综上所述，非线性鲁棒控制的目标是设计鲁棒控制器使得相应闭环系统内部稳定, 并且从干扰 w 到评价输出 z 的 L_2 增益不超过事先给定的正数 γ. 而这一目标的实现依赖于 HJI 不等式的求解. 以下将导出 HJI 不等式的具体形式. 为此只需将式 (10.21) 和式 (10.22) 中 w^* 和 u^* 的表达式代入式 (10.10)，并以 V_x 向量置换 Λ 向量即可. 经整理可得

$$\begin{aligned}&H^*(x,V_x,w^*,u^*)\\=&V_x^{\mathrm{T}}f(x)+h^{\mathrm{T}}(x)h(x)+\gamma^2\alpha_1^{\mathrm{T}}(x)\alpha_1(x)-\alpha_2^{\mathrm{T}}(x)R(x)\alpha_2(x)\\=&V_x^{\mathrm{T}}\hat{f}(x)+\hat{h}^{\mathrm{T}}(x)\hat{h}(x)+\frac{1}{4}V_x^{\mathrm{T}}\hat{R}(x)V_x\end{aligned}\tag{10.26}$$

这里

$$\begin{aligned}\hat{f}(x)&=f(x)-g_2(x)R^{\mathrm{T}}(x)k^{\mathrm{T}}(x)h(x)\\\hat{h}(x)&=[I-k(x)R^{-1}(x)k^{\mathrm{T}}(x)]h(x)\\\hat{R}(x)&=\frac{1}{\gamma^2}g_1(x)g_1^{\mathrm{T}}(x)-g_2(x)R^{-1}(x)g_2^{\mathrm{T}}(x)\end{aligned}$$

所以 HJI 不等式 (10.20) 可写成

$$V_x^{\mathrm{T}}f(x)+h^{\mathrm{T}}(x)h(x)+\gamma^2\alpha_1^{\mathrm{T}}(x)\alpha_1(x)-\alpha_2^{\mathrm{T}}(x)R(x)\alpha_2(x)\leqslant 0\tag{10.27}$$

其中, $\alpha_1(x)$ 和 $\alpha_2(x)$ 的表达式见式 (10.21) 和式 (10.22)，或写成如下形式:

$$V_x^{\mathrm{T}}\hat{f}(x)+\hat{h}^{\mathrm{T}}(x)\hat{h}(x)+\frac{1}{4}V_x^{\mathrm{T}}\hat{R}(x)V_x\leqslant 0\tag{10.28}$$

以下简要讨论 HJI 不等式及其解的性质.

首先, HJI 不等式是偏微分不等式，在不等式中 $V_x=\partial V(x)/\partial x$，其解 $V^*(x)$ 为 n 元函数，由于在不等式中存在形如 $V_x^{\mathrm{T}}V_x$ 的二次型多项式，故 HJI 不等式是非线性 (二次) 偏微分不等式；其次，其解 $V^*(x)$ 须为正定函数, 即

$$V(x)>0,\quad x\neq 0,\quad V(0)=0$$

例 10.1 考虑线性系统 (10.1). 假定 HJI 不等式的解为

$$V(x)=x^{\mathrm{T}}Px$$

其中, P 为待求矩阵. 将 $V(x)$ 代入 HJI 不等式得矩阵 P 应满足

$$P\hat{A}+\hat{A}P+\hat{C}_1^{\mathrm{T}}C_1+P\hat{R}P<0\tag{10.29}$$

其中

$$\hat{A} = A - B_2R^{-1}K^{\mathrm{T}}C$$
$$\hat{C}_1 = (I - KR^{-1}K^{\mathrm{T}})C$$
$$\hat{R} = \frac{1}{\gamma^2}B_1B_1^{\mathrm{T}} - B_2R^{-1}B_2^{\mathrm{T}}$$

式中，$R = K^{\mathrm{T}}K$ 非奇异. 式 (10.29) 称为 Riccati 不等式，若能求得其非负解 P^*，则鲁棒控制律为

$$u = -R^{-1}(B_2^{\mathrm{T}}P^* + K^{\mathrm{T}}C)x$$

在该控制律作用下，相应闭环系统内部稳定且传递函数满足

$$\|T_{zw}\|_\infty < \gamma$$

本节基于微分博弈的反馈 Nash 均衡理论推导了非线性鲁棒控制问题的最坏干扰激励和最优控制策略 (鲁棒控制律) 的一般数学表达式, 该表达式含有待求能量存储函数 $V(x)$, 而 $V(x)$ 的求解依赖于目前尚无一般性求解方法的偏微分 HJI 不等式. 有鉴于此，以下介绍 4 种具有代表性的非线性鲁棒控制器构造方法，其共同之处在于避免了直接求解 HJI 不等式.

10.4.1 变尺度反馈线性化 H_∞ 设计方法

文献 [2] 基于微分博弈理论，提出了非线性鲁棒控制器的变尺度反馈线性化 H_∞ 设计方法，基本思路是将非线性系统通过坐标变换和反馈线性化转化为线性系统, 从而将偏微分 HJI 不等式转化为代数 Riccati 不等式, 现简述如下.

考察一类仿射非线性系统

$$\begin{cases} \dot{x} = f(x) + g_1(x)w + g_2(x)u \\ z = h(x) \end{cases} \tag{10.30}$$

其中, x、u、w、z 含义同式 (10.3)，$f(x)$、$g_1(x)$、$g_2(x)$ 和 $h(x)$ 为光滑的向量函数，并满足 $f(0) = 0$，$h(0) = 0$.

综上系统 (10.30) 的非线性鲁棒控制问题可归结为求一个足够小的 $\gamma^* > 0$ 和相应的控制策略 $u = u^*(x)$, 使得当 $w = 0$ 时闭环系统渐近稳定, 且 $\forall\gamma > \gamma^*$ 都有

$$\int_0^{\mathrm{T}} (\|z\|^2 + \|u\|^2)\mathrm{d}t \leqslant \gamma^2 \int_0^{\mathrm{T}} \|w\|^2\,\mathrm{d}t, \quad \forall T \geqslant 0 \tag{10.31}$$

假定系统 (10.30) 对应的标称系统

$$\begin{cases} \dot{x} = f(x) + g_2(x)u \\ z = h(x) \end{cases} \tag{10.32}$$

可以精确线性化，即输出函数 $h(x)$ 关于系统的相对阶 (向量) 满足 $\sum r_i = n$.

对于此类系统，由微分几何反馈线性化理论可知[2-4]，该标称系统可以由一组合适的变尺度坐标变换

$$z = \begin{bmatrix} z_1 \\ \vdots \\ z_\mu \\ z_{\mu+1} \\ z_{\mu+2} \\ \vdots \\ z_n \end{bmatrix} = KT(x) = \begin{bmatrix} k_1 h(x) \\ \vdots \\ k_\mu L_f^{\mu-1} h(x) \\ k_{\mu+1} L_f^{\mu} h(x) \\ k_{\mu+2} L_f^{\mu+1} h(x) \\ \vdots \\ k_n L_f^{n-1} h(x) \end{bmatrix}$$

以及相应的反馈律

$$v = \alpha(x) + \beta(x)u$$

精确线性化为 Brunovsky 标准型

$$\begin{cases} \dfrac{\mathrm{d}\tilde{x}}{\mathrm{d}t} = A\tilde{x} + Bv \\ \tilde{z} = C\tilde{x} \end{cases} \tag{10.33}$$

式中

$$\alpha(x) = L_f^n h(x), \quad \beta(x) = L_{g_2} L_f^{n-1} h(x)$$

其中，$L_f^r h(x)$ 为函数 $h(x)$ 沿着 $f(x)$ 的第 r 阶 Lie 导数，$0 \leqslant r \leqslant n$，$K = \mathrm{diag}(k_1, \cdots, k_n)$ 是待定的对角常数矩阵，其几何意义可以理解为某一向量在映射 $\varPhi$ 下从 x 空间到 z 空间的张弛尺度. 将该变尺度坐标变换与反馈律作用于原系统 (10.30) 可以得到

$$\begin{cases} \dfrac{\mathrm{d}\tilde{x}}{\mathrm{d}t} = A\tilde{x} + B_1\tilde{w} + B_2 v \\ \tilde{z} = C\tilde{x} \end{cases} \tag{10.34}$$

其中

$$\tilde{w} = K\frac{\partial T(x)}{\partial x} g_1(x) w \tag{10.35}$$

若给定一个正数 γ，则线性系统 (10.34) 的鲁棒控制问题可以通过求解代数 Riccati 不等式来解决. 事实上，系统 (10.34) 的鲁棒控制问题有解的条件是当且仅当如下 Riccati 不等式

$$A^{\mathrm{T}}P + PA + \frac{1}{\gamma^2}PB_1B_1^{\mathrm{T}}P - PB_2B_2^{\mathrm{T}}P + C^{\mathrm{T}}C < 0 \tag{10.36}$$

存在一个非负解 P^*，此时线性最优控制策略 v^* 为

$$v^* = -B_2^{\mathrm{T}} P^* z \tag{10.37}$$

最坏干扰激励为

$$\tilde{w}^* = \frac{1}{\gamma^2} B_1^{\mathrm{T}} P^* z \tag{10.38}$$

进一步，最终所求的最优控制律为

$$u^* = -\beta^{-1}(x)[\alpha(x) + B_2^{\mathrm{T}} P^* K T(x)] \tag{10.39}$$

其中，u^* 为式 (10.30) 所示的原系统的非线性鲁棒控制律，文献 [2] 给出了这一论断的严格数学证明.

例 10.2 考察如下非线性系统

$$\begin{cases} \dot{x} = \begin{bmatrix} x_3(1+x_2) \\ x_1 \\ x_2(1+x_1) \end{bmatrix} + \begin{bmatrix} 0 \\ 1+x_2 \\ -x_3 \end{bmatrix} u + \begin{bmatrix} 0 \\ 1 \\ 0 \end{bmatrix} w \\ y = x_1 \end{cases} \tag{10.40}$$

选择输出函数 $h(x) = x_1$，正常数 k_1、k_2、k_3, 以及下述坐标变换

$$\begin{cases} z_1 = k_1 h(x) = k_1 x_1 \\ z_2 = k_2 L_f h(x) = k_2 x_3 (1+x_2) \\ z_3 = k_3 L_f^2 h(x) = k_3 x_1 x_3 + (1+x_1)(1+x_2) x_2 \end{cases}$$

则可将系统转化为 Brunovsky 标准型

$$\begin{cases} \dot{z} = Az + B_2 v + B_1 \tilde{w} \\ y = Cz \end{cases}$$

其中

$$A = \begin{bmatrix} 0 & k_1/k_2 & 0 \\ 0 & 0 & k_2/k_3 \\ 0 & 0 & 0 \end{bmatrix}, \quad B_2 = \begin{bmatrix} 0 \\ 0 \\ k_3 \end{bmatrix}, \quad B_1 = \begin{bmatrix} 0 \\ k_2 \\ 0 \end{bmatrix}, \quad C = \begin{bmatrix} k_1 & 0 & 0 \end{bmatrix}$$

取 $k_1 = 2, k_2 = k_3 = 1, \gamma = 0.5$，考察如下 Riccati 方程:

$$A^{\mathrm{T}} P + PA + \frac{1}{\gamma^2} P B_1 B_1^{\mathrm{T}} P - P B_2 B_2^{\mathrm{T}} P + C^{\mathrm{T}} C = -0.5 I_3$$

其中, I_3 为 3 阶单位矩阵，其解为

$$P=\begin{bmatrix}1.7165 & 0.5303 & 0.0178\\ 0.5303 & 0.4045 & 0.0609\\ 0.0178 & 0.0609 & 0.7500\end{bmatrix}$$

故原系统的鲁棒控制策略为

$$\begin{aligned}u&=\frac{-L_f^3h(x)+v}{L_gL_f^2h(x)}\\&=\frac{-x_3^2(1+x_2)-x_2x_3(1+x_2^2)-x_1(1+x_1)(1+2x_2)-x_1x_2(1+x_1)+v}{(1+x_1)(1+x_2)(1+2x_2)-x_1x_3}\end{aligned}$$

其中，预反馈

$$\begin{aligned}v=-B_2^{\mathrm{T}}Pz=&-0.0178x_1-0.0609x_3(1+x_2)\\&-0.7500[x_1x_3+(1+x_1)(1+x_2)x_2]\end{aligned}$$

在该控制策略下，闭环系统渐近稳定，同时从干扰到输出的 L_2 增益不超过 0.5.

第 15 章将采用本节理论设计非线性鲁棒电力系统稳定器 (NR-PSS)[5]，正是因为引进了变尺度参数，大大增强了非线性鲁棒励磁控制规律的可调性和对系统不同运行工况的适应能力，实际工程中也取得了满意的效果.

10.4.2 基于 Hamilton 系统的设计方法

Hamilton 系统是非线性科学研究的重要对象，这类系统普遍存在于物理科学、生命科学及工程科学等众多领域. 广义 Hamilton 系统是一类既与外界存在能量交换，又有能量耗散，还有能量生成的开放系统. 这类系统物理意义明确，Hamilton 函数是该类系统的广义能量 (动能 + 势能). 在特定条件下，Hamilton 函数可构成系统的 Lyapunov 函数，对系统稳定性分析起至关重要的作用. 在某些控制问题中，广义 Hamilton 系统已显示出极大的优越性. 本节讨论基于广义 Hamilton 系统的控制律设计方法，以避免直接求解 HJI 不等式.

定义 10.1 称受控动态系统

$$\dot{x}=f(x)+g(x)u \tag{10.41}$$

有一个状态反馈 Hamilton 实现，如果存在 Hamilton 函数 $H(x)$、结构矩阵函数 $T(x)$ 和一个适当的反馈律

$$u=\alpha(x)+v$$

将相应的闭环系统表示为

$$\dot{x}=T(x)\frac{\partial H}{\partial x}+g(x)v \tag{10.42}$$

进一步，若矩阵 $T(x)$ 可表示为

$$T(x) = J(x) - R(x)$$

其中, $J(x)$ 为反对称矩阵，即 $J(x) + J^{\mathrm{T}}(x) = 0$，$R(x)$ 是半正定 (正定) 矩阵，则称式 (10.42) 是系统 (10.41) 的一个 (严格) 耗散 Hamilton 实现. 关于 Hamilton 函数的求取可参考文献 [6].

本节主要考虑以下形式的 Hamilton 系统:

$$\begin{cases} \dot{x} = [J(x) - R(x)]\dfrac{\partial H}{\partial x} + g_2(x)u + g_1(x)w \\ y = g_2^{\mathrm{T}}(x)\dfrac{\partial H}{\partial x} \\ z = g_1^{\mathrm{T}}(x)\dfrac{\partial H}{\partial x} + D(x)u \end{cases} \tag{10.43}$$

其中, x、u、w、z 含义同式 (10.3)；$J(x)$ 为适当维数的反对称矩阵；$R(x)$ 为适当维数的半正定矩阵；$H(x)$ 为系统的 Hamilton 函数，并假设

$$D^{\mathrm{T}}(x)g_1^{\mathrm{T}}(x)\frac{\partial H}{\partial x} \equiv 0, \quad \forall x \in \mathrm{R}^n$$

系统 (10.43) 被称为端口受控 Hamilton 系统，函数 H 称为 Hamilton 函数. 以下分析 Hamilton 函数的物理意义. 将其对时间 t 求导数可得

$$\frac{\mathrm{d}H}{\mathrm{d}t}=\left(\frac{\partial H}{\partial x}\right)^{\mathrm{T}}\frac{\mathrm{d}x}{\mathrm{d}t}=\left(\frac{\partial H}{\partial x}\right)^{\mathrm{T}}\left[(J-R)\frac{\partial H}{\partial x}+g_2(x)u+g_1(x)w\right]=y^{\mathrm{T}}u-\left(\frac{\partial H}{\partial x}\right)^{\mathrm{T}}R\frac{\partial H}{\partial x}$$

其中，右端第一项可理解为控制输入 u 注入系统的能量，第二项为系统内部消耗的能量，因此 Hamilton 函数反映了系统的总能量. 进一步，由于 $\mathrm{d}H/\mathrm{d}t$ 中含有控制 u，故可通过设计反馈控制律 u 镇定系统.

Hamilton 系统 (10.43) 的鲁棒控制问题是指，对于给定的正数 $\gamma > 0$，设计状态反馈 $u = u(x)$, 使得闭环系统满足如下 L_2 增益不等式:

$$\int_0^{\mathrm{T}} \|z(t)\|^2\mathrm{d}t \leqslant \gamma^2 \int_0^{\mathrm{T}} \|w(t)\|^2\mathrm{d}t$$

且当 $w = 0$ 时闭环系统渐近稳定.

定理 10.1 [7] 假设 $x^* = 0$ 是系统 (10.43) 的 Hamilton 函数 H 的严格局部极小点，对于给定的正数 γ，存在正数 β 满足

$$\beta R + \frac{\alpha^2}{2}g_2(x)[D^{\mathrm{T}}(x)D(x)]^{-1}g_2^{\mathrm{T}}(x) - \left(\frac{1}{2} + \frac{\alpha^2}{2\gamma^2}\right)g_1(x)g_1^{\mathrm{T}}(x) \geqslant 0$$

则系统 (10.43) 的鲁棒控制策略为

$$u = -\beta[D^{\mathrm{T}}(x)D(x)]^{-1}y$$

本节所述方法的核心在于构造 Hamilton 函数将一般仿射非线性系统 (10.3) 转换为端口受控 Hamilton 系统 (10.43).

以下以一个简单实例说明 Hamilton 函数的物理意义, 以及 Hamilton 系统控制设计的基本思想. 简明起见，本例忽略干扰. 第 15 章将采用本节理论设计计及干扰的水轮机励磁与调速的协调控制器.

例 10.3 考察如下单摆系统:

$$\begin{cases} \dot{x}_1 = x_2 \\ \dot{x}_2 = -\sin x_1 + u \end{cases} \tag{10.44}$$

其中, $d>0$ 为常数，求控制规律 u 使闭环系统在平衡点 $(0,0)$ 渐近稳定.

取 Hamilton 函数

$$H(x) = (1-\cos x_1) + \frac{1}{2}x_2^2$$

其中第一项为系统势能，第二项为系统动能，则系统动态方程可写为

$$\dot{x} = [J(x) - R(x)]\frac{\partial H}{\partial x} + g(x)u$$

其中

$$J(x) = \begin{bmatrix} 0 & 1 \\ -1 & 0 \end{bmatrix}, \quad R(x) = \begin{bmatrix} 0 & 0 \\ 0 & 0 \end{bmatrix}, \quad g(x) = \begin{bmatrix} 0 \\ 1 \end{bmatrix}$$

若选取控制律

$$u = -g^{\mathrm{T}}(x)\frac{\partial H}{\partial x} = -x_2$$

则

$$\frac{\mathrm{d}H}{\mathrm{d}t} = -x_2^2 \leqslant 0$$

因此系统 Lyapunov 稳定. 进一步，系统在平衡点 $(0,0)$ 处的近似动态方程为

$$\dot{x} = Ax$$

其中

$$A = \begin{bmatrix} 0 & 1 \\ -1 & -1 \end{bmatrix}$$

矩阵 A 的特征值为 $-0.5 \pm 0.866i$，均具有负实部，因此系统在平衡点 $(0,0)$ 渐近稳定.

10.4.3 策略迭代法

前已提及，非线性鲁棒控制问题依赖于求解 HJI 不等式，而该不等式的解析解一般难以获得. 一种可行的思路是通过交替求解一系列非线性 Lyapunov 方程，从而得出在给定 L_2 增益 γ 下的 HJI 不等式的非负解.

作为一种重要的强化学习算法，策略迭代被广泛应用于迭代求解最优控制策略. 策略迭代包括策略评价和策略更新两个步骤，前者用于评价当前策略，后者根据策略评估结果更新当前策略，确保控制效果得到逐步改善. 通过策略迭代求解非线性 Lyapunov 方程，即可求得微分博弈的 Nash 均衡策略，即鲁棒控制问题中的最坏干扰激励 w^* 和最优控制策略 u^*，从而在一定程度上克服 HJI 不等式难以求解的困难.

假定非线性系统 (10.30) 中的 $f(x)$、$g_1(x)$、$g_2(x)$ 均满足局部 Lipschitz 连续条件. 在无限时间域中，定义性能指标函数

$$J(u,w) = \int_0^\infty \left(\left\|h^{\mathrm{T}}h + u^{\mathrm{T}}Ru\right\|^2 - \gamma^2\left\|w\right\|^2\right)\mathrm{d}t = \int_0^\infty r(x,u,w)\mathrm{d}t \tag{10.45}$$

其中, $r(x,u,w) = ||h^{\mathrm{T}}h + u^{\mathrm{T}}Ru||^2 - r^2||w||^2, R = R^{\mathrm{T}}$ 是正定矩阵.

对任一给定的容许控制 u 和干扰 $w \in L_2[0,\infty)$，定义值函数

$$V(x(t),u,w) = \int_t^\infty \gamma(x,u,w)\mathrm{d}\tau \tag{10.46}$$

上述值函数的微分等价形式为

$$0 = r(x,u,w) + V_x^{\mathrm{T}}(f(x) + g_1(x)w + g_2(x)u), \quad V(0) = 0 \tag{10.47}$$

对于容许控制 u，若非线性 Lyapunov 方程 (10.47) 存在非负解 $V(x)$，则其即为相应于给定干扰 $w \in L_2[0,\infty)$ 的值函数 (10.46).

将式 (10.46) 带入 Hamilton 函数 (10.10) 可得

$$H(x,V_x,u,w) = r(x,u,w) + V_x^{\mathrm{T}}(f(x) + g_1(x)w + g_2(x)u) \tag{10.48}$$

由式 (10.12) 及式 (10.13) 可得，关于 w 和 u 的鞍点解满足

$$\begin{bmatrix} w^*(x,V_x) \\ u^*(x,V_x) \end{bmatrix} = \begin{bmatrix} \dfrac{1}{2\gamma^2}g_1^{\mathrm{T}}(x)V_x \\ -\dfrac{1}{2}R^{-1}(x)g_2^{\mathrm{T}}(x)V_x \end{bmatrix} \tag{10.49}$$

将式 (10.49) 代入式 (10.47)，可得如下非线性 Lyapunov 方程：

$$h^{\mathrm{T}}h + V_x^{\mathrm{T}}f(x) - \frac{1}{4}V_x^{\mathrm{T}}g_2(x)R^{-1}g_2^{\mathrm{T}}(x)V_x + \frac{1}{4\gamma^2}V_x^{\mathrm{T}}g_1(x)g_1^{\mathrm{T}}(x)V_x = 0, \quad V(0) = 0 \tag{10.50}$$

Lyapunov 方程 (10.50) 可用策略迭代法通过策略评价和策略更新两步迭代求解，从而间接求解 HJI 不等式，进而获得鲁棒控制策略. 以下给出策略迭代算法的步骤.

算法 10.1 鲁棒控制问题的策略迭代求解算法[8, 9].

第 1 步 (初始化) 选择初始稳定控制策略 u_0.

第 2 步 (策略评价) 对于给定的 u_j，$j=0,1,\cdots$ 令 $w^0=0$，按式 (10.51)、式 (10.52) 求解值函数 $V_j^i(x)$, 并更新 w^{i+1}，$i=0,1,\cdots$ 以极大化控制代价.

$$h^{\mathrm{T}}h+\left(V_{x,j}^i\right)^{\mathrm{T}}\left(f\left(x\right)+g_1\left(x\right)w^i+g_2\left(x\right)u_j\right)+u_j^{\mathrm{T}}Ru_j-\gamma^2\left\|w^i\right\|^2=0 \tag{10.51}$$

$$w^{i+1}=\arg\max_{w}\left[H\left(x,V_{x,j}^i,w,u_j\right)\right]=\frac{1}{2\gamma^2}g_1^{\mathrm{T}}\left(x\right)V_{x,j}^i \tag{10.52}$$

直至收敛，令 $V_{j+1}\left(x\right)=V_j^i\left(x\right)$.

其中 $V_{x,j}^i$ 为第 j 次策略更新第 i 次策略评价过程中值函数的梯度, $V_j(x)$ 为第 j 次策略更新后的值函数.

第 3 步 (策略更新) 按式 (10.53) 更新控制策略以极小化控制代价，即

$$u_{j+1}=\arg\min_{u}\left[H\left(x,V_{x,j+1},w,u\right)\right]=-\frac{1}{2}R^{-1}g_2^{\mathrm{T}}\left(x\right)V_{x,j+1} \tag{10.53}$$

返回第 2 步.

10.4.4 基于 ADP 的鲁棒控制在线求解方法

正如前文所述，策略迭代为在线迭代求解 HJI 不等式提供了一种良好的思路，但非线性 Lyapunov 方程 (10.47)、方程 (10.51) 的直接求解较为困难. ADP 采用值函数近似结构逼近非线性 Lyapunov 方程 (10.51) 的值函数，进而采用执行-评价结构实施策略迭代, 从而在线求解鲁棒控制问题. 简言之，鲁棒控制问题的 ADP 设计方法的基本思想是在保证闭环系统稳定的同时，利用函数近似结构在线逼近最坏干扰激励和最佳控制策略，采用策略评价评估当前策略，通过策略更新调节近似结构权值, 从而不断在线更新值函数和策略函数，最终使得策略函数收敛到微分博弈反馈 Nash 均衡策略 (w^*,u^*). 常用的值函数近似结构主要有神经网络[8-10]、Volterra 级数[11] 等.

近似求解非线性 Lyapunov 方程 (10.51) 需要解决近似结构的稳定性、近似误差的有界性及近似策略的收敛性等一系列问题. 相关内容可参考文献 [12-15]. 应当指出, ADP 方法并非独立于策略迭代方法的新方法，而是后者的在线实现. 以下阐述非线性鲁棒控制器的 ADP 设计方法:

采用任意一组基函数近似值函数 (10.46)，即

$$V\left(x\right)=W_1^{\mathrm{T}}\varphi_1\left(x\right)+\varepsilon \tag{10.54}$$

其中，$\varphi_1(x): \mathrm{R}^n \to \mathrm{R}^K$ 为一组基函数向量；W_1 为基函数权值向量；K 为基函数个数；ε 为近似误差.

值函数 $V(x)$ 的梯度 V_x 可表述为

$$V_x = \frac{\partial V}{\partial x} = \left(\frac{\partial \varphi_1(x)}{\partial x}\right)^{\mathrm{T}} W_1 + \frac{\partial \varepsilon}{\partial x} = \nabla\varphi_1^{\mathrm{T}} W_1 + \nabla\varepsilon, \quad \forall x \in \Omega \tag{10.55}$$

文献 [8-10] 基于 Weierstrass 逼近定理证明了随着基底函数个数 $K \to \infty$，近似误差 $\varepsilon \to 0$，$\nabla\varepsilon \to 0$. 特别地，对于固定的 K，当 Ω 为紧集时近似误差 ε 及 $\nabla\varepsilon$ 均有界.

采用近似结构 (10.54) 逼近值函数 (10.46) 时, Hamilton 函数 (10.48) 可表示为

$$H(x, w_1, u, w) = \left\|h^{\mathrm{T}}h + u^{\mathrm{T}}Ru\right\|^2 - \gamma^2\|w\|^2 + W_1^{\mathrm{T}}\nabla\varphi_1(f(x) + g_1(x)w + g_2(x)u) = \varepsilon_H \tag{10.56}$$

其中

$$\varepsilon_H = -(\nabla\varepsilon)^{\mathrm{T}}(f + g_1 w + g_2 u) \tag{10.57}$$

可以证明，当非线性系统 (10.30) 中所有函数 Lipschitz 连续时，ε_H 有界, 且近似误差随着 K 的增加一致收敛[8, 9]. 有鉴于此，值函数 (10.54) 可近似表示为

$$V(x) = W_1^{\mathrm{T}}\varphi_1(x) \tag{10.58}$$

由极值曲线 (10.14) 可推得对应于值函数 (10.58) 的最坏干扰激励和最优控制策略分别为

$$w_1 = \frac{1}{2\gamma^2} g_1^{\mathrm{T}}(x) V_x = \frac{1}{2\gamma^2} g_1^{\mathrm{T}}(x)\nabla\varphi_1^{\mathrm{T}}(x) W_1 \tag{10.59}$$

$$u_1 = -\frac{1}{2}R^{-1}g_2^{\mathrm{T}}(x)V_x = -\frac{1}{2}R^{-1}g_2^{\mathrm{T}}(x)\nabla\varphi_1^{\mathrm{T}}(x)W_1 \tag{10.60}$$

需要说明的是，实际应用时由于 W_1 未知，一般采用其估计值 $\hat{W}_1$ 代替，即值函数 (10.58) 的估计值为

$$\hat{V}(x) = \hat{W}_1^{\mathrm{T}}\varphi_1(x) \tag{10.61}$$

相应地，最坏干扰激励和最优控制策略分别为

$$w_2(x) = \frac{1}{2\gamma^2} g_1^{\mathrm{T}}(x)\nabla\varphi_1^{\mathrm{T}}(x)\hat{W}_2 \tag{10.62}$$

$$u_2(x) = -\frac{1}{2}R^{-1}g_2^{\mathrm{T}}(x)\nabla\varphi_1^{\mathrm{T}}(x)\hat{W}_3 \tag{10.63}$$

其中，$\hat{W}_2$、$\hat{W}_3$ 为值函数近似权值 W_1 的当前估计值. 进一步定义评价网络和执行网络估计误差分别为

$$\tilde{W}_1 = W_1 - \hat{W}_1, \quad \tilde{W}_2 = W_1 - \hat{W}_2, \quad \tilde{W}_3 = W_1 - \hat{W}_3$$

文献 [8, 9] 证明了估计误差 $\tilde{W}_1$、$\tilde{W}_2$、$\tilde{W}_3$ 一致最终有界 (UUB)，并给出如下权系数更新方法：

$$\dot{\hat{W}}_1 = -a_1 \frac{\sigma_2}{\left(\sigma_2^{\mathrm{T}}\sigma_2 + 1\right)^2}\left[\sigma_2^{\mathrm{T}}\hat{W}_1 + h^{\mathrm{T}}h - \gamma^2\left\|w_2\right\|^2 + u_2^{\mathrm{T}}Ru_2\right] \tag{10.64}$$

$$\dot{\hat{W}}_2 = -a_2\left\{\left(F_2\hat{W}_2 - F_1\bar{\sigma}_2^{\mathrm{T}}\hat{W}_1\right) - \frac{1}{4}\bar{D}_1(x)\hat{W}_2 m^{\mathrm{T}}\hat{W}_1\right\} \tag{10.65}$$

$$\dot{\hat{W}}_3 = -a_3\left\{\left(F_4\hat{W}_3 - F_3\bar{\sigma}_2^{\mathrm{T}}\hat{W}_1\right) + \frac{1}{4\gamma^2}\bar{E}_1(x)\hat{W}_3 m^{\mathrm{T}}\hat{W}_1\right\} \tag{10.66}$$

其中

$$\bar{D}_1(x) = \nabla\varphi_1(x) g_1(x) g_1^{\mathrm{T}}(x)\nabla\varphi_1^{\mathrm{T}}(x)$$

$$\bar{E}_1(x) = \nabla\varphi_1(x) g_2(x) R^{-\mathrm{T}} g_2^{\mathrm{T}}(x)\nabla\varphi_1^{\mathrm{T}}(x)$$

$$\sigma_2 = \nabla\varphi_1(f + g_1 w_2 + g_2 u_2)$$

$$\bar{\sigma}_2 = \sigma_2/\left(\sigma_2^{\mathrm{T}}\sigma_2 + 1\right)$$

$$m = \sigma_2/\left(\sigma_2^{\mathrm{T}}\sigma_2 + 1\right)^2$$

$F_1 > 0, F_2 > 0, F_3 > 0, F_4 > 0$ 为调节参数. 关于该方法的收敛性有如下结论.

假设 10.1　对于容许控制策略，非线性 Lyapunov 方程 (10.47)、方程 (10.51) 具有局部光滑解 $V(x) \geqslant 0, \forall x \in \Omega$.

定理 10.2 [8,9]　若假设 10.1 成立, 且 $h^{\mathrm{T}}h > 0$，则存在常数 K_0，使得当近似基函数个数 $K > K_0$ 时，控制器 (10.63) 可保证闭环系统稳定. 同时，评价网络参数估计误差 $\tilde{W}_1$. 干扰网络估计误差 $\tilde{W}_2$ 及控制策略参数估计误差 $\tilde{W}_3$ 均一致最终有界 (UUB).

定理 10.3 [8, 9]　若定理 10.2 的条件满足，则有

(1)$H(x, \hat{W}_1, w_2, u_2)$ 一致最终有界 (UUB).

(2) $(u_2(x)$、$w_2(x))$ 收敛于二人零和微分博弈 (10.8) 的反馈 Nash 均衡 (u^*, w^*).

注意，上述鲁棒控制器的在线设计并不需要知晓系统 (10.30) 中的 $f(x)$，因此可以实现控制器的在线自适应优化. 第 15 章将采用 10.4.3 节与 10.4.4 节理论设计负荷频率鲁棒控制器及 STATCOM 鲁棒控制器.

10.5　说明与讨论

本章针对鲁棒控制问题中控制与干扰相互竞争冲突的博弈内涵，从微分博弈的角度诠释了经典控制、最优控制和鲁棒控制的关系，给出了鲁棒控制的二人零

和微分博弈数学描述. 对仿射非线性系统而言，微分博弈问题归结为求解二次偏微分 HJI 不等式，数学上尚无一般求解方法，本章介绍了 4 种非线性鲁棒控制问题的求解方法，即变尺度反馈线性化 H_∞ 设计方法、端口受控 Hamilton 系统设计方法、策略迭代法及基于 ADP 的设计方法, 均无需直接求解 HJI 不等式，其中变尺度反馈线性化 H_∞ 设计方法通过坐标变换将非线性系统转化为线性系统, 从而将 HJI 不等式转化为代数 Riccati 不等式，最终使问题得以简化；端口受控 Hamilton 系统设计方法则基于耗散系统理论构造 Hamilton 函数，从而求取博弈均衡；策略迭代法将微分博弈问题的求解转化为迭代求解非线性 Lyapunov 方程；ADP 采用函数近似结构和策略迭代方法，能够在线自适应求解二人零和博弈的反馈 Nash 均衡，即鞍点. 前两种方法实质上是属于离线设计、在线应用的设计方法，后两种方法则为在线设计、在线应用.

虽然已经历半个世纪的发展, 时至今日, 基于微分博弈的非线性鲁棒控制与最优控制的研究依然面临诸多挑战，主要表现在受实际系统复杂性和不确定性限制，通常难以建立系统精确数学模型，从而使系统性能的优化控制难以实现. 在此背景下，设计既不依赖于系统模型，又能实现性能优化的鲁棒控制器显得尤为必要. ADP 作为一种以 Bellman 优化原理为基础的先进动态规划理论，在原理上对被控系统模型没有过多限制，无需建立系统精确模型，故有望实现鲁棒控制的无模型化. 此外，鲁棒控制问题的近似动态规划基于系统输入输出数据实现在线策略迭代，为性能优化提供了保证. 总之，深入研究鲁棒控制问题的近似动态规划方法有望解决标准鲁棒控制设计及求解算法面临的难题，从而为工程系统鲁棒控制器设计开辟一条新途径.

参 考 文 献

[1] 杨宪东，叶芳柏. 线性与非线性 H_∞ 控制理论. 台北: 全华科技图书股份有限公司, 1997.

[2] 卢强，梅生伟，孙元章. 电力系统非线性控制. 第2版. 北京: 清华大学出版社, 2008.

[3] Lu Q，Zheng S M，Mei S W，et al. NR-PSS (nonlinear robust power system stabilizer) for large synchronous generators and its large disturbance experiments on real time digital simulator. Science in China Series E: Technological Sciences, 2008, 51(4):337–352.

[4] 程代展. 非线性系统的几何理论. 北京: 科学出版社, 1988.

[5] Mei S，Wei W，Zheng S，et al. Development of an industrial non-linear robust power system stabiliser and its improved frequency-domain testing method. IET Generation, Transmission & Distribution, 2011, 5(12):1201–1210.

[6] 王玉振. 广义 Hamilton 控制系统理论. 北京: 科学出版社, 2007.

[7] Xi Z, Cheng D. Passivity-based stabilization and H_∞ control of the Hamiltonian control systems with dissipation and its applications to power systems. International Journal of Control, 2000, 73(18):1686–1691.

[8] Huang J, Abu-Khalaf M, Lewis F L. Policy iterations on the Hamilton–Jacobi–Isaacs equation for state feedback control with input saturation. IEEE Transactions on Automatic Control, 2006, 51(12):1989–1995.

[9] Vamvoudakis K G, Lewis F L. Online solution of nonlinear two-player zero-sum games using synchronous policy iteration. International Journal of Robust and Nonlinear Control, 2012, 22(13):1460–1483.

[10] Si J, Barto A, Powell W, et al. Handbook of Learning and Approximate dynamic programming: Scaling up to the Real World. New York: IEEE Press, John Wiley & Sons, 2004.

[11] Guo W, Si J, Liu F, et al. Policy iteration Approximate dynamic programming using Volterra series based actor//International Joint Conference on Neural Networks, 2014: 249–255.

[12] Vamvoudakis K G, Lewis F L. Multi-player non-zero-sum games: Online adaptive learning solution of coupled Hamilton-Jacobi equations. Automatica, 2011, 47(8):1556–1569.

[13] Liu F, Sun J, Si J, et al. A boundedness result for the direct heuristic dynamic programming. Neural Networks, 2012, 32:229–235.

[14] Guo W, Liu F, Si J, et al. Online supplementary ADP learning controller design and application to power system frequency control with large-scale wind energy integration. IEEE Transactions on Neural Networks and Learning Systems, 2015.

[15] Guo W, Liu F, Si J, et al. Approximate dynamic programming based reactive power control for DFIG wind farm to enhance power system stability. Neurocomputing, 2015, 170:417-427.

第 11 章　双层优化问题的博弈求解方法

双层优化是一种具有递阶结构的优化问题，上层问题和下层问题都有各自的决策变量、约束条件和目标函数. 换言之，双层优化问题中，下层优化问题作为约束条件限制了一部分优化变量的取值范围. 这种形式的优化问题最早由 Stackelberg 在研究市场中的经济行为时提出[1]. 由于 Stackelberg 博弈在建模动态决策问题上的突出优势，在过去几十年中获得了很大的关注，并逐步发展出多层规划理论，现已成为数学规划领域中的一个重要分支. 鉴于其复杂性，目前的研究仍主要集中在双层优化的研究，系统性研究成果可见文献 [2]. 本章将博弈理念引入双层优化问题，介绍了一种上、下层都具有多主体决策结构的双层优化问题的求解方法.

11.1　双层优化问题简介

双层优化问题中先决策方称为 Leader，后决策方称为 Follower，决策模型可表述如下.

Leader 问题

$$
\begin{gathered}
\min_{x \in X} \ F(x, y(x)) \\
X = \{x | G(x) \geqslant 0\} \\
y(x) \in S(x)
\end{gathered}
\tag{11.1}
$$

其中, x 为 Leader 的策略；X 为 Leader 的策略集；$S(x)$ 为以 x 为参数的 Follower 问题的最优解集，具体表述为

Follower 问题

$$
\begin{gathered}
S(x) = \arg \min_{y \in Y(x)} f(x, y) \\
Y(x) = \{y | g(x, y) \geqslant 0\}
\end{gathered}
\tag{11.2}
$$

这里假定 $S(x)$ 为单元素集合，即对任意 x，Follower 问题有且仅有一个最优解，否则需要假设 Follower 会从最优解集 $S(x)$ 中选择对 Leader 最有利的那个解. Stackelberg 博弈中，Leader 和 Follower 按照非合作方式顺次决策，Leader 优先选择策略 x，Follower 根据 Leader 的策略 x 选择自己的策略 y，故以 $y(x)$ 表示 Follower 的最优策略 y 对 Leader 策略 x 的依赖. 由模型 (11.1) 和模型 (11.2) 可知，Leader 的策略不但影响 Follower 的目标函数 $f(x, y)$，还会影响 Follower 的策略集 $Y(x)$. 尽管 Follower 的策略 y 会影响 Leader 的目标函数，但是 Leader 可以预见自己采取策略

x 时，Follower 的反应 $y(x)$，因此 Leader 在做出决策时需要考虑来自 Follower 的反应. 以下将 Stackelberg 博弈决策的三大特点归纳如下.

(1) 层次性. Leader 先行决策，Follower 在不违背 Leader 策略规定的策略集中选择策略. 实际决策过程中这种顺序不一定总代表领导力，也可表示决策时序.

(2) 自发性. 不论是 Leader 还是 Follower 均以优化各自利益为目标，任何一方单方面偏离博弈的均衡都会导致其收益下降.

(3) 交互性. 交互性体现在两个方面：一是目标函数的耦合性，即 Leader 和 Follower 有着各自的目标，这些目标往往并不一致，甚至是相互冲突的；二是策略集的耦合性，即 Follower 的策略集受到 Leader 策略的影响，从而使博弈问题变得复杂. 上述特性使得参与者在决策时必须考虑其他参与者的策略.

当 Follower 问题满足一定约束规范时，其最优解可采用 KKT 最优性条件表示. 因此，上述双层优化问题可以转化为以 KKT 条件为约束的优化问题. 应当指出，由于 KKT 条件中含有互补松弛约束，从而使得转化后的非线性规划呈现非凸性，并且违反常见的约束规范[2].

本章目的并非从理论上研究双层规划问题的数学性质及其解法，而是从工程决策问题的特点出发，从决策模型上对双层规划进行扩展，使之应用范围更加广泛. 为简明起见，本章以一类典型的市场报价问题为例进行说明：各供应商在不了解其他供应商报价的情况下对某种资源独立报价，客户则根据所有供应商的报价在不了解其他客户需求的情况下独立申报采购策略. 显然这里供应商应当作为 Leader，客户作为 Follower. 然而，由于供应商/客户需要同时决策，故上层/下层内部构成 Nash 竞争 (决策时不了解其余参与者的策略)，上层、下层之间构成 Stackelberg 竞争 (Leader 先于 Follower 决策)，最终供应商/客户内部将形成 Nash 均衡，供应商与客户之间形成 Stackelberg 均衡. 可见工程决策问题中，上层、下层往往存在多个决策主体. 他们所面临的冲突、竞争、合作并存的决策问题自然构成了多主体多层博弈格局. 从此角度讲，工程决策问题极大地丰富了 Stackelberg 博弈的内涵，同时也扩充了传统双层规划的研究内容.

本章将 Nash 博弈及 Stackelberg 博弈统一归纳为一类博弈问题，称为 Nash-Stackelberg-Nash 型主从博弈，简称为 N-S-N 博弈，用以解决工程实际中的多主体决策问题. 此博弈的特点在于，上层参与者的策略作为下层博弈问题的参数，而下层博弈问题作为上层博弈问题的约束条件. 在下层参与者最优策略唯一的情形下，上层参与者可以预测到下层参与者对自己策略的反应. 在此框架下，仍沿用 Stackelberg 博弈中的称谓，称上层参与者为 Leader，下层参与者为 Follower. Leader/Follower 内部同时决策，而 Leader 和 Follower 之间顺次决策. 可见 N-S-N 博弈是 Nash 博弈和 Stackelberg 博弈的结合与推广，尤其适用于工程中的多主体决策问题. 应当指出，N-S-N 博弈与一类数学规划 —— 均衡约束均衡优化 (equilibrium problem with equilibrium constraint, EPEC)[3] 具有相似的结构. 本章将这种决策结构表示的主从博弈归纳为 N-S-N 博弈，以便利用主从博弈理论分析研究相关问题.

11.2 N-S-N 博弈的数学模型

本章符号使用的原则规定如下. N 和 L 分别表示上层参与者和下层参与者的数量. 所有上层参与者的策略用向量 x 表示，特别地，用向量 x^i 表示第 i 个上层参与者的策略，用向量 $x^{-i}=[x^1,\cdots,x^{i-1},x^{i+1},\cdots,x^N]$ 表示上层除第 i 个参与者外其他参与者的策略. 所有下层参与者的策略用向量 y 表示，特别地，用向量 y^j 表示第 j 个下层参与者的策略，用向量 $y^{-j}=[y^1,\cdots,y^{j-1},y^{j+1},\cdots,y^L]$ 表示下层除第 j 个参与者外其他参与者的策略. 约束条件 $0\leqslant a\perp b\geqslant 0$ 表示向量 $a\geqslant 0$、$b\geqslant 0$ 且 $a^{\mathrm{T}}b=0$. 当 a、b 为标量时，$a\perp b$ 表示 a、b 至少有一个为 0.

根据 11.1 节阐述的决策结构，N-S-N 博弈的数学模型可描述为

Leader 问题

$$\left.\begin{aligned}\min_{x^i,y}\ & F_i(x,y)\\ \text{s.t.}\quad & G_i(x,y)\geqslant 0\\ & y\in S(x)\end{aligned}\right\}\forall i \tag{11.3}$$

其中, $y\in S(x)$ 表示 y 是以 x 为参数的下层 Nash 均衡，即

Follower 问题

$$\left.\begin{aligned}\min_{y^j}\ & f_j(x,y)\\ \text{s.t.}\quad & g_j(x,y^j)\geqslant 0\\ & h_j(x,y^j)=0\end{aligned}\right\}\forall j \tag{11.4}$$

N-S-N 博弈的决策过程如下.

首先各 Leader 在不了解其余 Leader 决策 x^{-i} 的情况下作出决策 x^i，使自身利益达到最优. 各 Follower 在所有 Leader 做出决策后，在不知道其余 Follower 决策 y^{-j} 的情况下作出决策 y^j，使自身利益达到最优. 注意, 问题 (11.4) 中，每个 Follower 仅目标函数与其他 Follower 的策略相关，策略集与其他 Follower 的策略无关，因此构成标准 Nash 博弈. 由式 (11.3) 可见，Nash 博弈问题 (11.4) 充当了 Leader 决策问题的约束条件. 此处作如下假定.

假设 11.1 对任意给定的上层策略 x，Nash 博弈 (11.4) 有且仅有一个 Nash 均衡，即 $S(x)$ 为单值映射.

在假设 11.1 成立的前提下，Leader 可以根据策略 x 和映射 $S(x)$ 预测 Follower 的策略 y. 应当指出，上述假设在数学上是很强的. 对假设 11.1 不满足的情况，可

以采用如下 Leader 模型：

$$\left.\begin{aligned} &\min_{x^i,y^i} F_i(x,y^i) \\ \text{s.t.}\quad &G_i(x,y^i) \geqslant 0 \\ &y^i \in S(x) \end{aligned}\right\} \forall i \tag{11.5}$$

其中, $y^i=\{y^{i1},\cdots,y^{iL}\}$ 为所有 Follower 对第 i 个上层参与者的反应，表明当 $S(x)$ 为多值映射时，Follower 会从自己的最优策略集中选择对 Leader 最有利的那一个，并且 Follower 对不同的 Leader 可以选择不同的策略，相应的模型称为乐观模型. 当然 Follower 也有可能选择其他策略，甚至选择对 Leader 最不利的策略，相应的模型称为悲观模型. 本章内容对乐观模型仍然适用. 悲观模型则更加复杂，超出本章的讨论范围. N-S-N 博弈的决策关系如图 11.1 所示.

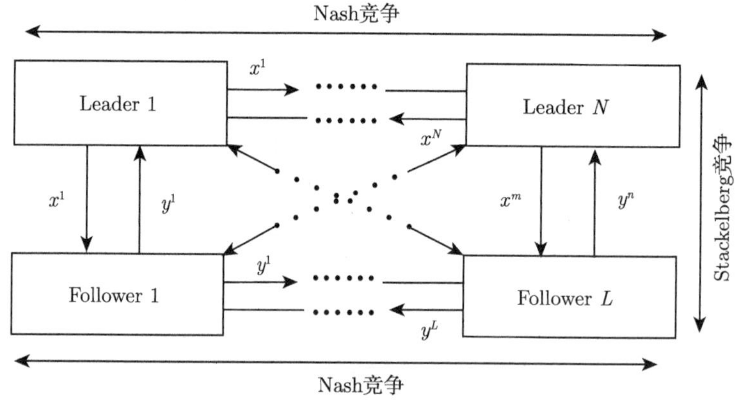

图 11.1 N-S-N 博弈决策结构示意图

定义 11.1 (Nash-Stackelberg-Nash 均衡) 若 $F_i(x^*,y^*)\leqslant F_i(x^i,(x^*)^{-i},y)$, $\forall\{x^i,y\}\in\Omega^{-i}(x^*)$, $\forall i$，其中

$$\Omega^{-i}(x^*)=\left\{(x^i,y)\;\middle|\;\begin{array}{c} G_i(x^i,(x^*)^{-i},y)\geqslant 0 \\ y\in S(x^i,(x^*)^{-i}) \end{array}\right\}$$

则称策略 (x^*,y^*) 为 N-S-N 博弈 (11.3)–(11.4) 的 Nash-Stackelberg-Nash 均衡.

定义 11.1 表明，在 Nash-Stackelberg-Nash 均衡处，每个参与者均无法通过单独改变自身策略而获益.

11.3 N-S-N 博弈的求解方法

文献 [4] 提出了两种具有代表性的算法可作为求解 N-S-N 博弈提供有力工具.

其一是驻点法，也称为 ALLKKT 法，即先将下层 Nash 博弈用等价 KKT 系统代替，再列出每个 Leader 等价非线性规划的 KKT 条件，进而联立求解.

其二是不动点型迭代算法，即先将下层 Nash 博弈用等价 KKT 系统代替，再交替求解每个上层问题的等价非线性规划，直至收敛到不动点. 此类算法又可分为 Jacobi 型迭代和 Gauss-Seidel 型迭代.

驻点法和不动点型迭代算法都有广泛应用. 通常来说，驻点法无需迭代，故不涉及收敛性问题，但其上、下两层优化问题都需要进行 KKT 条件的转换，涉及较多的对偶变量，计算复杂度较高. 不动点型迭代算法只需要对下层 Nash 均衡问题进行 KKT 条件转换，涉及较少的变量，并且可以实现分布式计算，但计算的收敛性缺乏理论上的保证. 以下首先介绍这两种方法，然后基于驻点法介绍一种求解 N-S-N 博弈的驻点优化算法.

11.3.1 不动点型迭代算法

以 Gauss-Seidel 型迭代算法[4] 为例，计算步骤如下.

第 1 步 选择 Leader 的初始决策 $\{x^{i0}\}, \forall i$, 收敛误差 ε, 以及最大允许迭代次数 N_I，取 $x^{i1}=x^{i0}, \forall i$, 计当前迭代次数 $k=1$.

第 2 步 对所有 Leader 执行如下循环.

(1) 对 Leader i，固定 $x^{-i}=x^{-i1}$，求解 Leader i 对应的如下 Stackelberg-Nash 博弈:

$$
\begin{aligned}
&\min_{x^i,y} F_i(x^i, x^{-i1}, \hat{y}) \\
&\text{s.t.}\quad G_i(x^i, x^{-i1}, \hat{y}) \geqslant 0 \\
&\left.\begin{aligned}
\hat{y}^j &= \arg\min_{y^j} f^j(x^i, x^{-i1}, y) \\
\text{s.t.}\quad & g_j(x^i, x^{-i1}, y^j) \geqslant 0 \\
& h_j(x^i, x^{-i1}, y^j) = 0
\end{aligned}\right\}\forall j
\end{aligned}
\tag{11.6}
$$

记最优解为 $(x^i)^*$.

(2) 取 $x^{i1}=(x^i)^*$.

第 3 步 若 $\left|x^{i1}-x^{i0}\right| \leqslant \varepsilon, \forall i$, 结束，输出最优解 x 和 y.

第 4 步 若 $k=N_I$, 结束，报告算法未能收敛.

第 5 步 $k=k+1$, 取 $x^{i0}=x^{i1}, \forall i$, 返回第 2 步.

若 N-S-N 博弈具有多个均衡，则最终博弈结果将与初值有关. 另外，即使上述算法不收敛，也不表明原 N-S-N 博弈没有均衡解.

11.3.2 驻点法

为克服不动点型迭代算法在收敛性上的困难，文献 [4] 进一步提出了驻点法，简介如下.

KKT 条件是研究优化问题的重要工具. 考虑到主从博弈问题中每个参与者的决策问题是以其他参与者策略为参数的优化问题，故首先列出 Nash 博弈 (11.4) 中每个 Follower 决策问题的 KKT 条件，形成如下 KKT 系统:

$$\begin{gathered}\nabla_{y^j} f_j-\lambda_l^{j\mathrm{T}} \nabla_{y^j} g_j-\mu_l^{j\mathrm{T}} \nabla_{y^j} h_j=0, \quad \forall j \\ 0 \leqslant \lambda_l^j \perp g_j(x, y^j) \geqslant 0, \quad \forall j \\ h_j(x, y^j)=0, \quad \forall j\end{gathered} \tag{11.7}$$

当 Follower 问题为凸优化时，KKT 系统 (11.7) 与 Nash 博弈 (11.4) 等价. 进一步，若假设 11.1 成立，KKT 系统 (11.7) 有唯一解. 为表述方便，将 KKT 系统 (11.7) 写为如下互补约束:

$$0 \leqslant K_1(x, y) \perp K_2(x, y) \geqslant 0 \tag{11.8}$$

其中, $K_1(x,y)=[K_1^j(x,y)], \forall j,\ K_2(x,y)=[K_2^j(x,y)], \forall j.$

$$K_1^j(x,y)=\begin{bmatrix}\nabla_{y^j} f_j-\lambda_l^{j\mathrm{T}} \nabla_{y^j} g_j-\mu_l^{j\mathrm{T}} \nabla_{y^j} h_j \\ 0 \\ h_j(x,y^j) \\ 0 \\ \lambda_l^j\end{bmatrix}$$

$$K_2^j(x,y)=\begin{bmatrix}0 \\ -\nabla_{y^j} f_j+\lambda_l^{j\mathrm{T}} \nabla_{y^j} g_j+\mu_l^{j\mathrm{T}} \nabla_{y^j} h_j \\ 0 \\ -h_j(x,y^j) \\ g_j(x,y^j)\end{bmatrix}$$

将 N-S-N 博弈中下层 Nash 博弈 (11.4) 用 KKT 系统 (11.8) 代替，可得每个 Leader 的优化问题为

$$\left.\begin{array}{r}\min\limits_{x^i, y} F_i(x,y) \\ \text{s.t.}\quad G_i(x,y) \geqslant 0 \\ 0 \leqslant K_1(x,y) \perp K_2(x,y) \geqslant 0\end{array}\right\} \forall i \tag{11.9}$$

考虑如下优化问题:

$$\left.\begin{array}{r}\min\limits_{x^i, y} F_i(x,y) \\ \text{s.t.}\quad G_i(x,y) \geqslant 0 \\ K_1(x,y) \geqslant 0 \\ K_2(x,y) \geqslant 0 \\ K_1^{\mathrm{T}}(x,y) K_2(x,y) \leqslant 0\end{array}\right\} \forall i \tag{11.10}$$

上述两个优化问题 (11.9) 和 (11.10) 具有相同的可行域，但采用后者可获得更好的数值计算可靠性[5]. 有鉴于此，若固定 x^{-i}, 求解优化问题 (11.10) 则可获得第 i 个 Leader 和 Follower 之间的均衡解.

与标准 Nash 博弈 (11.4) 不同，博弈 (11.10) 中每个参与者的策略集与其他参与者的策略有关，此类博弈称为广义 Nash 博弈，其均衡称为广义 Nash 均衡[6]，即博弈 (11.10) 对应如下 KKT 系统的解:

$$
\begin{aligned}
\nabla_{x^i}F_i-\nabla_{x^i}G_i^{\mathrm{T}}\lambda_u^i-\nabla_{x^i}K_1^{\mathrm{T}}\rho_1^i-\nabla_{x^i}K_2^{\mathrm{T}}\rho_2^i-\nabla_{x^i}(K_1^{\mathrm{T}}K_2)^{\mathrm{T}}\pi^i=0,\quad \forall i\\
\nabla_{y}F_i-\nabla_{y}G_i^{\mathrm{T}}\lambda_u^i-\nabla_{y}K_1^{\mathrm{T}}\rho_1^i-\nabla_{y}K_2^{\mathrm{T}}\rho_2^i-\nabla_{y}(K_1^{\mathrm{T}}K_2)^{\mathrm{T}}\pi^i=0,\quad \forall i\\
0\leqslant G_i(x,y)\perp\lambda_u^i\geqslant 0,\quad \forall i\\
0\leqslant K_1(x,y)\perp\rho_1^i\geqslant 0,\quad \forall i\\
0\leqslant K_2(x,y)\perp\rho_2^i\geqslant 0,\quad \forall i\\
0\geqslant K_1^{\mathrm{T}}(x,y)K_2(x,y)\perp\pi^i\leqslant 0,\quad \forall i
\end{aligned}
\tag{11.11}
$$

关于 KKT 系统 (11.11) 讨论如下.

(1) 由后三个约束可知，$K_1^{\mathrm{T}}(x,y)K_2(x,y)=0$ 在可行域内成立，因此式 (11.11) 的最后一个约束可写为

$$
K_1^{\mathrm{T}}(x,y)K_2(x,y)\leqslant 0,\quad \pi^i\leqslant 0,\quad \forall i
$$

(2) 由于

$$
K_1^{\mathrm{T}}(x,y)\rho_1^i=0,\quad K_1^{\mathrm{T}}(x,y)K_2(x,y)=0
$$

故有

$$
K_1^{\mathrm{T}}(x,y)[K_2(x,y)+\rho_1^i]=0
$$

同理，由于

$$
K_2^{\mathrm{T}}(x,y)\rho_2^i=0,\quad K_1^{\mathrm{T}}(x,y)K_2(x,y)=0
$$

故有

$$
K_2^{\mathrm{T}}(x,y)[K_1(x,y)+\rho_2^i]=0
$$

因此 KKT 系统 (11.11) 的后三个约束可以表示为

$$
\begin{aligned}
0\leqslant K_1^{\mathrm{T}}(x,y)\perp[K_2(x,y)+\rho_1^i]\geqslant 0,\quad \forall i\\
0\leqslant K_2^{\mathrm{T}}(x,y)\perp[K_1(x,y)+\rho_2^i]\geqslant 0,\quad \forall i\\
\rho_1^i\geqslant 0,\quad \rho_2^i\geqslant 0,\quad \pi^i\leqslant 0,\quad \forall i
\end{aligned}
$$

显见, 上式能够减少 KKT 系统 (11.11) 中互补约束的个数.

一般而言，满足 KKT 系统 (11.11) 的广义 Nash 均衡有无穷多个，并且这些均衡解是非孤立的[6]. 通过对公共约束的对偶变量施加适当约束可获得唯一均衡解，

如变分均衡[6] 或约束广义 Nash 均衡[7] 等. 应当指出，约束广义 Nash 均衡虽然较灵活，但需要指定对偶变量的约束锥，主观性较强；变分均衡只是其特例，灵活性较差. 为此，本章提出以下求解方法.

11.3.3 驻点优化法

注意, KKT 系统 (11.11) 实为一组约束条件, 因此可以在满足 KKT 系统 (11.11) 的解集中筛选出使另一目标函数 $v(x,y)$ 达到最优的一个解. 函数 $v(x,y)$ 可以是参与者共同关心的系统运行指标，也可以是某种意义的社会福利.

定义 11.2 (最优驻点) 将满足 KKT 系统 (11.11) 的驻点中, 使优化目标 $v(x,y)$ 达到最优的那一组称为最优驻点.

最优驻点可通过求解以下优化问题得到.

$$\begin{aligned} &\min\ v(x,y) \\ &\text{s.t. KKT 系统 (11.11)} \end{aligned} \tag{11.12}$$

应当指出，KKT 系统的驻点与优化问题的最优解并不等价，前者通常包括后者. 最优驻点是否为 Nash-Stackelberg-Nash 均衡可以通过摄动法结合定义 11.1 进行检验. 若满足定义 11.1，则该最优驻点又称为最优 Nash-Stackelberg-Nash 均衡.

需要说明的是, 最优驻点法旨在克服约束广义 Nash 均衡中约束锥选取困难及变分均衡不够灵活等问题，并不能降低驻点法本身的计算复杂度. 此外，次级优化目标函数中也可以包含对偶变量. 求解优化问题 (11.12) 的困难之处在于，KKT 系统 (11.11) 中的互补松弛条件不满足 Mangasarian-Fromovitz 约束规范，也不满足 Slater 规格化条件，即无可行内点，故难以获得稳定的数值解. 为克服此困难，可采用以下两种处理方法.

方法 1 序列二次规划法

仍可采用文献 [5] 中提出的方法将互补约束转化为不等式约束，进而采用该文提出的序列二次规划方法. 文献 [5] 证明了该方法在适当条件下具有二阶收敛性.

方法 2 罚函数法

由于互补函数 $G_i^{\mathrm{T}}(x,y)\lambda_u^i$、$K_1^{\mathrm{T}}(x,y)\rho_1^i$、$K_2^{\mathrm{T}}(x,y)\rho_2^i$、$K_1^{\mathrm{T}}K_2\pi^i$ 在可行域内非负，因此可作为惩罚项直接引入目标函数而不增加优化问题的阶次，即

$$\begin{aligned} \min\ & v(x,y)+\sigma\sum_i[G_i^{\mathrm{T}}(x,y)\lambda_u^i+K_1^{\mathrm{T}}(x,y)\rho_1^i \\ & +K_2^{\mathrm{T}}(x,y)\rho_2^i+K_1^{\mathrm{T}}(x,y)K_2(x,y)\pi^i] \\ \text{s.t.}\ & G_i(x,y)\geqslant 0,\quad \lambda_u^i\geqslant 0,\quad \forall i \\ & K_1(x,y)\geqslant 0,\quad \rho_1^i\geqslant 0,\quad \forall i \\ & K_2(x,y)\geqslant 0,\quad \rho_2^i\geqslant 0,\quad \forall i \end{aligned} \tag{11.13}$$

$$K_1^{\mathrm{T}}(x,y)K_2(x,y) \leqslant 0, \quad \pi^i \leqslant 0, \quad \forall i$$

$$\nabla_{x^i}F_i - \nabla_{x^i}G_i^{\mathrm{T}}\lambda_u^i - \nabla_{x^i}K_1^{\mathrm{T}}\rho_1^i - \nabla_{x^i}K_2^{\mathrm{T}}\rho_2^i - \nabla_{x^i}(K_1^{\mathrm{T}}K_2)^{\mathrm{T}}\pi^i = 0, \quad \forall i$$

$$\nabla_y F_i - \nabla_y G_i^{\mathrm{T}}\lambda_u^i - \nabla_y K_1^{\mathrm{T}}\rho_1^i - \nabla_y K_2^{\mathrm{T}}\rho_2^i - \nabla_y(K_1^{\mathrm{T}}K_2)^{\mathrm{T}}\pi^i = 0, \quad \forall i$$

其中, σ 为罚因子. 文献 [8] 指出，对于形如式 (11.13) 的优化问题，存在有限的罚因子使罚问题和原问题等价. 该结论对 N-S-N 博弈也适用，即存在 σ^* 使得当 $\sigma > \sigma^*$ 时，非线性规划 (11.12) 和 (11.13) 具有相同的最优解.

例 11.1 [9] 考虑一个具有两个供应商的市场，对若干种商品的定价分别为向量 x^1 和 x^2. 用户根据价格确定从两个供应商处的采购量，其策略记为向量 y. 供应商的目标是极大化自身销售额，用户的目标是极大化自身利润. 在此背景下，该市场的定价与采购可以描述为如下 N-S-N 博弈:

$$\text{Leader1} \qquad \begin{aligned} &\max_{x^1} \ y^{\mathrm{T}}A_1x^1 \\ &\text{s.t.} \quad B_1x^1 \leqslant b_1 \end{aligned} \tag{11.14}$$

$$\text{Leader2} \qquad \begin{aligned} &\max_{x^2} \ y^{\mathrm{T}}A_2x^2 \\ &\text{s.t.} \quad B_2x^2 \leqslant b_2 \end{aligned} \tag{11.15}$$

$$\text{Follower} \qquad \begin{aligned} &\max_{y} f(y) - y^{\mathrm{T}}A_1x^1 - y^{\mathrm{T}}A_2x^2 \\ &\text{s.t.} \quad Cy = d \end{aligned} \tag{11.16}$$

其中, $f(y) = -y^{\mathrm{T}}Qy/2 + c^{\mathrm{T}}y$ 为用户的收益; Q 为正定矩阵.

该博弈中，Leader 问题的目标函数为 Follower 的支付，约束条件为限价政策. Follower 的目标函数中，$f(y)$ 为收益函数，后两项为采购成本，采购价格取决于 Leader 的定价策略，约束条件中，C 为行满秩矩阵. 由于用户策略 y 是 x^1 和 x^2 的函数，故每个 Leader 的策略均会影响另一方的收益.

由于 Leader 价格给定时，Follower 问题为严格凸二次规划，其最优解可由如下 KKT 条件刻画:

$$\begin{aligned} c - Qy - A_1x^1 - A_2x^2 - C^{\mathrm{T}}\lambda = 0 \\ Cy - d = 0 \end{aligned}$$

求解上述方程组可得

$$\begin{aligned} y = Q^{-1}c - Q^{-1}C^{\mathrm{T}}(M_{CQ}d + P_{CQ}c) \\ +[Q^{-1}C^{\mathrm{T}}P_{CQ}A_1 - Q^{-1}A_1]x^1 \\ +[Q^{-1}C^{\mathrm{T}}P_{CQ}A_2 - Q^{-1}A_2]x^2 \end{aligned}$$

其中

$$M_{CQ} = (CQ^{-1}C^{\mathrm{T}})^{-1}, \quad N_{CQ} = CQ^{-1}, \quad P_{CQ} = M_{CQ}N_{CQ}$$

进一步将 y 简记为

$$y = r + M_1 x^1 + M_2 x^2 \tag{11.17}$$

其中

$$\begin{aligned} r &= Q^{-1}c - Q^{-1}C^{\mathrm{T}}(M_{CQ}d + P_{CQ}c) \\ M_1 &= Q^{-1}C^{\mathrm{T}}P_{CQ}A_1 - Q^{-1}A_1 \\ M_2 &= Q^{-1}C^{\mathrm{T}}P_{CQ}A_2 - Q^{-1}A_2 \end{aligned}$$

将式 (11.17) 代入 Leader 的目标函数可得

$$\theta_1(x^1, x^2) = y^{\mathrm{T}}A_1x^1 = r^{\mathrm{T}}A_1x^1 + (x^1)^{\mathrm{T}}M_1^{\mathrm{T}}A_1x^1 + (x^2)^{\mathrm{T}}M_2^{\mathrm{T}}A_1x^1$$

$$\theta_2(x^1, x^2) = y^{\mathrm{T}}A_2x^2 = r^{\mathrm{T}}A_2x^2 + (x^2)^{\mathrm{T}}M_2^{\mathrm{T}}A_2x^2 + (x^1)^{\mathrm{T}}M_1^{\mathrm{T}}A_2x^2$$

因此博弈 (11.14)–(11.16) 可由如下标准 Nash 博弈描述:

$$\text{Leader 1} \qquad \begin{aligned} &\max_{x^1} \ \theta_1(x^1, x^2) \\ &\text{s.t.} \quad B_1x^1 \leqslant b_1 \end{aligned}$$

$$\text{Leader 2} \qquad \begin{aligned} &\max_{x^2} \ \theta_2(x^1, x^2) \\ &\text{s.t.} \quad B_2x^2 \leqslant b_2 \end{aligned}$$

计算目标函数 $\theta_1(x^1, x^2)$ 的 Hessian 矩阵得

$$\nabla^2_{x^1}\theta_1(x^1, x^2) = -2A_1^{\mathrm{T}}Q^{-1/2}P_JQ^{-1/2}A_1$$

其中, $Q^{-1/2}$ 为 Q^{-1} 的平方根矩阵，即 $Q^{-1} = (Q^{-1/2})^2$，矩阵

$$P_J = Q^{-1/2}C^{\mathrm{T}}(CQ^{-1}C^{\mathrm{T}})^{-1}CQ^{-1/2} - I$$

满足

$$P_J^2 = -P_J$$

故对任意向量 z 有

$$z^{\mathrm{T}}A_1^{\mathrm{T}}Q^{-1/2}P_JQ^{-1/2}A_1z = -(P_JQ^{-1/2}A_1z)^{\mathrm{T}}(P_JQ^{-1/2}A_1z) \leqslant 0$$

因此，Hessian 矩阵 $\nabla^2_{x^1}\theta_1(x^1, x^2)$ 是半负定矩阵，$\theta_1(x^1, x^2)$ 是关于 x^1 的凹函数. 同理，$\theta_2(x^1, x^2)$ 是关于 x^2 的凹函数, 故 Leader 问题 (11.14)–(11.15) 均为凸优化问题. 因此博弈 (11.14)–(11.16) 可以由不动点型迭代算法求解.

11.4 半零和双线性主从博弈

双层规划的重要特点是可以通过 Leader 的策略控制 Follower 的策略. 本节讨论一类特殊的主从博弈，其数学模型表述如下：

Leader 问题

$$\max_{x}\ x^{\mathrm{T}}D_{\mathrm{C}}y(x)-p^{\mathrm{T}}D_{\mathrm{M}}z(y) \tag{11.18}$$

$$\text{s.t.}\quad Ax\leqslant a \tag{11.19}$$

$$B_1y(x)+B_2z(y)\leqslant b \tag{11.20}$$

Follower 问题

$$\begin{aligned}&\min_{y}\ x^{\mathrm{T}}D_{\mathrm{C}}y\\&\text{s.t.}\quad Fy\geqslant f\end{aligned} \tag{11.21}$$

其中, Follower 的策略为 y，目标是极小化其支付，约束条件为线性不等式；Leader 的策略为 x 和 z，其目标函数 (11.18) 可分为两部分：第一部分是 Follower 的支付，也即 Leader 的收益；第二部分是 Leader 的某种支付，如生产成本或采购成本；z 为生产策略或采购策略；p 为单位生产成本或上一级市场的售价；约束条件 (11.20) 为线性等式或不等式，表示生产过程或采购过程所要满足的条件. 此博弈的特点在于目标函数中的 $x^{\mathrm{T}}D_{\mathrm{C}}y$ 项. 对 Follower 而言，x 为参数，因此 Follower 问题是线性规划. 由于 x 仅出现在目标函数的系数中，因此可以理解为价格. 本节研究的博弈中，假定上层只有一个 Leader，并假定 Follower 只能从 Leader 获取所需商品. 在此背景下 Leader 具有完全的市场力. 为避免不合理的价格，本节假设 Leader 和 Follower 之间已达成了定价协议，通过约束条件 (11.19) 规定了价格策略 x 的可行域. 对 Leader 而言，由于 x 和 y 都是变量，因此 $x^{\mathrm{T}}D_{\mathrm{C}}y$ 是“双线性”项. 进一步，由于 Follower 的支付即为 Leader 收益的一部分，故称这种竞争关系为“半零和”.

半零和双线性主从博弈的一个重要应用即为分析市场上的经济行为. 市场经济的特点是可以通过价格引导消费行为. 例如，在电力市场中，通过合理设定不同时段电价，可以间接控制负荷曲线，以此为基础的需求侧管理是智能电网区别于传统电网的重要特征之一. 在国家发展规划中，可以通过对某些商品施加税收调整该商品的产量或需求，或者对某行业进行补贴从而促进该行业的发展. 此类问题中，Leader 的价格策略可表示为 x，Follower 的需求可表示为 y. 为了达到相应的调控目的，Leader 在制定价格的同时需要预测 Follower 对价格的反应. 这种相互制约的决策问题非常适合采用半零和双线性主从博弈分析与求解.

半零和双线性主从博弈具有的特殊结构使其可以转化为一个混合整数线性规划求解. 以下进行讨论. 注意，主从博弈 (11.18)–(11.21) 中，当价格策略 x 固定时，

Follower 问题为线性规划，其最优策略可用下述 KKT 条件代替：

$$\begin{aligned} D_{\mathrm{C}}^{\mathrm{T}}x &= F^{\mathrm{T}}\mu \\ 0 \leqslant \mu &\perp Fy - f \geqslant 0 \end{aligned} \tag{11.22}$$

其中, μ 为对偶变量.

根据线性规划对偶理论，在 Follower 问题最优解处有

$$x^{\mathrm{T}}D_{\mathrm{C}}y = f^{\mathrm{T}}\mu$$

故目标函数 (11.18) 中的非线性项 $x^{\mathrm{T}}D_{\mathrm{C}}y$ 可以表示为对偶变量 μ 的线性函数. 进一步，KKT 条件 (11.22) 中的互补松弛条件可以由文献 [10] 中的方法表示为下述线性不等式

$$\begin{aligned} &0 \leqslant \mu \leqslant M(1-v) \\ &0 \leqslant Fy - f \leqslant Mv \\ &v \in \{0,1\}^{N_f} \end{aligned} \tag{11.23}$$

其中, $v \in \{0,1\}^{N_f}$； N_f 为向量 f 的维数. 在此基础上，Leader 对应的优化问题可转化为以下混合整数线性规划问题：

$$\begin{aligned} \max_{x,y,u,v,z} \quad & f^{\mathrm{T}}\mu - p^{\mathrm{T}}D_{\mathrm{M}}z \\ \text{s.t.} \quad & v \in \{0,1\}^{N_f} \\ & 0 \leqslant \mu \leqslant M(1-v) \\ & 0 \leqslant Fy - f \leqslant Mv \\ & Ax \leqslant a, \quad D_{\mathrm{C}}^{\mathrm{T}}x = F^{\mathrm{T}}\mu \\ & B_2 z \leqslant b - B_1 y \end{aligned} \tag{11.24}$$

综上所述，求解上述优化问题即可直接获得 Leader 的最优策略.

11.5 广义 Nash 博弈

广义 Nash 博弈是标准 Nash 博弈的推广，相当于只有 Leader 的 N-S-N 博弈，具体形式可表述为

$$\left.\begin{aligned} \min_{x^i} \quad & \theta_i(x^i, x^{-i}) \\ \text{s.t.} \quad & x^i \in X_i(x^{-i}) \end{aligned}\right\} \forall i$$

其中, $\theta_i(x^i, x^{-i})$ 为参与者 i 的目标函数； $X_i(x^{-i})$ 为当其余参与者的策略固定为 x^{-i} 时，参与者 i 的策略集. 广义 Nash 博弈与标准 Nash 博弈的本质区别在于，每个参与者的策略空间 $X_i(x^{-i})$ 取决于其他参与者的策略 x^{-i}. 关于广义 Nash 博弈

的详细介绍可参考文献 [6], 其求解可参考文献 [7]、[11] 和 [12]. 需要说明的是，广义 Nash 博弈并无多层决策结构，本节将其作为一种特殊的 N-S-N 博弈加以讨论，旨在揭示 N-S-N 博弈与传统博弈格局的联系.

需要说明的是，标准 Nash 均衡的存在性与唯一性可在适当条件下得到保证，如严格凸条件. 然而，由于约束条件之间的耦合性，广义 Nash 均衡的分布往往更加复杂，甚至以流形的形式出现[6]，对此本节将给出实例. 本节主要关注的问题是，当广义 Nash 均衡不唯一时，如何确定具有特定意义的解.

考察下述广义 Nash 博弈模型：

$$\left.\begin{array}{ll}\min\limits_{x^i} & f_i(x) = \theta_i(x^i) + b(x) \\ \text{s.t.} & g_i(x^i) \leqslant 0, \quad h(x) \leqslant 0\end{array}\right\} \forall i \tag{11.25}$$

其中, 所有函数均为凸函数，故参与者 i 的决策问题为凸优化问题. 函数 θ_i 和 g_i 仅与参与者 i 自身的策略 x^i 相关，函数 b 和 h 取决于所有参与者的策略 x，并且对所有参与者是相同的，因此无下标 i. 博弈 (11.25) 的特点在于，目标函数中的耦合部分和耦合约束对每个参与者都是相同的，事实上构成一类势博弈[13].

在博弈 (11.25) 中，记参与者 i 的策略集为

$$X_i(x^{-i}) = \{x^i | g_i(x^i) \leqslant 0, \quad h(x^i, x^{-i}) \leqslant 0\}$$

并记集合

$$X = \{x | g_i(x^i) \leqslant 0, \quad \forall i, \quad h(x) \leqslant 0\}$$

定义 11.3 若 $x^* \in X$ 满足

$$f_i(x^{i*}, x^{-i*}) \leqslant f_i(x^i, x^{-i*}), \quad \forall x^i \in X_i(x^{-i*}), \quad \forall i$$

则称 x^* 为博弈 (11.25) 的广义 Nash 均衡.

研究表明，x^* 为博弈式 (11.25) 的广义 Nash 均衡，当且仅当其为如下 KKT 系统的驻点[6]：

$$\begin{array}{c}\nabla_{x^i}\theta_i + \nabla_{x^i}b + \lambda_i^{\mathrm{T}}\nabla_{x^i}g_i + \mu_i^{\mathrm{T}}\nabla_{x^i}h = 0, \quad \forall i \\ g_i(x^i) \leqslant 0, \quad \lambda_i \geqslant 0, \quad \lambda_i^{\mathrm{T}}g_i(x^i) = 0, \quad \forall i \\ h(z) \leqslant 0, \quad \mu_i \geqslant 0, \quad \mu_i^{\mathrm{T}}h(x) = 0, \quad \forall i\end{array} \tag{11.26}$$

其中，每个参与者公共约束 $h(x)$ 的 Lagrange 乘子 μ_i 可以不同，导致式 (11.26) 为欠定方程组. 为保证式 (11.26) 存在孤立驻点，需要对 Lagrange 乘子 μ_i 加以限制. 例如，文献 [12] 对 μ_i 施以锥约束，将所得均衡称为约束 Nash 均衡.

本节将如下约束：

$$\mu_i = \mu_0, \quad \forall i \tag{11.27}$$

对应的广义 Nash 均衡称为变分均衡 (variational equilibrium, VE)[6]. 变分均衡具有明确的经济学意义：若将公共约束理解为某种共享的稀缺资源，则变分均衡意味着稀缺资源对所有参与者具有相同的边际价格.

一般来讲，求解广义 Nash 均衡需要获得 KKT 系统的解. 然而，即使所有函数均为线性函数，KKT 系统也将由于包含非线性的互补约束而难以快速求解, 甚至存在数值稳定性问题. 事实上，对于形如式 (11.25) 的广义 Nash 博弈，其变分均衡可以通过求解一个特殊的优化问题得到.

定理 11.1　广义 Nash 博弈 (11.25) 的变分均衡与如下优化问题

$$\begin{aligned} \min\ & b(x) + \sum_i \theta_i(x^i) \\ \text{s.t.}\ & x \in X \end{aligned} \tag{11.28}$$

的最优解等价.

证明　上述优化问题的 KKT 条件可表述为

$$\begin{gathered} \nabla_{x^i}\theta_i + \nabla_{x^i}h + \lambda_i^{\mathrm{T}}\nabla_{x^i}g_i + \mu^{\mathrm{T}}\nabla_{x^i}h = 0, \quad \forall i \\ g_i(x^i) \leqslant 0, \quad \lambda_i \geqslant 0, \quad \lambda_i^{\mathrm{T}}g_i(x^i) = 0, \quad \forall i \\ h(x) \leqslant 0, \quad \mu \geqslant 0, \quad \mu^{\mathrm{T}}h(x) = 0 \end{gathered} \tag{11.29}$$

由此可见 KKT 系统 (11.29) 与 KKT 系统 (11.26) 和约束 (11.27) 等价. 又因为每个参与者的优化问题均呈凸性，使得 KKT 系统的驻点均为对应优化问题的最优解，因此, 广义 Nash 博弈 (11.25) 的变分均衡与优化问题 (11.28) 的最优解等价.

证毕

例 11.2　考察如下广义 Nash 博弈：

$$\begin{aligned} &\text{Player 1} \quad \max_{x_1}\{x_1 \mid \text{s.t.}\ \ x_1 \geqslant 0,\ 2x_1 + x_2 \leqslant 2,\ x_1 + 2x_2 \leqslant 2\} \\ &\text{Player 2} \quad \max_{x_2}\{x_2 \mid \text{s.t.}\ \ x_2 \geqslant 0,\ 2x_1 + x_2 \leqslant 2,\ x_1 + 2x_2 \leqslant 2\} \end{aligned} \tag{11.30}$$

其中, 参与者 1 的策略为 x_1，局部约束为 $x_1 \geqslant 0$；参与者 2 的策略为 x_2，局部约束是 $x_2 \geqslant 0$；不等式 $2x_1 + x_2 \leqslant 2$ 和 $x_1 + 2x_2 \leqslant 2$ 为该广义 Nash 博弈的耦合约束. 变量 x_1 和 x_2 的可行域如图 11.2 所示.

容易验证，线段

$$L_1 = \left\{(x_1, x_2) \mid 0 \leqslant x_1 \leqslant \frac{2}{3},\ \frac{2}{3} \leqslant x_2 \leqslant 1, x_1 + 2x_2 = 1\right\}$$

和

$$L_2 = \left\{ (x_1, x_2) \mid \frac{2}{3} \leqslant x_1 \leqslant 1,\ 0 \leqslant x_2 \leqslant \frac{2}{3}, 2x_1 + x_2 = 1 \right\}$$

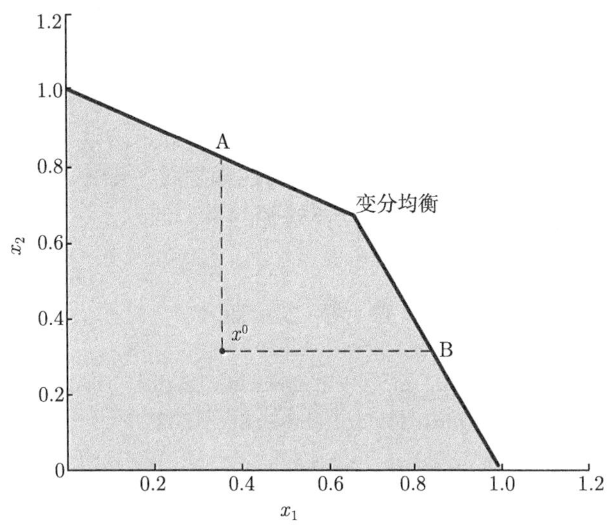

图 11.2 广义 Nash 博弈的可行域

上的任何一点 (x_1, x_2) 均为博弈 (11.30) 的广义 Nash 均衡. 若用不动点型迭代算法求解，如选取初值 $x^0 = (2/3, 2/3)$，首先固定 $x_2 = 2/3$ 求解参与者 1 的优化问题，得到 $x_1 = 2/3$，接着固定 $x_1 = 2/3$ 求解参与者 2 的优化问题，得到 $x_2 = 2/3$，即算法收敛到初值 (2/3, 2/3). 事实上，当初值 $x^0 \in L_1 \cup L_2$ 时，最终结果始终为 x^0；若 $x^0 \notin L_1 \cup L_2$，如图 11.2 中的 x^0 点，则最终结果可能为 A 或 B，具体取决于求解各参与者优化问题的顺序；若采用定理 11.1 求解该广义 Nash 博弈，则可得到变分均衡 (2/3,2/3)，两个公共约束的对偶变量均为 1/3.

11.6 说明与讨论

本章结合工程决策问题的特点，将传统双层优化问题扩展为 N-S-N 博弈格局. N-S-N 博弈具有双层多主体结构，每层内部形成 Nash 竞争，两层之间形成 Stackelberg 竞争. 本章进一步给出了 N-S-N 均衡的驻点优化求解方法. 这种方法无需对下层 KKT 条件的 Lagrange 乘子施以附加约束，所求得的 N-S-N 均衡满足次级优化目标，故具有很强的工程实用性. 本章还讨论了一类半零和双线性主从博弈问题，可用于分析市场上的经济行为. 需要说明的是，本章所提方法并不是解决所有双层优化问题的灵丹妙药，但其思路为解决多种竞争环境下的多主体决策问题提供了一个可供选择的参考. 本章所提方法已应用于电力系统控制器参数设计[14]、需求响应调度[15]、电动汽车充电管理[16] 及零售市场电价制定[17] 等实际工程决策问题.

应当指出，本章方法需要应用两次 KKT 条件才能将 N-S-N 博弈转化为 KKT 系统约束下的优化问题，虽然这种方法具有一般性，但在转化过程中将引入大量对偶变量及互补松弛条件，显著增大了工程决策问题的规模与求解难度，因此在处理大规模优化问题上本章所述方法还具有一定的局限性. 为此可针对具体问题设计更加合理的转化方法. 例如，当下层问题为线性规划时，采用原始-对偶最优性条件代替 KKT 条件，可显著减少非线性互补松弛约束.

参 考 文 献

[1] von Stackelberg. Marktform und Gleichgewicht, English Translated: The Theory of the Market Economy. Oxford: Oxford University, 1952.

[2] Dempe S，Kalashnikov V，Perez-Valdes G A，et al. Bilevel Programming Problems: Theory, Algorithms and Applications to Energy Networks. Berlin: Springer, 2015.

[3] Ehrenmann A. Equilibrium Problems with Equilibrium Constraints and Their Application to Electricity Markets. Cambridge: Cambridge University, PhD Thesis, 2004.

[4] Hu X. Mathematical Programs with Complementarity Constraints and Game Theory Models in Electricity Markets. University of Melbourne, PhD Thesis, 2003.

[5] Fletcher R，Leyffer S，Ralph D，et al. Local convergence of SQP methods for mathematical programs with equilibrium constraints. SIAM Journal on Optimization, 2006, 17(1):259–286.

[6] Facchinei F，Kanzow C. Generalized Nash equilibrium problems. 4OR, 2007, 5(3):173–210.

[7] Fukushima M. Restricted generalized Nash equilibria and controlled penalty algorithm. Computational Management Science, 2011, 8(3):201–218.

[8] Hu X M，Ralph D. Convergence of a penalty method for mathematical programming with complementarity constraints. Journal of Optimization Theory and Applications, 2004, 123(2):365–390.

[9] Hu M，Fukushima M. Existence, uniqueness, and computation of robust Nash equilibria in a class of multi-leader-follower games. SIAM Journal on Optimization, 2013, 23(2):894–916.

[10] Fortuny-Amat J, Bruce M. A representation and economic interpretation of a two-level programming problem. Journal of the Operational Research Society, 1981, 783–792.

[11] Facchinei F，Fischer A，Piccialli V. Generalized Nash equilibrium problems and newton methods. Mathematical Programming, 2009, 117(1-2):163–194.

[12] Facchinei F, Kanzow C. Penalty methods for the solution of generalized Nash equilibrium problems. SIAM Journal on Optimization, 2010, 20(5):2228–2253.

[13] Monderer D, Shapley L S. Potential games. Games and Economic Behavior, 1996, 14(1): 124–143.

[14] 王宏，魏韡，潘艳菲, 等. 基于双层规划的非线性鲁棒电力系统稳定器参数整定方法. 电力系统自动化, 2014, 38(14):42–48.

[15] Wei W, Liu F, Mei S. Energy pricing and dispatch for smart grid retailers under demand response and market price uncertainty. IEEE Transactions on Smart Grid, 2015, 6(3):1364–1374.

[16] 魏韡，陈玥，刘锋, 等. 基于主从博弈的智能小区电动汽车充电管理及代理商定价策略. 电网技术, 2015, 39(4):939–945.

[17] 梅生伟，魏韡. 智能电网环境下主从博弈模型及应用实例. 系统科学与数学, 2014, 34(11): 1331–1344.

应 用 篇

第 12 章　风-光-储混合电力系统规划设计实例

单一新能源发电的随机波动性较强，若将多种新能源发电结合，则可以充分利用其互补优势，降低整体波动性. 例如，风能和太阳能在时间和地域上具有天然互补性，即日间光照较强，风力较弱，而夜间无光照但风力较强；又如，夏季光照强风力弱，而冬季光照弱风力强，有鉴于此，可将风力发电、光伏发电与储能设备组成风-光-储混合电力系统 (hybrid power system, HPS). 这一组合可获得比单一风力发电或光伏发电更平滑的电力输出，同时还能放宽对储能设备的技术经济指标要求. 本章基于博弈论研究 HPS 的电源规划问题，以期为此类新型电源规划问题提供一套方法论，内容主要源自文献 [1-4].

12.1　HPS　简　介

HPS 的构建可选用多种耦合方式. 考虑到该系统中风力发电通常为交流输出，其容量也远大于光伏发电，因此本章采用交流耦合方式构建 HPS，其中电池作为储能设备. 本章研究的 HPS 结构如图 12.1 所示. HPS 通过与大电网相连，实现双方的功率互济：一方面，当混合电力系统功率不足时，可经联络线从大电网购入部分电能以最大程度地满足负荷需求；另一方面，当混合电力系统功率充裕时，可在满足负荷需求的基础上经联络线输给大电网，倘若此时系统功率依然过剩，则需要采取弃风或弃光措施.

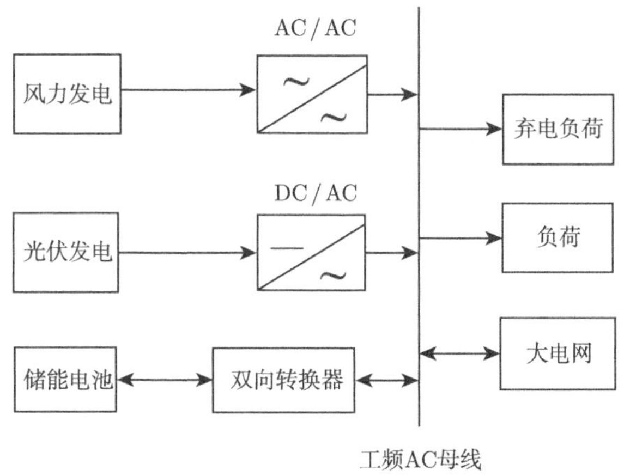

图 12.1　HPS 结构示意图

毫无疑问，科学合理地配置 HPS 中风力发电、光伏发电和储能系统的容量是发挥混合电力系统综合效益的重要前提，更是推进新能源开发建设的必要环节，也是当前研究的热点问题. 迄今为止，已有不少学者采用多种多目标优化方法研究 HPS 中容量配置优化问题[5, 6]，但所用多目标方法求解较为困难，在建模上也存在一定局限性. 此类方法通过设定权值将多目标优化转为单目标优化或从众多 Pareto 解中挑选单个解，依赖于决策者的主观意愿，一定程度上缺乏客观性，同时也无法反映市场环境下风、光、储以最大化各自收益为目标的选择过程. 实际上，混合电力系统中风、光、储三方为追求各自收益最大化，各方既可能完全独立决策，也可能通过与他人联合共同行动. 换言之，其市场行为也存在较大不确定性. 显然，现有的多目标优化方法难以适应灵活多变的市场环境. 而博弈论作为一类解决多个决策主体间竞争与合作关系的数学理论，适用于解决 HPS 中风、光、储三方优化决策的电源规划问题.

本章将第 3 章和第 5 章介绍的博弈论方法引入 HPS 电源规划，建立适用于该问题的博弈论决策模型. 本章内容可分为两部分.

1. 博弈格局构建

此部分从博弈角度研究各投资主体如何决策 (配置各自容量) 以最大化自身利益，从而为电力市场的监管组织者预测各发电投资主体的可能决策行为提供依据，总体思路如图 12.2 所示.

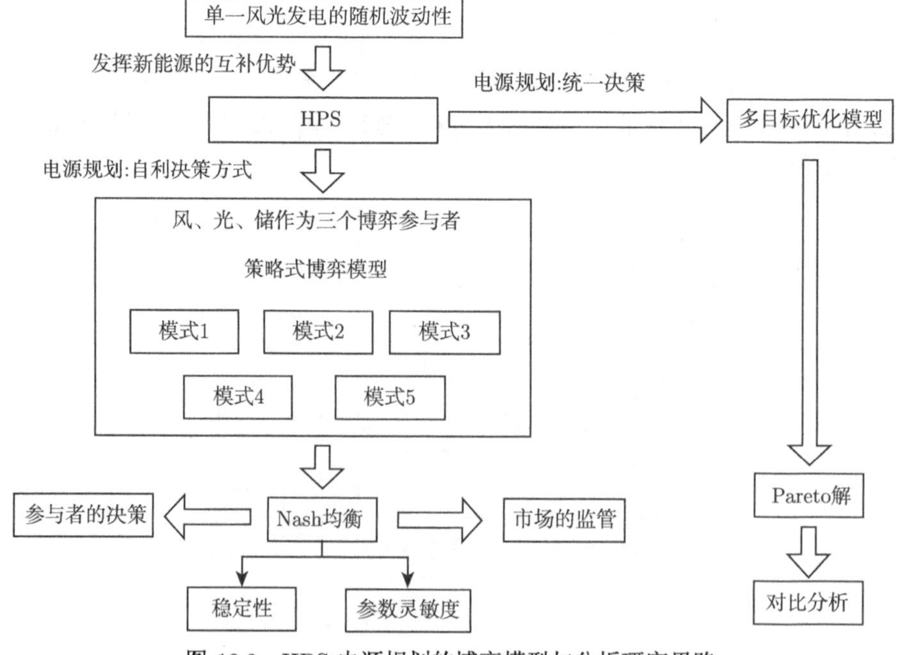

图 12.2 HPS 电源规划的博弈模型与分析研究思路

基本研究思路是将风电、光伏发电和储能电池的投资者作为博弈参与者，以各自的容量为策略，取其全寿命周期收入作为支付，建立 HPS 电源规划的策略式博弈模型. 各参与者在规划阶段以最大化自身支付为目标选择各自的容量，而此决策可能依托于不同的博弈模式，既可能是完全竞争的非合作博弈模式，也可能是与其他参与者组成联盟的合作博弈模式. 循此思路，在综合考虑 HPS 电源规划的各种经济技术特性的基础上，本章将建立适用于 HPS 电源规划的策略式博弈模型，采用 5 种博弈模式反映风、光、储三方所有可能的决策形式. 该模型中风、光、储三方的策略集合受制于当地的资源条件及政府政策，各参与者的全寿命周期支付将计及其全寿命周期费用、售电收入、系统的可靠性等因素.

2. 博弈均衡分析

此部分讨论 HPS 在不同博弈模式下的均衡解，明确只有风、光、储组成总联盟，才能实现总支付的最大化. 在此基础上，进一步研究风、光、储三方是否有意愿组成总联盟以最大化总支付，使混合电力系统在满足负荷需求的前提下，实现投资的经济性. 然而在博弈中，合作往往是有条件的，如何制定具有约束力的协议及如何对合作所产生的额外收益进行合理分配，以使所有参与者均有意愿参与联盟，是保证合作实现的关键. 倘若有参与者认为既定的分配策略对自己不利或带来的利益不够，那么该参与者有可能脱离联盟. 上述问题属于合作博弈 (或称为联盟型博弈) 的范畴. 合作博弈通过各种公理化条件发展出分配策略的解法，以促进合作的涌现. 在合作获得的额外收益可以转移这一假设前提下，此部分采用合作博弈理论的各种公理化条件研究 HPS 电源规划问题的联盟型博弈模型，重点探讨如何制定让所有参与者均接受的分配策略，以促进合作的实现，研究思路和主要内容如图 12.3 所示.

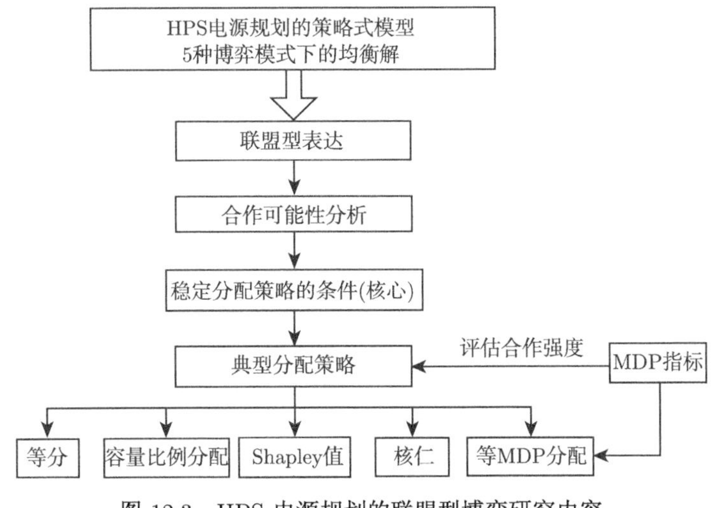

图 12.3 HPS 电源规划的联盟型博弈研究内容

此部分研究内容包括：首先，建立 HPS 电源规划的联盟型博弈格局；在此基础上，通过检验联盟型博弈的结合力，分析风、光、储三方合作的可能性；其次，给出能够促进合作涌现的稳定分配策略应满足的理性条件；再次，发展一种改进的 DP 指标 (MDP 指标)，用于度量参与者对分配策略的满意程度，即定量评估特定分配策略的合作强度；最后，基于核心、Shapley 值、核仁和 MDP 指标等概念制定并分析 HPS 联盟型博弈的分配策略.

12.2 HPS 最佳容量设计

12.2.1 容量设计的非合作博弈模型

1. 博弈的基本元素

1) 参与者集合

风、光、储为该博弈的参与者，以下用 W、S 和 B 分别表示此三个参与者，并记参与者集合

$$N = \{W, S, B\}$$

2) 策略集合

风、光、储的策略分别为各自的容量，分别记为 P_{W}、P_{S} 和 P_{B}，决策变量可在某个范围内连续取值，即各参与者具有连续的策略空间 Ω_{W}、Ω_{S} 和 Ω_{B}，具体为

$$P_{\mathrm{W}} \in \Omega_{\mathrm{W}} = [P_{\mathrm{W}}^{\min}, P_{\mathrm{W}}^{\max}], \quad P_{\mathrm{S}} \in \Omega_{\mathrm{S}} = [P_{\mathrm{S}}^{\min}, P_{\mathrm{S}}^{\max}], \quad P_{\mathrm{B}} \in \Omega_{\mathrm{B}} = [P_{\mathrm{B}}^{\min}, P_{\mathrm{B}}^{\max}]$$

其中，$P_{\mathrm{W}}^{\max}$ 和 $P_{\mathrm{W}}^{\min}$ 分别为风机容量的上限和下限；$P_{\mathrm{S}}^{\max}$ 和 $P_{\mathrm{S}}^{\min}$ 分别为光伏发电容量的上限和下限；$P_{\mathrm{B}}^{\max}$ 和 $P_{\mathrm{B}}^{\min}$ 分别为储能电池容量的上限和下限. 因此，博弈的策略集合为

$$\Omega = (\Omega_{\mathrm{W}}, \Omega_{\mathrm{S}}, \Omega_{\mathrm{B}})$$

3) 支付

本节基于全寿命周期的理念设计参与者支付，将其定义为参与者的全寿命周期收入与全周期寿命费用 (或成本) 之差，分别记为 I_{W}、I_{S} 和 I_{B}，从而该博弈的支付向量为

$$I = (I_{\mathrm{W}}, I_{\mathrm{S}}, I_{\mathrm{B}})$$

参与者 i 的全寿命周期收入主要包括售电收入 $I_{i\mathrm{SEL}}$、政策补贴收入 $I_{i\mathrm{SUB}}$、报废收入 $I_{i\mathrm{D}}$ 和辅助服务收入 $I_{i\mathrm{AUX}}$ 等；其全寿命周期费用则需计及运行年限内的设备投资建设费用 $C_{i\mathrm{INV}}$、运行维护费用 $C_{i\mathrm{OM}}$、停电补偿费用 $C_{i\mathrm{EENS}}$、从大电网购电的费用 $C_{i\mathrm{PUR}}$ 等. 为简明起见，这里将政府补贴和售电收入相结合，以提高售

电电价的方式等效政府补贴，如此则下文中的 $I_{i\mathrm{SEL}}$ 实际上是售电收入和政府补贴的总和.

需要说明的是，与风电和光伏发电不同，储能电池在 HPS 中通常发挥削峰填谷、平滑功率输出的作用，即其收入主要来自其在系统中发挥的辅助功能. 例如, 作为系统备用及提高风电和光伏发电接入容量等. 为简明起见，仅考虑储能电池的辅助服务收入，设风电和光伏发电的辅助收入为零.

综上所述，参与者 i 的支付可表示为

$$I_i = I_{i\mathrm{SEL}} + I_{i\mathrm{D}} + I_{i\mathrm{AUX}} - C_{i\mathrm{INV}} - C_{i\mathrm{OM}} - C_{i\mathrm{EENS}} - C_{i\mathrm{PUR}} \tag{12.1}$$

事实上，参与者支付涉及诸多因素，其不仅与参与者的策略有关，更涉及系统的负荷需求、风电的出力特征、光伏发电出力特征和储能电池的充放电特性等，后续将详细介绍各参与者支付的计算方法.

4) 均衡

在明确博弈的上述三要素之后，可得博弈的 Nash 均衡，并记作 $(P_{\mathrm{W}}^*, P_{\mathrm{S}}^*, P_{\mathrm{B}}^*)$.

此外，该博弈涉及众多信息，如所在地区的风速、光照、负荷需求、电价及国家政策等. 为简明起见，假设该博弈涉及的所有信息均是公开的，如此，本章所研究博弈为完全信息的策略式博弈.

2. 风、光、储三方的支付

基于全寿命周期理念的支付具有多种表征形式，此处考虑资金的贴现率，采用年平均收入和费用计算各参与者的全寿命周期支付. 计算过程中，采用时间序列模型描述风电、光伏发电、储能电池和负荷的特性，并分别将 t 时刻的风电出力、光伏发电出力、储能电池的功率水平和负荷需求记作 $p_{\mathrm{W}}(t)$、$p_{\mathrm{S}}(t)$、$p_{\mathrm{B}}(t)$ 和 $p_{\mathrm{d}}(t)$.

1) 风电的支付

风电的支付 I_{W} 与其总装机容量、风电出力特性、负荷波动特性、政策等多种因素相关，其中最直接相关的是风电的出力特性 (或时间序列). 本节将在风电出力时间序列的基础上计算风电的各项费用和收入, 以确定风电的支付.

通常有两种方法建立风电出力的时间序列：第一种是间接法，即首先获得研究地区风速的时间序列，之后根据风电出力与风速的函数关系，得到风电出力的时间序列；第二种是直接法，即根据历史数据，采用先进的功率预测方法得到风电出力的时间序列. 由于缺少足够的风功率历史数据，且风速信息一般较为丰富，故本节采用第一种建模方法.

记 t 时刻的风速为 $v(t)$，经大量的试验验证，风机在 t 时刻的出力 $p_{\mathrm{W}}(t)$ 与风

速 $v(t)$ 满足下述非线性关系[7]：

$$p_{\mathrm{W}}(t)=\begin{cases}0, & v(t)<v_{\mathrm{i}} \text{ 或 } v(t)\geqslant v_{\mathrm{o}}\\ P_{\mathrm{W}}\dfrac{v(t)-v_{\mathrm{i}}}{v_{\mathrm{r}}-v_{\mathrm{i}}}, & v_{\mathrm{i}}\leqslant v(t)\leqslant v_{\mathrm{r}}\\ P_{\mathrm{W}}, & v_{\mathrm{r}}\leqslant v(t)<v_{\mathrm{o}}\end{cases} \tag{12.2}$$

其中，v_{i}、v_{o} 和 v_{r} 分别为风机的切入风速、切出风速和额定风速；t 为以小时为单位的时间，即 $t=1,2,\cdots,8760$.

(1) 年售电收入. 年售电收入是风电收入的主要部分，其正比于风电的售电量. 而风电的售电量不仅与风电的出力相关，也与系统总负荷需求及其他电源 (如光伏发电) 的出力相关，即由系统中的供需平衡关系决定. 当系统供不应求时，风电的出力可以完全售出并带来收入. 当系统供大于求时，风电的售电量小于其出力，事实上，此时风电和光伏发电的售电量均小于相应的出力，二者的总售电量仅为最大可消耗功率，系统出现弃风和弃光现象，在此情况下，假设风电和光伏发电的售电量正比于其出力.

考虑 HPS 的负荷需求、储能电池功率水平及向大电网输送功率情况，系统在 t 时刻的最大可消纳功率为

$$P_{\max}(t)=P_{\mathrm{d}}(t)+P_{\mathrm{B}}-p_{\mathrm{B}}(t)+P_l^{\max} \tag{12.3}$$

其中，$P_{\mathrm{B}}-p_{\mathrm{B}}(t)$ 为储能电池在 t 时刻最大可吸收的功率；$P_l^{\max}$ 为联络线的传输容量，加入此项缘于当 HPS 中供电充裕时，可将部分功率输出给大电网，而最大输出功率即为联络线的传输容量. 进一步定义 HPS 的过剩功率为系统总发电与最大可消耗功率的差值：

$$P_{\mathrm{MAR}}(t)=p_{\mathrm{W}}(t)+p_{\mathrm{S}}(t)-P_{\max}(t) \tag{12.4}$$

其中，过剩功率 $P_{\mathrm{MAR}}(t)$ 由弃电负荷消耗掉，不会给参与者带来任何收入.

最终可得到风电在 t 时刻的售出功率 $P_{\mathrm{WSEL}}(t)$ 为

$$P_{\mathrm{WSEL}}(t)=\begin{cases}p_{\mathrm{W}}(t), & P_{\mathrm{MAR}}(t)\leqslant 0\\ \dfrac{p_{\mathrm{W}}(t)P_{\max}(t)}{p_{\mathrm{W}}(t)+p_{\mathrm{S}}(t)}, & P_{\mathrm{MAR}}(t)>0\end{cases} \tag{12.5}$$

综上所述，风电的年售电收入 I_{WSEL} 为

$$I_{\mathrm{WSEL}}=\sum_{t=1}^{T}(1+\alpha)R(t)P_{\mathrm{WSEL}}(t) \tag{12.6}$$

其中，$R(t)$ 为实时电价；$T=8760\text{h}$；α 为政府补贴的电价系数.

(2) 年投资费用. 此处假设风电的投资一次完成，若风机单位功率的造价为 U_{W}，则风电建设的一次投资总额为 $P_{\text{W}}U_{\text{W}}$. 考虑资金的时间价值，将其折算为年投资费用

$$C_{\text{WINV}}=\frac{P_{\text{W}}U_{\text{W}}r(1+r)^{L_{\text{W}}}}{(1+r)^{L_{\text{W}}}-1} \tag{12.7}$$

其中，r 为贴现率；L_{W} 为风机的寿命.

(3) 年停电补偿费用. HPS 的出力具有不确定性，其总出力不一定时刻均能满足负荷需求，倘若系统由于供电不足引起负荷停电，则需要对其进行补偿，此处的停电补偿费用正比于停电负荷量.

记 t 时刻 HPS 中负荷与最大可用功率之差为系统的不平衡功率，其表达式为

$$\Delta P(t)=P_{\text{d}}(t)-[p_{\text{W}}(t)+p_{\text{S}}(t)+p_{\text{B}}(t)-P_{\text{B}\min}] \tag{12.8}$$

其中，$P_{\text{B}\min}$ 为储能电池的最小储能功率；$p_{\text{B}}(t)-P_{\text{B}\min}$ 为储能电池在 t 时刻的最大可释放功率；中括号中各项之和为 HPS 最大可提供功率. 显然，倘若 $\Delta P(t)\leqslant 0$，HPS 可以满足负荷的需求；否则将从大电网购进部分电力 $P_g(t)$，以期最大程度地满足用户需求. 此外，受联络线容量的限制，$P_g(t)$ 最大值为联络线的极限功率 $P_l^{\max}$，由式 (12.9) 确定：

$$P_g(t)=\begin{cases}0, & \Delta P(t)\leqslant 0\\ \Delta P(t), & 0<\Delta P(t)\leqslant P_l^{\max}\\ P_l^{\max}, & \Delta P(t)>P_l^{\max}\end{cases} \tag{12.9}$$

考虑到 HPS 系统从大电网的购电行为后，其在 t 时刻的停电功率 $P_{\text{EENS}}(t)$ 为

$$P_{\text{EENS}}(t)=\begin{cases}0, & \Delta P(t)\leqslant P_l^{\max}\\ \Delta P(t)-P_l^{\max}, & \Delta P(t)>P_l^{\max}\end{cases} \tag{12.10}$$

显然，当 $P_{\text{EENS}}(t)=0$，系统中无负荷停电. 否则，系统中会出现负荷失电，此时 HPS 需对停电负荷做出一定的补偿，总补偿费用 C_{EENS} 为

$$C_{\text{EENS}}=\sum_{t=1}^{T}k(t)P_{\text{EENS}}(t) \tag{12.11}$$

其中，$k(t)$ 为单位停电量的补偿费用，其数值可以根据相关协议或政策确定，此处取 $k(t)=1.5R(t)$. 总停电补偿费用在系统电源之间按照某种策略进行分摊，这里假定各电源按照装机容量的大小分摊该费用，从而风电因供电不足引起的年停电补偿费用为

$$C_{\text{WEENS}}=\frac{C_{\text{EENS}}P_{\text{W}}}{P_{\text{W}}+P_{\text{S}}+P_{\text{B}}} \tag{12.12}$$

一般来讲，费用分摊要公平合理. 借鉴“多获利多买单”的思想，基于收益与容量存在正相关性的假设，此处按照容量比分摊费用. 该方法虽然并非最优方案，但不失为一种简单易行的方法.

(4) 年购电费用. 若 HPS 向大电网购买电量 $P_g(t)$，则需要支付相应的费用，同时考虑到大电网通常采用传统发电形式，其发电成本较高，且排放温室有害气体等造成环境污染，故有必要考虑因为污染排放引起的费用. 综上所述，可将从大电网购电带来的总费用 C_{PUR} 视为购电量 $P_g(t)$ 的函数，即

$$C_{\mathrm{PUR}} = f(P_g(t)) \tag{12.13}$$

此处，C_{PUR} 按照容量比例分摊到风、光、储上，从而风电的年购电费用为

$$C_{\mathrm{WPUR}} = \frac{C_{\mathrm{PUR}} P_{\mathrm{W}}}{P_{\mathrm{W}} + P_{\mathrm{S}} + P_{\mathrm{B}}} \tag{12.14}$$

(5) 年报废收入. 报废收入是指考虑设备在其寿命终止时带来的价值，该项收入在寿命终止时刻得到，需要考虑资金的时间价值对其进行折算. 若记单位功率的风机报废收入为 D_{W}，则在风电设备到达其使用期限报废时，总报废收入为 $P_{\mathrm{W}}D_{\mathrm{W}}$，将其折算到运行期间每一年的等效年报废收入为

$$I_{\mathrm{WD}} = \frac{P_{\mathrm{W}} D_{\mathrm{W}} r}{(1+r)^{L_{\mathrm{W}}} - 1} \tag{12.15}$$

(6) 年运行维护费用. 记风机单位功率的年运行维护费用为 M_{W}，则得风机的年运行维护费用为

$$C_{\mathrm{WOM}} = P_{\mathrm{W}} M_{\mathrm{W}} \tag{12.16}$$

(7) 年辅助服务收入. 考虑到目前新能源尚未参与辅助服务，此处风电的年辅助服务收入 $I_{\mathrm{WAUX}} = 0$.

综上所述，可得风电的支付 I_{W} 为

$$I_{\mathrm{W}} = I_{\mathrm{WSEL}} + I_{\mathrm{WD}} + I_{\mathrm{WAUX}} - C_{\mathrm{WINV}} - C_{\mathrm{WOM}} - C_{\mathrm{WEENS}} - C_{\mathrm{WPUR}} \tag{12.17}$$

2) 光伏发电的支付

光伏发电支付相关的各项费用/收入的计算方式与上一节中风电的相似，简介如下.

(1) 年售电收入. 光伏发电在 t 时刻的售出电量 $P_{\mathrm{SSEL}}(t)$ 与式 (12.5) 所示的 $P_{\mathrm{WSEL}}(t)$ 计算形式相似，具体如下：

$$P_{\mathrm{SSEL}}(t) = \begin{cases} p_{\mathrm{W}}(t), & P_{\mathrm{MAR}}(t) \leqslant 0 \\ \dfrac{p_{\mathrm{S}}(t) P_{\max}(t)}{p_{\mathrm{W}}(t) + p_{\mathrm{S}}(t)}, & P_{\mathrm{MAR}}(t) > 0 \end{cases} \tag{12.18}$$

从而可得到光伏发电的年售电收入为

$$I_{\mathrm{SSEL}}=\sum_{t=1}^{T}(1+\alpha)R(t)P_{\mathrm{SSEL}}(t) \tag{12.19}$$

(2) 年投资费用. 若光伏发电单位功率的投资费用为 U_{S}，且其寿命为 I_{S}，则可得到光伏发电的年投资费用为

$$C_{\mathrm{SINV}}=\frac{P_{\mathrm{S}}U_{\mathrm{S}}r(1+r)^{L_{\mathrm{S}}}}{(1+r)^{L_{\mathrm{S}}}-1} \tag{12.20}$$

(3) 年停电补偿费用. 类似于式 (12.12)，光伏发电的年停电补偿费用为

$$C_{\mathrm{SEENS}}=\frac{C_{\mathrm{EENS}}P_{\mathrm{S}}}{P_{\mathrm{W}}+P_{\mathrm{S}}+P_{\mathrm{B}}} \tag{12.21}$$

(4) 年购电费用. 类似于式 (12.13)，光伏发电的年购电费用为

$$C_{\mathrm{SPUR}}=\frac{C_{\mathrm{PUR}}P_{\mathrm{S}}}{P_{\mathrm{W}}+P_{\mathrm{S}}+P_{\mathrm{B}}} \tag{12.22}$$

(5) 年报废收入. 若光伏发电的单位功率报废收益为 D_{S}，则其年报废收入为

$$I_{\mathrm{SD}}=\frac{P_{\mathrm{S}}D_{\mathrm{S}}r}{(1+r)^{L_{\mathrm{S}}}-1} \tag{12.23}$$

(6) 年运行维护费用. 若单位功率的年运行维护费用为 M_{S}，则年运行维护费用为

$$C_{\mathrm{SOM}}=P_{\mathrm{S}}M_{\mathrm{S}} \tag{12.24}$$

(7) 年辅助服务收入. 此处设光伏发电的年辅助服务收入为零，即

$$I_{\mathrm{SAUX}}=0 \tag{12.25}$$

综上所述，可得光伏发电的支付 I_{S} 为

$$I_{\mathrm{S}}=I_{\mathrm{SSEL}}+I_{\mathrm{SD}}+I_{\mathrm{SAUX}}-C_{\mathrm{SINV}}-C_{\mathrm{SOM}}-C_{\mathrm{SEENS}}-C_{\mathrm{SPUR}} \tag{12.26}$$

3) 储能电池的支付

本节首先给出储能电池的充放电模型以确定其可用功率时间序列，在此基础上，计算储能电池的全寿命周期收入作为其支付.

储能电池在 t 时刻的功率 $p_{\mathrm{B}}(t)$ 既与 t 时刻的供求关系相关，也与其在上一时刻的能量状况相关. 定义系统中风电和光伏发电的总功率与系统负荷之差为系统发电裕度，可得 t 时刻的系统发电裕度为

$$\Delta(t)=p_{\mathrm{W}}(t)+p_{\mathrm{S}}(t)-P_{\mathrm{d}}(t) \tag{12.27}$$

当系统功率充足 $(\Delta(t) \geqslant 0)$ 时，储能电池以效率 η_{C} 充电；当系统功率不足 $(\Delta(t) < 0)$ 时，则会放电. 于是可得储能电池在 t 时刻的功率为

$$p_{\mathrm{B}}(t) = \begin{cases} p_{\mathrm{B}}(t-1) + \eta_{\mathrm{C}}\Delta(t), & \Delta(t) \geqslant 0 \\ p_{\mathrm{B}}(t-1) + \Delta(t), & \Delta(t) < 0 \end{cases} \tag{12.28}$$

一般地，储能电池的功率不能低于保证其正常工作的最低功率，即其 t 时刻的功率应满足

$$P_{\mathrm{B\,min}} \leqslant p_{\mathrm{B}}(t) \leqslant P_{\mathrm{B}} \tag{12.29}$$

当然实际运行中，储能电池的功率还受其他诸多因素的影响，如自放电等，为简明起见，此处不考虑电池的自放电.

在此基础上，可得储能电池的支付如下所述.

(1) 年售电收入. 获得储能电池售电功率的简单方法是计算相邻两个时刻的功率差：

$$\Delta p_{\mathrm{B}}(t) = p_{\mathrm{B}}(t) - p_{\mathrm{B}}(t+1) \tag{12.30}$$

而储能电池在 t 时刻的售电量 $P_{\mathrm{BSEL}}(t)$ 与 $\Delta p_{\mathrm{B}}(t)$ 的关系为

$$P_{\mathrm{BSEL}}(t) = \begin{cases} \Delta p_{\mathrm{B}}(t), & \Delta p_{\mathrm{B}}(t) > 0 \\ 0, & \Delta p_{\mathrm{B}}(t) \leqslant 0 \end{cases} \tag{12.31}$$

从而储能电池的售电收入为

$$I_{\mathrm{BSEL}} = \sum_{t=1}^{T} (1+\alpha) R(t) P_{\mathrm{BSEL}}(t) \tag{12.32}$$

(2) 年投资费用. 若储能电池的单位投资费用为 U_{B}，且其寿命为 L_{B}，则可得到储能电池的年投资费用为

$$C_{\mathrm{BINV}} = \frac{P_{\mathrm{B}} U_{\mathrm{B}} r (1+r)^{L_{\mathrm{B}}}}{(1+r)^{L_{\mathrm{B}}} - 1} \tag{12.33}$$

(3) 年停电补偿费用. 储能电池的年停电补偿费用为

$$C_{\mathrm{BEENS}} = \frac{C_{\mathrm{EENS}} P_{\mathrm{B}}}{P_{\mathrm{W}} + P_{\mathrm{S}} + P_{\mathrm{B}}} \tag{12.34}$$

(4) 年购电费用. 储能电池的年购电费用为

$$C_{\mathrm{BPUR}} = \frac{C_{\mathrm{PUR}} P_{\mathrm{B}}}{P_{\mathrm{W}} + P_{\mathrm{S}} + P_{\mathrm{B}}} \tag{12.35}$$

(5) 年报废收入. 储能电池报废时不会带来任何收入，甚至需要花费报废费用. 为简明起见，设 $I_{\mathrm{BD}}=0$.

(6) 年运行维护费用. 若单位功率的年运行维护费用为 M_{B}，则年运行维护费用为

$$C_{\mathrm{BOM}}=P_{\mathrm{B}}M_{\mathrm{B}} \tag{12.36}$$

(7) 年辅助服务收入. 储能电池在 HPS 中主要发挥削峰填谷的作用. 换言之，储能电池大部分时间处于备用状态，即为系统提供备用容量. 设由此获得辅助服务的收入为 I_{BAUX}，显然，该收入与储能电池所提供的备用量成正比. 储能电池在 t 时刻的备用容量 $P_{\mathrm{RES}}(t)$ 为

$$P_{\mathrm{RES}}(t)=p_{\mathrm{B}}(t)-P_{\mathrm{BSEL}}(t)-P_{\mathrm{B\,min}} \tag{12.37}$$

从而可得储能电池的年辅助服务收入为

$$I_{\mathrm{BAUX}}=\beta\sum_{t=1}^{T}P_{\mathrm{RES}}(t) \tag{12.38}$$

其中, β 为单位备用容量的收入.

综上所述，可得储能电池的支付 I_{B} 为

$$I_{\mathrm{B}}=I_{\mathrm{BSEL}}+I_{\mathrm{BD}}+I_{\mathrm{BAUX}}-C_{\mathrm{BINV}}-C_{\mathrm{BOM}}-C_{\mathrm{BEENS}}-C_{\mathrm{BPUR}} \tag{12.39}$$

由以上计算过程可知，博弈参与者的支付不仅与自身的决策变量直接相关，同时也受其他参与者策略的影响.

3. 策略式博弈模型

HPS 电源规划决策中，风、光、储三方共有 5 种可能的博弈模式，分别为完全竞争的非合作博弈模式、完全合作博弈模式以及两方合作与另一方竞争的部分合作模式，其中后者又可分为三种情形. 各博弈模式的编号、标记、含义及合作程度如表 12.1 所示.

表 12.1 HPS 电源规划的博弈模式

编号	博弈模式	含义	合作程度
1	$\{W\},\{S\},\{B\}$	风、光、储各自为政，独立决策	非合作
2	$\{W,S,B\}$	风、光、储完全合作，共同决策	完全合作
3	$\{W,S\},\{B\}$	风、光组成联盟合作决策，储能电池独立决策	部分合作
4	$\{W,B\},\{S\}$	风、储组成联盟合作决策，光伏发电独立决策	部分合作
5	$\{W\},\{S,B\}$	光、储组成联盟合作决策，风电独立决策	部分合作

本节将分别给出 HPS 电源规划在非合作与合作博弈模式下的策略式模型.

1) 非合作博弈模式的策略式博弈模型

若风、光、储各自为政，独立决策以最大化各自支付，则所形成的非合作博弈的策略式博弈模型如下所述.

(1) 参与者集合

$$N = \{W, S, B\}$$

(2) 策略集合

$$\Omega = (\Omega_{\mathrm{W}}, \Omega_{\mathrm{S}}, \Omega_{\mathrm{B}})$$

(3) 支付函数

$$I_{\mathrm{W}}(P_{\mathrm{W}}, P_{\mathrm{S}}, P_{\mathrm{B}}), \quad I_{\mathrm{S}}(P_{\mathrm{W}}, P_{\mathrm{S}}, P_{\mathrm{B}}), \quad I_{\mathrm{B}}(P_{\mathrm{W}}, P_{\mathrm{S}}, P_{\mathrm{B}})$$

若上述博弈模型存在 Nash 均衡点 $(P_{\mathrm{W}}^*, P_{\mathrm{S}}^*, P_{\mathrm{B}}^*)$，则根据 Nash 均衡的定义，其应满足

$$P_{\mathrm{W}}^* = \arg\max_{P_{\mathrm{W}}}(P_{\mathrm{W}}, P_{\mathrm{S}}^*, P_{\mathrm{B}}^*) \tag{12.40}$$

$$P_{\mathrm{S}}^* = \arg\max_{P_{\mathrm{S}}}(P_{\mathrm{W}}^*, P_{\mathrm{S}}, P_{\mathrm{B}}^*) \tag{12.41}$$

$$P_{\mathrm{B}}^* = \arg\max_{P_{\mathrm{B}}}(P_{\mathrm{W}}^*, P_{\mathrm{S}}^*, P_{\mathrm{B}}) \tag{12.42}$$

由此可见，P_{W}^*、P_{S}^* 和 P_{B}^* 均是在另外两方选择最优策略下的己方最优对策，即在策略组合 $(P_{\mathrm{W}}^*, P_{\mathrm{S}}^*, P_{\mathrm{B}}^*)$ 下风、光、储均能达到 Nash 均衡意义下的最高支付.

2) 合作博弈模式的策略式博弈模型

很多情况下，基于个人利益最大化的非合作博弈模式可能会导致整体利益远离最优的不利局面，因此参与者有可能采用合作方式与其他参与者组成联盟，通过最大化联盟的支付及对联盟支付的适当分配来实现个人利益的最大化. 本节以风-光合作组成联盟后与储能电池博弈 (博弈模式 3：$\{W, S\}, \{B\}$) 为例给出该合作博弈模式的策略式模型，在该博弈模式下，风-光联盟可视为一个独立决策者，其决策变量为风电和光伏发电的容量，相应的策略集合记为 Ω_{WS}，支付为风电与光伏发电支付之和，记作 I_{WS}，具体如下：

(1) 参与者 $N = W, S, B$.

(2) 策略集合 $\Omega_{\mathrm{WS}} = [P_{\mathrm{W}}^{\min}, P_{\mathrm{W}}^{\max}, P_{\mathrm{S}}^{\min}, P_{\mathrm{S}}^{\max}]$，$\Omega_{\mathrm{B}} = [P_{\mathrm{B}}^{\min}, P_{\mathrm{B}}^{\max}]$.

(3) 支付函数 $I_{\mathrm{WS}}(P_{\mathrm{W}}, P_{\mathrm{S}}, P_{\mathrm{B}})$，$I_{\mathrm{B}}(P_{\mathrm{W}}, P_{\mathrm{S}}, P_{\mathrm{B}})$.

若上述合作博弈模型存在 Nash 均衡点 $(P_{\mathrm{W}}^{*'}, P_{\mathrm{S}}^{*'}, P_{\mathrm{B}}^{*'})$，根据 Nash 均衡的定义，其应满足

$$\left(P_{\mathrm{W}}^{*'},\ P_{\mathrm{S}}^{*'}\right) = \arg\max_{P_{\mathrm{W}}, P_{\mathrm{S}}} I_{\mathrm{WS}}(P_{\mathrm{W}}, P_{\mathrm{S}}, P_{\mathrm{B}}^{*'}) \tag{12.43}$$

$$P_{\mathrm{B}}^{*'} = \arg\max_{P_{\mathrm{B}}} I_{\mathrm{B}}(P_{\mathrm{W}}^{*'}, P_{\mathrm{S}}^{*'}, P_{\mathrm{B}}) \tag{12.44}$$

式 (12.43) 和式 (12.44) 表示 $(P_{\mathrm{W}}^{*'}, P_{\mathrm{S}}^{*'})$ 和 $P_{\mathrm{B}}^{*'}$ 均是在对方选择最优策略下的己方最优对策，即该策略组合下风-光联盟和储能电池均达到 Nash 均衡意义下的最大支付.

另外三种合作博弈模式的策略式模型与此类似，此处不再赘述.

12.2.2 Nash 均衡的存在性

鉴于 HPS 电源规划策略式博弈的策略集合是 Euclid 空间的非空紧凸集，根据定理 3.4 给出的 Nash 均衡存在性条件，本节只需说明支付函数是相应策略的连续拟凹函数，即可证明该策略式博弈存在纯策略 Nash 均衡点. 为方便表达，以下分别阐述非合作与合作博弈模式下 Nash 均衡的存在性.

1. 非合作博弈模式下 Nash 均衡的存在性

在非合作博弈模式下，本节通过证明风电、光伏发电和储能电池的支付相对各自决策变量的连续拟凹性，说明 Nash 均衡的存在性.

由风电的支付 I_{W} 定义可知，组成 I_{W} 的 7 项收入或费用可分解为风电装机容量 P_{W} 的线性函数和非线性函数两部分，分别记为 F_{WL} 和 F_{WNL}.

F_{WL} 是风电装机容量 P_{W} 的线性函数，包含三项内容，分别为年报废收入、年投资费用和年运行维护费用，具体为

$$F_{\mathrm{WL}} = I_{\mathrm{WD}} - C_{\mathrm{WINV}} - C_{\mathrm{WOM}} = K_{\mathrm{M}} P_{\mathrm{W}} \tag{12.45}$$

根据凹函数的定义，线性函数显然是一类凹函数. 此外，由于系统投资费用和运行维护费用通常高于报废支付，因此有

$$K_{\mathrm{M}} < 0 \tag{12.46}$$

F_{WNL} 是风电装机容量 P_{W} 的非线性函数，包含年售电收入、年停电费用、年购电费用及年辅助服务收入 (此项为零)，即

$$F_{\mathrm{WNL}} = I_{\mathrm{WSEL}} - C_{\mathrm{WENS}} - C_{\mathrm{WPUR}} \tag{12.47}$$

根据 12.2.1 节风、光、储三方的支付公式可知，I_{WSEL} 是 P_{W} 的凹函数，$C_{\mathrm{WENS}} + C_{\mathrm{WPUR}}$ 是 P_{W} 的凸函数，故其相反数 $-C_{\mathrm{WENS}} - C_{\mathrm{WPUR}}$ 是 P_{W} 的凹函数，从而 F_{WNL} 作为两个凹函数之和也是 P_{W} 的凹函数.

综上所述，风电的支付函数作为两个凹函数的线性叠加，亦为 P_{W} 的凹函数. 若取 $P_{\mathrm{B}} = P_{\mathrm{S}} = 0$，则可得到风电的支付 I_{W} 与其装机容量 P_{W} 的关系，如图 12.4 所示，该图表明此情况下 I_{W} 是 P_{W} 的连续凹函数.

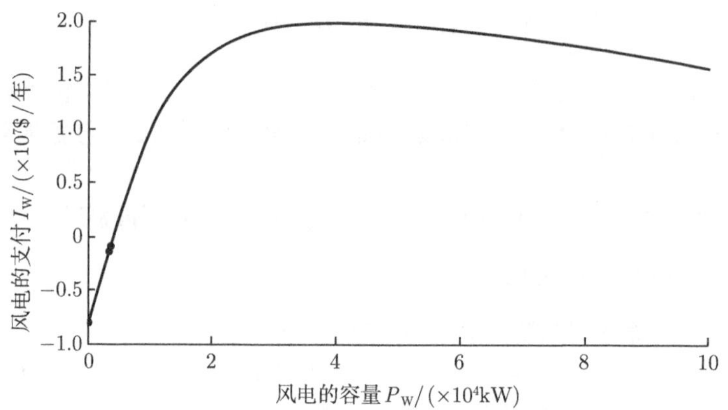

图 12.4 风电的支付与其容量的连续凹函数关系

光伏发电和储能电池支付函数的拟凹特性的证明过程与风电相似，此处不再赘述.

2. 合作博弈模式下 Nash 均衡的存在性

本节以风、光合作组成联盟后与储能电池博弈 $(\{W,S\},\{B\})$ 为例，说明合作博弈 Nash 均衡点的存在性. 由于 I_B 是 P_B 的连续凹函数，此处只需要说明 I_{WS} 与 P_W、P_S 的凹函数关系，即可证明 Nash 均衡的存在性.

根据前述定义，风-光联盟的支付为

$$\begin{aligned} I_{WS} &= I_W + I_S \\ &= I_{WSEL} + I_{SSEL} + I_{WD} + I_{SD} \\ &\quad - C_{WINV} - C_{SINV} - C_{WOM} - C_{SOM} - C_{WENS} - C_{SENS} - C_{WPUR} - C_{SPUR} \\ &= I_{WSSEL} + F_{WSL} + F_{WSNL} \end{aligned} \tag{12.48}$$

进一步，将其分为三部分，其中 I_{WSSEL} 为风-光联盟的售电收入，F_{WSL} 与 F_{WSNL} 分别为除售电收入外的线性与非线性部分. 具体地

$$I_{WSSEL} = I_{WSEL} + I_{SWEL} \tag{12.49}$$

$$F_{WSL} = I_{WD} + I_{SD} - C_{WINV} - C_{SINV} - C_{WOM} - C_{SOM} \tag{12.50}$$

$$F_{WSNL} = -C_{WENS} - C_{SENS} - C_{WPUR} - C_{SPUR} \tag{12.51}$$

以下分别说明以上三部分均为决策变量 P_W、P_S 的连续凹函数.

根据前述相关定义，可以得出由风-光联盟的总售电量 $P_{WSSEL}(t)$ 为

$$P_{\mathrm{WSSEL}}(t)=P_{\mathrm{WSEL}}(t)+P_{\mathrm{SSEL}}(t)=\begin{cases}p_{\mathrm{W}}(t)+p_{\mathrm{S}}(t), & P_{\mathrm{MAR}}(t)\leqslant 0\\ P_{\max}(t), & P_{\mathrm{MAR}}(t)>0\end{cases} \tag{12.52}$$

容易看出，总售电量 P_{WSSEL} 为 P_{W} 和 P_{S} 的凹函数，而 I_{WSSEL} 正比于 P_{WSSEL}，故也为 P_{W} 和 P_{S} 的凹函数.

联盟总支付的线性部分 F_{WSL} 和非线性部分 F_{WSNL} 的凹函数特性的证明与风电支付的计算方式类似，此处略去.

因此，风-光联盟的支付 I_{WS} 为 P_{S} 和 P_{W} 的凹函数. 取 $P_{\mathrm{B}}=0$，可得 I_{WS} 与 P_{W}、P_{S} 的三维曲面如图 12.5 所示. 该图形象表明 I_{WS} 是决策变量 P_{W}、P_{S} 的连续凹函数.

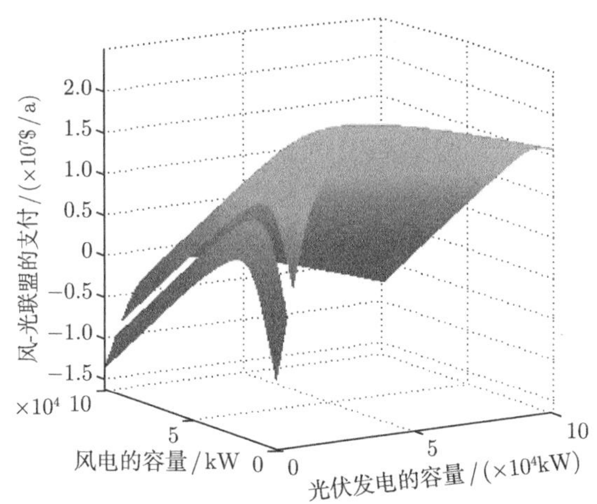

图 12.5 风-光联盟支付函数的拟凹特性示意图

对于另外三种合作博弈模式，可采用相似的思路证明支付函数的连续拟凹特性，此处略去.

综上可见，本节所研究的 HPS 电源规划策略式博弈的 5 种博弈模式，支付函数均为相关决策变量的连续凹函数，故均存在纯策略 Nash 均衡. 在建立策略式模型并证明其 Nash 均衡的存在性之后，则需要寻求 Nash 均衡的求解算法，以获得各博弈模式下的 Nash 均衡解作为最优容量配置方案. 12.2.3 节将介绍一种典型的迭代搜索算法.

12.2.3 博弈模型的求解方法

由前述章节中的策略式博弈模型可以看出，博弈问题 (特别是非合作博弈) 并非一个全系统的统一优化问题，而是每个参与者 (或联盟) 独立优化各自目标的多个相互耦合优化问题的集成. 目前，已有的均衡求解方法包括迭代搜索法[8]、剔除劣势策略法[9] 及最大-最小优化法[10] 等. 鉴于本章所研究的博弈为具有连续策略且非零和的策略式博弈，本节采用迭代搜索法求解 Nash 均衡点，求解流程简述如下.

第 1 步 输入系统的技术经济数据或参数.

初始化建立策略式博弈模型所需的各种技术经济数据，主要包括负荷需求、风速、光照强度、电价、资金的贴现率及其他计算参与者支付必需的数据或参数.

第 2 步 建立策略式博弈模型.

第 3 步 设定均衡点初值.

在各决策变量的策略空间选取均衡点初值 $(P_{\rm W}^0, P_{\rm S}^0, P_{\rm B}^0)$，此处随机选取.

第 4 步 各博弈参与者或联盟依次进行独立优化决策.

以前述风-光-储非合作博弈为例说明该优化决策过程. 记博弈中各参与者在第 j 轮优化的结果为 $(P_{\rm W}^j, P_{\rm S}^j, P_{\rm B}^j)$. 具体地，在进行第 j 轮优化时，各参与者根据上一轮的优化结果 $(P_{\rm W}^{j-1}, P_{\rm S}^{j-1}, P_{\rm B}^{j-1})$，通过优化算法 (此处选用粒子群算法[11]，选取 100 个粒子，最大迭代次数为 50 次) 得到最优策略组合 $(P_{\rm W}^j, P_{\rm S}^j, P_{\rm B}^j)$，即

$$P_{\rm W}^j = \arg\max_{P_{\rm W}} I_{\rm W}(P_{\rm W}, P_{\rm S}^{j-1}, P_{\rm B}^{j-1}) \tag{12.53}$$

$$P_{\rm S}^j = \arg\max_{P_{\rm S}} I_{\rm S}(P_{\rm W}^{j-1}, P_{\rm S}, P_{\rm B}^{j-1}) \tag{12.54}$$

$$P_{\rm B}^j = \arg\max_{P_{\rm B}} I_{\rm B}(P_{\rm W}^{j-1}, P_{\rm S}^{j-1}, P_{\rm B}) \tag{12.55}$$

第 5 步 信息共享.

将第 4 步中各博弈者的最优策略告知每一位参与者.

第 6 步 判断系统是否找到 Nash 均衡点.

若各博弈参与者相邻两次得到的最优解相同，即

$$(P_{\rm W}^j, P_{\rm S}^j, P_{\rm B}^j) = (P_{\rm W}^{j-1}, P_{\rm S}^{j-1}, P_{\rm B}^{j-1}) = (P_{\rm W}^*, P_{\rm S}^*, P_{\rm B}^*) \tag{12.56}$$

则表明在该策略下，任何参与者都不能通过独立改变策略而获得更多的支付，根据 Nash 均衡的定义，可以认为该策略组合即为 Nash 均衡.

若找到 Nash 均衡点，则进入第 7 步，输出结果；否则，回到第 4 步进行优化决策.

第 7 步 输出系统的 Nash 均衡点 $(P_{\rm W}^*, P_{\rm S}^*, P_{\rm B}^*)$.

上述计算流程是在博弈模型存在纯策略 Nash 均衡的前提下执行的. 正如前述章节所证明的，HPS 规划的策略式博弈模型总是存在纯策略 Nash 均衡. 所以，从理论上来讲，不论第 3 步如何选取初值，上述算法都可以收敛到 Nash 均衡. 对于一般的博弈问题，可能存在多个局部最优点，在此情况下，初值的选取就显得非常

关键. 目前为止，还没有一套通用的、系统的初值选取方法. 假如在某个初值下算法不收敛，可以根据目标函数的特点及所采用优化算法的特性在第 3 步重新选择初值.

需要说明的是，本节虽然建立了电力市场环境下的策略式博弈规划模型，但从严格意义来讲，由于博弈三方所掌握的某些信息的非对称性和非公开性，此时的博弈格局应属于不完全信息博弈. 在此种情况下，应采用 Harsanyi 转换求解该模型的 Bayes-Nash 均衡. 考虑到本章重点在于探索一种基于博弈论的规划思路，为简明起见，假定各方信息公开透明. 如此，所求得的 Nash 均衡解是确定性的非随机变量，这样既便于清晰阐明工作思路，又避免了求解非完全信息博弈面临的复杂性难题. 此外，从我国当前风-光-储系统的发展现状看，三方各自的信息 (如成本和收益等) 基本上是可以获知的. 本节在完全信息环境下建立风-光-储投资规划问题的博弈模型并分析市场均衡的存在性进而求取其数值解，可为市场设计者与管理者提供参考和借鉴.

12.2.4 实例分析

本节将所提策略式博弈模型应用于一个虚拟的 HPS. 基于系统的负荷需求、风光信息及其他技术经济参数，通过求解 Nash 均衡确定混合电力系统中风电、光伏发电和储能电池的最佳容量配置方案，分析不同博弈模式下的均衡解，并将其与多目标优化的 Pareto 最优解进行对比，最后仿真分析 Nash 均衡的稳定性和参数灵敏度.

所用虚拟系统中，年度负荷时间序列取自 IEEE-RTS 的标准负荷数据[12]. 不失一般性，设峰荷 $P_{\mathrm{d}}^{\max} = 10\mathrm{MW}$，如此，可得负荷需求的时间序列如图 12.6 所示.

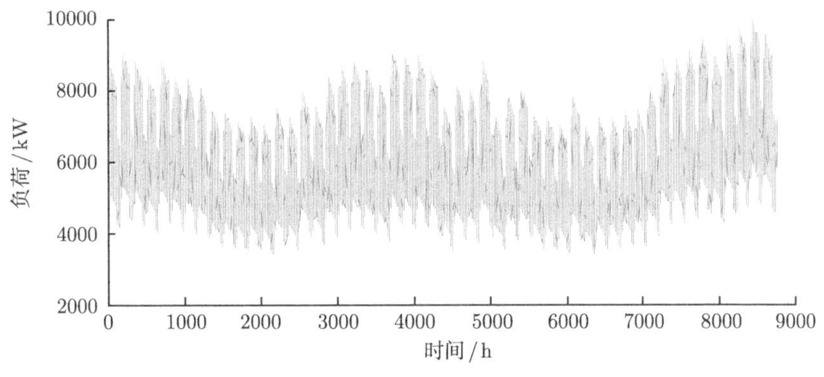

图 12.6 负荷需求序列

考虑到 Weibull 分布可以较好地拟合风速的概率特性，此处基于 Weibull 分布生成年 (8760h) 风速序列，如图 12.7 所示；采用不同季节的典型日光照强度表征地区光照强度信息，且假设光伏发电的出力正比于该光照强度，如图 12.8 所示. 电价、资金的贴现率等其他技术经济数据如表 12.2 所示. 同时，考虑到工程实际中，受资源与政策影响，风、光等资源有限，此处假设风电、光伏发电、储能电池的容量下限为零，上限为 10 倍峰荷，在实际的规划设计中，该值可依据规划当地的实际可用资源情况而定.

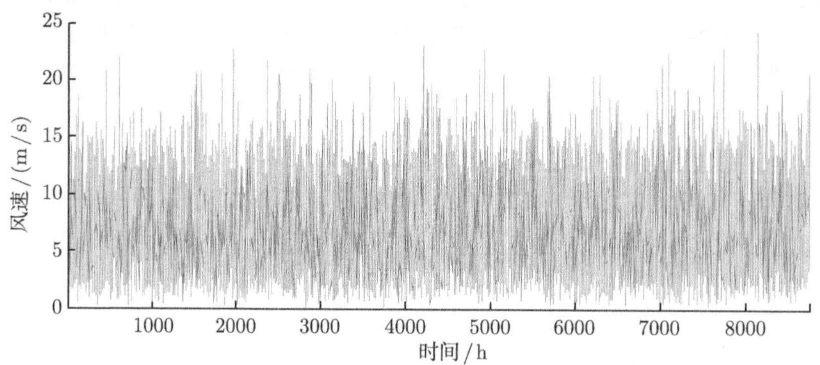

图 12.7 风速序列

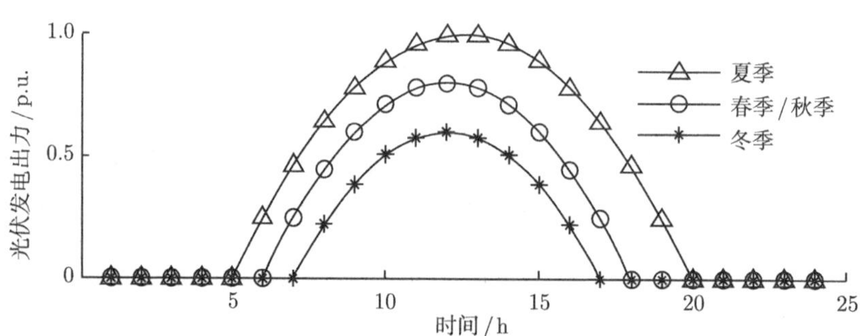

图 12.8 光伏发电出力标幺值

表 12.2 HPS 技术经济参数

系统参数	数值	系统参数	数值
电价/($/kWh)	0.12	风机报废收入/($/kW)	77
贴现率/%	12	光伏电池单位造价/($/kW)	1890
切入风速/(m/s)	3	光伏电池寿命/a	20
切出风速/(m/s)	20	光伏电池年单位运维费用/($/kWa)	20
额定风速/(m/s)	12	光伏电池报废收入/($/kW)	100
风机寿命/a	20	储能电池寿命/a	10
风机单位造价/($/kW)	770	储能电池单位造价/($/kW)	100
风机单位运维费用/($/kWa)	20	储能电池单位运维费用/($/kWa)	1

1. 不同博弈模式下的 Nash 均衡分析

1) 非合作博弈模式下的 Nash 均衡结果

若 HPS 中风、光、储三方各自为政，独立优化决策，则可通过求解前述章节中非合作博弈模式下的策略式博弈模型得到相应的 Nash 均衡作为容量配置方案，如表 12.3 所示. 该表中 P_{total} 为系统的总容量，即风、光、储的容量之和.

$$P_{\text{total}} = P_{\text{W}}^* + P_{\text{S}}^* + P_{\text{B}}^* \tag{12.57}$$

I_{total} 为系统的总支付，即

$$I_{\text{total}} = I_{\text{W}} + I_{\text{S}} + I_{\text{B}} \tag{12.58}$$

从表 12.3 可以看出，非合作博弈模式的 Nash 均衡策略为

$$(42\ 061, 15\ 759, 6\ 250)$$

上述均衡中风电的容量最大，占系统总容量的 65.65%；光伏发电次之；储能电池的容量最小，不足总容量的 10%. 从各参与者的支付上看，风电最大，光伏发电次之，储能电池的支付最小.

表 12.3 非合作博弈模式下的 Nash 均衡

编号	博弈模式	策略/kW				支付/(k$/a)	
		P_{W}^*	P_{S}^*	P_{B}^*	P_{total}	参与者的支付	I_{total}
1	$\{W\},\{S\},\{B\}$	40 622	15 760	6 250	62 632	$I_{\text{W}}=17\ 706$ $I_{\text{S}}=2\ 676$ $I_{\text{B}}=2\ 503$	22 885

2) 合作博弈模式下的 Nash 均衡结果

考虑风、光、储三方所有 4 种可能的合作模式 (表 12.1)，分别求解这 4 种合作博弈模式下的策略式博弈模型，得到相应的 Nash 均衡如表 12.4 所示.

表 12.4 合作博弈模式下的 Nash 均衡

编号	博弈模式	策略/kW				支付/(k$/a)	
		P_{W}^*	P_{S}^*	P_{B}^*	P_{total}	参与者或联盟的支付	I_{total}
2	$\{W,S,B\}$	33 255	6 820	8 510	48 585	$I_{\text{WSB}}=24\ 174$	24 174
3	$\{W,S\},\{B\}$	33 184	6 996	6 250	46 430	$I_{\text{WS}}=21\ 632$ $I_{\text{B}}=2\ 498$	24 130
4	$\{W,B\},\{S\}$	42 079	15 775	7 920	65 774	$I_{\text{WB}}=20\ 374$ $I_{\text{S}}=2\ 690$	23 064
5	$\{W\},\{S,B\}$	42 064	15 697	6 250	64 011	$I_{\text{W}}=17\ 868$ $I_{\text{SB}}=5\ 109$	22 977

表 12.4 表明，4 种合作博弈模式下的 Nash 均衡结果既有相似性，又有差异性. 相似性主要体现在除第 2 种博弈模式外，均有

$$P_{\mathrm{W}}^{*} > P_{\mathrm{S}}^{*} > P_{\mathrm{B}}^{*}$$

即风电是 HPS 中电源的最大组成部分，光伏发电其次，储能电池所占比例最小. 差异性主要体现在系统总容量和总支付的不同：第 3 种博弈模式 (风-光联盟后与储能电池博弈) 的总容量最小，为 46 429kW，总支付较高；第 2 种博弈模式，即风、光、储组成总联盟的支付与此相差不大. 其他两种部分合作博弈模式 (博弈模式 4 和 5) 的系统总容量较大，均在 60MW 以上，但总支付相对较低，尤其以第 4 种博弈模式为甚.

事实上，以上所提 5 种博弈模式对应于现实中各参与者之间不同的竞争程度，显然博弈模式 1 为完全竞争的格局，而博弈模式 2 则是完全合作没有竞争的格局. 通过以上的仿真结果可以看出，竞争程度的高低将会影响各独立决策者的决策行为及得到的收益. 在完全竞争的市场环境下，总的收益值最低；而在完全合作的环境下，总收益值最高. 所提模型不仅可为各发电投资者的决策提供基础，也可为电力监管和决策部门预测及判断该竞争决策提供重要信息. 本节的分析结果显示，电力市场的监管组织可以适当创造环境鼓励和促进各方合作以实现总社会效益的最大化，但同时也要监督、防止甚至惩罚蓄意操纵市场及哄抬电价等不正当行为.

2. Nash 均衡与多目标优化的 Pareto 最优解

采用多目标优化方法研究混合电力系统的电源规划问题时，常用的目标有经济性目标、可靠性目标及近年来备受关注的环境目标等. 作为对比，本节将经济性和可靠性作为两个目标，建立混合电力系统电源规划的多目标优化模型. 为方便与博弈论模型进行比较，多目标优化模型中的经济性目标与可靠性目标均由前述章节中的全寿命周期费用的相关部分构成. 具体而言，记经济性目标为 I_{E}，其由系统的售电收入、报废收入、辅助服务收入、投资费用及运行维护费用决定，具体计算形式如式 (12.59) 所示：

$$I_{\mathrm{E}} = \sum_{i\in\{W,S,B\}} (I_{i\mathrm{SEL}} + I_{i\mathrm{D}} + I_{i\mathrm{AUX}} - C_{i\mathrm{INV}} - C_{i\mathrm{OM}}) \tag{12.59}$$

式 (12.59) 表明，I_{E} 数值越大，系统的经济性能越好；记系统的可靠性目标为 I_{R}，其由系统的停电补偿费用与购电费用两部分组成，具体可表述为

$$I_{\mathrm{R}} = \sum_{i\in\{W,S,B\}} (C_{i\mathrm{ENS}} + C_{i\mathrm{PUR}}) \tag{12.60}$$

可见，I_{R} 数值越小，代表系统为保证系统的可靠运行付出的代价越小，系统的可靠性越高.

由此，可以建立 HPS 电源规划的多目标优化模型，如式 (12.61) 所示：

$$\begin{aligned}&\{\max I_{\mathrm{E}}(P_{\mathrm{W}},P_{\mathrm{S}},P_{\mathrm{B}}),\min I_{\mathrm{R}}(P_{\mathrm{W}},P_{\mathrm{S}},P_{\mathrm{B}})\}\\&\text{s.t.}\quad P_{\mathrm{W}}\in\Omega_{\mathrm{W}}\\&\qquad P_{\mathrm{S}}\in\Omega_{\mathrm{S}}\\&\qquad P_{\mathrm{B}}\in\Omega_{\mathrm{B}}\end{aligned}\tag{12.61}$$

此处，本节通过一种改进的粒子群 (PSO) 算法[11] 求解式 (12.61) 所示的多目标优化的 Pareto 最优解. 粒子群算法中的粒子数设为 100，最大迭代次数设为 50. 通过所设计的优化算法，可以得到由 249 个非占优解组成的 Pareto 前沿. 进一步，将 Pareto 最优解与表 12.1 给出的 5 种博弈模式下的 Nash 均衡绘于同一张图上，如图 12.9 所示. 由于横坐标的跨度较大，为清晰起见，将部分横坐标的尺度范围用虚线表示.

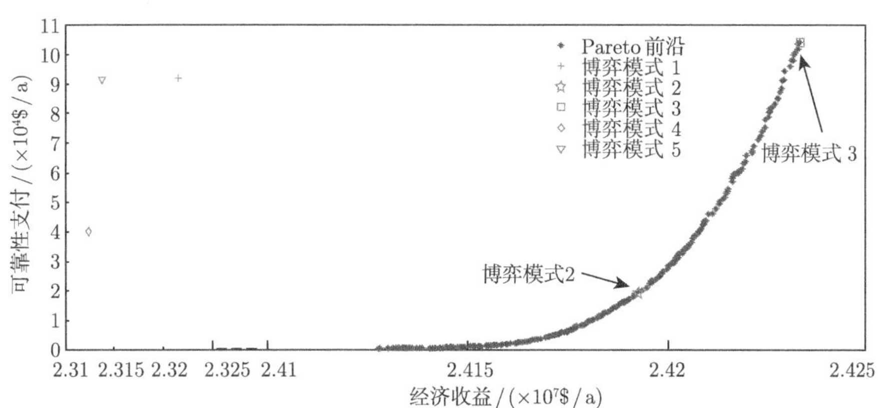

图 12.9 混合电力系统电源规划的 Pareto 前沿与不同博弈模式下的 Nash 均衡

由图 12.9 可以看出，系统的 Pareto 最优解集组成一条光滑的曲线；同时系统在第 2 种 (五角星标记) 和第 3 种 (正方形标记) 博弈模式下的 Nash 均衡解落在 Pareto 前沿上，而其他三种博弈模式下的均衡解均远离 Pareto 前沿. 以上现象表明：

(1) 风-光之间的合作可以实现 Pareto 最优，而竞争 (或决策者的自治决策) 将会导致总支付的降低.

(2) 本节所提策略式博弈模型可以实现多目标优化方法获得的 Pareto 最优解，但其是各参与者分散决策的结果，而不是依靠传统多目标优化采用的统一优化方法实现的.

(3) 多目标优化算法得到的 Pareto 解将会忽略三种博弈模式下的 Nash 均衡解，而这三种博弈模式所对应的竞争关系在现实中很可能存在. 相较而言，多目标优化方由于忽略了各发电投资者的独立决策过程，其优化结果自然无法呈现像博弈模型所能获得的如此丰富的信息，因此也无法辅助电力监管和决策部门进行市场预测与监督. 从这个角度来看，博弈论在信息丰富度和多样化方面具有多目标优化无法替代的优势.

3. Nash 均衡的稳定性分析

为说明 Nash 均衡的稳定性，本节将分析风速、光照及负荷的不确定性对其稳定性的影响. 以下以风速不确定性对 Nash 均衡稳定性的影响为例进行说明.

与采用确定性的风速数据不同，此处采用区间描述不同时刻的风速以表征其不确定性. 具体地，时刻 t 的风速 $v(t)$ 由风速中值 v_{ft} 和预测误差 $e_t(\%)$ 两个变量确定的区间描述，即

$$v(t) \in [v_{ft}(1-e_t), v_{ft}(1+e_t)]$$

通常来讲，风速的预测误差将会随着预测时段的增长而增大，此处设

$$e_0 = 0\%, \quad e_T = 10\%$$

在风速的区间内进行 $H = 100$ 次随机抽样得到不同的风速序列，并分别计算各风速序列下 5 种博弈模式下的 Nash 均衡. 进一步，统计分析 Nash 均衡的均值 $E(\cdot)$、标准差 $\text{Std}(\cdot)$ 和置信区间 $\text{In}(\cdot)$，以表征风速不确定性对 Nash 均衡稳定性的影响. 此外，采用相关系数表征风、光、储三位参与者策略间的相关特性.

设 X、Y 为两个随机变量，其相关系数记为 ρ_{XY}，则 ρ_{XY} 的正负能够反映变量变化趋势的关系. 倘若 ρ_{XY} 为正，则表示两随机变量倾向于同时取较大值或同时取较小值，即具有相同的变化趋势；倘若 ρ_{XY} 为负，则反映出两随机变量具有相反方向的变化趋势. 需要说明的是，由于 ρ_{XY} 本身是期望值，故其反映的变化趋势均是在平均意义上而言的.

1) 考虑风速不确定性的 Nash 均衡稳定性分析

分析 H 个样本下 5 种博弈模式的均衡结果，得到各策略的均值和标准差如表 12.5 所示，其中各个博弈模式的含义参见表 12.1.

表 12.5 风速不确定性下 Nash 均衡的统计特性 (单位：MW)

编号	博弈模式	$E(P_W)$	$\text{Std}(P_W)$	$E(P_S)$	$\text{Std}(P_S)$	$E(P_B)$	$\text{Std}(P_B)$
1	$\{W\},\{S\},\{B\}$	41 978	142.2	15 743	18.5	6 250	3.52×10^{-5}
2	$\{W,S,B\}$	33 356	141.3	6 874	105	8 518	10.5

续表

编号	博弈模式	$E(P_W)$	$\text{Std}(P_W)$	$E(P_S)$	$\text{Std}(P_S)$	$E(P_B)$	$\text{Std}(P_B)$
3	$\{W,S\},\{B\}$	33 265	146.9	7 019	95.8	6 250	2.25×10^{-5}
4	$\{W,B\},\{S\}$	42 031	139.4	15 761	16.3	7 954	16.3
5	$\{W\},\{S,B\}$	41 977	138.7	15 701	23.9	62 50	5.3×10^{-4}

表 12.5 表明，风速的不确定性将会带来 Nash 均衡解的波动，且不同参与者策略的波动特性不完全相同. 表 12.5 中风、光、储三者策略的方差可以看出，风电的方差最大、光伏发电次之、储能电池最小，即风电的决策受风速不确定性的影响相对最大，光伏发电次之，而储能电池的决策几乎不受风速不确定性的影响，且当储能电池与风电在结盟情形下，其策略受风速不确定性影响较大. 尽管风电策略的方差相对较大，但仍不足风电容量的 0.5%. 由此可见，即使风速的预测存在不确定性，采用本章所提方法进行风光储容量的配置基本可以得到稳定的结果.

进一步，根据区间估计理论[13]，给定置信水平下的置信区间可由均值和标准差确定. 此处，取置信概率为 95%，可得不同博弈模式下，各参与者均衡策略的置信区间如表 12.6 所示. 该置信区间的含义为：当风速在给定的区间随机波动时，不同博弈模式下的 Nash 均衡将有 95% 的概率落在表 12.6 给出的区间内. 由于各策略的标准差数值较小，所得置信区间也较窄.

表 12.6 风速不确定性下 Nash 均衡的置信区间 (单位：MW)

编号	博弈模式	$\text{In}(P_W)$	$\text{In}(P_S)$	$\text{In}(P_B)$
1	$\{W\},\{S\},\{B\}$	[41 694, 42 263]	[15 706, 15 780]	[6 250, 6 250]
2	$\{W,S,B\}$	[33 073, 33 638]	[6 663, 7 084]	[8 497, 8 539]
3	$\{W,S\},\{B\}$	[32 971, 33 558]	[6 827, 7 211]	[6 250, 6 250]
4	$\{W,B\},\{S\}$	[41 752, 42 309]	[15 729, 15 794]	[7 922, 7 987]
5	$\{W\},\{S,B\}$	[41 700, 42 254]	[15 653, 15 749]	[6 250, 6 250]

2) 风速不确定性下策略的相关性分析

根据相关系数的定义，可得风、光、储三方均衡策略的相关系数如表 12.7 所示，其中 ρ_{WS}、ρ_{WB} 和 ρ_{SB} 分别为风-光、风-储和光-储之间的相关系数.

表 12.7 风速不确定性下 Nash 均衡中策略的相关系数

编号	博弈模式	ρ_{WS}	ρ_{WB}	ρ_{SB}
1	$\{W\},\{S\},\{B\}$	−0.2853	0.1240	0.0110
2	$\{W,S,B\}$	−0.4526	0.0202	−0.1209
3	$\{W,S\},\{B\}$	−0.3257	0.0553	0.0053
4	$\{W,B\},\{S\}$	−0.2307	0.1043	−0.00167
5	$\{W\},\{S,B\}$	−0.4606	−0.0460	−0.0959

分析表 12.7 中各策略之间的相关系数可以看出：

(1) 不同博弈模式下，风电与光伏发电的相关系数为负值，且数值较大，表明风电与光伏发电具有很强的负相关性，即风电容量较大时，光伏发电的容量通常较小.

(2) 储能电池与风电及光伏发电的相关系数均相对较小，且不同博弈模式下相关系数的符号不完全相同. 由此可见，储能电池容量与风电容量及光伏发电容量的相关性不大. 此现象主要由储能电池的容量基本不受风速不确定性的影响，即 $\mathrm{Std}(P_{\mathrm{B}})$ 非常小所致.

3) 其他不确定性下的 Nash 均衡稳定性分析

系统中其他不确定性，如光照和负荷需求等，也会对不同博弈模式的 Nash 均衡产生影响. 相应的分析方法与风速相似，此处仅给出相关结论：光照强度的不确定性对光伏发电的均衡策略影响最大；负荷需求的波动性将会同时影响风电和光伏发电的容量，而风电受其影响的程度大于光伏发电. 尽管以上参数的不确定性会不同程度引起 Nash 均衡的波动，但波动范围均较小. 综上可见，面对不确定的风速、光照及负荷需求，本章所提策略式博弈模型的 Nash 均衡结果具有足够的稳定性.

4. Nash 均衡的参数灵敏度分析

事实上，表 12.2 中各参数的大小也会影响博弈的均衡结果. 鉴于电价与贴现率对风、光、储三者均有直接影响，本节将分别分析 Nash 均衡相对此两个参数的灵敏度，以期为参与者的决策及市场监管人员的监督提供辅助信息.

1) 电价对均衡点的影响分析

为分析电价高低对均衡的影响，此处分别取电价为 0.11\$/kWh 和 0.13\$/kWh，计算各博弈模式下的 Nash 均衡，并将其与前述章节 (电价为 0.12\$/kWh) 中的结果做相应对比 (减去表 12.3 与表 12.4 中对应的数值)，如表 12.8 所示，其中 ΔP_{W}^*、ΔP_{S}^* 和 ΔP_{B}^* 分别为风电、光伏发电和储能电池策略的变化百分比.

表 12.8 不同电价下的均衡分析

电价/(\$/kWh)	博弈模式	P_{W}^*/kW	P_{S}^*/kW	P_{B}^*/kW	ΔP_{W}^*	ΔP_{S}^*	ΔP_{B}^*
0.11	$\{W\},\{S\},\{B\}$	39 709	14 826	6 250	−5.59	−5.92	0
	$\{W,S,B\}$	32 828	5 539	8 445	−1.26	−18.8	−0.8
	$\{W,S\},\{B\}$	32 689	5 718	6 250	−1.49	−18.3	0
	$\{W,B\},\{S\}$	39 741	14 847	7 775	−5.56	−5.88	−1.83
	$\{W\},\{S,B\}$	39 703	14 800	6 250	−5.6	−5.66	0
0.13	$\{W\},\{S\},\{B\}$	44 365	16 450	6 250	5.48	4.38	0
	$\{W,S,B\}$	33 779	8 138	8 553	1.6	19.3	0.466
	$\{W,S\},\{B\}$	33 761	8 165	6 250	1.74	16.7	0
	$\{W,B\},\{S\}$	44 408	16 482	8 052	5.54	4.48	1.672
	$\{W\},\{S,B\}$	44 365	16 410	6 250	5.48	4.6	0

分析表 12.8 的结果可以看出，电价对均衡的影响具有以下特点：

(1) 从总体趋势来看，在 0.12$/kWh 的电价附近，电价越低，Nash 均衡下各参与者配置的容量越小.

(2) 不同博弈模式下，电价对均衡的影响程度不同.

(3) 电价的高低对不同参与者的影响不同，其中风电和光伏发电对电价的高低最为敏感，储能电池的均衡策略受电价影响较小.

2) 贴现率对均衡点的影响分析

贴现率是影响规划结果的重要参数之一，此处分别给出贴现率为 11%和 13%的博弈规划结果，并与前述章节贴现率为 12%情况下的均衡进行对比，结果见表 12.9. 该表显示：贴现率的大小会不同程度地影响参与者的决策，尤其以风电和光伏发电对贴现率的大小最为敏感，且贴现率越小，各参与者的最优容量数值越大；不同博弈模式下，各参与者的受影响程度不同.

表 12.9 不同贴现率下的 Nash 均衡比较

贴现率/%	博弈模式	P_W^*/kW	P_S^*/kW	P_B^*/kW	ΔP_W^*	ΔP_S^*	ΔP_B^*
11	$\{W\},\{S\},\{B\}$	43 635	16 274	6 250	3.743	3.271	0
	$\{W,S,B\}$	33 497	7 734	8 531	0.752	13.39	0.214
	$\{W,S\},\{B\}$	33 447	7 855	6 250	0.793	12.28	0
	$\{W,B\},\{S\}$	43 672	16 290	7 971	3.785	3.264	0.642
	$\{W\},\{S,B\}$	43 615	16 234	6 250	3.700	3.480	0
13	$\{W\},\{S\},\{B\}$	40 638	15 077	6 250	−3.384	−4.33	0
	$\{W,S,B\}$	33 023	5 855	8 481	−0.672	−14.2	−0.38
	$\{W,S\},\{B\}$	32 851	6 149	6 250	−1.004	−12.1	0
	$\{W,B\},\{S\}$	40 664	15 102	7 867	−3.363	−4.62	−0.67
	$\{W\},\{S,B\}$	40 622	15 041	6 250	−3.417	−4.12	0

12.3 HPS 分配策略

12.2 节讨论了 HPS 在不同博弈模式下的均衡解. 分析指出，只有风、光、储组成总联盟才能实现总支付的 Pareto 最优. 风、光、储三方是否有意愿组成总联盟来最大化总支付，实现混合电力系统在满足负荷需求的基础上投资的最佳回报，自然成为下一个需要关心的问题. 在博弈中，合作往往是有条件的，如何制定具有约束力的协议，即如何对合作所获得的额外收益进行合理分配，以使所有参与者均有意愿参与联盟，是保证合作实现的关键. 倘若有参与者认为既定的分配策略对自己不利，那么该参与者有可能脱离联盟. 以上问题显然属于合作博弈 (或称为联盟型博弈) 的范畴. 合作博弈通过各种公理化条件发展出分配策略的求解方法[14]. 在合作获得的额外收益可以转移这一假设前提下，本节采用第 5 章合作博弈理论的各种公理化条件研究 HPS 电源规划问题的联盟型博弈模型，重点探讨如何制定让所有参与者均接受的分配策略，以促进合作的实现.

12.3.1 HPS 规划的联盟型表述

根据合作博弈理论，建立 HPS 电源规划的联盟型表述即是要提取该博弈的参与者集合 N 与特征函数 V，具体如下.

该博弈的参与者集合 N 由风、光、储三方组成，记作 $N=\{W,S,B\}$.

鉴于该博弈有三个参与者，那么参与者集合 N 共有 7 个非空子集 (或联盟)，记由所有非空子集组成的集合为

$$\Psi=\{\{W\},\{S\},\{B\},\{W,S\},\{W,B\},\{B,S\},\{W,B,S\}\}$$

特征函数 V 为每一个联盟 $\Phi\in\Psi$ 赋予联盟价值，记联盟 Ψ 的联盟价值为 $V(\Psi)$. 对本节所研究的 HPS 电源规划问题，联盟价值定义为该联盟中所有成员合作创造的总支付与该联盟中成员各自为政的支付和之差，换言之，联盟价值为联盟中成员合作创造的额外收益，如下所示:

$$V(\Phi)=I_{\Phi}-\sum_{i\in\Phi}I_i,\quad \forall\Phi\in\Psi \tag{12.62}$$

其中，I_i 为参与者 i 的支付；I_{Φ} 为联盟 Φ 的支付. 显然，对任何仅有一个参与者的联盟，其联盟价值为零，即

$$V(W)=0,\quad V(S)=0,\quad V(B)=0 \tag{12.63}$$

基于各博弈模式下不同参与者或联盟的支付，可以方便地得到其联盟价值，并计算参与者对不同联盟的边际贡献. 如此可得该联盟型博弈的特征函数与边际贡献，如表 12.10 所示，其中 MC_{W}、MC_{S} 和 MC_{B} 分别表示风、光、储三方参与者相对各联盟的边际贡献.

表 12.10　HPS 联盟型博弈的特征函数与边际贡献　　(单位: \$/a)

联盟	特征函数	MC_{W}	MC_{S}	MC_{B}
$\{W\}$	$V(\{W\})=0$	0	0	0
$\{S\}$	$V(\{S\})=0$	0	0	0
$\{B\}$	$V(\{B\})=0$	0	0	0
$\{W,S\}$	$V(\{W,S\})=1\ 249\ 276$	1 249 276	1 249 276	0
$\{W,B\}$	$V(\{W,B\})=164\ 661$	164 661	0	164 661
$\{S,B\}$	$V(\{S,B\})=-70\ 389$	0	−70 389	−70 389
$\{W,S,B\}$	$V(\{W,S,B\})=1\ 288\ 445$	1 358 834	1 123 784	39 169

12.3.2 稳定分配的条件

本节首先分析 HPS 电源规划决策中，风、光、储三方组成总联盟的可能性，其次给出稳定分配应满足的个人理性、整体理性与联盟理性约束，最后在判断核心非空的前提下给出核心的解集.

1. 合作可能性分析

1) 结合力检验

一个博弈格局是否具有结合力将决定该博弈中的参与者是否有意愿组成总联盟. 换言之，只有具有结合力的联盟型博弈才能使各参与者有意愿合作组成总联盟.

该博弈共有三个参与者，若将其分成不相交的小联盟，共有 4 种分割方式. 以下分别检验各分割方式能否满足结合力的条件.

分割方式一：$N = W \cup S \cup B$.

该分割方式下，分割的特征函数之和为

$$V(\{W\}) + V(\{S\}) = 0 + V(\{B\}) = 0 \tag{12.64}$$

显然小于总联盟的特征函数 $V(\{W, S, B\})$.

分割方式二：$N = WS \cup B$.

该分割方式下，分割的特征函数之和为

$$V(\{W, S\}) + V(\{B\}) = 1\ 249\ 276 \tag{12.65}$$

该值小于总联盟的特征函数 $V(\{W, S, B\})$.

分割方式三：$N = WB \cup S$.

该分割方式下，分割的特征函数之和为

$$V(\{W, B\}) + V(\{S\}) = 164\ 661 \tag{12.66}$$

该值小于总联盟的特征函数 $V(\{W, S, B\})$.

分割方式四：$N = W \cup SB$.

该分割方式下，分割的特征函数之和为

$$V(\{W\}) + V(\{S, B\}) = -70\ 389 \tag{12.67}$$

该值明显小于总联盟的特征函数 $V(\{W, S, B\})$.

综上所述，该博弈满足结合力条件，在适当的分配策略下，三位博弈参与者有可能组成总联盟.

2) 超可加性检验

超可加性是比结合力更强的条件，若博弈满足超可加性，则该博弈中的参与者通过合作组成总联盟的愿望更强. 经计算发现，该博弈并不满足超可加性，这是因为对于 $N=\{W,S,B\}$ 的子集 $\{S\}$ 和 $\{B\}$，有 $\{S\}\cap\{B\}=\varnothing$，但

$$V(S,B)=-70\ 389<V(S)+V(B)=0 \tag{12.68}$$

因此，根据超可加性的定义，该博弈不具有超可加性.

2. 稳定分配的条件

令 $x=(x(W),x(S),x(B))$ 代表某个分配策略，其中 $x(W)$、$x(S)$ 和 $x(B)$ 分别表示对参与者 W、S 和 B 的分配. 倘若分配 $x=(x(W),x(S),x(B))$ 为稳定分配，其应满足个体理性、整体理性和联盟理性. 针对该混合电力系统电源规划的联盟型博弈，个体理性、整体理性与联盟理性的具体表述如下.

1) 个体理性

个体理性要求各参与者分配所得支付不能低于各自为政时的所得，即

$$\begin{aligned}&x(W)\geqslant V(\{W\})=0\\&x(S)\geqslant V(\{S\})=0\\&x(B)\geqslant V(\{B\})=0\end{aligned} \tag{12.69}$$

2) 整体理性

若分配 $x=(x(W),x(S),x(B))$ 是整体理性的，则应满足

$$x(W)+x(S)+x(B)=V(\{W,S,B\}) \tag{12.70}$$

所有满足式 (12.69) 和式 (12.70) 所示的分配称为有效的分配，其所有元素构成三维空间的凸闭集，在三维空间表现为一个平面. 为了保证分配的稳定性，需要进一步保证每个联盟的理性.

3) 联盟理性

该博弈中，联盟理性可表示为

$$\begin{aligned}&x(W)+x(S)\geqslant V(\{W,S\})\\&x(W)+x(B)\geqslant V(\{W,B\})\\&x(S)+x(B)\geqslant V(\{S,B\})\end{aligned} \tag{12.71}$$

由表 12.10 可知，$V(\{S,B\})$ 小于零，而在式 (12.69) 的个人理性约束下，有

$$x(S)+x(B)\geqslant 0$$

从而联盟理性约束可以由式 (12.69) 得到保证，因此该条联盟理性约束为不起作用约束，可以不予考虑.

根据核心的定义 (定义 5.8)，所有同时满足式 (12.69) ~ 式 (12.71) 的分配均属于核，核的存在性保证了所有参与者在该分配下均不会脱离总联盟. 进一步，由式 (12.70) 减去式 (12.71) 可以得到稳定的分配策略，基于该策略风、光、储三方参与者所能分得支付的上限 $\bar{x}(W)$、$\bar{x}(S)$ 和 $\bar{x}(B)$ 表述如下：

$$\begin{aligned} x(W) &\leqslant V(\{W,S,B\}) - V(\{S,B\}) = \bar{x}(W) \\ x(S) &\leqslant V(\{W,S,B\}) - V(\{W,B\}) = \bar{x}(S) \\ x(B) &\leqslant V(\{W,S,B\}) - V(\{W,S\}) = \bar{x}(B) \end{aligned} \tag{12.72}$$

根据表 12.10 中的特征函数，可以得到风、光、储分得支付的上限为

$$\bar{x}(W) = 1\ 358\ 834, \quad \bar{x}(S) = 1\ 123\ 784, \quad \bar{x}(B) = 39\ 169 \tag{12.73}$$

3. 核非空判定

核代表了支付可转移的联盟型博弈中能够被参与者接受的分配方案应该满足的最低要求，即任何不属于核的分配策略均会有参与者拒绝接受. 以下基于定理 5.1，判断 HPS 电源规划的联盟型博弈核是否非空. 由于

$$\begin{aligned} & V(\{W\}) + V(\{S\}) + V(\{B\}) = 0 < V(\{W,S,B\}) = 1\ 288\ 445 \\ & V(\{W,S\}) + V(\{B\}) = 1\ 249\ 276 < V(\{W,S,B\}) = 1\ 288\ 445 \\ & V(\{W,B\}) + V(\{S\}) = 164\,661 < V(\{W,S,B\}) = 1\ 288\ 445 \\ & V(\{W\}) + V(\{S,B\}) = -70\ 389 < V(\{W,S,B\}) = 1\ 288\ 445 \\ & \frac{V(\{W,S\}) + V(\{W,B\}) + V(\{S,B\})}{2} = 671\ 774 < V(\{W,S,B\}) = 1\ 288\ 445 \end{aligned} \tag{12.74}$$

故不难验证，式 (12.74) 满足式 (5.5)，从而该联盟型博弈的核非空.

核通常是一个集合，此处将风、光、储三方合作博弈的核用三维空间的平面形象表示，如图 12.10 中的平面 $ECGJ$. 该图中，平面 ABC 为满足个体理性和整体理性的分配策略的集合，其中

$$|OA| = |OB| = |OC| = V(\{W,S,B\}) \tag{12.75}$$

考虑联盟理性后，平面 ABC 将被两条表征联盟理性的直线 ED 和 FG 围成平行四边形 $ECGJ$，即为核所代表的集合，其中 J 为直线 ED 和 FG 的交点. 该图中，平面 $EDD'E'$ 代表

$$x(W) + x(S) = V(\{W,S\}) \tag{12.76}$$

平面 $FGG'F'$ 代表

$$x(W)+x(B)=V(\{W,B\}) \tag{12.77}$$

从而平行四边形 $ECGJ$ 所表征的三维空间的平面为该博弈的核，该平面上的任何一点均满足个体理性、整体理性和联盟理性的要求，同时图 12.10 也表明核是三维空间的紧凸集.

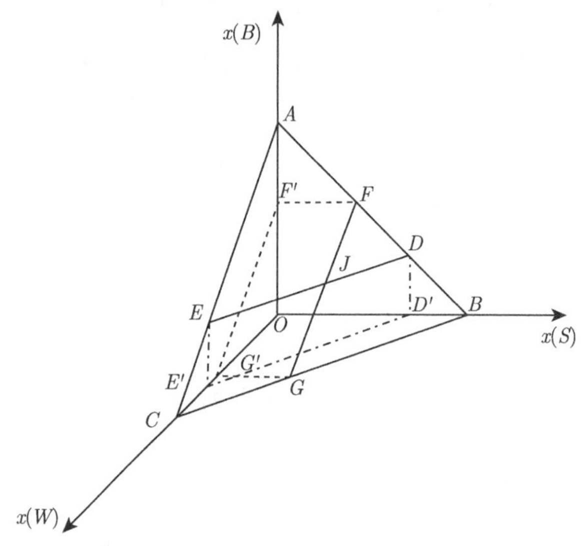

图 12.10 核的三维示意图

与此同时，可将代表核的三维平面采用二维平面表示，如图 12.11 所示，其中阴影部分 ($ECGJ$) 即表征核. 事实上，四边形 $ECGJ$ 上不同点的选择对参与者的吸引程度并不相同，核仅给出稳定的分配策略应满足的最低要求，但不能保证参与者均能获得正的分配. 倘若某个参与者分到的支付与其独自为政时的相同或相差甚小，则此时该参与者参与合作组成总联盟的意愿自然较小，而核的概念显然无力描述与分析这种情况.

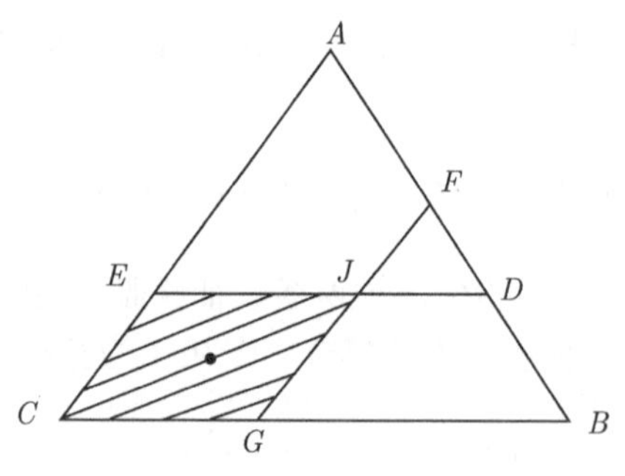

图 12.11 核的二维示意图

考虑到核通常非唯一，且有时甚至为空，为此有两项工作可以弥补核在这两个方面的缺陷. 一个是核仁，其是唯一存在的分配策略，可以保证最坏剩余最好，当核非空时，核仁为核的几何中心 (如图 12.11 中阴影部分的中心黑点). 另一个是基于边际贡献的 Shapley 值. 除此之外，还有一类评价分配策略合作强度的指标，即第 5 章中介绍的 DP 指标.

12.3.3 改进 DP 指标

为方便应用和分析，本节对第 5 章中介绍的 DP 指标 $d(i)$ 做归一化处理，如式 (12.78) 所示:

$$D(i)=\frac{1}{n-1}\frac{\sum\limits_{j\in\{N\backslash i\}}x(j)-V\left(\{N\backslash i\}\right)}{x(i)-V\left(\{i\}\right)} \tag{12.78}$$

其中，n 为参与者数目. 这里称 $D(i)$ 为 MDP 指标 (modified disruption propensity)，或改进 DP 指标. 通过将指标 $d(i)$ 除以 $n-1$，所得到的 $D(i)$ 指标表示参与者 i 拒绝合作带给其他参与者的人均损失与自身损失之比.

更一般地，可以定义集合 Φ 的 MDP 指标，其为集合 $D(\Phi)$ 中的参与者拒绝接受分配而组成联盟 Φ 后引起的人均损失比，即

$$D(\Phi)=\frac{|\Phi|}{|N\backslash\Phi|}\frac{\sum\limits_{j\in\{N\backslash\Phi\}}x(j)-V\left(\{N\backslash\Phi\}\right)}{\sum\limits_{i\in\Phi}x(i)-V\left(\Phi\right)} \tag{12.79}$$

其中，$|\Phi|$ 为集合 Φ 中参与者的数目；$N\backslash\Phi$ 为集合 Φ 的补集.

此处之所以采用 $D(i)$ 指标描述一个特定分配策略的被接受程度，主要因为 $D(i)$ 除具有 $d(i)$ 所能表征的一切特性外，还具有以下优势.

(1) $D(i)$ 给出的是人均损失比，相比指标 $d(i)$，其物理意义更加清楚，且易于确定，具有明确意义的门槛值. 直观上，$D(i)\geqslant 1$ 表明参与者 i 的非合作行为将会导致其他参与者的平均损失不小于参与者 i 自身的损失，在此情况下，参与者 i 倾向于拒绝该分配方案；相反，若 $D(i)<1$，则参与者倾向于接受该分配方案. 通常很难给出指标 $d(i)$ 的一个通用门槛值.

(2) 指标 $D(i)$ 可以用于比较不同合作博弈分配策略的合作强度，而不依赖于合作参与者的类型、数量及支付的量纲. 显然，原有的指标 $d(i)$ 无法实现这一点.

有鉴于此，本节采用 MDP 指标 $D(i)$ 定量评估特定分配策略下参与者参与合作的意愿强度. 对所研究的 HPS 电源规划的联盟型博弈问题，三方参与者的 MDP

指标定义为

$$
\begin{aligned}
D(W) &= \frac{x(S)+x(B)-V(\{S,B\})}{2(x(W)-V(\{W\}))} \\
D(S) &= \frac{x(W)+x(B)-V(\{W,B\})}{2(x(S)-V(\{S\}))} \\
D(B) &= \frac{x(W)+x(S)-V(\{W,S\})}{2(x(B)-V(\{B\}))}
\end{aligned}
\tag{12.80}
$$

通过对比核心与 MDP 指标的定义，可以看出二者具有如下的关系：

(1) 对核心中的任何一个分配，其 MDP 指标的数值均为正.

(2) 对满足个体理性和整体理性，但不满足联盟理性的任何分配策略，即任何不是核心集的分配策略，至少有一方参与者的 MDP 指标数值为负.

12.3.4 5 种典型分配策略

本节将给出 5 种典型的分配策略，用于分配 HPS 电源规划合作获得的额外收益. 所用 5 种分配策略中，既有基于传统观念的分配策略，如等分、按容量比例分配等，也有合作博弈中经典的分配策略，如 Shapley 值、核仁等，同时也给出了基于 MDP 指标的分配策略.

1. 分配策略 I: 等分

等分策略下每位参与者平等分割总联盟的联盟价值，即

$$
x(W)=x(S)=x(B)=V(\{W,S,B\})/3 \tag{12.81}
$$

2. 分配策略 II: 容量比例分配

该分配策略下，每位参与者分得的支付与其组成总联盟后的容量成正比. 风、光、储组成总联盟的情况下的最优策略为

$$
P_{\mathrm{W}}^{*}=33\ 255\mathrm{kW},\quad P_{\mathrm{S}}^{*}=6820\mathrm{kW},\quad P_{\mathrm{B}}^{*}=8510\mathrm{kW} \tag{12.82}
$$

由此可得，此分配策略下每位参与者分得的支付为

$$
\begin{aligned}
x(W) &= \frac{P_{\mathrm{W}}^{*}}{P_{\mathrm{W}}^{*}+P_{\mathrm{S}}^{*}+P_{\mathrm{B}}^{*}}V(\{W,S,B\}) \\
x(S) &= \frac{P_{\mathrm{S}}^{*}}{P_{\mathrm{W}}^{*}+P_{\mathrm{S}}^{*}+P_{\mathrm{B}}^{*}}V(\{W,S,B\}) \\
x(B) &= \frac{P_{\mathrm{B}}^{*}}{P_{\mathrm{W}}^{*}+P_{\mathrm{S}}^{*}+P_{\mathrm{B}}^{*}}V(\{W,S,B\})
\end{aligned}
\tag{12.83}
$$

3. 分配策略 III: Shapley 值

Shapley 值是基于参与者边际贡献的分配策略，根据 Shapley 值的定义，可知各参与者基于 Shapley 值的分配策略计算公式如下：

$$\begin{aligned}
x(W) =& \frac{(1-1)!(3-1)!}{3!}MC_{\mathrm{W}}(\{W\}) + \frac{(2-1)!(3-2)!}{3!}MC_{\mathrm{W}}(\{W,S\}) \\
&+ \frac{(2-1)!(3-2)!}{3!}MC_{\mathrm{W}}(\{W,B\}) + \frac{(3-1)!(3-3)!}{3!}MC_{\mathrm{W}}(\{W,S,B\}) \\
x(S) =& \frac{(1-1)!(3-1)!}{3!}MC_{\mathrm{S}}(\{S\}) + \frac{(2-1)!(3-2)!}{3!}MC_{\mathrm{S}}(\{W,S\}) \\
&+ \frac{(2-1)!(3-2)!}{3!}MC_{\mathrm{S}}(\{S,B\}) + \frac{(3-1)!(3-3)!}{3!}MCS(\{W,S,B\}) \\
x(B) =& \frac{(1-1)!(3-1)!}{3!}MC_{\mathrm{B}}(\{B\}) + \frac{(2-1)!(3-2)!}{3!}MC_{\mathrm{B}}(\{W,B\}) \\
&+ \frac{(2-1)!(3-2)!}{3!}MC_{\mathrm{B}}(\{S,B\}) + \frac{(3-1)!(3-3)!}{3!}MC_{\mathrm{B}}(\{W,S,B\})
\end{aligned} \tag{12.84}$$

4. 分配策略 IV: 核仁

在核非空的情况下，核仁为核的几何中心，通过计算图 12.11 中平行四边形 $ECGJ$ 的中心即可得到核仁.

根据平行四边形 $ECGJ$ 的生成过程，原点 O 到其 4 个顶点的向量分别为

$$OE = (V(\{W,S\}), 0, MC_{\mathrm{B}}(\{W,S,B\}))^{\mathrm{T}} \tag{12.85}$$

$$OJ = \begin{pmatrix} V(\{W,S,B\}) - MC_{\mathrm{S}}(\{W,S,B\}) - MC_{\mathrm{B}}(\{W,S,B\}) \\ MC_{\mathrm{S}}(\{W,S,B\}) \\ MC_{\mathrm{B}}(\{W,S,B\}) \end{pmatrix} \tag{12.86}$$

$$OG = (V(\{W,B\}), MC_{\mathrm{D}}(\{W,S,B\}), 0)^{\mathrm{T}} \tag{12.87}$$

$$OC = (V(\{W,S,B\}), 0, 0)^{\mathrm{T}} \tag{12.88}$$

由此可得表征核仁的向量为

$$\frac{1}{4}(OE + OJ + OG + OC)$$

其三维坐标对应于核仁的分配策略.

5. 分配策略 V: 等 MDP 指标分配

一般来讲，某个分配策略下，各参与者的 MDP 指标数值越小，参与者接受该策略的可能性越高，但如何给定一个足够小的 MDP 指标数值并非易事. 倘若所有参与者的 MDP 指标均相同，则表示每位参与者拒绝接受此分配策略的可能性相同，换言之，每位参与者对此分配策略的满意程度相同，也即每位参与者均对该分配策略表示满意. 因此，基于等 MDP 指标的分配策略，能带给各参与者相同的喜好程度，针对所研究的 HPS 电源规划问题，可得风、光、储三者的 MDP 指标为

$$
\begin{aligned}
D(W) &= \frac{V(\{W,S,B\}) - V(\{S,B\}) - x(W)}{2(x(W) - V(\{W\}))} \\
D(S) &= \frac{V(\{W,S,B\}) - V(\{W,B\}) - x(S)}{2(x(S) - V(\{S\}))} \\
D(B) &= \frac{V(\{W,S,B\}) - V(\{W,S\}) - x(B)}{2(x(B) - V(\{B\}))}
\end{aligned} \tag{12.89}
$$

在等 MDP 指标的要求下，结合整体理性，如下公式成立:

$$
\begin{aligned}
D(W) &= D(S) \\
D(S) &= D(B) \\
x(W) + x(S) + x(B) &= V(\{W,S,B\})
\end{aligned} \tag{12.90}
$$

通过求解式 (12.90) 所示的多元方程组，可得到等 MDP 指标下的分配策略为

$$
\begin{aligned}
x(W) &= \frac{\bar{x}(W)}{\bar{x}(W) + \bar{x}(S) + \bar{x}(B)} V(\{W,S,B\}) \\
x(S) &= \frac{\bar{x}(S)}{\bar{x}(W) + \bar{x}(S) + \bar{x}(B)} V(\{W,S,B\}) \\
x(B) &= \frac{\bar{x}(B)}{\bar{x}(W) + \bar{x}(S) + \bar{x}(B)} V(\{W,S,B\})
\end{aligned} \tag{12.91}
$$

式 (12.91) 表明等 MDP 分配下，每位参与者分到的支付与由核确定的支付上限成正比，即参与者支付的上限越高，其分得的收益越大.

12.3.5 分配策略的分析

计算 5 种分配策略、各分配策略下的总支付 (非合作博弈模式下的支付加上分配) 及 MDP 指标，如表 12.11 所示. 该表显示，不同分配原则或公理下的分配策略并不相同，以下重点以 MDP 指标为参考，分析各分配策略的特点.

表 12.11 典型分配策略的比较

编号	分配策略 (k$/a)			总支付/(k$/a)			MDP 指标		
	$x(W)$	$x(S)$	$x(B)$	W	S	B	$D(W)$	$D(S)$	$D(B)$
I	429	429	4295	18 136	3 105 662	2 933	1.08	0.81	0.45
II	882	181	226	18 588	2 857	2 729	0.27	2.61	0.41
III	689	571	29	18 395	3 247	2 532	0.49	0.48	0.18
IV	707	562	20	18 413	3 238	2 523	0.46	0.50	0.50
V	694	574	20	18 400	3 250	2 523	0.48	0.48	0.48

(1) 等分策略下储能电池的 MDP 指标数值小于零，这缘于该分配策略赋予储能电池的支付大于一个稳定的分配策略下其所能得到的支付上限. 在此情况下，另外两位参与者将不会同意接受此分配而会选择建立联盟 $\{W, S\}$ 以获取更大的支付. 风电的 MDP 大于 1，即表明风电拒绝接受此分配会造成其他参与者的损失比自己的损失大，因此，风电很可能选择拒绝接受此分配. 而光伏发电的 MDP 指标大于零小于 1，表明光伏发电拒绝此分配给他人带来的人均损失是自己的 0.8 倍左右，其可能选择接受此策略，也有可能与风电组成联盟试图获得更大收益. 由此可见，这种表面看起来公平的等分策略，实际上忽略了参与者的地位而不能被接受，故必是不稳定的分配策略.

(2) 容量比例分配也是现实中常见的一种分配策略. 该分配策略下光伏发电的 MDP 指标达 2.6，而储能电池的 MDP 指标仍然为负值，即表明光伏发电得到的支付较少，如此将会拒绝接受该分配策略，而储能电池分得的支付值又超出其上限. 因此，该策略将会因为光伏发电拒绝接受变得不稳定，但风电的 MDP 指标数值较小，即其倾向于接受此分配. 总之，即使光伏发电拒绝接受此分配也很难通过与风电或储能电池建立联盟而获取更大的支付. 不过尽管如此，光伏发电依然可以通过威吓等手段来试图增加自身的支付. 由此可见，该种分配策略也不能被所有的参与者接受，因此是不稳定的.

显然，以上两种分配策略均能满足个体理性与整体理性的要求，但不能满足联盟理性的要求. 因此，这两种策略是有效但不稳定的分配策略，也必然不属于核.

(3) 后三种分配策略下，各参与者的 MDP 指标均为小于 1 的正数，也即在这些分配策略下没有参与者能够通过拒绝分配策略给他人带来更大损失，即均是稳定的可以被所有参与者接受的分配策略. 因此，基于边际贡献的 Shapley 值、核仁等 MDP 指标的分配策略均是核中的元素.

(4) Shapley 值是基于参与者对不同联盟边际贡献的均值，也可以看成是一种平均主义思想的产物，是目前使用较广的一种分配方法，计算方便且唯一存在.

(5) 核仁作为核的几何中心，物理意义明确，且其最小化最大剩余的思想符合人们的日常决策理念. 但其计算复杂，尤其当参与者数目众多时，需要借助高效优化算法进行求解.

(6) 基于等 MDP 指标的分配策略着眼于拒绝分配给他人带来的损失与给自身带来损失的比值，即该分配下，各参与者不仅关注自身的支付，也关心自己的行为对他人的影响. 换言之，倘若参与者的 MDP 指标较大，其拒绝合作组成总联盟给他人带来的平均损失大于对自己的损失，则该参与者可以通过恐吓其他参与者增大自己的收益. 因此，MDP 指标为分配策略的稳定性提供了一个新的视角和评价指标，在现实中也有其实用价值.

(7) 进一步考察指标 $D(i)(i=W,S,B)$ 可以发现，前两种分配策略下均有参与者的 MDP 指标不小于 1 或存在负值，而对于稳定的后三种分配策略，所有参与者的 MDP 指标均小于 1，由此表明指标 MDP 的大小和符号可以用来表征给定分配策略的稳定性水平.

12.4　说明与讨论

本章建立了适用于风、光、储三方独立决策，以及市场监管下的 HPS 电源规划的策略式博弈模型，分析了现实决策中可能存在的不同程度竞争模式下的 Nash 均衡策略，进一步将公理化的分配策略应用于 HPS 电源规划的联盟型博弈，并制定分配策略. 在此基础上分析讨论了 5 种典型分配策略的稳定性，通过构建 MDP 指标，定量评估参与者对给定分配策略的喜好程度，该指标可以作为制定具有约束力的分配策略的辅助工具.

实例分析表明，风、光、储合作组成总联盟能够获得最大的系统总收益，被认为是最有效的资源利用方式，而风、光二者竞争会带来总收益的大幅度降低. 因此，在实际的规划策略制定阶段，相关部门有必要进行适当的政策引导，鼓励风、光、储三方，或者至少是风、光两方进行协调统一规划，以避免完全的非合作竞争造成不必要的资源浪费，最终实现资源的高效利用.

需要说明的是，现实中很难说一种分配策略完全优于另一种，因为不同分配策略所采用的公理不同，评价原则也不尽相同. 另外，相对于等分和容量比例分配，Shapley 值等其他公理化的分配策略不够直观且不易被理解，使得人们往往很难体会到其所体现的公平性. 因此，实际应用中，等分或容量比例分配策略的应用场合依然比较多. 但可以设想，当人们对公平有了新的认识和定义，或当人们对博弈论有了更多了解之后，Shapley 值等先进的分配策略将会有更广阔的应用空间.

参 考 文 献

[1] 梅生伟，王莹莹，刘锋. 风-光-储混合电力系统的博弈论规划模型与分析. 电力系统自动化, 2011, 35(20):13–19.

[2] 王莹莹，梅生伟，刘锋. 混合电力系统合作博弈规划的分配策略研究. 系统科学与数学, 2012, 32(4):418–428.

[3] Mei S，Wang Y，Liu F，et al. Game approaches for hybrid power system planning. IEEE Transactions on Sustainable Energy, 2012, 3(3):506–517.

[4] 王莹莹. 含风光发电的电力系统博弈论模型及分析研究. 北京: 清华大学博士学位论文, 2012.

[5] Yang H，Lu L，Zhou W. A novel optimization sizing model for hybrid solar-wind power generation system. Solar Energy, 2007, 81(1):76–84.

[6] 杨琦，张建华，刘自发. 风光互补混合供电系统多目标优化设计. 电力系统自动化, 2009, 33(17):86–90.

[7] Johnson G L. Wind Energy Systems. Englewood Cliffs: Prentice-Hall, 1985.

[8] Chuang A S，Wu F，Varaiya P. A game-theoretic model for generation expansion planning: Problem formulation and numerical comparisons. IEEE Transactions on Power Systems, 2001, 16(4):885–891.

[9] Myerson R. Game Theory: Analysis of Conflict. Cambridge and London: Harvard University Press, 1991.

[10] Weaver W W，Krein P T. Game-theoretic control of small-scale power systems. IEEE Transactions on Power Delivery, 2009, 24(3):1560–1567.

[11] Kennedy J，Eberhart R. Particle swarm optimization. IEEE International Conference on Neural Networks, 1995, 1942–1948.

[12] Force T S T. IEEE reliability test system. IEEE Transactions on Power Apparatus and Systems, 1979, 98(6):2047–2054.

[13] Evans M J，Rosenthal J S. Probability and Statistics: the Science of Uncertainty. New York : W H Freeman and Co, 2010.

[14] Hart S，Mas-Colell A. Cooperation: Game-theoretic Approaches. New York: Springer, 1997.

第 13 章　鲁棒调度设计实例

为应对化石能源枯竭与环境恶化所带来的重重压力，现今电力生产使用的资源格局正在发生根本性的变革，以风能、光伏为代表的清洁可再生能源进入了大规模并网发电的阶段[1-3]. 然而，大规模可再生能源的接入也给电力系统安全运行带来了诸多问题. 可再生能源发电多易受气候、环境等因素的影响，具有明显的随机性、间歇性和低可调度性，此类电源大规模接入系统势必会增加电力系统运行中的不确定性. 由于当前可再生能源发电出力预测精度不高，根据预测曲线制定的调度策略在某些情况下可能无法满足实时安全约束，从而给系统的安全运行造成隐患[4-7]，更给现行的调度理论与方法带来了新的挑战. 为应对这一挑战，需要将电力系统优化调度的理论基础由传统的确定性优化理论推广到考虑不确定性的鲁棒优化范畴，进而建立电力系统鲁棒调度理论体系.

出力具有间歇性和波动性的可再生能源接入电力系统以后，调度人员最关心的问题是其调度决策在不确定性因素的影响下是否仍能满足相应的可靠性与安全性约束. 换言之，他们希望知道不确定性对系统可靠性和安全性带来的最坏影响是什么，并力图避免这一最坏情况带来的严重后果. 从博弈的视角看，变化的可再生能源出力与人工调度决策之间构成了二人零和博弈：大自然的不确定性试图让系统运行指标恶化，而调度决策者试图在不确定性最坏的情况下，依然让运行指标最优.

为了实现大规模可再生能源接入环境下电力系统调度的安全性与经济性，本章提出了电力系统发电计划问题的鲁棒优化模型，包括考虑电动汽车的配电网鲁棒调度的静态鲁棒优化模型；考虑集中式风力发电的输电网经济调度及大电网机组组合的动态鲁棒优化模型，内容主要源自文献 [8-12]. 以上模型的求解算法可参考本书第 9 章.

13.1　鲁棒经济调度

风电的接入决定了电力系统运行的经济性同时受到人为控制力 (输电网调度) 及大自然的影响：一方面，在满足系统安全运行的前提下，电网调度试图通过制定发电机组出力计划等调度策略实现电网的最经济运行；另一方面，由大自然决定的可用风功率的不确定性也可能使既定的调度策略不能保证系统的经济性. 因此，可用风功率的大小将会直接影响电网调度策略的经济性. 这表明，现代电力系统调度具有对立竞争的内涵. 基于鲁棒优化方法，在建模阶段即考虑不确定性对系统的影响，有望弥补已有方法在处理风电不确定性上的不足. 此外，可入网电动汽车在相关政策的扶持下将会有很大的发展空间. 通过对电动汽车充放电的合理控制可为电力系统调度提供辅助手段[13, 14]，本节所建鲁棒经济调度模型考虑如何将电动汽车充放电控制作为新的调控手段引入电力系统，从而为接纳新能源发挥积极作用.

13.1.1 数学模型

含风电和电动汽车的配电网经济调度是一类典型的具有不确定性的决策问题. 具体地，将电网的调度策略看成是 u，大自然决定的可用风功率看成是 w，基于第 9 章提出的 min-max 模型，构建含风电和电动汽车的鲁棒经济调度模型. 在该模型中，电网的决策变量包含三部分，分别是传统发电机出力、电动汽车的充放电功率及调度风功率；而可用风功率取决于虚拟决策者 —— 大自然. 调度风功率为风电出力计划曲线，该计划往往与实际可用风功率不同. 此问题的处理方法为：若调度风功率大于可用风功率，则需要投入备用；当调度风功率小于可用风功率时，则弃掉过剩风功率. 然而无论是投入备用还是弃风，均需付出相应成本. 故下文的模型也会将此考虑到调度目标中.

考虑到电力系统经济调度的目的在于以最小的发电费用满足负荷的需求，此处选用发电成本作为电网调度的目标，除传统发电机组的发电费用外，还应考虑风电和电动汽车的特点，并设置相关的成本项；约束条件除含有常规经济调度 (仅含有传统发电机) 的约束外，还需根据风电和电动汽车的特性，增加针对风电和电动汽车的约束.

1. 目标函数

此处考虑的发电成本 F 包含三部分，分别为传统发电机的发电费用、电动汽车的充电 (或放电) 费用 (或收益) 及备用成本和弃风成本，如下所示：

$$F = \sum_{t=1}^{T}\sum_{i=1}^{N_g} f(p_{it}) + \sum_{t=1}^{T}\sum_{j=1}^{N_v} g(u_{jt}) + \sum_{t=1}^{T}\sum_{k=1}^{N_w} h(p_{kt}^{\mathrm{W}}, p_{kt}^{\mathrm{G}}) \tag{13.1}$$

其中，p_{it} 为传统发电机 i 在 t 时段的有功出力；u_{jt} 为电动汽车组 j 在 t 时段的充 (放) 电功率；p_{kt}^{W} 和 p_{kt}^{G} 分别为风电场 k 在 t 时段的可用风功率和调度风功率；N_g、N_v 和 N_w 分别为系统中传统发电机的数目、电动汽车组的数目及风电场的数目；T 为调度时段数. 以下分别介绍各部分的计算方法.

1) 传统发电机的发电费用

此处采用二次函数表示传统发电机的发电费用，即第 i 台传统发电机在 t 时段的发电费用为

$$f(p_{it}) = \frac{1}{2}a_i p_{it}^2 + b_i p_{it} + c_i \tag{13.2}$$

其中，a_i、b_i、c_i 为表征第 i 台传统发电机发电费用的系数.

2) 电动汽车充电 (或放电) 费用 (或收益)

若仅考虑电动汽车的充电 ($u_{jt} \geqslant 0$)，则第 j 组电动汽车在 t 时段的充电费用为

$$g(u_{jt}) = \beta_t u_{jt} \tag{13.3}$$

若同时考虑电动汽车的放电 ($u_{jt} \leqslant 0$)，则 t 时段的放电收益为

$$g_r(u_{jt}) = -\beta_t u_{jt} \tag{13.4}$$

其中，β_t 为 t 时段的电价.

3) 风功率估计偏差费用

由于风电的不可准确预测性，风功率计划值与实际风电场出力情况往往不一致. 一方面，若调度风功率高于实际可用风功率，则系统需要快速启动备用以实现功率的瞬时平衡；另一方面，若调度风功率低于实际可用风功率，则会造成风功率过剩从而导致弃风. 因此，不论高估还是低估可用风功率都会引入额外的生产成本. 此处采用式 (13.5) 表征高估和低估可用风功率带来的备用费用和弃风费用，即

$$h(p_{kt}^{\mathrm{W}}, p_{kt}^{\mathrm{G}}) = C_{o,wk}\max(0, p_{kt}^{\mathrm{G}} - p_{kt}^{\mathrm{W}}) + C_{u,wk}\max(0, p_{kt}^{\mathrm{W}} - p_{kt}^{\mathrm{G}}) \tag{13.5}$$

其中，$C_{o,wk}$ 和 $C_{u,wk}$ 分别为高估和低估风功率的费用系数，且通常有 $C_{o,wk} > C_{u,wk}$.

2. 约束条件

电力系统经济调度以安全运行为前提，即调度策略应当满足系统运行的各种约束，以下将从传统经济调度约束、电动汽车充放电约束及风功率约束三个方面进行描述.

1) 传统经济调度约束

电力系统传统经济调度中的约束条件通常包含功率平衡约束、发电机出力上下限约束、发电机出力爬坡约束和输电线路容量极限约束，分别如以下各式所示：

$$\sum_{i=1}^{N_g} p_{it} + \sum_{k=1}^{N_w} p_{kt}^{\mathrm{G}} = p_{dt} + \sum_{j=1}^{N_v} u_{jt} \tag{13.6}$$

$$p_{gi}^{\min} \leqslant p_{it} \leqslant p_{gi}^{\max}, \quad i = 1, 2, \cdots, N_g \tag{13.7}$$

$$-p_{gi}^{\mathrm{dn}} \leqslant p_{it} - p_{it-1} \leqslant p_{gi}^{\mathrm{up}}, \quad i = 1, 2, \cdots, N_g \tag{13.8}$$

$$-p_l^{\max} \leqslant p_{lt} \leqslant p_l^{\max}, \quad l = 1, 2, \cdots, N_l \tag{13.9}$$

此处的经济调度模型基于直流潮流，故式 (13.6) 仅考虑有功功率平衡；式 (13.7) 是机组发电容量约束，其中 $p_{gi}^{\min}$ 和 $p_{gi}^{\max}$ 分别为第 i 台发电机有功出力的下限和上限；式 (13.8) 是机组爬坡约束，其中，$p_{gi}^{\rm dn}$ 和 $p_{gi}^{\rm up}$ 分别为第 i 台发电机向下和向上爬坡速率；式 (13.9) 是传输线安全约束，其中 $p_l^{\max}$ 和 p_{lt} 分别为第 l 条输电线路传输容量和 t 时段的功率，N_l 为系统中输电线路的条数. 线路潮流可表示为节点注入功率的线性函数，即

$$p_{lt} = \sum_{m=1}^{N} S_{ml} p_m \tag{13.10}$$

其中，N 为系统节点总数；S_{ml} 为节点功率转移分布因子.

2) 电动汽车充放电约束

倘若同时考虑电动汽车的充放电，并记电动汽车 j 在 t 时段的充放电功率为 u_{jt}，则当 $u_{jt} > 0$ 时，表示电动汽车 j 在 t 时段充电；当 $u_{jt} < 0$ 时，表示电动汽车 j 在 t 时段放电. 为方便处理，记充放电效率均为 100%.

电动汽车在系统中的工作原理如下：第 j 组电动汽车在调度初始时刻的功率给定，记为 $p_{vj0}^{\rm ESP}$，其在调度周期内既可以充电也可以放电，但要求在调度周期的最后时刻功率达到额定值 $p_{vjT}^{\rm ESP}$. 对第 j 组电动汽车，其相邻两时段的功率关系为

$$p_{jt+1} = p_{jt} + u_{jt}, \quad j = 1, 2, \cdots, N_v \tag{13.11}$$

从而可以得到第 j 组电动汽车在任意时段 t 的功率为

$$p_{jt} = p_{vj0}^{\rm ESP} + \sum_{t=0}^{t-1} u_{jt} \tag{13.12}$$

考虑到蓄电池电量限制，对 p_{jt} 有如下约束：

$$0 \leqslant p_{jt} \leqslant p_{vjT}^{\rm ESP} \tag{13.13}$$

此外，电动汽车的充放电功率均不能大于其额定功率 $p_{vjT}^{\rm ESP}$，故有如下约束：

$$-p_{vjT}^{\rm ESP} \leqslant u_{jt} \leqslant p_{vjT}^{\rm ESP} \tag{13.14}$$

综上所述，式 (13.11) ~ 式 (13.14) 构成了对电动汽车充放电特性的约束.

3) 风功率约束

假设风功率的预测误差服从正态分布，且随着预测时段的增长而增大，此处采用预测均值和标准方差描述风功率的波动特性[15]. 每一时段的可用风功率均是由均值和标准差表示的随机变量，进一步为了处理的方便，选择一定的置信水平，

采用区间表示每一时刻的风功率. 具体而言，第 k 个风场在 t 时段的可用风功率 p_{kt}^{W} 可以用闭区间 $[p_{kt}^{\min}, p_{kt}^{\max}]$ 表示，其中 $p_{kt}^{\min}$、$p_{kt}^{\max}$ 分别为第 k 个风场在 t 时段可用风功率的最小值和最大值. 调度风功率 p_{kt}^{G} 和可用风功率 p_{kt}^{W} 应当在闭区间 $[p_{kt}^{\min}, p_{kt}^{\max}]$ 中取值，即对风功率的约束可表示为

$$p_{kt}^{\min} \leqslant p_{kt}^{\mathrm{G}} \leqslant p_{kt}^{\max}, \quad k = 1, 2, \cdots, N_w \tag{13.15}$$

$$p_{kt}^{\min} \leqslant p_{kt}^{\mathrm{W}} \leqslant p_{kt}^{\max}, \quad k = 1, 2, \cdots, N_w \tag{13.16}$$

3. 调度模型

在以上给出的目标函数和约束条件的基础上，可将含有风电和电动汽车的鲁棒经济调度模型表示成下述 min-max 优化问题：

$$\begin{aligned}
&\min_{[P_g, u_v, p_w^{\mathrm{G}}]} \max_{p_w^{\mathrm{W}}} F \\
\text{s.t.} \quad & \sum_{i=1}^{N_g} p_{it} + \sum_{k=1}^{N_w} p_{kt}^{\mathrm{G}} = p_{dt} + \sum_{j=1}^{N_v} u_{jt}, \quad \forall t \\
& p_{jt+1} = p_{jt} + u_{jt}, \quad \forall j, \quad \forall t \\
& -p_{vjT}^{\mathrm{ESP}} \leqslant u_{jt} \leqslant p_{vjT}^{\mathrm{ESP}}, \quad \forall j, \quad \forall t \\
& 0 \leqslant p_{jt} \leqslant p_{vjT}^{\mathrm{ESP}}, \quad \forall j, \quad \forall t \\
& p_{j0} = p_{vj0}^{\mathrm{ESP}}, \quad p_{jT} = p_{vjT}^{\mathrm{ESP}}, \quad \forall j \\
& p_{gi}^{\min} \leqslant p_{it} \leqslant p_{gi}^{\max}, \quad \forall i, \quad \forall t \\
& -p_{gi}^{\mathrm{dn}} \leqslant p_{it} - p_{it-1} \leqslant p_{gi}^{\mathrm{up}}, \quad \forall i, \quad \forall t \\
& -p_{l}^{\max} \leqslant p_{lt} \leqslant p_{l}^{\max}, \quad \forall l, \quad \forall t \\
& p_{kt}^{\min} \leqslant p_{kt}^{\mathrm{G}}, \quad p_{kt}^{\mathrm{W}} \leqslant p_{kt}^{\max}, \quad \forall k, \quad \forall t
\end{aligned} \tag{13.17}$$

该调度模型的出发点是电网通过制定调度策略最小化大自然对系统发电成本的最坏影响，所得调度策略为鲁棒经济调度策略，所得发电成本为最大可能成本. 换言之，采用由式 (13.17) 得到的调度策略时，无论实际的可用风功率如何，均可以保证实际发电成本小于式 (13.17) 中的最优解值.

电网的调度策略 X_{G} 由三部分组成，分别为传统发电机出力向量 $(p_g = \{p_{it}\}, \forall i, \forall t)$、电动汽车的充放电功率向量 $(u = \{u_{jt}\}, \forall j, \forall t)$ 及调度风功率 $(p_w^{\mathrm{G}} = \{p_{kt}^{\mathrm{G}}\}, \forall k, \forall t)$. 大自然的策略 $(X_{\mathrm{W}} = p_w^{\mathrm{W}} = \{p_{kt}^{\mathrm{W}}\}, \forall k, \forall t)$ 为可用风功率.

式 (13.17) 所示优化问题的约束条件均为线性等式和不等式约束，且约束条件中，电网的策略空间 $S(X_{\mathrm{G}})$ 与大自然的策略空间 $S(X_{\mathrm{W}})$ 是解耦的，即没有约束条件同时包含 X_{G} 与 X_{W}.

13.1.2 求解算法

式 (13.17) 所示的 min-max 优化问题可采用第 9 章介绍的两阶段松弛方法[16]求解，详细流程如下所述.

第 1 步 初始化大自然的策略 $X_{\mathrm{W}}^1 \in S(X_{\mathrm{W}})$，并记迭代次数 $m=1$，收敛误差为 ε.

第 2 步 通过引入辅助变量 σ，求解松弛问题

$$\begin{aligned} &\min_{X_{\mathrm{G}} \in S(X_{\mathrm{G}}),\sigma} \sigma \\ &\text{s.t.} \quad F(X_{\mathrm{G}}, X_{\mathrm{W}}^i) \leqslant \sigma, \quad i=1,2,\cdots,m \end{aligned} \tag{13.18}$$

记最优解为 $(X_{\mathrm{G}}^k, \sigma^k)$. 式 (13.18) 的不等式约束将会随着迭代次数的增加而增加，因此，松弛度不断降低.

第 3 步 求解极大化问题

$$\begin{aligned} &\max_{X_{\mathrm{W}}} F(X_{\mathrm{G}}^k, X_{\mathrm{W}}) \\ &\text{s.t.} \quad X_{\mathrm{W}} \in S(X_{\mathrm{W}}) \end{aligned} \tag{13.19}$$

在该优化问题中，电网的决策变量固定为上一步计算得到的 X_{G}^k，可用风功率为决策变量. 记最优解为 X_{W}^{k+1}，最优值为 $\varphi(X_{\mathrm{G}}^k) = F(X_{\mathrm{G}}^k, X_{\mathrm{W}}^{k+1})$.

第 4 步 判断是否收敛.

若 $\varphi(X_{\mathrm{G}}^k) \leqslant \sigma^k + \varepsilon$，则算法终止，问题 (13.17) 的最优解为 $(X_{\mathrm{G}}^k, X_{\mathrm{W}}^{k+1})$，否则 $k=k+1$，回到第 2 步，并在式 (13.18) 中增加约束条件

$$F(X_{\mathrm{G}}, X_{\mathrm{W}}^k) \leqslant \sigma$$

返回第 2 步.

13.1.3 仿真分析

本节采用加入风电和电动汽车的 IEEE 3 机 9 节点系统作为测试系统，验证本节所提模型的原理和有效性. 不失一般性，在 4 号母线接入风机 WG，7 号母线接入电动汽车 PEV，如图 13.1 所示. 考虑到电动汽车与电网之间的功率可双向流动，故图 13.1 中 PEV 与电网之间用双向箭头连接.

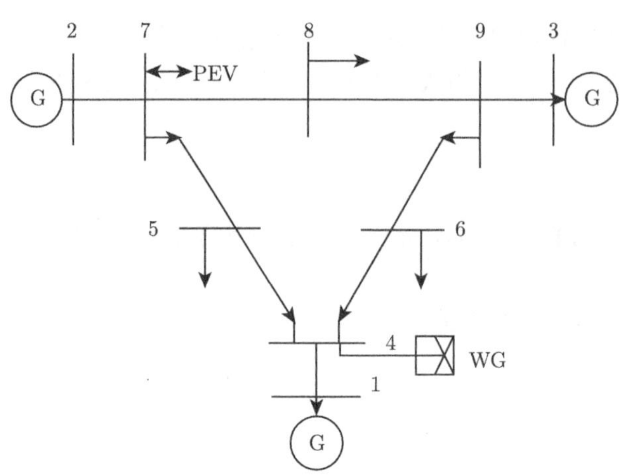

图 13.1　含风电和电动汽车的 IEEE 3 机 9 节点系统

1. 用于经济调度的系统参数设置

(1) 传统发电机的发电费用、出力上下限均采用 IEEE 3 机 9 节点的标准数据，机组有功功率的最大上调和下调速率分别为 100MW/h 和 50MW/h，输电线路的容量设定为正常运行 (IEEE 标准数据) 下线路传输功率的 1.5 倍.

(2) 电动汽车的额定容量设为传统发电机组容量的 10%，初始功率设为其额定容量的 15%.

(3) 风电的额定功率设为传统发电机组容量的 10%，描述风功率不确定性的均值和方差 (标幺值) 的时间序列如图 13.2 所示. 若取置信区间为 99%，则表示可用风功率变化范围的包络带如图 13.3 所示的阴影区域. 式 (13.15) 和式 (13.16) 中不等式约束即要求调度风功率及可用风功率均落在该带状区域内.

(4) 日峰荷为 IEEE 9 节点标准数据，负荷曲线取自 IEEE-RTS 标准负荷数据，如图 13.4 所示. 由于电动汽车充放电相关的费用或收益需要用到电价信息，此处采用的分段电价信息如图 13.5 所示. 当负荷需求低时，采用低电价；当负荷需求高时，采用高电价.

此外，高估可用风功率带来的备用费用系数设为最高电价的 1.5 倍，而低估可用风功率带来的弃电费用系数选为最高电价，即

$$C_{o,wk} = 150\$/\text{MWh}, \quad C_{u,wk} = 100\$/\text{MWh}$$

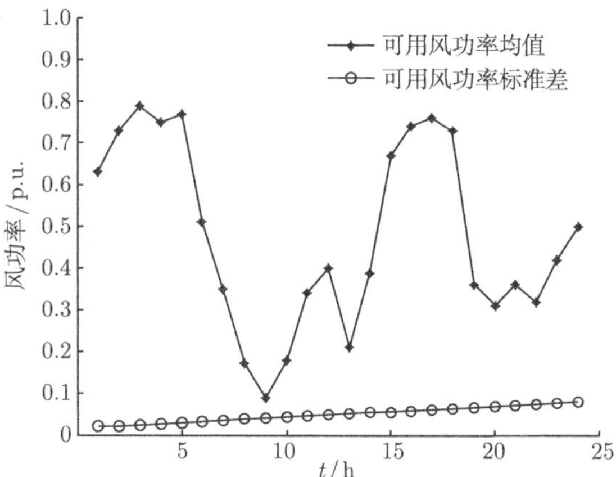

图 13.2 可用风功率均值与标准差

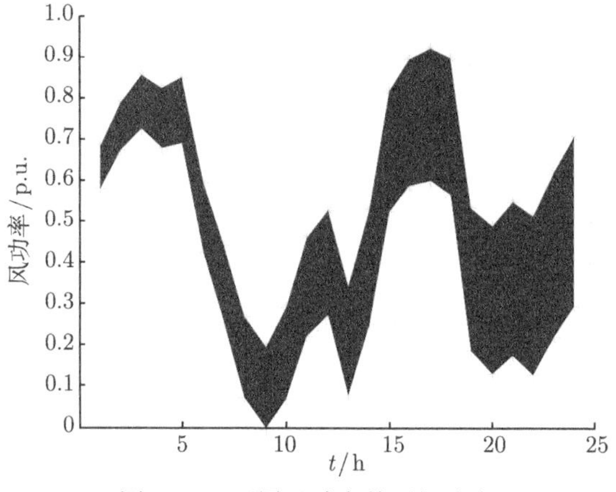

图 13.3 可用风功率的区间分布

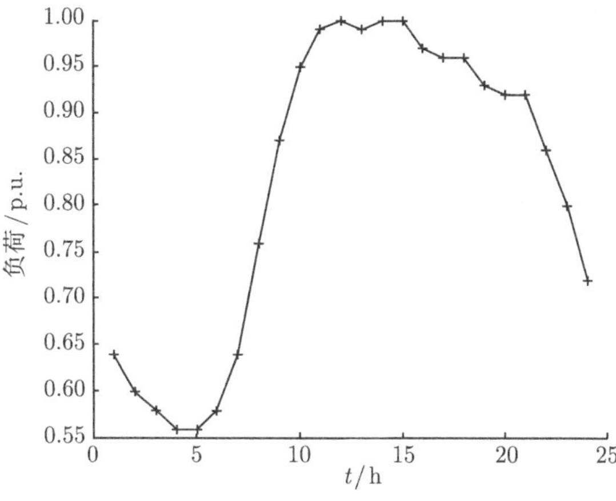

图 13.4 日负荷曲线

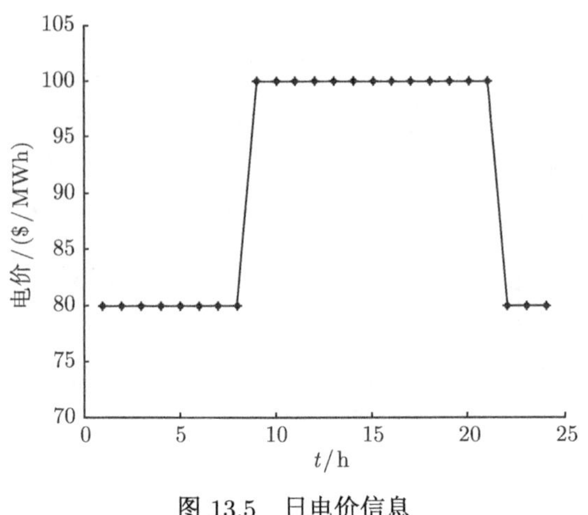

图 13.5 日电价信息

2. 鲁棒经济调度策略分析

本节将考察不同调度时段的鲁棒经济调度问题. 优化问题 (13.18) 和 (13.19) 通过调用 Matlab 函数 fmincon 求解.

1) $T=10\text{h}$ 的鲁棒经济调度

当调度时段 $T=10\text{h}$ 时，电网的决策变量共 50 个，大自然的决策变量共 10 个，两阶段松弛算法迭代 13 次收敛，相应的电网策略 (鲁棒经济调度策略)、大自然策略 (最坏可用风功率) 见表 13.1. 发电成本分为两部分，传统费用为 32 586 美元，表示传统发电机组的发电成本与电动汽车的充放电费用之和；风电费用为 7978 美元，即电网调度风功率高估与低估可用风功率带来的成本. 总成本为 40 564 美元的含义为，当电网采用表 13.1 中的调度策略时，无论未来的可用风功率为何种情景，系统发电成本均不会大于此值.

表 13.1 T=10h 的鲁棒经济调度策略

时段	电网/MW					大自然/MW
/h	p_{g1}	p_{g2}	p_{g3}	p_w^{G}	u	p_w^{W}
1	31.75	63.45	44.84	50.80	−10.76	47.43
2	31.75	63.45	44.84	58.90	9.94	55.08
3	31.75	63.45	44.84	63.70	21.07	59.45
4	31.75	63.45	44.84	60.30	23.96	67.39
5	31.75	63.45	44.84	61.85	25.49	69.58
6	32.45	64.35	45.47	40.42	0	34.83
7	42.52	77.38	54.51	27.19	0	36.24
8	59.02	98.73	69.32	12.32	0	5.85
9	71.73	115.18	80.73	6.41	0	16.03
10	77.53	123.36	85.44	12.92	0	23.96

以下从三个方面分析表 13.1 所示的鲁棒经济调度策略的特点.

(1) 发电机组出力. 为对比分析各发电机组的出力情况，将 3 台传统发电机组的调度功率及电网调度风功率的时间序列绘于图 13.6. 由该图可以看出，2 号机组的出力大于 3 号机组，3 号机组的出力大于 1 号机组，这主要缘于 2 号机组的发电成本低于 3 号机组，3 号机组的发电成本低于 1 号机组. 可见，所提鲁棒经济调度模型具有传统经济调度的经济性.

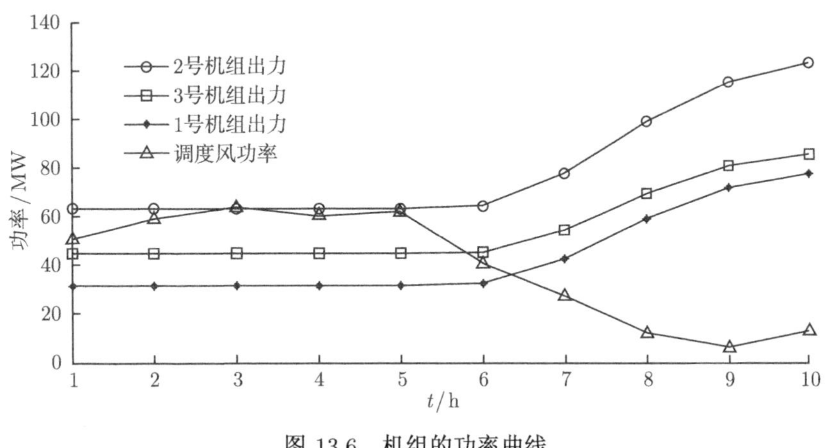

图 13.6 机组的功率曲线

(2) 风功率. 将表 13.1 中调度风功率 p_w^{G}、可用风功率 p_w^{W} 及可用风功率的上下限绘于图 13.7.

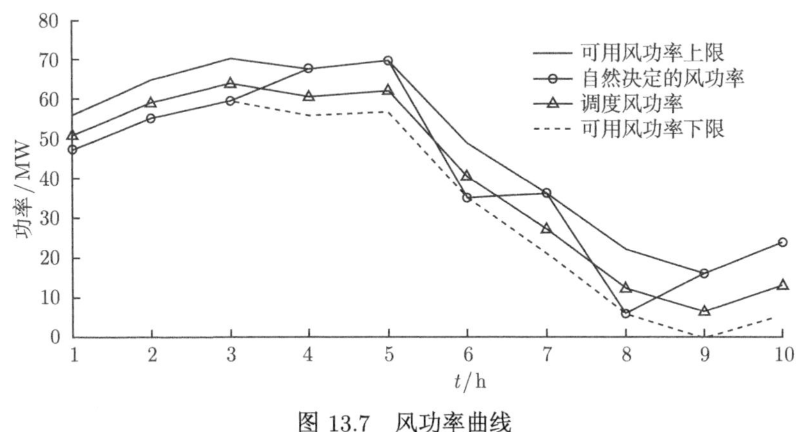

图 13.7 风功率曲线

图 13.7 显示，在 10h 的调度时段内，调度风功率在各时段均位于可用风功率区间之内；而当电网选择既定的策略时，由大自然决策的相对电网最坏的可用风功

率总是位于风功率区间的边界上，这是由于式 (13.19) 所示的极大化问题为线性规划问题，最优解必然位于可行域的极点.

(3) 电动汽车充放电特性. 在 $T = 10\text{h}$ 的调度周期内，电动汽车在低电价时段完成充电. 由于低电价时段同时也是负荷低谷时段，电动汽车发挥了填充负荷低谷的作用. 倘若将电动汽车的充放电功率与负荷需求相叠加形成加入电动汽车后的等效负荷曲线，可得加入电动汽车前后的负荷曲线如图 13.8 所示. 该图显示了电动汽车的填谷效应. 从原理上讲，电动汽车可以通过放电降低峰荷，但由于调度的约束条件要求电动汽车的容量在调度周期末达到额定值，因此，在调度周期内，为了最经济地实现满充目标，电动汽车仅会在低电价时段充电.

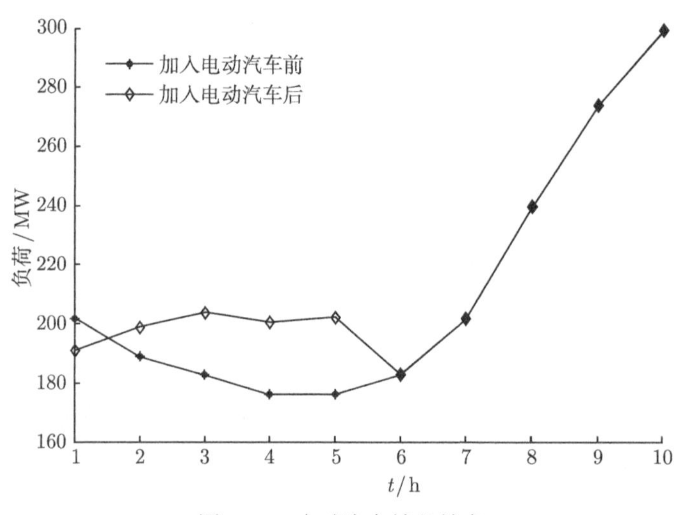

图 13.8　电动汽车填谷效应

2) $T = 24\text{h}$ 的鲁棒经济调度

电网的决策变量共 120 个，大自然的决策变量共 24 个，两阶段松弛算法迭代 21 次可收敛，所得电网的鲁棒经济调度策略、大自然决定的可用风功率及电网的成本如表 13.2 所示. 该表的数据显示，电动汽车会在高电价时段放电获取收益，而在低电价时段以较小的成本充电. 为分析各发电机出力情况，将 3 台传统发电机组的调度功率及电网调度风功率的时间序列绘于图 13.9. 该图显示，2 号机组和 3 号机组主要跟踪负荷的变化，其功率随着负荷需求的增减同步增减. 1 号机组由于发电费用较高，其主要跟踪风电功率的变化，即风电功率升高时，1 号机组出力降低；风电功率降低时，1 号机组出力增加. 为更加直观地表明该关系，将 1 号机组出力与电网调度的风功率相加，如图 13.10 所示. 可以看出二者的叠加功率波动较小，从另一角度看，1 号机组可视为风电的备用机组，能够实时跟踪风电的出力，抑制风电的波动性.

表 13.2 T=24h 的鲁棒经济调度策略

时段	电网/MW					大自然/MW
1	31.57	63.12	44.66	55.89	−6.36	47.43
2	30.59	61.87	43.81	63.61	10.88	55.08
3	30.76	62.18	43.95	62.09	16.28	70.11
4	30.99	62.37	44.09	59.20	20.26	55.61
5	30.33	61.42	43.54	66.33	25.21	56.70
6	31.47	62.96	44.39	47.31	3.43	48.81
7	43.36	78.23	55.09	24.93	0	21.16
8	56.14	94.77	66.46	22.03	0	5.85
9	72.39	115.93	81.07	4.67	0	16.03
10	75.09	119.41	83.79	18.57	−2.40	23.96
11	74.72	119.76	84.03	19.78	−13.55	18.13
12	67.60	121.53	82.27	27.61	−15.99	43.10
13	75.54	119.61	84.25	12.70	−19.75	6.37
14	54.92	124.77	79.00	41.85	−14.46	43.39
15	47.16	126.87	77.10	50.55	−13.31	42.98
16	36.45	129.43	74.20	62.97	−2.51	73.19
17	29.80	130.72	72.19	70.56	0.88	75.38
18	39.18	128.31	74.71	60.01	−0.20	73.47
19	74.79	118.50	83.60	15.35	−0.71	43.69
20	73.21	116.81	82.08	17.70	0	40.14
21	70.43	114.23	80.18	24.97	0	14.25
22	69.06	118.53	73.57	25.44	15.70	42.06
23	64.84	117.58	66.36	30.57	27.35	50.81
24	44.67	111.82	57.30	51.96	38.95	57.92

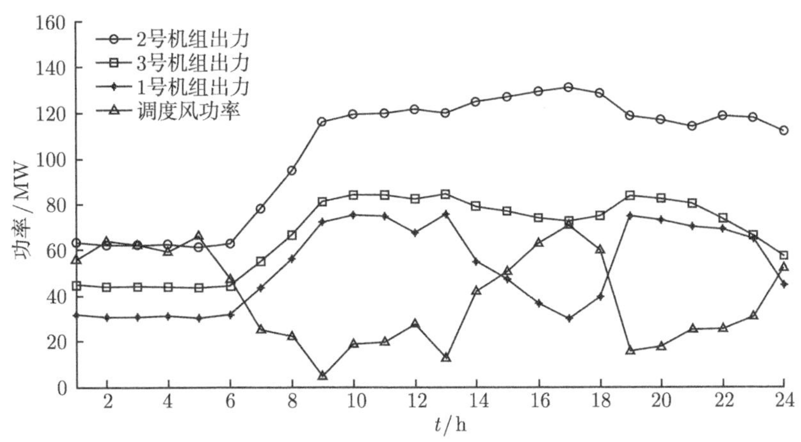

图 13.9 机组的出力曲线

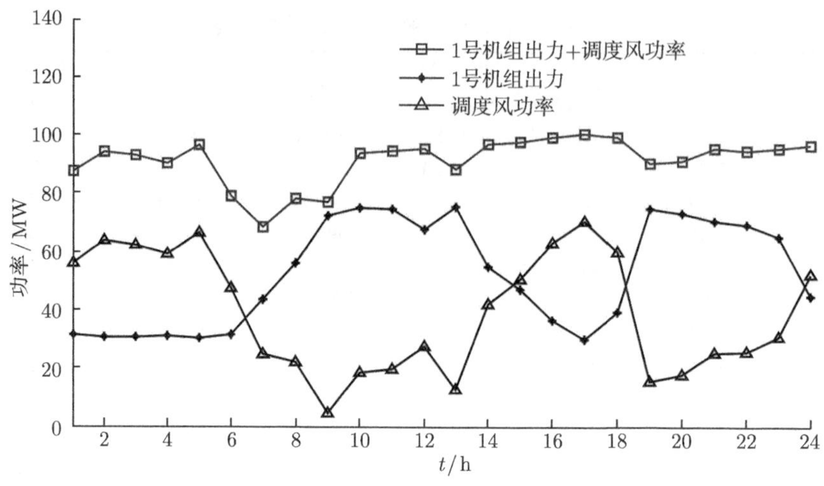

图 13.10　1 号机出力和调度风功率

为深入分析电动汽车的充放电对负荷需求的影响，现将在鲁棒经济调度策略下加入电动汽车前后的负荷曲线绘于图 13.11. 该图表明，通过在调度目标中加入电动汽车充放电费用或收益，在最优调度策略下，电动汽车削峰填谷效应明显.

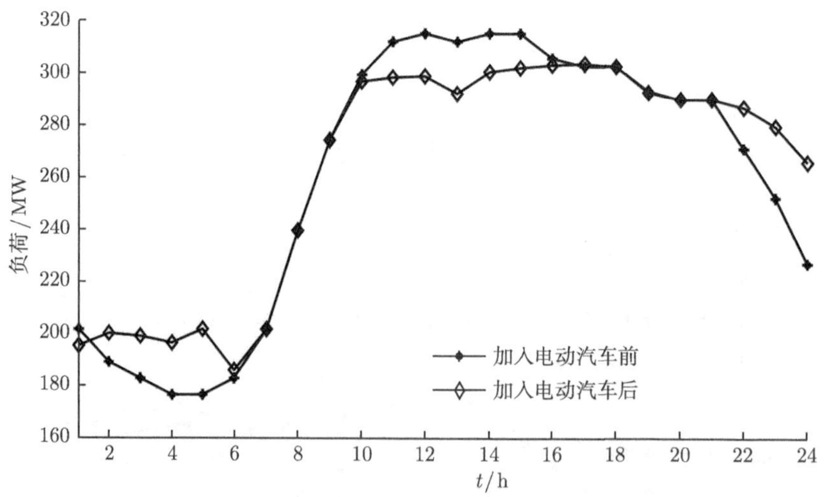

图 13.11　$T = 24\text{h}$ 电动汽车削峰填谷效应

进一步，为定量评估电动汽车充放电对负荷的影响，分别计算加入电动汽车前后的系统负荷率和最小负荷系数两个指标. 以上两个指标用于描述负荷的波动特性，其中负荷率为平均负荷与最大负荷的比值，最小负荷系数为最小负荷与最大负荷之比，显然负荷率数值越大或最小负荷系数越大，则系统负荷曲线越平滑，峰谷差越小. 经计算，加入电动汽车前后的系统负荷率和最小负荷系数如表 13.3 所示.

表 13.3 电动汽车加入前后系统负荷特性对比

负荷特性	负荷率	最小负荷系数
加入电动汽车前	0.82	0.56
加入电动汽车后	0.86	0.61
改善程度/%	5.03	9.59

表 13.3 表明，通过对电动汽车的充放电控制，电动汽车对提高系统负荷率和增大最小负荷系数的作用显著，其中对最小负荷系数的改善程度最为明显，超过 9%. 由此可见，对电动汽车的有效控制有望为电网调度削峰填谷提供一种可行的手段.

需要说明的是，电动汽车削峰填谷效应的发挥很大程度上依赖于电价信息，通过在负荷低谷时段采用低电价，高负荷时段采用高电价，才能发挥电动汽车的削峰填谷作用.

3. 参数影响分析

在以上所提的基于二人零和博弈的鲁棒经济调度模型中，大自然对电网调度的最直接影响表现为在目标函数中增加高估和低估可用风功率带来的备用费用和弃风成本. 高估和低估风功率的费用系数 $C_{o,wk}$ 和 $C_{u,wk}$ 的取值显然会影响系统调度策略的制定，尤其是影响针对电网调度的风功率的制定. 以下分三种情况讨论高估和低估可用风功率的费用系数对调度风功率的影响.

1) $C_{o,wk}=0, C_{u,wk}=100$

倘若系统备用费用极低，甚至可忽略不计，即 $C_{o,wk}=0$，弃风成本却很高，为 100\$/MWh，那么在制定调度策略时不计高估可用风功率带来的备用费用，只计低估可用风功率的弃风成本. 在此情况下，调度风功率总是位于可用风功率区间的上限，此时无论实际的可用风功率如何，电网均不会因低估可用风功率带来弃风成本. 显然，这种以风功率上限作为调度策略的做法略显冒进.

2) $C_{o,wk}=150, C_{u,wk}=0$

另外一种极端情况是系统弃风成本为零，而高估可用风功率需要支付一定的备用费用. 根据式 (13.17) 所示的模型，在该情形下，电网调度人员，倾向于选择可用风功率的下限作为调度的风功率. 显然地，在这种情况下制定的调度策略会过于保守.

3) $C_{o,wk}=150, C_{u,wk}=100$

当同时考虑高估的备用费用与低估的弃风成本时，调度风功率将会位于风功率的包络带内部，而大自然的策略 (相对电网的最坏风功率) 既可能是上限值，也可能是下限值，如图 13.7 所示.

通过以上的分析即可以看出，通过控制参数 $C_{o,wk}$ 和 $C_{u,wk}$ 的相对大小，即可以实现调度策略的保守和冒进的平衡. 在通常情况下，当 $C_{o,wk} > C_{u,wk}$ 时，即高估可用风功率造成的备用成本较高时，系统调度人员的策略会偏于保守，即选择制定较小的风功率计划，且 $C_{o,wk}$ 的数值越大，保守程度越高；当 $C_{o,wk} < C_{u,wk}$ 时，即弃风成本较高时，为了降低总成本，系统调度人员宁愿制定较高的风功率计划，以尽可能较少弃风，因此该策略偏于冒进. 在实际调度策略的制定中，可根据系统的情况确定参数 $C_{o,wk}$ 和 $C_{u,wk}$ 的大小.

4. 调度策略的鲁棒经济性分析

为检验所提鲁棒经济调度模型给出的调度策略的鲁棒经济性，本节将所提模型下的调度策略与基于确定风功率预测曲线的调度策略进行对比，分析两种策略下的经济风险.

倘若认为风功率的预测均值是未来最可能出现的风功率情形，则可基于该确定的风功率曲线制定经济调度策略. 根据优先调度可再生能源发电的政策，此处可以假设每一时刻的风功率均被电网全额吸收，风功率此时已与负荷无异. 在这种情况下，每个调度时刻的可用风功率均为确定的值，电网调度人员制定调度策略的决策也与传统经济调度无异，仅需要修改风电接入节点的注入功率值；与鲁棒经济调度模型相比，该调度情形下的目标函数也无需考虑高估或低估可用风功率的费用. 以下给出 $T = 10\text{h}$ 的调度周期下，采用风功率预测均值的经济调度策略及经济风险.

1) 确定风功率下的经济调度策略

通过求解相应的经济调度模型，可得到 $T = 10\text{h}$ 的经济调度策略如表 13.4 所示. 发电成本中，传统费用为 32 390 美元，风电费用为 0. 对比表 13.4 与表 13.1 可以看出，在采用确定风功率制定的经济调度策略下，传统发电费用和总成本均小于鲁棒经济调度策略下的相应数值. 出现这个结果的重要原因在于模型 (13.17) 考虑了未来一切可能的风功率情景，其调度目标在于保证在所有可能的风功率情景下的总成本不会超过该策略下的总成本. 换言之，即使是在最坏可能的可用风功率情景下，发电成本也不会大于采用鲁棒经济调度策略的值. 就策略本身而言，鲁棒经济调度策略是保证最大可能发电成本最低的调度策略，也就是说，在其他一切调度策略下，所带来的最大可能总成本均会高于此调度策略下的值；对所有可能的风功率情景而言，在该调度策略下，无论未来的风功率情景为何，总发电成本均不会大于此成本值.

表 13.4 T=10h 的鲁棒经济调度策略

时段	电网/MW					大自然/MW
/h	p_{g1}	p_{g2}	p_{g3}	p_w^{G}	u	p_w^{W}
1	31.42	63.01	44.54	51.66	−10.97	51.66
2	31.42	63.01	44.54	59.86	9.83	59.86
3	31.42	63.01	44.54	64.78	21.05	64.78
4	31.42	63.01	44.54	61.50	24.07	61.50
5	31.42	63.01	44.54	63.14	25.71	63.14
6	32.02	63.79	45.08	41.82	0	41.82
7	42.05	76.77	54.08	28.70	0	28.70
8	58.51	98.08	68.87	13.94	0	13.94
9	71.42	114.78	80.46	7.38	0	7.38
10	76.94	122.72	84.83	14.76	0	14.76

2) 经济风险分析

此处同时对鲁棒经济调度模型下的鲁棒经济调度策略与基于确定风功率的调度策略进行经济风险分析，检验本节所提鲁棒经济调度模型对于应对风功率不确定性的有效性. 基本思路如下所述.

第 1 步 随机抽样得到风功率情景. 在风功率的预测带内随机模拟 10 000 次可能的风功率情景.

第 2 步 在抽样得到的风功率情景下，分别计算鲁棒经济调度策略与基于确定风功率模型的调度策略下的总发电成本及高估和低估风功率的风电费用.

第 3 步 计算两种调度策略下的经济风险.

此处所谓的经济风险即为两种策略在各抽样获得的风功率情景下的总发电成本与相应调度模型计算所得成本之差，并以此作为评判鲁棒调度策略和传统调度策略应对风功率不确定性的能力. 显然经济风险的数值越小，相应策略应对风功率不确定性的能力越强. 采用以上步骤，可统计得到鲁棒经济调度策略与确定风功率调度策略下风电费用、总发电成本与经济风险三个经济指标的最小值、最大值和均值，如表 13.5 所示.

表 13.5 鲁棒经济调度与确定风功率调度的经济性分析 (单位：$)

经济指标		鲁棒经济调度策略	确定风功率调度策略
风电费用	最小值	1 032.44	1 417.17
	最大值	6 478.89	7 254.90
	均值	3 991.73	4 140.24

续表

经济指标		鲁棒经济调度策略	确定风功率调度策略
总发电成本	最小值	33 618.68	33 807.83
	最大值	39 065.13	39 645.55
	均值	36 577.97	36 530.89
经济风险	最小值	−6 945.49	1 417.17
	最大值	−1 499.04	7 254.89
	均值	−3 986.20	4 140.23

从表 13.5 所示的风电费用项看，鲁棒经济调度策略下的风电费用最小值、最大值和均值均小于确定风功率下的情形，换句话说，鲁棒经济调度模型下的调度策略可以最小化系统高估和低估可用风功率带来的费用. 从系统总成本看，鲁棒经济调度策略下的最小值和最大值均小于确定风功率的情形，均值与确定风功率的情形相差无几，仅高出 47 美元. 可见，鲁棒经济调度策略下总发电成本的统计特性优于基于确定风功率下的经济调度策略. 从经济风险看，由于鲁棒经济调度下各抽样所得总成本均小于调度模型所得成本，因此经济风险恒为负值；而确定风功率调度模型制定调度策略时忽略了风功率的不确定性，因此其经济风险较高，主要来自高估或低估可用风功率带来的备用或弃风费用，且最大经济风险值为 7 254.89 美元，占总本成的 22.4%. 由此可见，基于确定风功率制定的调度策略无法适应未来多变的风功率情景. 此外，在 10 000 次随机风功率抽样下，鲁棒经济调度策略下总发电成本的最大值仅为 39 065.13 美元，这也从统计的角度验证了鲁棒经济调度策略下的发电成本为一切可能的风功率情景下的最大发电成本这一论断.

13.2 鲁棒备用整定

我国新一代坚强智能电网的首要任务是确保电网的安全、稳定和经济运行，可靠地向各类用户提供高质量的电能，其中源-荷的功率平衡对供电质量和电网安全起着至关重要的作用. 由于系统负荷随着时间、季节而改变，使得机组的工作状态和出力也需随之改变. 因此，制定合理的调度计划是电力系统安全、经济运行迫切需要解决的问题.

在电网实际运行中，天气异常、负荷骤变、线路跳闸、机组停运等偶然因素都增加了电力系统维持实时功率平衡和频率稳定的难度. 为确保系统可靠运行，在经济调度中必须考虑偶然因素的影响，预留一定的备用容量以备不时之需. 在传统调度方式下，由于超短期负荷预测通常具有较高的精度，备用容量通常按照 $N-1$ 准则或系统负荷的百分比例确定[17-19]. 大规模可再生能源接入后，由于其出力预测精度不高，即使按照超短期预测制定发电计划也难以在不附加任何调控手段的情况下将系统频率保持在可接受的范围内. 为应对可再生能源出力的波动性，需要预留更多的备用容量. 而机组提供备用容量需要付出相应的成本，但与发电不同，若备用容量未被调用，并不能给运营者带来直接的收益，从而影响运行的经济性. 有鉴于此，关于以下两个问题的研究具有重要的理论意义与实用价值.

问题 1 如何兼顾安全性与经济性，从而合理确定备用容量的需求?

问题 2 系统所需备用容量与电网运行状态有关，如何科学统筹、合理规划发电和备用的协调调度，进而降低总运行成本?

备用整定的核心是在保证电网运行安全性和经济性的基础上，根据不确定性可能的变化范围，在充分考虑机组发电能力与调节速率、功率平衡约束及线路传输能力的基础上，合理安排机组备用，以较低成本保证电网在不确定运行环境下具有较高的可靠性. 为此，本节开展针对输电网备用整定问题的研究，着眼于应对可再生能源出力不确定性在 1 小时的时间尺度上对发电调度的影响.

13.2.1 不确定性的刻画

假设电力系统包含 j 个风电场，记风电场 j 在 t 时段的出力为 p_j，表现为不确定的参数，其预测值 (或期望值) 为 p_j^{e}，预测区间为 $[p_j^{\mathrm{l}}, p_j^{\mathrm{u}}]$. 假设预测误差的分布函数是未知的，从而无法按照随机优化的方法产生场景. 遵照第 9 章所述鲁棒优化的方法，应当考虑不确定性可能发生的所有情况.

出于计算角度考虑，W 作为一个集合通常需要具有良好的性质，如闭凸性. 事实上采用线性约束可很好地描述现实中的不确定性. 本节提出的不确定集合将从三个方面刻画风电出力的不确定性. 首先根据天气预报可以得到风电场出力预测区间为

$$p_j^{\mathrm{l}} \leqslant p_j \leqslant p_j^{\mathrm{u}}, \quad \forall j \tag{13.20}$$

其中，p_j^{l}、p_j^{u} 分别为风电场 j 出力的上界和下界，其选择应当使式 (13.20) 以较大概率成立. 由于不同的风电场分布区域较广，气候条件相对独立，考虑到空间集群效应，在特定时段所有风电场的出力预测误差不太可能同时达到上界或下界，故加入以下对风电场出力预测总体偏差量的限制条件:

$$\sum_j |p_j - p_j^{\mathrm{e}}| / p_j^{\mathrm{h}} \leqslant \Gamma^{\mathrm{S}} \tag{13.21}$$

其中

$$p_j^{\mathrm{e}} = 0.5(p_j^{\mathrm{u}} + p_j^{\mathrm{l}}), \quad p_j^{\mathrm{h}} = 0.5(p_j^{\mathrm{u}} - p_j^{\mathrm{l}})$$

综上所述，描述风电出力不确定性的集合可表示为

$$P^{\mathrm{W}}=\left\{\{p_j\}\ \middle|\ \begin{array}{c} p_j^{\mathrm{l}}\leqslant p_j\leqslant p_j^{\mathrm{u}},\ \Delta\forall j \\ \sum_j |p_j-p_j^{\mathrm{e}}|/p_j^{\mathrm{h}}\leqslant \Gamma^{\mathrm{S}} \end{array}\right\} \tag{13.22}$$

事实上，由于式 (13.22) 所示的集合是多面体，其所描述的不确定性一定发生在某个极点上，因此只需要考虑该多面体的极点集：

$$P^{\mathrm{W}}=\left\{\{p_j\}\ \middle|\ \begin{array}{c} p_j=p_j^{\mathrm{e}}+(\tau_j^+-\tau_j^-)p_j^{\mathrm{h}} \\ \tau_j^+,\ \tau_j^-\in\{0,1\},\ \forall j \\ \tau_j^++\tau_j^-\leqslant 1,\ \forall j \\ \sum_j \tau_j^++\tau_j^-\leqslant \Gamma^{\mathrm{S}} \end{array}\right\} \tag{13.23}$$

其中，$\tau_j^+=1$，$\tau_j^-=0$ 时，风电场 j 的出力达到最大值，$\tau_j^+=0$，$\tau_j^-=1$ 时，风电场 j 的出力达到最小值，$\tau_j^+=\tau_j^-=0$ 时，风电场 j 的出力为期望值.

13.2.2 鲁棒备用整定的 ARO 模型

鲁棒备用整定问题可描述为：根据风电场当前出力 p_j^{e} 和未来一段时间内变化范围构成的集合 P^{W}，确定当前机组出力 p_i^{f} 和机组备用 r_i，不论风电场未来出力 $\{p_j\}\in P^{\mathrm{W}}$ 如何变化，仅在备用容量范围内即可将机组出力校正至 p_i^{c}，并满足所有运行约束，同时极小化运行成本. 具体而言，鲁棒备用整定问题可描述为如下二人零和博弈问题：

$$F=\min_{\{p_i^{\mathrm{f}},r\}\in X}\ \max_{\{p_i\}\in Y}\sum_i\left(C_i(p_i^{\mathrm{f}})+d_ir_i\right) \tag{13.24}$$

其中，$C_i(p_i^{\mathrm{f}})$ 可通过分段线性函数表示；d_i 为机组 i 的备用成本系数. 上述模型旨在极小化运行成本，即调度成本与备用成本之和，而作为不确定性的风电出力试图恶化运行经济性和安全性. 预调度约束条件为

$$X=\left\{\{p_i^{\mathrm{f}},r_i\}\ \middle|\ \begin{array}{c} p_i^{\mathrm{f}}+r_i\leqslant P_i^{\max},\ \forall i \\ P_i^{\min}\leqslant p_i^{\mathrm{f}}-r_i,\ \forall i \\ 0\leqslant r_i\leqslant \min\left\{R_i^-,R_i^+\right\},\ \forall i \\ \sum_i p_i^{\mathrm{f}}+\sum_j p_j^{\mathrm{e}}=\sum_q p_q \\ -F_l\leqslant \sum_i \pi_{il}p_i^{\mathrm{f}}+\sum_j \pi_{jl}p_j^{\mathrm{e}} \\ -\sum_q \pi_{ql}p_q\leqslant F_l,\ \forall l \end{array}\right\}$$

其中，R_i^+ 和 R_i^- 分别为机组 i 的最大上爬坡率和下爬坡率；Δt 为调度时段间隔. 预调度约束条件包括发电容量约束、爬坡率约束、功率平衡约束和传输线安全约束.

再调度约束条件为

$$Y(\{p_i^{\rm f}, r_i\}, \{p_j\}) = \left\{ \{p_i^{\rm c}\} \left| \begin{array}{c} P_i^{\min} \leqslant p_i^{\rm c} \leqslant P_i^{\max},\ \forall i \\ \displaystyle\sum_i p_i^{\rm c} + \sum_j p_j = \sum_q p_q \\ \displaystyle -F_l \leqslant \sum_i \pi_{il} p_i^{\rm c} + \sum_j \pi_{jl} p_j \\ \displaystyle -\sum_q \pi_{ql} p_q \leqslant F_l,\ \forall l \\ p_i^{\rm f} - r_i \leqslant p_i^{\rm c} \leqslant p_i^{\rm f} + r_i,\ \forall i \end{array} \right. \right\}$$

再调度约束是对应于风功率 $\{p_j\}$ 的发电容量约束、功率平衡约束和传输线安全约束，最后一个条件为再调度调节范围，表明再调度阶段只能在当前出力或预出力的基础上，在备用容量或预先给定的范围内进行调节.

根据第 9 章的论述，上述由二人零和博弈描述的鲁棒备用整定模型可写为式 (13.25) 的形式：

$$\begin{aligned} \min\ \ F &= \sum_i \left(C_i(p_i^{\rm f}) + d_i r_i \right) \\ \text{s.t.}\quad & \{p_i^{\rm f}, r_i\} \in X \cap X_{\rm R} \end{aligned} \tag{13.25}$$

其中，鲁棒可行域 $X_{\rm R}$ 为

$$X_{\rm R} = \left\{ \{p_i^{\rm f}, r_i\} \left| \forall \{p_j\} \in P^{\rm W} : Y(\{p_i^{\rm f}, r_i\}, \{p_j\}) \neq \varnothing \right. \right\}$$

定义 13.1 称备用整定策略是鲁棒的，当且仅当 $\{p_i^{\rm f}, r_i\} \in X_{\rm R}$.

由定义 13.1 可见，备用整定的鲁棒性体现在系统当前运行点在风电出力变化后转移到新的安全运行点的可达性. 换言之，当前机组出力 $\{p_i^{\rm f}\}$ 决定了校正的基准，备用容量 r_i 的定位与大小决定了校正的能力，二者共同决定了当前运行点的可达集，对于不确定性的任意一种实现，可达集中必须至少有一点 $\{p_i^{\rm c}\}$ 能够满足运行约束. 校正过程是调度系统和大自然博弈的结果. 显然，r_i 越大，可达集也就越大，相应的备用成本也就越高. 鲁棒备用整定旨在寻找满足鲁棒性约束最经济的那一组 $\{p_i^{\rm f}, r_i\}$.

需要指出的是，传统经济调度由于既没有考虑发电与备用在物理上的耦合关系，也没有考虑备用容量的释放速率，更没有考虑调频后潮流的重新分布，因此即使备用容量在数值上是充足的，也不能保证调度策略的安全性. 而鲁棒备用整定模

型则全面考虑了发电与备用的耦合关系，深刻揭示了预调度策略与校正策略在数学上的制约关系.

13.2.3 算例分析

为研究本节所提鲁棒备用整定模型的有效性，采用 5 节点系统进行测试. 该系统由 4 台发电机、1 个风电场、5 个节点及 6 条传输线组成，拓扑结构如图 13.12 所示. 发电机及传输线参数分别见表 13.6 和表 13.7. 节点 B、C 和 D 的负荷分别为 550MW、450MW 和 350MW. 装机容量为 200MW 的风电场从节点 D 接入系统，该调度时段预测出力为 150MW.

表 13.6 5 节点系统发电机数据

发电机	$P^{\min}/P^{\max}$ /MW	发电成本 /(元/MWh)	备用成本 /(元/MWh)	爬坡率 /MWh
G_1	[180, 400]	200	300	50
G_2	[100, 300]	300	450	50
G_3	[150, 600]	360	540	100
G_4	[120, 500]	250	400	80

表 13.7 5 节点系统传输线数据

传输线	始节点	末节点	线路电抗	传输容量/MW
L1	A	B	0.0281	600
L2	A	D	0.0304	300
L3	A	E	0.0064	200
L4	B	C	0.0108	300
L5	C	D	0.0297	420
L6	D	E	0.0297	300

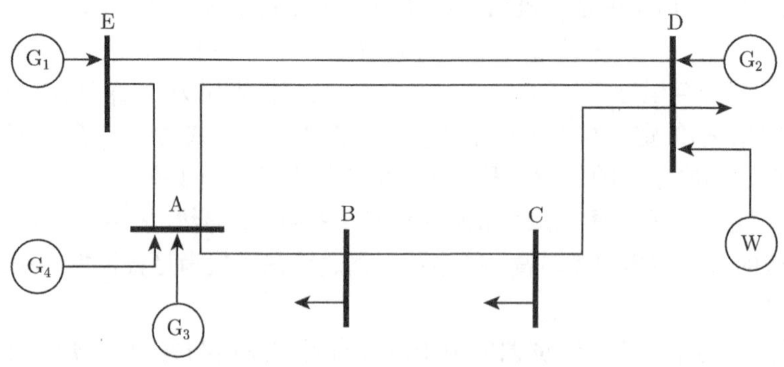

图 13.12 5 节点系统拓扑结构

不确定集合由式 (13.23) 给出. 由于我国现行风电出力预测方法提前 1h 预报的平均绝对误差在 10%左右，因此假设该风电场的出力波动范围为 ±20MW，相当于 13.3%的不确定性，也即出力区间为 [130MW, 170MW].

与传统方法相比，本节将着重突出安全性问题，即在风电场任意可能的出力下，机组实施调频以后传输线安全约束不会越限，即不会造成线路阻塞. 本节中假定备用整定的时间尺度是 1h. 鲁棒备用整定测试的基本思路与步骤如下：首先计算传统备用整定作为对比的基础，接着计算鲁棒备用整定，从运行成本和不确定环境下运行安全性等方面进行比较. 对于鲁棒备用整定方法，拟从两个方面观察不确定性对备用整定结果的影响：一方面是不确定性的大小，体现为预报的准确程度；另一方面是不确定性的分散度，体现为空间集群效应的强弱，以此揭示空间集群效应对降低总备用容量和运行成本的有利作用. 为此，设计了以下 4 个情景.

情景 1 传统备用整定.

传统备用整定包括两项任务.

(1) 备用定位. 为应对风电场出力的不确定性，20MW 备用容量根据机组容量按比例分配到 4 台机组.

(2) 经济调度. 根据风电厂预测出力，求解如下优化问题：

$$
\begin{aligned}
&\min \sum_i b_i p_i \\
&\text{s.t.} \quad P_i^{\min} + r_i \leqslant p_i \leqslant P_i^{\max} - r_i, \quad \forall i \\
&\sum_i p_i^{\mathrm{f}} + \sum_j p_j^{\mathrm{e}} = \sum_q p_q \\
&-F_l \leqslant \sum_i \pi_{il} p_i^{\mathrm{f}} + \sum_j \pi_{jl} p_j^{\mathrm{e}} - \sum_q \pi_{ql} p_q \leqslant F_l, \quad \forall l
\end{aligned}
$$

其中

$$
r_i = \frac{P_i^{\max} R_T}{\sum\limits_i P_i^{\max}}
$$

上式中 R_T=20MW. 传统备用整定结果见表 13.8.

表 13.8 5 节点系统传统备用整定结果

机组	G_1	G_2	G_3	G_4
出力/MW	395.6	195.4	156.7	452.3
备用/MW	4.44	3.33	6.67	5.56

本例中风电接入比例超过 10%，为应对风电场 1h 以内的出力波动，需要 20MW 旋转备用，总成本为 315 881 元. 其中调度成本为 307 225 元；备用成本为 8656 元，

占总成本的 2.74%. 然而这组备用整定结果并不能保证系统的安全性. 为了说明这一现象，将系统有功潮流示于图 13.13.

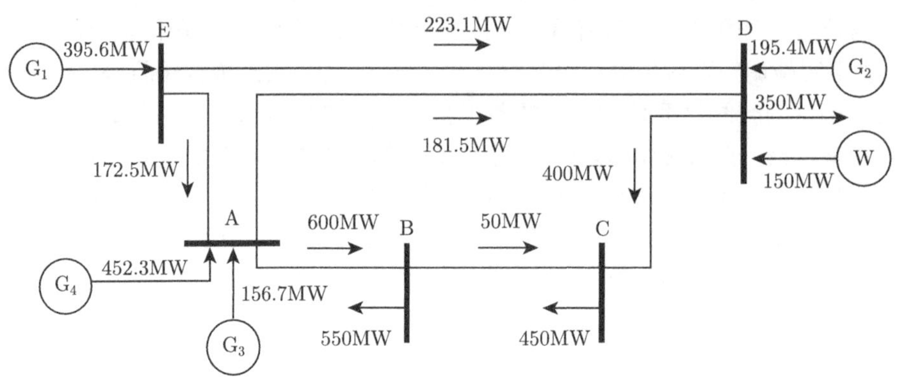

图 13.13 传统备用整定下有功潮流分布

由图 13.13 可见，传输线 AB 上的有功潮流已达到其传输能力的上限. 此时如果风电场出力只有 130MW，发电机 $G_1 \sim G_4$ 将释放所有备用以平衡系统有功需求，结果将导致传输线 AB 过载. 若线路 AB 因过流保护退出运行，负荷中心 B 的有功需求将流经传输线 BC，造成 BC 过流停运. 进一步，CD 线路不足以提供负荷中心 C 的电力需求也将因过载而退出运行，最终造成大停电事故. 可见传统备用整定方法不足以保证系统安全可靠运行，甚至引起连锁故障，系统损失负荷近 60%. 为克服这一不足，将鲁棒备用整定方法应用于该系统.

情景 2~ 情景 4 为鲁棒备用整定方法的结果. 不同情景考虑了不确定性的不同程度与分散特性.

情景 2 低不确定性下鲁棒备用整定 (±20MW 波动).

求解鲁棒备用整定模型 (13.25)，所得结果如表 13.9 所示，求解时间约为 0.2s.

表 13.9 鲁棒备用整定结果(±20MW 不确定性)

机组	G_1	G_2	G_3	G_4
出力/ MW	380	214.6	150	455.4
备用/ MW	20	0	0	0

从表 13.9 可知鲁棒备用整定下，仍然需要提供 20MW 备用容量，与传统备用整定不同的是，这些备用集中在备用最低的 G_1 中，因此备用成本为 6000 元，降低了 30%，调度成本为 308 230 元，略有提高，但总成本为 314 230 元，降低了 0.52%. 鲁棒备用整定后系统有功潮流分布如图 13.14 所示.

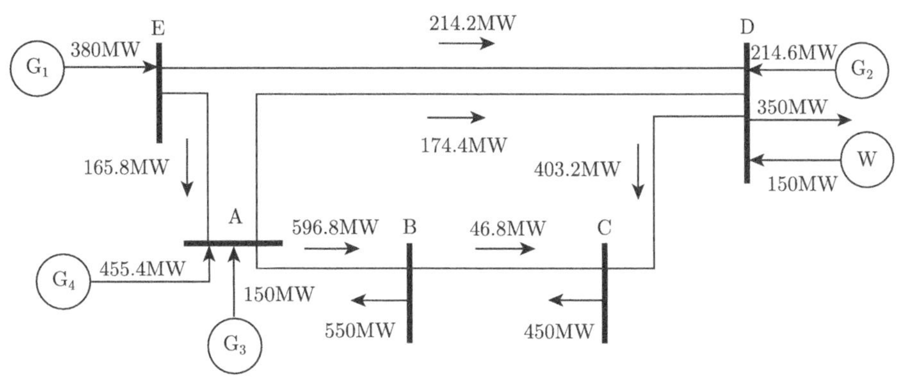

图 13.14　鲁棒备用整定下的有功潮流分布 (±20MW 不确定性)

由图 13.14 可见，鲁棒备用整定使系统有功潮流变“松弛”了，尤其是传输线 AB 距离其传输极限还有一定裕度. 进一步，将备用定位在 G_1 不但降低了备用成本，更提高了系统安全性. 因为 G_1 中的备用释放时，大部分流经 ED 和 EA→AD，从而减小了线路 AB 的压力. 因此，不论风电场出力如何变化，总能够通过调节 G_1 的出力使系统到达新的安全运行状态，同时降低了运行成本.

同时也可看出，由于 G_2 的容量是最小的，故依照按机组容量分配备用的原则承担的备用容量也是最小的，从而不利于系统调度，为了保证 G_2 有足够的调节能力，不得不在其他机组中也配置了大量的备用，从而造成了浪费，影响了系统运行的经济性. 同时，本例从一个侧面说明了在传输线发生阻塞的情况下，传统备用整定法存在一定的局限性.

为了避免这种局限性，可以根据系统实际运行情况和运行经验制定一套备用分配计划，该计划并不限于按照某种比例分配备用容量，运行时只需要求解鲁棒可行性问题，检验当前运行状态与备用分配计划是否具有鲁棒性；若否，则调整备用计划，直至满足定义 13.1 的条件，即可使风电出力不确定性对系统安全性的影响降至最低.

情景 3　高不确定性下鲁棒备用整定 (±105MW 波动).

为了考察鲁棒备用整定应对更严重的不确定性的能力，将风电场出力预测区间增加到 [45MW,255MW]，即 ±105MW 的波动. 鲁棒备用整定经 5 次迭代收敛，耗时 0.9s，结果如表 13.10 所示，系统潮流分布如图 13.15 所示.

表 13.10　鲁棒备用整定结果(±105MW 不确定性)

机组	G_1	G_2	G_3	G_4
出力/ MW	350	255	150	445
备用/ MW	50	44.6	0	10.4

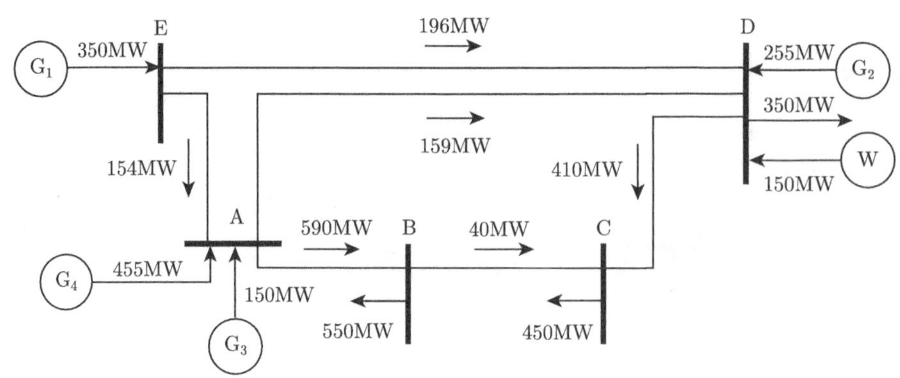

图 13.15　鲁棒备用整定下的有功潮流分布 (±105MW 不确定性)

由表 13.10 可见，G_1 和 G_2 承担了绝大部分备用容量，这对于缓解传输线 AB 的压力大有好处；由图 13.15 可见，与情景 2 相比，传输线 AB 上的有功潮流进一步下降，可见鲁棒备用整定为系统应对更为严重的不确定性预留了更大的安全裕度. 同时，调度成本升高到 311 750 元，备用成本升高到了 39 230 元，总成本也升高到 350 980 元.

按照情景 1 中的方法进行传统备用整定可得备用成本为 45 442 元，总成本为 356 896 元，均比鲁棒备用整定结果高，而且该结果不能保证系统安全性.

若进一步增加风电场出力的波动范围，则鲁棒备用整定也无法给出可行解，这是由于鲁棒可行域 X_R 为空集，在物理上则表明不确定性超出了系统所能承受的范围. 为确保系统安全运行，应提高预测精度，或升级基础设施，如在 A 和 B 间新建传输线，或在 B 处建设发电厂等. 当然，虚拟此情景只是以研究为目的，就现有预测技术而言，提前 1 小时的风电场出力预报不会有如此大的误差.

情景 4　鲁棒备用整定 (多风场接入).

本情景考察空间集群效应如何影响鲁棒备用整定的结果. 为此，将原风电场等分为更小的风电场接入系统，并保持总不确定性仍为 ±105MW：① 6 个相同的小风电场均匀接入节点 A、D 和 E，每个预测出力 25MW；② 9 个相同的小风电场均匀接入节点 A、D 和 E，每个预测出力 16.7MW. 分别取 $\Gamma^{\mathrm{S}}=4$ 和 $\Gamma^{\mathrm{S}}=5$. 鲁棒备用整定的结果见表 13.11.

由表 13.11 可以看出，由于空间集群效应，风电场对系统的等效不确定性有所减小，相应的备用容量也随之降低. 单个风电场 ±105MW 的不确定性分为 6 个风电场时仅需要 70MW 的备用，而分为 9 个风电场时仅需要 58.3MW 的备用，备用成本与情景 3 相比分别减小了 38.8%和 52.2%. 这说明若能有效利用空间集群效应则可显著降低调度可再生能源发电的难度，以及为应对不确定性而付出的成本.

表 13.11 多风场接入下标准鲁棒备用整定结果

机组	6 个风电场 ($\Gamma^{S}=4$)		9 个风电场 ($\Gamma^{S}=5$)	
	机组出力/MW	机组备用/MW	机组出力/MW	机组备用/MW
G_1	350.0	50	350.0	50.00
G_2	244.6	20	244.6	8.33
G_3	150.0	0	150.0	0
G_4	455.4	0	455.4	0
成本	调度成本	备用成本	调度成本	备用成本
/元	311 230	24 000	311 230	18 748.5

13.3 鲁棒机组组合

机组组合是目前发电计划的重要组成部分，是经济调度或最优潮流的前提. 传统机组组合的目标是根据负荷预测，在满足机组自身发电能力限制和系统安全约束的前提下，确定未来一天中各调度时段内机组的启停状态及运行机组的出力，使该调度周期内总运行成本最低. 通过合理安排机组启停计划，可以有效降低能耗水平，提高机组运行效率，延长机组使用寿命，大幅度提升运行可靠性，从而带来可观的经济效益. 因此机组组合问题自提出以来就引起了国内外学者的广泛关注，他们对此进行了大量的研究[17-24].

由于负荷预测精度较高[20]，在确定性主导的调度模式下，负荷曲线一旦给定，即对应一种最为经济的机组启停状态和出力分配. 实际工程中有两点考虑：一方面是机组启停耗时较长，机组工作状态必须提前给定；另一方面是实时负荷与预测出现较小偏差时，部分机组的出力也需要进行微调. 所以只需要提前一天给出机组的启停状态，实时调度中根据系统的实际负荷，通过调节运行机组的有功出力实现有功功率的最优分配，即经济调度.

然而，大规模可再生能源，如风电的开发与并网发电对这种调度格局产生了深远的影响. 在电力系统中，引入风电固然可以取代一部分燃煤机组的电量，减少了化石能源的消耗和温室气体的排放，但与传统机组的完全可调度性和传统负荷的高可预测性不同，风电场的出力由于受随机气象条件的影响存在天然的波动性，难以准确预报. 风电的这个特点在可再生能源发电中具有代表性，给传统调度模式带来了巨大的挑战. 反映到机组组合中，若将风电出力作为负的负荷合并到负荷曲线中，则体现为负荷曲线的不确定性. 随着等效负荷不确定性的增加，根据预测的场景和确定性优化方法制定的机组组合将难以保证可靠性，即可能存在某种风电出力方式使得在给定的机组组合下不存在可行的调度解. 因此，不确定环境下的机组组合决策必须全面考虑系统所面临的各种不确定性，并保证不确定性被观测到之后存在相应的应对措施.

为解决机组组合研究面临的上述困难，本节提出考虑大规模风电接入的鲁棒机组组合方法，旨在提供可靠的机组组合指令，当风电在某一范围任意波动时，仅靠调节机组出力即可使系统安全运行. 鲁棒机组组合有望为应对目前发电计划中风电出力不确定性提供一条行之有效的解决途径. 本节首先对传统机组组合模型做一简要回顾，然后构造基于鲁棒优化方法的鲁棒机组组合模型[12]，该模型可由第 9 章提出的算法求解.

13.3.1 传统机组组合

目前发电计划中使用最为广泛的安全约束机组组合的数学模型如下[21-24].

1. 目标函数

$$\min F=\sum_t\sum_i\left(S_i z_{it}+c_i u_{it}+C_i\left(p_{it}\right)\right) \tag{13.26}$$

其中，F 为总运行成本；S_i 为机组 i 的启动成本；c_i 为机组 i 的固定运行成本；$C_i(p_{it})=a_i p_{it}^2+b_i p_{it}$ 为机组 i 的可变运行成本，与其出力有关；z_{it} 为机组启停的决策变量，$z_{it}=1/0$ 表示机组 i 在 t 时段开机/不开机；u_{it} 为机组状态的决策变量，$u_{it}=1/0$ 表示机组 i 在 t 时段运行/停机.

式 (13.26) 中认为开机成本近似为一个常数，实际的开机成本通常与连续停机时间有关，停机越久，开机费用越高，其关系可用一指数函数描述. 这种情况下开机成本可由文献 [25] 中提出的方法线性化；作为一种近似，开机费用也可以按照停机时间长短分为冷启动费用和热启动费用，如此可以采用文献 [26] 中的模型. 式 (13.26) 中没有考虑停机成本，但可以采用与开机费用相同的方法加入目标函数中. 为了采用线性解算器求解机组组合问题，需要将式 (13.26) 中的二次成本函数 $C_i(p_{it})$ 分段线性化，具体可参考文献 [27].

2. 约束条件

机组启停相关约束

$$-u_{it-1}+u_{it}-u_{ik}\leqslant 0,\quad \forall i,\quad \forall t,\quad \forall k,\quad t\leqslant k\leqslant T_i^{\text{on}}+t-1 \tag{13.27}$$

$$u_{it-1}-u_{it}+u_{ik}\leqslant 1,\quad \forall i,\quad \forall t,\quad \forall k,\quad t\leqslant k\leqslant T_i^{\text{off}}+t-1 \tag{13.28}$$

$$-u_{it-1}+u_{it}-z_{it}\leqslant 0,\quad \forall i,\quad \forall t \tag{13.29}$$

其中，式 (13.27) 和式 (13.28) 是最小启停机间隔约束，由于火电机组不能频繁启停，机组一旦开机/关停后，必须等待一段时间后才能关停/开机. 式 (13.29) 是开机指令和机组状态约束. 式 (13.29) 表明，若 $u_{it-1}=0$ 且 $u_{it}=1$，则必有 $z_{it}=1$，而

其他情况下 z_{it} 取 0 或 1 均可，但由于 $z_{it}=1$ 将在目标函数中引入开机成本，因此优化结果中只有当 $u_{it-1}=0$ 且 $u_{it}=1$ 时 $z_{it}=1$，否则 $z_{it}=0$.

机组调度相关约束

$$\sum_i u_{it}P_i^{\max} \geqslant (1+\tilde{r})\sum_q p_{qt}, \quad \forall t \tag{13.30}$$

$$\sum_i u_{it}P_i^{\min} \leqslant (1-\tilde{r})\sum_q p_{qt}, \quad \forall t \tag{13.31}$$

$$\sum_i p_{it} = \sum_q p_{qt}, \quad \forall t \tag{13.32}$$

$$u_{it}P_i^{\min} \leqslant p_{it} \leqslant u_{it}P_i^{\max}, \quad \forall i, \quad \forall t \tag{13.33}$$

$$p_{it+1} - p_{it} \leqslant u_{it}R_i^+ + (1-u_{it})P_i^{\max}, \quad \forall i, \quad \forall t \tag{13.34}$$

$$p_{it} - p_{it+1} \leqslant u_{it+1}R_i^- + (1-u_{it+1})P_i^{\max}, \quad \forall i, \quad \forall t \tag{13.35}$$

$$-F_l \leqslant \sum_i \pi_{il}p_{it} - \sum_q \pi_{ql}p_{qt} \leqslant F_l, \quad \forall l, \quad \forall t \tag{13.36}$$

其中，p_{it} 为变量，表示机组 i 在 t 时段的出力；$P_i^{\min}/P_i^{\max}$ 为机组 i 运行时的最小/最大出力；p_{qt} 为负荷 q 在 t 时段的有功需求；F_l 为线路 l 的有功传输限额；R_i^+/R_i^- 为机组 i 的最大上/下爬坡率；$T_i^{\text{on}}/T_i^{\text{off}}$ 为机组 i 的最小开/停机间隔；π_{il}/π_{ql} 为机组 i/负荷 q 对线路 l 的功率转移分布因子.

出于运行可靠性的考虑，系统中必须留有一定的备用容量，其大小通常与系统负荷或装机容量成正比. 式 (13.30) 和式 (13.31) 即为旋转备用约束，表明当实际负荷高于/低于预测时，应能通过增加/减小机组出力满足负荷需求而无需改变机组状态. 式 (13.32) 为功率平衡约束. 式 (13.33) 为发电容量约束，暗含关停机组出力为 0. 机组出力的调节速率受爬坡率的限制，即相邻两个时段的出力之差必须在一定的范围内，式 (13.34) 和式 (13.35) 即为爬坡率约束. 由于电力传输网络的传输能力有限，故传输线功率过载会导致线路切除，甚至引起更为严重的后果，如连锁故障等. 根据直流潮流理论，传输线中的有功功率通常可以近似表示为节点注入功率的线性函数. 式 (13.36) 即为传输线安全约束.

机组组合的最优解 $\{z_{it}, u_{it}, p_{it}\}$ 可通过求解混合整数线性规划 (13.26)–(13.36) 得到. 若负荷 (或可再生能源发电) 偏离预测时，机组出力也要随之调整. 当机组组合给定时，机组出力的调节能力和调节速度都是有限的，若预测误差较大，在当前机组组合下可能无法给出可行的机组出力解，而实时改变常规机组启停状态难以实现，因此需要临时调用昂贵的快速响应机组，如燃气轮机，使系统运行成本激增，可靠性下降.

13.3.2 鲁棒机组组合数学模型

本节给出鲁棒机组组合的模型与定义. 总体而言，将不确定性作为叠加在系统标称模型之上的干扰是鲁棒机组组合的基本思路，考虑不确定性下有效调度解的存在性是鲁棒机组组合的主要手段，提高机组状态决策对不确定性的适应能力是鲁棒机组组合的根本目标.

鲁棒机组组合的预调度量是机组状态 $\{z_{it}, u_{it}\}$，再调度量是机组出力 $\{p_{it}\}$，不确定参数是风电场出力 $\{p_{jt}\}$. 鲁棒机组组合问题数学模型如下所述.

1. 不确定集合

由于鲁棒机组组合考虑不确定性对系统可能造成的最坏影响，因此本来是随机实现的不确定性被赋予了虚拟决策者的地位. 不确定集合中符号含义如下：

τ_{jt}^{+} 为 0-1 变量，$\tau_{jt}^{+}=1$ 时，风电场 j 在 t 时段的出力达到预测区间上界，否则为期望值.

τ_{jt}^{-} 为 0-1 变量，$\tau_{jt}^{-}=1$ 时，风电场 j 在 t 时段的出力达到预测区间下界，否则为期望值.

τ_{jt} 为连续变量，表示风电场 j 在 t 时段的出力可在预测区间中连续变化.

p_{jt} 为风电场 j 在 t 时段的出力，是不确定的.

p_{jt}^{e} 为风电场 j 在 t 时段的预测出力，是预测区间的中点.

p_{jt}^{h} 为风电场 j 在 t 时段的出力变化范围，是预测区间的长度之半.

Γ^{S} 为不确定性在空间尺度上的预算，对应于空间集群效应.

Γ^{T} 为不确定性在时间尺度上的预算，对应于时间平滑效应.

鲁棒机组组合中风电场出力不确定性描述如下：

$$P^{\mathrm{W}}=\left\{\{p_{jt}\}\left|\begin{array}{c}p_{jt}=p_{jt}^{\mathrm{e}}+(\tau_{jt}^{+}-\tau_{jt}^{-})p_{jt}^{\mathrm{h}},\forall j,\forall t\\ \tau_{jt}^{+},\tau_{jt}^{-}\in\{0,1\},\forall j,\forall t\\ \tau_{jt}^{+}+\tau_{jt}^{-}\leqslant 1,\forall j,\forall t\\ \sum\limits_{j}\tau_{jt}^{+}+\tau_{jt}^{-}\leqslant\Gamma^{\mathrm{S}},\forall t\\ \sum\limits_{t}\tau_{jt}^{+}+\tau_{jt}^{-}\leqslant\Gamma^{\mathrm{T}},\forall j\end{array}\right.\right\} \tag{13.37}$$

式 (13.37) 对应于离散型不确定性，或

$$P^{\mathrm{W}}=\left\{\{p_{jt}\}\left|\begin{array}{c}p_{jt}=p_{jt}^{\mathrm{e}}+\tau_{jt}p_{jt}^{\mathrm{h}},\forall j,\forall t\\ |\tau_{jt}|\leqslant 1,\forall j,\forall t\\ \sum\limits_{j}|\tau_{jt}|\leqslant\Gamma^{\mathrm{S}},\forall t\\ \sum\limits_{t}|\tau_{jt}|\leqslant\Gamma^{\mathrm{T}},\forall j\end{array}\right.\right\} \tag{13.38}$$

式 (13.38) 对应于连续型不确定性. 应当指出，负荷不确定性也可以完全相同的形式出现在不确定集合中. 当 Γ^{S} 和 Γ^{T} 取整数时，多面体集合 (13.38) 的极点与集合 (13.37) 中的元素具有一一对应的关系.

2. 鲁棒机组组合建模

鲁棒机组组合的数学模型可以表述为

$$
\begin{aligned}
&\min F=\sum_{t}\sum_{i}\left(S_i z_{it}+c_i u_{it}+C\left(p_{it}^{0}\right)\right)\\
&\text{s.t.}\quad \{z_{it},u_{it}\}\in X\cap X_R,\quad \{p_{it}^{0}\}\in Y^{0}(\{z_{it},u_{it}\})
\end{aligned}
\tag{13.39}
$$

其中，p_{it}^{0} 为标称场景下的机组出力，预调度约束 X 为

$$
X=\left\{\{z_{it},u_{it}\}\ \middle|\ \begin{array}{c} -u_{it-1}+u_{it}-u_{ik}\leqslant 0,\forall i,\forall t,\forall k_{\text{on}}(t)\\ u_{it-1}-u_{it}+u_{ik}\leqslant 1,\forall i,\forall t,\forall k_{\text{off}}(t)\\ -u_{it-1}+u_{it}-z_{it}\leqslant 0,\forall i,\forall t \end{array}\right\}
$$

其中，$k_{\text{on}}(t)=\{k|t\leqslant k\leqslant T_i^{\text{on}}+t-1\},k_{\text{off}}(t)=\{k|t\leqslant k\leqslant T_i^{\text{off}}+t-1\}$.

再调度约束 $Y(\{z_{it},u_{it}\},\{p_{jt}\})$ 为

$$
Y(\{z_{it},u_{it}\},\{p_{jt}\})=\left\{\{p_{it}\}\ \middle|\ \begin{array}{c} u_{it}P_i^{\min}\leqslant p_{it}\leqslant u_{it}P_i^{\max},\forall i,\forall t\\ p_{it+1}-p_{it}\leqslant P_i^{\max}+(R_i^{+}-P_i^{\max})u_{it},\forall i,\forall t\\ p_{it}-p_{it+1}\leqslant P_i^{\max}+(R_i^{-}-P_i^{\max})u_{it+1},\forall i,\forall t\\ \displaystyle\sum_i p_{it}=\sum_q p_{qt}-\sum_j p_{jt},\forall t\\ \displaystyle -F_l\leqslant\sum_i \pi_{il}p_{it}+\sum_j \pi_{jl}p_{jt}-\sum_q \pi_{ql}p_{qt}\leqslant F_l,\forall l,\forall t \end{array}\right\}
$$

标称系统下的出力约束为

$$
Y^{0}(z_{it},u_{it})=\left\{\{p_{it}^{0}\}\ \middle|\ \begin{array}{c} u_{it}P_i^{\min}\leqslant p_{it}^{0}\leqslant u_{it}P_i^{\max}\\ p_{it+1}^{0}-p_{it}^{0}\leqslant P_i^{\max}+(R_i^{+}-P_i^{\max})u_{it}\\ p_{it}^{0}-p_{it+1}^{0}\leqslant P_i^{\max}+(R_i^{-}-P_i^{\max})u_{it+1}\\ \displaystyle\sum_i p_{it}^{0}=\sum_q p_{qt}-\sum_j p_{jt}^{\mathrm{e}},\forall t\\ \displaystyle -F_l\leqslant\sum_i \pi_{il}p_{it}^{0}+\sum_j \pi_{jl}p_{jt}^{\mathrm{e}}-\sum_q \pi_{ql}p_{qt}\leqslant F_l,\forall l,\forall t \end{array}\right\}
$$

鲁棒可行域 X_R 为

$$
X_R=\left\{\{u_{it},z_{it}\}\ \middle|\forall\{p_{jt}\}\in P^{\mathrm{W}},Y\left(\{z_{it},u_{it}\},\{p_{jt}\}\right)\neq\varnothing\right\}
$$

需要说明的是，标称场景下的机组出力 $\{p_{it}^0\}$ 虽然包含在预调度中，但实施机组组合时仅执行 $\{u_{it}\}$，机组实际出力将等到风电出力获知之后再确定. 应当指出，机组组合解的鲁棒性完全由 X_R 决定，即使不考虑标称场景下的机组出力仍然可以求解出具有鲁棒性的机组组合，但 $\{p_{it}^0\}$ 会影响机组组合的最优性. 出于降低总成本的考虑，一般应在鲁棒机组组合模型中考虑 $\{p_{it}^0\}$. 鉴于 $\{u_{it}\}$ 可以决定唯一一组 $\{z_{it}\}$，即若 $u_{it-1}=0$，且 $u_{it}=1$，则 $z_{it}=1$，否则 $z_{it}=0$. 为方便起见，此处约定下文中鲁棒机组组合仅针对 $\{u_{it}\}$ 而言. 以下给出鲁棒机组组合的定义.

定义 13.2 称机组组合 $\{u_{it}\}$ 是鲁棒的，是指对风电场任意出力组合 $\{p_{jt}\}\in P^{\mathrm{W}}$，在该机组状态下均能提供适当的机组出力 $\{p_{it}\}$，满足所有运行约束，即集合 $Y(\{z_{it},u_{it}\},\{p_{jt}\})\neq\varnothing$.

机组组合的鲁棒性体现在机组状态对不确定性不敏感，而仅靠机组出力实现对不确定性的自适应调节. 鲁棒机组组合由式 (13.39) 确定旨在寻找满足鲁棒性和运行约束的最经济的那一组 $\{u_{it}\}$.

需要说明的是，当不确定性较小或预留了较大的备用容量时，传统机组组合得到的解也具有一定的鲁棒性，但没有衡量其鲁棒性的量化指标，也无法知道不确定性在什么范围内变化时其鲁棒性是可以保证的，更难以根据面临的不确定程度科学地调整机组组合策略，而鲁棒机组组合则较好地解决了这些问题. 注意，预调度约束 X 中并没有包括旋转备用约束，这是因为鲁棒机组组合的鲁棒性并不是靠旋转备用保证的，而是通过割平面近似鲁棒可行域，最终将机组组合导入 X_R 而实现的，虽然在表面上都反映为调用了更多机组，但鲁棒机组组合的原理与旋转备用法有着本质的区别. 当然，如果在形成预调度约束 X 时考虑了旋转备用约束，则事实上可以为鲁棒调度提供一个良好的初值，从而能够加速收敛过程.

鲁棒机组组合具有两阶段鲁棒优化问题的标准形式，因此可以直接应用第 9 章的相关算法求解. 在计算方面，首先，机组组合的有效求解是鲁棒机组组合计算的基础，任何用于求解机组组合问题的高效算法都可用于提高鲁棒机组组合的计算速率. 其次，大量的传输线安全约束是机组组合模型求解的主要障碍. 一种近似的方法是根据调度经验预先选出运行中容易发生越限的一组关键传输线，在安全约束中仅考虑这些线路上的有功潮流，此举有助于降低问题难度与计算时间.

13.3.3 算例分析

为论证本节所提鲁棒机组组合模型及算法的有效性，本节采用 IEEE 39 节点系统进行测试. IEEE 39 节点系统由 10 台发电机、39 个节点及 46 条传输线组成. 发电机参数如表 13.12 所示. 风电场在节点 29 接入系统. 日负荷曲线和风电场出力预测如图 13.16 所示. 总负荷在所有负荷节点的分配比例如表 13.13 所示.

表 13.12 39 节点系统发电机数据

机组	$[P^{\min}, P^{\max}]$ /MW	开机成本 /$	a_i /($/MWh)	b_i /($/MWh)	c_i /($/h)	爬坡率 /(MW/h)	最小开/停时间 /h
G_1	[150, 455]	9 000	0.000 48	16.19	1000	150	6
G_2	[150, 455]	10 000	0.000 31	17.26	970	150	6
G_3	[60, 130]	3 100	0.002 00	16.60	700	50	5
G_4	[60, 130]	3 520	0.002 11	16.50	680	50	5
G_5	[80, 162]	5 800	0.003 98	19.70	450	50	5
G_6	[40, 80]	1 340	0.007 12	22.26	370	40	4
G_7	[45, 85]	1 520	0.000 79	27.74	480	40	4
G_8	[30, 55]	1 000	0.004 13	25.92	660	30	1
G_9	[30, 55]	960	0.002 22	27.27	665	30	1
G_{10}	[30, 55]	960	0.001 73	27.79	670	25	1

表 13.13 负荷节点占总负荷的比例

节点	3	4	7	8	12	15	16
比例/%	5.24	8.13	3.80	8.49	0.14	5.20	5.35
节点	18	20	21	23	24	25	26
比例/%	2.57	11.10	4.46	4.02	5.02	3.64	2.26
节点	27	28	29	31	39		
比例/%	4.57	3.35	4.61	0.15	18.00		

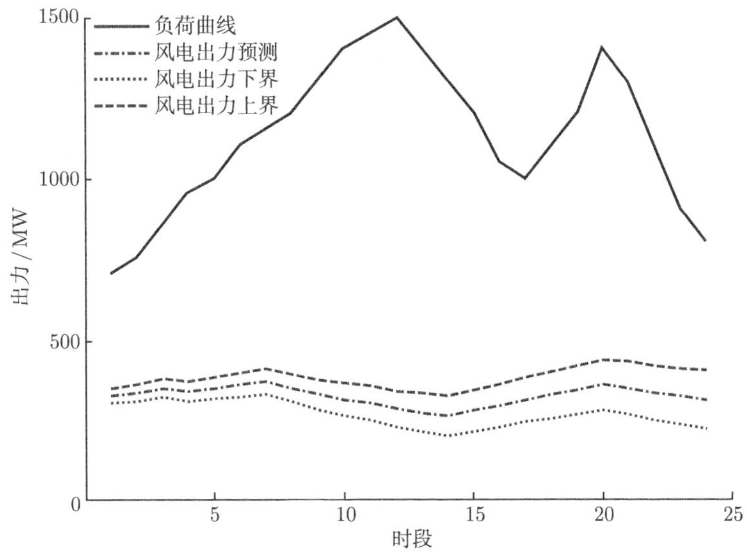

图 13.16 系统日负荷曲线和风电出力预测

鲁棒机组组合测试的基本思路与步骤如下. 首先，计算传统机组组合作为对比的基础; 其次，计算鲁棒机组组合，并从运行成本和机组组合的鲁棒性等方面进行比较; 最后，考察不确定集合中参数变化对鲁棒机组组合结果的影响，揭示空间集群效应与时间平滑效应对降低运行难度和运行成本的内在机制.

为达到上述目的，拟从两个方面观察不确定性对鲁棒机组组合结果的影响; 一方面是单风电场接入条件下，时间平滑效应对机组组合结果的影响; 另一方面是多风电场接入条件下，空间集群效应对机组组合结果的影响. 基于此考虑，设计了以下 3 个情景.

情景 1 单风电场接入.

考虑节点 29 接入风电场. 该风电场出力预测如图 13.16 所示. 假定预测误差为正态分布，通过随机模拟可得时间平滑效应参数 $\Gamma^{\mathrm{T}}=8$ 时，不确定集合 [式 (13.37) 和式 (13.38)] 中的预算约束能够以较大概率成立. 由于仅有 1 个风电场，不需考虑空间集群效应. 首先根据风电场预测出力曲线计算传统机组组合. 传统机组组合对应的机组状态见表 13.14 各栏左侧，机组组合成本、标称场景下的调度成本和总成本如表 13.15 所示. 当风电出力预测误差较大时，在这组机组状态下无法给出合适的实时调度解 (机组出力) 满足各种运行及安全约束. 采用本节所述鲁棒机组组合模型，取 $\Gamma^{\mathrm{T}}=8$，计算出的鲁棒机组组合见表 13.14 各栏右侧. 在鲁棒机组组合提供的机组状态下，只要实际风电场出力在不确定集合 P^{W} 内，无论其如何变化都存在合适的调度解满足各种运行及安全约束而无需改变机组状态. 机组组合成本、标称场景下的调度成本和总成本如表 13.15 所示. 可以看出，鲁棒机组组合成本和总成本都高于传统机组组合，但其总成本在保证机组状态鲁棒性的前提下是最低的，由此可见为了应对不确定性需要付出相应的代价.

表 13.14 传统机组组合和鲁棒机组组合的对比

时段	G_1	G_2	G_3	G_4	G_5	G_6	G_7	G_8	G_9	G_{10}
1	1/0	1/1	0/0	0/0	0/1	0/0	0/0	0/0	0/0	0/0
2	1/0	1/1	0/0	0/0	0/1	0/0	0/0	0/0	0/0	0/0
3	1/1	1/1	0/0	0/0	0/1	0/0	0/0	0/0	0/0	0/0
4	1/1	1/1	0/0	0/0	0/1	0/0	0/0	0/0	0/0	0/0
5	1/1	1/1	0/0	0/0	0/1	0/0	0/0	0/0	0/0	0/0
6	1/1	1/1	0/0	0/0	0/1	0/0	0/0	0/0	0/0	0/0
7	1/1	1/1	0/0	0/0	0/1	0/0	0/0	0/0	0/0	0/0
8	1/1	1/1	0/0	1/1	0/1	0/0	0/0	0/0	0/0	0/0
9	1/1	1/1	0/0	1/1	0/1	1/1	0/0	0/0	0/0	0/0

续表

时段	G_1	G_2	G_3	G_4	G_5	G_6	G_7	G_8	G_9	G_{10}
10	1/1	1/1	0/1	1/1	1/1	1/1	0/1	0/0	0/0	0/0
11	1/1	1/1	0/1	1/1	1/1	1/1	0/1	1/1	1/0	0/0
12	1/1	1/1	0/1	1/1	1/1	1/1	0/1	1/1	1/1	0/0
13	1/1	1/1	0/1	1/1	1/1	1/1	0/1	0/0	0/1	0/0
14	1/1	1/1	0/1	0/0	1/1	0/1	0/1	0/0	0/0	0/0
15	1/1	1/1	0/1	0/0	1/1	0/1	0/0	0/0	0/0	0/0
16	1/1	1/1	0/0	0/0	1/1	0/1	0/0	0/0	0/0	0/0
17	1/1	1/1	0/0	0/0	1/1	0/1	0/0	0/0	0/0	0/0
18	1/1	1/1	0/0	0/0	1/1	0/1	0/0	0/0	0/0	0/0
19	1/1	1/1	0/0	0/0	1/1	0/1	0/0	0/0	0/0	0/0
20	1/1	1/1	0/0	0/0	1/1	0/1	0/0	0/1	0/1	0/0
21	1/1	1/1	0/0	0/0	1/1	0/1	0/0	0/1	0/1	0/0
22	1/1	1/1	0/0	0/0	1/1	0/0	0/0	0/0	0/0	0/0
23	0/1	1/1	0/0	0/0	1/0	0/0	0/0	0/0	0/0	0/0
24	0/1	1/1	0/0	0/0	1/0	0/0	0/0	0/0	0/0	0/0

表 13.15 传统机组组合和鲁棒机组组合成本的对比

机组组合模型	机组组合成本/\$	标称调度成本/\$	总成本/\$
传统机组组合	63 190	336 021	399 211
鲁棒机组组合	98 370	328 874	427 244

由表 13.14 不难看出，与传统机组组合相比，鲁棒机组组合调用了更多的机组，为实时调度提供了更加灵活多变的调节手段，其本质还是增加了备用. 综上，机组组合的鲁棒性实质上是通过增加备用来实现的，只不过具有多种实现方式，鲁棒机组组合模型中并不显含备用，而是通过割平面近似鲁棒可行域 X_R 来实现的，而割平面是一种多变量协调机制，因此具有最优性.

为了验证机组组合的鲁棒性，本节进行如下模拟试验. 假设风电出力预测误差服从正态分布，对风电场在每个时段的出力进行采样，形成 10^4 个场景；对每个场景验证在给定的机组组合下是否存在可行的调度解，结果如表 13.16 所示. 表中鲁棒性的定义为：对应的机组组合下能够给出调度解的场景数占总场景数的比例.

表 13.16 不同机组组合鲁棒性对比

机组组合模型	鲁棒性/%
鲁棒机组组合	92.8
常规机组组合	79.2

由表 13.16 可见，常规机组组合本身也具有一定应对不确定性的能力，只不过这种能力较低，当仅考虑负荷预测中存在的较小的不确定性时能够发挥较好的作用，而当可再生能源大规模接入时，其可靠性是难以满足工程需求的；鲁棒机组组合则能够大幅度提高机组组合决策抵御不确定性的能力.

情景 2 不同严重程度的不确定性.

本例考察不确定性的严重程度对机组组合成本的影响. 不确定性的严重程度体现在两个方面：一方面是单次预测误差的大小，也反映在不确定集合中，即预测区间的长度；另一方面是空间集群效应和时间平滑效应的强弱，反映在不确定集合中，即参数 Γ^{S} 和 Γ^{T} 的取值. 为直观体现参数 Γ^{S} 和 Γ^{T} 对鲁棒机组组合成本的影响，令 Γ^{T} 从 2 到 8 变化，鲁棒机组组合的成本列于表 13.17. 由于本例中仅有一个风电场，故暂不考虑空间集群效应的影响而留到下一个场景考虑. 由表 13.17 可见，随着不确定性严重程度的增加，鲁棒机组组合的成本都随之增加，这与工程运行经验相符.

表 13.17 不同 Γ^{T} 下鲁棒机组组合的成本

参数	$\Gamma^{\mathrm{T}}=2$	$\Gamma^{\mathrm{T}}=4$	$\Gamma^{\mathrm{T}}=6$	$\Gamma^{\mathrm{T}}=8$
机组组合成本/$	75 620	85 970	95 460	98 370
标称调度成本/$	333 748	331 355	331 024	328 874
总成本/$	409 368	417 325	426 484	427 244

情景 3 多风电场接入.

本例考察风电场的空间集群效应对鲁棒机组组合的影响. 假设系统每个节点相距甚远，气象条件互不影响，并固定 $\Gamma^{\mathrm{T}}=8$. 将节点 29 处原风电场分成多个相同的小风电场重新接入系统，具体如下：

(1) 3 个风电场接入 8 号、14 号、29 号节点.

(2) 6 个风电场接入 2 号、8 号、14 号、22 号、26 号、29 号节点.

(3) 9 个风电场接入 2 号、4 号、8 号、10 号、14 号、21 号、22 号、26 号、29 号节点.

保持风电场总发电量和总不确定性不变，通过随机模拟可得，三种情况下分别取 $\Gamma^{\mathrm{S}}=3$、$\Gamma^{\mathrm{S}}=4$ 和 $\Gamma^{\mathrm{S}}=5$ 时，对于描述 3 个风电场、6 个风电场和 9 个风电场风功率的不确定性是较为合理的. 鲁棒机组组合的计算结果如表 13.18 所示.

表 13.18　考虑空间集群效应的鲁棒机组组合计算结果

M	Γ^{S}	Γ^{T}	机组组合成本/$	标称调度成本/$	总成本/$
3	3	8	98 370	328 874	427 244
6	4	8	79 840	330 252	410 092
9	5	8	70 650	334 795	405 445

由表 13.18 可见，风电场分布越广，鲁棒机组组合成本越低. 这一事实说明如果能充分利用空间集群效应，则可显著降低为应对不确定所付出的代价. 注意，当 $M=3$ 且 $\Gamma^{\mathrm{S}}=3$ 时，空间集群效应约束是冗余的，因此等同于情景 2 中 $\Gamma^{\mathrm{T}}=8$ 的情况，只有当 $\Gamma^{\mathrm{S}}<M$ 时，空间集群效应约束才会起作用.

应当指出，空间集群效应并不是人为假设出来的结果，而是客观存在的物理规律，是中心极限定理在现实世界中的反映. 本例结果深刻地揭示了空间集群效应对机组组合的影响机制，为人们认识和利用该效应提供了切实有效的工具.

13.4　省级电网应用实例

13.4.1　系统概况

将鲁棒机组组合和鲁棒备用整定应用于我国某省级电网. 该电力系统包含 174 台火电机组、1880 个节点和 2452 条传输线. 该电网传统机组装机容量为 58 744MW，还需从省外购电约 10 000MW. 若开发可再生能源不但可以有效缓解供电压力，还可节省购电成本，较少污染物排放. 为评价该省级电网接纳大规模可再生能源的能力，为该省未来开发利用风能提供技术支持，本节虚拟了总装机容量为 8000MW 的风电场从 6 个不同的城市接入该省电网，如此则该省风电装机比例接近 12%. 某工作日负荷曲线如图 13.17 所示. 虚拟风电场的总预测出力与区间如图 13.18 所示.

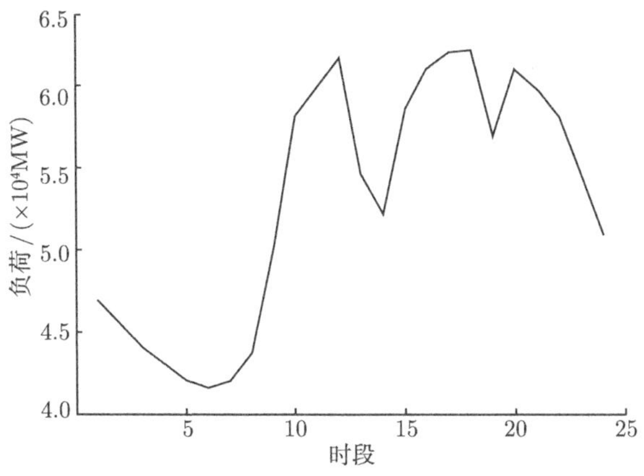

图 13.17　省级电网日负荷曲线

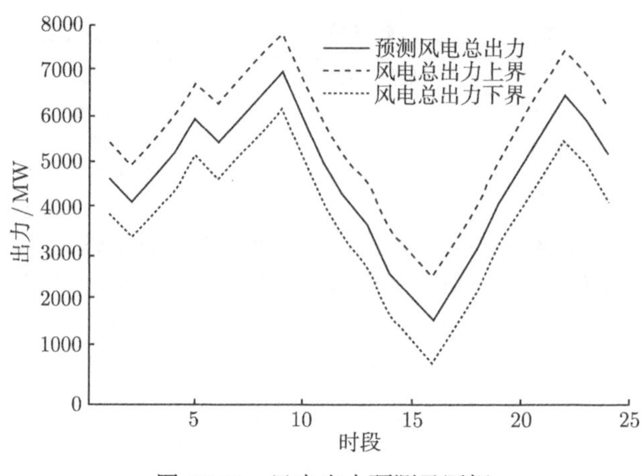

图 13.18　风电出力预测及区间

13.4.2　节能减排政策的考虑

节能减排成为工业生产中不容忽视的环节. 电力行业作为一次能源消耗的大户, 是二氧化碳及其他污染的主要来源之一, 因此电力生产的节能减排具有重要意义. 电力系统节能发电调度要求在保障电力可靠供应的前提下, 按照节能、经济的原则, 优先调度可再生能源, 其后顺次调用核电、热电联产、气电与燃煤机组, 同类型燃煤机组则按能耗水平由低到高依次调用. 为此, 国家发改委下发了"机组发电序位表"作为考核电网调度部门的标准. 然而, 发电调度需要考虑的电网运行安全约束众多, 仅凭经验难以在工程中实际应用. 另外, 节能减排政策仅仅给出了一般调度原则, 并没有提供具体模型及算法, 这对于其在我国电网的实施与推广非常不利. 为解决这一实际问题, 本节提出了一种计及机组发电序位的调度模型, 以实现该省级电网的节能发电调度. 事实上, 只要在机组组合或鲁棒机组组合模型中, 加入如下对机组状态的约束, 即可实现下述机组排序:

$$u_{1t} \geqslant u_{2t} \geqslant \cdots \geqslant u_{Nt}, \quad \forall t \tag{13.40}$$

其中, N 为机组台数.

式 (13.40) 的含义是, 将机组按"发电序位表"编号, 排序靠前的机组编号小. 由式 (13.40) 可见, 若某机组工作状态为"1", 则排序在其之前的机组工作状态也为"1"; 同理, 若某机组工作状态为"0", 则排序在其之后的机组工作状态也为"0". 因此, 将式 (13.40) 加入鲁棒机组组合模型的预调度约束中, 即可实现常规机组的发电排序. 与现行调度方法不同的是, 工作机组不一定满发, 而且由于鲁棒机组组合中考虑了其他运行约束与可再生能源发电的不确定性, 因此可以在满足国家政策要求的前提下保证电网安全经济运行.

13.4.3 鲁棒机组组合

本节考察该省级电网的鲁棒机组组合问题. 不确定集合方面，考虑含 6 个风电场 24 时段的机组组合，与 13.3.3 节的情景 3 类似，取 $\Gamma^{\mathrm{S}}=4$ 和 $\Gamma^{\mathrm{T}}=8$ 即可充分刻画未来 24h 内风电出力的不确定性. 此外，本例中传输线安全约束仅考虑 500kV 传输线中的有功潮流.

将不考虑风电出力不确定性的传统机组组合作为参照，其结果等同于在鲁棒机组组合中取 $\Gamma^{\mathrm{S}}=\Gamma^{\mathrm{T}}=0$. 传统机组组合成本为 6.6312×10^7 元，对应于该机组组合的标称调度成本为 4.1453×10^8 元，总成本为 4.8084×10^8 元. 然而该机组组合对不确定性的适应能力较差，当风电出力预测误差较大时，在该机组组合方案下不存在可行的调度解，故需改变机组状态或调用快速响应机组，从而影响了系统运行可靠性. 进一步计算该省级电网的鲁棒机组组合问题. 为考察不确定性的严重程度对结果的影响，对 Γ^{S} 和 Γ^{T} 取不同值进行计算，结果见表 13.19. 此时的机组组合方案对不确定集合 P^{W} 所描述的风电出力场景都是鲁棒的.

表 13.19 省级电网鲁棒机组组合计算结果

Γ^{T}	Γ^{S}	机组组合成本/10^7 元	标称调度成本/10^8 元	总成本/10^8 元	增量/%
1	2	6.7698	4.1363	4.8133	0.10
2	4	6.8203	4.1326	4.8146	0.13
3	6	6.8727	4.1334	4.8207	0.26
4	8	6.9382	4.1321	4.8259	0.36

表 13.19 还表明，随着参数 Γ^{S} 和 Γ^{T} 的增加，不确定集合 P^{W} 的测度也随之增加，意味着将考虑不确定性在更大范围内的变化情况，因此机组组合的成本和总成本都随之增加，表明为应对不确定性将付出更大的成本. 但由于空间集群效应和时间平滑效应，取 $\Gamma^{\mathrm{S}}=4$ 和 $\Gamma^{\mathrm{T}}=8$ 已足以描述 6 个风电场未来 1 天内风功率的波动状况.

最后，随机产生 10 000 个场景对传统机组组合和鲁棒机组组合的鲁棒性进行检验，结果如表 13.20 所示. 表中可靠性的定义为：对应的机组组合下能够给出调度解的场景数占总场景数的比例. 表 13.20 说明，鲁棒机组组合较常规机组组合能够大幅度提高目前发电计划的可靠性.

表 13.20 不同机组组合鲁棒性对比

机组组合模型	可靠性/%
鲁棒机组组合 ($\Gamma^{\mathrm{S}}=4$, $\Gamma^{\mathrm{T}}=8$)	95. 3
常规机组组合	84.7

13.4.4 鲁棒备用整定

本节考察该省级电网的备用整定问题，重点考虑电网安全，体现为在风电场任意可能的出力下，机组实施调频以后传输线安全约束不会越界，即不会造成线路阻塞. 本节中假定备用整定的时间尺度是 1h.

假设调度时段为上午 9~10 点，系统负荷 57 000MW. 6 个风电场的预测出力分别为 1000MW、1000MW、1000MW、1000MW、1500MW 和 500MW. 进一步假设提前 1h 每个风电场的出力预测误差是 15%，即总不确定性为 ±900MW. 根据鲁棒机组组合第 9 时段结果，系统中运行的机组共有 129 台.

首先计算传统备用整定. 先将 900MW 备用根据机组容量按比例分配，然后在经济调度约束中考虑备用整定结果，求解得到传统备用整定的调度成本为 1.2432×10^7 元，备用成本为 5.283×10^5 元，总成本为 1.2960×10^7 元. 由于采用了鲁棒机组组合的结果和风电场预测出力，传输线未发生阻塞. 经鲁棒可行性检验知，风电场出力任意变化时，仅在备用容量范围内调整机组出力即可满足系统运行条件. 因此，传统备用整定的结果满足定义 13.1. 传统备用整定的这种鲁棒性往往以较高的成本为代价.

考虑到 6 个风电场接入时，取 $\Gamma^{\mathrm{S}} = 4$ 可以较好地反映空间集群效应. 为了考察空间集群效应对鲁棒备用整定结果的影响，本节考虑 Γ^{S} 从 0 到其最大值 6 均匀变化，求解鲁棒备用整定问题 (13.25)，结果见表 13.21.

表 13.21 鲁棒备用整定结果

Γ^{S}	调度成本/($\times 10^7$ 元)	备用成本/($\times 10^5$ 元)	总成本/($\times 10^7$ 元)	减少/%
0	1.2385	0	1.2385	4.44
2	1.2404	1.9520	1.2599	2.79
4	1.2422	3.5138	1.2773	1.44
6	1.2440	4.6849	1.2908	0.4

可以看出，Γ^{S} 越小，备用成本越低，相应的总成本也越低，而取 $\Gamma^{\mathrm{S}} = 4$ 可以较准确地反映空间集群效应. 实际使用时取 $\Gamma^{\mathrm{S}} = 4$ 既可以节约系统运行成本，又不会明显降低运行可靠性.

13.5 说明与讨论

为有效应对发电计划中新能源发电出力的不确定性，本章将第 9 章提出的鲁棒优化方法应用于电力系统发电调度问题，提出了鲁棒经济调度、鲁棒备用整定和鲁棒机组组合模型. 其中鲁棒经济调度对应于静态鲁棒优化，其鲁棒性体现在最优性上，即不论不确定性如何变化，电网最优运行成本不会高于计算值. 鲁棒备用整定和鲁棒机组组合对应于动态鲁棒优化，其鲁棒性体现在可行性上，即不论不确定性如何变化，电网总能提供安全可靠的调度策略.

由此可以引申出一系列值得进一步研究的问题，归纳如下.

(1) 运行方面，考察不确定性对电网调度的影响，通过模拟预报准确性、空间集群效应及时间平滑效应 (通过改变不确定集合的参数)，对比分析各种情况下电网调度策略及运行成本的变化情况.

(2) 评估方面，在不确定程度确定的情况下，研究系统能够接纳的可再生能源发电比例并辨识系统消纳可再生能源的运行瓶颈.

(3) 模型扩展方面，如何在模型中考虑更多种类的不确定性，如切机切线路事件，以及如何在再调度阶段引入离散变量，如调度快速响应机组，甚至考虑负荷响应，都是值得研究的问题.

参 考 文 献

[1] Yang X, Song Y, Wang G, et al. A comprehensive review on the development of sustainable energy strategy and implementation in china. IEEE Transactions on Sustainable Energy, 2010, 1(2):57–65.

[2] Manjure D P, Mishra Y, Brahma S, et al. Impact of wind power development on transmission planning at midwest ISO. IEEE Transactions on Sustainable Energy, 2012, 3(4):845–852.

[3] Aparicio N, MacGill I, Rivier A J, et al. Comparison of wind energy support policy and electricity market design in Europe, the United States, and Australia. IEEE Transactions on Sustainable Energy, 2012, 3(4):809–818.

[4] Xie L, Carvalho P M S, Ferreira L A F M, et al. Wind integration in power systems: Operational challenges and possible solutions. Proceedings of the IEEE, 2011, 99(1):214–232.

[5] Makarov Y V, Etingov P V, Ma J, et al. Incorporating uncertainty of wind power generation forecast into power system operation, dispatch, and unit commitment procedures. IEEE Transactions on Sustainable Energy, 2011, 2(4):433–442.

[6] Kabouris J, Kanellos F D. Impacts of large-scale wind penetration on designing and operation of electric power systems. IEEE Transactions on Sustainable Energy, 2010, 1(2):107–114.

[7] Georgilakis P S. Technical challenges associated with the integration of wind power into power systems. Renewable and Sustainable Energy Reviews, 2008, 12(3):852–863.

[8] 梅生伟，郭文涛，王莹莹，等. 一类电力系统鲁棒优化问题的博弈模型及应用实例. 中国

电机工程学报, 2013, 33(19):47–56.

[9] 魏韡，刘锋，梅生伟. 电力系统鲁棒经济调度（一）理论基础. 电力系统自动化, 2013, 37(17):37–43.

[10] 魏韡，刘锋，梅生伟. 电力系统鲁棒经济调度（二）应用实例. 电力系统自动化, 2013, 37(18):60–67.

[11] Wei W，Liu F，Mei S，et al. Robust energy and reserve dispatch under variable renewable generation. IEEE Transactions on Smart Grid, 2015, 6(1):369–380.

[12] 魏韡. 电力系统鲁棒调度模型与应用. 北京: 清华大学博士学位论文, 2013.

[13] 赵俊华，文福拴，薛禹胜，等. 计及电动汽车和风电出力不确定性的随机经济调度. 电力系统自动化, 2010, (20):22–29.

[14] Denholm P, Short W. An evaluation of utility system impacts and benefits of optimally dispatched plug-in hybrid electric vehicles. National Renewable Energy Laboratory Tech Rep NREL/TP-620-40293, 2006.

[15] Castronuovo E D, Peas L J A. On the optimization of the daily operation of a wind-hydro power plant. IEEE Transactions on Power Systems, 2004, 19(3):1599–1606.

[16] Shimizu K, Aiyoshi E. Necessary conditions for min-max problems and algorithms by a relaxation procedure. IEEE Transactions on Automatic Control, 1980, 25(1):62–66.

[17] Wollenberg B F, Wood A J. Power Generation, Operation and Control. New York: John Wiley & Sons Inc, 1996.

[18] Wang J X，Wang X F，Wu Y. Operating reserve model in power market. IEEE Transactions on Power Systems, 2005, 20(1):223–229.

[19] Anstine L T，Burke R，Casey J E，et al. Application of probability methods to the determination of spinning reserve requirements for Pennsylvania-New Jersey-Maryland. IEEE Transaction on Power Apparatus and Systems, 1963, 82(68):726–735.

[20] 杨正瓴，张广涛，林孔元. 时间序列法短期负荷预测准确度上限估计. 电力系统及其自动化学报, 2004, 16(2):36–39.

[21] Wang S，Shahidehpour M，Kirschen D, et al. Short-term generation scheduling with transmission constraints using augmented Lagrangian relaxation. IEEE Transactions on Power Systems, 1995, 10(3):1294–1301.

[22] Ma H, Shahidehpour M. Unit commitment with transmission security and voltage constraints. IEEE Transactions on Power Systems, 1999, 14(2):757–764.

[23] Fu Y，Shahidehpour M，Li Z. Security-constrained unit commitment with AC constraints. IEEE Transactions on Power Systems, 2005, 20(3):1538–1550.

[24] Fu Y，Shahidehpour M. Fast SCUC for large-scale power systems. IEEE Transactions on Power Systems, 2007, 22(4):2144–2151.

[25] Carrion M，Arroyo J M. A computationally efficient mixed-integer linear formulation

for the thermal unit commitment problem. IEEE Transactions on Power Systems, 2006, 21(3):1371–1378.

[26] Hosseini S H, Khodaei A, Aminifar F. A novel straightforward unit commitment method for large-scale power systems. IEEE Transactions on Power Systems, 2007, 22(4):2134–2143.

[27] Wu L. A tighter piecewise linear approximation of quadratic cost curves for unit commitment problems. IEEE Transactions on Power Systems, 2011, 26(4):2581–2583.

第 14 章　若干电力经济问题实例

经济领域是博弈理论的主要发源地之一，特别是分析市场中的参与者如何在复杂的竞争环境下做出有利于自己的决策为博弈论提供了广阔的用武之地. 自 20 世纪 90 年代以来，博弈论在电力行业最成功的应用可以说是在电力市场的应用. 电力市场的本质是通过引入竞争达到优化资源配置、促进电力商品公平交易的目的. 电力市场是现代电力经济学的热点和难点，博弈论在其中大有用武之地也属自然. 当前我国正在建设的新一代智能电网呈现出两个鲜明特性：一是电源由常规机组和新能源机组构成；二是负荷由传统负荷和主动式负荷构成. 此种背景下，作为一个融合先进电力、通信、控制和计算机技术的巨维信息-物理系统，智能电网面临的低碳经济、市场交易等诸多电力经济新课题在理论上仍可归结为复杂系统多主体多目标优化决策问题。由于各优化目标之间的竞争属性及决策主体的多元化，使得传统优化方法难以解决这些电力经济新课题，而面向复杂主体多目标优化的工程博弈论完全有望成为攻克这些难题的有力工具. 有鉴于此，本章基于主从博弈、二人零和博弈和 Nash 谈判三种典型工程博弈论方法分析和解决碳排放税的制定、静态备用容量配置、中长期购电计划及零售市场的定价与调度 4 个不同时间尺度的电力经济问题. 本章内容主要源自文献 [1-6].

14.1　碳排放税的制定

14.1.1　概述

温室效应的主要成因是温室气体的大量排放，尤其是燃烧化石能源导致的 CO_2 过度排放. 因此，采取有效的节能减排措施已刻不容缓. 自《京都议定书》签订以来，世界各国相继出台相关政策以应对全球性气候变暖. 这些政策通过市场价格调整能源需求结构，促使能源需求由传统能源向清洁能源转变. 从经济学的角度讲，市场手段能够以最低的公共成本实现降低碳排放的目的[7]. 这些市场调控手段中，以碳交易政策和碳排放税政策最具代表性，应用最为广泛[8].

在碳交易政策中，政府机构首先发布计划时段内的总碳排放量，然后根据总碳排放量确定各个排放单位的允许排放量. 若排放单位的实际碳排放量小于允许值，便可以在碳交易市场上出售剩余的排放权. 在碳交易市场中，买入方由于未达到环保要求付出了代价，卖出方由于履行环保义务获得了回报. 事实上，欧盟的排放权

交易系统 (European Union Emissions Trading System) 作为世界上最早出现和当今最大的排放权交易系统已成为欧洲各国应对气候变化的主要工具[9]. 美国自 1990 年开始也开放了一些 SO_2 和氮氧化物的交易市场. 其他国家，如新西兰和日本等也都建立了自己的碳交易市场.

碳排放税是一种对 CO_2 的排放直接征税的政策. 在碳排放税政策中，并没有对碳排放的总量加以限制，由于高排放缴纳的排放税也高，从而促使排放单位采取新技术降低其排放. 20 世纪 90 年代初，瑞典首先试推行碳排放税[1]. 此后 20 年间，若干国家相继在特定范围内对实施碳排放税政策进行了尝试.

关于碳交易和碳排放税的利弊在学术界存在激烈的争论[10-13]. 一些学者认为，碳排放税由于无需交易系统更容易实现，而且作为一种长期的手段能够更加有效地促进纳税单位投资新技术或发展清洁能源等永久性的减排措施[11]. 另一些学者则认为，碳交易具有更多的优势，如参与的广泛性和平等性，最重要的是直接对排放总量进行严格管控[10]，而在碳排放税政策下实际的排放总量仍是未知的. 文献 [13] 从电源规划的角度对比了两种政策的有效性和经济性.

此外，现有电力系统调度中，通常将总排放作为约束条件加入到机组组合或经济调度的模型中以便获得满足排放约束的最优调度解[14-17]. 但由于考虑排放约束往往会增加电网企业的发电成本，故在缺乏相关政策约束的情况下此种做法难以贯彻落实. 总之，应当将排放政策与电网调度相结合进行研究.

本节基于第 11 章介绍的主从博弈方法研究考虑电网经济调度的碳排放税制定问题. 与碳交易政策不同，碳排放税并没有直接限制排放总量，而是通过价格调整需求从而间接控制碳排放量. 此种背景下，制定碳税政策面临的最大挑战在于如何获得税率和碳排放量的关系. 若税率过高，则发电企业面临亏损，无力投资新技术和新能源. 若税率过低，一则碳排放量仍不能达标，二则发电企业可能选择永久性交纳排放税而放弃投资新技术.

本节讨论的碳排放税制定模型基本设定如下：① 某发电企业具有一定数量的发电机组，根据经济调度的结果确定每台发电机的发电量；② 每台发电机的碳排放量正比于其输出功率. 上述假设下，由于经济调度以生产成本最低为目标，其调度策略可能不满足预期碳排放指标. 为使碳排放达标，政府机构将对每台发电机的单位碳排放征收固定的税率，使得在计及碳排放税的经济调度结果自然满足碳排放指标. 以上决策问题中涉及两个决策主体. 为使降低碳排放的总成本最低，作为上层决策主体的政府机构将以总税收最低为目标，以碳排放达标为约束，确定排放水平不同的发电机组的碳排放税率. 为使生产成本最低，作为下层决策主体的发电企业根据给定的碳排放税率执行经济调度从而制订发电计划. 由此可见，政府机构和发电企业构成一类主从博弈格局，具体可归结为主从定价博弈问题. 本节所建主从博弈模型的突出特点是通过下层发电企业的优化决策刻画电力需求对碳税的最佳反应，从而得到税率和碳排量关系的约束表达式. 该模型克服了传统方法中碳排量无法直接预测的困难.

14.1.2 博弈模型

本节考虑的碳排放税问题的时间尺度为 1 年，故采用持续时间曲线描述该年负荷分布，并用分段阶跃近似表示[18]，如图 14.1 所示. 这种表示方法可认为是将以时间序列表示的年负荷曲线降序排列，并将相近的值合并为一个负荷单元，故其适用于长期决策问题，但也存在局限性，即由于负荷时序已被打乱，故无法详细描述经济调度中与时间相关的约束，如机组爬坡约束等. 鉴于本节主要讨论长时间尺度，即从宏观层次研究碳排放税制定问题，故该局限性对本节所述工作并无实质影响.

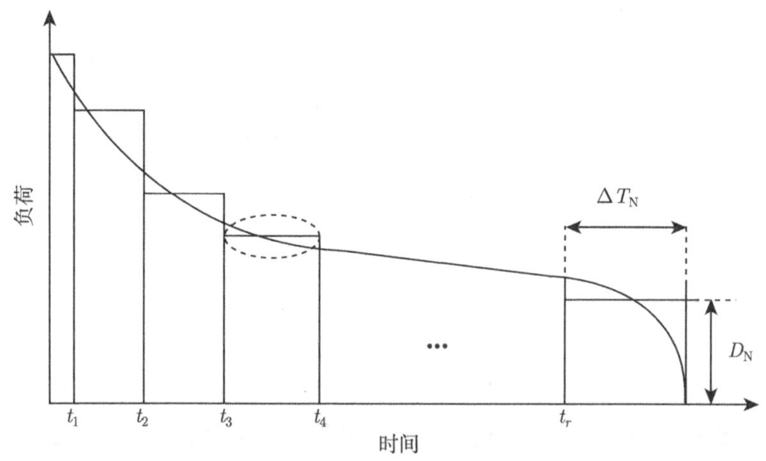

图 14.1 负荷模型示意图

本节使用的符号和参数定义如下.

(1) 参数.

b_i 为机组 i 的等效发电成本系数 (元/MWh).

e_i 为机组 i 的碳排放系数 (kg/MWh).

$P_i^{\rm l}$ 为机组 i 的最小输出功率 (MW).

$P_i^{\rm u}$ 为机组 i 的最大输出功率 (MW).

D_j 为负荷单元 j 的功率需求 (MW).

E_P 为允许总碳排量 (kg).

ΔT_j 为负荷单元 j 的持续时间 (h).

(2) 变量.

d_i 为机组 i 的碳排放税率 (元/kg).

P_{ij} 为机组 i 在负荷单元 j 的功率 (MW).

η_{ij}^{l}、η_{ij}^{u}、μ_j 为经济调度问题的对偶变量.

z_{ij}^{l}、z_{ij}^{u} 为线性化互补松弛条件引入的附加 0-1 变量.

在碳排放税问题中，政府机构是主从博弈的 Leader，其策略是税率 $\{d_i\}$；发电企业是主从博弈的 Follower，其策略是机组发电量 $\{P_{ij}\}$. Leader 问题的目标是极小化总税收，约束是总碳排放量不超过某设定值. Follower 问题属于发电企业的经济调度范畴，其目标是极小化总成本. 该主从博弈数学模型可以表述为下述两层优化问题.

(1) Leader 优化问题.

$$\min_{\Delta^{\mathrm{UL}}\cup\Delta_j^{\mathrm{LL}},\quad \forall j} \sum_j \sum_i \Delta T_j d_i e_i P_{ij} \tag{14.1}$$

$$\text{s.t.}\quad 0 \leqslant d_i \leqslant d_i^m, \quad \forall i \tag{14.2}$$

$$\sum_j \sum_i \Delta T_j e_i P_{ij} \leqslant E_{\mathrm{P}} \tag{14.3}$$

其中，$\Delta^{\mathrm{UL}} = \{d_i\}, \forall i$, $\Delta_j^{\mathrm{LL}} = \{P_{ij}\}, \forall i$. 式 (14.1) ~ 式 (14.3) 分别为政府机构的决策目标和约束. 目标函数 (14.1) 为总税收；约束 (14.2) 为税率的范围；约束 (14.3) 为总碳排放量约束，总碳排放量 E_{P} 由政府机构根据一定时期内的减排目标制定并发布.

(2) Follower 优化问题.

$$P_{ij} \in \arg\{ \tag{14.4}$$

$$\min_{\Delta_j^{\mathrm{LL}}} \sum_i (b_i + d_i e_i) P_{ij} \tag{14.5}$$

$$\text{s.t.}\quad P_i^{\mathrm{l}} \leqslant P_{ij} \leqslant P_i^{\mathrm{u}}, \quad \forall i \tag{14.6}$$

$$\sum_i P_{ij} = D_j \tag{14.7}$$

$$\} \ \forall j$$

式 (14.4) 表明 P_{ij} 是下层优化问题的最优解，式 (14.4) ~ 式 (14.7) 分别为发电企业的决策变量、决策目标和约束条件. 目标函数 (14.5) 考虑碳排放税的生产成本，所涉税率 d_i 作为经济调度问题的已知量，可视为常数. 约束 (14.6) 为机组发电容量限制. 约束 (14.7) 为负荷单元 j 的功率平衡条件. 由于各个负荷单元的经济调度问题相互解耦，因此经济调度可分解为若干个独立的线性规划，其最优解 $\{P_{ij}\}$ 可视为 $\{d_i\}$ 的函数.

不难看出，政府机构希望以尽可能低的税收达成减排目标式 (14.3)，因此极小化其目标函数. 而 $\{P_{ij}\}$ 是下层经济调度问题 (14.5)–(14.7) 的最优解.

由以上模型可见，上层政府机构的税收策略 $\{d_i\}$ 会影响下层发电企业的生产模式 $\{P_{ij}\}$，反之 $\{P_{ij}\}$ 又会影响上层碳排放约束 (14.3). 政府机构可以预测到发电企业的最优反应 $\{P_{ij}\}$. 经济调度问题 (14.5)~(14.7) 则可视为 Leader 问题的约束. 政府机构和发电企业的这种竞争关系构成了典型的主从博弈格局，其均衡对于政府机构而言，能够以最小的社会代价实现减排目标. 对发电企业而言，在碳税政策下能够以最低成本完成生产任务.

关于由 Leader 问题和 Follower 问题构成的主从博弈问题 (14.1)~(14.7) 的进一步讨论如下.

(1) 对不同机组征收不同的税率在经济性上更加有效. 若对所有机组征以相同的税率，则相当于在式 (14.2) 中增加约束 $d_1 = d_2 = \cdots$，导致 Leader 可行域变小，目标函数 (14.1) 最优值增大. 简言之，可变税率提供了更加灵活的调控手段.

(2) 由于本节所研究问题的时间尺度是 1 年，故不对系统升级、设备更新与电源建设等措施进行建模，支付碳排放税是发电企业唯一的选择. 但从长期角度来看，碳排放税的最终目标是希望对能源结构进行调整、发展可再生能源，以及采用新技术降低碳排放等. 若从电源和电网规划角度出发，采用主从博弈也可考虑电网结构的变化.

(3) 为使下层经济调度问题具有唯一最优解，需要使每台发电机的发电成本系数 $b_i + d_i e_i$ 有所不同. YALMIP 工具包提供的 alldifferent 命令可以实现此要求. 但应指出的是，此命令会在优化过程中引入额外的 0-1 变量，从而增大了计算复杂度. 另外一种方法是根据最优解对系数 d_i 施以扰动，进而使经济调度问题具有唯一最优解.

主从博弈问题 (14.1)–(14.7) 是 11.4 节讨论的半零和双线性主从博弈问题的特例，可按以下步骤将其转化为混合整数线性规划问题[1].

首先写出经济调度问题的 KKT 条件:

$$
\begin{aligned}
\eta_{ij}^{\mathrm{l}} \geqslant 0, \quad \eta_{ij}^{\mathrm{u}} \leqslant 0, \quad \forall i, j \\
b_i + d_i e_i = \eta_{ij}^{\mathrm{l}} + \eta_{ij}^{\mathrm{u}} + \mu_j, \quad \forall i, j \\
P_i^{\mathrm{l}} - P_{ij} \perp \eta_{ij}^{\mathrm{l}}, \quad \forall i, j \\
P_{ij} - P_i^{\mathrm{u}} \perp \eta_{ij}^{\mathrm{u}}, \quad \forall i, j \\
\sum_i P_{ij} = D_j
\end{aligned}
\tag{14.8}
$$

在上述优化问题的最优解处，有

$$
\sum_i (b_i + d_i e_i) P_{ij} = \mu_j D_j + \sum_i (\eta_{ij}^{\mathrm{l}} P_i^{\mathrm{l}} + \eta_{ij}^{\mathrm{u}} P_i^{\mathrm{u}}), \quad \forall j
$$

故目标函数 (14.1) 可以写为

$$\sum_j\sum_i \Delta T_j d_i e_i P_{ij} = \sum_j \Delta T_j\left(\mu_j D_j + \sum_i\left(\eta_{ij}^{\mathrm{l}} P_i^{\mathrm{l}} + \eta_{ij}^{\mathrm{u}} P_i^{\mathrm{u}} - b_i P_{ij}\right)\right)$$

KKT 条件 (14.8) 中的互补松弛约束可转换为以下线性不等式约束:

$$\begin{gathered}
0 \leqslant \eta_{ij}^{\mathrm{l}} \leqslant M(1-z_{ij}^{\mathrm{l}}), \quad \forall i,j \\
0 \leqslant P_{ij} - P_i^{\mathrm{l}} \leqslant M z_{ij}^{\mathrm{l}}, \quad \forall i,j \\
M(z_{ij}^{\mathrm{u}}-1) \leqslant \eta_{ij}^{\mathrm{u}} \leqslant 0, \quad \forall i,j \\
-M z_{ij}^{\mathrm{u}} \leqslant P_{ij} - P_i^{\mathrm{u}} \leqslant 0, \quad \forall i,j \\
z_{ij}^{\mathrm{l}}, \quad z_{ij}^{\mathrm{u}} \in \{0,1\}, \quad \forall i,j
\end{gathered}$$

综上所述, 主从博弈问题 (14.1)–(14.7) 等价于以下混合整数线性规划:

$$\begin{aligned}
&\min \sum_j \Delta T_j\left(\sum_i P_i^{\mathrm{u}}\eta_{ij}^{\mathrm{u}} + \sum_i P_i^{\mathrm{l}}\eta_{ij}^{\mathrm{l}} + \mu_j D_j - \sum_i b_i P_{ij}\right) \\
&\text{s.t.} \quad \sum_j\sum_i \Delta T_j e_i P_{ij} \leqslant E_{\mathrm{P}},\ d_i \geqslant 0, \quad \forall i, \quad \sum_i P_{ij} = D_j, \quad \forall j \\
&\qquad\qquad b_i + d_i e_i = \eta_{ij}^{\mathrm{l}} + \eta_{ij}^{\mathrm{u}} + \mu_j, \quad \forall i, \quad \forall j \\
&0 \leqslant \eta_{ij}^{\mathrm{l}} \leqslant M(1-z_{ij}^{\mathrm{l}}), \quad 0 \leqslant P_{ij} - P_i^{\mathrm{l}} \leqslant M z_{ij}^{\mathrm{l}}, \quad z_{ij}^{\mathrm{l}} \in \{0,1\}, \quad \forall i, \quad \forall j \\
&M(z_{ij}^{\mathrm{u}}-1) \leqslant \eta_{ij}^{\mathrm{u}} \leqslant 0, \quad -M z_{ij}^{\mathrm{u}} \leqslant P_{ij} - P_i^{\mathrm{u}} \leqslant 0, \quad z_{ij}^{\mathrm{u}} \in \{0,1\}, \quad \forall i, \quad \forall j
\end{aligned} \tag{14.9}$$

其中, M 为充分大的正数.

14.1.3 实例分析

1. 10 机系统

10 机系统发电机和负荷单元参数如表 14.1 及表 14.2 所示.

表 14.1 发电机参数

机组	P_i^{u}/MW	P_i^{l}/MW	b_i/(元/MWh)	e_i/(kg/MWh)
G_1	1000	600	554	1004.7
G_2	840	350	536	1034.0
G_3	700	300	518	1063.3
G_4	660	200	540	1096.3
G_5	600	200	445	1114.7

续表

机组	P_i^{u}/MW	P_i^{l}/MW	b_i/(元/MWh)	e_i/(kg/MWh)
G_6	500	150	400	1129.3
G_7	450	150	372	1169.7
G_8	450	150	330	1140.3
G_9	300	100	346	1191.7
G_{10}	100	50	320	1257.7

表 14.2 负荷单元参数

单元	负荷/MW	持续时间/h
1	5000	1000
2	4500	3000
3	4000	3000
4	3500	1000
5	3000	760

本系统中，发电机采用国内典型发电机的参数. 排放系数 e_i 可由煤耗 c_i 及 CO_2 的分子式确定，因为碳和 CO_2 的相对分子质量分别为 12 和 44，也即燃烧 12kg 煤将产生 44kgCO_2. 表 14.2 中的负荷需求是根据发电机容量虚拟的，持续时间采用了文献 [18] 中的数据. 应当指出，表 14.1 中的参数 b_i 是发电机的综合发电成本，其中包括发电成本、维护成本、CO_2/SO_2 捕捉成本及还贷费用等. 通常来讲，由于集约效应，容量越大的机组发电成本越低，但其他费用往往高于小机组，尤其是新建大型机组的还贷费用. 因此表 14.1 中大机组的参数 b_i 反而高于小机组. 随着小机组的不断淘汰及更新型机组的不断投运，这种状况在未来数十年之内还将持续.

本例中参数 E_{p} 通过求解下述两个优化问题 (14.10) 和问题 (14.11) 获得. 首先求解如下最优成本问题 (14.10)，其最优值为 $C_{\min}$，是指在没有碳排放税的情况下完成电能生产任务所需的最低成本，$C_{\min}$ 所对应的碳排放量为 $E_{\max}$. 其次求解最优排放问题 (14.11)，其最优值为 $E_{\min}$，是指在不考虑生产成本的情况下完成电能生产任务所需的最低碳排放，$E_{\min}$ 所对应的碳排放量为 $C_{\max}$. 根据表 (14.1) 和表 (14.2) 中的数据，本系统最优成本问题 (14.10) 和最优排放问题 (14.11) 的解如表 14.3 所示.

$$
\begin{aligned}
&\min \sum_j \sum_i \Delta T_j b_i P_{ij} \\
&\text{s.t.} \ \sum_i P_{ij} = D_j, \quad \forall j \\
&P_i^{\mathrm{l}} \leqslant P_{ij} \leqslant P_i^{\mathrm{u}}, \quad \forall i, j
\end{aligned}
\tag{14.10}
$$

$$\begin{aligned}&\min \sum_j \sum_i \Delta T_j e_i P_{ij}\\&\text{s.t.}\ \sum_i P_{ij} = D_j,\quad \forall j\\&P_i^{\rm l} \leqslant P_{ij} \leqslant P_i^{\rm u},\quad \forall i,j\end{aligned} \tag{14.11}$$

表 14.3　最优成本问题和最优排放问题的解

$C_{\min}$/元	$E_{\max}$/kg	$C_{\max}$/元	$E_{\min}$/kg
1.6352×10^{10}	1.0893×10^{10}	1.8149×10^{10}	1.0575×10^{10}

参数 $E_{\rm P}$ 可取 $E_{\min}$ 和 $E_{\max}$ 的加权平均值，即

$$E_{\rm p} = \alpha E_{\min} + (1-\alpha)E_{\max},\quad 0 \leqslant \alpha \leqslant 1 \tag{14.12}$$

其中，α 为允许排放水平，α 越大 $E_{\rm p}$ 越小.

对应于不同 α 值，主从博弈 (14.1)–(14.7) 的求解结果如表 14.4 ~ 表 14.6 所示. 由表 14.4 可见，一般来讲，排放越高的机组税率也越高，但并不一定优先被征税. 这是因为高排放机组的容量可能较小，其发电量所占比例也较小，对总碳排放量的影响不大.

表 14.4　不同允许排放水平下的最优税率

机组	税率/(元/kg)				
	$\alpha=0.2$	$\alpha=0.4$	$\alpha=0.6$	$\alpha=0.8$	$\alpha=1.0$
G_1	0	0	0	0	0
G_2	0	0	0	0	0.0674
G_3	0	0	0.1310	0	0.1310
G_4	0.0502	0.0502	0.0502	0.0502	0.0569
G_5	0	0.3651	0	0.3651	0.3717
G_6	0	0	0	0.5097	0.5162
G_7	0	0	0.5799	0.5831	0.5925
G_8	0	0	0	0	0.7395
G_9	0.6462	0.6492	0.6523	0.6554	0.6646
G_{10}	0	0	0.6968	0	0.7085

表 14.5　不同允许排放水平下的生产成本与碳排量

允许排放水平	成本/10^8 元		碳排量/10^{10}kg	
	生产成本	纳税	预期值	实际值
$\alpha = 0.2$	166.39	2.1114	1.0829	1.0825
$\alpha = 0.4$	169.31	4.1249	1.0765	1.0759
$\alpha = 0.6$	171.98	6.9378	1.0702	1.0700
$\alpha = 0.8$	176.64	10.2420	1.0638	1.0634
$\alpha = 1.0$	181.49	20.3700	1.0575	1.0575

表 14.6　不同允许排放水平下各机组的发电量

机组	发电量/GWh				
	$\alpha = 0.2$	$\alpha = 0.4$	$\alpha = 0.6$	$\alpha = 0.8$	$\alpha = 1.0$
G_1	5656	6736	7486	8066	8760
G_2	4906	6076	6696	6986	7252
G_3	5278	5678	2978	6132	5788
G_4	1812	2212	3142	3922	4972
G_5	4802	1752	5028	2602	3352
G_6	4190	4190	4380	1564	1964
G_7	3942	3942	1314	1314	1314
G_8	3942	3942	3942	3942	1564
G_9	876	876	876	876	876
G_{10}	876	876	438	876	438

根据表 14.4 中的税率，求解 Follower 优化问题 (14.4)–(14.7)，结果如表 14.5 所示. 表 14.5 中生产成本定义为 $\Sigma_j \Sigma_i \Delta T_j b_i P_{ij}$，纳税定义为 $\Sigma_j \Sigma_i \Delta T_j d_i e_i P_{ij}$，预期碳排放量定义为式 (14.12)，实际碳排量定义为 $\Sigma_j \Sigma_i \Delta T_j e_i P_{ij}$. 各机组的发电量见表 14.6.

由表 14.5 可见，实际碳排放量总是略低于预期. 这表明本节所述的主从博弈模型赋予了碳税政策对总排放量的有效调控能力. 由于基于线性规划的经济调度问题的最优解总是位于可行域极点，因此所对应的最优实际排放关于 α 是不连续的，实际排放对应的是最接近于预期排放的值. 由表 14.6 可见，随着 α 的增加 (E_{P} 降低)，低排放机组的发电量也随之升高，这是碳排放降低的直接原因.

2. 省级电网

将本节所提模型应用于我国某省级电网. 该电网共有 174 台机组，装机容量为 58 744MW. 负荷单元参数见表 14.7.

表 14.7 省级电网负荷单元参数

单元	负荷/MW	持续时间/h
1	55 805	1 000
2	49 931	3 000
3	44 056	3 000
4	38 182	1 000
5	35 245	760

该电网的一个特点是一些电厂中若干发电机组具有相同的参数. 为简化模型，对参数 b_i 和 e_i 相同的发电机组进行聚合处理，等值聚合机组的 b_i 和 e_i 保持不变，最小/最大出力 $P_i^{\rm l}/P_i^{\rm u}$ 为被等值机组之和. 例如，若某发电厂的三台机组具有相同的发电成本系数和排放系数，即

$$b = 500{\rm C/MWh}, \quad e = 1050{\rm kg/MWh}$$

出力参数为

$$P_1^{\rm u} = P_2^{\rm u} = 600{\rm MW}, \quad P_1^{\rm l} = P_2^{\rm l} = 300{\rm MW}, \quad P_3^{\rm u} = 800{\rm MW}, \quad P_3^{\rm l} = 400{\rm MW}$$

则等值聚合机组参数为

$$b = 500{\rm C/MWh}, \quad e = 1050{\rm kg/MWh}, \quad P^{\rm u} = 2000{\rm MW}, \quad P^{\rm l} = 1000{\rm MW}$$

进行聚合处理后，系统中共有 52 个等值机组. 为便于显示结果，根据排放区间将 52 台等值机组分为 6 组，每组排放区间如表 14.8 所示，机组煤耗系数为 c_i，碳排放系数 $e_i = 44c_i/12$. 与 10 机系统类似，本例中大部分大容量低排放机组的生产成本系数大于小容量高排放机组. 因此，若只考虑发电成本的经济调度将导致较高的碳排放. 为此本节考虑对电力生产征收碳排放税，即将本节所建模型应用于该省电网，分析结果如图 14.2 ~ 图 14.4 所示. 本例中 $E_{\rm p}$ 仍按式 (14.12) 取值，该参数实际上应由国家发改委或其他相关部门给出. 图 14.2 和图 14.3 给出了各排放区间所属机组的总发电量和平均碳排放税，其中平均碳排放税和总发电量的定义如下：

$$\text{Tax}_{\rm I}^{\rm G} = \frac{\displaystyle\sum_{i\in \text{Group}(I)} P_i^{\rm u} d_i}{\displaystyle\sum_{i\in \text{Group}(I)} P_i^{\rm u}}$$

$$\text{Electricity}_{\rm I}^{\rm G} = \sum_j \sum_{i\in \text{Group}(I)} P_{ij}\Delta T_j$$

表 14.8 排放区间 (单位：kg/MWh)

区间 1	区间 2	区间 3	区间 4	区间 5	区间 6
<250	250～280	280～300	300～320	320～350	>350

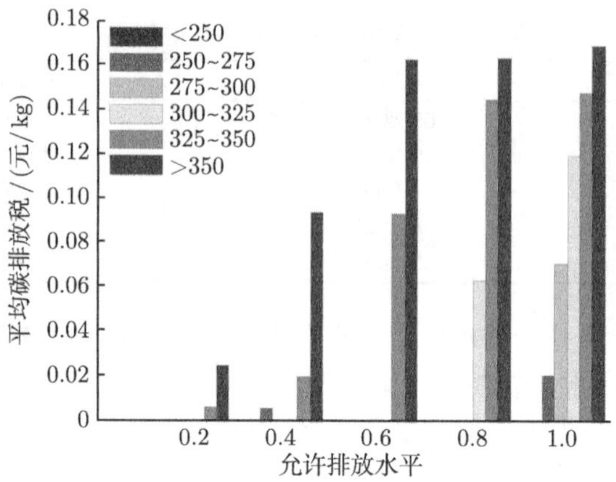

图 14.2　不同排量机组的平均碳排放税

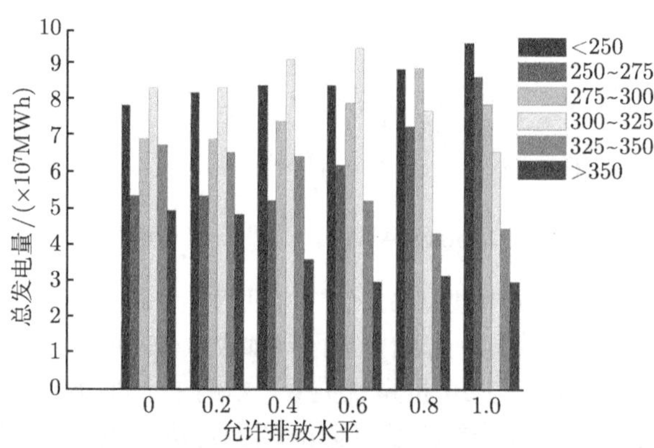

图 14.3　不同排量机组的总发电量

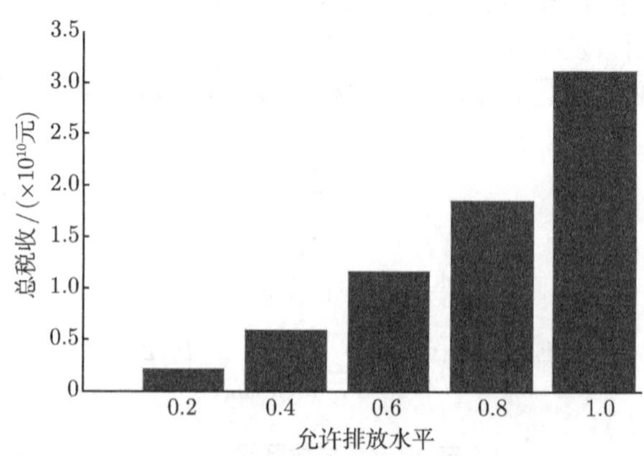

图 14.4　不同允许排放水平下的总税收

由图 14.2 和图 14.3 可见，为降低碳排放，高煤耗机组通常被征收较高的碳排放税，导致在经济调度中，这些机组的发电量下降，而低煤耗组的发电量上升. 同时发电成本也相应升高. 图 14.4 显示了总税收随允许排放水平变化的关系. 若定义如下“单位碳排放成本”，即

$$C_{\mathrm{U}}=\frac{\sum\limits_{j}\sum\limits_{i}\Delta T_j d_i^* e_i P_{ij}^*}{E_{\mathrm{p}}-E_{\min}}$$

其中，d_i^* 和 P_{ij}^* 分别为不同 α 下的最优税率和最优发电计划，可见 C_{U} 随 α 的增大而增大.

预期碳排放 E_{P} 与实际碳排放 $\Sigma_j\Sigma_i\Delta T_j e_i P_{ij}$ 的对比如表 14.9 所示. 表中数据表明，实际碳排放不会超过预期值. 换言之，只要电网企业以发电成本最低为目标，预期值是实际碳排放的一个上界.

表 14.9 预期碳排放与实际碳排放的对比

允许排放水平	排放量/($\times10^{11}$kg)	
	预期值	实际值
$\alpha=0.2$	3.8491	3.8491
$\alpha=0.4$	3.8074	3.8071
$\alpha=0.6$	3.7656	3.7654
$\alpha=0.8$	3.7239	3.7238
$\alpha=1.0$	3.6822	3.6822

14.2 静态备用容量配置

14.2.1 概述

大规模集中接入是目前我国发展新能源发电的重要手段. 由于风力资源丰富，且风力发电技术相对成熟，新能源发电中风力发电的发展最为迅猛. 风电厂一旦建成，虽然其发电费用低廉，但由于风电具有间歇性、随机性、可调度性差及预测精度低等特点，所涉及的时间尺度从秒、分、小时、天、月到年不等[19]，故其大规模集中并网必将给大电网的运行调度带来巨大的影响. 总体来讲，该影响主要表现为两个方面[20]：在长时间尺度上表现为风电对电力系统发电可靠性的影响. 在配置系统的静态备用容量时，必须综合考虑风电的长期不确定性. 在短时间尺度上表现为风速 (或风功率) 的波动性对实时负荷平衡的影响，此时，制定调度策略时必须考虑风电出力的不确定性，以适应未来多变的可用风功率情景. 本节主要关注上述问

题的第一个方面，即着眼于研究风电在长时间尺度上的不确定性对电力系统可靠性，即发电充裕度的影响及相应的静态备用容量配置方法，内容来自文献 [2].

电力系统的可靠性水平与备用容量密切相关，通常可以通过评估可靠性水平并配置合适的备用容量来满足系统可靠性的要求. 由于电力系统规模庞大，在进行可靠性评估时，习惯上将电力系统分成若干子系统分别评估其可靠性，如发电系统、输电系统、配电系统及发电厂变电站电气主接线系统等. 以上子系统中，发电系统可靠性用于度量系统中所有发电机组按可接受标准及期望数值满足电力系统负荷需求的程度，发电系统可靠与否对整个电力系统可靠性的影响重大. 本节即以保证发电系统具有较高可靠性 (充裕度) 水平为前提，量化分析含有风电的电力系统最佳静态备用容量. 下面用发电系统可靠性代表发电充裕度.

学者们最早采用确定性的方法确定发电系统的静态备用容量，如百分数备用法或最大机组备用法，或二者的结合. 确定性方法的缺点在于其无法计及系统中存在的不确定性或随机性，如用户需求的不确定性、设备故障率的随机性及新能源的波动性及间歇性等. 因此，确定性方法得到的备用容量配置方案太过主观、可信性不高. 近年来，考虑系统不确定性的可靠性评估方法 (又称为概率方法) 发展较为迅速，一方面是因为人们逐渐意识到考虑系统不确定性的必要性；另一方面也得益于不断增强的计算能力和长期积累的可靠性数据. 本节将采用概率的方法评估发电系统可靠性，并配置相应的静态备用容量.

总的来看，目前对于含风电的电力系统备用容量的研究多停留在定性分析描述的阶段，关于如何定量配置最优 (或最小) 备用容量仅有少量研究[21, 22]，所用研究方法多假设风速或风功率满足既定的概率分布，如 Weibull 分布等，之后采用期望值模型分析系统可靠性或备用容量. 此类模型可以反映风速或风功率在特定参数下的波动性，或者说给定风速的概率分布参数后，风速的波动特性即是确定的. 然而，在实际中，我们可以大胆地说某地区风速服从 Weibull 分布，但却不易准确地指出某地区风速 Weibull 分布的具体参数. 因此，基于精确风速分布参数得到的最优解往往不符合现实，甚至导致备用容量配置方案的失效，所以有必要研究灵活的静态备用容量配置方案，使其在参数不确定或不精确的情况下依然能够满足系统可靠性的要求.

为应对风速概率分布的不确定性，本节将第 9 章中应对不确定性的鲁棒优化方法应用于含风电的电力系统最优静态备用容量配置问题，研究思路如图 14.5 所示. 具体而言，将最优静态备用容量配置的决策描述为系统规划人员与大自然之间的博弈行为，构建适用于该问题的二人零和博弈模型. 在此基础上，通过求解 min-max 优化问题获得最优静态备用容量配置方案. 该思路源于这样一个事实：系统规划人员在备用容量规划阶段总是试图用最小的备用容量使系统满足既定的可靠性要求；在这个过程中，系统规划人员可以通过历史信息对所在地区的风速或风功率信息有大致的了解，但并不能完全、准确地掌握由大自然决定的风速或风功率信息；在对备用容量进行决策时，我们不能奢望大自然能够帮助系统规划人员最小化备用容量，一种保守但保险的方法是将大自然看成是搅局者 (或虚拟参与者)，将其建模为与系统规划人员的目标相反的博弈另一方. 由此，系统规划人员在制定备用容量方案时，需要考虑一切可能的风速情形. 在此意义下，备用容量不再是规划人员单方面决策的结果，而是由风 (或大自然) 和规划人员相互影响决策的结果，如此该问题即可建立二人零和博弈，通过求解极小极大优化问题，获得应对风速概率分布参数不确定性的备用容量配置，也即最坏可能风功率条件下的备用策略.

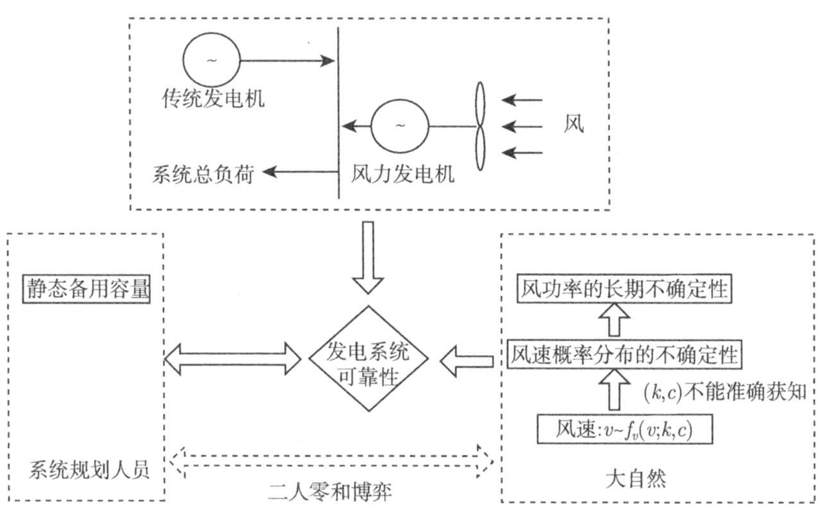

图 14.5 含风电的电力系统最优静态备用容量配置研究思路

14.2.2 博弈模型

满足发电系统可靠性的要求是配置静态备用容量的目的，发电系统可靠性评估自然是静态备用容量配置的基础. 评估发电系统可靠性的概率方法在原理上大致相同，通常将电力系统建模为单节点模型，即将系统总负荷和总发电集中于一点，不考虑电源和电力负荷的地理分布，或假设电力网络绝对可靠且容量不受限制；分析模型由发电模型、负荷模型和风险模型三部分组成[23].

进一步，将发电模型和负荷模型结合，形成适当的风险模型后，即可计算出一系列反映发电系统可靠性的指标[24]. 在此过程中，通常有两种发电模型与负荷模型的结合方法：一是将发电机确切停运容量模型与累积负荷模型相结合；二是将发电机累积停运容量模型和切负荷模型结合[24]. 其中后者便于计算，故本节采用此种结合方式进行发电系统可靠性评估.

风电的功率输出特性完全不同于传统火电和水电，研究其对大电网发电系统可靠性的影响时，须针对风电的特点建立适应其特性的可靠性模型. 在进行可靠性评估时，一种思路是将风电看成是电源，从而与传统发电模型融合组成综合发电模型；另一种思路是将风电看成是负的负荷，与负荷模型融合成综合负荷模型，从而使传统发电系统可靠性评估的方法也可应用其中.

建立用于可靠性评估的风电模型需要考虑影响风机出力的三个方面的因素：一是由大自然决定的风速的随机特性，该特性通常可由概率模型描述，如常用的 Weibull 分布；二是风机出力与风速之间的关系，具体可由风机的运行特性参数决定，常用参数包括切入风速、切出风速、额定风速等；三是风力发电机组的强迫停运概率，即表征风电机组因物理或电气原因故障停运的概率. 前两个方面的因素构成了风机出力的概率特性，而后者则提供了风机强迫停运信息，该信息表现为风机的累积停运容量概率表. 一般来讲，机组故障造成的强迫停运互不相关，即一台发电机组是否停运不影响其他机组的停运情况，且随着风电机组数目的增加，机组因强迫停运带来的功率变化对系统的影响非常小，甚至可以忽略不计[25]，故本节仅考虑前两个方面的因素.

1. *博弈元素分析*

本节将在可靠性评估的基础上，给出配置最优静态备用容量的二人零和博弈模型. 该模型兼顾系统可靠性和经济性，即旨在通过最少的备用容量来满足既定的发电系统可靠性要求. 该博弈问题的策略式模型如下.

1) 参与者集合

该博弈的参与者集合共有两位参与者，具体如下所述.

A. 系统规划人员

系统规划人员作为博弈的一方，致力于制定满足发电系统可靠性要求的最优静态备用容量，是真实存在的决策实体.

B. 大自然

为处理风速概率分布特性的不确定性，引入大自然作为虚拟参与者，将其视为与系统规划人员有相反目标的博弈另一方.

2) 策略集合

A. 系统规划人员的策略集合

系统规划人员的策略为静态备用容量，记为 R. 该策略的集合受制于系统的可用资源情况，并通常设有最大可用静态备用容量值，记为 $R^{\max}$. 因此，系统规划人员的策略集合 $S_R=\{R|0\leqslant R\leqslant R^{\max}\}$.

B. 大自然的策略集合

风的特性由多种因素决定，如天气情况、地理位置等，通常可采用基于历史数据的统计特征表述，如风速的概率密度函数. 将大自然看成是决定风速概率分布特性的博弈参与者，其策略为表征风速概率密度特性的参数.

目前有多种概率密度函数描述风速的随机特性，其中最著名的是 Weibull 分布和 Rayleigh 分布. 单参数的 Rayleigh 分布所表征的随机特性有时会显得过于简单，两参数的 Weibull 分布在实际中应用更为广泛[26]. 本节假设风速 v 服从如下 Weibull 分布:

$$f_v\left(v,k,c\right)=\frac{k}{c}\left(\frac{v}{c}\right)^{(k-1)}\mathrm{e}^{-(v/c)k},\quad 0<v<+\infty \tag{14.13}$$

式中，k 和 c 分别为 Weibull 分布的形状参数和尺度参数，不同参数下概率密度函数如图 14.6 所示.

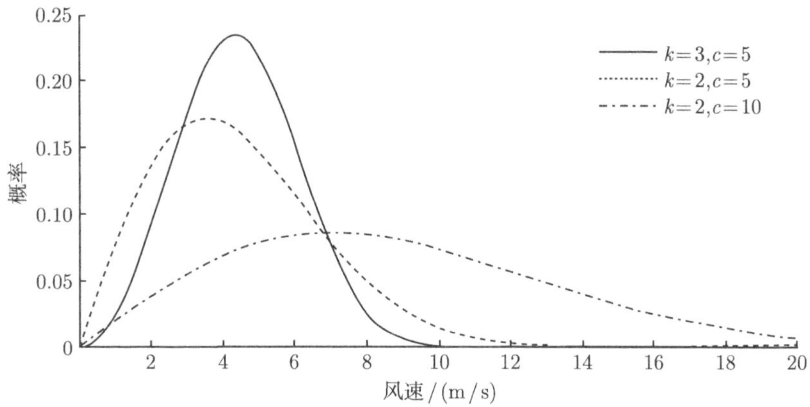

图 14.6 风速 Weibull 概率密度分布

事实上，Weibull 分布与很多分布相关. 例如，当 $k=1$ 时，为指数分布；当 $k=2$ 时，为 Rayleigh 分布. 此外，Weibull 分布的累积分布函数 $F_v(v;k,c)$ 是扩展的指数分布函数，如式 (14.14) 所示:

$$F_v\left(v,k,c\right)=1-\mathrm{e}^{-(v/c)k},\quad 0<v<+\infty \tag{14.14}$$

在假设风速服从 Weibull 分布的情况下，形状参数 k 和尺度参数 c 即是大自然的策略，此两个参数的变化范围即为策略集合，通常可以根据所研究地区的历史信息大致确定两个参数的变化范围. 若记 Weibull 分布形状参数的上、下限分别为 $k^{\max}$ 与 $k^{\min}$，尺度参数的上、下限分别为 $c^{\max}$ 与 $c^{\min}$，则大自然的策略集合 S_{N} 可记为

$$S_{\mathrm{N}}=\left\{(k,c)\left|k^{\min}\leqslant k\leqslant k^{\max},c^{\min}\leqslant c\leqslant c^{\max}\right.\right\} \tag{14.15}$$

C. 发电系统可靠性约束

考虑到静态备用容量配置这一决策问题的工程特点，系统规划人员与大自然的策略不仅要在以上所给的策略集合中取值，其策略组合 (R,k,c) 还应能满足既定的发电系统可靠性要求.

目前已有多种发电系统可靠性的指标，如电力不足指标 (loss of load expectation，LOLE，天/年或 h/a)、电量不足期望 (loss of energy expectation，LOEE，MWh/a)、电力不足频率 (loss of load frequency，LOLF，次/年) 等. 不同可靠性指标的获取往往依赖于不同的负荷模型. 以上指标中，LOLE 表示在一段时间内系统的负荷需求超过可用发电容量的天数或小时数，且最为常用，本节即采用该指标评估发电系统的可靠性. 一般要求系统的电力不足指标不得大于既定值 LOLE_R ，即

$$\mathrm{LOLE} \leqslant \mathrm{LOLE}_R \tag{14.16}$$

其中，LOLE_R 的具体数值可由系统的安全稳定标准确定. LOLE 指标由系统发电容量停运特性、备用容量、负荷特性及风功率特性共同确定，其求解涉及诸多关键技术，如传统发电机停运模型、负荷波动性模型、多状态风功率模型及可靠性指标的计算等，详述如下.

a. 传统发电机停运模型

在传统电力系统可靠性评估中，单台发电机通常表征为二状态模型，即发电机要么在额定功率下运行，要么强迫停运 (此时可用功率为零). 通常，发电机组分别以一定的概率处在这两种状态下，分别称为运行概率和停运概率. 实际上，发电机组还存在部分停运或降额运行情况，即机组不是 100% 停运，此时可用发电容量仅为额定容量的某个百分数. 如果完全不考虑部分停运的问题，则得到的可靠性指标将过于乐观；相反，如果把部分停运看成是完全停运，则此时的可靠性指标将偏于保守. 通常的处理方法是将部分停运时间折算为等效完全停运时间后，采用等效强迫停运概率全面考虑完全停运和部分停运的情形. 下文所提到的发电机停运概率均指折算之后的等效停运概率.

发电系统中有多台发电机组，其运行状态由每台发电机组的状态组合而成. 若系统中发电机数量为 N_{G}, 系统可能的停运容量状态数目几乎呈指数 $2^{N_{\mathrm{G}}}$ 上升. 目前已有多种方法可以根据单台发电机的二状态模型得到系统强迫停运容量表，如迭代算法、快速傅里叶变换算法等，均是比较成熟且有效的方法[23]，该强迫停运容量表广泛应用于表征系统停运容量与其相应停运概率及累积停运概率.

本节采用累积停运概率表征系统的可用发电容量情况. 记停运容量 C 的累积停运概率为 $p(C)$ ，其含义为停运容量大于等于 C 的概率为 $p(C)$. 实际上，当停运容量大到一定程度时，其相应的累积停运概率数值已经非常小，为简化起见，在实际运算中通常可以适当忽略发生概率极小的停运容量状态.

b. 负荷波动性模型

在确定性的分析中，通常采用单一数值 (峰荷) 描述负荷，而更加精确的建模则需要考虑负荷每天甚至每小时的波动特性. 本节采用三元组 $\langle N_L, L, \mathrm{LP}\rangle$ 描述负荷的波动特性，其中，N_L 为负荷状态数，即将年度日负荷分为 N_L 个互不重叠的区间；L 和 LP 分别为负荷状态向量与负荷状态概率向量，具体表述为

$$L=(L_1,L_2,\cdots,L_i,\cdots,L_{N_L})^{\mathrm{T}},\quad \mathrm{LP}=(\mathrm{LP}_1,\mathrm{LP}_2,\cdots,\mathrm{LP}_i,\cdots,\mathrm{LP}_{N_L})^{\mathrm{T}}$$

其中，L_i 表示负荷状态 i 的负荷水平，取为第 i 个负荷区间的中值；LP_i 为年负荷落在第 i 个负荷区间的概率，可由日峰荷落在第 i 个区间的天数与年度总天数 (365 天) 的比值得到.

具体地，若系统年最大负荷和最小负荷分别为 $P_d^{\max}$ 和 $P_d^{\min}$，系统负荷等分成 N_L 个区间，则每个负荷区间长度 P_d^{in} 为

$$P_d^{\mathrm{in}}=\frac{P_d^{\max}-P_d^{\min}}{N_L} \tag{14.17}$$

进而，负荷状态 i 的负荷水平 L_i 为

$$L_i=P_d^{\min}+\left(i-\frac{1}{2}\right)P_d^{\mathrm{in}} \tag{14.18}$$

该负荷状态 i 下的概率 LP_i 为

$$\mathrm{LP}_i=\frac{L_i-\dfrac{1}{2}P_d^{\mathrm{in}}\leqslant P_d<L_i+\dfrac{1}{2}P_d^{\mathrm{in}}}{365} \tag{14.19}$$

其中，分子表示年度日负荷落在第 i 个负荷区间的天数.

需要说明的是，其他表征负荷不确定性的方法均可用于本节所提最优静态备用容量配置决策过程.

c. 多状态风功率模型

与传统发电机组不同，风机通常不能简单地采用二状态模型进行描述，这主要是因为风机出力取决于风速，可能出现从零出力到额定出力的快速连续变化的状况. 已有的可靠性评估相关的研究大多将风力发电机建模成为多状态模型[22]. 本节采用三元组 $\langle N_W, W, \mathrm{WP}\rangle$ 描述风功率的多状态模型，其中，

$$W=(W_1,W_2,\cdots,W_j,\cdots,W_{N_W})^{\mathrm{T}},\quad \mathrm{WP}=(\mathrm{WP}_1,\mathrm{WP}_2,\cdots,\mathrm{WP}_j,\cdots,\mathrm{WP}_{N_W})^{\mathrm{T}}$$

分别为风功率状态向量与风功率概率向量. 具体地，将连续的风功率分成 N_W 个离散的状态，W_j 为第 j 个状态下的风功率，WP_j 为风功率处在第 j 个状态下的

概率，具体数值可由风功率的概率密度函数得到. 为此，以下分别介绍风功率的概率密度函数和多状态风功率模型的计算.

(1) 风功率的概率密度函数. 一旦风速的概率密度函数已知，即可以在风机的风速–风功率特性的基础上得到风功率概率密度函数. 风功率 W_v 与风速 v 的非线性关系有多种不同的表达形式，本节采用如下关系式[19]：

$$W_v=\begin{cases}0, & v<v_{\mathrm{i}},\quad v\geqslant v_{\mathrm{o}}\\ \dfrac{v-v_{\mathrm{i}}}{v_{\mathrm{r}}-v_{\mathrm{i}}}, & v_{\mathrm{i}}\leqslant v<v_{\mathrm{r}}\\ W_{\mathrm{r}}, & v_{\mathrm{r}}\leqslant v<v_{\mathrm{o}}\end{cases} \tag{14.20}$$

其中，v_{i} 、v_{o} 和 v_{r} 分别为风机的切入风速、切出风速和额定风速；W_{r} 为额定风功率. 由式 (14.20) 可以看出，当风速低于切入风速或高于切出风速时，风功率为零；当风速在切入风速与额定风速之间时，风功率为风速的线性函数；当风速在额定风速与切出风速之间变化时，风功率总是能保证额定的功率输出 W_{r}，如图 14.7 所示.

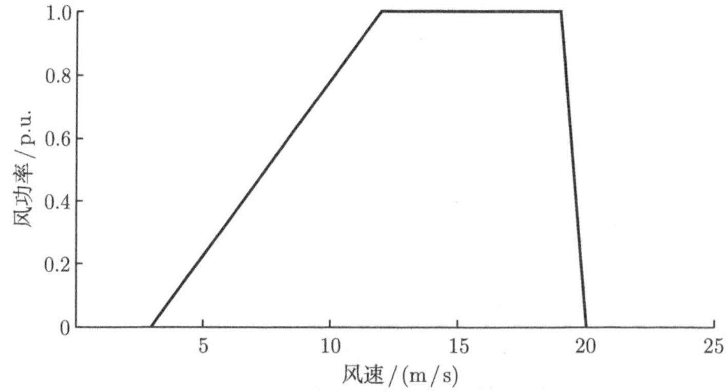

图 14.7 风速与风功率关系示意图

根据式 (14.20) 所示风力发电机的风速-风功率特性，并结合风速的概率密度函数 $f_v(v,k,c)$ ，可得风功率的概率密度函数为

$$f_{\mathrm{W}}(W_v)=\begin{cases}\int_0^{v_i} f_v\,(v,k,c)\mathrm{d}v+\int_{v_{\mathrm{o}}}^{\infty} f_v\,(v,k,c)\,\mathrm{d}v, & W_v=0\\ \left|\dfrac{v_{\mathrm{r}}-v_{\mathrm{i}}}{W_{\mathrm{r}}}\right| f_v\left(W\dfrac{v_{\mathrm{r}}-v_{\mathrm{i}}}{W_{\mathrm{r}}}+v_{\mathrm{i}},k,c\right), & 0<W_v<W_{\mathrm{r}}\\ \int_{v_{\mathrm{r}}}^{v_{\mathrm{o}}} f_v\,(v,k,c)\,\mathrm{d}v, & W_v=W_{\mathrm{r}}\end{cases} \tag{14.21}$$

由式 (14.21) 可见，风功率的概率密度函数 $f_{\mathrm{W}}(W_v)$ 依赖于风速的概率密度函数 $f_v(v,k,c)$，即依赖于参数 (k,c)；同时，风功率的概率密度函数在零输出功率和额定功率两处均为离散点，在从零到额定功率的开区间内的概率密度为 Weibull 分布

的一个变形. 例如，若取 $k=2, c=7$，可得风功率的概率密度曲线如图 14.8 所示. 图 14.8 中“$*$”标记的两个点即为风功率在零输出功率和额定功率的概率，而从零到额定功率的开区间内的概率密度函数连续，实为 Weibull 分布的一个变形.

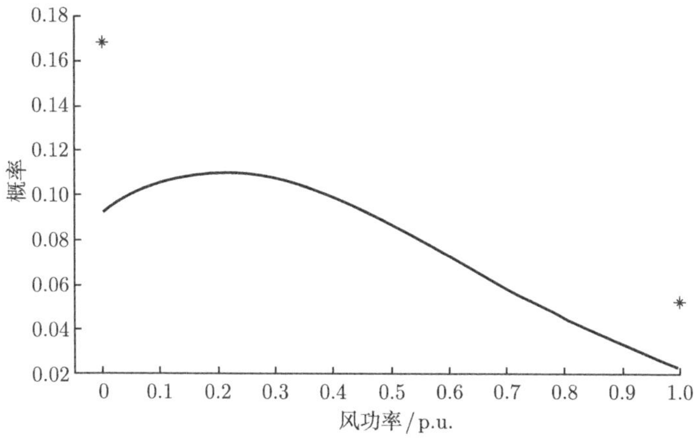

图 14.8 风功率的概率密度曲线

(2) 多状态风功率模型. 风功率的多状态模型可由式 (14.21) 或图 14.8 所示的风功率概率密度函数得出. 具体地，将其出力范围 $[0, W_{\mathrm{r}}]$ 分成 N_W 个有限区间，代表 N_W 个状态. 将第 j 个区间的中间功率作为该状态的功率，各区间的累积概率作为该状态的概率 WP_j，由此可用 j、W_j、WP_j 表示第 j 个风功率状态 $(j=1,2,\cdots,N_W)$. 考虑到风机出力为零和额定功率时的概率为离散的数值，在建立风机的多状态模型时，分别将零功率和额定功率看成是两个单独的状态，记作状态 1 和状态 N_W，此两个状态下的功率分别为

$$W_1=0, \quad \mathrm{WP}_1=f_W(0), \quad W_{N_W}=W_{\mathrm{r}}, \quad \mathrm{WP}_{N_W}=f_W(W_{\mathrm{r}}) \tag{14.22}$$

对其他非零功率或额定功率的状态 j，状态的区间长度为

$$W^{\mathrm{in}}=\frac{W_{\mathrm{r}}}{N_W-2} \tag{14.23}$$

则该区间的功率下限 W_j^{Lower} 和上限 W_j^{Upper} 分别为

$$\begin{aligned} W_j^{\mathrm{Lower}} &= (j-2)\,W^{\mathrm{in}}, \quad j=2,\cdots,N_W-1 \\ W_j^{\mathrm{Upper}} &= (j-1)\,W^{\mathrm{in}}, \quad j=2,\cdots,N_W-1 \end{aligned} \tag{14.24}$$

于是可得状态 j 的风功率为

$$W_j=\frac{W_j^{\mathrm{Lower}}+W_j^{\mathrm{Upper}}}{2}=\left(j-\frac{3}{2}\right)W^{\mathrm{in}}, \quad j=2,\cdots,N_W-1 \tag{14.25}$$

相应的概率 WP_j 为

$$\mathrm{WP}_j = \int_{W_j^{\mathrm{Lower}}}^{W_j^{\mathrm{Upper}}} f_W(W_v)\,\mathrm{d}W_v, \quad j = 2, \cdots, N_W - 1 \tag{14.26}$$

由于风功率的概率密度函数 $f_W(W_v)$ 依赖于风速的概率密度函数 $f_v(v;k,c)$，从而式 (14.26) 所示的风功率的概率也必然随参数 (k,c) 的变化而不同. 若取 $k=2, c=7$，并将风功率建成 7 状态模型，则可得各状态的风功率和相应的概率如图 14.9 所示，其中风功率采用标幺值表示. 需要说明的是，以上所建立的多状态风功率模型适用于任何形式的风速概率分布，以及任何形式的风速-风功率特性.

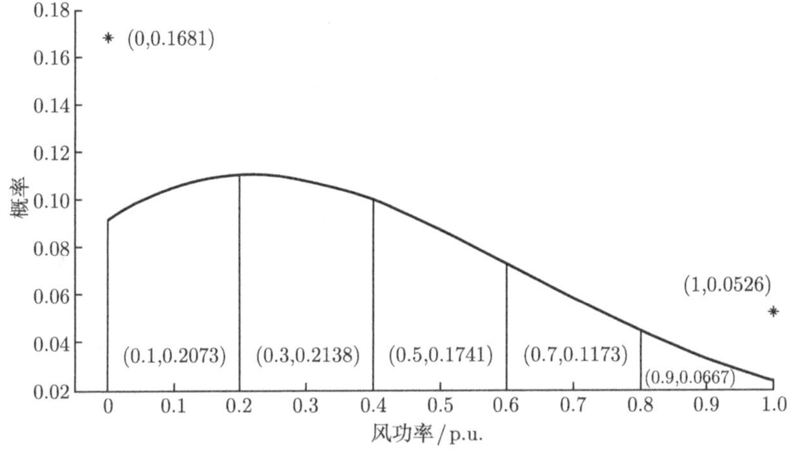

图 14.9　风功率多状态模型

d. 可靠性指标的计算

在以上信息的基础上，可以方便地计算出发电系统的可靠性指标 LOLE，如式 (14.27) 所示：

$$\mathrm{LOLE} = \sum_{j=1}^{N_{\mathrm{W}}} \sum_{i=1}^{N_{\mathrm{L}}} \mathrm{WP}_j \times \mathrm{LP}_i \times p\left(G_{\mathrm{total}} + R + W_j - L_i\right) \tag{14.27}$$

其中，$C = G_{\mathrm{total}} + R + W_j - L_i$ 为导致系统发生停电事故的临界容量，即当发电机的强迫停运量大于等于 C 时，系统将会发生停电事故；G_{total} 可视为满足峰荷需求而设计的传统发电容量. 显然 LOLE 指标的计算同时考虑了负荷与风功率的不确定性，同时，备用容量 R 及风速概率密度参数 (k,c) 均会影响该指标的数值. 需要说明的是，由于此处将负荷状态 LP_i 描述为概率的形式，计算式 (14.27) 得到的指标 LOLE 无量纲，其含义为一段时间内系统的负荷需求超过可用发电容量的概率. 在后文的仿真分析中，以发电系统的可靠性水平 REL 作为评判系统可靠性的

指标，其定义为

$$\mathrm{REL}=(1-\mathrm{LOLE})\times 100\% \tag{14.28}$$

3) 支付

工程博弈论中，支付通常是指参与者的收益或费用，理性的参与者总是试图通过选择适当的策略最大化收益或最小化费用. 静态备用容量的配置是系统规划人员与大自然之间博弈的结果，更具体地说，是系统规划人员针对最坏可能自然条件做出的最优决策. 在此过程中，系统规划人员的目标是采用最少的备用来保证系统可靠性，即在实现可靠性的同时保证经济性. 此处将静态备用容量作为系统规划人员的支付，系统规划人员的目标在于最小化静态备用容量，即在于最小化支付.

大自然这一虚拟博弈参与者的目标与系统规划人员刚好相反，这主要缘于我们将其建模为不做积极贡献的一方，对于此类不确定性，将其处理成搅局者进行博弈不失为一种可行的决策方法.

综上，含风电的电力系统最优静态备用容量的决策问题可转化为系统规划人员与大自然之间的二人零和博弈问题，解决此类问题的工作思路是建立极小极大优化模型.

2. min-max 模型

前述分析已经给出系统规划人员面对风速概率分布参数 (k,c) 不确定性的策略式博弈模型，即二人零和博弈. 为求解该博弈的均衡解，建立下述极小极大优化模型.

$$\begin{aligned}
&\min_{R}\max_{k,c} R\\
&\text{s.t.}\ \sum_{j=1}^{N_W}\sum_{i=1}^{N_L}\mathrm{WP}_j\times \mathrm{LP}_i\times p\left(G_{\text{total}}+R+W_j-L_i\right)\leqslant \mathrm{LOLE}\\
&\qquad 0\leqslant R\leqslant R^{\max}\\
&\qquad v\sim f\left(v,k,c\right)\\
&\qquad k^{\min}\leqslant k\leqslant k^{\max}\\
&\qquad c^{\min}\leqslant c\leqslant c^{\max}
\end{aligned} \tag{14.29}$$

式 (14.29) 所示的极小极大优化模型表示系统规划人员极小化由大自然极大化后的系统备用. 这是规划人员面临不确定信息时，一种较为理性的决策思想，也是工程博弈论非常重要的理念. 可以看出，静态备用容量 R 既是系统规划人员的决策变量，又是其收益函数；第一个不等式约束旨在保证发电系统具有足够的可靠性，即电力不足概率不能大于预先设定的值.

静态备用容量配置的决策是系统规划人员与大自然之间相互作用的结果，是一个二人零和博弈的过程，每个参与者的决策均会受到对方策略的影响，即参与者在制定优化策略时均需要考虑对方的策略. 这也是博弈的一个重要特征.

此外，传统基于确定风速概率密度分布的最优静态备用容量配置，可看成是式 (14.29) 所示模型的一种特例. 在这种情况下，大自然选择既定的确定性的策略，系统规划人员的决策可由下述优化模型描述.

$$
\begin{aligned}
&\min_{R} R \\
&\text{s.t.} \sum_{j=1}^{N_W}\sum_{i=1}^{N_L} \mathrm{WP}_j \times \mathrm{LP}_i \times p\left(G_{\text{total}} + R + W_j - L_i\right) \leqslant \mathrm{LOLE} \\
&0 \leqslant R \leqslant R^{\max} \\
&v \sim f(v, k, c)
\end{aligned}
\tag{14.30}
$$

从式 (14.30) 可以看出，传统的静态备用容量是系统规划人员单方决策的结果。

14.2.3　求解算法

容易看出，式 (14.29) 所表征的最优静态备用容量配置博弈是一个典型的 min-max 优化问题，其第一个不等式约束条件是对博弈双方策略的共同约束，即策略集合存在耦合现象. 本节采用两阶段松弛算法[21] 求解式 (14.29) 所示的 min-max 优化问题，具体步骤如下所述.

第 1 步　在可行域内初始化风速概率分布参数 (k^1, c^1)，即

$$
k^{\min} \leqslant k^1 \leqslant k^{\max}, \quad c^{\min} \leqslant c^1 \leqslant c^{\max}
$$

并记迭代次数 $n = 1$.

第 2 步　求解松弛后的极小化问题

$$
\begin{aligned}
&\min_{R,\lambda,\sigma} \sigma \\
&\text{s.t.} \quad R - \lambda\left(\sum_{j=1}^{N_W}\sum_{i=1}^{N_L} \mathrm{WP}_j^{\mathrm{m}} \times \mathrm{LP}_i \times p\left(G_{\text{total}} + R + W_j^{\mathrm{m}} - L_i\right) - \mathrm{LOLE}\right) \\
&\qquad \leqslant \sigma, \quad m = 1, 2, \cdots, n \\
&\qquad 0 \leqslant R \leqslant R^{\max} \\
&\qquad \lambda \geqslant 0
\end{aligned}
\tag{14.31}
$$

上述极小化模型中，风速的概率分布参数为定值，具体对应于确定的多状态风机模型，λ 为对偶变量，σ 为辅助变量. 求解该松弛后的优化模型，可得到第 n 次迭代后的优化结果 $(R^n, \lambda^n, \sigma^n)$. 需要说明的是，该模型的第一个约束条件实际上

是由多个不等式约束组成，其个数随着迭代次数的增加而增加，数量上等于迭代次数. 数学上，随着约束条件的增多，该松弛优化问题的松弛度在迭代过程中不断降低.

第 3 步 求解极大化问题.

$$\max_{k,c} R^n - \lambda^n \left(\sum_{j=1}^{N_W} \sum_{i=1}^{N_L} \mathrm{WP}_j \times \mathrm{LP}_i \times p\left(G_{\mathrm{total}} + R^n + W_j - L_i\right) - \mathrm{LOLE} \right)$$
$$\text{s.t.} \quad k^{\min} \leqslant k \leqslant k^{\max}$$
$$c^{\min} \leqslant c \leqslant c^{\max} \tag{14.32}$$

该模型中，仅风速的概率密度参数 (k, c) 为变量，系统备用和对偶变量均为上一步求得的值，即 R^n 和 λ^n . 采用优化算法得到该问题的当前解 (k^{n+1}, c^{n+1})，并得到相应的目标函数值，记作 $h(R^n, \lambda^n)$.

第 4 步 检验算法是否结束.

若 $h\left(R^n, \lambda^n\right) \leqslant \sigma^n + \varepsilon$，算法终止，$R^n$ 即是问题的解；若 $h\left(R^n, \lambda^n\right) > \sigma^n + \varepsilon$，记 $n = n + 1$，并回到第 2 步，加入新的约束后求解松弛后的极小化问题.

14.2.4 实例分析

1. IEEE RTS 测试系统

本节对 IEEE 可靠性测试系统 (IEEE RTS)[23] 稍做修改，将其作为测试系统，分析 14.2.2 节所提基于二人零和博弈的最优静态备用容量配置问题. 原测试系统有 9 类共 32 台传统发电机组，单机容量为 12~400MW，总装机容量为 3405MW，系统峰荷为 2850MW. 为研究系统的最优静态备用容量，此处对 IEEE RTS 稍做修改：移除额定容量为 155MW 和 400MW 的传统发电机各一台，以使系统的总装机容量刚好能够满足峰荷的需求；系统中接入一定比例的风力发电，风电的容量采用渗透率 η 衡量，其含义为并网风电装机容量与系统负荷的比值.

为进行可靠性评估及最优静态备用容量配置，首先给出测试系统强迫停运容量表、负荷波动特性模型及多状态风功率模型.

1) 传统发电机强迫停运容量表

IEEE RTS 中，单台发电机组的可靠性数据如表 14.10 所示. 基于单台发电机组的可靠性参数，采用迭代算法[23] 可得到系统的强迫停运容量表. 倘若不考虑累积停运概率小于 10^{-8} 的状态，共可得到 1398 个停运状态. 表 14.11 列出了累积停运概率最大的前 50 个停运状态. 表 14.11 表明，累积停运概率随停运容量的增大而单调降低，这是由累积停运概率的定义决定的；而停运概率与停运容量之间并不存在单调减的关系，这主要是因为系统中存在容量大小不等的多类机组. 有些小的停运容量可能需要多台小容量机组共同停运，此概率自然较低；而有些大的停运容量可能由单台大型机组停运造成，此概率相对前者较高.

表 14.10　IEEE RTS 的发电机可靠性数据

机组容量/MW	台数	强迫停运概率	机组容量/MW	台数	强迫停运概率
12	5	0.02	155	3	0.04
20	4	0.10	197	3	0.05
50	6	0.02	350	1	0.08
76	4	0.02	400	1	0.12
100	3	0.04			

表 14.11　系统强迫停运容量表(前 50 个停运状态)

停运容量/MW	停运概率	累积停运概率	停运容量/MW	停运概率	累积停运概率
0	0.279 82	1	90	0.001 26	0.475 93
12	0.028 55	0.720 18	92	0	0.474 68
20	0.124 37	0.691 62	94	0.000 03	0.474 67
24	0.001 17	0.567 26	96	0.010 15	0.474 64
32	0.012 69	0.566 09	98	0	0.464 49
36	0.000 02	0.553 4	100	0.035 50	0.464 49
40	0.020 73	0.553 38	102	0.000 13	0.428 99
44	0.000 52	0.532 65	104	0	0.428 86
48	0	0.532 13	106	0	0.428 86
50	0.016 96	0.532 13	108	0.001 04	0.428 86
52	0.002 12	0.515 17	110	9.3E-05	0.427 82
56	0.000 01	0.513 06	112	0.003 61	0.427 73
60	0.001 54	0.513 05	114	0	0.424 12
62	0.001 73	0.511 51	116	0.001 69	0.424 11
64	8.6E-05	0.509 78	118	0	0.422 42
68	0	0.509 69	120	0.015 78	0.422 42
70	0.007 54	0.509 69	122	0.000 01	0.406 64
72	0.000 16	0.502 16	124	0.000 15	0.406 63
74	0.000 07	0.502	126	0.001 38	0.406 48
76	0.022 84	0.501 93	128	0.000 17	0.405 10
80	0.000 04	0.479 08	130	0	0.404 93
82	0.000 77	0.479 04	132	0.001 61	0.404 92
84	6.4E-06	0.478 27	134	0	0.403 32
86	0	0.478 27	136	0.000 13	0.403 32
88	0.002 33	0.478 27	138	0.000 14	0.403 19

进一步分析发现，传统发电机组的累积停运概率随停运容量的增大几乎指数减小，为方便求解式 (14.29) 所示的优化问题，此处采用四参数双指数函数对系统

累积停运概率与停电容量之间的关系进行拟合，具体形式如下：

$$p(C) = a_1 \mathrm{e}^{-b_1 c} + a_2 \mathrm{e}^{-b_2 c} \tag{14.33}$$

通过基于最小二乘的函数拟合，得到拟合函数的 4 个参数分别为

$$a_1 = 0.7196, \quad b_1 = 0.0044, \quad a_2 = 0.2811, \quad b_2 = 0.1979$$

进一步，将迭代算法与指数拟合得到的累积停运概率曲线绘于图 14.10，分别如图中的实线和虚线所示. 由该图可以看出，拟合曲线可以较好地逼近实际情况.

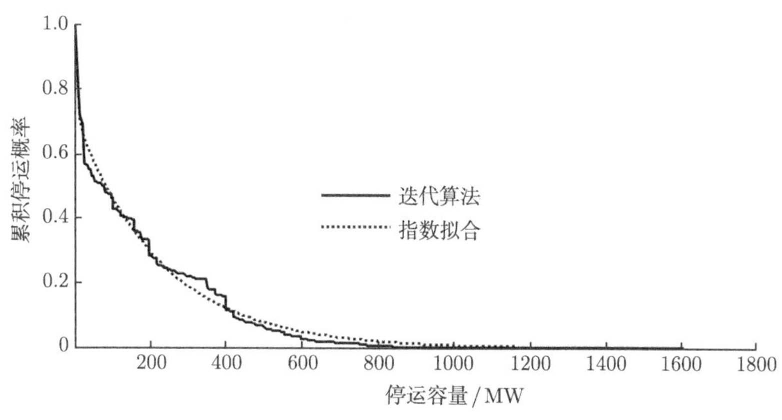

图 14.10 发电系统累积停运概率

2) 负荷波动性模型

将日峰荷分成 6 个不同的负荷状态，各状态的负荷水平 L_i、对应的概率 LP_i 及持续天数如表 14.12 所示.

表 14.12 负荷波动性模型

负荷状态编号	L_i/MW	LP_i	天数/天
1	2 622.59	0.038 356	14
2	2 395.19	0.164 384	60
3	2 167.78	0.216 438	79
4	1 940.38	0.284 932	104
5	1 712.97	0.175 342	64
6	1 485.56	0.120 548	44

3) 多状态风功率模型

此处取

$$v_{\mathrm{i}} = 3\mathrm{m/s}, \quad v_{\mathrm{r}} = 12\mathrm{m/s}, \quad v_{\mathrm{o}} = 20\mathrm{m/s}$$

同时，风速 Weibull 分布的参数上、下限设为

$$k^{\min}=1,\quad k^{\max}=3,\quad c^{\min}=5,\quad c^{\max}=15$$

倘若风电的渗透率为 15%，$k=2, c=7$，采用前面所述多状态风功率模型的生成方法，可以得到 7 状态风功率模型，如表 14.13 所示.

表 14.13　7 状态风功率模型

风功率状态编号	W_i/MW	WP_i
1	0	0.1681
2	42.75	0.2073
3	128.30	0.2138
4	213.80	0.1741
5	299.30	0.1173
6	384.80	0.0667
7	427.50	0.0526

对移除两台传统发电机组的 IEEE RTS 测试系统，其总装机容量与峰值负荷相同，均是 2850MW. 根据可靠性指标 LOLE 的定义，可以通过下式计算系统不加入任何备用且没有风电接入情况下的 LOLE 指标，记其为 LOLE_0，从而有

$$\mathrm{LOLE}_0=\sum_{i=1}^{N_L}\mathrm{LP}_i\times\mathrm{Prob}\left[P_{\mathrm{out}}\geqslant(G_{\mathrm{total}}-L_i)\right]=\sum_{i=1}^{N_L}\mathrm{LP}_i\times p\left(G_{\mathrm{total}}-L_i\right)$$

其中，P_{out} 为停运容量；$\mathrm{Prob}(\cdot)$ 为概率.

根据表 14.12 中的负荷波动性模型及表 14.11 中的发电机停运概率，可以得到 LOLE_0 的具体计算公式如下：

$$\begin{aligned}\mathrm{LOLE}_0=&\ 0.038\,356\times\mathrm{Prob}\left[P_{\mathrm{out}}\geqslant(2850-2622.59)\right]\\&+0.164\,384\times\mathrm{Prob}\left[P_{\mathrm{out}}\geqslant(2850-2359.19)\right]\\&+0.216\,438\times\mathrm{Prob}\left[P_{\mathrm{out}}\geqslant(2850-2167.78)\right]\\&+0.284\,936\times\mathrm{Prob}\left[P_{\mathrm{out}}\geqslant(2850-1940.38)\right]\\&+0.175\,342\times\mathrm{Prob}\left[P_{\mathrm{out}}\geqslant(2850-2622.59)\right]\\&+0.120\,548\times\mathrm{Prob}\left[P_{\mathrm{out}}\geqslant(2850-1485.56)\right]\\=&\ 0.038\,63\end{aligned}$$

上式表明，在不含备用和风电时，系统的负荷需求超过可用发电容量的概率为 0.038 63. 相应地，发电系统可靠性水平为 $\mathrm{REL}_0=(1-\mathrm{LOLE}_0)\times100\%=96.137\%$. 显然，此时系统的可靠性较低.

2. 不同风电渗透率下的最优静态备用容量分析

1) 低风电渗透率下的最优静态备用容量

当风电的渗透率 $\eta_1=15\%$ 时，通过求解式 (14.29)，可得到不同风功率状态

数和不同可靠性水平下的系统最优静态备用容量，如表 14.14 所示. 进一步，为形象分析最优静态备用容量与可靠性水平及风功率状态数之间的变化关系，以下将 5 状态、7 状态到 30 状态风功率模型下的系统最优静态备用容量随可靠性水平的变化趋势示于图 14.11 中.

表 14.14 不同风功率状态数和可靠性水平下的最优静态备用容量(风电渗透率 15%)

可靠性水平/%	5 状态	7 状态	10 状态	15 状态	20 状态	30 状态
99.0	235.49	237.83	239.17	238.99	239.85	239.15
99.1	259.42	261.76	263.10	263.62	263.78	263.87
99.2	286.17	288.51	289.85	290.38	290.53	290.62
99.3	316.49	318.84	320.18	320.70	320.85	320.95
99.4	351.50	353.85	355.19	355.71	355.86	355.96
99.5	392.91	395.26	396.60	397.12	397.27	397.37
99.6	443.59	445.94	447.28	447.80	447.95	448.05
99.7	508.93	511.28	512.62	513.14	513.29	513.39
99.8	601.02	603.37	604.70	605.23	605.38	605.48
99.9	758.45	760.79	762.13	762.66	762.81	762.90

由表 14.14 与图 14.11 可以看出，随着对系统可靠性要求的提高，需要配置的最优静态备用容量会不断增加，这个结论是非常直观且符合现实的. 同时，当可靠性要求低于 99.6%时，最优静态备用容量与系统可靠性近似呈线性关系；当可靠性要求高于 99.7% 时，系统备用将会随着可靠性水平的提高而迅速增加. 更加重要的是，所提出的静态备用配置模型中，不同风功率状态数下，所得到的最优静态备用容量数值差别不大，即系统备用容量基本不依赖风机状态数目的选择. 为精细分析状态数对备用容量的影响，分别将 99.3% 和 99.9% 可靠性水平下，采用不同风功率状态模型得到的最优静态备用容量结果如图 14.12 和图 14.13 所示.

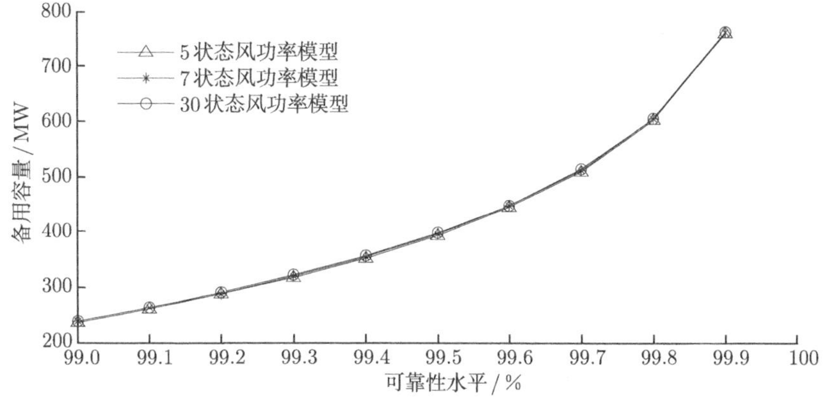

图 14.11 不同风功率状态数和可靠性水平下的最优静态备用容量 (风电渗透率 15%)

图 14.12 及图 14.13 表明，随着风功率多状态模型中状态数的增加，系统所需要的最优静态备用容量会逐渐加大. 此信息显示，采用较少的风功率状态数描述风功率时，所得到的最优静态备用容量略小，结果略乐观. 状态数越大，所建多状态风功率模型越贴近实际情况. 当状态数足够大时，状态数的增加几乎不会引起最优静态备用容量的增大. 对本节研究的问题，采用 10 状态风功率模型已可以获得比较高的精度.

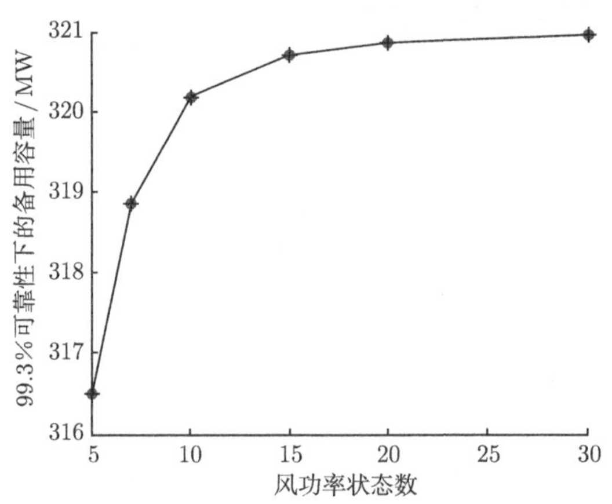

图 14.12 99.3% 可靠性水平下的最优静态备用容量 (风电渗透率 15%)

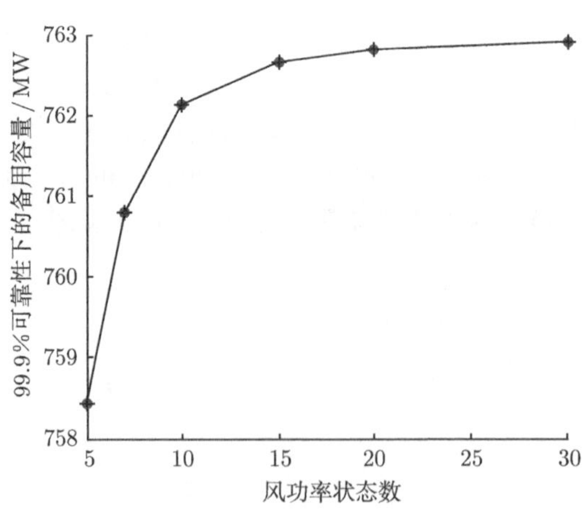

图 14.13 99.9% 可靠性水平下的最优静态备用容量 (风电渗透率 15%)

2) 高风电渗透率下的最优静态备用容量

若风电渗透率增大到 30%，所得不同风功率状态模型及不同可靠性指标下的最优静态备用容量如表 14.15 所示. 三种典型风功率状态数 (5 状态、7 状态和 30 状态) 下的备用容量与系统可靠性水平之间的关系如图 14.14 所示. 该图所示的最优静态备用容量与可靠性水平之间的变化趋势关系与图 14.11 相似，对比两图可以发现，风电渗透率的提高将会降低系统对最优静态备用容量的要求，即风电装机容量的增加可对提高发电系统的可靠性作出贡献.

表 14.15 不同可靠性水平及风功率状态数下的最优静态备用容量(风电渗透率 30%)

可靠性水平/%	5 状态	7 状态	10 状态	15 状态	20 状态	30 状态
99.0	201.05	205.64	207.32	208.00	208.20	208.33
99.1	224.98	229.57	231.25	231.93	232.13	232.26
99.2	251.73	256.32	258.00	258.68	258.88	259.01
99.3	282.06	286.65	288.32	289.01	289.21	289.34
99.4	317.07	321.66	323.34	324.02	324.22	324.35
99.5	358.48	363.07	364.74	365.43	365.63	365.76
99.6	409.16	413.75	415.42	416.11	416.31	416.44
99.7	474.50	479.08	480.76	481.45	481.65	481.78
99.8	566.58	571.17	572.85	573.54	573.74	573.87
99.9	724.01	728.60	730.28	730.96	731.16	731.29

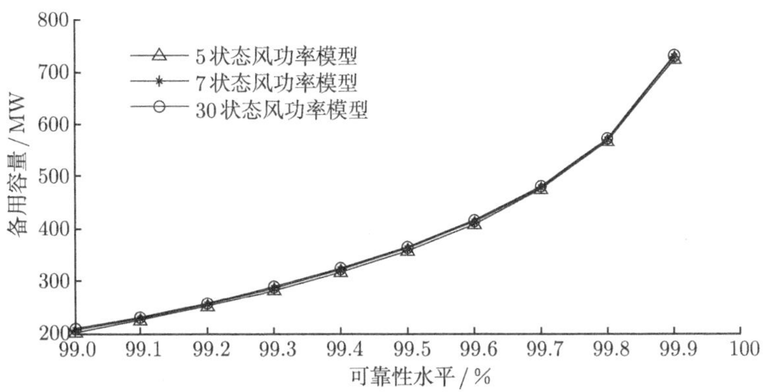

图 14.14 不同风功率状态数和可靠性水平下的最优静态备用容量 (风电渗透率 30%)

3) 风电的容量可信度分析

容量可信度是评价风电对电力系统可靠性贡献的最常用指标，其定义为在保证系统具有相同可靠性水平的前提下，风电所能替代的常规机组容量与风电容量的比值[27]，或每增加单位容量的风电所能减少的备用容量值，具体如下式所示：

$$\mathrm{CC}=\frac{\Delta R}{\Delta C_{\mathrm{W}}}\times 100\%$$

其中，ΔC_{W} 为增加的风电装机容量；ΔR 为减少的备用容量值. 显然，容量可信度越大，风电对提高发电系统可靠性的贡献越强. 由于风速具有较强的波动特性，风电的容量可信度通常小于 100%，且数值较小.

为获得风电的容量可信度，可分析不同风电渗透率下的系统备用容量，然后根据定义计算得到容量可信度指标. 为此，图 14.15 分别给出 4 种可靠性水平下，系统备用容量随风电渗透率的变化曲线，各曲线的斜率 (实际上是效率的相反数) 即表征风电的容量可信度. 由图 14.15 可以看出，随着风电渗透率的提高，曲线的斜率越来越小. 可见，风电的容量可信度并非恒定值，且风电容量越小，容量可信度越大，随着风电容量的增加，容量可信度逐渐减小. 本节所用测试系统，最大容量可信度为 11.10% ，最小为 1.35%.

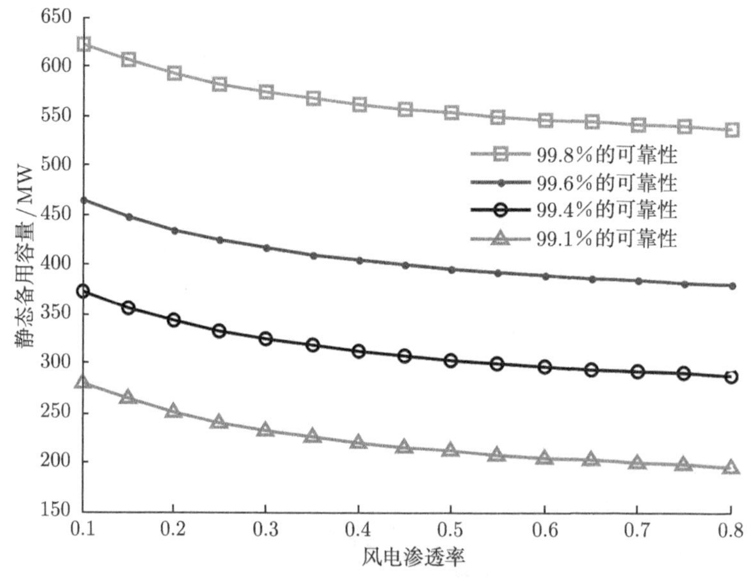

图 14.15　不同风电渗透率下的最优静态备用容量

为了使分析直观化，此处定义指标单位替代容量为容量可信度的倒数，其含义为在保证具有相同可靠性水平的前提下，每单位的常规机组容量可由多少单位的风电容量替代，该值通常大于 1. 进一步，可以根据表 14.14 (风电渗透率 15%) 与表 14.15 (风电渗透率 30%) 中 30 状态风功率模型下的最优静态备用容量分析风电的容量可信度，如增加 15%(472.5MW) 的风电装机容量后，表 14.15 所示的各可靠性水平下的最优静态备用均比表 14.14 所示的低，两张表中最优静态备用容量之差即为 472.5MW 风电所能替代的传统发电机容量. 经计算，得到不同可靠性水平下的最优静态备用容量之差 ΔR、容量可信度及单位替代容量如表 14.16 所示. 该表表明，不同可靠性水平下，风电的容量可信度基本相同，除 99%的可靠性水平外，其余可靠性水平下的容量可信度均为 7.39%. 单位替代容量均为 13.52，即从发电系统可靠性的角度来看，每 13.52MW 的风电可以替代 1MW 的传统发电. 考虑到本节所提二人零和博弈模型下的最优静态备用容量为满足一切可能风功率分布情形的最大备用，所以此处得到的 7.39% 的容量可信度可以解释为风电容量可信度的最低值，即风电的容量可信度至少为 7.39%，或每 13.52MW 的风电至少可以替代 1MW 的传统发电.

表 14.16 不同可靠性水平下的风电容量可信度分析

可靠性水平/%	备用容量之差 (ΔR)/MW	容量可信度/%	单位替代容量
99.0	30.82	7.21	13.87
99.1	31.61	7.39	13.52
99.2	31.61	7.39	13.52
99.3	31.61	7.39	13.52
99.4	31.61	7.39	13.52
99.5	31.61	7.39	13.52
99.6	31.61	7.39	13.52
99.7	31.61	7.39	13.52
99.8	31.61	7.39	13.52
99.9	31.61	7.39	13.52

3. *算法鲁棒性分析*

通过与在固定风速概率分布参数 $(k_{\mathrm{r}}, c_{\mathrm{r}})$ 下制定的最优静态备用容量对比，能够验证本节所提基于二人零和博弈模型的最优静态备用容量针对风速概率分布参数不确定性的鲁棒性能. 该检验方法分为如下两个步骤.

第 1 步 选定一组风速概率分布参数，采用式 (14.30) 所示的优化模型求解该固定参数下的最优静态备用容量.

第 2 步 在集合 $S_N = \left\{(k,c)\left|k^{\min} \leqslant k \leqslant k^{\max}, c^{\min} \leqslant c \leqslant c^{\max}\right.\right\}$ 内随机抽样 H 次，获得 H 组 (k,c). 在各组参数 (k,c) 下，分别检验上一步所得最优静态备用容量及本节所提模型得到的最优静态备用容量是否满足发电系统可靠性的要求，并统计不满足可靠性要求的比例.

具体地，取风电功率渗透率为 30%，且风功率状态为 30. 首先，任取风速的 Weibull 分布参数 $k_{\mathrm{r}} = 2$、$c_{\mathrm{r}} = 10$，在该组参数下，由式 (14.30) 得到系统在不同可靠性水平下的最优静态备用容量，如表 14.17 所示. 对比表 14.17 与表 14.15 可以看出，基于式 (14.29) 得到的最优静态备用容量 (表 14.15) 大于确定风速概率分布特性参数下的最优静态备用容量值，这主要是因为式 (14.29) 所示的模型得到的最优静态备用容量能够保证对 $\forall k \in \left[k^{\min}, k^{\max}\right]$，$\forall c \in \left[c^{\min}, c^{\max}\right]$，系统均能满足既定的可靠性要求. 因此，为了适应该要求，所配置的最优静态备用容量会相对较高.

表 14.17　固定参数下的最优静态备用容量($k=2, c=10$)

可靠性水平/%	备用容量/MW	可靠性水平/%	备用容量/MW
99.0	16.70	99.5	174.13
99.1	40.63	99.6	224.81
99.2	67.38	99.7	290.15
99.3	97.71	99.8	382.24
99.4	132.72	99.9	539.66

进一步，从集合 S_N 中随机抽取 $H=10\ 000$ 组参数 (k,c)，分别检验表 14.17 与表 14.15 中的备用容量能否满足各抽样参数下的可靠性要求. 经统计，在不同可靠性水平下，固定参数与本节所提模型不能满足可靠性要求的比例如表 14.18 所示. 由表 14.18 可以看出，99%~99.9% 的可靠性要求下，基于确定参数 ($k_{\mathrm{r}}=2, c_{\mathrm{r}}=10$) 设计的最优静态备用容量，在超过 67% 的情况下不能满足系统相应的可靠性要求. 这说明，以单一确定性风速概率分布参数为依据设计的最优静态备用容量并不能适应参数的多变性. 而本节所提基于二人零和博弈的极小极大优化模型所设计的最优静态备用容量，在各种参数情况下，系统均能维持在相应的可靠性水平. 换言之，采用本节所提最优静态备用容量配置方案可以满足任意参数 (只要 k、c 在给定的范围之内) 情况下的备用需求，这一事实充分验证了所提策略式最优静态备用容量配置方案的鲁棒性.

表 14.18　最优静态备用容量的适用性分析($k=2, c=10$)　　(单位：%)

可靠性水平	固定参数下不满足比例	本节算法不满足比例
99.0	67.85	0
99.1	67.80	0
99.2	67.83	0
99.3	67.97	0
99.4	68.47	0
99.5	67.87	0
99.6	68.08	0
99.7	67.80	0
99.8	67.86	0
99.9	68.18	0

4. 与随机抽样法的对比分析

随机抽样法是处理不确定性的一类重要方法，因其原理简单且操作方便而被广泛采用. 对于本节所研究的考虑风速分布参数不确定性的最优静态备用容量配置问题，也可采用此方法进行分析. 其基本思路为：首先，通过 Monte Carlo 随机抽样确定一组风速分布参数 (k,c)；其次，采用确定参数下的静态容量配置方法确定该参数下的最优静态备用容量；最后，通过对抽样结果的分析，确定最终的最优静态备用容量配置方案. 在此过程中，确定参数下的系统最小备用容量配置模型如式 (14.30) 所示.

此处以风电渗透率为 30%、风功率状态为 30、系统可靠性要求为 99.6% 为例进行说明. 针对风速分布参数 (k,c) 的不确定性，对 $\forall k\in[1,3]$，$\forall c\in[5,15]$ 的参数进行 1000 次 Monte Carlo 随机抽样，根据式 (14.30) 所示模型确定特定风速分布参数下的最优静态备用容量.

进一步，将抽样得到的 1000 组风速分布参数下的备用容量进行统计分析，具体地，将所得备用容量平均分为 100 个区间，以每个区间的中值代表该区间的备用，以备用容量落在每个区间的次数与总抽样次数 (此处为 1000) 的比值作为此区间的概率，可以得到基于 Monte Carlo 随机抽样的最优静态备用容量配置的概率分布如图 14.16 所示.

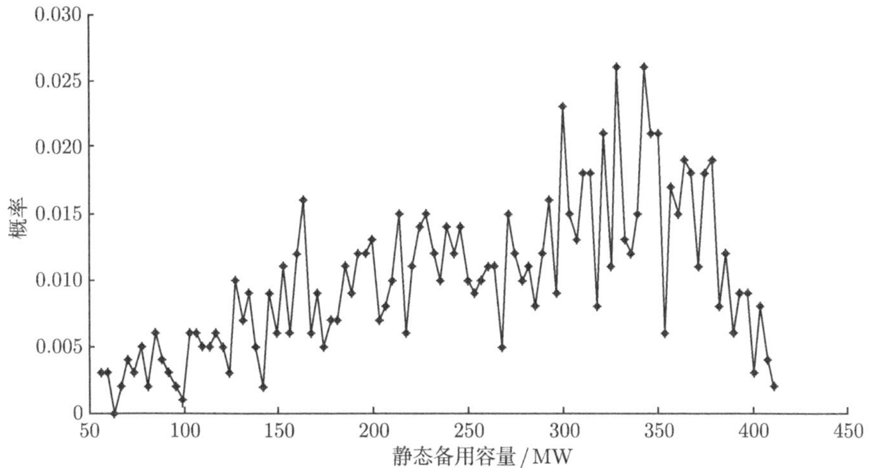

图 14.16　基于随机抽样法的最优静态备用容量分布 (发电系统可靠性 99.6%)

图 14.16 显示出最优静态备用容量的概率随着最优静态备用容量的增加有先增加后减小的趋势，其中最优静态备用容量为 300~350MW 的概率相对较高，但没有一个经典分布能够较好地拟合该分布. 进一步，对所得的最优静态备用容量做统计分析，其最小值、最大值、均值和标准差如表 14.19 所示.

表 14.19　基于随机抽样法的最优静态备用容量统计特征　(单位：MW)

最小值	最大值	均值	标准差
54.39	411.88	266.39	87.63

由表14.19可以看出，不同风速参数下的最优静态备用容量为54.39~411.88MW，均值为 266.39MW，而标准差达 87.63MW. 基于随机抽样方法的最优静态备用容量的最大值为 411.88MW，其含义为：倘若配置 411.88MW 的静态备用，那么在风速分布参数的变化范围内，系统均能满足既定的发电系统可靠性要求.

对比表 14.15 可以看出，当系统发电系统可靠性要求为 99.6% 时，基于二人零和博弈的最优静态备用容量为 416.44MW，略大于 Monte Carlo 随机模型的结果. 其中一个重要原因是，基于二人零和博弈的解析模型能够考虑到所有可能的风速分布参数组合状况，而 Monte Carlo 随机模拟的计算精度严重依赖于抽样的次数，在有限次数的随机抽样下，其不可能遍历所有的状态. 此外，Monte Carlo 随机模拟的计算误差通常与试验次数的平方根成反比，为降低误差必须显著增加计算时间. 从这个角度看，本节所提基于二人零和博弈的最优静态备用容量配置方案不仅从计算效率上远远高于 Monte Carlo 随机抽样方法，同时也具有较高的计算精度.

当然，随机抽样方法也有其优势，其中最显著的便是可以给出随机变量的概率分布特性 (图 14.16)，基于该分布可以获取更多的信息，如可以获得在不同置信水平下的最优静态备用容量. 对于本节所研究问题，在 90% 、95% 和 99% 的置信水平下，相应的最优静态备用容量如表 14.20 所示. 表中数据含义为，该静态备用容量数值能以相应的概率维持发电系统可靠性.

表 14.20 不同置信水平下的最优静态备用容量

置信水平/%	90	95	99
最优静态备用容量/MW	372.94	384.91	403.50

14.3 中长期购电计划

14.3.1 概述

年度与月度购电计划是电网公司的重要生产计划，在很大程度上决定了生产成本和能耗水平[28]. 2007 年，国家发改委等 4 部门联合制定了《节能发电调度办法 (试行)》，对传统的平均分配发电利用小时数的均衡发电调度模式进行改革，代之以按照机组能耗水平排序、以节能环保为目标的节能发电调度模式. 在这种全新的调度体系下，中长期购电方案需要优先安排全网能耗最低、排放最少的机组进行发电[29, 30]，但电网运行的经济性要求未得到充分体现[28]. 一些低能耗但报价较高的大机组获得了较多的合同电量，导致电网购电成本有较大上升. 从长远来看，为保证电网公司的健康发展和节能发电调度顺利实施，中长期购电计划的制订应综合考虑各方面因素，寻找节能性与经济性之间合理的平衡点，在节能降耗的同时满足电网运行的经济性要求.

基于上述原因，中长期购电计划可以归纳为一个双目标优化问题. 然而，目前这方面的研究多是基于单目标优化方法[31-33]. 文献 [34] 提出了基于理想点贴近度的思路，将多目标加权转化为单目标问题. 本节以购电成本最优及煤耗最优为目标，兼顾公平性原则，建立了电网中长期购电多目标优化模型，进而引入博弈方法，将不同的优化目标视为博弈者，各优化目标间的协调过程则可视为博弈者之间的讨价还价过程. 若此博弈过程满足 Nash 公理[35]，则可求出该博弈问题的唯一均衡解，使电网购电方案在经济性与节能性之间取得平衡. 本节主要内容来自文献 [6].

14.3.2 博弈模型及求解算法

1. 多目标优化模型

电网中长期购电问题可以归纳为一个多目标优化问题. 该问题的具体含义是在预先知道各时段各机组检修、热电联产等情况下，以满足各时段负荷预测为约束条件，兼顾公平性和可行性原则，将各时段各机组购电量作为变量，实现对目标函数的优化.

设系统中共有 N 台机组，共需考虑 T 个时段的购电计划 (如果需要制订的是月度发电计划，则 $T=12$). 为兼顾经济性和节能性，构建如下购电计划双目标优化模型:

$$\min F=\sum_{i=1}^{N} c_i \sum_{t=1}^{T} x_{it} \tag{14.34}$$

$$\min C=\sum_{i=1}^{N} d_i \sum_{t=1}^{T} x_{it} \tag{14.35}$$

其中，F、C 分别为电网的购电成本和煤耗总量，代表系统的经济性与节能性目标；c_i、d_i 分别为机组 i 的上网电价和煤耗系数；x_{it} 为机组 i 在 t 月中的发电量，$i=1,\cdots,N$, $t=1,\cdots,T$.

优化问题的约束条件列举如下.

(1) 电量平衡约束为

$$\sum_{i=1}^{N} x_{it}=E_t, \quad 1 \leqslant t \leqslant T \tag{14.36}$$

其中，E_t 为 t 月的总负荷预测电量.

(2) 机组发电量约束为

$$E_{it}^{\min} \leqslant x_{it} \leqslant E_{it}^{\max}, \quad i=1,\cdots,N \tag{14.37}$$

其中，$E_{it}^{\max}$ 和 $E_{it}^{\min}$ 为第 i 台机组 t 月中的发电量上、下限. 在已知每台机组每月检修情况的条件下，机组的月最大发电量由其当月可运行天数决定. 同时对于热电联产机组，在供热期需要保证开机运行，$E_{it}^{\min}$ 大于零.

(3) 发电量公平性约束为

$$|\mu_{it}-\mu_{jt}|\leqslant \Delta u, \quad \forall 1\leqslant i, \quad j\leqslant N, \quad 1\leqslant t\leqslant T \tag{14.38}$$

其中，μ_{it} 为机组 i 在 t 时段中的平均负荷率，$\mu_{it}=x_{it}/E_{it}^{\max}$；$\Delta u$ 为实际调度中机组负荷率所允许的最大差值. 该约束对应于实际调度过程中的公平性原则，即不同机组的负荷率不应相差过大，以免影响电厂发电的积极性.

综上所述，式 (14.34) ~ 式 (14.38) 表示的优化问题是一个变量个数为 NT、不等式约束个数为 $NT(N+1)$、等式约束个数为 T 的双目标优化问题.

2. 双目标之间的关系计算

一般而言，经济性和节能性这两个目标相互影响. 其定量关系可按下述步骤进行分析.

第 1 步 单独计算目标函数 (14.34) 在约束 (14.36)–(14.38) 下的最优解，设为 $F_{\min}$，得出以购电成本最优为目标的各机组各月度发电量.

第 2 步 以式 (14.35) 为优化目标，式 (14.36)–(14.38) 为约束，同时将购电费 F 作为约束，按一定步长放宽购电费限制，分别计算此时的最优煤耗.

第 3 步 计算在不同购电成本下煤耗相对购电费用的边际成本，从而得到为满足一定的经济性要求，电网需要付出的节能成本代价.

综上所述，本节给出的双目标优化模型，既能实现对经济性与节能性的优化，又考虑了电网的实际情况. 该模型通过机组平均负荷率来表征调度的公平性要求，简便易行. 在解决该多目标优化问题时，一般需要采用加权方法. 由于权重系数需要依赖人为制定，主观性较强. 下面采用第 8 章介绍的基于讨价还价博弈的方法解决这一优化问题.

3. 讨价还价博弈模型

在制订中长期购电计划时，希望能同时优化购电费用和煤耗两个指标. 这两个指标相互联系、相互影响. 从数学上看，实质上二者存在着某种“竞争合作”关系. 因此，可将购电费用与发电煤耗看成是两个互相竞争的谈判单位所追求的目标，他们可选择的策略就是每台机组的月度发电量. 这二者都想最大化自身的利益，同时也要尽量避免最坏情况的发生. 从这个意义上说，该多目标优化问题属于博弈论中一类典型的“讨价还价”或谈判问题[35]. 根据 8.5 节相关理论，对于购电费用与发电煤耗这两个目标，等价于求解下述二次优化问题:

$$\max\left(\sum_{i=1}^{N} c_i \sum_{t=1}^{T} x_{it} - F_{\max}\right)\left(\sum_{i=1}^{N} d_i \sum_{t=1}^{T} x_{it} - C_{\max}\right) \tag{14.39}$$

$$\text{s.t.} \quad (14.36) \sim (14.38)$$

其中，$F_{\max}$ 和 $C_{\max}$ 分别为购电成本与煤耗在约束条件下的最大值. 式 (14.39) 所表示的优化问题为二次优化问题. 由于购电问题与排放问题均为线性规划，故问题 (14.39) 有唯一解. 因此可采用一般非线性规划软件求解优化问题 (14.39). 另外一种方法是先求出原双目标优化问题的 Pareto 前沿[36]，再从中搜索出满足问题 (14.39) 条件的 Pareto 最优解.

14.3.3 实例分析

1. 10 机系统

算例采用 10 机系统. 各机组参数如表 14.21 所示，机组年度检修情况如表 14.22 所示；各月预测负荷量大小如表 14.23 所示.

表 14.21 机组容量及平均煤耗、电价

机组	容量/MW	煤耗/(kg/MWh)	电价/(元/MWh)
1	250	418	400
2	500	380	342
3	540	355	318
4	560	305	352
5	600	285	370
6	600	285	400
7	650	290	390
8	700	294	450
9	830	280	500
10	1000	270	480

表 14.22 机组年度检修情况

机组	检修月份	检修天数
1	8	15
2	2、3	20、25
3	3	20
4	4	18
5	11	25
6	7、9	10、10
7	12	15
8	5、8	20、15
9	10	23
10	1、6	10、10

表 14.23　月度负荷预测　　(单位：10 亿 kWh)

月份	1	2	3	4	5	6
负荷	3.706	2.598	2.674	2.789	2.865	2.942
月份	7	8	9	10	11	12
负荷	3.782	3.706	3.476	3.171	2.751	3.744

设 $\mu_0 = 10\%$，求解以式 (14.34) 为目标函数，式 (14.36) ~ 式 (14.38) 为约束构成的单目标优化问题得到各机组月度发电量与月度平均负荷率如图 14.17、图 14.18 所示. 由图可见，在每个月中，部分机组 (一般来说是购电费用较低的机组) 负荷率较大，剩余机组 (一般来说是购电费用较高的机组) 负荷率较小，而最大最小负荷率之差始终保持在 10%左右. 图中未对负荷率相同的曲线加以区分. 由于检修计划不同，各机组的负荷率大小在不同月份会有所变动. 最终求得的最优购电费用为 $F_{\min} = 155.9$ 亿元.

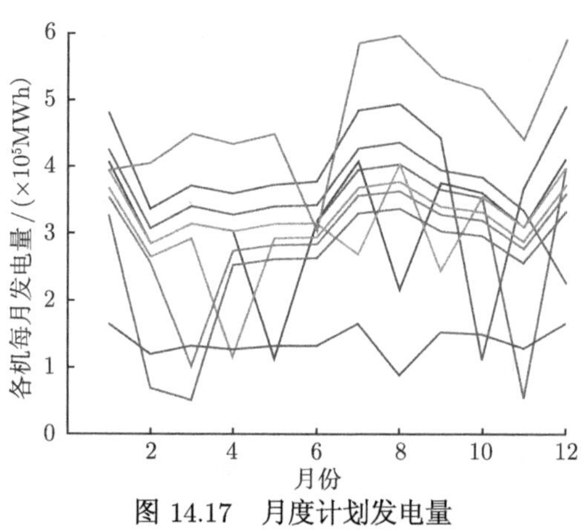

图 14.17　月度计划发电量

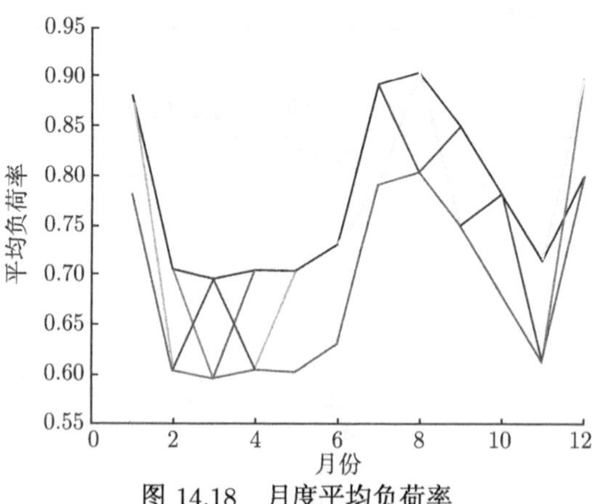

图 14.18　月度平均负荷率

进一步逐步放开购电费用的约束，考察最优煤耗的变化，可得购电费用与煤耗之间的关系，即 Pareto 前沿，以及煤耗相对购电费用的边际成本，如图 14.19 所示. 从该图可以看到，当煤耗达到最优值时，购电费用比其最优值高 1.5%左右. 同时，通过煤耗相对购电费用的边际成本，可以确定为优化经济性而付出的节能性代价. 例如，当购电费用为 157 亿元时，为降低 0.1%的购电费用，需要带来多消耗约 800 吨煤的代价. 在 Pareto 前沿上寻找满足式 (14.39) 的均衡点，在该均衡点处的系统年度购电费用与煤耗分别为 156.62 亿元和 1159.1 万吨. 可以看出，均衡解位于 Pareto 前沿中部，既不偏向于购电费用也不偏向于煤耗，体现了其公平性.

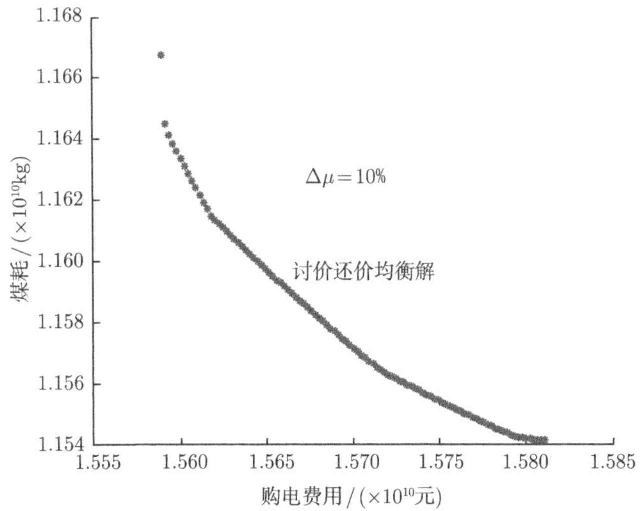

图 14.19 10 机系统 Pareto 前沿与讨价还价均衡解

2. 某省级电网

采用我国某省电网数据计算. 该系统共有 123 台燃煤机组，按照该电网 2011 年实际发电计划，购电费用为 1174.9 亿元，煤耗为 6796.1 万吨. 取 $\Delta\mu$ 分别为 10%、20%，以煤耗最优或购电费用最优所计算的单目标优化结果如表 14.24 所示.

表 14.24 广东省电网数据计算结果对比

μ_0/%	优化目标	煤耗/亿 kg	购电费用/亿元	节煤/亿 kg	节约成本/亿元
10	煤耗	676.34	1172.7	3.27	2.2
	购电	678.13	1169.8	1.48	5.1
20	煤耗	673.42	1170.5	6.19	4.4
	购电	676.99	1164.7	2.62	10.2

由表 14.24 可以看出，不同优化方案相比实际购电情况，在煤耗和购电费用上均有了大幅度改进. 取 μ_0 为 20%，购电费用与煤耗构成的 Pareto 前沿与均衡解如图 14.20 所示. 此时，购电费用为 11 659 亿元，煤耗为 67 381 万吨，比实际方法购电费用减少 9 亿元，煤耗减少 48 万吨.

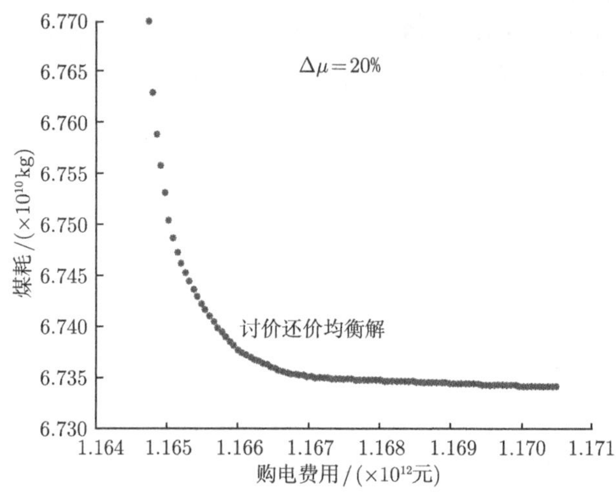

图 14.20 省级电力系统 Pareto 前沿与讨价还价均衡解

14.4 零售市场的定价与调度

14.4.1 概述

发展新一代智能电网是电力工业应对能源短缺、环境污染等问题，以及提高市场化水平的重要手段. 智能电网的重要特征之一是通过电价引导电能消费，为终端用户提供更加廉价的自然资源，并为系统调度人员提供更加灵活的能量管理手段. 智能电网的“双向通信”改变了以往单向的信息流和供应链结构，为“需求侧响应”提供了技术支持，使发电企业、供电商和电力用户互动竞争，提高了电力市场的资源配置效率[37-39]. 随着智能电网技术的普及，用户侧灵活负荷的数量将相当庞大，调度机构难以统一管理. 由于单个用户的容量较小，导致用户直接参与批发市场也有较大困难. 一个可行的解决方案是在住宅区建立代理机构，在用户侧实行分散管理.

现有关于智能电网代理商的研究主要关注设计合理的需求响应机制鼓励用户侧参与负荷调度[37]. 这些研究中，代理商仅作为用户与电网交互信息的媒介，其功能是向用户提供实时电价及代替用户控制部分负荷参与需求响应，而代理商本身并不从中获益. 在此框架下，实时电价由电网发布，也可以采用固定电价而由代理商控制部分负荷. 为鼓励用户参与负荷响应，可给予用户相应的优惠. 另一种市场结构，即本节所谓的零售市场. 在零售市场中，代理商发布次日实时电价，用户根据电价确定用电方式，代理商再根据用户的用电方式从电力批发市场购电，以满足负荷需求. 零售市场的特点是用电方式完全由用户自行确定，代理商无需干预用户的用电设备[40]. 本节即针对此类零售市场展开研究，主要内容来自文献 [3]，旨在展示多供应商竞争的零售市场中如何形成合理的零售电价.

14.4.2 博弈模型

本节考虑的竞争型电力零售市场结构如图 14.21 所示，参与者包括零售商、分布式发电公司和用户，其中零售商和分布式发电公司作为代理机构须提前发布次日电价信息，随后用户根据该信息自行决定次日购电策略，使其自身成本最低. 本节假设零售商的报价曲线随时间变化，分布式发电公司的报价曲线是电量的线性函数，这种报价方式与二者获取电能的方式有关. 零售商从电力市场买电，成本与电力市场的实时电价有关，故采用与时间相关的价格曲线. 分布式发电公司通过利用柴油发电机辅以新能源发电生产电能，成本与产量有关，故采用与产量相关的价

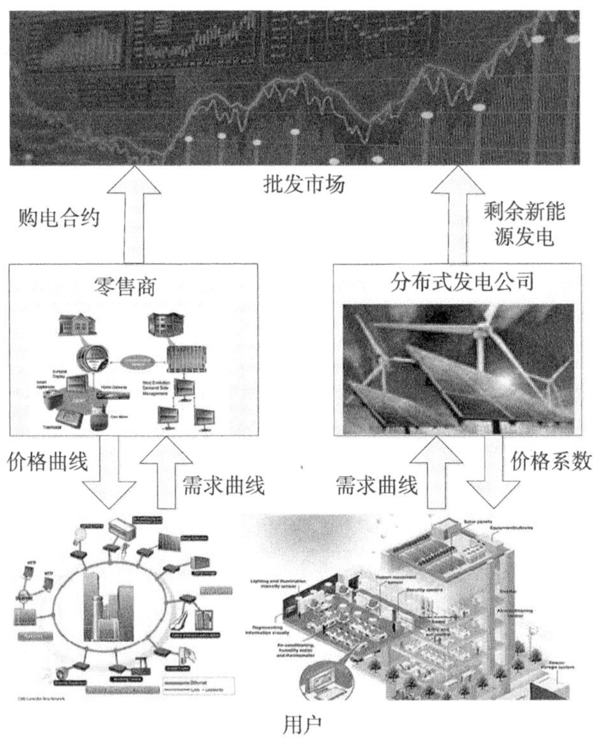

图 14.21 竞争型零售市场结构

格曲线. 最后零售商根据用户的用电情况确定其在电力市场的购售电合约和储能装置的调度策略，而分布式发电公司也将根据用户的用电情况确定发电机在每个时段的发电量. 此处假设多余的可再生能源发电量可以固定的价格向配电网出售.

在上述框架下，零售商、分布式发电公司和用户分别关心各自的经济利益，而系统运行约束构成了他们策略之间相互制约的关系. 因此，零售市场的定价与调度自然形成了一类博弈格局. 进一步，用户确定用电需求时，以电价作为已知条件，而零售商和分布式发电公司在报价时，需要考虑对方的策略和用户对电价的反应. 因此，零售市场的博弈问题可以用主从博弈描述，其中零售商和分布式发电公司是上层决策者，用户是下层决策者. 该主从博弈的均衡确定了零售市场的合理电价和用电需求. 进一步，在均衡处，代理商、分布式发电公司和用户的利益同时达到最优，任何一方均不能通过单方面改变策略而获益.

本节使用的符号和参数定义如下.

(1) 参数.

a^{G}、b^{G} 为柴油发电机的成本系数.

b^{D} 为分布式发电公司报价曲线的斜率.

N_T 为时段数.

N_C 为用户数.

$p^{\mathrm{G}}_{\min}/p^{\mathrm{G}}_{\max}$ 为柴油发电机的最小/最大出力 (kW).

p^{WS}_t 为新能源发电在 t 时段的发电量 (kWh).

Pr_t 为市场电价 (元/kWh).

$\mathrm{Pr}^{\mathrm{WS}}$ 为新能源发电在电力市场的售价 (元/kWh).

P^m_j 为用户 j 的最大用电功率 (kW).

Q^{d}_j 为用户 j 的总需求电量 (kWh).

$\mathrm{SC}^{\max}$ 为储能装置的最大充电功率 (kW).

$\mathrm{SD}^{\max}$ 为储能装置的最大放电功率 (kW).

$\mathrm{SOC}^{\max}$ 为储能装置的容量 (kWh).

SOC^0 为储能装置的初始荷电状态 (kWh).

D_t 为 t 时段的持续时间.

$\eta^{\mathrm{c}}/\eta^{\mathrm{d}}$ 为储能装置的充/放电效率.

(2) 变量.

a^{D} 为分布式发电公司报价曲线的截距.

E^{b}_t 为零售商 t 时段从电力市场购入的电能 (kWh).

E^{s}_t 为零售商 t 时段向电力市场售出的电能 (kWh).

E^{WS}_t 为分布式发电公司 t 时段向市场售出的新能源发电量 (kWh).

p^{G}_t 为分布式发电公司 t 时段柴油发电机的输出功率 (kW).

p_{jt}^{R} 为用户 j 在 t 时段从零售商购买的电能 (kWh).

p_{jt}^{D} 为用户 j 在 t 时段从分布式发电公司购买的电能 (kWh).

RTP_t 为 t 时段零售商的报价 (元/kWh).

SC_t 为储能装置在 t 时段的充电量 (kWh).

SD_t 为储能装置在 t 时段的放电量 (kWh).

SOC_t 为储能装置在 t 时段的荷电状态 (kWh).

(3) 约束.

C_j^{KKT} 为用户 j 对应的优化问题的 KKT 条件.

C_j^{P} 为用户 j 对应的优化问题的约束条件.

X^{R} 为零售商的调度约束.

X^{D} 为分布式发电公司的调度约束.

1. 零售商问题

零售商的决策变量是实时电价序列 $\mathrm{RTP}=\{\mathrm{RTP}_t\},\forall t$，市场合约 $E^{\mathrm{b}}=\{E_t^{\mathrm{b}}\}$, $\forall t$，$E^{\mathrm{s}}=\{E_t^{\mathrm{s}}\}$, $\forall t$，以及储能装置的调度策略，包括充放电控制 $\mathrm{SC}=\{\mathrm{SC}_t\},\forall t$, $\mathrm{SD}=\{\mathrm{SD}_t\},\forall t$ 和荷电状态 $\mathrm{SOC}=\{\mathrm{SOC}_t\},\forall t$. 零售商决策模型可以表述为

$$\max\sum_{j=1}^{N_C}\sum_{t=1}^{N_T}\mathrm{RTP}_t p_{jt}^{\mathrm{R}}+\sum_{t=1}^{N_T}(\mathrm{Pr}_t-\varepsilon)E_t^{\mathrm{s}}-(\mathrm{Pr}_t+\varepsilon)E_t^{\mathrm{b}} \tag{14.40}$$

$$\text{s.t.}\quad \{E^{\mathrm{b}},E^{\mathrm{s}},\mathrm{SC},\mathrm{SD},\mathrm{SOC}\}\in X^{\mathrm{R}}(p^{\mathrm{R}}) \tag{14.41}$$

$$\{\{p_j^{\mathrm{R}},p_j^{\mathrm{D}}\}=\arg\min C_j^{\mathrm{P}}\},\quad \forall j \tag{14.42}$$

其中，目标函数 (14.40) 为零售商的总收益，由三部分组成：其一是向用户售电的收入；其二是向电力市场售电的收入；其三是从电力市场购电的支出. 此处假设未来市场电价序列 $\{\mathrm{Pr}_t\}$ 已知. 一般来讲，未来市场电价是不确定的，模型中可采用市场电价的预测值，也可以通过多场景近似处理此种不确定性. 为避免问题退化，进一步假设零售商的买入价/卖出价略高/低于市场电价，即在相应的系数中加入扰动常数 ε. 在此假定下，同时买卖电对零售商来讲必定不是最优策略. 式 (14.43) 中的集合 $X^{\mathrm{R}}(p^{\mathrm{R}})$ 是以用户策略 $p^{\mathrm{R}}=\{p_{jt}^{\mathrm{R}}\},\forall j,\forall t$ 为参数的零售商调度可行域，其定义如下：

$$X^{\mathrm{R}}(p^{\mathrm{R}})=\{(E^{\mathrm{b}},E^{\mathrm{s}},\mathrm{SC},\mathrm{SD},\mathrm{SOC})| \tag{14.43}$$

$$E_t^{\mathrm{b}}\geqslant 0,\quad E_t^{\mathrm{s}}\geqslant 0,\quad \forall t \tag{14.44}$$

$$0\leqslant \mathrm{SC}_t/D_t\leqslant \mathrm{SC}^{\max},\quad 0\leqslant \mathrm{SD}_t/D_t\leqslant \mathrm{SD}^{\max},\quad \forall t \tag{14.45}$$

$$\mathrm{SOC}_t=\mathrm{SOC}_{t-1}+\eta^{\mathrm{c}}\mathrm{SC}_t-\mathrm{SD}_t/\eta^{\mathrm{d}},\quad \forall t\in\{2,\cdots,N_T\} \tag{14.46}$$

$$0 \leqslant \mathrm{SOC}_t \leqslant \mathrm{SOC}^{\max}, \quad \forall t \in \{2, \cdots, N_T - 1\} \tag{14.47}$$

$$\mathrm{SOC}_t = \mathrm{SOC}^0, \quad t \in \{1, N_T\} \tag{14.48}$$

$$\sum_{j=1}^{N_C} p_{jt}^{\mathrm{R}} + \mathrm{SC}_t - \mathrm{SD}_t = E_t^{\mathrm{b}} - E_t^{\mathrm{s}},\ \forall t\} \tag{14.49}$$

其中，约束条件 (14.44) 表明零售商与电力市场交易的电量须为非负数. 约束条件 (14.45) ~ 条件 (14.48) 分别为储能装置的充放电功率约束、荷电状态方程、容量约束和边界条件. 约束条件 (14.49) 为电量平衡条件；p_{jt}^{R} 为用户 j 在 t 时段从零售商处购买的电量. 由于储能装置的充放电效率小于 1，且储能装置始末状态相同，因此同时充放电对零售商来说必定不是最优策略. 式 (14.42) 表示用户的优化问题，确定了用户的购电策略 $p_j^{\mathrm{R}} = \{p_{jt}^{\mathrm{R}}\}, \forall t, p_j^{\mathrm{D}} = \{p_{jt}^{\mathrm{D}}\}, \forall t$ 和零售商与分布式发电公司报价的关系. 当零售商提高电价时，部分用户会转而选择向分布式发电公司买电. 由于用户的购电策略与零售商和分布式发电公司的报价均相关，故零售商的收益与分布式发电公司的策略有关.

2. **分布式发电公司问题**

分布式发电公司的电价是 p_{jt}^{D} 的线性函数，即

$$\mathrm{price}_{jt} = a^{\mathrm{D}} + b^{\mathrm{D}} p_{jt}^{\mathrm{D}} \tag{14.50}$$

分布式发电公司的决策变量是价格参数 a^{D}，发电机调度指令 $p^{\mathrm{G}} = \{p_t^{\mathrm{G}}\}, \forall t$，以及与电力市场的新能源发电交易量 $E^{\mathrm{WS}} = \{E_t^{\mathrm{WS}}\}, \forall t$. 分布式发电公司的决策问题可表述为

$$\max \sum_{j=1}^{N_C} \sum_{t=1}^{N_T} (a^{\mathrm{D}} + b^{\mathrm{D}} p_{jt}^{\mathrm{D}}) p_{jt}^{\mathrm{D}} + \sum_{t=1}^{N_T} \mathrm{Pr}^{\mathrm{WS}} E_t^{\mathrm{WS}} - \sum_{t=1}^{N_T} (a^{\mathrm{G}} + b^{\mathrm{G}} p_t^{\mathrm{G}}) p_t^{\mathrm{G}} D_t \tag{14.51}$$

$$\text{s.t.} \quad \{E^{\mathrm{WS}}, p^{\mathrm{G}}\} \in X^{\mathrm{D}}(p^{\mathrm{D}}) \tag{14.52}$$

$$\{\{p_j^{\mathrm{R}}, p_j^{\mathrm{D}}\} = \arg\min C_j^{\mathrm{P}}\}, \quad \forall j \tag{14.53}$$

其中，目标函数 (14.51) 为分布式发电公司的总收益，包含三部分：第一部分是向用户售电的收入；第二部分是向电力市场出售新能源发电的收入；第三部分是电能生产的支出. 此处假设新能源发电 $\{p_t^{\mathrm{WS}}\}$ 已知，多余的电量以固定价格 $\mathrm{Pr}^{\mathrm{WS}}$ 向电力市场出售. 一般来讲，新能源发电具有随机性和波动性，不过可以通过多场景应对这种不确定性. 由于本节的主旨是研究由竞争导致的零售市场的均衡问题，故忽略了不确定性等因素而采用预测值. 集合 $X^{\mathrm{D}}(p^{\mathrm{D}})$ 是以用户策略 $p^{\mathrm{D}} = \{p_{jt}^{\mathrm{D}}\}, \forall j, \forall t$ 为参数的调度可行域，其定义为

$$X^{\mathrm{D}}(p^{\mathrm{D}}) = \{(E^{\mathrm{WS}}, p^{\mathrm{G}})|$$

$$0 \leqslant E_t^{\mathrm{WS}} \leqslant p_t^{\mathrm{WS}}, \quad \forall t \tag{14.54}$$

$$p_{\min}^{\mathrm{G}} \leqslant p_t^{\mathrm{G}} \leqslant p_{\max}^{\mathrm{G}}, \quad \forall t \tag{14.55}$$

$$D_t p_t^{\mathrm{G}} + p_t^{\mathrm{WS}} - E_t^{\mathrm{WS}} = \sum_{j=1}^{N_C} p_{jt}^{\mathrm{D}}, \quad \forall t\} \tag{14.56}$$

其中，约束 (14.54) 表明向电力市场出售的新能源发电既不能超过该时段新能源发电总量，也不能为负值. 约束 (14.55) 为柴油发电机的出力限制. 约束 (14.56) 为功率平衡方程，p_{jt}^{D} 为用户从分布式发电公司处购买的电量. 由于柴油发电机本身容量较小，出力的调节速度也较快，故此处不考虑爬坡约束. 与零售商问题类似，式 (14.53) 依旧表示用户的优化问题，通过求解该问题能够确定用户的购电策略 $p_j^{\mathrm{R}} = \{p_{jt}^{\mathrm{R}}\}, \forall t$, $p_j^{\mathrm{D}} = \{p_{jt}^{\mathrm{D}}\}, \forall t$ 和零售商与分布式发电公司报价的关系. 由于用户的购电策略与零售商报价和分布式发电公司报价有关，所以分布式发电公司的收益与零售商的策略有关.

3. 用户问题

在给定的零售商实时电价和分布式发电公司报价下，用户 j 的优化问题为

$$\left\{ \min_{\{\hat{p}_j^{\mathrm{R}}, \hat{p}_j^{\mathrm{D}}\} \in C_j^{\mathrm{P}}} \sum_{t=1}^{N_T} RTP_t \hat{p}_{jt}^{\mathrm{R}} + \sum_{t=1}^{N_T} (a^{\mathrm{D}} + b^{\mathrm{D}} \hat{p}_{jt}^{\mathrm{D}}) \hat{p}_{jt}^{\mathrm{D}} \right\}, \quad \forall j \tag{14.57}$$

其中，C_j^{P} 为用户 j 的可行域，其定义为

$$C_j^{\mathrm{P}} = \{(\hat{p}_{jt}^{\mathrm{R}}, \hat{p}_{jt}^{\mathrm{D}}), \forall t | \hat{p}_{jt}^{\mathrm{R}} + \hat{p}_{jt}^{\mathrm{D}} \leqslant P_j^m D_t \ : \ \rho_{jt}, \ \forall t \in T_a \tag{14.58}$$

$$\hat{p}_{jt}^{\mathrm{R}} \geqslant 0, \quad \forall t \in T_a, \quad \hat{p}_{jt}^{\mathrm{R}} = 0 \ : \ \theta_{jt}^{\mathrm{R}}, \ \forall t \notin T_a \tag{14.59}$$

$$\hat{p}_{jt}^{\mathrm{D}} \geqslant 0, \quad \forall t \in T_a, \quad \hat{p}_{jt}^{\mathrm{D}} = 0 \ : \ \theta_{jt}^{\mathrm{D}}, \ \forall t \notin T_a \tag{14.60}$$

$$\sum_{t=1}^{N_T} \hat{p}_{jt}^{\mathrm{R}} + \hat{p}_{jt}^{\mathrm{D}} = Q_j^{\mathrm{d}} \ : \ \mu_j\} \tag{14.61}$$

其中，ρ_{jt}、θ_{jt}^{R}、θ_{jt}^{D}、μ_j 为用户问题的对偶变量. 目标函数是用户 j 的支付，其中第一项是向零售商的支付，第二项是向分布式发电公司的支付. 约束 (14.58) 限制了用户 j 在 t 时段的最大用电功率. 约束 (14.59) 和约束 (14.60) 将非用电时段的功率限制为 0，故用户仅能在可用电时段消耗电能. 约束 (14.61) 为用户 j 的总需求量约束. 为简明起见，此处只考虑了以电池负荷为代表的可延迟性负载，事实上只要能够以线性不等式建模的负载都可以考虑. 由于价格信息对用户来说是已知的，每个用户的优化问题都是凸二次规划，故 KKT 条件即为最优解的充分必要条件.

进一步，由于每个用户的优化问题不包含耦合约束，因此下层约束实际上是若干个独立的凸二次规划问题，故该类问题可独立求解，不需要全局信息.

将零售商问题、分布式发电公司问题和用户问题以向量形式表示并联立，可得零售店里市场竞争性定价的博弈格局，如图 14.22 所示，其中，

$$x^1 = \{E^{\mathrm{b}}, E^{\mathrm{s}}, \mathrm{SC}, \mathrm{SD}, \mathrm{SOC}\}$$

表示零售商的调度策略，向量 c 对应于目标函数 (14.40) 中的系数，向量 $x^2 = \{E^{\mathrm{WS}}, p^G\}$ 表示分布式发电公司的调度策略，函数 f_1^{D} 和 f_2^{D} 对应于目标函数 (14.51). $p_j^{\mathrm{R}} = \{p_{jt}^{\mathrm{R}}\}$，$\forall t$ 为用户 j 在零售商处的购电策略，$p_j^{\mathrm{D}} = \{p_{jt}^{\mathrm{D}}\}$，$\forall t$ 为用户 j 在分布式发电公司处的购电策略.

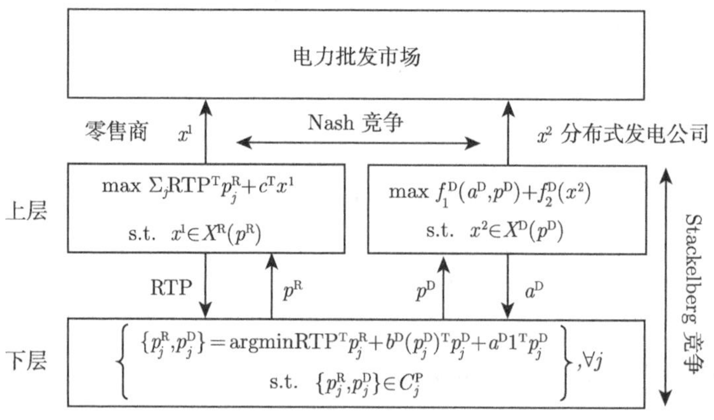

图 14.22 竞争型零售市场定价博弈

4. **竞争型零售市场定价博弈问题的求解方法**

写出下层用户问题的 KKT 最优性条件

$$C_j^{\mathrm{KKT}}(\mathrm{RTP}, a^{\mathrm{D}}) = \{(p_{jt}^{\mathrm{R}}, p_{jt}^{\mathrm{D}}, \rho_{jt}, \theta_{ijt}, \mu_j), \quad \forall t |$$

$$\sum_{t=1}^{N_T} p_{jt}^{\mathrm{R}} + p_{jt}^{\mathrm{D}} = Q_j^{\mathrm{d}}$$

$$0 \geqslant p_{jt}^{\mathrm{R}} + p_{jt}^{\mathrm{D}} - D_t P_j^m \perp \rho_{jt} \leqslant 0, \quad \forall t \in T_a$$

$$0 \leqslant p_{jt}^{\mathrm{R}} \perp \theta_{jt}^{\mathrm{R}} \geqslant 0, \quad \forall t \in T_a, \quad p_{jt}^{\mathrm{R}} = 0, \quad \forall t \notin T_a$$

$$0 \leqslant p_{jt}^{\mathrm{D}} \perp \theta_{jt}^{\mathrm{D}} \geqslant 0, \quad \forall t \in T_a, \quad p_{jt}^{\mathrm{D}} = 0, \quad \forall t \notin T_a$$

$$\mathrm{RTP}_t-\rho_{jt}-\theta_{jt}^{\mathrm{R}}-\mu_j=0,\quad \forall t$$
$$a^{\mathrm{D}}+b^{\mathrm{D}}p_{jt}^{\mathrm{D}}-\rho_{jt}-\theta_{jt}^{\mathrm{D}}-\mu_j=0,\quad \forall t\}$$

其中，记号 $x\perp y$ 为 x 和 y 中只能有一个严格大于 0，在非线性规划中表示为 $xy=0$. 对图 14.22 所示的博弈格局而言，其 Nash 均衡是存在的，因为零售商和分布式发电公司的最优反应总是存在的，尽管难以给出数学上的证明. 将下层用户问题用其 KKT 条件代替可得零售商和分布式发电公司的优化问题如下.

(1) 零售商问题.

$$\begin{aligned}\max\ &\sum_{j=1}^{N_C}\sum_{t=1}^{N_T}\mathrm{RTP}_t p_{jt}^{\mathrm{R}}+\sum_{t=1}^{N_T}(\mathrm{Pr}_t-\varepsilon)E_t^{\mathrm{s}}-\sum_{t=1}^{N_T}(\mathrm{Pr}_t+\varepsilon)E_t^{\mathrm{b}}\\ \text{s.t.}\ &\{E^{\mathrm{b}},E^{\mathrm{s}},\mathrm{SC},\mathrm{SD},\mathrm{SOC}\}\in X^{\mathrm{R}}(p^{\mathrm{R}})\\ &\{p_{jt}^{\mathrm{R}},p_{jt}^{\mathrm{D}},\rho_{jt},\theta_{jt}^{\mathrm{R}},\theta_{jt}^{\mathrm{D}},\mu_j,\forall t\}\in C_j^{\mathrm{KKT}}(a^{\mathrm{D}}),\quad \forall j\end{aligned}\tag{14.62}$$

(2) 分布式发电公司问题.

$$\begin{aligned}\max\ &\sum_{j=1}^{N_C}\sum_{t=1}^{N_T}(a^{\mathrm{D}}+b^{\mathrm{D}}p_{jt}^{\mathrm{D}})p_{jt}^{\mathrm{D}}+\sum_{t=1}^{N_T}\mathrm{Pr}^{\mathrm{WS}}E_t^{\mathrm{WS}}-\sum_{t=1}^{N_T}(a^{\mathrm{G}}+b^{\mathrm{G}}p_t^{\mathrm{G}})p_t^{\mathrm{G}}D_t\\ \text{s.t.}\ &\{E^{\mathrm{WS}},p^{\mathrm{G}}\}\in X^{\mathrm{D}}(p^{\mathrm{D}})\\ &\{p_{jt}^{\mathrm{R}},p_{jt}^{\mathrm{D}},\rho_{jt},\theta_{jt}^{\mathrm{R}},\theta_{jt}^{\mathrm{D}},\mu_j,\forall t\}\in C_j^{\mathrm{KKT}}(\mathrm{RTP}),\quad \forall j\end{aligned}\tag{14.63}$$

式 (14.62) 中，视分布式发电公司的策略 a^{D} 为参数；式 (14.63) 中，视零售商的策略 RTP 为参数. 为避免迭代过程中产生振荡，文献 [41] 提出在目标函数中加入阻尼项 $\tau_1\|\mathrm{RTP}-\mathrm{RTP}^*\|_2^2$ 和 $\tau_2(a^{\mathrm{D}}-a^{\mathrm{D}*})^2$，其求解过程概述如下.

第 1 步　设置收敛误差 $\delta>0$, 最大迭代次数 N, 当前迭代次数 $k=1$, 零售商的初始策略 $\mathrm{RTP}^*=\mathrm{RTP}^1=\mathrm{Pr}$，分布式发电公司的初始策略 $a^{\mathrm{D}*}=a^{\mathrm{D}1}=a^{\mathrm{G}}$.

第 2 步　固定 $a^{\mathrm{D}*}$ 和 RTP^k，求解分布式发电公司问题 (14.63)，记其最优解为

$$a^{\mathrm{D}(k+1)},\quad p^{\mathrm{G}(k+1)},\quad E^{\mathrm{WS}(k+1)}$$

令

$$\delta_2=|a^{\mathrm{D}(k+1)}-a^{\mathrm{D}*}|$$

固定 RTP^* 和 $a^{\mathrm{D}(k+1)}$，求解零售商问题 (14.62)，记其最优解为

$$\mathrm{RTP}^{k+1},\quad E^{b(k+1)},\quad E^{s(k+1)},\quad \mathrm{SC}^{k+1},\quad \mathrm{SD}^{k+1},\quad \mathrm{SOC}^{k+1}$$

令

$$\delta_1=\left\|\mathrm{RTP}^{k+1}-\mathrm{RTP}^*\right\|_2$$

第 3 步　若 $\delta_1+\delta_2<\delta$，报告最优解，算法结束.

第 4 步　若 $k=N$, 结束，报告算法未能收敛，否则, $k=k+1$, 更新 $a^{\mathrm{D}*}=a^{\mathrm{D}k}$, $\mathrm{RTP}^*=\mathrm{RTP}^k$, 返回第 2 步.

14.4.3　实例分析

考察某住宅区零售市场，市场电价参数来自位于西班牙某电力市场的实际数据[42]. 负荷假定为电动汽车，根据电池参数，将所有负荷分为 3 组，数据如表 14.25 所示. 可用充电时间如表 14.26 所示，其中“1”表示可充,“0”表示不可充. 零售商储能系统的参数如表 14.27 所示. 分布式发电公司参数如表 14.28 所示. 新能源发电量如图 14.23 所示. 计算结果如图 14.24 ~ 图 14.28 所示.

表 14.25　负荷参数

参数	A 型	B 型	C 型
Q_j^d/kWh	1080	1296	648
P_j^m/kW	200	180	90

表 14.26　可用充电时间

类型	时段	可充电否 (1/可充, 0/不可充)											
A 型	1~12	1	1	1	1	1	1	0	0	0	0	0	0
	13~24	0	0	0	0	0	0	0	0	0	1	1	1
B 型	1~12	1	1	1	1	1	1	1	1	0	0	0	0
	13~24	1	1	1	0	0	0	0	1	1	1	1	1
C 型	1~12	0	0	0	0	0	0	0	1	1	1	1	1
	13~24	1	1	1	1	1	1	1	1	0	0	0	0

表 14.27　储能设备参数

$\mathrm{SC}^{\max}$ /kW	$\mathrm{SD}^{\max}$ /kW	$\mathrm{SOC}^{\max}$ /kWh	SOC^0 /kWh	η^{c}	η^{d}
100	100	500	100	0. 93	0. 93

表 14.28　分布式发电公司参数

发电机参数				$\mathrm{Pr}^{\mathrm{WS}}$
b^{D}/(\$/kWh)	$p_{\min}^{\mathrm{G}}/p_{\max}^{\mathrm{G}}$/kW	a^{G}/(\$/kWh)	b^{G}/(\$/kWh)	/(\$/kWh)
0.001	15/100	0. 022	0. 001	0. 025

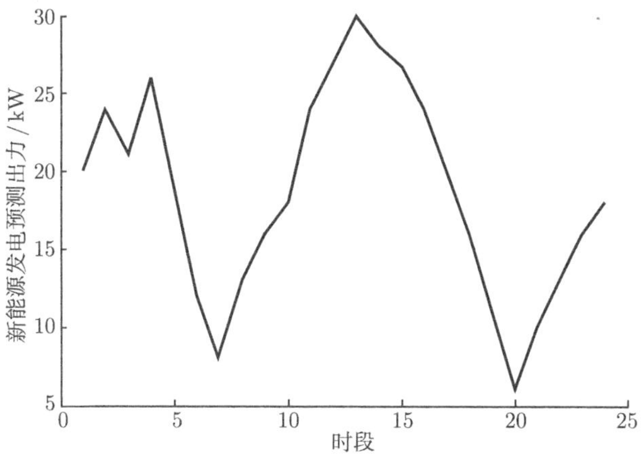

图 14.23 新能源发电量

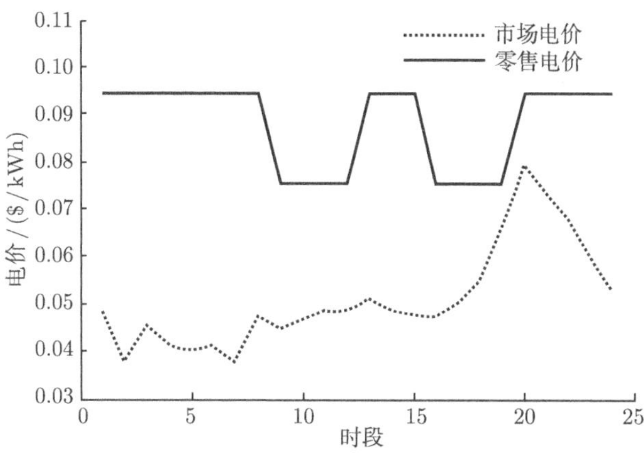

图 14.24 市场电价与零售电价

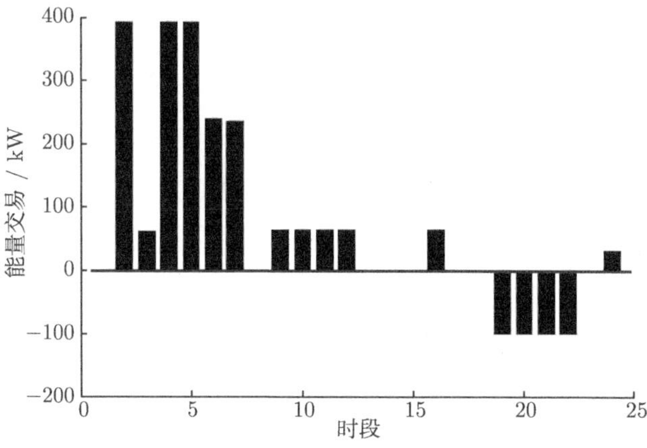

图 14.25 零售商的能量交易

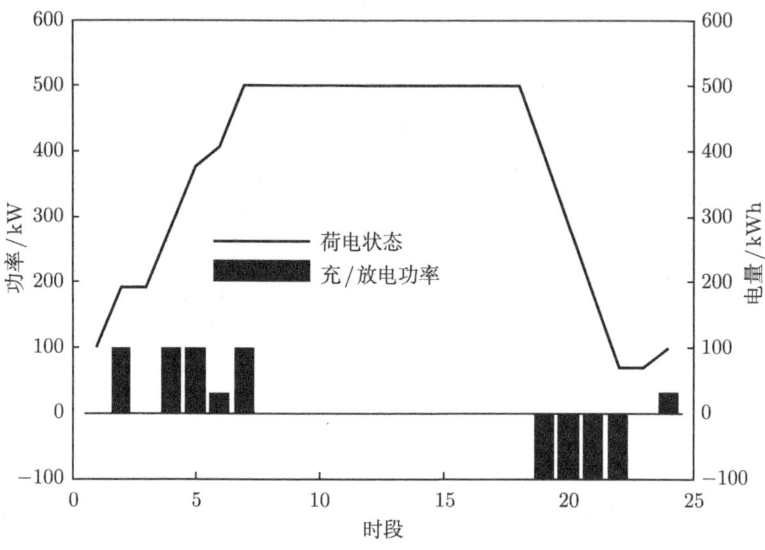

图 14.26　储能装置运行情况

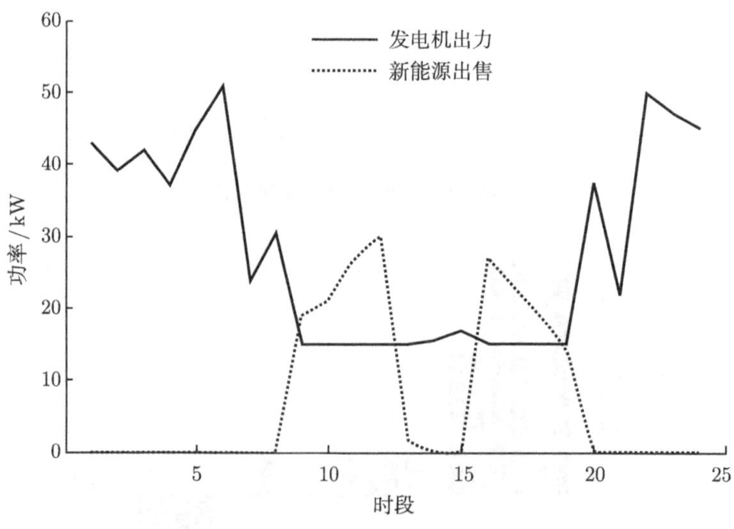

图 14.27　分布式发电公司调度策略

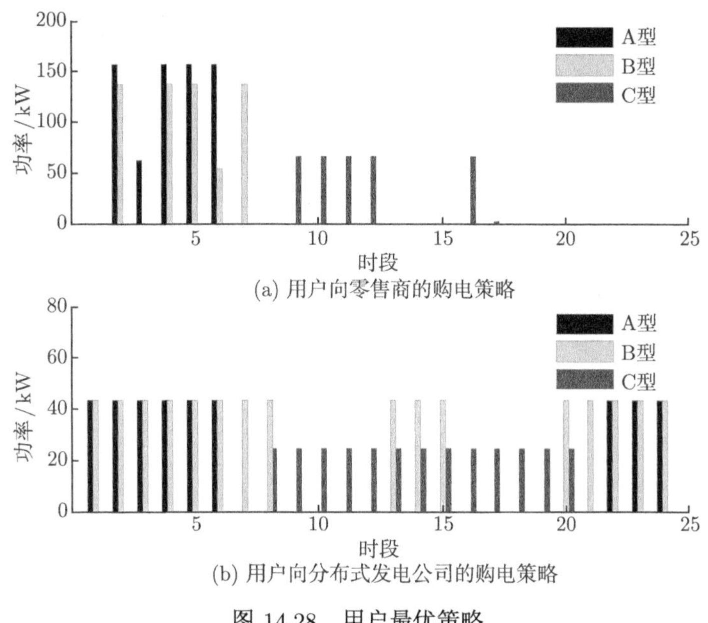

(a) 用户向零售商的购电策略

(b) 用户向分布式发电公司的购电策略

图 14.28 用户最优策略

由图 14.24 可见，零售商的实时电价总是高于市场电价，这是易于理解的. 倘若某时段的实时电价低于市场电价，而零售商从市场买电并出售，则其必亏；若零售商供以储能装置中的电能，则其收益不及向电力市场售电. 因此，实时电价低于市场电价必定不是零售商的最优策略. 由图 14.25 ~ 图 14.28 可见，零售商在低价时段买入电能，用于给储能装置和用户 (电动汽车) 充电，在高价时段售出电能. 分布式发电公司每个时段的负荷需求几乎相等，这是因为根据分布式发电公司的报价，消耗电量越多价格越高. 柴油发电机的出力随新能源发电出力而变化，能够满足相应的负荷需求. 在均衡点处，零售商和分布式发电公司都不能通过单独改变策略而获益. 同理，用户的策略对零售商和分布式发电公司的报价也是最优的. 事实上，对每个用户来说，从零售商和分布式发电公司处购电具有相同的边际成本.

改变新能源发电量，考察以下三种场景下市场均衡的变化：标称场景 (新能源发电量如图 14.23 所示)、高场景 (新能源发电量是图 14.23 所示的 2 倍) 和极高场景 (新能源发电量是图 14.23 所示的 3 倍)，计算结果如表 14.29 所示.

表 14.29 不同新能源发电比例下市场均衡情况对比

场景		正常	高	极高
利润/美元	零售商	86.44	68.41	53.80
	分布式发电公司	92.24	109.56	120.93
平均实时电价/($/kWh)		0.0846	0.0793	0.0746
a^{D}/($/kWh)		0.0506	0.0386	0.0273
用户单位用电成本/($/kWh)		0.0900	0.0839	0.0782

由表 14.29 可见，随着新能源发电量的增加，零售商和分布式发电公司的报价都将下降，但前者的利润下降而后者的利润上升. 这是因为当新能源发电量增大时，分布式发电公司的生产成本显著降低，竞争力上升，可以通过降价来吸引更多的用户 (表 14.29 中 a^{D} 的变化). 与此同时，低负荷时段有更多过剩的电量可以售往电力市场. 而为了挽留部分用户，零售商也将采取降价措施 (表 14.29 中平均实时电价的变化，此处是指有需求时段的平均实时电价)，但由于市场电价不变及总体需求的减少，零售商的利润将下降. 对用户来说，平均用电成本降低了，说明发展新能源发电对用户是有利的.

14.5 说明与讨论

本章采用主从博弈研究了碳排放税的制定问题，采用二人零和博弈研究了静态备用容量的配置问题，采用 Nash 谈判研究了电网公司的中长期购电计划问题，采用一般 N-S-N 博弈研究了零售市场的需求响应管理问题. 这 4 个问题均是当前电力经济领域亟待解决的典型难题. 本章工作致力于推动博弈论在解决电力经济问题方面的发展.

关于碳排放税的研究表明，主从博弈可以准确刻画发电企业对碳税的反应，为实际碳排放达到预期提供依据，从而克服传统碳税政策一个重要的不足，研究结果可以为相关政府部门制定政策提供参考. 进一步的研究将考虑从电源和电网规划的角度研究碳税政策的制定问题，包括改造发电设备、升级输电系统、投资新技术及开发可再生能源等永久性降低碳排放的手段，并在建模时考虑电力市场电价和可再生能源发电的不确定性，如此则所得模型将更贴近工程实际并更有理论价值。

关于静态备用容量配置的研究表明，博弈模型可以较好地处理风速概率分布参数不确定性下的静态备用容量配置问题，依据该模型得到的最优备用容量具有较强的鲁棒性. 需要指出的是，尽管博弈模型所具有的保守特性会导致备用容量的经济性能略差，但其对于保障发电系统的可靠性却是有益的.

关于中长期购电计划的研究表明，Nash 谈判可使经济性和节能性目标在竞争、合作意义上实现最优，对求解一般多目标优化问题也具有重要参考价值.

关于零售市场需求响应管理的研究表明，零售市场竞争导致的市场均衡可以提供合理的市场电价. 同时，接入更多的低成本新能源发电有利于降低零售市场电价. 该研究成果可为智能电网实施需求侧管理提供重要的理论依据. 进一步的研究将考虑新能源发电的不确定性和市场电价的不确定性.

参 考 文 献

[1] Wei W, Liang Y, Liu F, et al. Taxing strategies for carbon emissions: A bilevel optimization approach. Energies, 2014, 7(4):2228–2245.

[2] Mei S, Zhang D, Wang Y, et al. Robust optimization of static reserve planning with large-scale integration of wind power: A game theoretic approach. IEEE Transactions on Sustainable Energy, 2014, 5(2):535–545.

[3] 梅生伟，魏韡. 智能电网环境下主从博弈模型及应用实例. 系统科学与数学, 2014, 34(11): 1331–1344.

[4] 魏韡，陈玥，刘锋, 等. 基于主从博弈的智能小区电动汽车充电管理及代理商定价策略. 电网技术, 2015, 39(4):939–945.

[5] Wei W, Liu F, Mei S. Energy pricing and dispatch for smart grid retailers under demand response and market price uncertainty. IEEE Transactions on Smart Grid, 2015, 6(3):1364–1374.

[6] 王一，龚媛，王程，梅生伟，陈亮. 基于讨价还价博弈的中长期购电计划制定方法. 电力系统及其自动化学报，2013, 25(2): 136–142.

[7] Stavins R N. Market-based environmental policies. Public Policies for Environmental Protection, 2000, 2:31–76.

[8] Stavins R N. Experience with market-based environmental policy instruments. Handbook of Environmental Economics, 2003, 1:355–435.

[9] Ellerman A D, Buchner B K. The European Union emissions trading scheme: Origins, allocation, and early results. Review of Environmental Economics and Policy, 2007, 1(1):66–87.

[10] Keohane N O. Cap and trade, rehabilitated: Using tradable permits to control us greenhouse gases. Review of Environmental Economics and Policy, 2009, 3(1):42–62.

[11] Johnson K C. A decarbonization strategy for the electricity sector: New-source subsidies. Energy Policy, 2010, 38(5):2499–2507.

[12] Metcalf G E. Designing a carbon tax to reduce us greenhouse gas emissions. Review of Environmental Economics and Policy, 2009, 3(1):63–83.

[13] He Y, Wang L, Wang J. Cap-and-trade vs. carbon taxes: A quantitative comparison from a generation expansion planning perspective. Computers & Industrial Engineering, 2012, 63(3):708–716.

[14] Gjengedal T. Emission constrained unit-commitment. IEEE Transactions on Energy Conversion, 1996, 11(1):132–138.

[15] Wang S J, Shahidehpour S M, Kirschen D S, et al. Short-term generation scheduling with transmission and environmental constraints using an augmented lagrangian relaxation. IEEE Transactions on Power Systems, 1995, 10(3):1294–1301.

[16] Ramanathan R. Emission constrained economic dispatch. IEEE Transactions on Power

Systems, 1994, 9(4):1994–2000.
[17] Fan J Y，Zhang L. Real-time economic dispatch with line flow and emission constraints using quadratic programming. IEEE Transactions on Power Systems, 1998, 13(2):320–325.
[18] Baringo L，Conejo A J. Transmission and wind power investment. IEEE Transactions on Power Systems, 2012, 27(2): 885–893.
[19] Ackermann T. Wind Power in Power Systems. Chichester, West Sussex: John Wiley, 2005.
[20] Freris L，Infield D. Renewable Energy in Power Systems. Chichester, England: John Wiley & Sons, 2008.
[21] Halamay D A，Brekken T K A，Simmons A，et al. Reserve requirement impacts of large-scale integration of wind, solar, and ocean wave power generation. IEEE Transactions on Sustainable Energy, 2011, 2(3):321–328.
[22] Billinton R，Yi G. Multistate wind energy conversion system models for adequacy assessment of generating systems incorporating wind energy. IEEE Transactions on Energy Conversion, 2008, 23(1):163–170.
[23] Billinton R，Allan R N. Reliability Evaluation of Power Systems. Boston: Pitman Advanced Publishing Program, 1984.
[24] 郭永基. 电力系统可靠性分析. 北京: 清华大学出版社, 2003.
[25] Giorsetto P，Utsurogi K F. Development of a new procedure for reliability modeling of wind turbine generators. IEEE Transactions on Power Apparatus and Systems, 1983, 102(1):134–143.
[26] Johnson G L. Wind Energy Systems. Englewood Cliffs: Prentice-Hall, 1985.
[27] Peng W，Billinton R. Reliability benefit analysis of adding WTG to a distribution system. IEEE Transactions on Energy Conversion, 2001, 16(2):134–139.
[28] 毛毅，车文妍. 兼顾节能与经济效益的月度发电计划模型. 现代电力, 2008, 25(5):73–78.
[29] 尚金成，周劼英，程满. 兼顾安全与经济的电力系统优化调度协调理论. 电力系统自动化, 2007, 31(6):28–33.
[30] 尚金成. 兼顾市场机制与政府宏观调控的节能发电调度模式及运作机制. 电网技术, 2007, 31(24):55–62.
[31] 苗增强，谢宇翔，姚建刚，等. 兼顾能耗与排放的发电侧节能减排调度新模式. 电力系统自动化, 2009, 33(24):16–20.
[32] Fosso O B，Gjelsvik A，Haugstad A，et al. Generation scheduling in a deregulated system. the Norwegian case. IEEE Transactions on Power Systems, 1999, 14(1):75–81.
[33] Soares S, Azevedo A T，Oliveira A R L. Interior point method for long-term generation scheduling of large-scale hydrothermal. Annals of Operations Research, 2008, 169:155–180.
[34] 梁志飞，夏清，许洪强, 等. 基于多目标优化模型的省级电网月度发电计划. 电网技术,

2009, 33(13):90–95.

[35] Nash J F. The bargaining problem. Econometrica: Journal of the Econometric Society, 1950, 18(2):155–162.

[36] Das I, Dennis J E. Normal-boundary intersection: A new method for generating the pareto surface in nonlinear multicriteria optimization problems. SIAM, 1998, 8(3):631–651.

[37] Gungor V C, Sahin D, Kocak T, et al. Smart grid technologies: Communication technologies and standards. IEEE Transactions on Industrial Informatics, 2011, 7(4):529–539.

[38] Farhangi H. The path of the smart grid. IEEE Power and Energy Magazine, 2010, 8(1):18–28.

[39] Fang X, Misra S, Xue G, et al. Smart grid-the new and improved power grid: A survey. IEEE Communications Surveys & Tutorials, 2012, 14(4):944–980.

[40] Zugno M, Morales J M, Pinson P, et al. A bilevel model for electricity retailers' participation in a demand response market environment. Energy Economics, 2013, 36:182–197.

[41] Facchinei F, Kanzow C. Generalized Nash equilibrium problems. 4OR, 2007, 5(3):173–210.

[42] Baringo L, Conejo A J. Offering strategy via robust optimization. IEEE Transactions on Power Systems, 2011, 26(3):1418–1425.

第 15 章　鲁棒控制设计实例

现代电力系统在其运行过程中不可避免地会受到不确定性 (本书将其简称为干扰) 的影响，如负荷扰动、线路跳闸、自动装置误操作、控制器的测量误差和输入控制器的参数误差等，而传统 PID 控制、线性及非线性最优控制理论采用的数学模型具有固定结构和参数，故所构造的控制器难以充分抑制不确定性对系统的不利影响[1]. 现代鲁棒控制理论的发展，为应对电力系统控制问题中的不确定性提供了有效途径. 与最优控制理论将控制器设计建模为微分方程约束下的优化问题不同，鲁棒控制理论则更加主动地考虑不确定性的影响，将鲁棒控制问题建模为控制策略与干扰激励之间的二人零和微分博弈，其中干扰是支付型性能指标的极大化方，控制则是极小化方，在此背景下构造能够充分抑制干扰的鲁棒控制策略. 鲁棒控制已在电力系统中得到广泛应用，如发电机组励磁控制[2-7]、水轮机水门开度和汽轮机气门开度控制[8-10] 及 FACTS 等设备的控制[11-16]. 本章将第 10 章阐述的鲁棒控制设计方法应用于电力系统中的 4 个典型鲁棒控制设计问题，即水轮机组励磁与调速的协调鲁棒控制、非线性鲁棒电力系统稳定器设计、负荷频率鲁棒控制及 STATCOM 在线鲁棒控制.

15.1　水轮机励磁与调速的协调鲁棒控制

15.1.1　多机系统数学模型

大型水轮发电机组励磁与调速的协调控制对提高电力系统的暂态稳定性具有非常重要的作用. 然而由于励磁系统动态与调速系统动态紧密耦合, 大大增加了协调控制器设计的难度. 一方面，在设计调速控制器时，需要同时考虑流体动态、机械动态及机电暂态过程，具有多时间尺度的特点；另一方面，水力发电系统特有的水锤效应与发电机电气特性固有的非线性特性交织在一起使得综合控制器的设计尤为困难. 此种背景下，基于传统的 PID 控制或线性最优控制方法设计的水门开度控制器很难使闭环系统达到期望的效果，甚至在一些情况下还会起负作用. 为解决此问题，本节基于 Hamilton 系统设计法阐述一种大型水轮机组励磁与调速协调控制方法，可有效应对引水系统的非最小相位特性和发电系统的非线性特性. 当考虑系统干扰时，根据第 10 章介绍的鲁棒控制微分博弈建模与求解方法，水轮机组非线性鲁棒控制问题可以转化为二人零和微分博弈问题. 进一步求解该微分博弈问题的反馈 Nash 均衡，从而获得励磁与调速系统的非线性鲁棒控制策略，该策略不但能够使闭环系统渐近稳定，还能够充分抑制干扰对控制系统造成的不利影响.

考虑如图 15.1 所示的单机无穷大系统，其动态方程为

$$\begin{cases}\dot{\delta}=\Delta\omega=\omega-\omega_0\\ \Delta\dot{\omega}=-\dfrac{\omega_0}{M}\left[\dfrac{V_{\mathrm{s}}E_{\mathrm{q}}'}{x_{\mathrm{ds}}'}\sin\delta-\dfrac{V_{\mathrm{s}}^2(x_{\mathrm{qs}}-x_{\mathrm{ds}}')}{2x_{\mathrm{ds}}'x_{\mathrm{qs}}}\sin 2\delta-P_{\mathrm{m0}}\right]+\dfrac{\omega_0}{M}\Delta P_{\mathrm{m}}-\dfrac{D}{M}\Delta\omega\\ \dot{E}_{\mathrm{q}}'=-\dfrac{1}{T_{\mathrm{d}}'}E_{\mathrm{q}}'+\dfrac{1}{T_{d0}}\dfrac{x_{\mathrm{d}}-x_{\mathrm{d}}'}{x_{\mathrm{ds}}'}V_{\mathrm{s}}\cos\delta+\dfrac{1}{T_{\mathrm{d0}}}V_{\mathrm{f}}\\ \Delta\dot{P}_{\mathrm{m}}=\dfrac{2}{T_{\mathrm{w}}}[-\Delta P_{\mathrm{m}}+\Delta\mu-\dfrac{T_{\mathrm{w}}}{T_{\mathrm{s}}}(-\Delta\mu+u)]\\ \Delta\dot{\mu}=\dfrac{1}{T_{\mathrm{s}}}(-\Delta\mu+u)\end{cases}\tag{15.1}$$

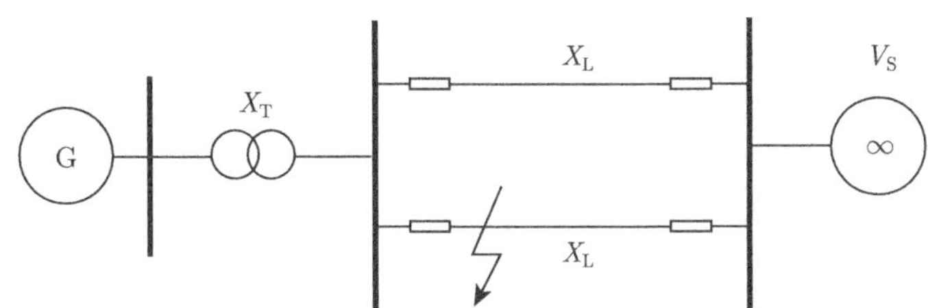

图 15.1 单机无穷大系统结构示意图

其中，ω_0 和 ω 为转子参考转速和实际转速；δ 为转子角；P_{m} 为水轮机的机械功率；P_{m0} 为 P_{m} 的初值，$\Delta P_{\mathrm{m}}=P_{\mathrm{m}}-P_{\mathrm{m0}}$；$E_{\mathrm{q}}'$ 为 q 轴暂态电势；V_{s} 为无穷大母线电压；D 为阻尼系数；$\Delta\mu$ 为水门开度增量；M 为发电机转子惯量；x_{d}、x_{d}'、x_{qs}、x_{ds}'、x_{T}、x_{l} 分别为发电机、变压器和网络相关电抗，$x_{\mathrm{ds}}'=x_{\mathrm{d}}'+x_{\mathrm{T}}+x_{\mathrm{l}}, x_{\mathrm{ds}}=x_{\mathrm{d}}+x_{\mathrm{T}}+x_{\mathrm{l}}$；$T_{\mathrm{d0}}$、$T_{\mathrm{d}}'$、$T_{\mathrm{w}}$、$T_{\mathrm{s}}$ 为相关时间常数；u 为输入到伺服电机的水门控制信号；V_{f} 为励磁控制输入. 为简明起见，本节仅考虑较短的引水管道及刚性水锤效应. 引入新的状态变量

$$\begin{cases}x_1=\delta\\ x_2=\Delta\omega\\ x_3=E_{\mathrm{q}}'\\ x_4=\Delta P_{\mathrm{m}}+2\Delta\mu\\ x_5=\Delta\mu\end{cases}$$

及控制输入

$$\begin{cases} u_1 = \dfrac{1}{T_{\mathrm{s}}} u \\ u_2 = \dfrac{1}{T_{\mathrm{d0}}} V_{\mathrm{f}} \end{cases}$$

则系统 (15.1) 可重写为

$$\begin{cases} \dot{x}_1 = x_2 \\ \dot{x}_2 = -\dfrac{\omega_0}{M}\left(P_{\mathrm{e}}(x_1, x_3) - P_{\mathrm{m0}}\right) - \dfrac{D}{M} x_2 + \dfrac{\omega_0}{M} x_4 - \dfrac{2\omega_0}{M} x_5 \\ \dot{x}_3 = -\dfrac{1}{T'_{\mathrm{d}}} x_3 + \dfrac{1}{T_{\mathrm{d0}}} \dfrac{x_{\mathrm{d}} - x'_{\mathrm{d}}}{x'_{\mathrm{ds}}} V_{\mathrm{s}} \cos x_1 + u_2 \\ \dot{x}_4 = -\dfrac{2}{T_{\mathrm{w}}} x_4 + \dfrac{6}{T_{\mathrm{w}}} x_5 \\ \dot{x}_5 = -\dfrac{1}{T_{\mathrm{s}}} x_5 + u_1 \end{cases} \tag{15.2}$$

其中

$$P_{\mathrm{e}}(x_1, x_3) = \frac{V_{\mathrm{s}} x_3 \sin x_1}{x'_{\mathrm{ds}}} - \frac{V_{\mathrm{s}}^2 (x_{\mathrm{qs}} - x'_{\mathrm{ds}}) \sin 2x_1}{2 x'_{\mathrm{ds}} x_{\mathrm{qs}}}$$

以下采用 10.4.2 节讨论的 Hamilton 系统方法设计励磁与调速协调控制器.

构造 Hamilton 函数

$$\begin{aligned} H(x) = {} & \frac{H}{2\omega_0} x_2^2 + \frac{1}{2}\left(\frac{1}{2} x_4 - x_5\right)^2 + \frac{1}{2} x_5^2 - \frac{V_{\mathrm{s}}}{x'_{\mathrm{ds}}} x_3 \cos x_1 \\ & + \frac{T_{\mathrm{d0}}}{2T'_{\mathrm{d}}(x_{\mathrm{d}} - x'_{\mathrm{d}})} x_3^2 + \frac{V_{\mathrm{s}}^2 T'_{\mathrm{d}} (x_{\mathrm{d}} - x'_{\mathrm{d}})}{(x'_{\mathrm{ds}})^2 T_{\mathrm{d0}}} + \frac{V_{\mathrm{s}}^2}{4} \frac{(x'_{\mathrm{ds}} - x_{\mathrm{qs}})}{x'_{\mathrm{ds}} x_{\mathrm{qs}}} \cos 2x_1 \\ & + \frac{V_{\mathrm{s}}^2}{4} \frac{(x'_{\mathrm{ds}} - x_{\mathrm{qs}})}{x'_{\mathrm{ds}} x_{\mathrm{qs}}} + P_{\mathrm{m0}}(\pi - x_1) - \frac{1}{3} x_4 (x_1 - x_{10}) + \frac{1}{3}(C\pi + x_{10}) \end{aligned} \tag{15.3}$$

其中, x_{10} 为状态变量 x_1 期望的平衡点. 将 $H(x)$ 改写为

$$\begin{aligned} H(x) = {} & \frac{T_{\mathrm{d0}}}{2T'_{\mathrm{d}}(x_{\mathrm{d}} - x'_{\mathrm{d}})} \left[x_3 - \frac{V_{\mathrm{s}} T'_{\mathrm{d}} (x_{\mathrm{d}} - x'_{\mathrm{d}})}{x'_{\mathrm{ds}} T_{\mathrm{d0}}} \cos x_1\right]^2 + \frac{H}{2\omega_0} x_2^2 \\ & + \left[\frac{T'_{\mathrm{d}}(x_{\mathrm{d}} - x'_{\mathrm{d}})}{x'_{\mathrm{ds}} T_{\mathrm{d0}}} + \frac{(x'_{\mathrm{ds}} - x_{\mathrm{qs}})}{2x_{\mathrm{qs}}}\right] \frac{V_{\mathrm{s}}^2}{x'_{\mathrm{ds}}} \sin^2 x_1 + \frac{1}{2}\left(\frac{1}{2} x_4 - x_5\right)^2 \\ & + \frac{1}{2} x_5^2 + P_{\mathrm{m0}}(\pi - x_1) - \frac{1}{3} x_4 (x_1 - x_{10}) + \frac{1}{3}(C\pi + x_{10}) \end{aligned} \tag{15.4}$$

记 $x_0 = [x_{10}, \cdots, x_{50}]^{\mathrm{T}}$ 为系统的平衡点, 不难验证, 若平衡点 x_0 满足

$$\frac{T_{\mathrm{d0}}}{T'_{\mathrm{d}}(x_{\mathrm{d}} - x'_{\mathrm{d}})} \left[\frac{V_{\mathrm{s}}}{x'_{\mathrm{ds}}} x_{30} \cos x_{10} + \frac{V_{\mathrm{s}}^2 (x'_{\mathrm{ds}} - x_{\mathrm{qs}})}{x_{\mathrm{qs}} x'_{\mathrm{ds}}} \cos 2x_{10}\right] > \frac{V_{\mathrm{s}}^2}{x'_{\mathrm{ds}}} \sin^2 x_{10} \tag{15.5}$$

则有

$$\nabla H(x)|_{x=x_0} = 0$$

且 x_0 是 $H(x)$ 的严格极小点. 不等式 (15.5) 给出了系统 (15.2) 的平衡点对 x_{10} 和 x_{30} 的要求. 事实上, 对于 $x_{10} \in [0, \pi/2)$, 通过调节设置励磁控制器的稳态输出, 容易满足上述不等式.

设置预反馈

$$u_1 = \frac{x_4}{3T_s} + \tilde{u}_1 \tag{15.6}$$

于是有

$$\tilde{u} = \begin{bmatrix} \tilde{u}_1 \\ \tilde{u}_2 \end{bmatrix} = \begin{bmatrix} u_1 - \dfrac{x_4}{3T_s} \\ u_2 \end{bmatrix} \tag{15.7}$$

原系统 (15.2) 通过预反馈可以转化为

$$\begin{bmatrix} \dot{x}_1 \\ \dot{x}_2 \\ \dot{x}_3 \\ \dot{x}_4 \\ \dot{x}_5 \end{bmatrix} = \begin{bmatrix} 0 & \dfrac{\omega_0}{M} & 0 & 0 & 0 \\ -\dfrac{\omega_0}{M} & -\dfrac{D\omega_0}{M^2} & 0 & 0 & -\dfrac{2\omega_0}{3M} \\ 0 & 0 & -\dfrac{x_d - x'_d}{T_{d0}} & 0 & 0 \\ 0 & 0 & 0 & 0 & \dfrac{2}{T_w} \\ 0 & 0 & 0 & 0 & -\dfrac{1}{3T_s} \end{bmatrix} \frac{\partial H}{\partial x} + \begin{bmatrix} 0 & 0 \\ 0 & 0 \\ 0 & 1 \\ 0 & 0 \\ 1 & 0 \end{bmatrix} \begin{bmatrix} \tilde{u}_1 \\ \tilde{u}_2 \end{bmatrix} \tag{15.8}$$

其中

$$\frac{\partial H}{\partial x} = \begin{bmatrix} P_e(x_1, x_3) - P_{m0} - x_4/3 \\ Mx_2/\omega_0 \\ \eta(x_1, x_3) \\ x_4/2 - x_5 - \Delta x_1/3 \\ -x_4 + 3x_5 \end{bmatrix}$$

$$\Delta x_1 = x_1 - x_{10}$$

$$\eta(x_1, x_3) = \frac{T_{d0}x_3}{T'_d(x_d - x'_d)} - \frac{V_s}{x'_{ds}} \cos x_1$$

选择

$$v = \begin{bmatrix} v_1 \\ v_2 \end{bmatrix} = \begin{bmatrix} \tilde{u}_1 - \dfrac{2x_2}{3} + \dfrac{2}{T_w}\left(\dfrac{x_4}{2} - x_5 - \dfrac{\Delta x_1}{3}\right) \\ \tilde{u}_2 \end{bmatrix} \tag{15.9}$$

则系统 (15.8) 可以写为

$$\dot{x} = (J - R)\frac{\partial H}{\partial x} + \tilde{g}v \tag{15.10}$$

其中

$$J = \begin{bmatrix} 0 & \dfrac{\omega_0}{M} & 0 & 0 & 0 \\ -\dfrac{\omega_0}{M} & 0 & 0 & 0 & -\dfrac{2\omega_0}{3M} \\ 0 & 0 & 0 & 0 & 0 \\ 0 & 0 & 0 & 0 & \dfrac{2}{T_{\mathrm{w}}} \\ 0 & \dfrac{2\omega_0}{3M} & 0 & -\dfrac{2}{T_{\mathrm{w}}} & 0 \end{bmatrix}$$

$$R = \begin{bmatrix} 0 & 0 & 0 & 0 & 0 \\ 0 & \dfrac{D\omega_0}{M^2} & 0 & 0 & 0 \\ 0 & 0 & \dfrac{x_{\mathrm{d}} - x'_{\mathrm{d}}}{T_{\mathrm{d0}}} & 0 & 0 \\ 0 & 0 & 0 & 0 & 0 \\ 0 & 0 & 0 & 0 & \dfrac{1}{3T_{\mathrm{s}}} \end{bmatrix}$$

$$\tilde{g} = \begin{bmatrix} 0 & 0 & 0 & 0 & 1 \\ 0 & 0 & 1 & 0 & 0 \end{bmatrix}^{\mathrm{T}}$$

系统输出函数为

$$y = g^{\mathrm{T}}\nabla H = \begin{bmatrix} -x_4 + 3x_5 \\ \eta(x_1, x_3) \end{bmatrix}$$

15.1.2　镇定控制器设计

根据 Hamilton 系统设计方法，使系统 (15.10) 渐近稳定的控制律为[2]

$$v = -Ky = -K\tilde{g}^{\mathrm{T}}(x)\frac{\partial H}{\partial x}$$

其中矩阵 K 可选为如下正定矩阵：

$$K = \begin{bmatrix} k_1 & 0 \\ 0 & k_2 \end{bmatrix}, \quad k_1 > 0, \quad k_2 > 0$$

由式 (15.7) 与式 (15.9) 可以推出励磁与调速协调控制律为

$$\begin{bmatrix} u \\ V_{\rm f} \end{bmatrix} = \begin{bmatrix} T_{\rm s}\left[\dfrac{2x_2}{3} + \dfrac{x_4}{3T_{\rm s}} - \dfrac{2}{T_{\rm w}}\left(\dfrac{x_4}{2} - x_5 - \dfrac{\Delta x_1}{3}\right) - k_1(3x_5 - x_4)\right] \\ -k_2 T_{\rm d0}\left[\dfrac{T_{\rm d0}}{T'_{\rm d}(x_{\rm d} - x'_{\rm d})}x_3 - \dfrac{V_{\rm s}}{x'_{\rm ds}}\cos x_1\right] \end{bmatrix} \tag{15.11}$$

由 $\mathrm{d}H(x)/\mathrm{d}t = 0$ 及系统方程 (15.10) 可推知最终闭环系统状态趋向于下述不变集

$$A = \left\{ x \in R^5 \left| \begin{array}{l} x_2 = 0 \\ \dfrac{V_{\rm s}}{x'_{\rm ds}}x_3 \sin x_1 - \dfrac{V_{\rm s}^2(x_{\rm qs} - x'_{\rm ds})}{2x_{\rm qs}x'_{\rm ds}}\sin 2x_1 - P_{\rm m0} + \dfrac{2\Delta x_1}{3} = 0 \\ \dfrac{x_3}{T'_{\rm d}} - \dfrac{V_{\rm s}(x_{\rm d} - x'_{\rm d})}{x'_{\rm ds}T_{\rm d0}}\cos x_1 = 0 \\ x_4 - \Delta x_1 = 0 \\ x_5 - \dfrac{\Delta x_1}{3} = 0 \end{array} \right. \right\} \tag{15.12}$$

显然，当 $\Delta x_1 = 0$ 时，该不变集正是系统的平衡点. 然而还可能有 $\Delta x_1 \neq 0$ 的解存在. 注意，不变集 A 中的元素是包含平衡点在内的状态空间中的孤立点，且在平衡点处有 $\nabla H(x)|_{x=x_0} = 0$，即 x_0 是 $H(x)$ 的一个严格极小点，故可找到一个适当的平衡点邻域 Ω，使得包含于 Ω 中的最大不变集只有平衡点 x_0. 有鉴于此，由 LaSalle 不变原理可知，闭环系统局部渐近稳定.

15.1.3 工作点调节问题

在实际系统运行中，常常需要把系统调节到一个期望的工作点，此即所谓工作点调节问题，通常在结构稳定的条件下，这样的调节是可行的. 在水轮机的励磁与调速协调控制中，由于调速器模型采用偏差型状态变量，因此在建模中已经考虑了工作点调节问题. 下面只需要考虑励磁控制的工作点调节问题.

对一个希望的平衡点 $(x_{10}, 0, x_{30}, 0, 0, 0)$，可以在 v 的分量 v_2 中嵌入一项常数控制，即

$$\bar{v}_2 = \eta(x_{10}, x_{30}) = \frac{x_{\rm d} - x'_{\rm d}}{T_{\rm d0}}\eta_0$$

然后对预反馈进行修正，即

$$v_2 = \Delta v_2 + \bar{v}_2$$

相应地，Hamilton 函数应修正为

$$H_{\rm c}(x) = H(x) - \eta_0 x_3$$

从而系统动态方程可写为

$$\dot{x}=(J-R)\frac{\partial H_{\mathrm{c}}}{\partial x}+\tilde{g}\tilde{v} \tag{15.13}$$

其中

$$\frac{\partial H_{\mathrm{c}}}{\partial x}=\begin{bmatrix} P_{\mathrm{e}}(x_1,x_3)-P_{\mathrm{m0}}-x_4/3 \\ Mx_2/\omega_0 \\ \eta(x_1,x_3)-\eta_0 \\ x_4/2-x_5-\Delta x_1/3 \\ -x_4+3x_5 \end{bmatrix}$$

$$\tilde{v}=\begin{bmatrix} v_1 \\ \Delta v_2 \end{bmatrix}$$

因此可以得到反馈控制律为

$$\tilde{v}=-K\tilde{\mathrm{g}}^{\mathrm{T}}(x)\frac{\partial H_{\mathrm{c}}}{\partial x}$$

最终励磁与调速协调鲁棒控制器的表达式为

$$\begin{bmatrix} u \\ V_{\mathrm{f}} \end{bmatrix}=\begin{bmatrix} T_{\mathrm{s}}\left[\dfrac{2x_2}{3}+\dfrac{x_4}{3T_{\mathrm{s}}}-\dfrac{2}{T_{\mathrm{w}}}\left(\dfrac{x_4}{2}-x_5-\dfrac{\Delta x_1}{3}\right)-k_1(3x_5-x_4)\right] \\ (x_{\mathrm{d}}-x'_{\mathrm{d}})\eta_0-k_2T_{\mathrm{d0}}\left[\dfrac{T_{\mathrm{d0}}}{T'_{\mathrm{d}}(x_{\mathrm{d}}-x'_{\mathrm{d}})}x_3-\dfrac{V_{\mathrm{s}}}{x'_{\mathrm{ds}}}\cos x_1-\eta_0\right] \end{bmatrix} \tag{15.14}$$

容易验证，在上述励磁与调速协调控制律作用下水轮发电机组闭环系统在调节后的工作点处是局部渐近稳定的.

15.1.4 鲁棒控制器设计

当考虑扰动时，系统动态方程为

$$\begin{cases} \dot{x}_1=x_2 \\ \dot{x}_2=-\dfrac{\omega_0}{M}\left(P_{\mathrm{e}}(x_1,x_3)-P_{\mathrm{m0}}\right)-\dfrac{D}{M}x_2+\dfrac{\omega_0}{M}x_4-\dfrac{2\omega_0}{M}x_5+w_1 \\ \dot{x}_3=-\dfrac{1}{T'_{\mathrm{d}}}x_3+\dfrac{1}{T_{\mathrm{d0}}}\dfrac{x_{\mathrm{d}}-x'_{\mathrm{d}}}{x'_{\mathrm{ds}}}V_{\mathrm{s}}\cos x_1+u_2+\dfrac{1}{T_{\mathrm{d0}}}w_2 \\ \dot{x}_4=-\dfrac{2}{T_{\mathrm{w}}}x_4+\dfrac{6}{T_{\mathrm{w}}}x_5 \\ \dot{x}_5=-\dfrac{1}{T_{\mathrm{s}}}x_5+u_1+\dfrac{1}{T_{\mathrm{s}}}w_3 \end{cases} \tag{15.15}$$

其中，w_1 为发电机转子上的机械扰动；w_2 和 w_3 可以分别视为励磁控制输入与水门控制输入通道中带入的干扰，其作用是使系统动态性能恶化. 鲁棒控制器的设计目标即是设计控制律 u 使得闭环系统内部稳定，同时最大程度地抑制干扰带来的不利影响，该设计过程正好构成一类二人零和微分博弈格局.

在引入了反馈镇定控制器 (15.14) 后，系统 (15.15) 在外部干扰为零的情况下局部渐近稳定，当干扰 $w \neq 0$ 时，系统 (15.15) 可重新写为

$$\begin{cases} \dot{x} = (J - R)\dfrac{\partial H_{\mathrm{c}}}{\partial x} + g_1 w \\ y = \tilde{g}^{\mathrm{T}}\dfrac{\partial H_{\mathrm{c}}}{\partial x} \end{cases} \tag{15.16}$$

其中

$$g_1 = \begin{bmatrix} 0 & 1 & 0 & 0 & 0 \\ 0 & 0 & \dfrac{1}{T_{\mathrm{d0}}} & 0 & 0 \\ 0 & 0 & 0 & 0 & \dfrac{1}{T_{\mathrm{s}}} \end{bmatrix}^{\mathrm{T}}$$

选择调节输出函数为

$$z = \begin{bmatrix} g_2^{\mathrm{T}}\dfrac{\partial H_{\mathrm{c}}}{\partial x} \\ v_1 \\ \Delta v_2 \end{bmatrix} = \begin{bmatrix} Mx_2/\omega_0 \\ [\eta(x_1, x_3) - \eta_0]/T_{\mathrm{d0}} \\ (-x_4 + x_5)/T_{\mathrm{s}} \\ v_1 \\ \Delta v_2 \end{bmatrix}$$

对于水轮机励磁与调速协调控制器设计，给出如下定理.

定理 15.1 [2] 对于式 (15.15) 描述的水轮机励磁与调速系统，假设期望的工作点满足条件 (15.5)，且该系统具有式 (15.16) 所示的动态方程，如果对于一个给定的正数 $\gamma > 0$，存在某个正数 $\beta > 0$ 使得

$$\begin{cases} \left(\dfrac{D\omega_0}{M^2}\beta - \dfrac{1}{2}\right) - \dfrac{\beta^2}{2\gamma^2} \geqslant 0 \\ \left(\dfrac{x_{\mathrm{d}} - x'_{\mathrm{d}}}{T_{\mathrm{d0}}}\beta - \dfrac{1}{2T_{\mathrm{d0}}^2}\right) + \dfrac{\beta^2}{2} - \left(\dfrac{\beta^2}{2T_{\mathrm{d0}}^2\gamma^2}\right) \geqslant 0 \\ \left(\dfrac{1}{3T_{\mathrm{s}}}\beta - \dfrac{1}{2T_{\mathrm{s}}^2}\right) + \dfrac{\beta^2}{2} - \left(\dfrac{\beta^2}{2T_{\mathrm{s}}^2\gamma^2}\right) \geqslant 0 \end{cases} \tag{15.17}$$

则反馈控制

$$u = -\beta\tilde{g}^{\mathrm{T}}\frac{\partial H_{\mathrm{c}}}{\partial x} \tag{15.18}$$

是该控制系统关于调节输出函数 z 的鲁棒控制问题的一个解.

这里还需要讨论不等式 (15.17) 的解是否存在. 事实上，若选择一个足够大的正数 β，使得

$$\begin{cases} \dfrac{D\omega_0}{H^2}\beta - \dfrac{1}{2} > 0 \\ \dfrac{x_{\mathrm{d}} - x'_{\mathrm{d}}}{T_{\mathrm{d0}}}\beta - \dfrac{1}{2T_{\mathrm{d0}}^2} + \dfrac{\beta^2}{2} > 0 \\ \dfrac{1}{3T_{\mathrm{s}}}\beta - \dfrac{1}{2T_{\mathrm{s}}^2} + \dfrac{\beta^2}{2} > 0 \end{cases}$$

这时一定会存在某个 $\gamma > 0$ 使式 (15.17) 成立，于是总可以找到一对 $\beta > 0$ 和 $\gamma > 0$ 满足式 (15.17)，从而得到系统 (15.16) 的鲁棒控制律. 然而如果给定的正数 $\gamma > 0$ 太小，则有可能并不存在满足式 (15.17) 的正数 β，这意味着 γ 有最小值. 事实上，式 (15.17) 等价于下述不等式组:

$$\begin{cases} \gamma^2 \geqslant \dfrac{\beta^2}{\dfrac{2D\omega_0}{M^2}\beta - 1} \\ \gamma^2 \geqslant \dfrac{\beta^2}{\beta^2 + \dfrac{2(x_{\mathrm{d}} - x'_{\mathrm{d}})}{T_{\mathrm{d0}}}\beta - \dfrac{1}{T_{\mathrm{d0}}^2}} \\ \gamma^2 \geqslant \dfrac{\beta^2}{\beta^2 + \dfrac{2}{3T_{\mathrm{s}}}\beta - \dfrac{1}{T_{\mathrm{s}}^2}} \end{cases}$$

通过代数运算可知，γ 的最小值为

$$\gamma^* = \max\left\{\frac{M^2}{D\omega_0}, \frac{1}{(x_{\mathrm{d}} - x'_{\mathrm{d}})T_{\mathrm{d0}}}, \frac{3}{T_{\mathrm{s}}}\right\}$$

满足式 (15.17) 的正数 β 即为 γ^*.

综上，上述控制器 (15.18) 赋予闭环系统充分抑制干扰的能力，其物理本质则来源于系统本身的耗散结构，这是因为从上文关于 γ 的讨论可以看出，系统的干扰抑制能力只由系统本身的参数和结构决定. 从另外一个角度来看，上述设计方法还为解决 L_2 增益干扰抑制控制中关于最佳抑制能力的估计问题提供了一条新径.

15.1.5 控制效果

为验证所设计控制器的效果，基于图 15.1 所示的单机无穷大系统进行仿真分析. 故障设置为: 0.1s 时，双回线中一条线路靠近机端处发生三相短路，0.35s 时保护动作切除该线路，0.85s 时重合闸成功. 仿真中考虑两种不同的输入限幅.

弱限幅 $|u| \leqslant 0.65$ 及 $|\Delta V_{\mathrm{f}}| \leqslant 0.75(V_{\mathrm{f0}} = 0.766)$.

强限幅 $|u| \leqslant 0.3$ 及 $|\Delta V_{\mathrm{f}}| \leqslant 0.5(V_{\mathrm{f0}} = 0.766)$.

测试系统的参数选择为 (标幺值)

$$M = 5, \quad T_{\mathrm{d0}} = 7.4, \quad D = 1, \quad P_{\mathrm{m0}} = 0.6530, \quad x_{\mathrm{d}} = 0.909, \quad x_{\mathrm{q}} = 0.537$$

$$x'_{\mathrm{d}} = 0.211, \quad x_{\mathrm{t}} = 0.12, \quad x_{\mathrm{l}} = 0.4, \quad T_{\mathrm{s}} = 5, \quad T_{\mathrm{w}} = 3, \quad \omega_0 = 314.16$$

对于干扰抑制参数我们也选取两种不同情况.

情况 1：$\beta^* = \gamma^* = 0.6$.

情况 2：$\gamma = 1, \beta = 0.3$.

图 15.2 ~ 图 15.11 分别描述了不同限幅及参数条件下系统的功角、转子速度、q 轴暂态电势、水门开度及受限的控制输入在故障后的变化趋势. 仿真结果中，实线表示采用情况 1 中的参数，点划线表示采用情况 2 中的参数. 从这些图中可以看出，两种抑制参数下，所设计的控制器均能很好地镇定系统. 熟知，由于存在水锤效应，在水门开度减小的瞬间，水轮机输出的有功功率不是减少而是会突然增加，此种非最小相位特性使得常规 PI 控制器难以取得好的控制效果，甚至可能导致更严重的振荡. 采用本节提出的鲁棒控制器在建模中考虑了水锤效应，从图 15.6 可以看出，故障瞬间，为了减小输出的机械功率，水门开度不是立刻减小，而是先增大，后减小，从而使输出的机械有功功率迅速减小. 这一现象在两种抑制参数设置下的曲线图中都得到了印证. 另一个事实是当选取更小的抑制参数时，闭环系统有更好的动态性能. 这也与理论分析相符合. 当限幅较强时系统不能保持稳定. 图 15.9 ~ 图 15.11 显示控制输入达到了顶值，然后系统失稳.

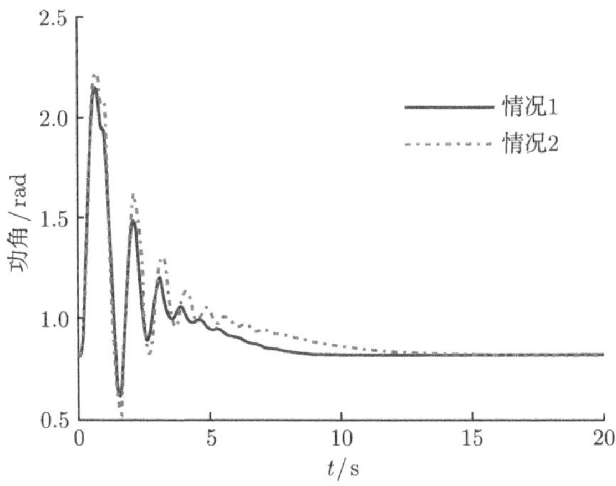

图 15.2 弱限幅的功角曲线

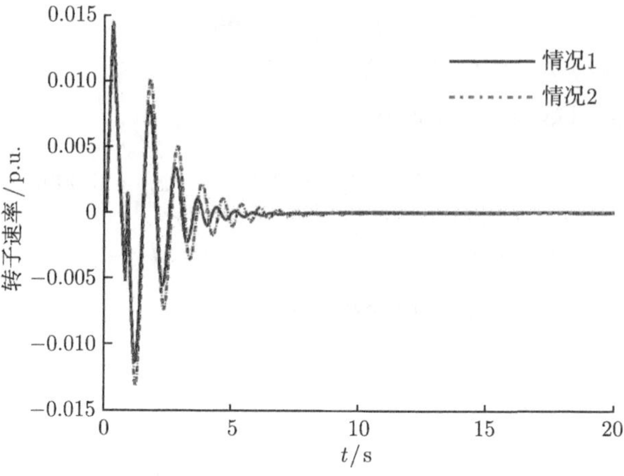

图 15.3　弱限幅的转子速率曲线

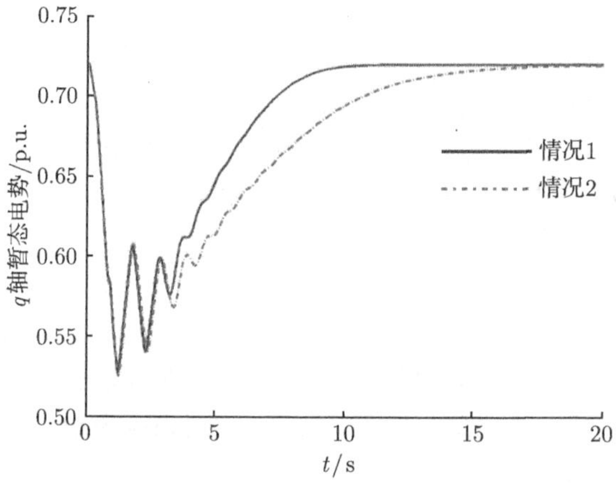

图 15.4　弱限幅的 q 轴暂态电势曲线

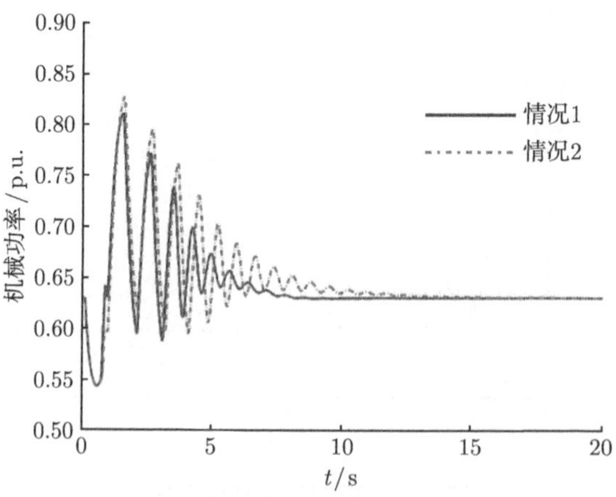

图 15.5　弱限幅的机械功率曲线

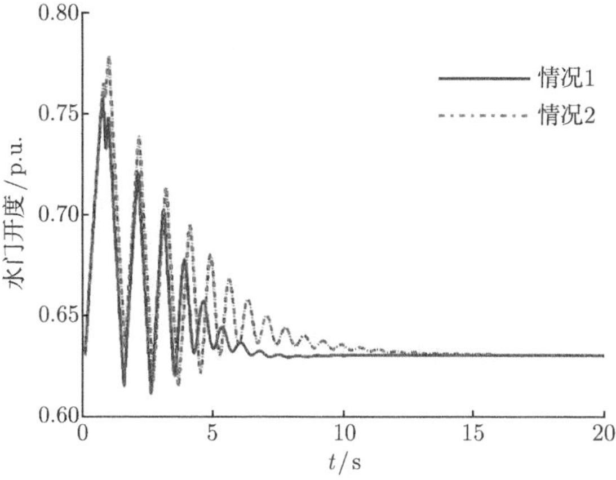

图 15.6　弱限幅的水门开度曲线

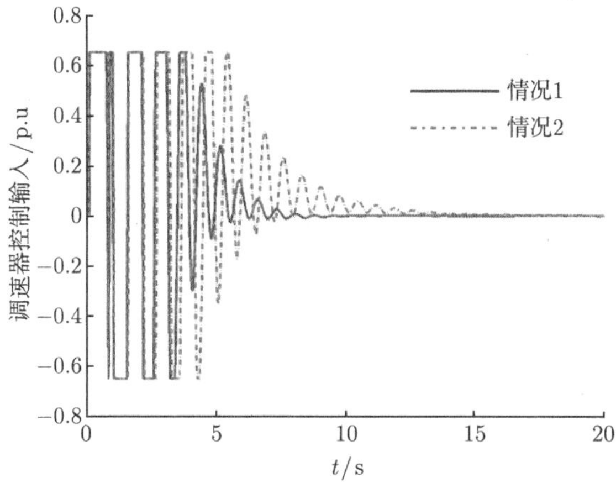

图 15.7　弱限幅的调速器控制输入曲线

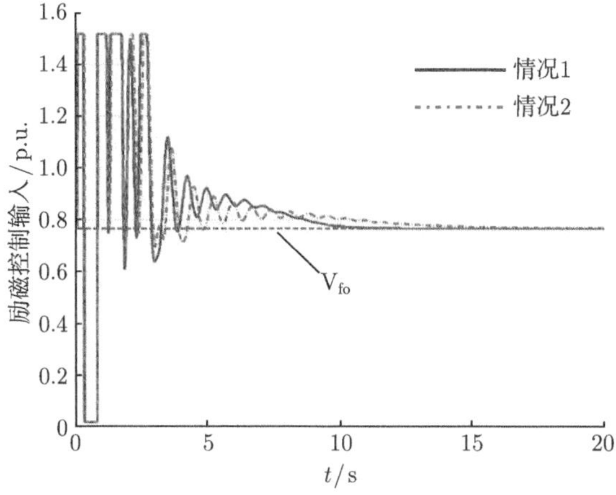

图 15.8　弱限幅的励磁控制输入曲线

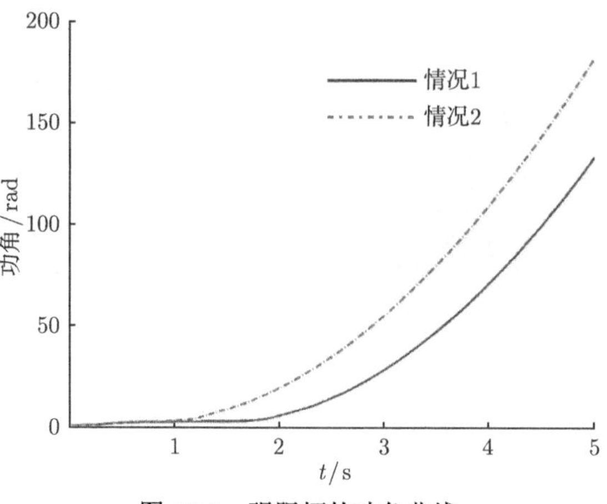

图 15.9　强限幅的功角曲线

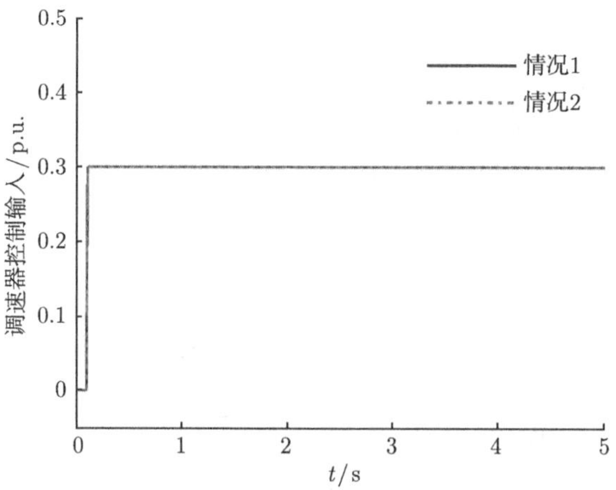

图 15.10　强限幅的调速器控制输入曲线

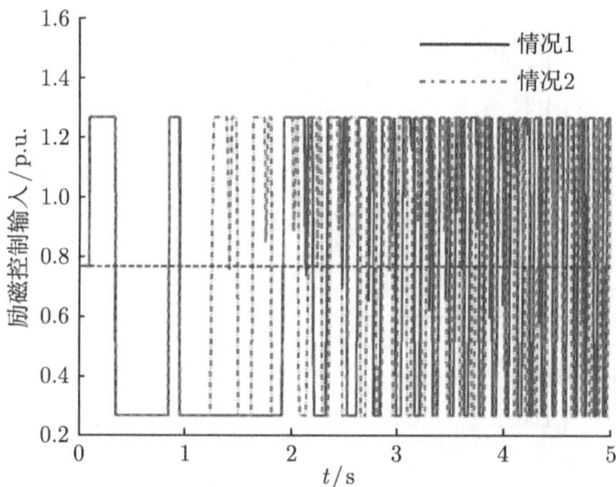

图 15.11　强限幅的中的励磁控制输入曲线

如前所述，由于电力系统本身的非线性特性和水门调速系统的非最小相位特性，使水轮机励磁与调速的协调控制问题成为一类复杂的鲁棒控制问题. 本节将其建模为微分博弈问题，并在此基础上采用第 10 章中给出的 Hamilton 系统方法设计系统的协调鲁棒控制器，同时对干扰抑制水平和控制器参数的选取进行了讨论. 应该说本节工作较好地解决了水轮机励磁与调速控制器设计中的协调难题.

15.2 非线性鲁棒电力系统稳定器

发电机励磁系统的主要作用是调节发电机电压、保障发电机稳定满发，它对电力系统的静态、动态和暂态稳定起着重要的作用，尤其是对大规模互联电力系统的稳定性具有不可低估的影响. 长期以来，世界各国的电力科技工作者在该领域艰苦探索，研究各类控制策略并研发出多种励磁控制技术，如比例积分微分控制 (PID)、电力系统稳定器 (PSS)、线性最优励磁控制 (LOEC)、非线性最优励磁控制 (NOEC). 虽然这些技术均不同程度地应用于电力系统且取得了较好的工程效果，但面对现代互联电网最关键的设备之一 —— 大型发电机组的励磁控制，仍存在难以克服的局限性. 这主要是因为现代电力系统在其运行中不可避免地会受到不确定性 (如外界干扰和未建模动态等) 的影响，同时电力系统动态呈强非线性和高耦合性. 而上述 4 种控制方法在建模时无一例外地采用具有固定结构和参数的模型，即没有考虑系统所受到的不确定性，特别是 PID、PSS 和 LOEC 均基于系统运行工作点附近的近似线性化模型，从而忽略了系统固有的非线性特性.

为了克服现有励磁控制技术的不足，文献 [1,4,5] 从提高电力系统稳定性的角度出发，建立了考虑干扰的多机电力系统励磁系统非线性模型，并在此基础上应用变尺度反馈线性化 H_∞ 方法设计并研制了新一代的大型发电机组非线性鲁棒电力系统稳定器 (nonlinear robust power system stabilizer, NR-PSS)，进一步完成了 NR-PSS 工程实用化研究，开发了工业装置. 以下简要介绍上述成果.

15.2.1 多机系统数学模型

考虑一个由 n 台发电机组成的电力系统，并作如下假定.

(1) 同步发电机采用静止可控硅快速励磁方式，即励磁机时间常数 $T_{\mathrm{e}}=0$.

(2) 发电机机械功率在暂态过程中保持不变，即 P_{m} 为恒定值.

(3) 在模型中考虑发电机转子上的机械功率扰动 w_{i1} 和励磁回路中的电气扰动 w_{i2}, w_{i1} 和 w_{i2} 均属于扩展 L_2 空间.

在上述假设下，多机系统模型可以描述为

$$\begin{cases}\dot{\delta}_i = \omega_i - \omega_0 \\ \dot{\omega}_i = \dfrac{\omega_0}{H_i}(P_{\mathrm{m}i} - P_{\mathrm{e}i} - P_{\mathrm{D}i} + w_{i1}) \\ \dot{E}'_{\mathrm{q}i} = \dfrac{1}{T_{\mathrm{d0}i}}(-E_{\mathrm{q}i} + V_{i\mathrm{NR\text{-}PSS}} + w_{i2})\end{cases} \tag{15.19}$$

其中

$$P_{\mathrm{e}i} = G_{ii}{E'}^2_{\mathrm{q}i} + E'_{\mathrm{q}i}\sum_{j=1,j\neq i}^{n} B_{ij}E'_{\mathrm{q}j}\sin\delta_{ij}$$

$$P_{\mathrm{D}i} = \frac{D_i}{\omega_0}(\omega_i - \omega_0)$$

$$E_{\mathrm{q}i} = E'_{\mathrm{q}i} + I_{\mathrm{d}i}(x_{\mathrm{d}i} - x'_{\mathrm{d}i})$$

$$I_{\mathrm{d}i} = -B_{ii}E'_{\mathrm{q}i} + \sum_{j=1,j\neq i}^{n} Y_{ij}E'_{\mathrm{q}j}\sin(\delta_{ij} - \phi_{ij})$$

式中，下标 i 和 j 分别为第 i 台和第 j 台发电机的参数和状态量 (以下同)；I_{d} 为电枢电流的 d 分量；δ 为转子运行角 (弧度)；ω 为角速度 (弧度/s)；P_{m} 为机械功率 (标幺值)；P_{e} 为电磁功率 (标幺值)；P_{D} 为阻尼功率 (标幺值)；D 为阻尼系数 (标幺值)；E'_{q} 和 E_{q} 为同步机暂态电势和空载电势 (标幺值)；x_{d}、x_{q}、x'_{d} 分别为 d 轴同步电抗、q 轴同步电抗和 d 轴暂态电抗 (标幺值)；T_{d0} 为定子开路时励磁绕组时间常数 (s)；H 为转动惯量 (s)；P_{m} 为发电机原动机机械功率；w_1 为发电机转子上的机械功率扰动；w_2 为励磁回路中的电气扰动；B_{ii} 为第 i 节点电纳 (标幺值)；G_{ii} 为第 i 节点电导 (标幺值)；Y_{ij} 为第 i 节点和第 j 节点之间的导纳 (标幺值)；ϕ_{ij} 为阻抗角，$V_{i\mathrm{NR\text{-}PSS}}$ 为 NR-PSS 控制器输出 (标幺值).

15.2.2　NR-PSS 控制器设计

本节采用 10.4.1 节的变尺度反馈线性化 H_∞ 方法设计多机系统的鲁棒励磁控制律.

根据式 (15.19)，第 i 台发电机的动态方程为

$$\dot{x}_i = f_i(x) + g_i(x)u_i + q_{i1}(x)w_{i1} + q_{i2}(x)w_{i2}, \quad 1 \leqslant i \leqslant n \tag{15.20}$$

其中

$$x_i = [\delta_i\ \omega_i\ E'_{\mathrm{q}i}]^{\mathrm{T}}, \quad u_i = V_{i\mathrm{NR\text{-}PSS}}, \quad w_i = [0\ w_{i1}\ w_{i2}]^{\mathrm{T}}$$

$$f_i(x) = \left[\omega_i - \omega_0 \quad \frac{\omega_0}{H_i}(P_{\mathrm{m}i} - P_{\mathrm{e}i} - P_{\mathrm{D}i}) \quad -\frac{1}{T_{\mathrm{d0}i}}E_{\mathrm{q}i}\right]^{\mathrm{T}}$$

$$g_i(x) = \left[0\ 0\ \frac{1}{T_{\mathrm{d}0i}}\right]^{\mathrm{T}}, \quad q_{i1}(x) = \left[0\ \frac{\omega_0}{H_i}\ 0\right]^{\mathrm{T}}, \quad q_{i2}(x) = \left[0\ 0\ \frac{1}{T_{\mathrm{d}0i}}\right]^{\mathrm{T}}$$

NR-PSS 的设计属于非线性鲁棒控制问题，其控制目标是要保证在干扰为零的情况下，闭环系统内部稳定；在干扰属于 $L_2[0,T]$ 空间时，闭环系统满足 L_2 增益不等式。根据第 10 章的论述，该控制问题实质上是一类二人零和微分博弈问题。

式 (15.20) 中，两个扰动项 w_{i1}、w_{i2} 出现在第 i 台发电机的第 2、3 个动态方程中，分别代表发电机转子轴系的机械扰动及励磁电压扰动。扰动项的决策目标是尽可能地恶化闭环系统性能，而需要设计的励磁控制器 u_i，其决策目标是在保证闭环系统内部稳定的同时最小化扰动对系统性能的影响. 决策双方目标相悖，且其动态行为始终受微分方程 (15.20) 的约束，从而构成一个二人零和微分博弈问题。下面采用 10.4.1 节介绍的变尺度反馈线性化方法求解该微分博弈问题，进而设计多机系统的鲁棒励磁控制策略.

选取输出信号为 $y_i = h_i(x) = \delta_i - \delta_0$，选取变尺度坐标变换

$$z_i = m_i\phi(x), \quad 1 \leqslant i \leqslant n$$

即

$$\begin{aligned} z_{i1} &= m_i(\delta_i - \delta_0) \\ z_{i2} &= m_i L_{f_i} h_i(x) = m_i(\omega_i - \omega_0) \\ z_{i3} &= m_i L_{f_i}^2 h_i(x) = \frac{m_i\omega_0}{H_i}(P_{mi} - P_{\mathrm{e}i} - P_{\mathrm{D}i}) \end{aligned} \tag{15.21}$$

其中，m_i 为待定常数，其意义为某一向量在上述映射下从 x 空间到 z 的压缩比，$z_i = [z_{i1},\ z_{i2},\ z_{i3}]^{\mathrm{T}}$. 此坐标系下，新的干扰变量为

$$\xi_i = \begin{bmatrix} 0 & 0 \\ m_i & 0 \\ -m_i D_i \omega_0 & m_i I_{\mathrm{q}i} T_{\mathrm{d}0i} \end{bmatrix} w_i$$

根据微分几何方法构造非线性预反馈律

$$v_i = \alpha(x) + \beta(x)u_i = m_i\left(-\frac{\omega_0}{H_i}\dot{P}_{\mathrm{e}i} - \frac{D_i}{H_i}\dot{\omega}_i\right) \tag{15.22}$$

其中，v_i 为新引入的控制变量，$\alpha(x) = L_{f_i}^3 h_i(x)$，$\beta(x) = L_{\mathrm{g}_i} L_{f_i}^2 h_i(x)$.

利用变尺度坐标变换 (15.21) 和预反馈 (15.22)，可以将系统 (15.20) 转化为如下形式：

$$\begin{cases} \dot{z}_i = A_i z_i + B_{1i}\xi_i + B_{2i}v_i \\ y_i = C_i z_i \end{cases} \tag{15.23}$$

其中

$$A_i = m_i \begin{bmatrix} 0 & 1 & 0 \\ 0 & 0 & 1 \\ 0 & 0 & 0 \end{bmatrix}, \quad B_{1i} = m_i \begin{bmatrix} 0 & 0 & 0 \\ 0 & 1 & 0 \\ 0 & 0 & 1 \end{bmatrix}, \quad B_{2i} = \begin{bmatrix} 0 \\ 0 \\ 1 \end{bmatrix}$$

$$C_i = [\ 1 \quad 0 \quad 0\ ], \quad z_i = [\ z_{i1} \quad z_{i2} \quad z_{i3}\ ]$$

对于线性系统 (15.23)，根据第 10 章介绍的鲁棒控制理论，可求得线性鲁棒控制策略和最坏干扰激励分别为

$$v_i^* = -B_{2i}^{\mathrm{T}} P^* z_i = -(p_{31}^* z_{i1} + p_{32}^* z_{i2} + p_{33}^* z_{i3}) = -k_{1i} z_{i1} - k_{2i} z_{i2} - k_{3i} z_{i3} \tag{15.24}$$

$$\xi_i^* = \frac{1}{\gamma^2} B_{1i}^{\mathrm{T}} P^* z_i \tag{15.25}$$

其中，P^* 为如下 Riccati 不等式

$$A_i^{\mathrm{T}} P + P A_i + \frac{1}{\gamma^2} P B_{1i} B_{1i}^{\mathrm{T}} P - P B_{2i} B_{2i}^{\mathrm{T}} P + C_i^{\mathrm{T}} C_i < 0 \tag{15.26}$$

的半正定解.

将发电机系统有功功率表述为

$$P_{\mathrm{e}i} = E'_{\mathrm{q}i} i_{\mathrm{q}i} + (x_{\mathrm{q}i} - x'_{\mathrm{d}i}) i_{\mathrm{d}i} i_{\mathrm{q}i} \tag{15.27}$$

此处考虑发电机的瞬态凸极效应，即采用发电机的双轴模型，使得所设计的鲁棒励磁控制器对大型水轮机和汽轮机组具有更强的针对性和更广的适用范围. 此外，从控制功能上讲，采用双轴模型还可使闭环系统能够更有效地抑制干扰.

由式 (15.27) 可得

$$\dot{P}_{\mathrm{e}i} = -\frac{1}{T'_{\mathrm{d}0i}} i_{\mathrm{q}i} E_{\mathrm{q}i} + E'_{\mathrm{q}i} \dot{i}_{\mathrm{q}i} + (x_{\mathrm{q}i} - x'_{\mathrm{d}i})(i_{\mathrm{d}i} \dot{i}_{\mathrm{q}i} + i_{\mathrm{q}i} \dot{i}_{\mathrm{d}i}) + \frac{1}{T'_{\mathrm{d}0i}} i_{\mathrm{q}i} V_{i\mathrm{NR\text{-}PSS}} \tag{15.28}$$

将式 (15.28) 代入非线性预反馈 (15.22)，并假设 $D_i = 0$，则非线性预反馈律为

$$v_i = -m_i \dot{P}_{\mathrm{e}i} \omega_0 / H_i$$

进一步有

$$v_i = -m_i \frac{\omega_0}{H_{ji}} \left[-\frac{1}{T'_{\mathrm{d}0}} i_{\mathrm{q}i} E_{\mathrm{q}i} + E'_{\mathrm{q}i} \dot{i}_{\mathrm{q}i} + (x_{\mathrm{q}i} - x'_{\mathrm{d}i})(i_{\mathrm{d}i} \dot{i}_{\mathrm{q}i} + i_{\mathrm{q}i} \dot{i}_{\mathrm{d}i}) + \frac{1}{T'_{\mathrm{d}0}} i_{\mathrm{q}i} V_{i\mathrm{NR\text{-}PSS}} \right]$$

从而可得第 i 台发电机的非线性鲁棒励磁控制律为

$$V_{i\mathrm{NR\text{-}PSS}} = E_{\mathrm{q}i} - \frac{T'_{\mathrm{d}0i}}{i_{\mathrm{q}i}} \left[E'_{\mathrm{q}i} \dot{i}_{\mathrm{q}i} + (x_{\mathrm{q}i} - x'_{\mathrm{d}i})(i_{\mathrm{q}i} \dot{i}_{\mathrm{d}i} + i_{\mathrm{d}i} \dot{i}_{\mathrm{q}i}) \right] + \frac{1}{m_i} \frac{H_i T'_{\mathrm{d}0i}}{\omega_0 i_{\mathrm{q}i}} v_i^* \tag{15.29}$$

将式 (15.24) 代入式 (15.29) 可求得最终的 NR-PSS 控制律为

$$
\begin{aligned}
V_{i\text{NR-PSS}} = E_{\text{q}i} - \frac{T'_{\text{d}0i}}{i_{\text{q}i}}\left[E'_{\text{q}i}\dot{i}_{\text{q}i} + (x_{\text{q}i} - x'_{\text{d}i})(i_{\text{q}i}\dot{i}_{\text{d}i} + i_{\text{d}i}\dot{i}_{\text{q}i})\right] \\
+ C_{1i}\frac{H_i T'_{\text{d}0i}}{\omega_0 i_{\text{q}i}}\left(k_{1i}\Delta\delta_i + k_{2i}\Delta\omega_i - k_{3i}\frac{\omega_0}{H_i}\Delta P_{\text{e}i}\right)
\end{aligned} \tag{15.30}
$$

其中，$C_{1i} = 1/m_i$.

由式 (15.30) 可知 NR-PSS 控制律具有以下特点：

(1) 由于系统建模时充分考虑了干扰的影响，因此所设计的控制律对干扰具有显著的抑制作用；又由于该控制律中只含本发电机参数，即不依赖网络参数，因此对网络结构的变化具有适应性，从而保证了控制律的鲁棒性.

(2) 控制律中的反馈量均为本地量测量，与其他机组的状态量或输出量无直接关系，因而适用于多机系统分散协调控制.

(3) 控制律基于发电机的双轴模型进行设计，既考虑了发电机的瞬变凸极效应，又去除了非线性最优励磁控制器 $x'_{\text{d}} = x_{\text{q}}$ 的假设，使得控制系统模型能够更全面地刻画大型发电机组的动态特性，从而大大扩展了该控制器的适用范围.

若 NR-PSS 与 AVR 采用并联接入方式，记 AVR 的输出为 $V_{i\text{AVR}}$，同时为获取良好的电压控制效果，引入 NR-PSS 增益系数 C_{2i} 和 AVR 增益系数 C_{3i}，则最终系统励磁控制规律为

$$
V_{\text{f}i} = C_{3i}V_{i\text{AVR}} + C_{2i}V_{i\text{NR-PSS}}
$$

其实用化算法如图 15.12 所示.

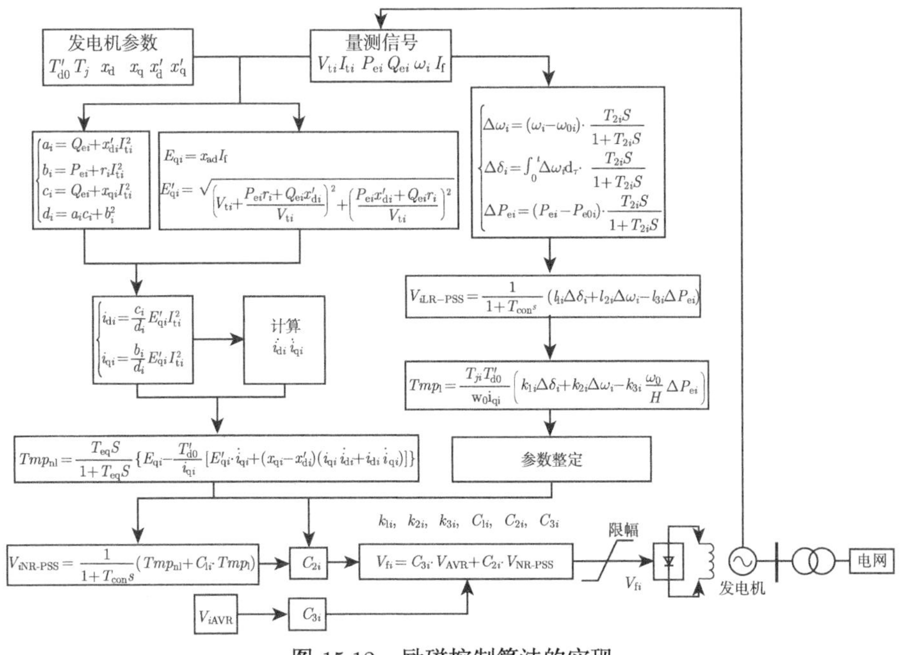

图 15.12 励磁控制算法的实现

NR-PSS 工业装置硬件构架如图 15.13 所示，主要由 A、B、C 三个调节通道，以及模拟量总线板、开关量总线板、人机界面、接口电路等组成。

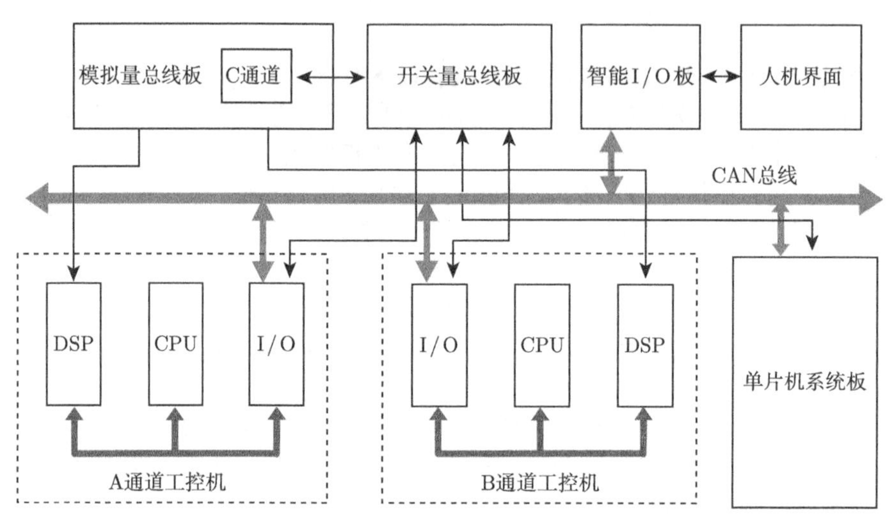

图 15.13　NR-PSS 装置硬件方框图

15.2.3　NR-PSS 动模实验

为全面检验 NR-PSS 装置的性能，本节针对闭环系统运行中可能出现的多种工况设计了以下几类实验，包括 4% 给定值电压阶跃实验、抑制低频振荡实验、投切线路实验、三相短路故障实验和扰动信号抑制实验. 动模实验系统模拟三峡发电机所组成单机双线无穷大系统. 该系统两条线路阻抗大，系统阻尼弱，稳定极限低. 此外，在进行各项动模实验之前根据文献 [3] 介绍的基于频域测试的参数整定方法，确定 NR-PSS 的各个参数.

1. 4%给定值电压阶跃实验

图 15.14 和图 15.15 显示了 4% 给定值电压阶跃实验的结果. 由于实验系统稳定极限较低，PSS2A 投运时有功功率振荡 20s 内尚未平息. NR-PSS 投运时有功功率振荡在 2s 内得以平息，可见 NR-PSS 显著改善了系统的阻尼特性，提高了系统的稳定性.

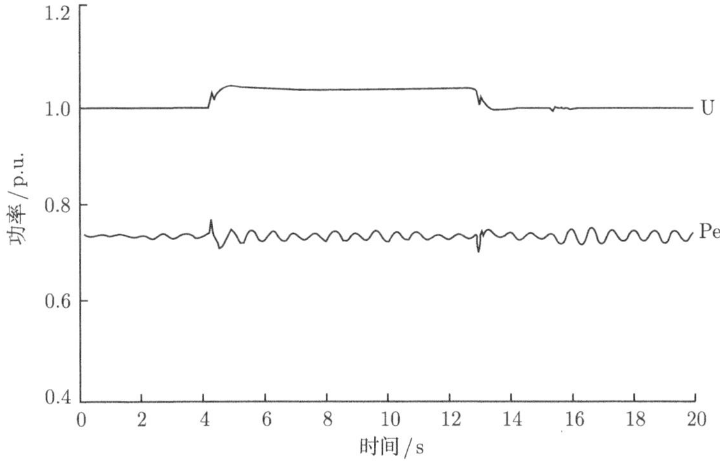

图 15.14 PSS2A 4%给定值电压阶跃实验有功与电压曲线

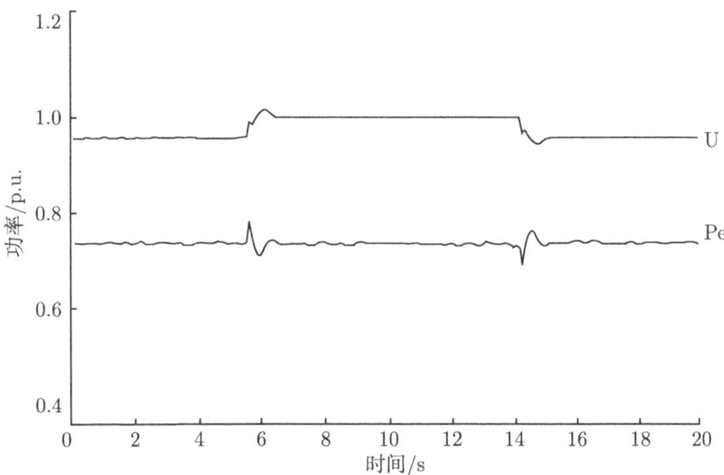

图 15.15 NR-PSS 4%给定值电压阶跃实验有功与电压曲线

2. 抑制低频振荡实验

抑制低频振荡实验是指当改变系统工况，使有功功率出现低频振荡后，分别投入 PSS2A 和 NR-PSS 予以镇定. 图 15.16 显示在 8s 时投入 PSS2A，经过 7s 振荡得以平息，而图 15.17 则显示投入 NR-PSS 经过 2s 后，系统恢复稳定，可见 NR-PSS 阻尼系统功率振荡的效果更为明显，具有更强的抑制低频振荡能力.

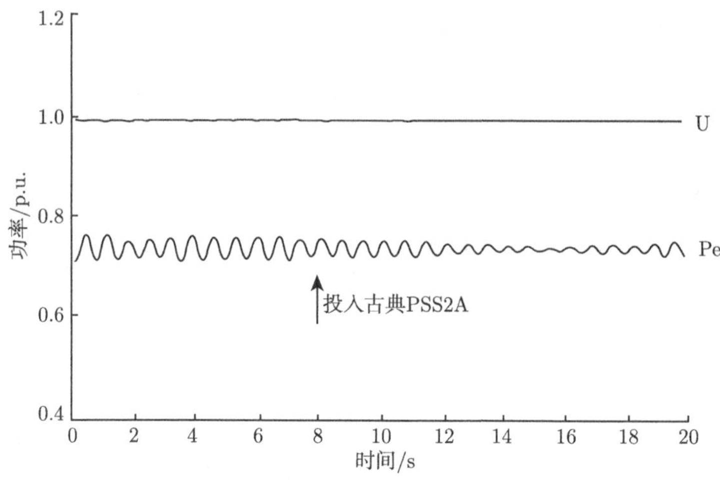

图 15.16　PSS2A 抑制低频振荡实验有功与电压曲线

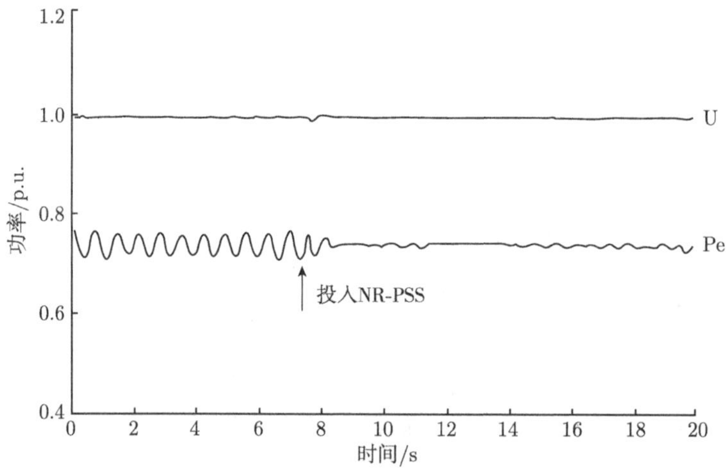

图 15.17　NR-PSS 抑制低频振荡实验有功与电压曲线

3. 投切线路实验

投切线路实验是指在变压器出口的两回输电线路分别对其中的一回线路进行合线路与切线路的操作继而分别投入 PSS2A 与 NR-PSS 对系统予以镇定. 图 15.18 显示投入 PSS2A 合一回线路后，经过 4.5s 功率振荡仍然未完全平息；而投入 NR-PSS 合一回线路后仅经过 2.5s 系统就完全恢复稳定. 图 15.19 中投入 PSS2A 切一回线路振荡平息需要 2.25s，而投入 NR-PSS 切一回线路仅需要 0.75s 即能平息有功功率振荡. 由图 15.18 和图 15.19 表明，相比于 PSS2A，NR-PSS 在系统发生较大扰动的情况下，能够更为迅速地镇定系统，具有更为优良的阻尼特性和动态性能.

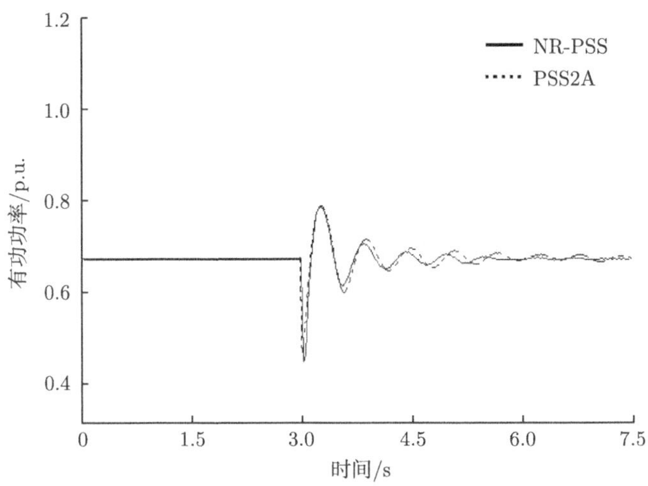

图 15.18　合一回线路实验有功曲线

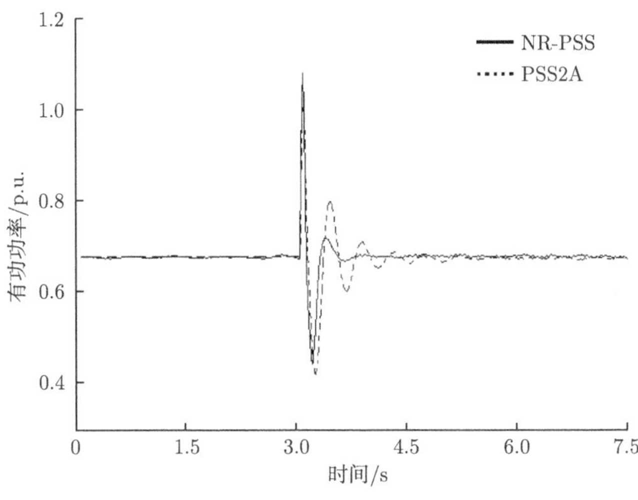

图 15.19　切一回线路实验有功曲线

4. 三相短路故障实验

三相短路故障实验是指输电线路始端 0s 发生三相短路故障，0.2s 故障切除后分别投入 PSS2A 与 NR-PSS 对系统予以镇定. 图 15.20 显示投入 PSS2A 需要较长的时间才能平息有功振荡，而投入 NR-PSS 仅经过 2s 即可使系统恢复稳定，显著缩短了系统的暂态过渡过程. 这是由于 NR-PSS 充分考虑了电力系统的非线性特性，能够适应系统运行工况的大范围变化．该实验充分验证了 NR-PSS 在系统发生大干扰情况下的优越性能．

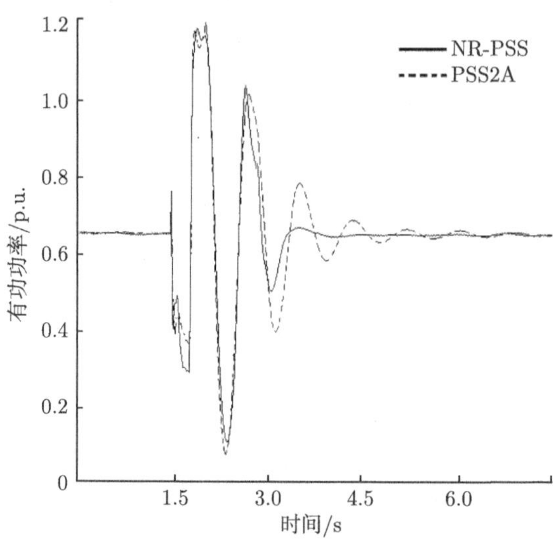

图 15.20　三相短路故障实验有功曲线

5. 扰动信号抑制实验

扰动信号抑制实验是指在 AVR 的输入端持续输入不同频率的正弦小干扰信号，测试 PSS2A 与 NR-PSS 抑制各种频率干扰信号的能力，实验中输入的扰动信号有 0.1Hz、0.5Hz、1.4Hz 和 2.0Hz 信号．图 15.21 ~ 图 15.24 显示，由于受外界干扰信号的影响，机端电压出现振荡，引发有功功率相应频率的振荡．在投入 NR-PSS 后，有功功率振荡的幅度明显减小，可见 NR-PSS 能够抑制各种频率的低频振荡，具有较强的鲁棒性．

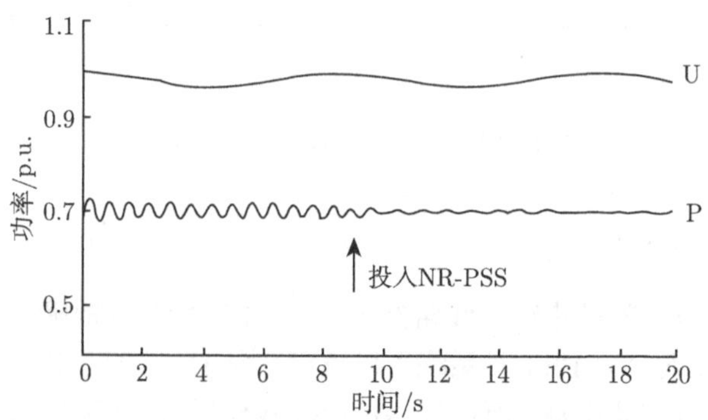

图 15.21　NR-PSS 抑制 0.1Hz 干扰信号实验有功与电压曲线

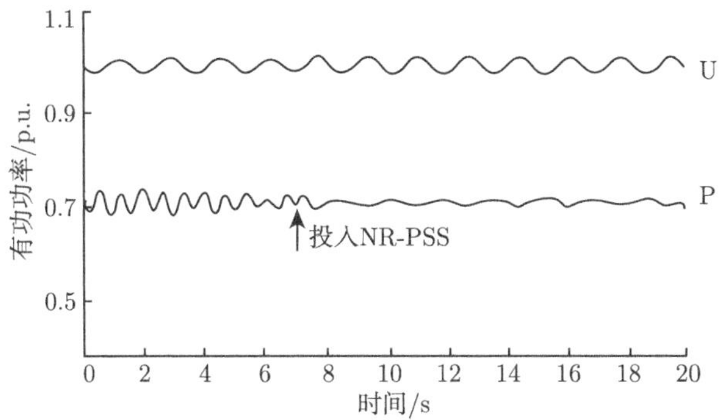

图 15.22 NR-PSS 抑制 0.5Hz 干扰信号实验有功与电压曲线

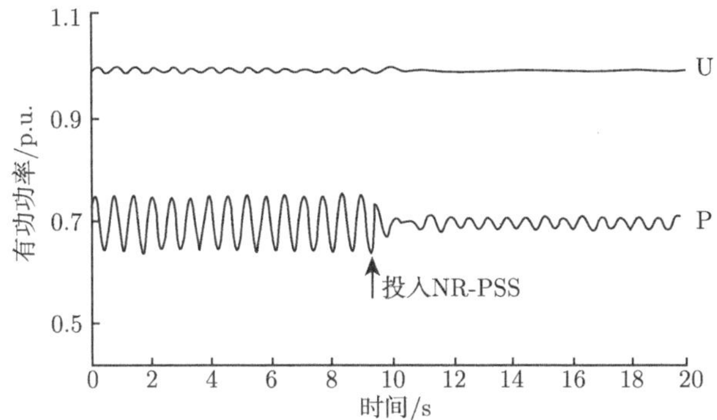

图 15.23 NR-PSS 抑制 1.4Hz 干扰信号实验有功与电压曲线

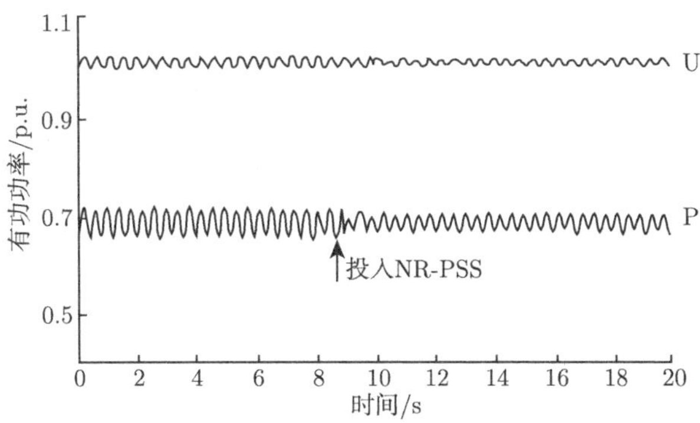

图 15.24 NR-PSS 抑制 2.0Hz 干扰信号实验有功与电压曲线

上述实验结果表明，与现有励磁控制方式 (AVR 和 PSS2A) 相比，NR-PSS 在小干扰与大干扰的工况下，均能够更为迅速地抑制低频振荡、减少振荡次数、增加系统阻尼并提高系统的稳定极限，因而具有更为优良的综合动态性能和阻尼特性.

本节从工程角度出发，以微分博弈理论为基本工具，基于第 10 章介绍的变尺度反馈线性化 H_∞ 方法，设计了面向发电机双轴模型的非线性鲁棒励磁控制律，该控制律对各种干扰具有较强的鲁棒性和适应性. 在此基础上研制了新一代大型发电机组 NR-PSS 工业装置，动模实验结果表明，NR-PSS 能够显著改善系统阻尼，有效抑制系统运行中的各种干扰，大幅提升系统暂态稳定性.

15.3 负荷频率鲁棒控制器设计

电力系统中发电和负荷的不平衡将引起系统频率波动，负荷频率控制则是维持系统频率在额定值附近的一种有效手段，对提高电力系统电能质量至关重要.

不同于一般负荷频率鲁棒控制器的离线设计思想，本节采用第 10 章介绍的 ADP 方法设计在线负荷频率鲁棒控制器，将其应用于单机无穷大系统负荷频率控制，从而赋予负荷频率控制器在线学习和适应不确定性的能力.

15.3.1 负荷频率鲁棒控制模型

为简明起见本节基于电力系统线性化模型设计负荷频率鲁棒控制器. 由于 ADP 方法具有学习能力和自适应性，故其也适用于一般非线性模型.

负荷频率控制的系统动态方程可描述为

$$\begin{cases} \Delta\dot{f}\left(t\right)=-\dfrac{1}{T_{\mathrm{p}}}\Delta f\left(t\right)+\dfrac{K_{\mathrm{p}}}{T_{\mathrm{p}}}\Delta P_{\mathrm{g}}\left(t\right)-\dfrac{K_{\mathrm{p}}}{T_{\mathrm{p}}}\Delta P_{\mathrm{d}}\left(t\right) \\ \Delta\dot{P}_{\mathrm{g}}\left(t\right)=-\dfrac{1}{T_{\mathrm{T}}}\Delta P_{\mathrm{g}}\left(t\right)+\dfrac{1}{T_{\mathrm{T}}}\Delta X_{\mathrm{g}}\left(t\right) \\ \Delta\dot{X}_{\mathrm{g}}\left(t\right)=-\dfrac{1}{RT_{\mathrm{G}}}\Delta f\left(t\right)-\dfrac{1}{T_{\mathrm{G}}}\Delta X_{\mathrm{g}}\left(t\right)-\dfrac{1}{T_{\mathrm{G}}}\Delta E\left(t\right)+\dfrac{1}{T_{\mathrm{G}}}u\left(t\right) \\ \Delta\dot{E}\left(t\right)=K_{\mathrm{E}}\Delta f\left(t\right) \end{cases} \tag{15.31}$$

其中，$\Delta f\left(t\right)$ 为系统频率偏差；$\Delta P_{\mathrm{g}}(t)$ 为发电机输出功率增量；$\Delta X_{\mathrm{g}}(t)$ 为气门开度增量；$\Delta E(t)$ 为积分控制增量；$\Delta P_{\mathrm{d}}(t)$ 为考虑风电功率波动后的等效负荷扰动；T_{G} 为调速器时间常数；T_{T} 为汽轮机时间常数；T_{p} 为系统频率响应时间常数；K_{p} 为系统频率响应增益；R 为调差系数；u 为控制输入. 模型 (15.31) 中所有变量与参数均采用标幺值.

将系统 (15.31) 表示为矩阵形式，有

$$\dot{x}\left(t\right)=Ax\left(t\right)+Bu\left(t\right)+Ew \tag{15.32}$$

其中，$w=\Delta P_{\mathrm{d}}$. 系统状态量为

$$x\left(t\right)=\left[\begin{array}{cccc}\Delta f\left(t\right) & \Delta P_{\mathrm{g}}\left(t\right) & \Delta X_{\mathrm{g}}\left(t\right) & \Delta E\left(t\right)\end{array}\right]^{\mathrm{T}}$$

系统矩阵满足

$$A = \begin{bmatrix} -1/T_{\mathrm{p}} & K_{\mathrm{p}}/T_{\mathrm{p}} & 0 & 0 \\ 0 & -1/T_{\mathrm{T}} & 1/T_{\mathrm{T}} & 0 \\ -1/RT_{\mathrm{G}} & 0 & -1/T_{\mathrm{G}} & 1/T_{\mathrm{G}} \\ K_{\mathrm{E}} & 0 & 0 & 0 \end{bmatrix}$$

$$B = \begin{bmatrix} 0 & 0 & 1/T_{\mathrm{G}} & 0 \end{bmatrix}^{\mathrm{T}}$$

$$E = \begin{bmatrix} -K_{\mathrm{p}}/T_{\mathrm{p}} & 0 & 0 & 0 \end{bmatrix}^{\mathrm{T}}$$

负荷频率鲁棒控制问题可归结为设计一类状态反馈控制器 $u(t) = -Kx(t)$，以应对可能出现的最坏干扰激励 $\Delta P_{\mathrm{d}}^{*}(t)$，即所设计的鲁棒控制律 $u(t)$ 应使相应的闭环系统在无干扰时渐近稳定，并且满足下述 L_2 增益不等式:

$$\int_0^{\infty} \left(x^{\mathrm{T}}Qx + u^{\mathrm{T}}Ru\right) \mathrm{d}\tau \leqslant \gamma^2 \int_0^{\infty} w^{\mathrm{T}} w \mathrm{d}\tau, \quad \forall w \in L_2 [0, \infty) \tag{15.33}$$

根据第 10 章的论述，满足动态约束 (15.32) 的负荷频率鲁棒控制器设计过程恰好构成一类二人零和微分博弈格局. 由于在实际工程中系统矩阵 A 可能无法精确获知，故设计不依赖于系统矩阵 A 的鲁棒控制器显得尤为必要. 有鉴于此，本节采用 ADP 方法求解该二人零和微分博弈问题，一方面克服了系统矩阵 A 无法精确获知的困难，另一方面又能实现在线设计，从而更适于应对现代电力系统中风电、光伏等间歇性能源大规模并网所带来的强不确定性以及电力系统工作点变化时线性化模型带来的误差.

15.3.2 负荷频率鲁棒控制的在线求解

以文献 [17] 所给系统参数为例，系统精确模型为

$$A = \begin{bmatrix} -0.0665 & 8.000 & 0 & 0 \\ 0 & -3.663 & 3.663 & 0 \\ -6.86 & 0 & -13.736 & -13.736 \\ 0.6 & 0 & 0 & 0 \end{bmatrix}$$

$$B = \begin{bmatrix} 0 & 0 & 13.736 & 0 \end{bmatrix}^{\mathrm{T}}$$

$$E = \begin{bmatrix} -8 & 0 & 0 & 0 \end{bmatrix}^{\mathrm{T}}$$

在系统矩阵 A、B、E 精确已知的情况下，采用标准的鲁棒控制器设计方法可得文献 [17] 所给系统 Ricatti 方程的解为

$$P_{\mathrm{th}}=\begin{bmatrix}0.4986 & 0.5080 & 0.0650 & 0.4983\\0.5080 & 0.8274 & 0.1309 & 0.4116\\0.0650 & 0.1309 & 0.0525 & 0.0342\\0.4983 & 0.4116 & 0.0342 & 2.3689\end{bmatrix}$$

相应的 Nash 均衡为

$$u^*=-R^{-1}B^{\mathrm{T}}P_{\mathrm{th}}x$$

$$w^*=\frac{1}{2\gamma^2}E^{\mathrm{T}}P_{\mathrm{th}}x$$

如前所述，现代电力系统在其运行过程中不可避免地会受到不确定性的影响，从而使负荷频率控制问题 (15.32) 所示系统矩阵 A 往往难以精确获知，为此本节采用 ADP 方法构造负荷频率鲁棒控制器. 令

$$\gamma=10,\quad Q=\mathrm{diag}[1,1,1,1],\quad R=1$$

满足文献 [17] 中收敛性条件的算法参数取值为

$$a_1=20,\quad a_2=1,\quad a_3=1,\quad F_1=F_2=I,\quad F_3=F_4=10I$$

值函数近似采用的基函数为

$$\phi(x)=\begin{bmatrix}x_1^2 & x_1x_2 & x_1x_3 & x_1x_4 & x_2^2 & x_2x_3 & x_2x_4 & x_3^2 & x_3x_4 & x_4^2\end{bmatrix}^{\mathrm{T}}$$

在系统矩阵 A 未知时，采用 ADP 方法在线学习结果为

$$P_{\mathrm{learning}}=\begin{bmatrix}0.4770 & 0.5443 & 0.0618 & 0.5099\\0.5443 & 0.9218 & 0.1323 & 0.4093\\0.0618 & 0.1323 & 0.0549 & 0.0299\\0.5099 & 0.4093 & 0.0299 & 2.2206\end{bmatrix}$$

可见，通过策略迭代和在线学习，在系统矩阵 A 未知的情况下，Riccati 方程的解 P_{learning} 近似收敛于系统矩阵 A 已知时采用标准鲁棒控制设计方法获取的解 P_{th}.

根据式 (10.52) 及式 (10.53) 可知，基于 ADP 方法求出的 Nash 均衡为

$$u=-R^{-1}B^{\mathrm{T}}P_{\mathrm{learning}}x$$

$$w = \frac{1}{2\gamma^2} E^{\mathrm{T}} P_{\mathrm{learning}} x$$

图 15.25 ~ 图 15.27 分别给出了基于策略迭代的负荷频率鲁棒控制器值函数网络参数 W_{c}、控制网络参数 W_{a} 及干扰网络参数 W_{d} 的在线学习过程. 由图 15.25 ~ 图 15.27 可知，W_{c}、W_{a}、W_{d} 分别收敛于

$$W_{\mathrm{c}}^* = [0.4770\ 1.0884\ 0.1236\ 1.0198\ 0.9218\ 0.2646\ 0.8186\ 0.0549\ 0.0598\ 1.1103]^{\mathrm{T}}$$

$$W_{\mathrm{a}}^* = [0.4770\ 1.0886\ 0.1236\ 1.0198\ 0.9218\ 0.2645\ 0.8186\ 0.0549\ 0.0598\ 1.1103]^{\mathrm{T}}$$

$$W_{\mathrm{d}}^* = [0.4770\ 1.0886\ 0.1236\ 1.0198\ 0.9218\ 0.2646\ 0.8186\ 0.0549\ 0.0599\ 1.1103]^{\mathrm{T}}$$

比较 P_{learning} 及 P_{th} 可知，通过在线学习，基于 ADP 方法求解出的控制策略 u 与干扰激励 w 近似收敛于由标准鲁棒控制方法求出的 Nash 均衡 (u^*, w^*).

需要说明的是，上述值函数网络参数 W_{c}、控制网络参数 W_{a} 和干扰网络参数 W_{d} 分别对应于式 (10.61) 中的 $\hat{W}_1$、式 (10.62) 中的 $\hat{W}_2$ 和式 (10.63) 中的 $\hat{W}_3$，其更新过程分别由式 (10.64)–(10.66) 决定. 本算例中 W_{c}、W_{a}、W_{d} 初值不同，W_{c} 所有元素为 1，W_{a} 和 W_{d} 中各元素随机取值. 图 12.25 ~ 图 15.27 包含多个学习过程，放大部分显示了一次学习过程的权值动态. 显见，在每次学习中，W_{c}、W_{a} 和 W_{d} 的动态过程并不一致，但每次学习收敛后的终值基本保持一致.

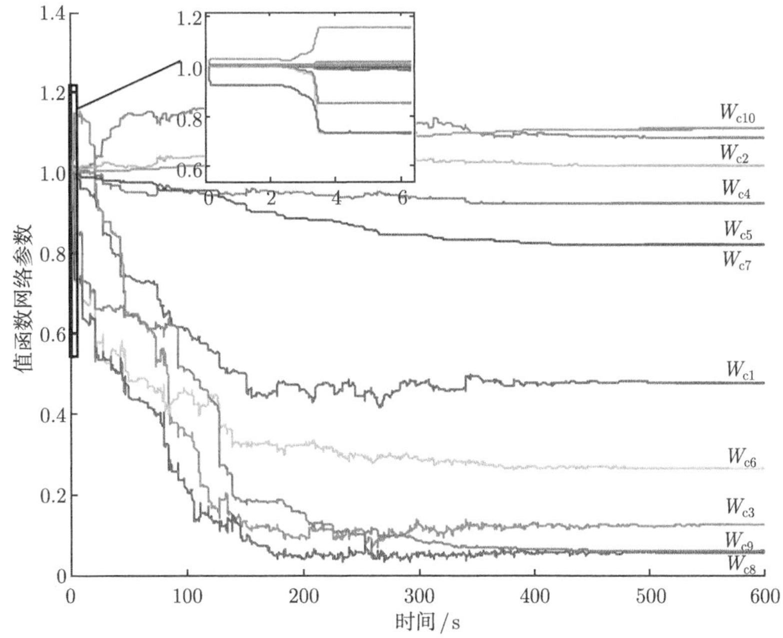

图 15.25 值函数网络参数 W_{c} 在线学习过程

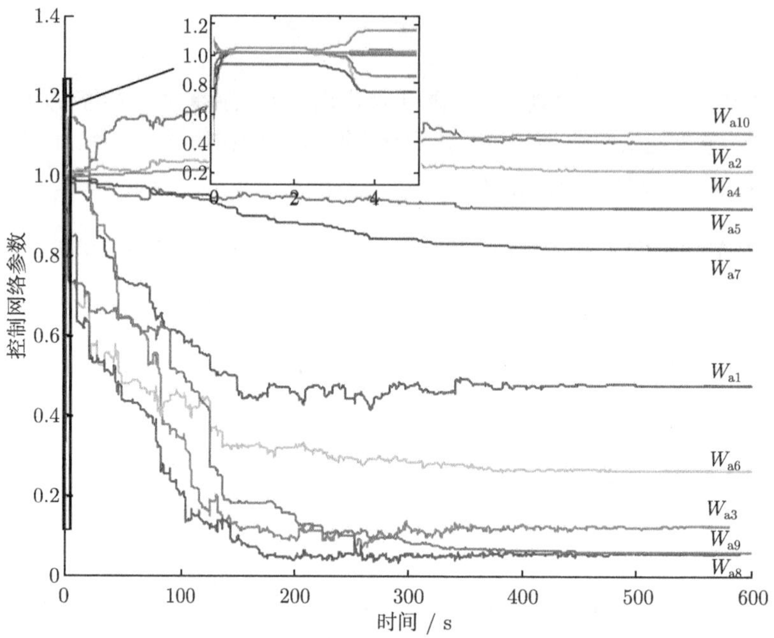

图 15.26　控制网络参数 W_a 在线学习过程

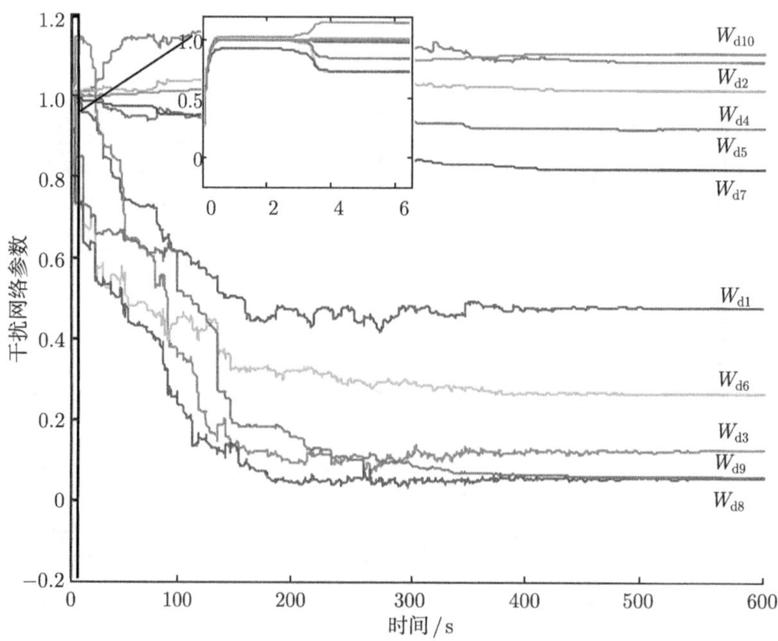

图 15.27　干扰网络参数 W_d 在线学习过程

本节采用基于 ADP 方法设计了单区域负荷频率鲁棒控制器，该控制器的设计可归结为求解一类线性二人零和微分博弈问题的反馈 Nash 均衡. 为便于在线求解该均衡，通过策略评估及策略更新两步过程，不断在线学习，直至近似收敛于微分博弈反馈 Nash 均衡，最终得到负荷频率最佳鲁棒控制策略 u^* 和最坏干扰激励 w^*.

15.4 STATCOM 在线鲁棒控制器设计

作为一种新型的并联型动态无功补偿装置，STATCOM 的基本作用是对电力系统实行连续、精确的动态无功补偿. STATCOM 可视为连接在三相传输线路上的一个电压源逆变器，并只从线路吸取无功电流，该无功电流既可以是容性的，也可以是感性的，并且几乎不受线路电压影响. 相比于传统的 SVC，STATCOM 在响应速度、补偿容量、谐波含量、运行范围、灵活性等方面有着较明显的优势，特别对于提高输电系统输电容量、改善电力系统稳定性、抑制电力系统低频振荡等方面具有重大意义.

本节采用第 10 章介绍的 ADP 方法求解 STATCOM 非线性鲁棒控制律. 不同于已有的 STATCOM 非线性鲁棒控制器，ADP 方法采用在线学习，从而能够更好地应对电力系统运行过程中的多种不确定性且易于工程实现.

15.4.1 考虑干扰的含 STATCOM 的单机无穷大系统模型

STATCOM 典型结构如图 15.28 所示，主要包括交流侧串联电感及电阻、换流器、直流侧电容及并联电阻. 图中，L 为交流侧耦合变压器的漏电感；R_{s} 为变压器及逆变器的导通损耗；R 为逆变器的关断损耗；V_{ba}、V_{bb}、V_{bc} 为三相线电压；V_{a}、V_{b}、V_{c} 为逆变器输出三相相电压；v_{dc}、I_{dc} 分别为直流侧电压和电流；i_{a}、i_{b}、i_{c} 为交流侧线电流.

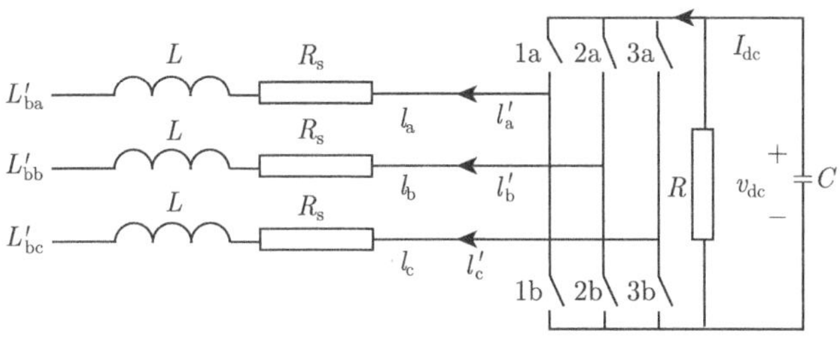

图 15.28 STATCOM 结构示意图

STATCOM 的动态模型为

$$\begin{cases} \dfrac{\mathrm{d}i_{\mathrm{d}}}{\mathrm{d}t} = -\dfrac{kR_{\mathrm{s}}}{L}i_{\mathrm{d}}(t) + ki_{\mathrm{q}}(t) - k\dfrac{K\cos(T(t))}{L}v_{\mathrm{dc}}(t) + k\dfrac{V_{\mathrm{b}}(t)}{L} \\ \dfrac{\mathrm{d}i_{\mathrm{q}}}{\mathrm{d}t} = -\dfrac{kR_{\mathrm{s}}}{L}i_{\mathrm{q}}(t) - ki_{\mathrm{d}}(t) + \dfrac{kK\sin(T(t))}{L}v_{\mathrm{dc}}(t) \\ \dfrac{\mathrm{d}v_{\mathrm{dc}}}{\mathrm{d}t} = -\dfrac{kC}{R}v_{\mathrm{dc}}(t) - \dfrac{3}{2}kCK(\cos(T(t))i_{\mathrm{d}}(t)) - \dfrac{3}{2}kCK(\sin(T(t))i_{\mathrm{q}}(t)) \end{cases} \tag{15.34}$$

其中，$i_{\mathrm{d}}(t)$ 为有功电流；$i_{\mathrm{q}}(t)$ 为无功电流；$v_{\mathrm{dc}}(t)$ 为电容电流；K 为与逆变器相关的常数，对于 12 路逆变器 $K = 4/\pi$ ；$V_{\mathrm{b}}(t)$ 为 STATCOM 母线电压幅值；$i_{\mathrm{d}}(t)$、$i_{\mathrm{q}}(t)$、$v_{\mathrm{dc}}(t)$、$V_{\mathrm{b}}(t)$、L、R_{s}、R、C 均为标幺值，其基准容量为 STATCOM 的容量；k 为角速度触发角；$T(t)$ 为控制输入.

由于 STATOM 采用电力电子装置控制，响应速度快，时间常数很小，因此在进行电力系统机电暂态过程的研究时，可忽略控制动态，从而将 STATCOM 等效为一个理想的可控电流源. 针对含 STATCOM 的单机无穷大系统及其等值电路，假设向系统发出感性无功功率为正，则根据发电机转子运动方程及输出电磁功率的表达式，可得下述含 STATCOM 装置的单机无穷大系统模型：

$$\begin{cases} \dot{\delta} = \omega_{\mathrm{r}}\omega_{\mathrm{s}} \\ \dot{\omega}_{\mathrm{r}} = \dfrac{1}{M}(P_{\mathrm{m}} - D\omega_{\mathrm{r}} - P_{\mathrm{e}} + w) \end{cases} \tag{15.35}$$

其中，ω 为转子回路的功率扰动. 电磁功率 P_{e} 的表达式为

$$P_{\mathrm{e}} = \frac{E'_{\mathrm{q}}V_{\mathrm{s}}}{x_1 + x_2}\sin\delta\left(1 + \frac{x_1x_2I_{\mathrm{q}}}{\sqrt{(x_2E'_{\mathrm{q}})^2 + (x_1V_{\mathrm{s}})^2 + 2x_1x_2E'_{\mathrm{q}}V_{\mathrm{s}}\cos\delta}}\right) \tag{15.36}$$

其中，$x_1 = x'_{\mathrm{d}} + x_{\mathrm{T}} + x_{\mathrm{L}}$，$x_2 = x_{\mathrm{L}}$，$x'_{\mathrm{d}}$ 为发电机 d 轴暂态电抗 (p.u.)；x_{T} 为变压器漏抗 (p.u.)；x_{L} 为线路漏抗 (p.u.)；I_{q} 为 STATCOM 的输出无功电流 (p.u.)，即为系统的控制输入量.

15.4.2 STATCOM 非线性鲁棒控制器在线设计

为便于分析与设计，将式 (15.35) 所示系统记为

$$\begin{cases} \dot{\delta} = \omega_{\mathrm{r}}\omega_{\mathrm{s}} \\ \dot{\omega}_{\mathrm{r}} = \dfrac{1}{M}(P_{\mathrm{m}} - D\omega_{\mathrm{r}} - a\sin\delta - aP(\delta)u + w) \end{cases} \tag{15.37}$$

其中，系统控制输入 $u = I_{\mathrm{q}}$，其余参数表达式为

$$a = \frac{E'_{\mathrm{q}}V_{\mathrm{s}}}{x_1 + x_2}$$

$$P(\delta)=\frac{x_1x_2\sin\delta}{\sqrt{\left(x_2E_{\mathrm{q}}'\right)^2+\left(x_1V_{\mathrm{s}}\right)^2+2x_1x_2E_{\mathrm{q}}'V_{\mathrm{s}}\cos\delta}}$$

以下采用基于 ADP 的方法在线设计含 STATCOM 的单机无穷大系统的鲁棒控制器. 选取近似基函数为

$$\varphi(x)=\left[\begin{array}{cccc} x_1^2 & x_2^2 & x_2\sin x_1 & x_2\cos x_1\end{array}\right]$$

其梯度为

$$\frac{\partial^{\mathrm{T}}\varphi}{\partial x}=\left[\begin{array}{cccc} 2x_1 & 0 & x_2\cos x_1 & -x_2\sin x_1\\ 0 & 2x_2 & \sin x_1 & \cos x_1\end{array}\right]$$

系统标幺值参数为

$$\begin{aligned}&D=0.1,\quad M=7,\quad V_{\mathrm{s}}=0.995,\quad E_{\mathrm{q}}'=1.701,\quad \omega_{\mathrm{s}}=1,\\&P_{\mathrm{m}}=0.9,\quad X_{\mathrm{d}}'=0.1,\quad X_{\mathrm{T}}=0.15,\quad X_{\mathrm{L}}=0.3252\end{aligned}$$

系统的平衡点为

$$(\delta_{\mathrm{s}},\omega_{\mathrm{rs}})=(0.6519,0)$$

在线学习算法参数同 15.3.2 节，以下在不同运行工况下通过在线学习求解 STATCOM 的非线鲁棒控制律.

情形 1 假定由于某种干扰使得系统平衡点变为 (0.65, 0).

基于 ADP 的 STATCOM 鲁棒控制器值函数网络参数、控制网络参数及干扰网络参数的在线学习过程分别如图 15.29、图 15.30 及图 15.31 所示.

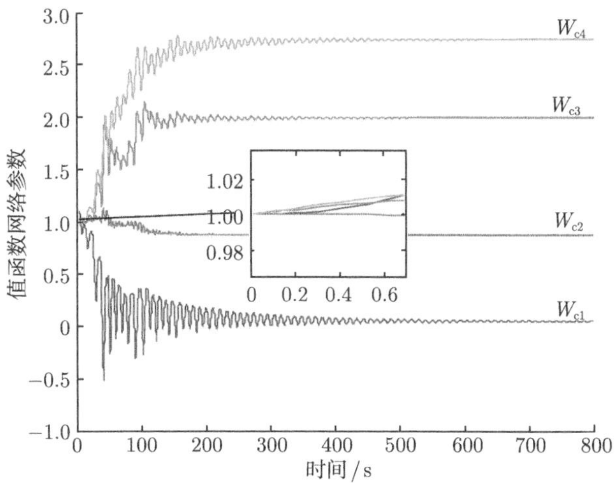

图 15.29 情形 1 值函数网络参数 W_{c} 学习过程

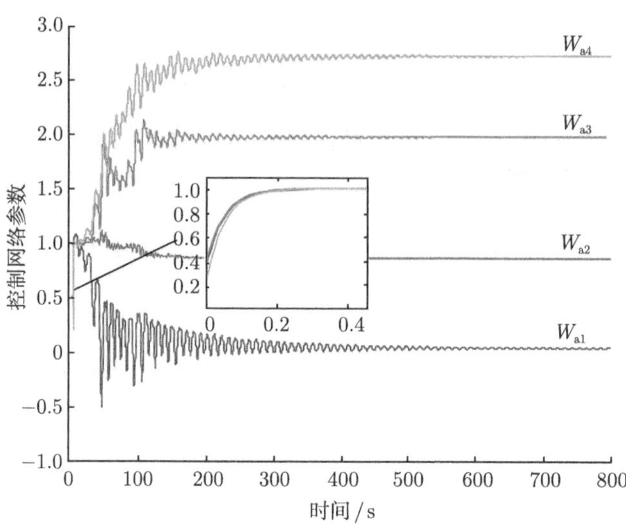

图 15.30　情形 1 控制网络参数 W_a 学习过程

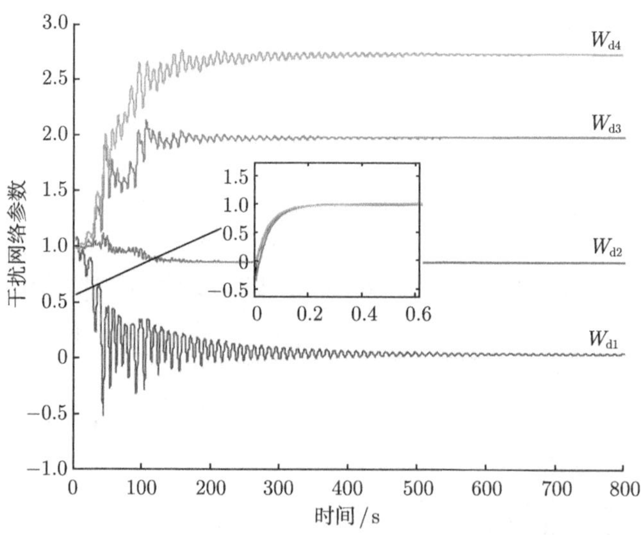

图 15.31　情形 1 干扰网络参数 W_d 学习过程

由图 15.29 ~ 图 15.31 可知，值函数网络参数 W_c、控制网络参数 W_a、干扰网络参数 W_d 分别收敛于

$$W_c^* = [0.0417 \quad 0.8674 \quad 1.9860 \quad 2.7362]^T$$

$$W_a^* = [0.0418 \quad 0.8674 \quad 1.9860 \quad 2.7362]^T$$

$$W_d^* = [0.0418 \quad 0.8674 \quad 1.9860 \quad 2.7362]^T$$

分析过程类似于图 15.25 ~ 图 15.27.

同时，根据式 (10.62) 及式 (10.63) 可知，在线学习过程中控制策略 u 及干扰激励 w 分别满足

$$u(x) = -\frac{1}{2}R^{-1}g_2^{\mathrm{T}}(x)\nabla\varphi^{\mathrm{T}}(x)W_{\mathrm{a}} \tag{15.38}$$

$$w(x) = \frac{1}{2\gamma^2}g_1^{\mathrm{T}}(x)\nabla\varphi^{\mathrm{T}}(x)W_{\mathrm{d}} \tag{15.39}$$

其中

$$g_1(x) = \frac{1}{M}$$

$$g_2(x) = -\frac{1}{M}aP(\delta)$$

由定理 10.3 可知，当控制网络参数 W_{a} 与干扰网络参数 W_{d} 分别收敛于 W_{a}^* 与 W_{d}^* 时，控制策略 $u(x)$ 与干扰激励 $w(x)$ 分别收敛于二人零和微分博弈问题 (15.37) 的反馈 Nash 均衡 (u^*, w^*).

情形 2 假定由于某种干扰使得系统平衡点变为 (0.45, 0).

基于 ADP 的 STATCOM 鲁棒控制器值函数网络参数、控制网络参数及干扰网络参数在线学习过程分别如图 15.32 ~ 图 15.34 所示.

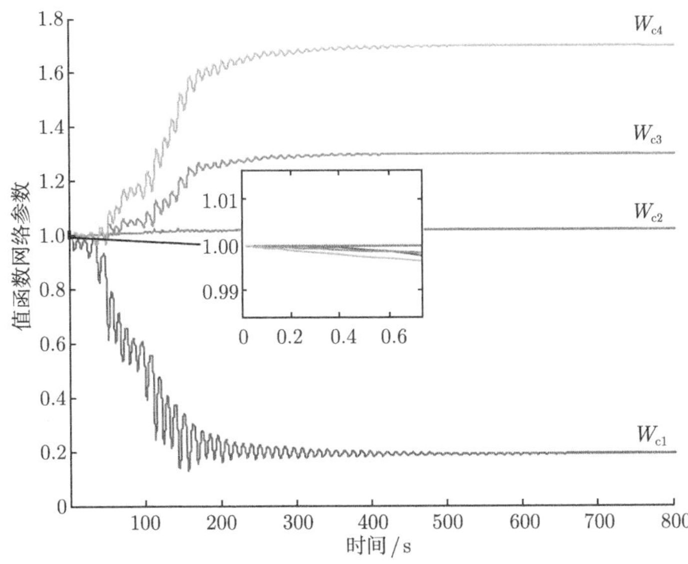

图 15.32 情形 2 值函数网络参数 W_{c} 学习过程

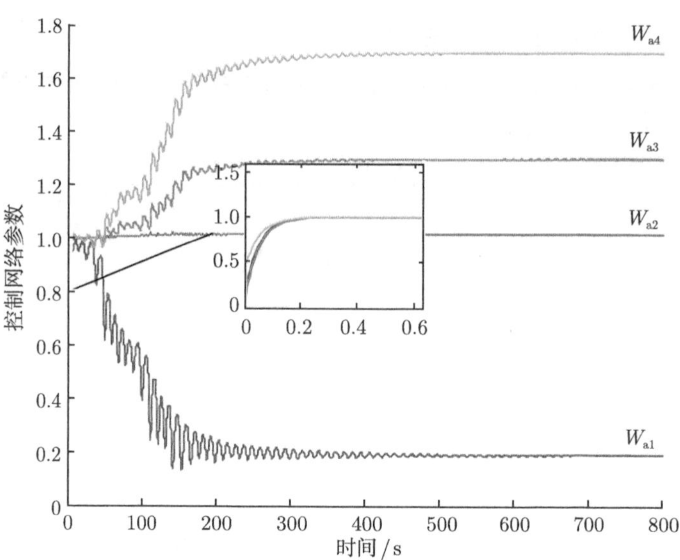

图 15.33 情形 2 控制网络参数 W_a 学习过程

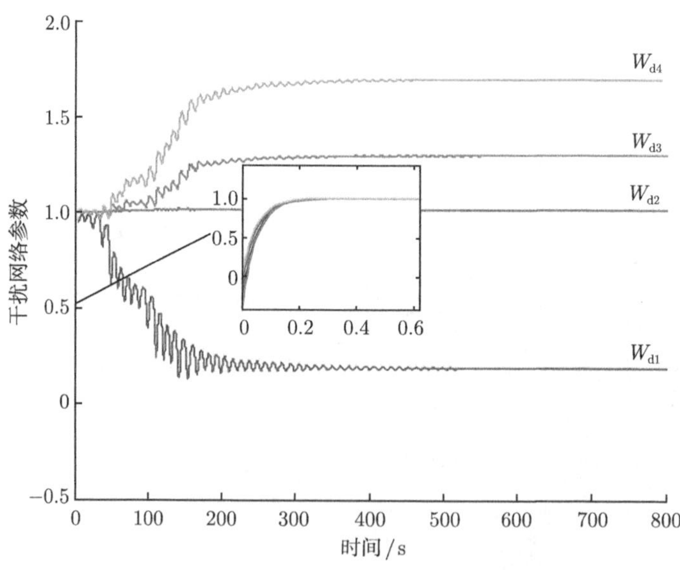

图 15.34 情形 2 干扰网络参数 W_d 学习过程

由图 15.32 ~ 图 15.34 可知，值函数网络参数 W_c、控制网络参数 W_a、干扰网络参数 W_d 分别收敛于

$$W_c^* = [0.1907 \quad 1.0166 \quad 1.2997 \quad 1.6985]^{\mathrm{T}}$$

$$W_{\mathrm{a}}^{*}=[0.1906\quad 1.0166\quad 1.2993\quad 1.6979]^{\mathrm{T}}$$

$$W_{\mathrm{d}}^{*}=[0.1906\quad 1.0166\quad 1.2994\quad 1.6979]^{\mathrm{T}}$$

分析过程类似于图 15.25 ~ 图 15.27.

可见，系统运行工况改变后 ADP 方法通过在线学习仍能快速求取新运行工况下的 Nash 均衡，而无需直接求解 HJI 不等式. 与情形 1 类似，该工况下微分博弈反馈 Nash 均衡可由式 (15.38) 及式 (15.39) 给定.

本节采用 ADP 方法设计了 STATCOM 在线非线性鲁棒控制器，该控制器的设计可归结为求解一类非线性二人零和微分博弈问题的反馈 Nash 均衡. ADP 方法在策略迭代的基础上，引入值函数近似结构，该结构通过不断在线学习近似收敛于二人零和微分博弈问题的反馈 Nash 均衡 u^* 和 w^*，最终得到了 STATCOM 在线鲁棒最佳控制策略 u^* 和最坏干扰激励 w^*.

15.5 说明与讨论

基于微分博弈的仿射非线性系统鲁棒控制问题等价于 HJI 不等式的求解，这是一类二次偏微分不等式，数学上没有一般求解方法. 变尺度反馈线性化 H_∞ 设计方法、端口受控 Hamilton 系统设计方法、策略迭代方法和 ADP 方法从不同角度克服了这一困难. 变尺度反馈线性化 H_∞ 方法通过非线性坐标变换将仿射非线性系统转化为线性系统，进而将 HJI 不等式的求解转化为代数 Riccati 方程的求解，使问题得以简化；端口受控 Hamilton 方法根据耗散系统理论通过构造 Hamilton 函数设计控制律；策略迭代方法将 HJI 不等式的求解转化为非线性 Lyapunov 方程的求解，从而利用策略评估和策略更新交替求解. ADP 方法则利用函数近似结构在线实施策略迭代方法. 综上所述，前两者实质上是一种离线设计、在线应用的设计方法，具有系统化的设计手段；后两者则为在线设计、在线应用，更易应对动态系统不确定性.

应当指出，长久以来，基于频域设计方法的经典控制与基于时域设计方法的现代控制独立发展，形成了各自的方法论体系. 由于设计手段相对简单，实现相对容易，经典控制理论仍然是当今工业应用的主流，而现代控制理论，如本节讨论的 Hamilton 系统理论、非线性鲁棒控制理论及 ADP 等在实际工程中的应用尚不广泛，一方面是由于广大工程技术人员对现代控制理论的了解较少，另一方面是由于相应的行业标准仍然是基于经典控制理论制定的. 经典控制理论的基本分析工具是传递函数，该理论主要以 Nyquist 判据判断系统稳定性. 文献 [18] 指出，若不考虑非线性特性及干扰，非线性鲁棒控制问题将退化为线性最优控制问题；进一步，利用传递函数将被控对象模型从时域空间变换至频域空间，则代表非线性系统干

扰抑制能力 (或鲁棒性) 的 L_2 增益不等式即退化为 Nyquist 判据. 上述事实表明，经典控制理论是现代控制理论的基础，现代控制理论是经典控制理论的发展，二者一脉相承，不可分割. 实际上，10.1 节已将经典控制、最优控制和鲁棒控制纳入由控制 u 与干扰 w 形成的二人博弈格局. 换言之，正是博弈论深刻揭示了经典控制与现代控制的内在联系.

参 考 文 献

[1] Lu Q，Sun Y Z，Mei S W. Nonlinear Control Systems and Power System Dynamics. Boston: Kluwer Academic Publishers, 2001.

[2] Mei S，Liu F，Chen Y，et al. Co-ordinated H_∞ control of excitation and governor of hydroturbo-generator sets: A Hamiltonian approach. International Journal of Robust and Nonlinear Control, 2004, 14(9-10):807–832.

[3] Mei S，Wei W，Zheng S，et al. Development of an industrial non-linear robust power system stabiliser and its improved frequency-domain testing method. IET Generation, Transmission & Distribution, 2011, 5(12):1201–1210.

[4] 卢强，郑少明，梅生伟，等. 大型同步发电机组NR-PSS 及RTDS 大扰动实验研究. 中国科学 E 辑: 技术科学, 2008, 38(7):979–992.

[5] 卢强，梅生伟，郑少明. 大型同步发电机组NR-PSS 白山电厂 300MW 机组现场试验. 中国科学 E 辑: 技术科学, 2007, 37(7):975–978.

[6] LU Q，Sun Y，Xu Z，et al. Decentralized nonlinear optimal excitation control. IEEE Transaction on Power Systems, 1996, 11(4):1957–1962.

[7] Lu Q，Mei S，Hu W，et al. Nonlinear decentralized disturbance attenuation excitation control via new recursive design for multi-machine power systems. IEEE Transaction on Power Systems, 2001, 16(4):729–736.

[8] 卢强，桂小阳，梅生伟，等. 大型发电机组调速器的非线性最优PSS. 电力系统自动化, 2005, 29(9):15–19.

[9] 桂小阳，梅生伟，卢强. 多机系统水轮机调速器鲁棒非线性协调控制研究. 电力系统自动化, 2006, 30(3):29–33.

[10] 卢强，王仲鸿，韩英铎. 输电系统最优控制. 北京：科学出版社, 1982.

[11] 陈华元，王幼毅. STATCOM 鲁棒非线性控制. 电力系统自动化, 2001, 25(3):44–49.

[12] 李啸骢，谢醉冰，梁志坚，等. 基于微分代数系统的STATCOM 与发电机励磁的多指标非线性协调控制. 中国电机工程学报, 2014, 34(1):123–129.

[13] Li Y，Rehtanz C，Ruberg S，et al. Wide-area robust coordination approach of HVDC and FACTS controllers for damping multiple inter-area oscillations. IEEE Transactions on Power Delivery, 2012, 27(3):1096–1105.

[14] Zarghami M，Crow M L，Jagannathan S. Nonlinear control of FACTS controllers for damping inter-area oscillations in power systems. IEEE Transactions on Power

Delivery, 2010, 25(4):3113–3121.

[15] Chaudhuri B，Pal B C，Zolotas A C，et al. Mixed-sensitivity approach to H_∞ control of power system oscillations employing multiple FACTS devices. IEEE Transactions on Power Systems, 2003, 18(3):1149–1156.

[16] Son K M，Park J K. On the robust LQG control of TCSC for damping power system oscillations. IEEE Transactions on Power Systems, 2000, 15(4):1306–1312.

[17] Vamvoudakis K G, Lewis F L. Multi-player non-zero-sum games: Online adaptive learning solution of coupled Hamilto-Jacobi equations. Automatica, 2011, 47(8):1556–1569.

[18] 魏韡，梅生伟，张雪敏. 先进控制理论在电力系统中的应用综述及展望. 电力系统保护与控制, 2013, 41(12):143–153.

第 16 章　网络安全博弈设计实例

美国国土安全部在 2002 年制定的国家国土安全策略报告[1] 中，将 13 项基础设施系统认定为关键行业，它们分别为农业、银行与金融业、化学工业、国防工业、应急服务业、能源工业、食品行业、政府机构、信息与通信工业、邮政与航运业、公共卫生业、交通业及供水业. 以上基础设施系统均与国计民生息息相关. 任何随机或蓄意的破坏行为，都可能造成巨大的经济损失和社会危害. 因此，如何准确评估与分析上述系统在遭受外来攻击时的脆弱性，以及如何提高系统的安全水平是至关重要的问题.

实际工程系统往往采用系统可靠性分析方法来评估系统脆弱性. 例如，电力系统中的 $N-1$ 可靠性原则，即任何单一元件的失效均不致影响电力系统稳定运行和正常供电. 又如，交通行业中的故障树分析法，该方法可给出必定使系统造成损失的最小事件集合，若该集合中事件发生的概率极低，则认为系统能够可靠运行. 但需要指出的是，上述所有分析方法均不足以用于准确评估蓄意攻击下系统的脆弱程度. 实际工程系统面临的蓄意攻击者往往具有较强的信息搜集能力，并能针对系统的脆弱环节，利用有限资源进行集中攻击，以极大化对系统造成的损失. 因此，在系统的脆弱性评估中必须考虑系统应对蓄意攻击的能力[2]. 特别需要指出的是，目前基础设施建设与运行中信息的透明度已经为具有针对性的蓄意攻击提供了所需要的重要信息. 事实上，即使对随机攻击具有良好鲁棒性的系统对蓄意攻击也往往呈现较高的脆弱性. 另外，有关部门应针对可能面临的蓄意攻击，对关键设施进行重点防护，以对抗蓄意攻击，降低系统脆弱程度. 因此，在上述背景下，需要对系统的脆弱性进行合理评估，同时采取合适的方法确定系统最优防御策略.

安全博弈理论为分析上述防御方与攻击方的交互行为提供了可行的研究手段. 这里防御方与攻击方的“博弈”过程在复杂互联系统中展开. 一方面，攻击方试图攻击系统中的薄弱环节以最大化系统损失；另一方面，防御方则采取适当防护策略以增强系统运行的安全性. 在此背景下，采用安全博弈模型研究网络安全问题并求出其均衡解既可用于预测蓄意攻击行为，评估系统薄弱环节，又可为系统部署防御决策提供指导性意见，提高系统安全性与可靠性水平.

根据决策顺序的不同，本章主要介绍三种形式的安全博弈模型，即攻击者-防御者 (A-D) 模型、防御者-攻击者 (D-A) 模型及防御者-攻击者-防御者 (D-A-D) 模型. 本章研究的安全博弈问题中，参与者顺次决策，因此上述三类安全博弈模型皆可归结为主从博弈范畴，进而可借鉴第 9 章和第 11 章阐述的算法求解. 本章还给出了不同安全博弈模型在 IEEE 30 节点系统和河南电力系统的应用实例.

16.1 安全博弈及其构成要素

所谓安全博弈，是指以防御者 D 与攻击者 A 为参与者，并能够描述二者相互作用过程的博弈格局. 其中攻击者 A 对系统进行蓄意攻击，而防御者 D 合理配置资源对系统的关键环节进行重点防护，以降低系统遭受攻击所带来的损失.

不同于传统优化理论仅仅关注防御资源的优化配置问题，从而无法计及攻击者 A 的影响，安全博弈模型同时对防御者 D 与攻击者 A 双方行为进行刻画，不仅可以辅助防御者 D 进行决策，而且能够对攻击者 A 的行为进行合理预测, 故采用安全博弈方法分析网络安全问题具有明显优势. 本章主要讨论二人非合作安全博弈问题.

安全博弈模型的主要组成要素如下.

16.1.1 参与者

如上所述，安全博弈模型具有两个参与者，防御者 D 与攻击者 A.

攻击者 A，是对企图攻击系统并造成损失的一个或多个行为者的抽象概括. 虽然不同攻击者可能攻击目标各异，但考虑到防御者 D 的信息局限性，上述简化做法仍具有一定合理性.

防御者 D，代表了系统管理者与相关安全运行人员. 由于这些行为者往往具有相同的行为目标与信息集，因此可统一用防御者 D 进行概括.

16.1.2 策略空间

策略空间是指防御者 D 与攻击者 A 的行为空间，即二者可能采取的攻击与防御措施集合.

对于攻击者 A 而言，其相应措施为对系统中的薄弱环节进行判断，之后将其作为攻击对象, 其显著特点是利用有限资源对其展开重点攻击. 而这一被抽象化的单一攻击行为在实际工程中往往包含多阶段过程. 粗略地讲，每一个攻击行为均为实现某一特定目标而展开.

而对于防御者 D 而言，其相应措施为选择系统中的关键环节，合理配置防御资源，对系统进行防护.

根据博弈参与者策略空间建模方式的不同[3]，安全博弈模型可分为有限与无限两种博弈. 如果上述策略空间被描述为有限种策略，则该博弈模型为有限型. 如果上述策略空间为连续的，则该博弈模型为无限型.

参与者的策略是指其决策准则，相应的结果即为一个行为. 而对于上述单次决策的静态博弈模型，参与者的策略与行为是一致的.

一般地，$A^A=\{a_1,\cdots,a_{N_A}\}$ 表示攻击者 A 的策略空间，$A^D=\{d_1,\cdots,d_{N_D}\}$ 表示防御者 D 的策略空间. 若博弈双方为混合策略，则攻击者 A 的混合策略空间可表示为

$$p^A=(p_1,\cdots,p_{N_A}),\quad 0\leqslant p_i\leqslant 1,\quad \sum_{i=1}^{N_A}p_i=1$$

而防御者 D 的混合策略空间可表示为

$$q^D=(q_1,\cdots,q_{N_D}),\quad 0\leqslant q_i\leqslant 1,\quad \sum_{i=1}^{N_D}q_i=1$$

16.1.3 支付

安全博弈模型的支付由每一组可能的参与者行为造成的系统损失值 (或支付值) 量化表示，即将防御者 D 与攻击者 A 的行为分别映射为某一表示各参与者行动完成后所造成的损失 (或支付) 的具体数值. 对于一个有限二人非合作博弈，上述映射可针对不同参与者分别描述为相应系数矩阵，即由 $N_A\times N_D$ 矩阵 G^A 和 G^D 表示，这两个矩阵的行表示攻击者，列表示防御者.

如果一参与者的支付与另一参与者的支付之和为 0，即 $G^A=-G^D$，则上述博弈格局可由一个矩阵表示，并称为矩阵型零和安全博弈，否则上述博弈为非零和的. 对该类博弈，矩阵的每一行/列分别对应攻击者 A/防御者 D 的一组特定行为. 因此，矩阵的每一个元素代表了攻击者 A 与防御者 D 在各自所选择的行动下的支付. 对于较复杂的零和安全博弈，则可建模为极大-极小 (max - min) /极小-极大 (min - max) 的双层模型或更为复杂的三层模型.

16.1.4 信息结构

在安全博弈模型中，攻击者 A 与防御者 D 有时无法完全了解对局者的动机与行为，同时也无法准确把握系统的发展演化过程，如此则产生了不完全信息问题，而 Bayes 博弈模型对此类问题提供了完备的解决方案. 本章重点考虑在完全信息状态下，攻击者 A 与防御者 D 的博弈过程.

作为一种特殊的博弈，显然安全博弈问题的均衡解可以描述各参与者的最优策略[4]. 具体而言，通过攻击者 A 的均衡策略，可以预估攻击者 A 的攻击行为，而防御者 D 的均衡策略则可以指导其部署有效的防御策略以应对蓄意攻击. 由于本章考虑的安全博弈为主从博弈，故其均衡为 Stackelberg 均衡.

16.2 安全博弈的数学模型

一般而言，多数蓄意攻击下的系统脆弱性评估及最优防御资源配置等系统安全问题均可建模为安全博弈，近年来的研究成果可见于文献[5-13]. 由此可见，安全博弈在实际工程中应用广泛. 本节重点介绍三种安全博弈模型.

16.2.1 攻击者-防御者 (*A*-*D*) 模型

该模型为典型双层规划模型，所得求解结果即为攻击者 A 与防御者 D 博弈形成的 Stackelberg 均衡策略，进一步则可以通过攻击者 A 的 Stackelberg 均衡策略评估系统中元件的脆弱性与重要程度.

攻击者-防御者 (A-D) 模型的核心是求解防御策略涉及的优化问题[1]，该优化问题的目标函数多为实施防御策略的相关成本与代价. 以电力系统为例，其优化问题的目标函数多为系统发电成本与负荷损失. 从系统运行者，即防御者 D 的角度出发，其目标在于防御系统在对抗外来攻击的同时，极小化该成本，故数学模型可表示为

$$\min_{y\in Y} c^{\mathrm{T}}y \tag{16.1}$$

其中，c 为防御成本列向量；y 为防御策略列向量；Y 为系统安全运行的相关约束条件.

对于攻击者 A 而言，则希望极大化以上成本，并以此限制防御者 D 相关策略 y 的制定. 令 x 表示攻击决策列向量，即攻击者 A 的相关策略. 若攻击者 A 攻击系统中的第 k 个元件，则令 $x_k = 1$，否则 $x_k = 0$. 进一步，可以认为若 $x_k = 1$，则系统中的第 k 个元件失效或退出运行. 若防御者 D 的调控策略需要依靠上述元件，则该策略无法执行，进而有 $y_k = 0$.

综上所述，上述攻击者-防御者 (A-D) 模型可表述如下:

$$\max_{x\in X}\min_{y\in Y(x)} c^{\mathrm{T}}y \tag{16.2}$$

其中，$x\in X$ 表示攻击者 A 发动攻击策略的集合，$x_k = 0/1$；$Y(x)$ 为在攻击者 A 攻击决策 x 的制约下，防御者 D 的可行策略集合. 严格来说，此处防御者 D 的策略仅是对系统运行人员正常调控策略的模拟，并不涉及对系统元件的防护，这与实际电力系统中的常规防御策略有很大不同，此处特别予以说明.

从数学规划的角度来看，攻击者-防御者 (A-D) 模型是典型的双层规划问题，可以归结为一类两阶段完全信息动态博弈问题，即 Stackelberg 博弈. 其中，先决策者 (Leader) 为攻击者 A，后决策者 (Follower) 为防御者 D. 考虑到攻击者 A 与防御者 D 决策的顺序性，以及攻击者 A 对防御者 D 策略制定的完全掌握程度和其

蓄意最大化破坏的动机，可以认为以上基于主从博弈的攻击者-防御者 (A-D) 建模方法是合理的. 简言之，由上述双层规划问题所求得的最优解即为攻击者 A 与防御者 D 博弈格局产生的 Stackelberg 均衡策略.

在实际应用中，上述攻击者-防御者 (A-D) 模型具有多种改进形式. 从攻击者 A 角度而言，可以设计某种攻击策略使得被攻击元件运行性能下降，而并非完全失效. 从防御者 D 角度而言，鉴于其信息的局限性，即对攻击者 A 的攻击能力与资源限制并非完全掌握，可以假设系统中的任一元件在未被防护的状态下均会因攻击而失效或退出运行.

在多数情况下，防御者 D 行为的优化模型可由以线性规划问题来描述. 例如，电力系统往往采用线性化的最优直流潮流模型进行系统安全分析. 因此，有关防御者 D 决策行为的优化模型可表述如下：

$$\begin{aligned} &\min_{y\geqslant 0} c^{\mathrm{T}} y \\ &\text{s.t. } Ay = b \\ &\quad\ \ Fy \leqslant u \end{aligned} \tag{16.3}$$

其中，等式约束表示系统正常运行约束，如对电力系统而言，该约束表示系统中各节点功率平衡限制条件. 不等式约束表示系统中任一元件 $k \in K$ 的容量限制与运行限制条件约束，如电力系统中发电机出力上下限、输电线路传输容量限制等. 系统元件可以包括输电线路、输油管道、通信集线器等.

假设对元件 $k \in K$ 实施攻击后，导致其完全退出运行，此时攻击者-防御者 (A-D) 模型可表述为以下双层优化问题：

$$\begin{aligned} &\max_{x\in X}\min_{y\geqslant 0} c^{\mathrm{T}} y \\ &\text{s.t. } Ay = b \\ &\quad Fy \leqslant U(1-x) \end{aligned} \tag{16.4}$$

其中，$U = \mathrm{diag}(u)$. 这里应注意的是，内层线性规划模型应对任一 x 均是可行的，这意味着在任一可能攻击下系统仍能维持正常运行. 同时，可认为系统元件在遭受攻击后并未完全退出运行，只是性能降低，即保留部分容量 u_0. 因此，式 (16.4) 中的不等式约束可改写为

$$Fy \leqslant u_0 + U(1-x)$$

进一步，通过攻击者 A 的策略来评估系统中元件的脆弱程度，即对于元件 k，若 $x_k = 1$，则该元件极易被攻击，具有较高的脆弱性；若 $x_k = 0$，则该元件脆弱性较低.

上述模型可用于评估所防御的系统在蓄意攻击下各元件的脆弱性与重要程度.

16.2.2 防御者-攻击者 (D-A) 模型

防御者-攻击者 (D-A) 模型也可归结为双层规划模型，所得求解结果即为攻击者 A 与防御者 D 博弈形成的 Stackelberg 均衡策略，进一步可以基于防御者 D 的 Stackelberg 均衡策略制定系统防御资源的配置方案.

一般而言，防御者-攻击者 (D-A) 模型可以表述如下[5].

1. 参数

k 为防御者 D 决定进行防护的元件，同时也为攻击者 A 企图攻击的元件.

c_k 为攻击者 A 攻击未被防护的元件 k 所获得的支付.

p_k 为攻击者 A 攻击被防护的元件 k 所造成的附加损失，即当攻击者 A 攻击被防护的元件 k 所得支付为 $c_k + p_k$，其中 $p_k \leqslant 0$.

2. 变量

$$x_k = \begin{cases} 1, & \text{防御者 } D \text{ 已防护第 } k \text{ 个元件} \\ 0, & \text{防御者 } D \text{ 未防护第 } k \text{ 个元件} \end{cases}$$

这里并未对防御者 D 的具体防御策略详细建模，如增设保护装置或预留备用线路等，因此无法考虑防御者 D 的详细防御策略制定问题.

3. 约束

X 表示防御者 D 实施防御策略所需满足的资源与成本约束条件，以及具体防御决策的 0/1 约束条件，即

$$X = \{x \in \{0,1\}^n | \, Gx \leqslant f\}$$

其中，n 为元件个数.

Y 表示攻击者 A 实施攻击的策略集，以及具体攻击决策的 0/1 约束条件，即

$$Y = \{y \in \{0,1\}^n | \, Ay = b\}$$

在此基础上，可以得到防御者-攻击者 (D-A) 的如下模型:

$$\min_{x \in X} \max_{y \in Y} \left(c^{\mathrm{T}} + x^{\mathrm{T}} P\right) y \tag{16.5}$$

其中，P 为对角矩阵，对角线元素为 p_k. 上述模型仍为一类双层规划问题，防御者先部署防护决策，攻击者随后选择攻击目标，其解即为防御者 D 与攻击者 A 博弈格局形成的 Stackelberg 均衡.

16.2.3 防御者-攻击者-防御者 (D-A-D) 模型

该模型为三层规划模型，所得优化解即为攻击者 A 与防御者 D 博弈格局形成的 Stackelberg 均衡策略. 类似于攻击者-防御者 (A-D) 模型和防御者-攻击者 (D-A) 模型，我们也可以通过防御者 D 的 Stackelberg 均衡策略制定所防护系统面临蓄意攻击时的最优防御方案问题，因涉及三层规划，其求解往往较为困难.

若将攻击者-防御者 (A-D) 模型作为内层模型，则可将其拓展为三层防御者-攻击者-防御者 (D-A-D) 模型，即

$$\min_{w\in W}\max_{x\in X(w)}\min_{y\in Y(x)} c^{\mathrm{T}}y \tag{16.6}$$

其中，w 为防御策略列向量. 若系统中的第 k 个元件被防御，则令 $w_k = 1$，否则 $w_k = 0$. W 是可行的防御策略构成的集合. 内层 max-min 模型仍表示为攻击者-防御者 (A-D) 模型，但攻击者 A 的攻击策略将受到系统防御策略的制约，故有 $x \in X(w)$. 综上所述，防御者 D 制定的最优防御策略 w^* 应满足攻击者 A 所得最大支付，即

$$\max_{x\in X(w^*)}\min_{y\in Y(x)} c^{\mathrm{T}}y \tag{16.7}$$

即攻击者 A 所能造成的最严重损失被极小化.

相较于双层防御者-攻击者 (D-A) 模型，三层 (D-A-D) 模型更接近实际工程系统运行情况. 事实上，已有研究表明，将按照三层 (D-A-D) 模型所得的优化防护策略实施于系统元件防御，能够更好地降低系统损失[10-13].

16.3 求解方法

16.3.1 攻击者-防御者 (A-D) 模型

由于攻击者-防御者 (A-D) 模型的内层防御者决策行为可由线性规划模型描述，故可采用下述两种方法进行求解.

1. 强对偶定理法

强对偶定理法的主要思路是，首先将原“容量攻击”问题转化为“成本攻击”问题，然后将内层线性规划问题用其对偶模型描述，最终将原 max-min 问题转化为单层 max 问题进行求解.

具体来说，令不等式约束 $Fy \leqslant U(1-x)$ 的对偶变量为 p，故其分量 p_k 表示元件 k 的每单位容量对于防御者 D 的可利用价值. 若系统中某一元件 k 失效或退出运行，其可用容量降为 0，而系统仍应保持正常运行，则系统运行者在制定策略

时不应再考虑元件 k，否则会增加运行成本，如此 p_k 则可表示成本增加程度的高低，进而原模型 (16.3) 等价为

$$\begin{aligned}\max_{x\in X}\min_{y\geqslant 0}&\left(c^{\mathrm{T}}+x^{\mathrm{T}}PF\right)y\\ \text{s.t.}\quad &Ay=b:\theta\\ &Fy\leqslant u:\beta\end{aligned}\tag{16.8}$$

其中，P 为由向量 p 的元素构成的对角矩阵；θ 和 β 为对应约束条件的对偶变量. 本章后续部分也将采用这种方式表示对偶变量.

将内层极小化问题转化为其对偶极大化问题，进而可得到如下混合整数线性规划问题：

$$\begin{aligned}&\max_{\beta\leqslant 0,\theta,x} b^{\mathrm{T}}\theta+u\beta\\ &\text{s.t.}A^{\mathrm{T}}\theta+F^{\mathrm{T}}\beta-F^{\mathrm{T}}Px\leqslant c\\ &x\in X\end{aligned}\tag{16.9}$$

至此，A-D 模型安全博弈问题可采用成熟的数学计算软件，如 CPLEX 求解.

2. KKT 最优性条件法

针对双层模型 (16.3)，采用 KKT 最优性条件方法可将其转化为一般混合整数线性规划问题进行求解. 特别对内层为线性规划的双层规划问题，其一般模型可以表示为

$$\begin{aligned}\min_{\{x\}\cup\{y,\lambda,\mu\}}&F(x,y,\lambda,\mu)\\ \text{s.t.}\quad &H(x,y,\lambda,\mu,)=0\\ &G(x,y,\lambda,\mu,)=0\\ &\min_{y} f(x,y)\\ &\text{s.t.}\quad h(x,y)=0:\lambda\\ &\qquad g(x,y)\geqslant 0:\mu\end{aligned}\tag{16.10}$$

其中，$F(x,y,\lambda,\mu)$ 与 $f(x,y)$ 分别为上层与下层优化问题的目标函数；$h(x,y)=0$ 为下层优化问题的等式约束，相应对偶变量为 λ；$g(x,y)\geqslant 0$ 为下层优化问题的不等式约束，相应对偶变量为 μ；$H(x,y,\lambda,\mu)=0$ 与 $G(x,y,\lambda,\mu)\geqslant 0$ 分别为上层优化问题的等式约束与不等式约束，下层模型的优化变量即为 Follower 的决策变量 y，上层模型的优化变量除包含 Leader 的决策变量 x 外，还包含下层模型优化变量 y，以及下层模型对偶变量 λ 与 μ.

由于在上述博弈过程中，Leader 先行决策，故模型上层以 Leader 为决策主体，其决策变量为 x；Follower 在 Leader 之后决策，故其对应下层优化问题，相应决策变量为 y. 由于决策的先后顺序性，对下层模型而言，Leader 的决策变量 x 被视为

已知参数. 此外，上层模型以下层优化问题作为约束条件之一，体现了 Follower 决策对于主导者的影响. 由此可见，双层规划模型能够体现攻击者与防御者的相互制约关系. 若下层模型为线性规划问题，则可将其用相应 KKT 条件等价替换，进而将原双层模型转化为下述单层优化问题:

$$\begin{aligned}\min_{x,y,\lambda,\mu}\ & F(x,y,\lambda,\mu)\\ \text{s.t.}\ & H(x,y,\lambda,\mu)=0\\ & G(x,y,\lambda,\mu)\geqslant 0\\ & \nabla_y f(x,y)-\lambda^{\mathrm{T}}\nabla_y h(x,y)-\mu^{\mathrm{T}}\nabla_y g(x,y)=0\\ & h(x,y)=0\\ & 0\leqslant \mu\perp g(x,y)\geqslant 0\end{aligned} \tag{16.11}$$

其中，$0\leqslant \mu\perp g(x,y)\geqslant 0$ 表示互补松弛条件 $\mu\geqslant 0, g(x,y)\geqslant 0, \mu_i g_i(x,y)=0, \forall i$.

优化问题 (16.11) 中，除互补松弛条件外，其余约束条件与目标函数均呈线性. 为消去非线性的互补松弛条件，可将其替换为如下不等式组:

$$\mu\geqslant 0,\quad g(x,y)\geqslant 0,\quad \mu\leqslant Mz,\quad g(x,y)\leqslant M(1-z) \tag{16.12}$$

其中，z 为 0-1 变量构成的向量; M 为足够大的正常数. 当 $g_i(x,y)\geqslant 0$ 时，$z_i=0$，从而 $\mu_i=0$; 当 $\mu_i\geqslant 0$ 时，$z_i=1$，从而 $g_i(x,y)=0$. 因此，式 (16.12) 与式 (16.11) 中的最后一个互补松弛条件等价.

至此，原双层规划模型 (16.10) 转换为下述混合整数线性规划问题:

$$\begin{aligned}\min_{x,y,\lambda,\mu}\ & F(x,y,\lambda,\mu)\\ \text{s.t.}\ & H(x,y,\lambda,\mu)=0\\ & G(x,y,\lambda,\mu)\geqslant 0\\ & \nabla_y f(x,y)-\lambda^{\mathrm{T}}\nabla_y h(x,y)-\mu^{\mathrm{T}}\nabla_y g(x,y)=0\\ & h(x,y)=0\\ & 0\leqslant \mu\leqslant Mz\\ & 0\leqslant g(x,y)\leqslant M(1-z)\end{aligned} \tag{16.13}$$

对于上述优化问题，可采用 CPLEX 软件进行求解.

16.3.2 防御者-攻击者 (D-A) 模型

通过式 (16.5) 可以看出，由于防御者-攻击者 (D-A) 模型的内层极大化问题并非线性规划，因此难以用类似于攻击者-防御者 (A-D) 模型中介绍的方法将其转化为单层混合整数线性规划进行求解.

为解决此问题，可以将约束条件 $\Upsilon = \{y \in \{0,1\}^n | Ay = b\}$ 进行线性化松弛，即将其转化为

$$\Upsilon_{\mathrm{LP}} = \left\{y \in R_+^n \middle| Ay = b, y \leqslant 1\right\} \tag{16.14}$$

如此则可将式 (16.5) 转化为单层混合整数线性规划问题，再通过 CPLEX 求解.

16.3.3 防御者-攻击者-防御者 (D-A-D) 模型

如前所述，虽然防御者-攻击者-防御者 (D-A-D) 模型在理论上包含了最佳防御策略，但其求解计算复杂度较高. 为此，本节介绍一种简化模型的求解方法.

假设对系统中任一元件 k，若对其进行防护，即 $w_k = 1$，则元件 k 不会再被攻击者 A 选择攻击. 令 $h^+ \equiv \max\{0, h\}$，则 $(x-w)^+$ 表示在防御计划实施的情况下攻击者 A 的攻击策略列向量，如此则防御者-攻击者-防御者 (D-A-D) 模型可表述为

$$\begin{aligned} z_D^* = &\min_{w\in W}\max_{x\in X}\min_{y\in Y} c^{\mathrm{T}}y \\ &\text{s.t.}\quad Ay = b \\ &0 \leqslant y \leqslant U\left(1-(x-w)^+\right) \end{aligned} \tag{16.15}$$

进一步有

$$\begin{aligned} z_D^* = &\min_{w\in W}\max_{x\in X}\max_{\alpha,\beta} \alpha b^{\mathrm{T}} + \beta U\left(1-(x-w)^+\right) \\ &\text{s.t.}\quad \alpha A + \beta I \leqslant c, \quad \beta \leqslant 0 \end{aligned} \tag{16.16}$$

或

$$\begin{aligned} &\min_{w\in W, z} z \\ &\text{s.t.}\quad z \geqslant \hat{\alpha}_l b^{\mathrm{T}} + \hat{\beta}_l U\left(1-(\hat{x}_l - w)^+\right), \quad \forall \hat{x}_l \in X \end{aligned} \tag{16.17}$$

其中，$\hat{x}_l \in X$ 为可能的攻击策略；$(\hat{a}_l, \hat{\beta}_l)$ 为攻击 $\hat{x}_l$ 发生后系统的应对措施.

进一步，上述防御者-攻击者-防御者 (D-A-D) 问题可转化为单层优化问题进行求解，从而可得攻击者与防御者二人博弈格局形成的 Stackelberg 均衡策略.

值得一提的是，近年来随着鲁棒优化求解算法的发展，针对多层优化模型求解算法又有了进一步发展，如枚举树算法[8, 13]、C&CG 算法[7, 12]等.

以下首先介绍电力系统安全防御背景及存在的问题，然后以此为例介绍求解安全博弈问题的枚举树算法和 C&CG 算法.

近年来，系统规模日益扩大及系统元件复杂化成为电力系统发展的两大主要趋势，系统的灾变防治问题也随之产生。特别是随着交直流混联输电格局的逐步形成，并联运行的交流线路与直流线路关联紧密，交直流动态相互影响，系统运行特性也更为复杂. 由电网局部故障波及整个网络造成的大规模停电事故，在国内外时有发生，造成了严重的社会影响和经济损失. 因此，在不能预知故障发生的情况

下，准确地辨识电网当前的脆弱源，并采取事故前主动防御措施，进而预防连锁故障的发生，是一项非常重要的研究课题. 安全博弈理论为上述问题提供了合适的研究手段. 在该理论中，由自然原因或蓄意攻击导致的电网故障被视为攻击方，而系统相关部门被视为防御方. 一方面，攻击方试图制造系统元件的并发故障，使其退出运行，以最大化系统损失；另一方面，防御方则采取适当防御策略以增强系统运行的安全程度，降低系统故障后损失. 安全博弈及其均衡解可为系统最优防御策略的制定提供指导性意见，同时可用于辨识系统薄弱环节，合理评估系统运行的可靠性与脆弱性. 一般而言，结合系统实际，攻防双方先后决策，符合主从博弈的一般决策过程. 采用安全博弈模型进行系统脆弱性评估及防御策略制定的相关研究在国内还较为少见，而在国外的研究中，攻击者-防御者 (A-D) 模型由于求解难度较低，常用于评估系统元件的关键程度，并基于所得结果进行防御策略的制定[5-9]. 需要指出的是，攻击者-防御者 (A-D) 模型虽然考虑了相关部门所采取的调整措施对元件关键程度的影响，但调整措施在故障发生后才被动开展，对并发故障的抵御效果较差. 而防御者-攻击者-防御者 (D-A-D) 模型[10-13] 可以弥补其不足，化“亡羊补牢”为“未雨绸缪”，从而显著降低系统损失. 以下简要介绍 (D-A-D) 模型的两种求解方法.

1. 枚举树算法[8, 13]

本节模型中的参数与决策变量定义如下：

q_h 为防护元件 h 所需要的资源数.

Q 为用于系统防御的总资源数.

K 为同时停运的元件总数.

w_{P-ldj} 为安全调度过程中负荷 j 的调整优先级.

$P_{dj}^{(0)}$ 为负荷 j 的初始需求量.

$P_{gi}^{(0)}$ 为发电机 i 的初始出力.

B_l 为交流线路 l 的导纳.

$P_{gi}^{\min}$ 为发电机 i 出力的下限.

$P_{gi}^{\max}$ 为发电机 i 出力的上限.

$P_{al}^{\max}$ 为交流线路 l 的传输极限.

Ω^g 为系统的发电机集合.

Ω^{ld} 为系统的负荷集合.

Ψ^l 为系统的交流线路集合.

$\Omega_l : n$ 为与节点 n 通过交流线路 l 相连接的节点集合.

x_l 为系统防御策略的制定情况，$x_l = 1/0$ 为元件 l 被防御/未被防御.

y_l 为元件停运策略的制定情况，$y_l = 1/0$ 为元件 l 停运/未停运.

θ_n 为节点 n 的相角.

ΔP_{gi} 为发电机 i 的出力调整量.

ΔP_{ldj} 为负荷 j 的切除量.

ref: 参考节点编号.

考察蓄意攻击下电力系统的两阶段防御问题. 攻击发生前 (第一阶段)，调度部门需要利用有限资源对系统关键线路进行防护. 假设线路被防护后便不会在后续过程中因攻击而退出运行. 蓄意攻击者对系统中元件 (此处只考虑线路) 进行攻击，线路遭遇攻击后退出运行. 攻击发生后 (第二阶段)，调度部门进行系统潮流调整，以维持系统正常运行. 上述过程可描述为如下三层防御者-攻击者-防御者 (D-A-D) 模型:

$$\begin{aligned} &\min_x \sum_{j\in\Omega^{ld}} w_{P-ldj}\Delta P_{ldj} \\ &\text{s.t.} \quad y_l \leqslant 1-x_l, \quad \forall l\in\Psi^l \\ &\sum_{i\in\psi^l} q_l x_l \leqslant Q, \quad x_l\in\{0,1\}, \quad l\in\Psi^l \end{aligned} \tag{16.18}$$

$$\begin{aligned} &\max_y \sum_{j\in\Omega^{ld}} w_{P-ldj}\Delta P_{ldj} \\ &\text{s.t.} \sum_{i\in\psi^l} y_l = K, \quad y_l\in\{0,1\}, \quad l\in\Psi^l \end{aligned} \tag{16.19}$$

$$\begin{aligned} &\text{OPF}(y) = \min_{\Delta P_{ldj},\Delta P_{gi}} \sum_{j\in\psi^{ld}} w_{P-ldj}\Delta P_{ldj} \\ &\text{s.t.} -\sum_{i\in\psi_n^g}(P_{gi}^0+\Delta P_{gi}) + \sum_{i\in\psi_n^d}(P_{dj}^0-\Delta P_{dj}) + \sum_{l\in\Omega_{l:n}} B_l(\theta_n-\theta_m) = 0 \\ &\lambda_n, \quad \forall n, \quad o(l)=n, \quad t(l)=m \\ &P_{gi}^{\min} \leqslant (P_{gi}^0+\Delta P_{gi}) \leqslant P_{gi}^{\max}, \quad \mu_{gi}^{\min}, \quad \mu_{gi}^{\max}, \quad \forall i\in\Omega^g \\ &0 \leqslant \Delta P_{ldj} \leqslant P_{ldj}^0, \quad \mu_{ldj}^{\min}, \quad \mu_{ldj}^{\max}, \quad \forall i\in\Omega^{ld} \\ &-(1-y_l)P_{al}^{\max} \leqslant B_l(\theta_n-\theta_m) \leqslant (1-y_l)P_{al}^{\max} \\ &v_l^{\min}, \quad v_l^{\max}, \quad \forall l\in\psi^l, \quad o(l)=n, \quad t(l)=m \\ &-\pi \leqslant \theta_n \leqslant \pi, \quad \xi_n^{\min}, \quad \xi_n^{\max}, \quad \forall n \\ &\theta_{\text{ref}} = 0, \quad \xi_1 \end{aligned} \tag{16.20}$$

其中，上层模型的决策者为防御者 D，模拟第一阶段防御者动作行为，这里假设运行部门可保护 Q 条线路；中层模型的决策者为攻击者 A，对于线路 l 而言，若 $y_l=1$，则线路 l 被攻击而退出运行；下层模型的决策者为防御者 D，采用基于直流潮流的 OPF 模型，一般以最小失负荷量作为调整目标. $w_{P\text{-}ldj}$ 表示不同负荷的相应权重值.

1) 等价双层模型转化：KKT 最优性条件

该阶段求解转换过程针对中层与下层模型进行. 首先列出下层模型 (16.20) 的 KKT 条件，并将互补松弛条件采用大 M 法线性化，即可将原中层与下层优化问题，即式 (16.19) 与式 (16.20) 转换为下述混合整数线性规划问题:

$$
\begin{aligned}
&\max_{y} \mathrm{OPF}(y) \\
&\text{s.t.} \quad \sum_{i\in\psi^l} y_l = K, \quad y_l \in \{0,1\}, \quad l \in \psi^l \\
&\mathrm{OPF}(y) = \min_{\Delta P_{ldj}} \sum_{j\in\psi^{ld}} w_{P-ldj}\Delta P_{ldj} \\
&\text{s.t.} -\sum_{i\in\psi_n^g} P_{gi} + \sum_{j\in\psi_n^{ld}} (P_{ldj}^0 - \Delta P_{ldj}) + \sum_{l\in\Omega_{l:n}} B_l(\theta_n - \theta_m) = 0, \quad \forall n \\
&\theta_{\mathrm{ref}} = 0, \ \xi_1 \\
&-\mu_{gi}^{\min} + \mu_{gi}^{\max} + \lambda_{n:i} = 0, \quad \forall i \in \Omega^g \\
&w_{P-ldj} - \mu_{ldj}^{\min} + \mu_{ldj}^{\max} + \lambda_{n:j} = 0, \quad \forall i \in \Omega^{ld} \\
&-\sum_{o(l)=n} B_l\lambda_n + \sum_{t(l)=n} B_l\lambda_n - \sum_{o(l)=n} B_l v_l^{\min} + \sum_{t(l)=n} B_l v_l^{\min} - \sum_{o(l)=n} B_l v_l^{\max} \\
&-\sum_{t(l)=n} B_l v_l^{\max} - \xi_n^{\min} + \xi_n^{\max} - \xi_1 = 0, \quad n = \mathrm{ref} \\
&-\sum_{o(l)=n} B_l\lambda_n + \sum_{t(l)=n} B_l\lambda_n - \sum_{o(l)=n} B_l v_l^{\min} + \sum_{t(l)=n} B_l v_l^{\min} + \sum_{o(l)=n} B_l v_l^{\max} \\
&-\sum_{t(l)=n} B_l v_l^{\max} - \xi_n^{\min} + \xi_n^{\max} = 0, \quad \forall n \neq \mathrm{ref} \\
&0 \leqslant \mu_{gi}^{\min} \leqslant M z_{gi}^{\min}, \quad 0 \leqslant -(1-y_i)P_{gi}^{\min} + P_{gi} \leqslant M(1 - z_{gi}^{\min}), \quad \forall i \in \psi^g \\
&0 \leqslant \mu_{gi}^{\max} \leqslant M z_{gi}^{\max}, \quad 0 \leqslant (1-y_i)P_{gi}^{\max} - P_{gi} \leqslant M(1 - z_{gi}^{\max}), \quad \forall i \in \psi^g \\
&0 \leqslant \mu_{ldj}^{\min} \leqslant M z_{ldj}^{\min}, \quad 0 \leqslant \Delta P_{ldj} \leqslant M(1 - z_{ldj}^{\min}), \quad \forall j \in \psi^{ld} \\
&0 \leqslant \mu_{ldj}^{\max} \leqslant M z_{ldj}^{\max}, \quad 0 \leqslant -\Delta P_{ldj} + P_{ldj}^0 \leqslant M(1 - z_{ldj}^{\max}), \quad \forall j \in \psi^{ld} \\
&0 \leqslant v_l^{\min} \leqslant M z_l^{\min}, \quad 0 \leqslant B_l(\theta_n - \theta_m) + (1-y_l)P_{al}^{\max} \leqslant M(1 - z_l^{\min}) \\
&\forall l \in \psi^l, \quad o(l) = n, \quad t(l) = m \\
&0 \leqslant v_l^{\max} \leqslant M z_l^{\max}, \quad 0 \leqslant -B_l(\theta_n - \theta_m) + (1-y_l)P_{al}^{\max} \leqslant M(1 - z_l^{\max}) \\
&\forall l \in \psi^l, \quad o(l) = n, \quad t(l) = m \\
&0 \leqslant \xi_n^{\min} \leqslant M z_n^{\min}, \quad 0 \leqslant \theta_n + \pi \leqslant M(1 - z_n^{\min}), \quad \forall n \\
&0 \leqslant \xi_n^{\max} \leqslant M z_n^{\max}, \quad 0 \leqslant -\theta_n + \pi \leqslant M(1 - z_n^{\max}), \quad \forall n \\
&z_{gi}^{\min}, z_{gi}^{\max} \in \{0,1\}, \quad \forall i \in \psi^g \\
&z_{ldj}^{\min}, z_{ldj}^{\max} \in \{0,1\}, \quad \forall j \in \psi^{ld}
\end{aligned}
\tag{16.21}
$$

$$z_l^{\min}, z_l^{\max} \in \{0,1\}, \quad \forall l \in \psi^l$$
$$z_n^{\min}, z_n^{\max} \in \{0,1\}, \quad \forall n$$

其中，0-1 变量 $z_{gi}^{\min}$、$z_{gi}^{\max}$、$z_{ldj}^{\min}$、$z_{ldj}^{\max}$、$z_l^{\min}$、$z_l^{\max}$、$z_n^{\min}$、$z_n^{\max}$ 为线性化互补松弛条件引入的附加变量；M 为充分大的正数.

2) 等价双层模型求解：枚举树算法

经过前述转换消去了防御者-攻击者-防御者 (D-A-D) 中的下层问题，得到双层规划问题 (16.21)，可采用枚举方法求解，步骤如下:

第 1 步 生根策略.

令 $k=0$，$x(0)=0$，求解无防御状态下的故障元件集 $y^*(0)$. 该集合为当前无防御状态下，可使系统损失最大的故障元件集合，对应于攻击者的最优攻击策略集. $\{x(0), y^*(0)\}$ 即为枚举树的根节点.

第 2 步 生长节点.

在父节点 $\{x(k), y^*(k)\}$ 的故障元件集合 $y^*(k)$ 中依次选择一个元件进行防御，求解一系列新的故障元件集合 $y^*(k+1)$，降低系统的最大损失，进而得到若干新的子节点. 新生子节点与父节点的树枝长度取决于相应选择元件所需的防御资源数.

第 3 步 终止策略.

若当前节点距离根节点的树枝总长度等于限定防御资源总数，或剩余防御资源不足以展开进一步防御，则认为该节点为叶节点，不再另生新枝. 否则重复上述生长策略，至所有节点均为叶节点为止.

第 4 步 确定最优防御策略.

分析所求得的所有叶节点，其中具有最小系统损失者即对应系统的最优防御策略，表明该类元件 (节点) 应当优先被防御.

2. C&CG 算法[7, 12]

本节使用的符号定义如下:

R 为用于系统防御的总资源数.

K 为同时停运的元件总数.

$w_{P\text{-}ldj}$ 为安全调度过程中负荷 j 的调整优先级.

$P_{gi}^{(0)}$ 为发电机 i 的初始出力.

B_l 为交流线路 l 的导纳.

$P_{gi}^{\min}$、$P_{gi}^{\max}$ 为发电机 i 出力的上、下限.

$P_{al}^{\max}$ 为交流线路 l 的传输极限.

Ψ^g 为系统的发电机集合.

Ψ^{ld} 为系统的负荷集合.

Ψ^{l} 为系统的交流线路集合.

z_l 为系统防御策略的制定情况，$z_l = 1/0$ 为元件 l 被防御/未被防御.

v_l 为元件停运策略的制定情况，$v_l = 1/0$ 为元件 l 停运/未停运.

θ_n 为节点 n 的相角.

ΔP_{gi} 为发电机 i 的出力调整量.

ΔP_{ldj} 为负荷 j 的切除量.

Δf_l 为线路 l 的传输潮流.

ref 为参考节点编号.

继续考察蓄意攻击下电力系统的两阶段防御问题，其模型为

$$
\begin{gathered}
\min_{z} \sum_{j\in\psi^{ld}} \Delta P^*_{ldj} \\
\text{s.t.} \quad \sum_{l\in\psi^{l}} z_l \leqslant R, \quad z_l \in \{0,1\}, \quad \forall l \in \psi^l \\
v^* \in \arg\{\max_{v} \sum_{j\in\psi^{ld}} \Delta P^*_{ldj}\} \\
\text{s.t.} \quad \sum_{l\in\psi^{l}} (1-v_l) \leqslant K, \quad v_l \in \{0,1\}, \quad \forall l \in \psi^l \\
\Delta P^*_{ld} \in \arg\left\{ \min_{\theta,\Delta P_g,\Delta P_{ld},f_l} \sum_{j\in\psi^{ld}} \Delta P_{ldj} \right\} \\
\text{s.t.} \quad -\sum_{i\in\psi^g_n} (P^0_{gi}+\Delta P_{gi}) + \sum_{i\in\psi^{ld}_n} (P^0_{ldj}-\Delta P_{ldj}) + \sum_{l|o(l)=n} f_l - \sum_{l|t(l)=n} f_l = 0, \quad \lambda_n, \quad \forall n \\
f_l = (z_l + v_l - z_l v_l) B_l (\theta_n - \theta_m) : \delta_l, \quad \forall l \in \psi^l, \quad o(l)=n, \quad t(l)=m \\
P^{\max}_{al} \leqslant f_l \leqslant P^{\max}_{al} : v^{\min}_l, \quad v^{\max}_l, \quad \forall l \in \psi^l \\
P^{\min}_{gi} - P^0_{gi} \leqslant \Delta P_{gi} \leqslant P^{\max}_{gi} - P^0_{gi} : \mu^{\min}_{gi}, \quad \mu^{\max}_{gi}, \quad \forall i \in \psi^g \\
0 \leqslant \Delta P_{ldj} \leqslant P^0_{ldj} : \mu^{\min}_{ldj}, \quad \mu^{\max}_{ldj}, \quad \forall i \in \psi^{ld} \\
-\pi \leqslant \theta_n \leqslant \pi : \xi^{\min}_n, \quad \xi^{\max}_n, \quad \forall n \\
\theta_{\text{ref}} = 0 : \xi_1
\end{gathered}
\tag{16.22}
$$

其中，上层决策变量 z_l 表示线路 l 被防御状态，$z_l = 0$ 表示线路 l 未被防护，$z_l = 1$ 表示线路 l 被防护. 中层决策变量 v_l 表示线路 l 运行状态，$v_l = 0$ 表示线路 l 停运，$v_l = 1$ 表示线路 l 正常运行. 下层模型为基于直流潮流的 OPF 模型，其决策变量为节点相角 θ、发电机出力调整 ΔP_g、负荷切除量 ΔP_d，约束条件冒号后为其对偶变量.

参照文献[7]中的算法，可将上述模型分解为主、子两个问题进行求解.

1) 主问题

主问题 (MP) 旨在获得给定故障集下系统最优防护策略. 给定下述故障集:

$$\hat{V}=\{\hat{v}^1,\cdots,\hat{v}^k\}\subseteq V,\quad V=\left\{v_l\Big|\sum_{l\in\psi^l}(1-v_l)\leqslant K, v_l=\{0,1\}, l\geqslant\psi^l\right\}$$

假设对于任一 $\hat{v}^r$, $\hat{v}^r=\{\hat{v}_l^r, l\in\psi^l\}$，下层问题存在可行解，则主问题可表示为

$$\begin{aligned}
&\min_z \alpha\\
\text{s.t.}\ &\sum_{l\in\psi^l} z_l\leqslant R,\quad z_l\in\{0,1\},\quad \forall\, l\in\psi^l\\
&\alpha\geqslant\sum_{j\in\psi^{ld}}\Delta P_{ldj}^r,\quad \forall r\leqslant k\\
&-\sum_{i\in\psi_n^g}\left(P_{gi}^{(0)}+\Delta P_{gi}^r\right)+\sum_{i\in\psi_n^{ld}}\left(P_{ldj}^{(0)}-\Delta P_{ldj}^r\right)\\
&+\sum_{l|o(l)=n} f_l^r-\sum_{l|t(l)=n} f_l^r=0,\quad \forall n,\quad \forall r\leqslant k\\
&f_l^r=(z_l+\hat{v}_l^r-z_l\hat{v}_l^r)B_l(\theta_n^r-\theta_m^r)_l,\quad \forall l\in\psi^l,\quad \forall r\leqslant k\\
&P_{al}^{\max}\leqslant f_l^r\leqslant P_{al}^{\max},\quad \forall l\in\psi^l,\quad \forall r\leqslant k\\
&P_{gi}^{\min}-P_{gi}^{(0)}\leqslant\Delta P_{gi}^r\leqslant P_{gi}^{\max}-P_{gi}^{(0)},\quad \forall i\in\psi^g,\quad \forall r\leqslant k\\
&0\leqslant\Delta P_{ldj}^r\leqslant P_{ldj}^{(0)},\quad \forall i\in\psi^{ld},\quad \forall r\leqslant k\\
&-\pi\leqslant\theta_n^r\leqslant\pi,\quad \forall n,\quad \forall r\leqslant k\\
&\theta_{\text{ref}}^r=0,\quad \forall r\leqslant k
\end{aligned}\tag{16.23}$$

对于上述优化问题，可采用大 M 法线性化其线路潮流表达式，将其转化为混合整数线性规划问题，从而可用商业软件进行求解.

2) 子问题

子问题 (SP) 旨在确定给定的防御策略下最严重的故障. 对于给定的防御策略 $\hat{z}$, $\hat{z}=\{\hat{z}_l, l\in\psi^l\}$，若要辨识造成最大损失的最严重故障，则需求解问题 (16.22) 的中下两层优化问题. 通过 KKT 最优条件表示下层优化问题的最优解，可将子问题表示为如下混合整数线性规划问题:

$$\begin{aligned}
&\max_v \sum_{j\in\psi^{ld}}\Delta P_{ldj}^*\\
\text{s.t.}\ &\sum_{l\in\psi^l}(1-v_l)\leqslant K,\quad v_l\in\{0,1\},\quad \forall\, l\in\psi^l\\
&\Delta P_{ld}^*\in\arg\left\{\min_{(\theta,\Delta P_g,\Delta P_{ld},f_l)}\sum_{j\in\psi^{ld}}\Delta P_{ldj}\right\}
\end{aligned}\tag{16.24}$$

$$
\begin{aligned}
\text{s.t.} \quad & -\sum_{i\in\psi_n^g}\left(P_{gi}^{(0)}+\Delta P_{gi}\right)+\sum_{i\in\psi_n^{ld}}\left(P_{ldj}^{(0)}-\Delta P_{ldj}\right) \\
& +\sum_{l|o(l)=n} f_l-\sum_{l|t(l)=n} f_l=0:\ \lambda_n,\quad \forall n \\
& f_l=(\hat{z}_l+v_l-\hat{z}_l v_l)B_l\left(\theta_n-\theta_m\right):\delta_l \\
& \forall l\in\psi^l,\quad o(l)=n,\quad t(l)=m \\
& P_{gi}^{\min}-P_{gi}^{(0)}\leqslant \Delta P_{gi}\leqslant P_{gi}^{\max}-P_{gi}^{(0)}:\mu_{gi}^{\min},\quad \mu_{gi}^{\max},\quad \forall i\in\psi^g \\
& 0\leqslant \Delta P_{ldj}\leqslant P_{ldj}^{(0)}:\mu_{ldj}^{\min},\quad \mu_{ldj}^{\max},\quad \forall i\in\psi^{ld} \\
& -\pi\leqslant\theta_n\leqslant\pi:\xi_n^{\min},\quad \xi_n^{\max},\quad \forall n \\
& \theta_{\text{ref}}=0:\xi_1
\end{aligned}
$$

结合上述主问题与子问题的求解方法，以下给出求解三层优化问题式 (16.22) 的计算步骤.

第 1 步 令下界 LB $=-\infty$, 上界 UB $=+\infty$，迭代次数 $k=1$, $\hat{V}=\phi$.

第 2 步 求解主问题得到最优解 $(\hat{z}^k,\alpha_k^*)$，并更新 LB $=\alpha_k^*$.

第 3 步 给定 $\hat{z}^k$, 求解子问题得到最优值 β_k^*、最优解 $\hat{V}^k$，令 $\hat{V}=\hat{V}\cup\{\hat{v}^k\}$，更新 UB $=\min\{\text{UB},\beta_k^*\}$，并在子问题中加入割约束.

第 4 步 若 UB $-$ LB $\geqslant\varepsilon$, 则终止迭代. 否则令 $k=k+1$，至第 2 步.

16.4 应用设计实例

16.4.1 双层安全博弈设计实例

近年来，电网的大规模互联已成为国内外电力系统发展的主流趋势. 电网互联可以使系统的可靠性与经济性得到改善，但也会使系统的动态行为变得更加复杂，更易因连锁故障而引发大停电事故. 此种背景下，仅按照现有的稳定性、可靠性分析方法评估电力系统的安全性远远不够. 若能够对电力系统的脆弱性进行科学的评估与分析，对提高电网安全性、防御电力系统灾变具有不可低估的重要意义.

从理论上讲，通过双层攻击者-防御者 (A-D) 模型所得的攻击者 (A) 与防御者 (D) 博弈形成的 Stackelberg 均衡策略，即可评估系统中元件的脆弱性与重要程度. 以下通过一个电力系统脆弱性评估实例进行说明.

1. 模型构建

1) 防御者的作用与策略集

A. 防御者的策略集.

防御部门对于电网中发生的扰动或故障采取的应对措施，包括以下 4 个阶段:

第 1 阶段 预防，即采取措施降低攻击发生可能性或避免攻击.

第 2 阶段 响应，即在故障或扰动较为严重的阶段采取措施降低攻击的负面影响.

第 3 阶段 修复，即采取措施使被攻击后的网络恢复到正常状态.

在对防御者策略集的建模过程中，应考虑到其在不同阶段所采取的相应措施. 在本模型中，假设防御者投入资源仅用于增强系统元件的防护，减少元件的故障修复时间，不考虑在网络中引入新的元件.

令防御方可调度资源总量为 c_{total}，则有

$$c_{\text{total}} = c_{\text{prevent}} + c_{\text{recovery}} \tag{16.25}$$

其中，c_{prevent} 为元件防护所需资源；c_{recovery} 为元件修复所需资源，用于降低元件的故障修复时间.

用于元件防护和故障修复的资源总体配置情况可表示为

$$c = (c_1, c_2, \cdots, c_{\text{recovery}})$$

其中，c_i 为投入在防护元件 i 上的资源量.

综上所述，防御者的纯策略集可表示为

$$S_{\text{IMM}} = \left\{ c = (c_1, \cdots, c_m, c_{\text{recovery}}) \left| \sum_{i=1}^{m} c_i \leqslant c_{\text{prevent}}, c_{\text{total}} = c_{\text{prevent}} + c_{\text{recovery}} \right. \right\} \tag{16.26}$$

式 (16.26) 表示防御者投入到元件防护和修复方面的资源配置信息.

B. 防御作用指标的确定.

基于上述分析，可以通过网络中元件所受防护程度 p_i 和故障修复时间 t_i 两个指标衡量防御作用的影响.

(1) 防护程度. 假设所有元件的停运均相互独立. 令 p_i 表示元件 i 受到的防护程度，该参数取值与攻击元件 i 的失败概率密切相关. 假设攻击元件 i 成功 (攻击元件 i 使之发生故障而停运) 的概率仅取决于该元件受到的防护程度 (攻击者具有足够的资源，并总可以执行完美攻击)，那么攻击元件 i 成功的概率即为 $1 - p_i$.

元件 i 受到的防护程度 p_i 定义为投入在防护该元件上资源量 c_i 的函数. 防御方对网络中的资源进行分配，用于所选择的 m 个元件的故障防护. 因此，防御者对于网络中各元件的防护程度可由向量 $p = (p_1, p_2, \cdots, p_m)$ 表示，即

$$p_i = p_i(c_i), \quad i = 1, \cdots, m$$

$$0 \leqslant p_i \leqslant 1, \quad i = 1, \cdots, m$$

$$\sum_{i=1}^{m} c_i \leqslant c_{\text{prevent}}$$

为了便于分析，假设防御函数 $p_i(c_i)$ 为连续增函数，并且不考虑投入防护资源的边际效用.

(2) 修复时间. 令常数 t_i^{base} 表示在没有额外资源投入的情况下，元件 i 的故障修复时间. 若防御者选择投入额外资源用于元件 i 的故障修复，则其故障修复时间 t_i 将减小，即

$$t_i = t_i^{\text{base}} f_i(c_{\text{recovery}}) \tag{16.27}$$

其中，f 为连续递减函数. 若多个元件同时停运，则假设所有元件同时被修复. 防御部门对于多个故障元件修复方案的选择，并不会对该模型的分析结果造成影响.

2) 攻击者 A 的影响与策略集

A. 攻击者的策略集.

攻击者 A 的纯策略集表示为 S_{ATK}，其含义为被攻击目标，即可能被攻击的元件或元件组合.

令 T 表示所有攻击目标的集合，M 表示集合中包含攻击目标的个数. 若攻击者每次仅攻击一个元件，则 T 为网络中所有元件的集合，$M = m$. 若攻击者每次同时攻击 $l(l>1)$ 个元件，则 T 中包换了网络中任意 l 个元件 $\{i_1, i_2, \cdots, i_l\}$ 的所有可能组合，且有

$$M = C_m^l = \begin{pmatrix} m \\ l \end{pmatrix} = \frac{m!}{l!(m-l)!} \tag{16.28}$$

因此，攻击者 A 的纯策略集 S_{ATK} 可描述为

$$S_{\text{ATK}} = \{\beta | 1 \leqslant \beta \leqslant M, \beta \in T\}$$

对于攻击者而言，设其具有 M 个纯策略，即 M 个可供选择的攻击目标, 故攻击方的一个混合策略即为一个概率分布

$$S_{\text{ATK}} = (q_1, q_2, \cdots, q_M)$$

其中, q_j 表示目标 j 被攻击的概率，即有

$$\begin{aligned} &q_j = P(\text{目标 } j \text{ 被攻击}) \\ &q_j \geqslant 0, \quad j = 1, 2, \cdots, M \\ &\sum_{j=1}^{M} q_j = 1 \end{aligned} \tag{16.29}$$

故防御者的混合策略集 S_{ATK}^* 可描述为

$$S_{\text{ATK}}^* = \left\{ s_{\text{ATK}} = (q_1, q_2, \cdots, q_M) \middle| q_j \geqslant 0, j = 1, 2, \cdots, M; \sum_{j=1}^{M} q_j = 1 \right\} \tag{16.30}$$

B. 攻击影响指标的确定.

令 $x_i \geqslant 0$ 表示元件 i 遭受攻击后停运造成的停电损失 (MW). 由电网拓扑结构可知, l 个 $(l \geqslant 1)$ 元件同时停运所造成的停电损失, 并不是各元件停运损失的叠加, 但总损失不低于这 l 个元件的任意子元件集所造成的停电损失, 即若 x_S 表示元件集 S 停运的停电损失, 则对于任意元件子集 $S' \subset S$, 有 $x_S \geqslant x_{S'}$.

设 t_i 表示元件修复时间 (h), 即元件 i 的故障停运时间, 其取值可由防御者确定. 令 y_i(MWh) 表示元件 i 停运造成的电能损失, 则有

$$y_i = x_i t_i$$

进一步, 令随机变量 Y_j 表示攻击目标 j 造成的损失. 由前述分析可知, Y_j 取决于防御者对目标中所包含元件的防护程度. 针对攻击目标中所包含元件个数的不同, 可分别确定攻击目标 j 所造成的损失.

若攻击目标 j 仅为单个元件 i, 则有

$$\begin{cases} P(Y_j = y_i) = 1 - p_i \\ P(Y_j = 0) = p_i \end{cases} \tag{16.31}$$

同前所述, y_i 表示元件 i 停运造成的电能损失.

若攻击目标 j 包含 $l(l > 1)$ 个元件, 则需要考虑在该次攻击中只有部分元件停运的可能性. 由之前分析可知, 多个元件同时停运所造成的损失, 并不是各元件停运损失的叠加. 因此, 需要对这 l 个元件中不同的停运元件子集分别进行分析. 令 T_j 表示攻击目标 j 中包括的元件集合, S 表示 T_j 的一个子集, y_S 表示 S 中所有元件全部停运造成的损失, 则有

$$P\left(Y_j = y_S\right) = \prod_{i \in S} \left(1 - p_i\right) \prod_{i \notin S} p_i \tag{16.32}$$

3) 博弈双方支付函数的确定

A. 攻击者 (A).

由于攻击者动机的不同, 其对目标的选择也会不同, 即攻击者并不总是选择造成最大损失的攻击目标. 因此, 不同动机下攻击者进行网络攻击所设计的支付函数也不尽相同. 以下列举三种典型的攻击类型及相应的支付函数.

(1) 最恶蓄意攻击. 该种攻击方式下, 攻击者希望选择的攻击目标故障停运后, 会造成系统最大损失, 即

$$\max(u_j) = \max(E(Y_j))$$

其中, u_j 为攻击目标 j 造成的期望损失, 实际上 u_j 即为该类型攻击下攻击者攻击目标 j 所获得的支付.

(2) 基于概率的蓄意攻击. 对于给定的最低停运损失 $y_{\min}$, 攻击者选择的攻击

目标应具有故障停运后损失大于 $y_{\min}$ 的最大概率，即

$$\max(P(Y_j > y_{\min}))$$

上述最大概率即为攻击者攻击目标 j 所获的支付.

(3) 随机攻击. 该种攻击方式下，攻击者随机选择攻击目标，而对每个目标攻击概率相同. 在此种背景下，攻击者策略可视为固定的.

通过对瑞典电网近年来事故原因的分析可知，仅有极少部分的故障是由蓄意攻击造成的. 事实上，攻击者更愿意攻击那些容易攻击，或不需要任何电力系统专业知识便可攻击成功的电网元件. 因此，这些攻击往往具有随机性.

B. 防御者 (D).

在本模型中，防御者的支付设定为攻击者支付的负值，如此则安全博弈本质上可归结为一类二人零和主从博弈问题.

2. *模型求解*

对于最恶蓄意攻击和基于概率的蓄意攻击，攻击者基于其自身动机选择攻击目标，同时防御者选择防御资源的配置方案以对抗来自攻击者的网络攻击. 二者之间的相互作用行为可描述为一类二人零和主从博弈问题，该博弈问题可转化为一类极小极大优化问题，进而求解 Stackelberg 均衡策略.

针对上述三种类型的攻击，相应博弈模型的均衡策略求解方法分别简介如下.

1) 最恶蓄意攻击

在此类型攻击下，攻击方企图极大化攻击造成的停运损失，而防御者试图极小化这一损失，故可将博弈模型描述为如下极大极小优化问题：

$$\max_q \left[\min_c \sum_{j=1}^{M} u_j(c) q_j \right] \tag{16.33}$$

若攻击目标 j 仅包含单一元件 i，则攻击所造成的损失为

$$u_j = (1 - p_i) y_i$$

同理，可以计算当攻击目标 j 中包含 $l(l > 1)$ 个元件时相应的故障损失. 以 $l = 2$ 为例，即若攻击目标 j 中包含两个元件 i_1、i_2，则有

$$u_j = (1 - p_{i_1})(1 - p_{i_2}) y_{\{i_1, i_2\}} + (1 - p_{i_1}) p_{i_2} y_{i_1} + p_{i_1}(1 - p_{i_2}) y_{i_2} \tag{16.34}$$

2) 基于概率的蓄意攻击

在此类型攻击下，攻击者的支付为攻击目标 j 使其故障停运后，所造成的损失大于最低停电损失 $y_{\min}$ 的概率 $P(Y_j > y_{\min})$. 攻击者企图极大化这一概率，而防御者希望极小化这一概率. 因此，该博弈模型可转化为下述优化问题：

$$\max_{q}\left[\min_{c}\sum_{j=1}^{M}P\left(Y_j>y_{\min}\right)q_j\right] \tag{16.35}$$

在该种攻击方式下，攻击者的一次攻击目标往往包含多个元件. 令 S 表示攻击目标集中由某些元件组成的一个子集，即攻击中发生故障停运的元件集. 定义指示变量 I_S，当 S 中元件故障停运造成的损失 y_S 大于 $y_{\min}$ 时，$I_S=1$；反之，$I_S=0$，即

$$I_S=\begin{cases}1, & y_S>y_{\min}\\0, & y_S\leqslant y_{\min}\end{cases} \tag{16.36}$$

进一步，将最恶蓄意攻击下目标函数中的 y_S 替换成 I_S，则可得到基于概率的蓄意攻击下安全博弈问题的目标函数表达式. 至于防御者，则可通过对网络中元件修复资源 c_{recovery} 的调整，改变 I_S 的取值. 需要说明的是，由于上述模型中支付函数关于 c_{recovery} 不连续，故难以保证 Stackelberg 均衡解的存在性.

3) 随机攻击

若攻击方随机选择攻击目标，则可认为其策略中攻击各目标的概率相同，即有

$$q_j=\frac{1}{M},\quad j=1,2,\cdots,M \tag{16.37}$$

式 (16.37) 说明攻击者策略已确定. 对于防御者，该模型为一个优化问题，目标是尽可能减小网络攻击造成的损失，即

$$\min_{c}\frac{1}{M}\sum_{j=1}^{M}u_j(c) \tag{16.38}$$

应当指出，由于电力系统实际情况的复杂性，防御者与攻击者可能无法充分知晓对方的策略集和支付函数. 为简明起见，本章的研究模型均为基于完全信息的主从博弈. 此外，还可通过分别求解最恶蓄意攻击和随机攻击下造成的损失，确定未知攻击策略可能造成损失的分布区间边界. 相应地，通过分析不同防御策略对最恶蓄意攻击和随机攻击后果的影响，可制定应对上述攻击的防御策略.

3. *仿真算例*

基于上述安全博弈模型，文献[5]对瑞典国家高压输电网络进行元件关键性评估.

选择如表 16.1 中 12 种典型情景模拟攻击者行为.

表 16.1 攻击者典型攻击场景

攻击场景	运行工况	攻击策略	攻击规模 (n)
A_1	正常	随机	1
A_2	正常	最坏攻击	1
A_3	正常	基于概率	1
A_4	极端	随机	1
A_5	极端	最坏攻击	1
A_6	极端	基于概率	1
A_7	正常	随机	2
A_8	正常	最坏攻击	2
A_9	正常	基于概率	2
A_{10}	极端	随机	2
A_{11}	极端	最坏攻击	2
A_{12}	极端	基于概率	2

基于 $N-1$ 准则，计算不同攻击情景 $A_1 \sim A_6$ 下最优防御策略，进而得到防御策略 $D_1 \sim D_6$. 进一步，给定防御总成本 c_{total}，针对上述 12 种攻击场景，采取不同防御策略的攻击后果. μ 的取值情况如表 16.2 所示.

表 16.2 不同攻击与防御策略下攻击后果 μ 的取值情况

攻击场景	防御策略					
	D_1	D_2	D_3	D_4	D_5	D_6
A_1	2.0	2.5	5.0	2.5	3.0	3.2
A_2	33	15	166	73	61	65
A_3	0.0	0.0	0.0	0.0	0.0	0.0
A_4	36	50	65	32	37	40
A_5	314	432	641	220	121	189
A_6	192	208	170	172	121	64
A_7	4.8	6.1	11.3	5.6	7.0	7.4
A_8	190	260	340	135	127	136
A_9	190	260	166	135	84	64
A_{10}	81	112	144	71	83	91
A_{11}	703	966	1187	435	423	559
A_{12}	122	65	46	189	189	189

不同情景下攻击后果 μ 随防御成本 c_{total} 变化的曲线如图 16.1 所示.

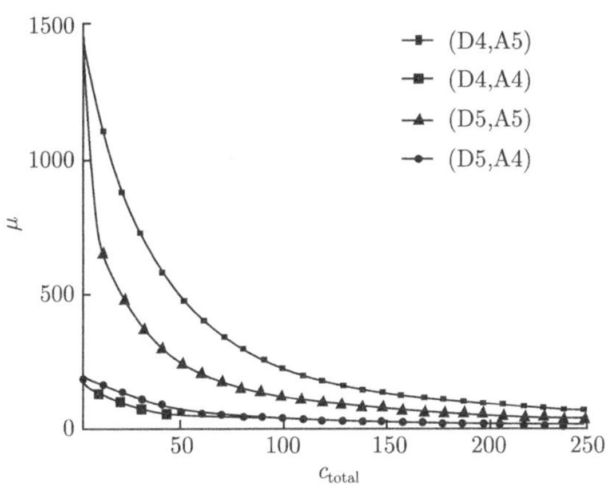

图 16.1 攻击后果 μ 随防御总成本 c_{total} 变化的曲线

在最坏蓄意攻击情况下，当总防御成本变化时，攻击造成的后果 [定义见式 (16.34)] 如图 16.2 所示. 图中横坐标按元件停运电能损失由高到低依次排序. 在总防御成本 c_{total} 一定的情况下，应根据元件的关键程度确定其被防护的优先级，即优先保护停运后造成后果相对严重的元件.

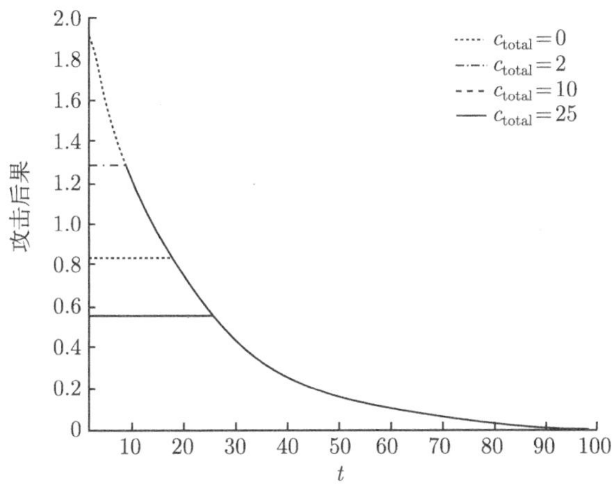

图 16.2 攻击不同元件造成的后果

16.4.2 三层安全博弈设计实例

通过三层防御者-攻击者-防御者 (D-A-D) 模型所得攻击者 (A) 与两阶段防御者 (D) 博弈格局形成的 Stackelberg 均衡策略，可以用于指导系统防御. 随着我国交直流混联输电格局的逐步形成，并联运行的交流与直流线路关联紧密，彼此间相互影响，系统运行特征也更为复杂. 在此背景下，准确锁定脆弱源，并采取事前主动防御措施可有效预防连锁故障的发生，安全博弈理论恰好为上述问题提供了合适的研究手段. 以下通过交直流混联电力系统防御策略的制定实例进一步说明.

1. 模型构建

1) 问题背景描述

防御者 (电力系统调度部门) 与攻击者 (系统故障) 之间的主从博弈过程能够由防御者-攻击者-防御者 (D-A-D) 模型来刻画. 该模型可自然反映电力系统相关部门的真实动作过程，具体分为以下三个阶段.

第 1 阶段 系统调度制定防御规划策略，对资源进行优化配置，选择系统中的关键元件进行重点防护，以降低故障带来的系统损失. 具体的防御措施为备用元件的投入、安全监控设施的部署等.

第 2 阶段 由系统故障集中可能的蓄意攻击导致电网多个元件同时故障，此类攻击者试图极大化系统损失.

第 3 阶段 系统调度进行事故后潮流调整. 由于直流线路传输功率具有可控性，因此相关调整手段可考虑为直流传输功率调节量 ΔP_d、发电机出力调节量 ΔP_g、负荷切除量 ΔP_{ld} 三种.

在实际电力系统中依次进行的上述三个阶段相互影响、相互作用. 各决策者间相互博弈满足自身优化目标. 第 1 阶段的防御措施与第 3 阶段的校正措施均将影响系统脆弱性与关键元件分布，进而影响并发故障元件集合的确定. 而为了确保第 1 阶段防御措施的鲁棒性，即该防御措施应足以应对最严重的并发元件故障情况，必须在第 1 阶段防御策略制定时即考虑后续两个阶段的影响. 上述三个阶段的决策者构成主从博弈关系.

2) 博弈模型

本节使用的参数与变量的含义如下，相应博弈结构图如图 16.3 所示，对应于 16.2.3 节中的防御者-攻击者-防御者 (D-A-D) 模型.

q_h 为防护元件 h 所需要的资源数.

Q 为用于系统防御的总资源数.

K 为同时停运的元件总数.

$w_{P\text{-}dk}$ 为安全调度过程中直流线路 k 的调整优先级.

$w_{P\text{-}gl}$ 为安全调度过程中发电机 i 的调整优先级.

$w_{P\text{-}ldj}$ 为安全调度过程中负荷 j 的调整优先级.

$P_{dk}^{(0)}$ 为直流线路 k 的初始传输功率.

$P_{gi}^{(0)}$ 为发电机 i 的初始出力.

$P_{dj}^{(0)}$ 为负荷 j 的初始需求量.

$s_{n:k}$ 为直流线路 k 的换流节点 n 的类型，$s_{n:k}=1/-1$ 为整流节点/逆变节点.

$o(l)=n$ 为线路 l 的首节点为 n.

$t(l)=m$ 为线路 l 的末节点为 m.

B_l 为交流线路 l 的导纳.

$P_{dk}^{\min}$、$P_{dk}^{\max}$ 为直流线路 k 传输功率的上、下限.

$P_{gi}^{\min}$、$P_{gi}^{\max}$ 为发电机 i 出力的上、下限.

$P_{al}^{\max}$ 为交流线路 l 的传输极限.

Ω^d 为系统的直流线路集合.

Ω^g 为系统的发电机集合.

Ω^{ld} 为系统的负荷集合.

Ψ^l 为系统的交流线路集合.

Ω_n^l 为与节点 n 通过交流线路 l 相连接的节点集合.

x_h 为系统防御策略的制定情况，$x_h=1/0$ 为元件 h 被防御/未被防御.

y_h 为元件停运策略的制定情况，$y_h=1$ 为元件 h 停运/未停运.

θ_n 为节点 n 的相角.

ΔP_{dk} 为直流线路 k 的传输功率调整量.

ΔP_{gi} 为发电机 i 的出力调整量.

ΔP_{ldj} 为负荷 j 的切除量.

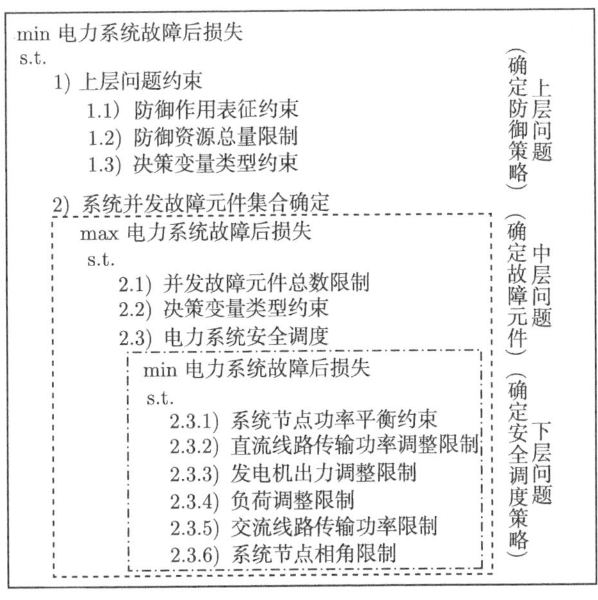

图 16.3 主从博弈模型结构示意图

(1) 下层模型. 下层模型的安全调度问题可采用基于直流潮流的 OPF 模型. 由于面向交直流混联系统，因此需要在安全调度过程中考虑直流线路传输功率可控性对系统运行的影响. 为此在模型中以直流传输功率调节量 ΔP_d、发电机出力调节量 ΔP_g、负荷切除量 ΔP_{ld} 作为系统潮流的调节手段. 另外，由于系统在安全正常运行状态下往往具有最小运行成本，并且考虑到直流系统的有功特性，即过高直流传输功率将增加系统运行风险，而过低直流传输功率有违经济性原则，故该 OPF 模型以最小调整量作为目标函数. 通过引入成本系数 $w_{P\text{-}dk}$、$w_{P\text{-}gi}$、$w_{P\text{-}ldj}$ 将目标函数表示为调度成本. 综上, 下层模型可表述为

$$
\begin{aligned}
&\min_{\left(\Delta P_{dk}^{+},\Delta P_{dk}^{-},\Delta P_{gi}^{+},\Delta P_{gi}^{-},\Delta P_{ldj},\theta_n\right)} \sum_{k\in\Omega^d} w_{P-dk}\left(\Delta P_{dk}^{+}+\Delta P_{dk}^{-}\right)\\
&\qquad +\sum_{i\in\Omega^g} w_{P\text{-}gi}\left(\Delta P_{gi}^{+}+\Delta P_{gi}^{-}\right)+\sum_{j\in\Omega^{ld}} w_{P\text{-}ldj}\Delta P_{ldj}\\
&\text{s.t.} \sum_{k\in\Omega_n^d} s_{n:k}\left(P_{dk}^{(0)}+\Delta P_{dk}^{+}-\Delta P_{dk}^{-}\right)-\sum_{i\in\Omega_n^g}\left(P_{gi}^{(0)}+\Delta P_{gi}^{+}-\Delta P_{gi}^{-}\right)\\
&\quad +\sum_{j\in\Omega_n^{ld}}\left(P_{ldj}^{(0)}-\Delta P_{ldj}\right)+\sum_{l\in\Psi_n^l} B_l\left(\theta_n-\theta_m\right)=0:\lambda_n,\quad \forall n,\quad o(l)=n\\
&\quad t(l)=m\backslash t(l)=n,\quad o(l)=m\\
&\quad (1-y_k)\,P_{dk}^{\min}-P_{dk}^{(0)}\leqslant \Delta P_{dk}^{+}-\Delta P_{dk}^{-}:\mu_{dk}^{\min},\quad \forall k\in\Omega^d\\
&\quad (1-y_k)\,P_{dk}^{\max}-P_{dk}^{(0)}\geqslant \Delta P_{dk}^{+}-\Delta P_{dk}^{-}:\mu_{dk}^{\max},\quad \forall k\in\Omega^d\\
&\quad \Delta P_{dk}^{+}\geqslant 0:\alpha_{dk}^{+},\quad \forall k\in\Omega^d\\
&\quad \Delta P_{dk}^{-}\geqslant 0:\alpha_{dk}^{-},\quad \forall k\in\Omega^d\\
&\quad (1-y_i)\,P_{gi}^{\min}-P_{gi}^{(0)}\leqslant \Delta P_{gi}^{+}-\Delta P_{gi}^{-}:\mu_{gi}^{\min},\quad \forall i\in\Omega^g\\
&\quad (1-y_i)\,P_{gi}^{\max}-P_{gi}^{(0)}\geqslant \Delta P_{gi}^{+}-\Delta P_{gi}^{-}:\mu_{gi}^{\max},\quad \forall i\in\Omega^g\\
&\quad \Delta P_{gi}^{+}\geqslant 0:\alpha_{gi}^{+},\quad \forall i\in\Omega^g\\
&\quad \Delta P_{gi}^{-}\geqslant 0:\alpha_{gi}^{-},\quad \forall i\in\Omega^g\\
&\quad 0\leqslant \Delta P_{ldj}\leqslant P_{ldj}^{(0)}:\mu_{ldj}^{\min},\mu_{ldj}^{\max},\quad \forall j\in\Omega^{ld}\\
&\quad -(1-y_l)\,P_{al}^{\max}\leqslant B_l\left(\theta_n-\theta_m\right):v_l^{\min},\quad \forall l\in\Psi^l,\quad o(l)=n,\quad t(l)=m\\
&\quad (1-y_l)\,P_{al}^{\max}\geqslant B_l\left(\theta_n-\theta_m\right):v_l^{\max},\quad \forall l\in\Psi^l,\quad o(l)=n,\quad t(l)=m\\
&\quad -\pi\leqslant\theta_n\leqslant\pi:\xi_n^{\min},\quad \xi_n^{\max},\quad \forall n\\
&\quad \theta_{\text{ref}}=0:\xi_1
\end{aligned}
\tag{16.39}
$$

其中各约束表达式冒号后是其对偶变量. 需要说明的是，下层模型仅考虑直流线路、发电机、交流线路三类元件的停运问题.

(2) 中层模型. 中层模型通过确定总数为 K 的并发故障元件集合 y，模拟电力系统 N-k 事故，进一步以极大化故障后系统损失为攻击目标，则具体数学模型可表示为

$$
\max_{y}\sum_{k\in\Omega^d} w_{P\text{-}dk}\left(\Delta P_{dk}^{+}+\Delta P_{dk}^{-}\right)+\sum_{i\in\Omega^g} w_{P\text{-}gi}\left(\Delta P_{gi}^{+}+\Delta P_{gi}^{-}\right)+\sum_{j\in\Omega^{ld}} w_{P\text{-}ldj}\Delta P_{ldj}
$$

$$\text{s.t.} \sum_{k\in\Omega^d} y_k + \sum_{i\in\Omega^g} y_i + \sum_{i\in\psi^l} y_l = K, \quad y_k, y_i, y_l \in \{0,1\}, \quad k\in\Omega^d, \quad i\in\Omega^g, \quad l\in\Psi^l \tag{16.40}$$

(3) 上层模型. 在上层模型中，电力系统相关部门利用有限资源 Q 防御关键元件. 上层、中层与下层模型构成防御者-攻击者-防御者 (D-A-D) 三层模型，即

$$\begin{aligned} \min_x \sum_{k\in\Omega^d} w_{P\text{-}dk}\left(\Delta P_{dk}^+ + \Delta P_{dk}^-\right) + \sum_{i\in\Omega^g} w_{P\text{-}gi}\left(\Delta P_{gi}^+ + \Delta P_{gi}^-\right) + \sum_{j\in\Omega^{ld}} w_{P\text{-}ldj}\Delta P_{ldj} \\ \text{s.t.}\ \ y_k \leqslant (1-x_k), \quad \forall k\in\Omega^d \\ y_i \leqslant (1-x_i), \quad \forall i\in\Omega^g \\ y_l \leqslant (1-x_l), \quad \forall l\in\Psi^l \\ \sum_{k\in\Omega^d} q_k x_k + \sum_{i\in\Omega^g} q_i x_i + \sum_{i\in\psi^l} q_l x_l \leqslant Q \\ x_k, x_i, x_l \in \{0,1\}, \quad k\in\Omega^d, \quad i\in\Omega^g, \quad l\in\Psi^l \end{aligned} \tag{16.41}$$

上述三层优化问题可参照 16.3.3 节方法进行求解.

2. 仿真算例

本节以 IEEE 30 节点系统为例进行仿真分析. 此处将 IEEE 30 节点系统中的交流线路 4-6 替换为直流线路，其中节点 4 为整流节点，节点 6 为逆变节点. 考虑到系统的实际情况，此处设置三类元件的防御成本如下：

$$q_k = 3, \forall k\in\Omega^d, \quad q_i = 1, \quad \forall i\in\Omega^g, \quad q_l = 2, \quad \forall l\in\Omega^l$$

在安全调度模型中，设置控制成本系数为

$$w_{P\text{-}d} = 5, \quad w_{P\text{-}g} = 1, \quad w_{P\text{-}ld} = 10$$

通过求解防御者-攻击者-防御者 (D-A-D) 模型 (16.39)–(16.41)，可以得到系统在不同并发故障元件数下的最优防御元件集合，如表 16.3~表 16.5 所示.

表 16.3　$K=3$ 时的最优防御策略集合及被攻击元件

防御资源	最优防御策略	被攻击元件
$Q=3$	发电机 5、8、13	发电机 2 交流线路 2-5、8-28
$Q=4$	发电机 2、5、8、13	发电机 1 直流线路 4-6 交流线路 27-28
$Q=5$	发电机 1、2、5、8、13	直流线路 4-6 交流线路 24-25、27-28
$Q=6$	发电机 1、2、5、8、13 交流线路 27-28	发电机 1、11 交流线路 6-7

续表

防御资源	最优防御策略	对应并发故障
$Q=7$	发电机 1、2、5、8、13 交流线路 27-28、24-25	直流线路 4-6 交流线路 24-25、27-28
平均损失降低率/%		46.08

表 16.4　$K=4$ 时的最优防御策略集合及被攻击元件

	最优防御策略	被攻击元件
$Q=3$	发电机 5、8、13	发电机 1、2 交流线路 2-5、8-28
$Q=4$	发电机 2、5、8、13	发电机 1、11 直流线路 4-6 交流线路 27-28
$Q=5$	发电机 2、5、8、11、13	发电机 1 直流线路 4-6 交流线路 24-25、27-28
$Q=6$	发电机 2、5、8、11、13	发电机 1 直流线路 4-6 交流线路 24-25、27-28
$Q=7$	发电机 1、2、5、8、13 交流线路 24-25	发电机 11 直流线路 4-6 交流线路 25-27、27-28
平均损失降低率/%		50.21

表 16.5　$K=5$ 时的最优防御策略集合及被攻击元件

	最优防御策略	被攻击元件
$Q=3$	发电机 5、8、13	发电机 1、2、11 交流线路 2-5、8-28
$Q=4$	发电机 2、5、8、11	发电机 1、13 直流线路 4-6 交流线路 24-25、27-28
$Q=5$	发电机 1、2、5、8、11	发电机 13 直流线路 4-6 交流线路 24-25、25-26、27-28
$Q=6$	发电机 2、5、8、13 交流线路 24-25	发电机 1、11 直流线路 4-6 交流线路 6-8、27-29、29-30
$Q=7$	发电机 1、2、5、8、13 交流线路 24-25	发电机 11 直流线路 4-6 交流线路 9-11、25-27、27-28
平均损失降低率/%		50.21

通过表 16.3~表 16.5 可以看出，在不同并发故障数下，相较于无防御状态，在引入防御措施后，系统的失负荷量大大降低，从而有效地缓解了系统故障带来的不利影响. 当系统防御总资源较少时，所需防御资源相对偏低的发电机被选择为防御元件. 而随着系统防御总资源的增加，一些交流线路被选为防御对象，如线路 24-25、27-28. 上述线路多为电网末端与主体连接线路，开断后极易引发系统解列. 从系统并发故障情况来看，发电机及相应出线、直流线路、电网末端与主网连线，若出现多个并发故障，则极易给系统带来较严重的损失，这一事实与电力系统实际情况相符合. 综上所述，仿真结果表明了安全博弈模型的合理性与有效性.

16.4.3 河南特高压交直流混联系统安全博弈设计实例

河南特高压交直流混联系统结构如图 16.4 所示. 本节采用前述提出的三层安全博弈模型对河南电网中的关键线路进行辨识并提出有效防护措施. 考虑到实际电力系统网架结构特点，可将河南电网中的输电线路按照其地理特点划分为如下三类[14].

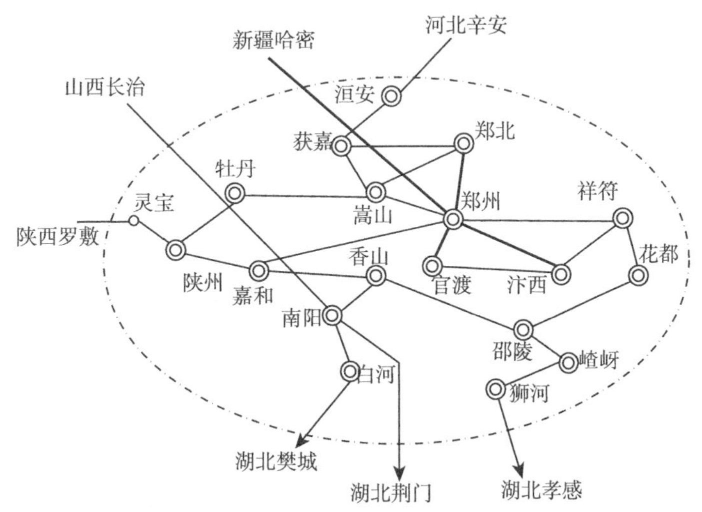

图 16.4 河南特高压电网示意图

1. 区域间输电联络线

按照河南省地理区域与经济活动的集中性，将河南省各市进行组合，并划分为如下区域.

3001：安阳、濮阳、鹤壁.

3002：焦作、新乡.

3003：三门峡、济源、洛阳.

3004：郑州.

3005：开封、商丘.

3006：许昌、周口.

3007：驻马店、信阳.

3008：平顶山、漯河.

3009：南阳.

上述区域之间通过 500kV 输电线路进行连接. 若区域间联络线发生故障开断，将可能引发系统出现严重潮流转移，进而导致部分线路发生过载，线路开断风险增加，使系统运行工况恶化，可能引发大停电事故.

考虑到上述输电线路的地理跨度与运行工况，考虑其防护成本参数为

$$q_{\text{area}} = 2$$

2. **大区间输电联络线**

在原区域划分的基础上，进一步按照河南省地理区域的集中性，将原区域划分情况进行部分合并，得到如下大区划分情况.

豫北地区 (3001、3002)：安阳、濮阳、鹤壁、焦作、新乡.

豫西地区 (3003)：三门峡、济源.

豫中东地区 (3004、3005)：郑州、开封、商丘.

豫南地区 (3006、3007、3008、3009)：许昌、洛阳、周口、南阳、驻马店、信阳、平顶山、漯河.

上述大区之间通过若干关键 500kV 输电线路连接. 这些为数不多的大区联络线承担着区域间电力传输与支援的重要任务，传送潮流相对较大. 考虑到上述输电线路的地理跨度与运行工况，设定其防护成本参数为

$$q_{\text{inter-area}} = 3$$

3. **区域内输电线路**

各区域内部仍存在一些关键线路，其故障与否对整个系统运行情况至关重要. 考虑到此类输电线路的地理跨度与运行工况，设定其防护成本参数为

$$q_{\text{inter-area}} = 1$$

4. **其他关键输电环节**

此外，河南电网中存在一些关键输电环节，如哈密-郑州直流输电线路、南阳特高压交流输电线路等. 考虑到此类线路的运行与结构特点，设定其防护成本参数为

$$q_{dc} = 3, \quad q_{hv} = 3$$

当 $K=3$ 和 $K=4$ 时的河南电网最优防御策略如表 16.6 和表 16.7 所示，由此两表可见，河南电网中重点被攻击或被防御的线路多为直流输电线路、特高压输电线路或区域间联络输电线路，因为这些线路或负载率较高，或承担跨区输电等重要任务. 部分线路的运行信息如表 16.8 所示. 从表 16.8 中可以看出这些线路的有功潮流均较大.

表 16.6　$K=3$ 时河南电网最优防御策略集合及被攻击元件

最优防御策略		被攻击元件
$Q=3$	哈密-郑州直流线路	豫香山 500 母线 II-豫郑南 500 母线 II 交流线路 豫姚孟 500 母线 II-豫郑南 500 母线 II 交流线路 嘉和 500II 母线-豫郑州 500 母线 II 交流线路
$Q=4$	南阳特高压交流线路	豫塔 500KV1 母线-仓 500KV1 母线交流线路 豫邵陵 500 I 母线-豫周口 500 母线 II 双回线
$Q=5$	南阳特高压交流线路 豫香山-豫郑南交流线路	哈密-郑州直流线路 豫邵陵 500 I 母线-豫周口 500 母线 II 双回线
平均损失降低率/%		5.34

表 16.7　$K=4$ 时河南电网最优防御策略集合及被攻击元件

最优防御策略		被攻击元件
$Q=3$	哈密-郑州直流线路	豫邵陵 500 I 母线-豫周口 500 母线 II 双回线 豫香山 500 母线 II-豫郑南 500 母线 II 交流线路 豫姚孟 500 母线 II-豫郑南 500 母线 II 交流线路
$Q=4$	南阳特高压交流线路	豫群英 500 母线 II-豫白河 500 母线 II 双回线 豫彰德 1B-豫彰德 500I 母线交流线路 豫塔 500KV1 母线-仓 500KV1 母线交流线路
$Q=5$	南阳特高压交流线路 豫邵陵-豫周口双回线	南阳特高压交流线路，哈密-郑州直流线路 豫邵陵 500I 母线-豫周口 500 母线 II 双回线 豫群英 500 母线 II-豫白河 500 母线 II 双回线 豫姚孟 500 母线 II-豫郑南 500 母线 II 交流线路
平均损失降低率/%		8.67

表 16.8　河南电网部分线路运行信息

首端区域	末端区域	首端节点	末端节点	有功功率/MW	负载率/%
安濮鹤地区	焦新地区	豫塔 500KV1 母	仓 500KV1 母	832.3	41.5
豫西	豫中东	豫香山 500 母线 II	豫郑南 500 母线 II	−826.7	41.2
		豫姚孟 500 母线 II	豫郑南 500 母线 II	−824.5	41.1
豫西	豫中东	嘉和 500II 母线	豫郑州 500 母线 II	−274.5	9.1

16.5 说明与讨论

本章简要介绍了安全博弈理论及其电力系统应用概况，旨在为互联电网安全防御策略制定与脆弱性评估提供新的研究思路与计算方法. 本章重点介绍了攻击者-防御者 (A-D)、防御者-攻击者 (D-A) 及防御者-攻击者-防御者 (D-A-D) 三种类型的安全博弈模型. 由于本章讨论的安全博弈中参与者顺次决策，故可归结为主从博弈或多层优化问题，其中前两者为典型 Stackelberg 博弈问题，后者为三层零和主从博弈 (或线性 min-max-min 问题)，如此则可借鉴第 11 章双层优化及第 9 章两阶段鲁棒优化相关算法求解. 就目前研究来看，安全博弈理论由于可以较好模拟实际工程中的攻防过程，从而为网络安全性分析提供了新的研究思路. 但由于实际系统攻防过程的复杂性，且受到多层优化算法局限性的限制，现有研究对攻防过程的模拟还停留在较为抽象的阶段，在后续研究中有待进一步改进. 需要说明的是，本章所述方法仅仅是安全博弈研究的冰山之一角. 由于工程实际情况复杂多变，需要考虑的因素繁多，如何应用安全博弈提高系统安全水平也将视具体情况而定. 事实上，安全博弈的形式也将随具体情况而改变，并非所有的安全博弈都可归结为主从博弈或多层优化，如文献[15]中研究的 Markov 型安全博弈. 总而言之，笔者希望并相信安全博弈将成为未来电力系统安全技术的有力工具之一.

参 考 文 献

[1] Department of Homeland Security. National Strategy for Homeland Security. Technical Report, Washington DC: The White House, 2002.

[2] 王元卓，林闯，程学旗，等. 基于随机博弈模型的网络攻防量化分析方法. 计算机学报, 2010, 33(9):1748–1762.

[3] 李光久. 博弈论基础教程. 北京: 化学工业出版社, 2005.

[4] Basar T，Olsder G J. Dynamic Noncooperative Game Theory. London: Academic Press, 1995.

[5] Holmgren A J，Jenelius E，Westin J. Evaluating strategies for defending electric power networks against antagonistic attacks. IEEE Transactions on Power Systems, 2007, 22(1):76–84.

[6] Chen G，Dong Z，Hill D J，et al. Exploring reliable strategies for defending power systems against targeted attacks. IEEE Transactions on Power Systems, 2011, 26(3):1000–1009.

[7] Zhao L，Zeng B. Vulnerability analysis of power grids with line switching. IEEE Transactions on Power Systems, 2013, 28(3):2727–2736.

[8] Scaparra M P, Church R L. A bilevel mixed-integer program for critical infrastructure protection planning. Computers & Operations Research, 2008, 35(6):1905–1923.

[9] Arroyo J M. Bilevel programming applied to power system vulnerability analysis under multiple contingencies. IET Generation, Transmission & Distribution, 2010, 4(2):178–190.

[10] San Martin P A. Tri-level optimization models to defend critical infrastructure. Technical Report, DTIC Document, 2007.

[11] Yao Y, Edmunds T, Papageorgiou D, et al. Trilevel optimization in power network defense. IEEE Transactions on Systems, Man, and Cybernetics, Part C: Applications and Reviews, 2007, 37(4):712–718.

[12] Yuan W, Zhao L, Zeng B. Optimal power grid protection through a defender-attacker-defender model. Reliability Engineering & System Safety, 2014, 121:83–89.

[13] Alguacil N, Delgadillo A, Arroyo J M. A trilevel programming approach for electric grid defense planning. Computers & Operations Research, 2014, 41:282–290.

[14] 龚媛，梅生伟，张雪敏，等. 考虑电力系统规划的OPA模型及自组织临界特性分析. 电网技术, 2014, 38(8):2021–2028.

[15] Ma C Y T, Yau D K Y, Lou X, et al. Markov game analysis for attack-defense of power networks under possible misinformation. IEEE Transactions on Power Systems, 2013, 28(2):1676–1686.

第 17 章　电网演化分析实例

电力系统自其诞生 100 多年以来，先后经历了小机组、低电压电网，超高压互联大电网及智能电网三个阶段. 作为电力科学研究的重要课题之一，对电网演化过程的研究既可从以往电网演化史中归纳总结电网发展的一般规律，更可为未来电网规划与建设提供科学依据. 为此，电力系统演化研究应运而生. 目前该领域有代表意义的研究方法主要有两类: 一是基于复杂网络理论的电网演化方法[1-4]，该方法能够再现各种类型的复杂电力网络. 例如，文献[2]提出了一种小世界电网演化生长模型; 文献[3, 4]构建了一种复杂电力网络的时空演化模型，通过调节参数可使电网分别按照小世界网络、无标度网络、规则网络、随机网络等模式进行演化. 二是借鉴生物种群演化的演化博弈论方法，该方法通过广义复制者动态模型分析和模拟电网生长演化过程，为电网规划与建设提供决策依据[5]. 需要说明的是，尽管根据上述两种演化方法建立的电网演化模型可体现电网某一既定形态 (如无标度网络或小世界网络等) 的生长演化过程，具有一定的理论价值与工程意义，但是仍存在值得商榷之处. 一方面，这些模型无法体现迄今为止电力系统三个阶段发展演化全过程; 另一方面，这些模型建立在认定电网属于某一理想网络模型的前提上，因而其精准性有待进一步验证. 综上所述，由于电网发展过程的复杂性和规划方法的多样性，如何对电网及其发展过程进行准确描述和处理仍然需要更深入的研究，以便归纳和揭示电网发展的共性规律，从而为指导实际电力工程建设发挥应有作用.

基于上述思考，本章通过赋予电力系统这个人工系统以“生命”的含义，从而提供一条从生物种群进化及演化博弈角度研究工程系统发展演化的工作思路，从抽象到具体，从一般到特殊，逐步建立电网演化一般模型、三代电网演化模型、计及 SOC 特性的电网演化模型及电网演化博弈模型，在理论上初步形成一套电网演化的研究方法. 本章内容主要源自文献[5-7].

17.1　电网演化生长模型

17.1.1　电网演化的驱动与制约因素

驱动和制约电网演化生长的因素很多 (亦可视为广义的博弈参与者)，从宏观层次考虑，主要可归纳为以下三类[6]，如图 17.1 所示.

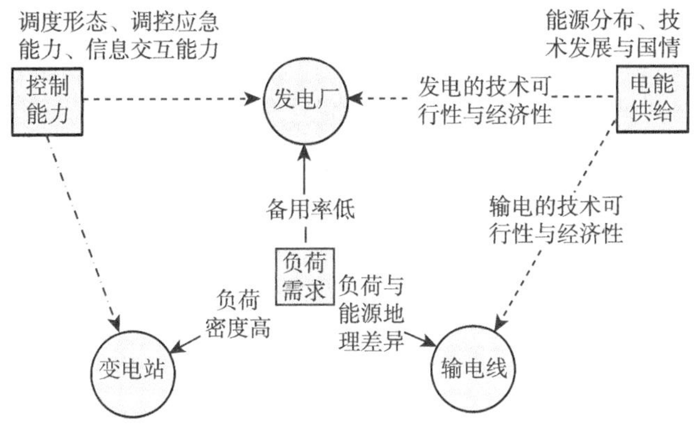

图 17.1　电网生长演化的驱动与制约因素

1. 负荷需求

社会经济发展促使用电需求增长是电网生长演化最根本的驱动因素. 本章所提出的电网演化主要包括发电厂、变电站和输电线路的建造过程. 当用电需求增长到一定程度, 导致系统备用率过低时, 则可根据可用能源分布情况决定新建发电厂的投运地点和投运容量, 进一步确定其接入电网的电压等级和接入方式; 如果本地负荷密度过高, 则确定新建变电站的地点和容量, 并确定其接入电网的电压等级和接入方式. 由此可见, 日益增长的负荷需求逐渐威胁电网电能供给的安全性与可靠性, 从而促使电网生长演化, 即负荷需求的增长是电网生长演化的内在推动力.

2. 电能供给

电能供给状况受能源的分布情况、能源开发利用技术的可行性与经济性、国情与能源政策等诸多因素影响. 在能源开发方面, 电网建设发展初期, 由于新能源利用水平有限, 主要投产并发电的是小型火力发电机组和水电机组等. 随后, 得益于高效大型发电机组技术, 600~1000MW 超临界、超超临界燃煤机组及 700~800MW 水电机组等逐渐成为电能供给的主力军. 又随着新能源发电技术日臻成熟, 大规模新能源发电得以实现. 近年来, 由于能源与环境问题日益突出, 欧洲、美国、日本等地区均加强了对新能源的开发和利用. 2007 年我国国家发改委等 4 部门联合制定了《节能发电调度办法 (试行)》(简称为《办法》), 其核心思想是“改变传统的以平均利用小时数计划为指导的发电量调度方式, 取而代之按照机组能耗水平排序, 能耗低的机组多发电, 能耗高的机组少发电”,《办法》的颁布促进了新能源发电机组的研发、建设、投产.

3. 控制能力

这里的控制能力系指广义的控制, 包括调度形态、调控能力、应急能力、信息交互能力等, 控制能力对电网生长演化形态影响重大. 电网建设初期, 控制能力较低，极大制约了发、输电容量，输电电压及输电距离. 随着超高压、特高压输电技术的相继问世和日趋成熟，无论是输电距离还是输电容量均得到显著提高，从而实现了电能在较大地理范围内的统一调度和优化利用. 反之，在特定条件下，控制能力的强弱将成为电网生长演化的制约因素. 随着电网规模的扩大，电力系统控制方面不断推陈出新，其中电网实时安全预警系统、电网能量管理系统等控制技术层出不穷，同时电网信息采集、传输、处理、挖掘、分配和展示等多个环节技术水平显著提升，导致电网生长演化受其影响越来越大. 值得一提的是，由于第三代电网 (智能电网) 具备智能的电网控制保护系统，故具有自愈能力较强、智能型调度、主动型负荷 (用户广泛参与电网的调节) 等重要优势，因而其演化生长受控制水平影响更为显著.

17.1.2 局域世界演化网络模型

17.1.1 节阐述了电网生长演化所必须满足的物理规律或技术条件. 回到本章的主题，若将电网的产生和发展视为一个正在生长的有机体，则根据复杂网络演化理论构建一个电网演化生长模型，以真实态再现电网发展过程，特别是能够清晰刻画电网演化过程，即成为本章的攻关目标. 完成这个目标，不仅能够反演电网发展历史规律，更重要的是为未来电网形态设计提供有效的工具.

本节采用局域世界演化网络模型构造电网演化模型，该模型的主要原理是，给定初始网络，然后依据某种物理规律，不断加入新的节点及相应的连接线，直到事先设定的演化周期截止. 研究表明，大部分网络 (如电网、互联网等) 在演化过程中具有优先连接特性，即新的节点更倾向于与那些具有较高连接度的节点相连. 进一步研究发现，优先连接机制不是对整个网络，而是在每个节点各自的局域世界中有效. 文献[8]提出了局域世界演化模型：网络初始时有 m_0 个节点和 e_0 条边，每次新加入 1 个节点和附带的 m 条边，具体而言，新加入的节点采取局域世界优先连接策略，即随机地从网络中已有的节点中选取 M 个节点，作为新加入节点的局域世界. 新加入的节点根据优先连接概率

$$p_W(k_i) = p'(i \in W)\frac{k_i}{\sum\limits_{j \in W} k_j} \equiv \frac{M}{m_0 + t}\frac{k_i}{\sum\limits_{j \in W} k_j} \tag{17.1}$$

选择与局域世界 W 中的 M 个节点相连. 其中，k_i 为节点 i 的度，即与节点 i 相连的边的数目；M 为局域世界 W 中节点的数目；m_0 为初始网络中节点的数目；t 为迭代次数.

着眼于电力网络，局域世界演化模型更符合实际电网发展历程. 究其原因，电力网络中的节点 (发电机/变电站节点)具有电压等级等电气特性，而输电线路只能从属于某一特定电压等级，且输电距离和输电容量受输电线电压等级限制. 故在网络连接时，出于技术的要求和限制，并不是全局的优先连接，而是在一定邻域内的优先连接.

17.1.3 电网生长演化模型

基于局域世界演化模型，本节提出一种电网生长演化模型. 该模型从物理层面出发，充分考虑电网的特殊性，由电压等级决定“邻域”的范围，新增节点接入电网时采取邻域内优先连接策略. 电网生长演化模型如图 17.2 所示. 邻域电网模型构造算法可归纳如下.

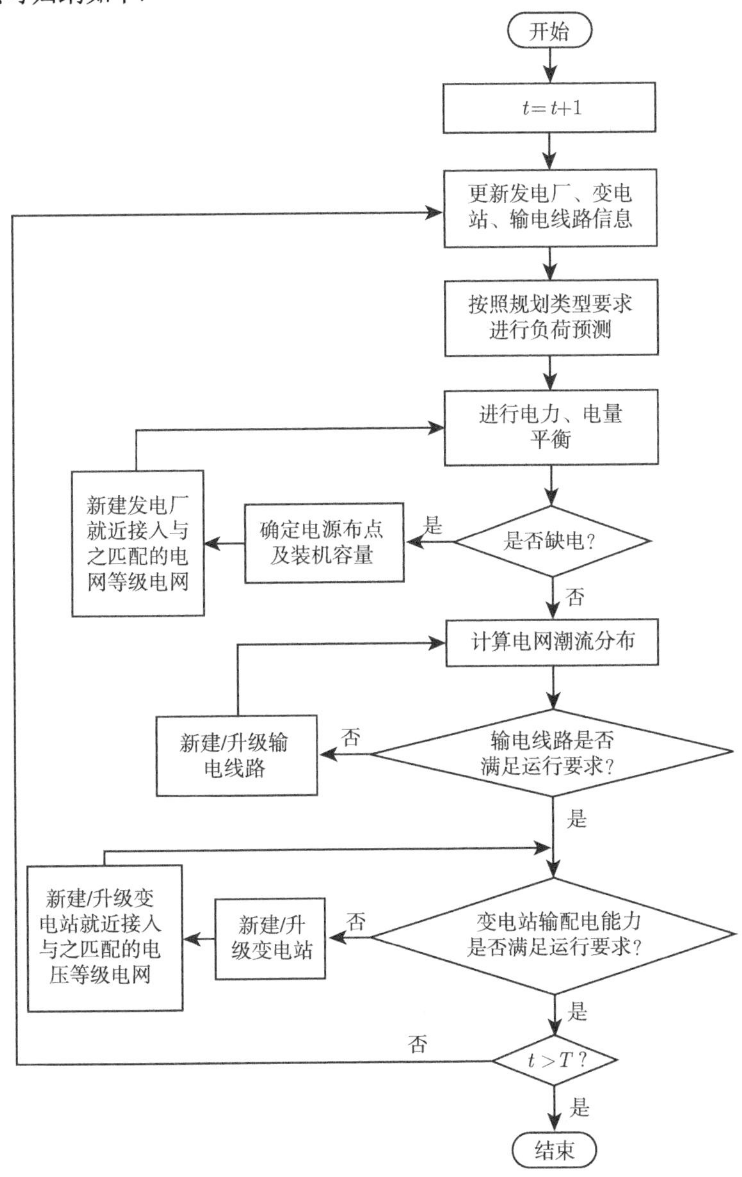

图 17.2 电网生长演化模型

第 1 步 t 时刻更新电网中发电厂、变电站和传输线路信息.

第 2 步 根据不同电网规划的具体要求，进行相应时间尺度的负荷预测.

按照时间划分，电网规划可分为远景规划 (16~30 年)、中长期规划 (6~15 年)、短期规划 (1~5 年)[9].

第 3 步 进行电力、电量平衡.

将电网分成若干区域 (行政区或供电区)，在每个区域内根据其负荷与装机总容量进行电力 (或电量) 平衡，观察分析各区内电力的余缺情况，从而辨识哪些地区电力盈余、哪些地区电力不足、哪些电厂属区域性电厂、哪些电厂属地区性电厂、电力何去何从等关键信息. 若不缺电，则跳过第 4 步，直接进入第 5 步.

第 4 步 若缺电，则新建发电厂.

根据缺电额和当前能源分布、技术发展水平等确定电源布点和装机容量，新建发电厂通过升压变压器接入电网，新建电厂容量根据系统旋转备用率确定. 根据此时电网所处演化时期的技术条件限定 (表 17.1 和表 17.2)，选择发电机类型.

表 17.1 三代电网演化需要满足的客观规律和技术条件

电网演化驱动因素	可调参数或规则	电网		
		第一代	第二代	第三代
负荷需求	负荷类型与规模	分布分散规模不大	高密度负荷群出现并增多	微电网等新型负荷
电能供给	发电机类型	小型水/火电机组	大容量水/火电机组，集中式新能源发电	大容量水/火电机组，集中/分布式新能源发电
	发电机容量	100~200MW	300~1000MW	300~1000MW 分布式电源
	发电机选择参照标准	较为随意考虑可实现性	经济性、节能性	经济性、节能性、可靠性
控制能力	电压等级	220kV 及以下	500kV 及以下	1000kV 及以下
	传输距离	省内送电	网际送电	国际送电

表 17.2 发电机组类型及参数

发电机种类	单机额定功率/MW	机端额定电压/kV
核电机组	1000	24、26
火电机组	600	20、22
火电机组	300	18、20
火电机组	100	10.5、13.8、15.75
风电机组	0.5	0.4、0.7

第 5 步 计算电网潮流分布，检验电网输电容量是否满足正常和事故运行方式的输电需求. 若满足，则跳过第 6 步，直接进入第 7 步.

第 6 步 若电网输电容量不满足要求，则新建双回线或提高电压等级.

第 7 步 检验电网中变电站输配电能力是否满足运行要求，若满足，则结束此次电网生长演化过程，令 $t=t+1$.

第 8 步 若变电站不满足输配电容量要求，则新建或升级变电站.

对于尚无变电站或变电站中变压器数量未达到上限值之节点的情形，采取新建变电站或增设变压器的策略，并在该变电站电压等级所决定的邻域内就近与匹配变电站相连；对于已达到变压器数量上限的变电站，则采取提高电压等级的升级策略，升级后的变电站在其电压等级对应的邻域内就近与匹配变电站相连. 如前面所述，电网中节点 i 的深度与其电压等级相关，本章定义节点 i 的深度为其所在电压等级的输电距离，不同电压等级对应的输电距离如表 17.3 所示. 容易看出，初期全网电压等级较低，因此“邻域”较少，电网在有限范围内演化生长，形成一个个小电网. 随着负荷的不断增长，电网中逐渐出现更高电压等级的变电站，这些节点一方面是高一级电压等级电网中的节点，另一方面是所在的低一级电压等级的“局域小电网”的集散节点，进而逐渐形成分区级联的电网.

表 17.3 各级电网电压及输送能力

输电电压/kV	输送容量/MW	传输距离/km	适用
1000(AC)/800(DC)	5000～10000	1000～2000	网际输电
500	600～1500	400～1000	网际输电
220	100～500	100～300	省内送电
110	10～50	50～150	高压配电网
35	2～10	20～50	高压配电网
10	0.2～2.0	6～20	中压配电网
0.38	0.1 及以下	0.6 及以下	低压配电网

17.2 三代电网的演化

2013 年，周孝信院士提出了三代电网理论[10]，该理论将电力系统的发展历程归纳为三代电网，即以小机组、低电压为特征的第一代电网 (小型电网)，以大机组、超高压为特征的第二代电网 (互联电网)，以大型集中式和分布式能源发电相结合、骨干电网与地方电网及微电网相结合的第三代电网 (智能电网). 虽然世界各国电网形成有先有后，发展水平参差不齐，但大体上各国电网都经历了三代演化的历程，且目前处于第二代电网向第三代电网的过渡阶段. 总体而言，三代电网理论借鉴社会科学中的代际传承概念，归纳总结了三代电网的基本概念和主要特征，全面客观地分析了当前电网面临的新挑战，从而系统建立了电网演化新理论，应该说该理论不仅是对电力系统发展过程的高度概括，更是对未来电网形态的科学预测. 依笔者浅见，三代电网理论的重要意义不仅在于将社会科学中的“代际理论”赋予电力系统，从而开拓了工程演化发展的“代际理论”这一新学科方向，更重要的是该理论本身即蕴含着赋予电力系统这个人工系统以“生命”的含义，从而不仅从生物进化角度更从演化博弈角度提供了研究人工系统演化的新思路. 事实上，三代电网理论的提出在科学史上并不乏先例. Wiener 即是在总结机械系统和动物共有的反馈机制的基础上创立控制论的. 另有一个不争的事实是，社会科学中的代际理论来源于生物学中种群演化理论. 既然将电力系统视为一个生命体，那么探讨其产生、生长或发展的机制便是一个十分重要的研究课题. 以下简要介绍三代电网理论.

17.2.1　三代电网的基本理论

1. 第一代电网 (小机组低电压电网)

19 世纪末至 20 世纪初，低电压等级决定了电力的输送必须是近距离的，否则就会由于线损太大而无法传输电能. 为此发电厂一般都建在负荷中心附近，且负荷的分布范围不能够太大. 此种背景下，形成了成百上千的小型电网，而每个小电网都围绕单个发电厂建造. 此类小电网中，输电线路并未形成网络，而仅仅作为发电厂和负荷之间的联络线.

第一代电网中各单个网络规模小，网络结构简单，相应地，其电网控制技术水平也处于较低水准. 在该时期内，电网中尚未形成具有全局调控能力的调度中心，只具有设置在发电厂中的各个小电网内部的“控制中心”，故只能通过调节发电机出力这一简单调控措施来维持电网稳定运行，且电网中的线路未配备可调控设备.

综上所述，第一代电网是以小机组、低电压为特征的小型电网，其单机容量一般在 100~200MW及以下，输电和配电电压在 220kV以下，采用简单保护、经验型调度、被动型用电方式，因而电网的安全可靠性较低、经济性差、资源优化配置能力弱.

2. 第二代电网 (超高压互联大电网)

随着工业的发展，电网的负荷结构从仅仅为照明供电过渡到为以电动机为主的负荷群供电，建造新的大容量电厂成为必然趋势. 事实证明，能源供需往往呈逆向分布，即在地理分布上大容量电厂通常与负荷中心相距较远. 例如，大容量水电厂需要建设在具有较大落差的河流之上，而大容量的汽轮机电厂则要建造在煤矿附近. 因此，负荷的发展对电网提出了新的要求，即能够远距离、大容量传输电能. 相应地，输电线路的电压等级则需要不断提高，以减小输电线路上的电能损耗. 通过高压输电线路输送到负荷中心的电能需降压后再通过低压配电线输送至用户，围绕着负荷中心逐渐形成低压配电网. 与此同时，为满足电力系统安全、经济运行的要求，实现全局资源的优化配置，第一代电网时期的多个小型电网通过高压输电线路进行互联，各区域之间互为发电容量备用，第二代电网逐步演化为级联式互联大电网形态.

互联大电网的形成很大程度上提高了全网的运行效率，然而，作为典型的复杂系统，其与生俱来的安全性问题也随之更为突出. 第一代电网时期设于发电厂内部的分散分布且功能简易的“控制中心”显然不能满足互联大电网安全运行的要求，于是，调度中心逐步成为一个单独运行且至关重要的部门，其主要功能定位为负责全网发电厂、变电站、输电线路等信息的采集、决策的制定与指令的下发，维护电网安全稳定运行.

综上所述，第二代电网是以大机组发电、超高压输电为特征的互联电网，单机容量在 300~1000MW，电压等级在 330kV以上，主要特征包括快速保护、优化控制、分析型调度及被动型用电，其安全可靠性较高、经济性较强、大范围资源优化配置能力强.

3. 第三代电网 (智能电网)

进入 21 世纪以来，为应对与日俱增的能源危机与环境问题，迫切要求发展先进的电网技术，同时加大对新能源的开发利用程度，从而形成以大规模可再生能源为主、化石能源为辅的能源格局. 目前新能源发电存在两种发展模式：一方面，在地理位置上与负荷中心相距较远且发电规模较大的新能源电力，可通过大容量、远距离的特/超高压输电线路进行输送，这以我国当前发展大规模风光发电为典型案例；另一方面，可就地利用分散分布且规模不大的新能源，由此产生了分布式发电这一新型供电模式并得到大力发展，欧洲、美国、日本等地区即为此种模式. 此外，新一代电网中配电侧衍生出微电网等主动型负荷[11]，因而配电网的结构更加复杂和灵活. 需要特别指出的是，研究第一代电网、第二代电网主要关注能量流的交换，由于新一代电网中信息流的交换与互动日益频繁且发挥着巨大作用，因而研究新一代电网需同时关注能量流和信息流的双向交换.

综合上述三个方面，智能电网应运而生. 毫无疑问，智能电网将逐步发展为以负荷和发电两大中心相结合的复杂智能网络，通过采取集中式与分布式相结合的方式加大对新能源的消纳利用，并致力于在分布式调度中心和电网需求侧之间建立能量流和信息流的双向流动通道，最终呈现信息-物理耦合电网形态.

17.2.2 三代电网生长演化条件

电网之所以经历了三个不同发展阶段，从而呈现出截然不同的网络拓扑特性，与其当时所处的能源开发利用情况、输电、调度等技术水平，以及负荷分布情况等紧密相关. 基于三代电网客观发展历程，本节总结三代电网演化生长需要满足的规律和技术条件，并将其转换成可调的参数或可选择规则，以备在三代电网模型中使用，使所建的模型具有还原现实的功能. 三代电网模型中不同阶段对应的需要满足的客观规律和技术条件如表 17.1 所示.

为了简化问题、便于操作和说明，本节三代电网演化模型中以火电机组代表传统化石能源发电机组，以核电、风电机组代表清洁能源发电机组，分别选取若干不同单机装机容量的发电机组，具体参数如表 17.2 所示. 在不同电网演化阶段，可根据当时限定的技术条件进行选择.

电网中节点 i 的深度 $L_v(i)$(该节点所属电压等级的输电距离)与其电压等级相关. 三代电网演化模型中，在满足不同时期电网技术限制的前提下选择节点电压等级，即可根据表 17.3 所列输送距离极限，从而确定该节点的深度.

17.2.3 仿真结果与分析

将 17.1.3 节的电网生长演化模型应用于三代电网，通过调整代表不同代际电网特性的可调参数或可选优先级原则，以体现三代电网发展所处环境的不同，最终的演化结果如下所述.

1. *初始状态*

给定电网生长的地域规模 $A=[N_1,N_2]$，定义网络节点 i 的坐标为 $v_i=(x_i,y_i)$，其中 $x_i\in[0,N_1]$，$y_i\in[0,N_2]$，且 x_i,y_i 为整数. 进一步给定电网初始状态的能源分布、负荷分布和电网拓扑. 初始电网拓扑可以非常简单，如两点一线的简单链式电网，或尚未修建任何发电厂及变电站.

本节算例给定电网生长的地域规模 $A=[90,100]$，单位：km. 进一步给定电网初始状态的能源分布、负荷分布和电网拓扑. 电网从无到有开始生长演化. 在以下的电网演化结果示意图中，横、纵坐标表示地理坐标，在尺寸上按照图形“□”表示发电厂，“○”表示变电站，连线由粗到细依次表示 500kV、220kV、110kV 和 10kV 4 个电压等级的输电线路.

2. *演化结果 1——第一代电网再现*

第一代小型电网如图 17.3 所示，演化结果显示，第一代电网中，发电厂单机容量一般在 100~200MW，输电和配电电压等级一般在 220kV 以下. 第一代电网形成如此演化结果可以归结为以下三个方面的因素.

(1) 从需求的角度来看，在电网建设初期，负荷需求较分散且不大，在较小范围内新建小电站即可满足供电需求.

(2) 从能源供给和控制能力发展水平的角度来看，此时电网技术尚未达到大装机容量发电厂和超高压远距离输电所需的技术水平，因而，发电厂单机装机容量较小，电能传输距离也较短.

(3) 从拓扑结构来看，第一代电网呈现典型的链式结构，由多个小电网构成，而这些小电网之间联系较弱，即意味着此时电网尚未形成复杂网络.

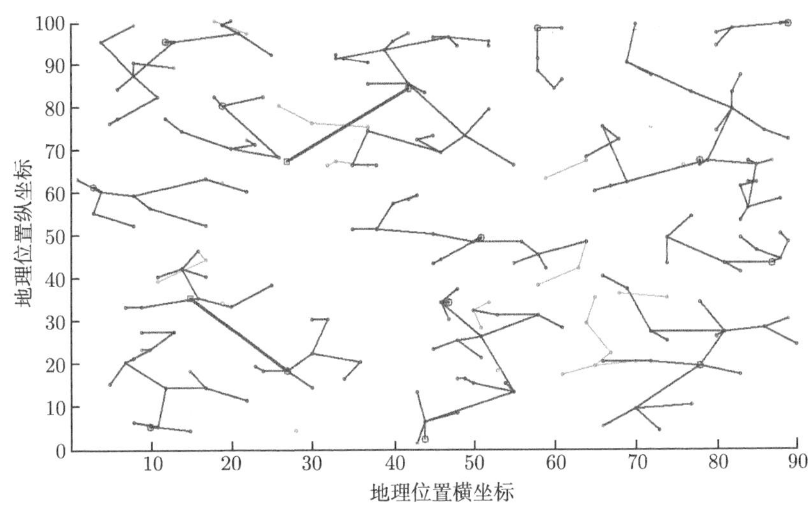

图 17.3　第一代电网生长演化仿真结果图

综上所述，在需求驱动和技术制约的相互作用下，第一代电网发展成为以小机组、低电压为特征的小型电网，即发电厂及变电站围绕负荷中心建设，形成一个个电压等级较低的小型电网，各小型电网自成局部网络，之间有为数不多的输电线路进行相连.

3. 演化结果 2——第二代电网再现

在第一代电网的基础上，调整相关参数及优先选择原则 (表 17.1)，进一步演化生长出第二代电网，结果如图 17.4 所示.

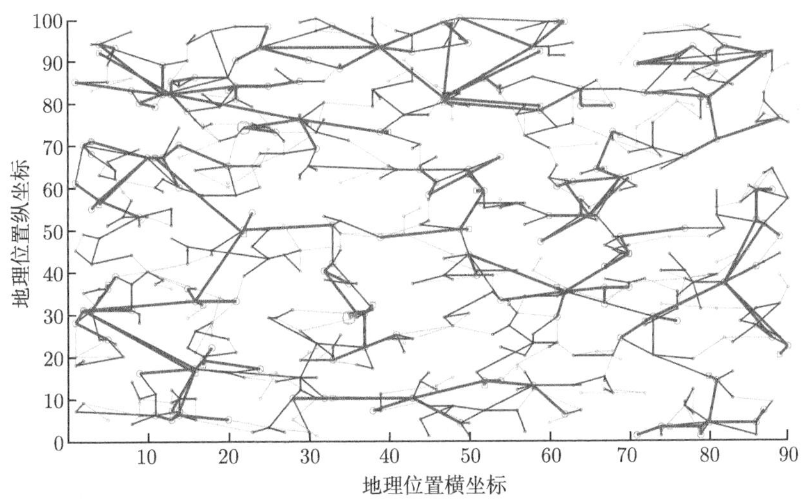

图 17.4　第二代电网生长演化仿真结果图

演化结果显示, 在第二代电网中，大容量机组出现并逐渐占据主导地位，单机容量在 300~1000MW，由大容量机组发电供给的负荷量占全网负荷总量的比例越来越大；电网电压等级提高，主干电网的电压等级在 330kV 以上，超高压、特高压输电线相继产生并逐渐覆盖全网，原本相互独立的小电网互联为大电网. 类似第一代电网演化，第二代电网形成此种演化结果可以归结为以下几个方面的因素.

(1) 随着负荷增长，近距离的小电厂不能满足供电需求，迫切需要建设大装机容量发电厂，大容量、高效能机组不仅可以提供充足电能，还有利于降低造价、节约能源、加快电力建设速度.

(2) 此阶段以水利、煤炭为主的电能资源中心往往与负荷中心相距较远，为了合理利用能源、加强环境保护、保障电力工业的可持续发展，迫切需要远距离输电技术来解决电能输送问题.

(3) 为了电网安全稳定运行，电网需留有一定量的备用容量，如果利用各地区用电的非同时性进行负荷调整，则可减少备用容量和装机容量，提高电网运行的经济性，这就需要实现电网互联.

(4) 在安全性和经济性的双重刺激下，大容量发电机组和超高压、特高压输电技术出现并日趋成熟，从而从控制能力角度为电网互联提供了技术保障.

(5) 从拓扑结构来看，第二代电网属于复杂网络，呈现典型的网状结构，以较低电压等级电网作为基本模块，由主干网相连，形成等级网络. 计算第二代电网结构特性统计指标，如表 17.4 所示. 结果显示，第二代电网平均路径长度较小，具有小世界网络属性，且呈现明显的聚类效应，这是第二代电网的一个典型例证[2].

表 17.4　第二、三代电网结构统计特性指标

电网关键参数	平均度数	平均路径长度	聚类系数
第二代电网	2.3733	10.296	0.0413
第三代电网	2.2917	11.816	0.0399

(6) 从电网升级换代的角度来看，第一代电网时期形成节点数较少、结构较为简单的小网络模块，其电能供给与输送能力有限. 随着负荷需求增长，各模块不断扩张，且中心节点日渐显著. 为了保障电网运行的安全性，提高运行的经济性，各模块通过各自的中心节点进行相连，即形成同时存在模块性、局部聚类和无标度拓扑特性的等级网络，也即所谓第二代分区级联式电网.

综上所述，第二代电网逐渐演化成以大容量、高效能机组为主力电源，超高压、特高压输电线路为主干网的大型分区级联式电网，能够实现大范围资源优化配置，安全可靠性较高，经济性较好.

4. 演化结果 3——第三代电网再现

第三代电网演化结果如图 17.5 所示. 在第二代超高压互联大电网的基础上，电网发展“舍本逐末”，在低电压等级侧生长演化出分布式发电构成的微网，最终形成以上游特高压电网为主干、下游由各分布式发电构成的智能电网. 从拓扑结构来看，第三代电网也呈现复杂的网络状态，乍看不存在显而易见的分层特征，但若将微网抽象为广义的节点后，电网分层分区特征将随之显现.

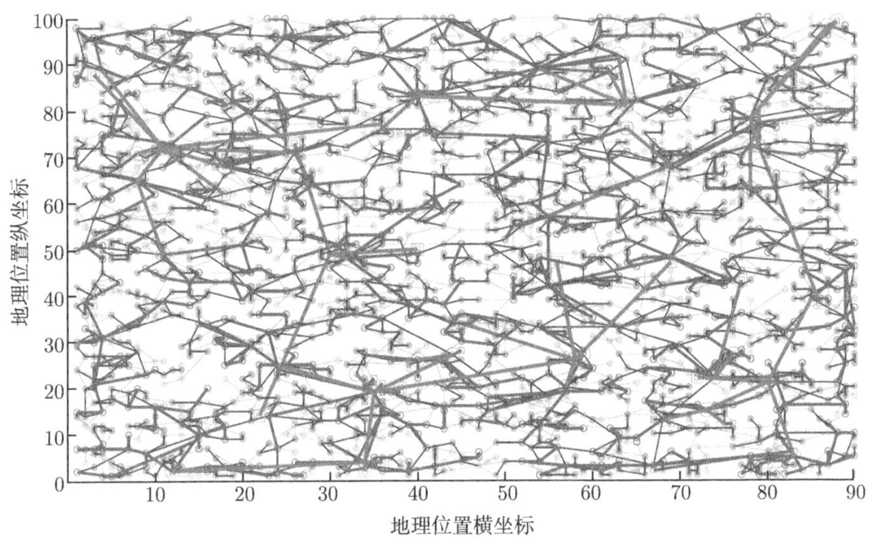

图 17.5 第三代电网生长演化仿真结果图

计算第三代电网结构特性统计指标，如表 17.4 所示. 单看第三代电网结构特性统计指标计算结果，其仍具有小世界网络属性和聚类效应. 对比第二代电网，第三代电网呈现下述特征.

(1) 平均度减小. 这是因为接入分布式电源后网络中节点连接的概率减小，在拓扑结构上网络连接变得松散.

(2) 平均路径长度增大. 接入分布式电源后，新增的分布式电源节点与原电网中大多数已存在的节点缺乏长程连接，导致演化得到的网络中，各节点之间的分离程度有所增加.

(3) 聚类系数下降. 第三代电网中大多数小容量的分布式电源仅通过一条线路与电网中某个节点相连，不形成三角形连接，意味着总体上网络中节点的聚集程度变得松散了.

第三代电网最终发展成为智能电网形态，绝非偶然. 社会与经济的飞速发展带来的能源危机和环境污染不容小觑. 人类不得不将目光投射到新能源上. 资源密度较大的新能源可集中开发为大容量电站，如我国甘肃的风电工程和青海的光伏发电工程. 对于分散的新能源则可采取分布式发电形式加以利用. 分布式能源虽然密度低, 但无所不在, 分布式电源具有位置分布灵活、资源分散的特点. 一方面, 有利于减少电网升级扩建的巨额资本投入; 另一方面, 通过与互联大电网互为备用可改善整个电网的供电可靠性. 尽管分布式电源优势明显, 但在实现大范围推广使用之前仍有诸多问题有待解决, 如目前分布式电源的接入成本偏高、控制水平偏低等. 因此, 在当前技术条件下, 利用不断完善的现代电力电子技术, 实现分布式电源在中低压配电网中的大规模分散接入, 最大程度地发挥分布式发电系统效能成为可能. 目前, 大批国内外电力科技工作者投身到微电网研究领域, 并在微电网的硬件、建模、微电网对大电网的影响, 以及微电网的控制策略等方面取得了卓著的研究成果[13]. 这些成果有助于分布式电源及微电网的推广与普及.

从复杂网络理论和代际理论的角度分析, 第二代电网具有小世界网络属性, 其中的长程连接在提高电网输电效率的同时, 使部分与之相关节点承担的输电负荷远远高于其他节点, 从而成为小世界电网中的脆弱环节, 易造成故障在小世界电网中迅速蔓延, 不利于电网安全稳定运行. 对应电网生长演化"优胜劣汰"的要求, 第三代电网的生长过程应考虑尽量分摊电网中各节点承担的输电负荷, 而分布式发电不失为解决此难题的有效办法之一. 事实上第三代电网在低压配网侧生长演化出分布式电源或微网, 从而改善电网资源配置, 使电网在拓扑结构上紧密度有所下降, 更有助于预防大规模故障在小世界电网中的迅速蔓延, 从而提高电网的运行可靠性.

17.3 计及 SOC 特性的电网演化

现代电力系统 (下称电网) 是一类规模庞大、元件众多且耦合性强并受大量随机因素影响的典型复杂系统[8, 12, 13], 因而具有复杂系统固有的自组织临界特性 (self-organized criticality, SOC). 处于 SOC 状态下的电网遇到突发扰动有可能触发连锁故障, 最终导致大停电等严重事故, 因此对电网连锁故障的研究具有十分重要的意义. 另外, 电网演化过程必须考虑系统运行的安全性. 为此, 本节首先介绍与电网升级演化密切相关的电力系统发展诊断指标和成本计算模型, 提出一种计及 SOC 特性的电网演化模型. 该模型分为慢动态和快动态两层循环. 在慢动态环节, 主要针对电网在较长时间尺度下的演化升级过程进行建模, 充分考虑电网规划的作用, 模拟负荷变化、发电厂新建扩容、变电站新建扩容、输电线路新建改造等较长时间尺度上的电网演化升级过程; 在快动态环节, 主要针对大电网安全运行的物理过程进行建模, 充分考虑调度、继电保护在连锁故障过程中采取的措施及发挥的作用, 模拟由线路开断或短路、发电机退出运行等故障引发的连锁故障. 本节最后利用所提模型对河南开封-商丘地区主干输电网和河南省网进行仿真测试, 以验证所提模型的正确性. 总体而言，本节研究结果对未来的电网建设及大停电的整体预防有一定指导意义.

17.3.1 经典 OPA 模型及其改进模型

如前所述，作为一类典型的复杂大系统，现代电力系统固有的自组织临界特性决定了发生大停电之类极端事件的风险不容忽视[10-12]，当一个或少数几个节点或边发生故障 (包括随机故障和遭受蓄意攻击而引发的故障) 时，通过节点间的耦合关系可能引起其他节点发生故障，从而产生连锁反应，最终导致相当一部分节点，甚至整个系统的崩溃. 近年来，世界各国多次发生连锁性大面积停电事故[14-16]，造成了惨重的经济损失，严重影响社会的稳定、国家的安全和经济的发展. 有鉴于此，电网连锁故障引发的大停电问题已成为关注的热点，大电网连锁故障模型的研究具有重要的理论价值和工程意义.

在连锁故障建模方面，现有的连锁故障模型可大体分成三类[1]：

(1) 基于电网动态特性的连锁故障模型，如隐故障模型、OPA 模型、改进 OPA 模型、Manchester 模型、交流 OPA 模型、计及无功/电压特性的连锁故障模型、考虑暂态过程的连锁故障模型等.

(2) 基于复杂网络理论的连锁故障模型.

(3) 高度概率化连锁故障模型，如 CASCADE 模型、分支过程模型等.

以上各类连锁故障模型各有侧重，在这些连锁故障模型中，由 Dobson 等学者提出的 OPA 模型[17]受到广泛关注. 本节将主要介绍 OPA 模型和它的两种改进模型.

1. OPA 模型

OPA 模型采用直流潮流模型，分为内、外两层循环，其中内层循环模拟电力系统连锁故障的快动态过程，外层循环模拟电力系统升级的慢动态过程. 若内层循环出现线路过载而被切除，外层慢动态过程会增加线路的传输容量. 需要指出的是，输电网建设是在电网规划和运行方式中考虑的，不会等到线路出现过载才升级. 因此，OPA 模型中对线路开断及升级的处理与实际情况不甚相符.

2. 两种改进的 OPA 模型

考虑到 OPA 模型的不足，文献[18]提出一种改进 OPA 模型，内层循环增加对调度、继保等部门作用和影响的考虑；外层循环增加对运行方式和规划等部门工作的模拟. 但该模型与 OPA 模型的共同局限性在于二者均认为每天负荷以均匀速率增长，相应地，发电机的最大出力以同样的速度增长；线路升级时，利用平均改造效应模拟其线路建设. 换言之，电力系统中仅部分元件的容量极限呈梯次上升，整个电网拓扑不会发生改变，因此上述改进 OPA 模型难以准确客观地体现电网的动态发展过程.

文献[19]基于复杂网络理论，提出一种复杂电力网络的时空演化模型. 该模型将电网抽象成一个具有 n 个节点 (发电厂和变电站) 和 k 条支路 (输电线路和变压器) 的复杂网络，依旧使用每天负荷均匀增长模型模拟每年的负荷增长. 对于变电站，采用优先选择负荷较集中的地区新建变电站模式，新变电站容量采用正态分布；对于发电厂，采用出力极限与负荷同速增长的方法进行扩容，或在能源分布集中地区新建电厂，容量采用正态分布；当新的发电厂和变电站接入系统时，则综合考虑容量和距离因素，为电网中每个节点分配一个优选因子，以概率的方式决定新建厂站的接入点. 文献[20]考虑了连锁故障中的分支过程. 文献[21]将该分支模型作为连锁故障慢动态过程，提出另一种改进的 OPA 模型，而该模型的快动态过程则承袭经典 OPA 模型. 这种改进的 OPA 模型，其慢动态过程在一定程度上考虑了电网的升级，但存在厂站选址考虑因素不够全面的问题，且厂站按正态分布定容的合理性有待考证，以概率方式选择新建厂站接入点的合理性也有待检验.

综上所述，在连锁故障模型研究领域，虽然取得一系列显著的研究进展，为连锁故障机理分析及大电网灾变阻断研究奠定了扎实的基础，但在慢动态过程建模领域或多或少仍存在可改进完善之处. 本节借鉴连锁故障建模的核心思想，将其纳入电网演化模型，以模拟电网运行中的连锁故障及其风险，从而建立一种计及 SOC 特性的电网演化模型. 本节后续内容将对此模型做详细介绍.

17.3.2 电力系统发展诊断指标与成本计算

电力系统的发展受到未来电力负荷增长、能源供应能力及电力技术设备供应和国家政策财力的影响[22]，而直观地看，其发展与电力系统规划密切相关. 因此，需要对电力系统发展进行诊断，了解电力系统发展现状和发展能力并做出科学评价，并以此作为依据指导电力系统规划. 由于电力系统发展诊断指标繁多，本节模型分别从电网规模与速度、电网安全与质量、电网效率与效益三个方面选取关键性指标，用以评估电力系统发展现状，并通过设定电力系统升级阈值条件，构造电力系统生长演化策略. 本节首先对演化模型中涉及的电力系统发展诊断指标和建设成本计算模型做简要介绍.

1. 电力系统发展诊断指标

本节所建立的电力系统发展诊断指标如图 17.6 所示，图中也对本节所选取的分属三类指标的关键性子指标及三类指标之间的相互关系作简要说明. 一般而言，在负荷既定的情况下，若电网规模与发展速度指标方面的发电厂、变电站和输电线路数量多，建设速度快，则系统发电功率充足，输电能力强，抵抗风险的能力也强，故供电可靠性高，因此电网安全和电能质量指标与电网规模和发展速度指标正相关. 与此同时，负荷既定则意味着售电获益既定，此时发电厂、变电站和输电线路数量增加带来的是新建厂站及其维护费用的增加，产出维持不变而投入增加，导致电网输电效率和效益随之下降，因此其与电网规模与发展速度指标负相关. 此外，电网安全与质量、效率与效益指标相互之间是对立统一的，这是因为一般情况下，为提高电网安全性，系统将留有足够充裕的备用，使系统具有较大的安全裕度，如此势必造成电力系统中元件 (发电机、变压器、输电线路等) 的利用程度降低，即电网效率与效益下降. 总之，电网安全与质量、效率与效益二者之间的关系实质上可以视为电力系统安全性与经济性之间的 Nash 讨价还价博弈.

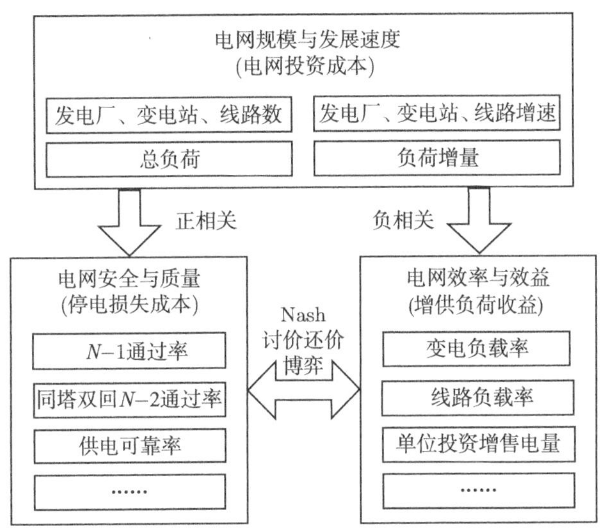

图 17.6 电力系统发展诊断关键指标及关系图

对图 17.6 中所示的物理意义显而易见的关键性指标在此不再赘述，仅对其中部分指标做简要介绍，包括通过率、变电负载率、线路负载率等.

1) $N-1$ 通过率

《电力系统安全稳定导则》规定，对 220kV 及以上的电网必须满足 $N-1$ 原则，即在正常运行方式下，任意断开电力系统中的某一元件，包括线路、发电机、变压器等，系统中其余元件不出现过负荷现象，且电压、频率均在允许范围内，系统仍能保持稳定运行并正常供电. $N-1$ 通过率指标是指某一电压等级电网主要输变电元件满足 $N-1$ 原则所占的比例，即

$$R_{N-1}=\frac{a_{\mathrm{P}}}{a_{\mathrm{sum}}} \tag{17.2}$$

其中，R_{N-1} 为 $N-1$ 通过率，用以检验电网结构强度和运行方式是否满足安全运行要求；a_{P} 为满足 $N-1$ 原则的元件数量；a_{sum} 为总元件数量. 本节假定 $N-1$ 通过率必须达到 100%，因而该 $N-1$ 通过率指标主要发挥触发电网升级的作用.

2) 负载率

变电负载率指标主要针对 220kV 及以上电压等级的变压器，定义电网主变年最大负载率为

$$L_{\mathrm{T}}=\frac{\sum_{i=1}^{N_{\mathrm{T}}}S_{i,\max}}{\sum_{i=1}^{N_{\mathrm{T}}}S_{i,\mathrm{R}}} \tag{17.3}$$

其中，L_{T} 为变电负载率；$S_{i,\max}$ 为第 i 台变压器年最大负荷；$S_{i,\mathrm{R}}$ 为该电压等级投入运行的第 i 台变压器的额定容量.

线路最大负载率指标的定义为线路年最大有功功率与线路功率传输极限比值，即

$$L_{\mathrm{L}}=\frac{\sum_{j=1}^{N_{\mathrm{L}}}F_{j,\max}}{\sum_{j=1}^{N_{\mathrm{L}}}F_{j,\mathrm{R}}} \tag{17.4}$$

其中，L_{L} 为线路负载率；$F_{j,\max}$ 为第 j 条输电线路的最大有功功率；$F_{j,\mathrm{R}}$ 为第 j 条输电线路的功率传输极限. 显见，L_{L} 反映了输电线路的利用率.

本节所建模型中，输电线路和变压器负载率既作为触发电力系统升级的条件之一，也是评估电力系统效率与效益的发展诊断指标之一. 输电线路/变压器负载率越高，表明系统效益与效率指标评价较高，但同时可能存在较高的运行风险.

2. 电力系统发展成本计算

表征电网演化安全可靠性和经济高效性的指标种类繁多，本节简要介绍三类典型电网发展成本指标. 具体地以停电损失成本表示电网安全可靠程度，在评价电网经济性时主要考虑电网投资成本和增供负荷收益.

1) 电网建设投资成本

$$\begin{aligned}&W_{\mathrm{total}}=W_{\mathrm{G}}+W_{\mathrm{L}}+W_{\mathrm{T}}\\&W_{\mathrm{G}}=S_{\mathrm{G}}\times C_{\mathrm{G}}\\&W_{\mathrm{L}}=\sum l_{\mathrm{L}i}\times C_{\mathrm{L}i}\\&W_{\mathrm{T}}=\sum S_{\mathrm{T}i}\times C_{\mathrm{T}i}\end{aligned} \tag{17.5}$$

其中，W_{total} 为电网建设投资总成本；W_{T} 为变电站建设成本；W_{L} 为输电线路建设成本；W_{G} 为发电厂建设成本；S_{G} 为系统内电厂出力；C_{G} 为单位出力电厂的建设成本，$l_{\mathrm{L}i}$ 为第 i 个电压等级的线路长度；$C_{\mathrm{L}i}$ 为第 i 个电压等级的单位长度线

路的建设成本；S_{Ti} 为第 i 个电压等级的变电容量；C_{Ti} 为第 i 个电压等级的单位容量变电站的建设成本.

在上述电网投资总成本的基础上，可进一步考虑特定长度的演化时间后设备的剩余价值 W_{sur}，若扣除此剩余价值，则可得到严格意义下的电网演化周期内的建设成本 W'_{total}，二者定义如下：

$$\begin{aligned} W'_{\text{total}} &= W_{\text{total}} - W_{\text{sur}} \\ W_{\text{sur}} &= \sum W_i \frac{T_{\text{total}} - t}{T_{\text{total}}} \end{aligned} \tag{17.6}$$

其中，W_i 为某设备的建设成本；T_{total} 为该设备的计划工作时长；t 为该设备在演化周期内已工作的时长.

2) 停电损失成本

伴随着现代电力系统的持续发展，虽然其规模亦不断增大，高电压、大容量新型设备不断投运，但互联网却始终面临着发生大停电事故的风险，近年来相继发生在欧美等国与印度的大停电事故就是不容忽视的佐证[1,14-16]. 为了准确衡量电网的停电损失成本，评估电网运行的安全性，本节介绍一种计算停电损失成本的方法. 该方法利用仿真数据及电网典型数据进行计算分析，即可获得电网停电损失成本，该方法主要思路简述如下.

统计时间设为一年，记电网内元件的年故障开断率为 w 次/年，若将一年时间等分为 σ 个子区间，令 σ 足够大，则此时划分得到的子区间时间足够短，如此则可认为在此区间内发生故障的元件将同时作为一次连锁故障的触发元件作用于电网. 又设 σ 个子区间彼此独立，场景一致.

记系统内元件数为 N. 取某个特定的子区间分析，此时在该区间内某元件故障率 ϑ 为

$$\vartheta = \frac{w}{\sigma} \tag{17.7}$$

从而发生 i 重初始故障的概率为

$$P_i = C_N^i \vartheta^i (1-\vartheta)^{N-i} \tag{17.8}$$

进一步，系统的停电损失成本可以表示为

$$L_{\text{sum}} = \sigma \sum_i P_i L_i = \sigma \sum_i C_N^i \vartheta^i (1-\vartheta)^{N-i} L_i \tag{17.9}$$

其中，L_{sum} 为系统年停电损失成本；L_i 为在某个区间上发生 i 重初始故障时的停电损失成本. 参数 L_i 可通过使用连锁故障快动态模块进行仿真测试，并可通过仿真数据进行估算，具体过程简述如下.

对特定系统进行 t 天连锁故障仿真，仿真时施加 i 重随机初始故障，得到 t 天的负荷损失值，记为 $(y_1, y_2, \cdots, y_t)$，其中，最大负荷损失为

$$y_{\max} = \max(y_1, y_2, \cdots, y_t) \tag{17.10}$$

记单位负荷损失成本为 κ，与 $y_{\max}$ 相对应的停电时间为 T_m. 假设停电时间与停电规模成正比，即

$$L_j = \sum_{j=1}^{t} \frac{1}{N} y_j \frac{y_j}{y_{\max}} T_m \kappa = \frac{1}{N} \sum_{j=1}^{t} \frac{y_j^2}{y_{\max}} T_m \kappa \tag{17.11}$$

则系统总负荷损失成本为

$$L_{\text{sum}} = \sigma \sum_{i} C_N^i \vartheta^i (1-\vartheta)^{N-i} \frac{1}{N} \sum_{j=1}^{t} \frac{y_j^2}{y_{\max}} T_m \kappa \tag{17.12}$$

3) 增供负荷收益

电网公司通过售电获得利润，计算公式如下：

$$S_{\text{E}} = p_{\text{E}} s_{\text{E}} \tag{17.13}$$

其中，p_{E} 为单位售电量对应的利润；s_{E} 为增供负荷大小.

17.3.3　计及 SOC 特性的电网演化模型

受前文所提到的 OPA 模型和两个改进 OPA 模型的启发，本节所提的计及 SOC 特性的电网演化模型也分为内外两层循环，分别对应快动态过程和慢动态过程，如图 17.7 所示，其中快动态模块、慢动态模块将在下文详细介绍.

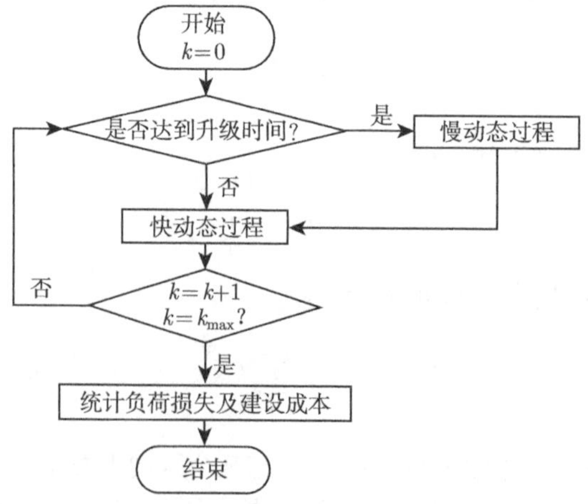

图 17.7　计及 SOC 特性的电网演化模型主流程

1. 慢动态过程

基于前文对电力系统诊断指标的梳理，本节构建了一类计及 SOC 特性的电网演化模型慢动态过程模拟模块，该模块的结构如图 17.8 所示.

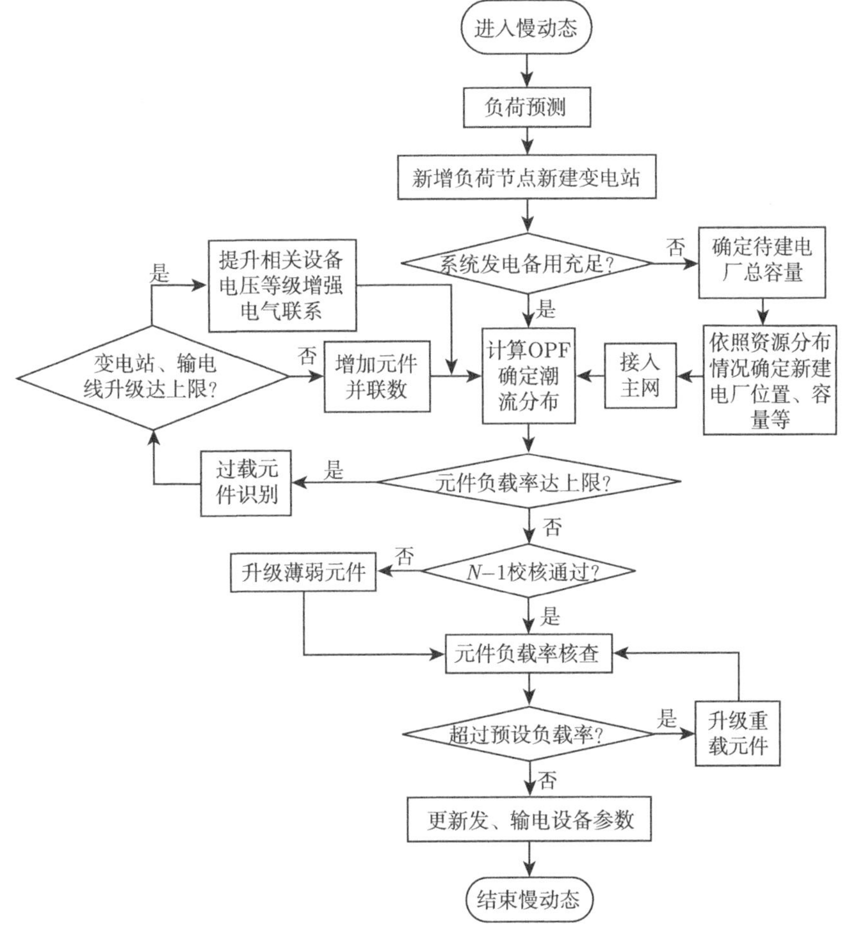

图 17.8 计及 SOC 特性的电网演化模型慢动态模块

具体计算步骤概述如下.

第 1 步 判断当前电力系统是否计划升级. 若是，则进入下一步进行系统升级；否则直接进入快动态环节.

第 2 步 预测负荷. 基于当前负荷水平及负荷增长速率，根据不同电网规划的具体要求，进行相应时间尺度的负荷预测. 按照时间划分，电网规划可分为：远景规划 (16~30 年)、中长期规划 (6~15 年)、短期规划 (1~5 年). 模型中负荷增长取线性方式，增长速率可控.

第 3 步 新建变电站. 根据负荷预测值，在区域内新增负荷节点处新建变电站，并依据电压等级及就近原则接入电网.

第 4 步 新建发电厂. 根据电网内负荷总量与发电厂最大出力，在留有一定备用容量的前提下，确定新建发电厂容量；根据资源分布情况确定新建发电厂的地理位置及数量；根据单个待建电厂的容量确定其电压等级并就近接入电网.

第 5 步 计算潮流. 考虑系统内新增设备，采用直流模型计算最优潮流 (OPF)，确定系统内各个机组出力及潮流分布情况.

第 6 步 负载率触发升级. 利用电网潮流分布计算系统元件 (主要是输电线路和变压器) 负载率，达到负载率升级阈值的进行升级；若元件并联数达到上限，则提高电压等级，扩大元件容量；否则，增加元件并联数.

第 7 步 更新系统相关信息数据. 依据第 6 步升级结果更新电网相关数据. 当电网确实发生升级则返回第 5 步，再一次进行负载率校验；若未发生元件升级，则进入第 8 步.

第 8 步 $N-1$ 校核触发升级. 逐一断开系统内元件 (如线路、发电机、变压器等)，计算潮流，获得 $N-1$ 通过率，同时筛选系统薄弱元件；若 $N-1$ 通过率未达要求，则针对系统内薄弱元件进行升级，并重新计算电网潮流分布及 $N-1$ 校核；若 $N-1$ 校核达到要求，则进入第 9 步.

第 9 步 元件负载率再核查. 使用 $N-1$ 校核通过的电网数据计算潮流并针对重载元件进行升级.

第 10 步 系统相关数据统计与保存. 统计此次演化过程中升级设备的相关信息：新建电厂容量、新建变电站容量、新建线路长度等；保存演化升级后的电网数据及潮流断面数据，结束此轮演化.

以上即为模型的慢动态过程模拟. 其中，可触发电网演化升级模式包括下述三种情形.

情形 1 负载率阈值触发升级.

系统平均负载率高于设定值时，触发系统启动升级模式. 该模式针对系统整体状况进行升级.

在负载率阈值升级环节，有保守和非保守两种可选方式. 保守升级方式是指升级薄弱元件时，增加大量新元件，升级后安全性更好；非保守方式与之相对，即升级时只增加少量必要的元件，因此成本较低.

情形 2 $N-1$ 校核触发升级.

$N-1$ 校核不合格时触发系统升级直至 $N-1$ 校核合格.

在 $N-1$ 校核升级环节，有严格校核和非严格校核两种可选方式，其中严格校核系指开断潮流工况下，元件潮流超过容量上限即认为 $N-1$ 校核检验不通过，故需升级相关元件；非严格校核仅考虑元件短时过载能力，即在开断潮流工况下，元件潮流可轻微超过容量上限.

情形 3 负载率核查触发升级.

对系统中的元件依次进行负载率校验，并对薄弱环节进行升级，直至负载率核查达到合格标准. 这里的负载率有别于情形 1 中的负载率，它只针对具体元件进行计算与核查.

在以上所介绍的电网升级演化模型中，根据实际情况和具体要求的不同，可通过启用/暂停部分升级模式来调整电网升级演化策略. 表 17.5 列举了本节所建模型对应的程序模块中已实现的可支持选择的策略组合. 依据不同需求，对照表中对升级策略的表述，可相应调整演化过程中的相关参数，从而实现不同演化策略下的演化数据的分析比较.

表 17.5 电网演化模型可选策略

策略编号	负载率阈值升级	校核升级	负载率核查升级
1	采用保守方式升级	不进行	不进行
2	采用保守方式升级	进行，严格校验	不进行
3	采用非保守方式升级	不进行	不进行
4	采用非保守方式升级	进行，严格校核	不进行
5	采用非保守方式升级	进行，非严格校核	不进行
6	不进行	进行，非严格校核	进行

综上所述，本节所建立的慢动态模拟模块系从实际工程层面出发，能够计及电力系统规划部门的影响，将电力系统规划的主要原则作为电力系统升级规则，从而实现对电力系统生长演化过程的模拟.

2. 快动态过程

计及 SOC 特性的电网演化模型快动态过程模拟是在慢动态过程中的“一天”内完成的，具体步骤如下所述 (图 17.9).

第 1 步 随机初始故障.

在第 k 天，由慢动态过程确定发电机最大出力与实际出力、电网拓扑后，负荷以当天实际负荷计，触发初始故障. 故障类型包括：

(1) 输电线路以概率 τ_S 随机发生三相短路、两相短路、单相短路、单相接地短路、两相接地短路等类型的故障.

(2) 发电机以概率 τ_G 发生故障并退出运行.

(3) 变压器或输电线路以概率 $\tau_{T,i}$ 或 $\tau_{L,j}$ 发生故障并退出运行，变压器和输电线路的负载率越高，发生故障的概率越大，其故障率分别为

$$\tau_{\mathrm{T},i} = \alpha_{\mathrm{T}} \cdot \left(\frac{S_i}{S_{i,\mathrm{R}}}\right)^{\beta_{\mathrm{T}}} \tag{17.14}$$

$$\tau_{\mathrm{L},j} = \alpha_{\mathrm{L}} \cdot \left(\frac{F_j}{F_{j,\mathrm{R}}}\right)^{\beta_{\mathrm{L}}} \tag{17.15}$$

其中，$\tau_{\mathrm{T},i}$ 为第 i 台变压器的故障率；S_i 为第 i 台变压器的实际运行功率；$S_{i,\mathrm{R}}$ 为第 i 台变压器的额定容量；α_{T}、β_{T} 为变压器故障率相关参数；$\tau_{\mathrm{L},j}$ 为第 j 条输电线路的故障率；F_j 为第 j 条输电线路的实际传输功率；$F_{j,\mathrm{R}}$ 为第 j 条输电线路的功率传输极限；α_{L}、β_{L} 为输电线路故障率相关参数.

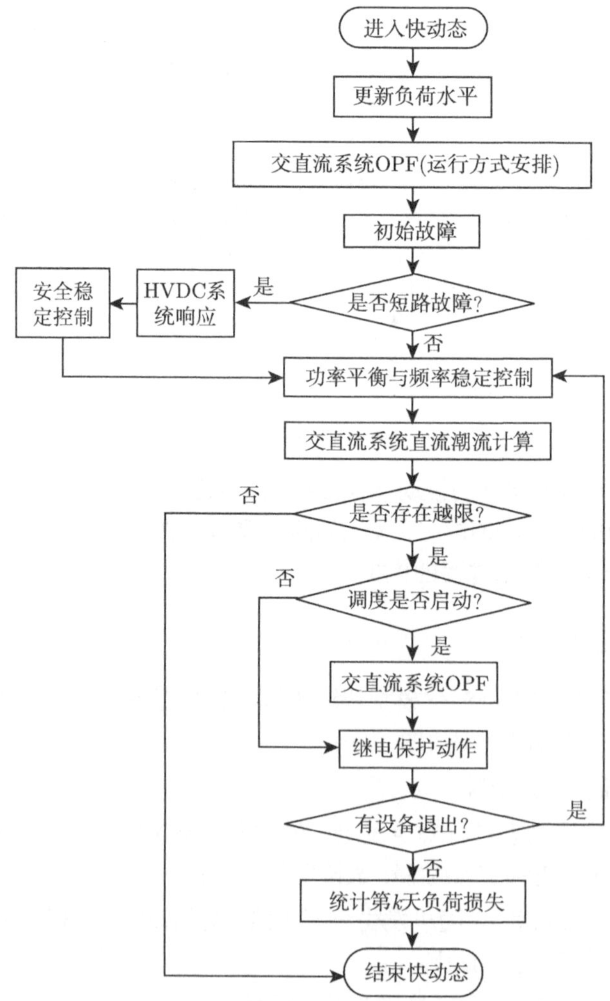

图 17.9　计及 SOC 特性的电网演化模型快动态模块

以上讨论的是单个元件发生故障的类型和概率. 而现实情况是，电力系统在规

划设计时即以 $N-1$ 校核等手段保障系统的安全运行，一般而言，单一故障难以激发连锁故障. 电力系统连锁故障的发生往往应验了“无巧不成书”，即多重故障“巧合地”同时发生，通过节点间的耦合关系可能引起其他节点发生故障，从而产生连锁反应，最终导致部分片网甚至整个系统的崩溃. 因此，在设置初始故障时必须考虑多重故障这一情形.

第 2 步 短路故障处理.

检验初始故障是否为短路故障，若是，则模拟安全稳定控制对系统做应急处理；否则进入下一步.

第 3 步 频率稳定控制.

调用该模块进行频率相关问题的分析，并给出各个电气岛的相关设备动作情况、负荷损失情况、发电机解列情况和最终的频率稳定分析结果.

第 4 步 功率平衡控制.

若线路开断产生孤岛且孤岛内电力不平衡，则进行功率平衡处理；对于电力过剩的孤岛，根据每台机组的出力大小按比例减小出力；对于电力不足的孤岛，则根据每台机组的备用按比例增大各机组出力，若备用不足，则令所有机组满发，与此同时，各负荷按比例相应降低.

第 5 步 计算直流潮流.

在频率稳定控制和功率平衡控制操作结束后，对调控后的电网进行基于直流模型的潮流计算.

第 6 步 检查线路潮流是否越限.

若越限，则进入第 7 步；若不越限，则直接跳至第 8 步.

第 7 步 调度员响应.

若有线路过载，则调度员采取如下响应方法：以概率 η (调度中心故障率为 $1-\eta$，用以模拟通信故障、自动化程序 EMS 不稳定等问题) 计算 OPA 模型中的 OPF 问题. 若计算收敛，则求得发电机出力和负荷 (可能切除部分负荷)，同时确定线路潮流，进入第 8 步；若不收敛，则切除具有最大负载率的线路，并返回第 5 步.

第 8 步 继电保护动作.

检查线路潮流，切除线路功率超过电流保护动作值的线路. 若有线路被开断，则返回第 5 步，否则进入第 9 步.

第 9 步 统计当天负荷损失.

至此，“一天”的快动态循环结束.

综上所示，本节所提的计及 SOC 特性的电网演化模型中，其快动态模块主要采用文献[23]提出的基于交流潮流的连锁故障模型 (简称为 AC-SOC 模型). 本节在故障触发环节对 AC-SOC 模型做进一步调整，将故障发生概率与电力系统发展诊断指标中的负载率指标相关联，从而使电网演化模型能够更加真实地模拟考虑安全前校核的电网演化生长过程.

17.3.4　算例分析

1. 河南开封-商丘地区主干输电网算例

本节以河南开封-商丘地区 220kV 及以上主干输电网作为测试算例. 该地区输电网拓扑结构如图 17.10 所示. 此图系由该地区电力系统的实际地理信息按比例缩小后绘制. 图中横纵坐标的距离 1 对应实际距离 5.6km; “□”表示发电厂; “○”按形状大小依次表示 500kV 变电站和 220kV 变电站; “□”和“○”内数字分别代表发电厂中发电机组数量和变电站中变压器数量. 需要说明的是，本节在计及变压器数量时，将不同型号的变压器进行等效后再计数，即将两绕组变压器等效计为 2 台变压器，三绕组变压器等效计为 3 台变压器，具体变压器型号可通过数据文件进行查找. 如图 17.10 所示，截至 2013 年 2 月，该地区共有 4 座发电厂，坐标位置分别是 (11,20)，(21,17)，(45,2)，(41,1)，5 台发电机，其中坐标 (10,16) 和 (4,18) 的两座发电厂是进行外网等值处理后得到的两个等效发电厂; 此外，系统中有 20 座变电站，171 台变压器; 23 条单回线，26 条双回线. 该地区负荷年年均增长率设定为 15%.

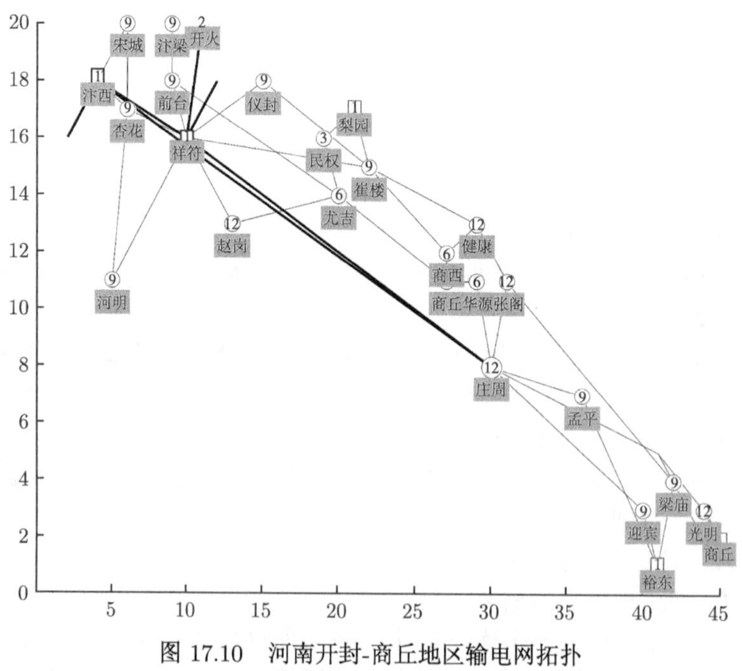

图 17.10　河南开封-商丘地区输电网拓扑

采用本节提出的计及 SOC 特性的电网演化模型对该算例进行仿真，其慢动态模拟模块中的升级策略采用表 17.5 所示的 5 号策略，仿真时间跨度设为 15 年. 开封-商丘电力系统 5 年、10 年、15 年后的演化结果分别如图 17.11~图 17.13 所示.

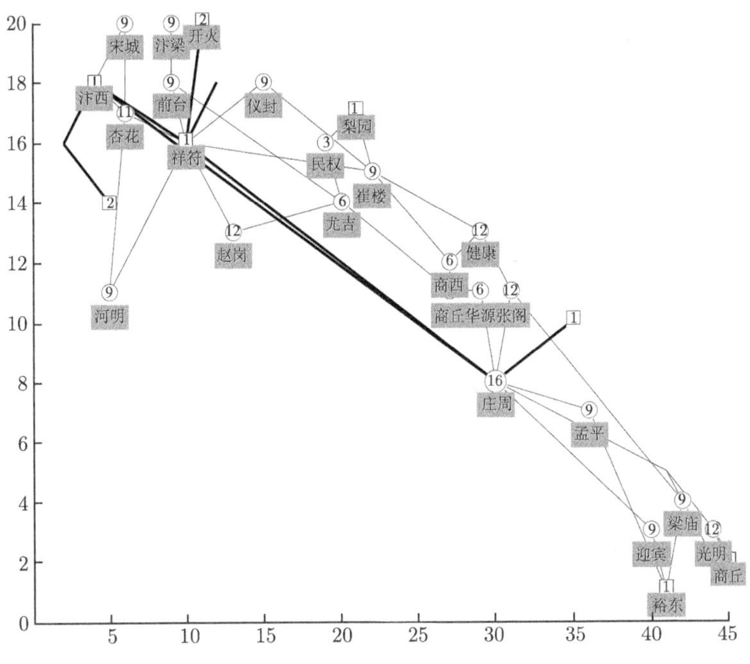

图 17.11 5 年后的演化结果

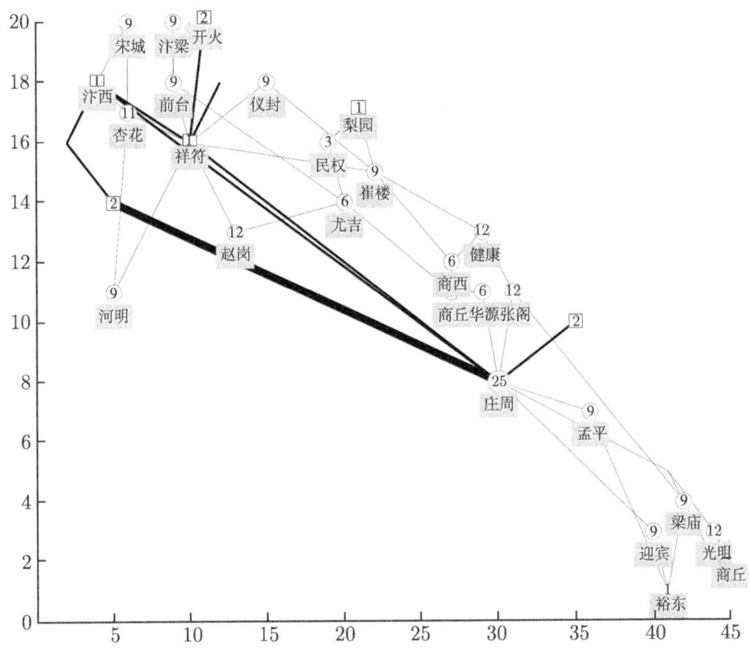

图 17.12 10 年后的演化结果

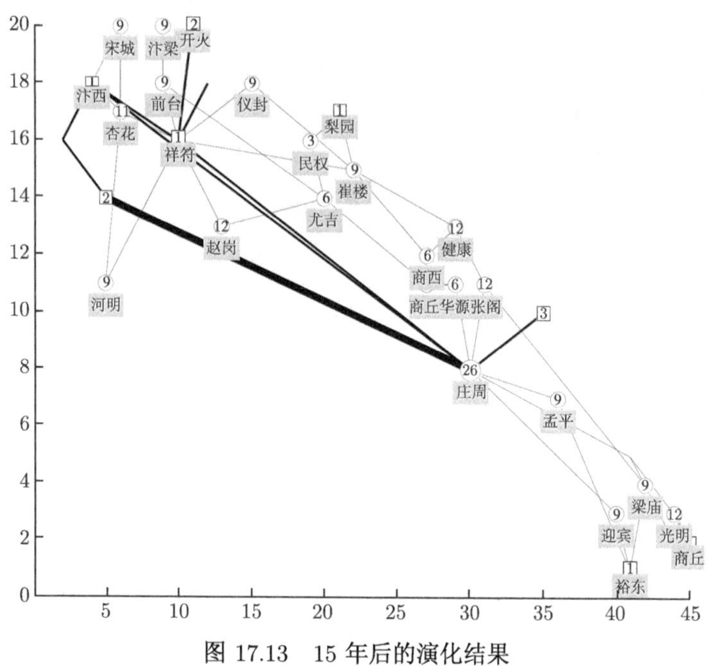

图 17.13　15 年后的演化结果

图 17.11 表示截至第 5 年末该电力系统演化的仿真结果. 坐标 (5,14) 处为新建发电厂，厂内有 2 台装机容量分别为 900MW 和 270MW 的机组，机端额定电压分别为 24kV 和 18kV，经升压变接入 500kV 等级输电网. 坐标 (35,10) 处新建发电厂，厂内有 1 台容量为 270MW 的机组，机端额定电压 18kV，经升压变接入 220kV 等级电网，并网运行. 新建 220kV 电压等级的输电线路 11 条. 增建变压器 20 台.

图 17.12 表示截至第 10 年末该电力系统演化的仿真结果. 在坐标 (35,10) 处的已有电厂内增加 1 台容量为 270MW 的机组，机端额定电压 18kV，经升压变接入 220kV 等级输电网，并网运行. 新建 220kV 电压等级的输电线路 13 条. 增建变压器 16 台.

图 17.13 表示截至第 15 年末该电力系统演化的仿真结果. 在坐标 (35,10) 处的已有电厂内增建 1 台容量为 270MW 的机组，机端额定电压 18kV，经升压变接入 220kV 等级输电网，并网运行. 新建 220kV 电压等级的输电线路 14 条. 增建变压器 3 台.

开封-商丘电力系统在 15 年演化周期内各项电力系统发展诊断指标变化情况如表 17.6 和图 17.14~图 17.16 所示.

在电网规模和速率指标方面，由图 17.14 和图 17.15 可以看出，随着负荷增长，在每次电力系统规划方案执行后，系统发电装机容量逐步提升，以满足日益增长的电力负荷需求；同时，新建输电线路和新增变电容量，以满足电网输送电能的需求.

表 17.6 演化过程中电力系统发展诊断各种指标的变化情况

时间	容量/MW	线路长度/km		变电容量/MVA		$N-1$ 通过率/%	线路负载率	变电站负载率
		500kV	220kV	500kV	220kV			
0	2 700	522.9	1 462.4	8 580	37 354	100	0.343	0.360
1	3 870	810.9	1 643.7	9 580	37 354	100	0.377	0.355
2	3 870	810.9	1 686.1	10 330	39 484	100	0.393	0.343
3	3 870	810.9	1 686.1	11 080	40 234	100	0.417	0.340
4	3 870	810.9	1 686.1	11 080	40 234	100	0.439	0.348
5	4 140	810.9	1 766.9	12 830	40 984	100	0.453	0.345
6	4 140	810.9	1 766.9	12 830	40 984	100	0.470	0.352
7	4 140	810.9	1 766.9	12 830	43 144	100	0.459	0.320
8	4 140	810.9	1 766.9	12 830	43 144	100	0.478	0.328
9	4 410	810.9	1 766.9	13 830	43 144	100	0.504	0.334
10	4 410	810.9	1 766.9	13 830	44 584	100	0.518	0.326
11	4 410	810.9	1 766.9	13 830	44 584	100	0.532	0.331
12	4 410	810.9	1 766.9	13 830	44 584	100	0.550	0.337
13	4 410	810.9	1 766.9	13 830	45 304	100	0.568	0.336
14	4 680	810.9	1 847.7	14 830	45 304	100	0.571	0.340
15	4 680	810.9	1 847.7	14 830	45 304	100	0.588	0.345

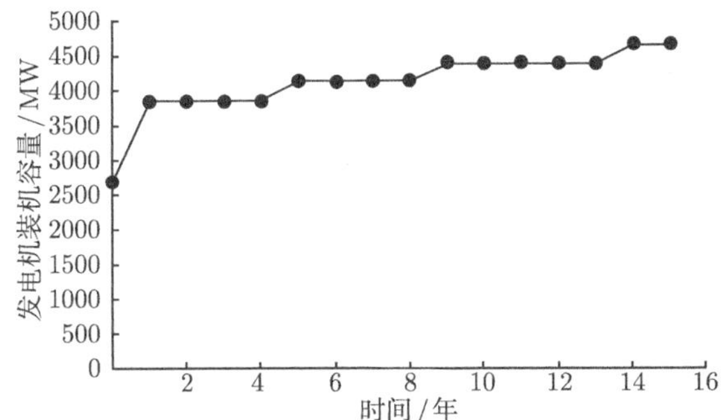

图 17.14 电力系统生长演化过程中发电装机容量变化曲线

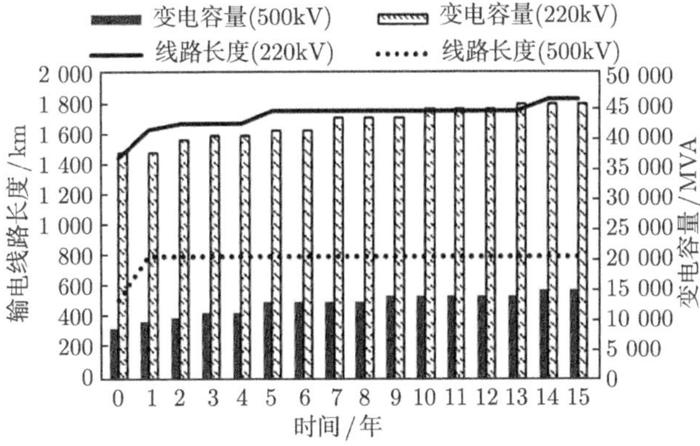

图 17.15 电力系统生长演化过程中线路、变压器新建情况

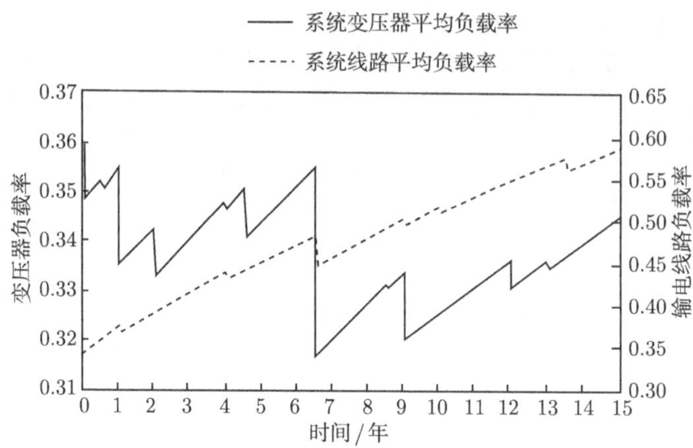

图 17.16　电力系统生长演化过程中负载率变化曲线

在电网效率与效益指标方面，由图 17.16 可以看出，随着负荷增长，系统内变压器与线路负载率在每次演化升级后有所下降，随后逐步上升，直至下一次电网升级. 值得一提的是，电网发展诊断指标的上述变化趋势与近年来开封-商丘电力系统实际发展数据基本一致，充分验证了电网演化模型的有效性与合理性.

进一步，考察系统快动态过程，统计在不同负载率升级触发阈值下的故障分布情况，仿真结果如图 17.17 所示. 图中横坐标表示损失负载的百分比，纵坐标 $p(x)$ 表示发生此种规模停电事故的概率. 由图 17.17 可知，负载率升级触发阈值与停电负荷损失密切相关. 系统设定的负载率升级触发阈值越小，各种规模停电事故发生的概率皆较小；系统设定的负载率升级触发阈值越大，各种规模停电事故发生的概率也增大. 这是因为，当负载率升级触发阈值设定在较小值时，系统始终保持在较低

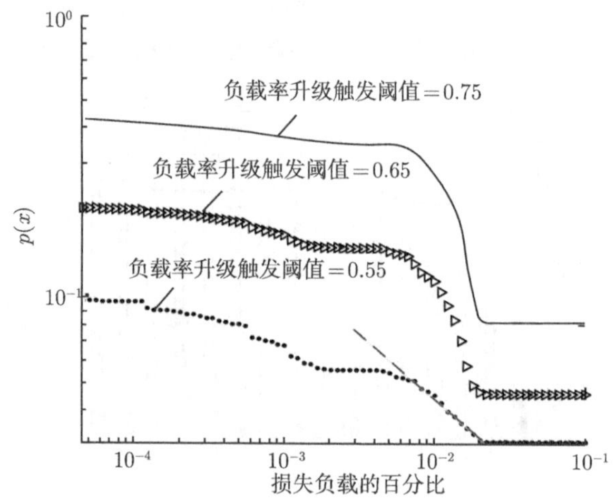

图 17.17　不同负载率升级触发阈值下的停电分布

负载率的运行状态，此时电网安全性较高，但效率与效益较低. 随着负载率升级触发阈值增大，系统将运行在较高负载率的状态下，电网发展速率减缓，电网效率与效益较高，但是供电安全性下降，即以安全性换取经济性. 尤其可以看出，当负载率升级触发阈值设定在 0.55 时，系统的故障发生概率曲线呈现明显的长尾幂律特征；而当系统负载率升级触发阈值设定在 0.65 及以上时，系统停电概率曲线呈现指数型下降特征. 这一事实说明 0.55 是负载率升级触发阈值的一个临界特征值.

2. 河南省主干输电网算例

本节将以河南省 500kV 主干输电网为测试算例，利用本节所建立的计及 SOC 特性的电网演化模型，对该实际电网进行仿真测试，分析电网在预设演化时间跨度内的演化升级情况，辨识系统最优升级阈值，检验所建模型的正确性和有效性.

1) 河南电网算例介绍

河南电网是华中电网的重要组成部分，按地理位置和电网结构分为三大区域、18 个供电区. 截至 2012 年底，全省电厂总装机容量为 57 707.07MW，年发电量为 2596.78亿kWh；拥有 1000kV 特高压变电站 1 座，主变容量 6000MVA，线路长度 343km；500kV 变电站 (开关站) 27 座 (不含姚孟联变，下同)，主变容量 43350MVA，线路长度 6828km；220kV 变电站 207 座、主变容量 64 976MVA，线路长度 14 283km. 2012 年河南省全社会用电量 2747.7 亿 kWh、省网用电量 2602 亿 kWh；全社会最大用电负荷 46 710MW、省网最大用电负荷 44 430MW. 此外，根据统计数据显示，河南省 1990 ～ 2012 年全口径负荷年均增长率为 10.8%.

本节以河南电网 2012 年底的拓扑作为仿真计算的初始状态(图 17.18)，仿真时间跨度设置为 7 年 (2013~2019 年)，通过 7 个时间断面观察分析电网演化过程. 由于系统庞大，为清晰表述演化过程，本节仅关注 500kV 主干输电网的演化结果. 在 7 年演化周期内河南电网 500kV 主干输电网等效负荷数据如表 17.7 所示. 采用本章所建演化模型进行仿真，其慢动态演化模块中的升级策略分别采用表 17.5 所示的 5 号和 6 号策略. 同时，调整控制负载率升级触发阈值，使其在集合 $\{0.40, 0.45, 0.50, 0.55, 0.60, 0.65, 0.70, 0.75\}$ 中依次取值，在此基础上进行相关的演化过程模拟与分析.

2) 仿真结果与分析

以下分三种情形分别予以介绍.

情形 1 选择 5 号策略，负载率升级触发阈值设为 0.7.

上述情形下，河南电网主干输电网演化过程如图 17.19~图 17.21 所示. 在每个触发演化升级的时间断面，电网中发电厂、变电站新建情况如表 17.8 所示. 由图 17.19 和表 17.8 可知，在 7 年演化周期内，伴随着负荷水平的提高，电网升级显著，共新增 11 台发电机组、19 台变压器，以满足用户的用电需求.

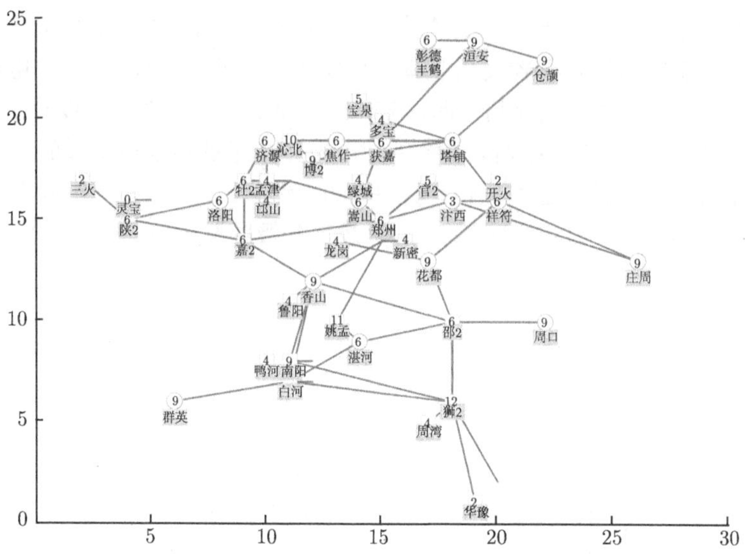

图 17.18　演化初始时河南省主干输电网拓扑

表 17.7　仿真跨度内河南电网负荷数据

参数	年份						
	2013	2014	2015	2016	2017	2018	2019
总负荷/GW	27.0	28.8	30.6	32.4	34.2	36.0	37.8
增长率/%	–	6.67	6.25	5.88	5.55	5.26	5.00

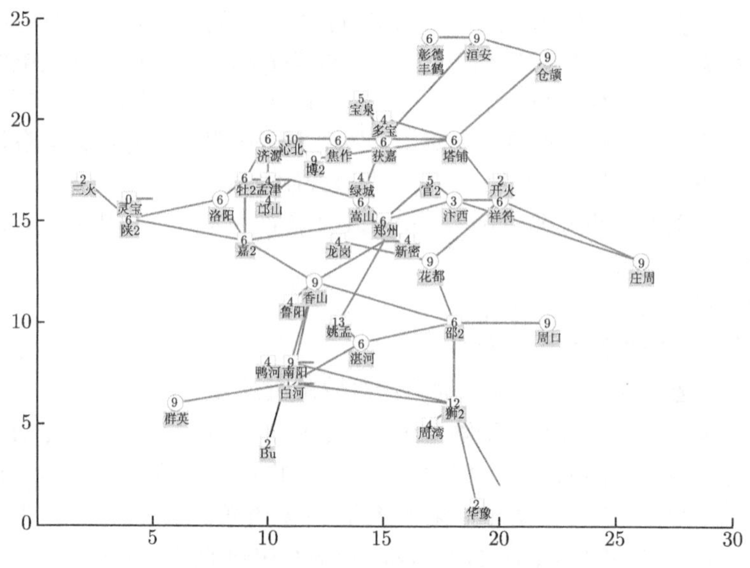

图 17.19　第 1 次升级后电网拓扑

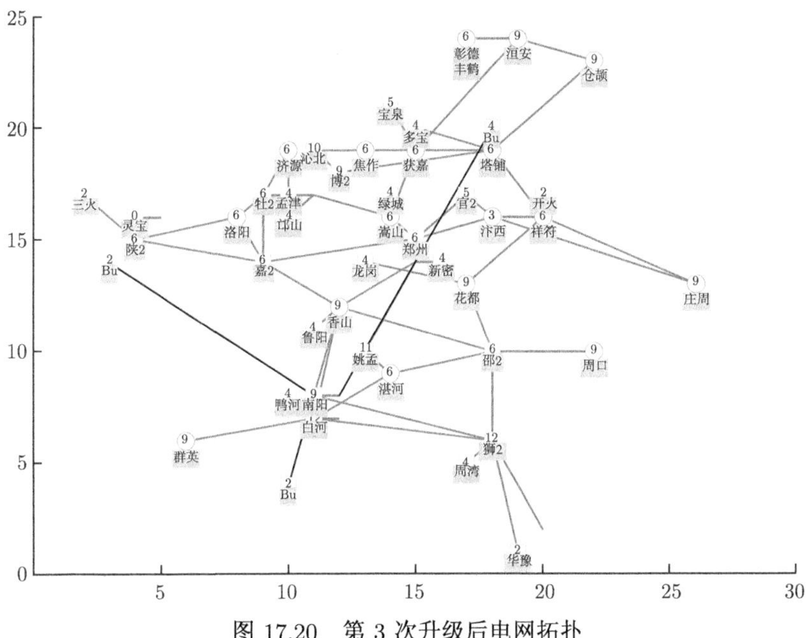

图 17.20　第 3 次升级后电网拓扑

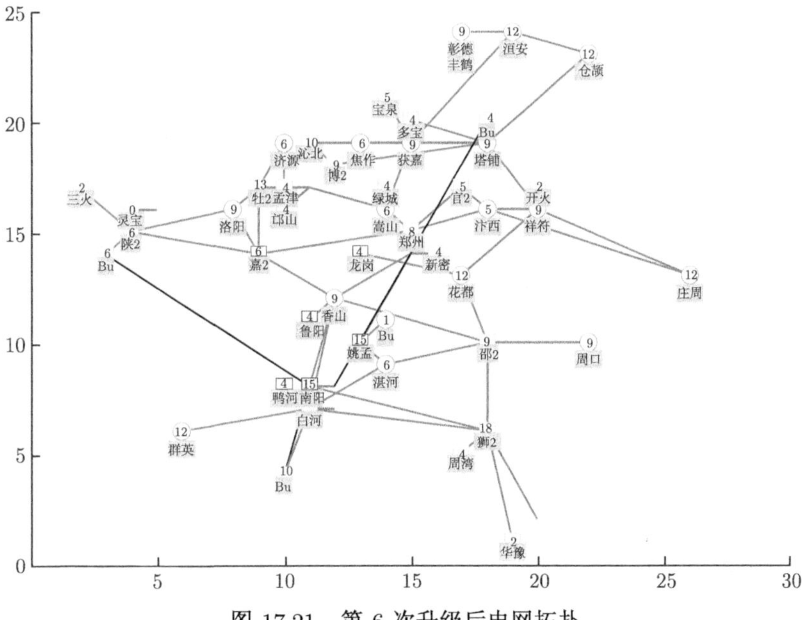

图 17.21　第 6 次升级后电网拓扑

表 17.8　河南电网演化仿真中发电厂、变电站新建情况

升级次序	新建机组/台	新建变压器/台
1	0	3
2	3	2
3	2	2
4	2	1
5	1	4
6	3	3
总计	11	19

统计演化过程中电网关键指标的变化情况如表 17.8 所示. 进一步, 以负载率升级触发阈值为 0.7 时的数据为例, 结果整理如表 17.9 所示.

表 17.9　电网演化过程中典型指标的变化情况(5 号策略, 负载率升级阈值为 0.7)

时间断面	负荷总量/MW	变压器容量/MVA	容载比
第 1 次升级前	27000	54450	2.40
第 1 次升级后	28620	54450	2.25
第 2 次升级前	28800	56400	2.32
第 2 次升级后	30420	56400	2.19
第 3 次升级前	30600	58650	2.24
第 3 次升级后	32220	58650	2.12
第 4 次升级前	32400	60150	2.16
第 4 次升级后	34020	60150	2.04
第 5 次升级前	34200	62400	2.10
第 5 次升级后	35820	62400	2.00
第 6 次升级前	36000	65650	2.09
第 6 次升级后	37620	65650	2.00
第 7 次升级前	37800	70850	2.14
第 7 次升级后	39420	70850	2.04

电网演化过程中变电容量和变电容载比变化趋势分别如图 17.22 和图 17.23 所示. 由仿真结果可知, 河南电网在 7 年演化周期内, 随着负荷水平的提高, 系统内变电容量呈阶梯状上升. 变电容载比在两次演化升级过程间逐步下降, 在演化升级后有所回升, 整体呈现出锯齿状下降趋势, 且随着演化过程的进行, 下降速率逐渐趋缓, 直至演化后半段变压器容载比基本稳定在 2.0~2.1, 说明电网演化最终进入稳定状态 (类似于演化稳定均衡), 这一结论已部分为近年来河南电网实际发展数据所证实.

情形 2　选择 5 号策略, 负载率升级触发阈值设置在 0.4~0.75.

具体而言, 演化升级策略采用表 17.5 中的 5 号策略, 调整负载率升级触发阈值, 使其在集合 $\{0.4, 0.45, 0.5, 0.55, 0.6, 0.65, 0.7, 0.75\}$ 中依次取值, 在此基础上进行相关的演化过程模拟与分析. 计算并统计不同参数设置下电网演化的各项发展成本指标，包括建设成本、增供负荷收益及停电损失成本. 统计结果如表 17.10 所示.

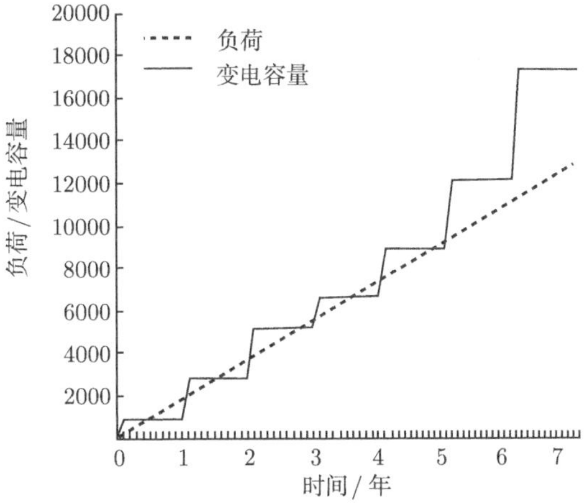

图 17.22 河南省主干输网演化过程中负荷与变电容量增长情况

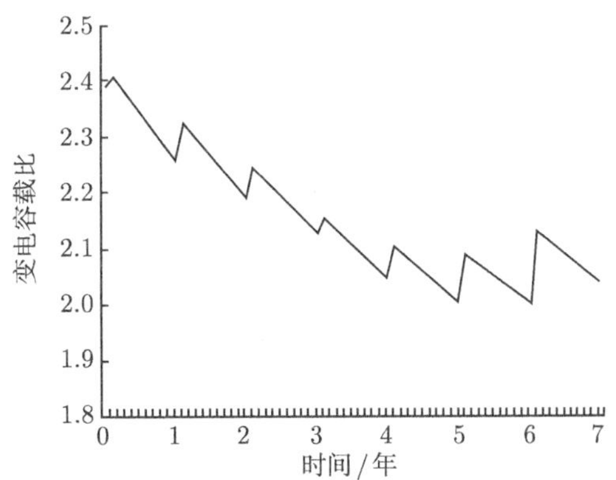

图 17.23 河南省主干输电网演化过程中变电容载比变化情况

表 17.10 5 号策略下的电网演化各项成本统计 (单位: 亿元)

负载阈值	发电建设成本	变电建设成本	线路建设成本	建设成本合计	增供负荷收益	停电损失成本	电网建设成本	电网发展成本
0.40	391.37	223.62	2.06	617.05	347.57	18.58	225.68	−103.32
0.45	455.27	169.26	1.03	625.57	357.35	13.69	170.30	−173.36
0.50	468.13	149.51	1.01	618.64	357.35	23.01	150.52	−183.83
0.55	468.13	130.88	0.97	599.97	357.35	35.19	131.84	−190.32
0.60	455.27	101.54	0.86	557.68	357.35	208.48	102.4	−46.47
0.65	468.13	84.55	0.80	553.48	357.35	404.69	85.35	132.69
0.70	442.41	81.39	0.76	524.56	357.35	1163.7	82.15	888.54
0.75	444.47	77.27	0.49	522.23	357.35	1238.8	77.76	959.17

表 17.10 中建设成本合计为发电建设成本、变电建设成本与线路建设成本三者之和，是电力系统演化建设的全部费用；电网建设成本则从电网公司投资角度仅统计变电建设成本与线路建设成本；电网发展成本则从电网公司运营角度，综合考虑电网建设、停电损失及增供负荷，通过电网建设成本与停电损失成本之和再与增供负荷收益做差得到，从而能够综合体现电网公司收益. 显见，其为负值时电网公司盈利，反之亏损.

在不同负载率触发阈值设定情况下得到的电网建设成本、电网发展成本及停电损失成本的变化趋势如图 17.24 所示.

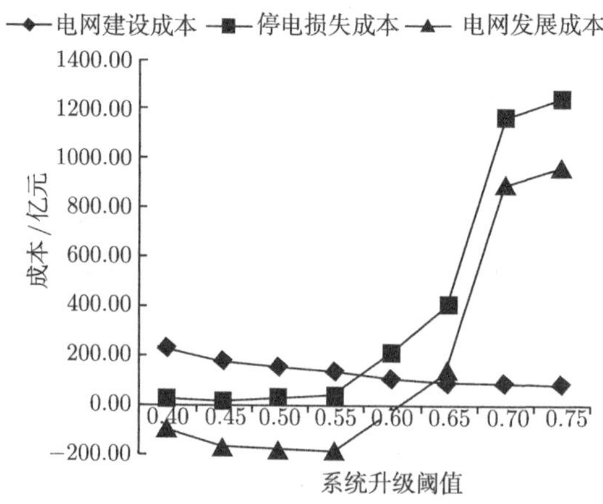

图 17.24　5 号策略作用下的电网演化主要成本随升级触发阈值调整的变化趋势

结合图 17.24 中的仿真统计结果，可以清晰地看出在负载率升级触发阈值为 0.55 时，电网发展成本最低，即此时电网盈利最高. 因此在河南电网发展升级过程中，其最优负载率升级触发阈值为 0.55. 当负载率升级触发阈值偏离该值时，电网发展成本将出现不同程度的升高. 从宏观趋势上看，当负载率升级触发阈值减小时，安全裕度进一步提升，电网停电损失成本反而有所降低，表明电网已处于较为安全的状态，继续进行电力设施的升级虽有助于减轻停电风险，但其投资与回报之比上升，属于过度投资，电网总收益有所降低；当负载率升级触发阈值升高时，电网建设速率下降，建设成本减少，但停电风险及停电损失成本明显上升，进而提高了电网发展成本，甚至造成电网公司亏损，此种情况表明电网发展严重滞后于用电的需求，电网需要加快建设，以充分满足用户用电需要.

情形 3　选择 6 号策略，负载率升级阈值设置在 0.4~0.75.

具体而言，演化模块升级策略采用表 17.5 中的 6 号策略，同时调整负载率升级触发阈值，使其在集合 $\{0.40, 0.45, 0.50, 0.55, 0.60, 0.65, 0.70, 0.75\}$ 中依次取值，在此基础上进行相关的演化过程模拟与分析. 计算并统计不同参数设置下电网演化的各项成本，包括建设成本、增供负荷收益及停电损失成本. 统计结果如表 17.11 和图 17.25 所示.

表 17.11 6 号策略作用下的电网演化各项成本统计 (单位: 亿元)

负载阈值	发电建设成本	变电建设成本	线路建设成本	建设成本合计	增供负荷收益	停电损失成本	电网建设成本	电网发展成本
0.40	391.37	252.42	1.77	645.56	347.57	3.38	254.19	−90.00
0.45	455.27	193.01	1.02	649.30	357.35	3.46	194.03	−159.86
0.50	468.13	149.51	1.06	618.70	357.35	27.39	150.57	−179.39
0.55	468.13	130.88	0.86	599.86	357.35	21.84	131.74	−203.77
0.60	468.13	106.31	0.75	575.19	357.35	99.13	107.06	−151.16
0.65	468.13	87.95	0.89	556.97	357.35	371.24	88.84	102.72
0.70	442.41	85.53	0.90	528.84	357.35	1054.11	86.43	783.18
0.75	437.14	79.47	0.46	517.07	357.35	1152.57	79.93	875.15

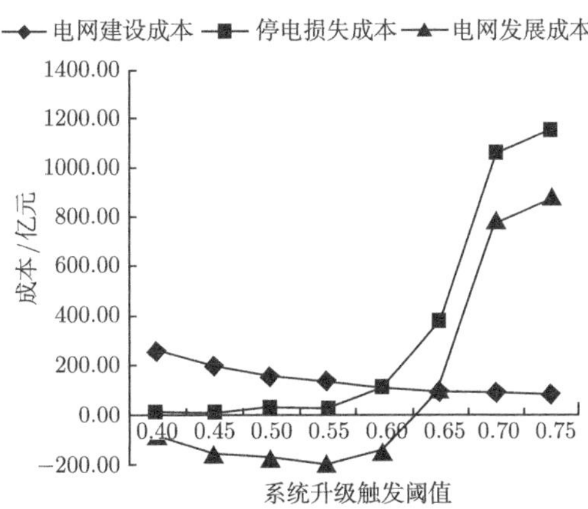

图 17.25 6 号策略作用下的电网演化主要成本随升级触发阈值调整的变化趋势

由上述仿真结果可知，在 6 号升级策略作用下，电网最优负载率升级触发阈值仍为 0.55 且能够获得较 5 号策略更高的收益；而当负载率升级触发阈值偏离最优值时，电网发展成本的变化趋势与 5 号策略基本一致.

当电网的负载率升级触发阈值为 0.55 时，在 7 年演化周期内，电网各个典型指标的变化趋势如表 17.12 及图 17.26~图 17.28 所示. 图中直观地反映了河南电网在最优负载率升级触发阈值下各典型指标的变化情况. 针对线路及变压器的平均负载率显示，两者在演化中前期呈现缓慢增长的态势，在演化后期的一次电网建设后有所下降，变压器平均负载率保持在 0.45 以下，线路平均负载率在 0.4 以下. 对容载比而言，线路容载比在演化周期内呈现逐步下降态势，变电容载比在演化范围内基本维持在 2.2 左右. 针对变电增速情况，从图 17.28 可以看出，在演化中前期，变电容量增量基本与负荷增量情况一致，在演化后期变电容量增量则较负荷增量有所提升，导致变电增速比呈现波动增长的总体态势.

表 17.12　最优升级阈值下的典型指标变化

时间断面	线路平均负载率	变压器平均负载率	变电站容载比	线路容载比	变电增量/MVA	负荷增量/MW	变电增速比
第 1 次升级后	0.29	0.35	2.40	7.66	750	180	4.17
第 2 次升级前	0.31	0.37	2.25	7.32	750	1800	0.42
第 2 次升级后	0.30	0.36	2.29	7.69	2250	1980	1.14
第 3 次升级前	0.31	0.38	2.16	7.38	2250	3600	0.63
第 3 次升级后	0.31	0.38	2.27	7.53	5700	3780	1.51
第 4 次升级前	0.33	0.40	2.15	7.16	5700	5400	1.06
第 4 次升级后	0.33	0.39	2.16	6.98	6450	5580	1.16
第 5 次升级前	0.35	0.41	2.05	6.65	6450	7200	0.90
第 5 次升级后	0.36	0.40	2.10	6.46	8700	7380	1.18
第 6 次升级前	0.37	0.42	2.00	6.21	8700	9000	0.97
第 6 次升级后	0.39	0.41	2.18	5.84	14900	9180	1.62
第 7 次升级前	0.41	0.43	2.08	5.6	14900	10800	1.38
第 7 次升级后	0.37	0.35	2.33	5.54	19650	10980	1.79
第 8 次升级前	0.39	0.37	2.23	5.34	19650	12600	1.56

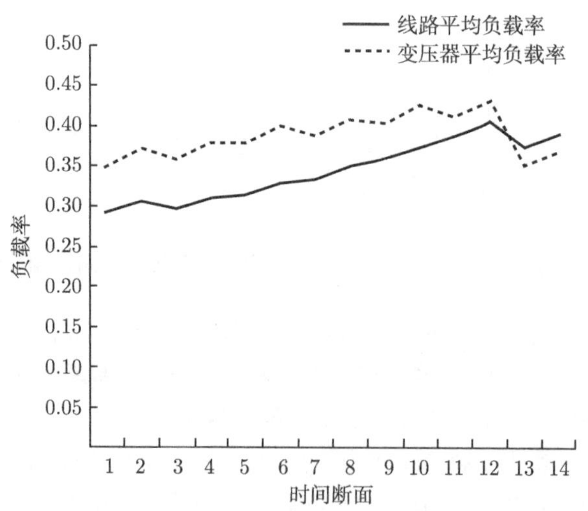

图 17.26　最优升级阈值时负载率的变化趋势

此外，从表 17.11 可知，建设成本与停电损失成本具有相反的变化趋势. 对这两项成本的关系进行拟合，二者的拟合关系如图 17.29 所示. 从该图可以清晰地看出，电网演化过程即表现为安全性与经济性的讨价还价博弈过程.

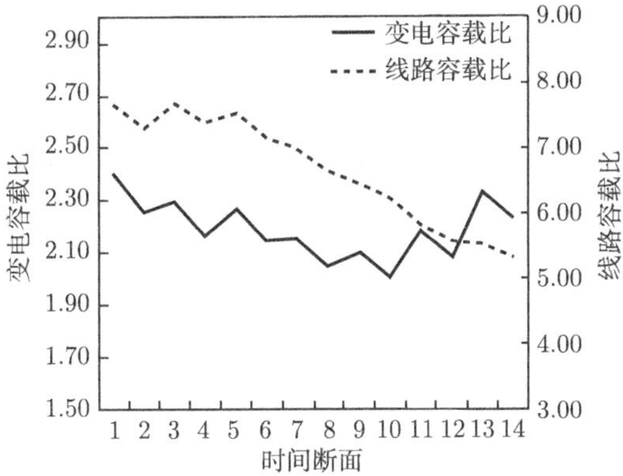

图 17.27 最优升级阈值时容载比的变化趋势

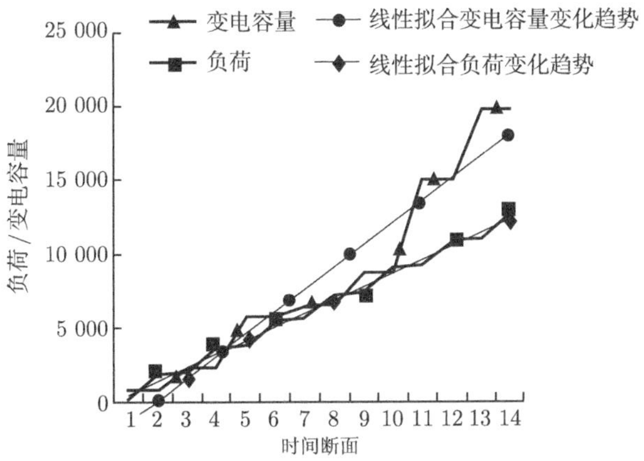

图 17.28 最优升级阈值时变电容量增量与负荷增量的关系

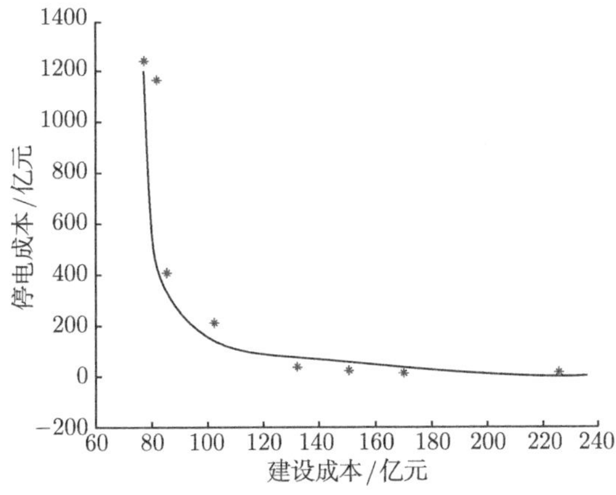

图 17.29 停电成本与建设成本拟合

17.4　电网演化博弈模型

17.2 节和 17.3 节研究电网演化的工作思路可以归纳为从特殊到一般，即逐渐纳入能源分布、控制能力、负荷需求等实际工程中影响电网演化的驱动因素并计及其影响，进一步考虑大电网安全性对电网演化的影响，从而不断完善电网演化模型，最终得到以电网节能性、经济性和安全性为目标的单目标优化升级演化策略. 显然，实际工程中仅考虑单方面的优化是远远不够的，电网的升级演化必须综合兼顾这三方面，以获得整体最优性. 受文献 [24] 中提出的“网络操控者模型”启发，本节将网络中节点按所代表的利益进行角色分类，以电网公司、能源监管部门和负荷用户作为博弈操控者，建立兼顾三方利益的电网演化博弈模型，最终求取电网演化的均衡策略.

17.4.1　电网演化稳定均衡基本思想

电力系统是一个典型的由人工设计建设并操控运行的复杂系统. 从工程角度来看，设计建设者和运行操控者执行各自任务的过程可以理解为他们有意识地选择最优策略的过程. 这里的“最优策略”定义不是一成不变的，而是随着时间的推移和电力系统的发展过程而变化，从最初单一的、局部的、短期的优化逐渐提升至综合的、全局的、长远的优化. 在当前智能电网建设背景下，电力系统的设计建设和操控运行都主要围绕着节能性、经济性和安全性这三方面的性能进行优化，以期达到兼顾三方面性能的综合协调优化目标，从而实现电力系统科学、健康、持续的发展. 在此背景下，电网演化的最优策略可理解为电网中不同群体 (包括不同类型节点和支路) 之间通过博弈最终达到一种动态平衡状态，在演化博弈理论中称这种平衡下的策略为演化稳定策略. 换言之，兼顾电网演化节能性、经济性和安全性综合优化问题能够转换成为电网演化节能性、经济性和安全性的演化博弈建模和演化稳定均衡求解问题.

17.4.2　能源监管-电网公司-负荷用户博弈模型

目前，网络演化常用的是两人两策略模型[24]，若将该模型应用于电网演化研究，不论其参与者和策略的个数设定还是参与者完全自主理性的假设均有较大局限性. 另外，电力系统中的节点，如发电机节点、负荷节点、变电站节点等，一般不具有为了最大化自身利益而选择最佳策略的完全理性，似乎不能担当具有自主决策能力的博弈参与者这一角色，但这只是表象. 实际上，电力系统中的各类节点是由某个社会组织 (如电网公司、能源监管部门等) 设计建造和运行维护，并为特定地区的电力用户群体服务的，而设计、建造、运行、维护发电厂、变电站和输电线路的组织必须受到能源监管、电网公司等有关组织和负荷用户的约束. 这些组织与电力负荷用户之间形成相互制约但又不得不合作的博弈格局. 本节即从该角度出发, 建立电网演化的能源监管-电网公司-负荷用户博弈模型. 以下简要介绍该模型.

1. **电网演化博弈的参与者**

电力系统是一类典型的复杂网络. 按照现有网络演化博弈理论, 电网演化博弈的参与者是电网中的节点和支路, 其中的节点一般包括发电机节点、负荷节点、变电站节点及发电机负荷混合节点等, 支路通常是指输电线路和变压器. 以下统一定义节点和支路相关物理量的各类符号.

P_{NI} 为节点注入功率.

P_{NR} 为节点额定功率.

P_{LT} 为支路传输功率.

P_{LR} 为支路额定传输功率.

电网中的支路和节点可进一步分类. 图 17.30 表示一个典型的小型电力系统拓扑.

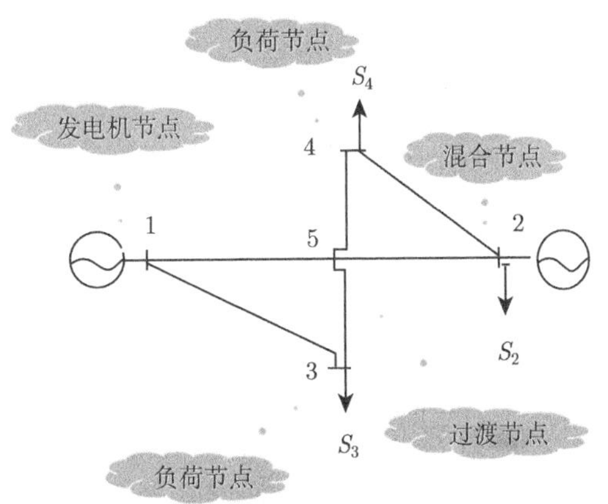

图 17.30 电网演化三方角色与利益

针对电力系统特点, 下面以图 17.30 为例, 对电力系统中的节点和支路分别进行梳理分类.

电力系统中的节点可分为以下 4 类.

(1) 发电机节点.

该类节点分两种情形, 给定功率 P、Q, 或给定功率 P、电压 V, 如图 17.30 中节点 1. 定义发电机额定功率为 P_{GR}, 实际功率为 $P_G(t)$, 机端额定电压为 V_{GR}, 实际电压为 V_G, 某段时间内发电机功率的最大值和最小值分别为 $P_{G,\max}$、$P_{G,\min}$, 平均值为 $\bar{P}_G$.

(2) 负荷节点.

给定功率 P、Q，如图 17.30 中节点 3 和节点 4. 定义负荷为 $P_{\mathrm{D}}(t)$，某段时间内负荷的最大值和最小值分别记作 $P_{\mathrm{D,max}}$、$P_{\mathrm{D,min}}$，平均值为 $\bar{P}_{\mathrm{D}}$.

(3) 发电机负荷混合节点.

给定功率 P、Q，如图 17.30 中节点 2，为简明起见，本节介绍的演化博弈模型暂不考虑此类节点.

(4) 过渡节点.

给定功率 P、Q，且 $P=0$，$Q=0$，如图 17.30 中节点 5.

电力系统中的支路可分为两类.

(1) 输电线路.

如图 17.30 中的支路 $(1,3)$、$(1,5)$、$(2,4)$、$(2,5)$、$(3,5)$ 和 $(4,5)$，定义输电线路潮流为 F，额定潮流极限为 F_{R}，某运行时段内输电线路上潮流的最大值和最小值分别为 $F_{\max}$ 和 $F_{\min}$，平均值为 $\bar{F}$.

(2) 变压器支路.

定义变压器功率为 $S_{\mathrm{T}}(t)$，额定功率为 S_{TR}，某运行时段内变压器功率的最大值和最小值分别为 $S_{\mathrm{T,max}}$ 和 $S_{\mathrm{T,min}}$，平均值为 $\bar{S}_{\mathrm{T}}$.

显见，上述电力系统中的节点和支路本身并不具备为了最大化自身利益而选择优化策略的博弈能力，其建设方案和运行方式由专职部门及人员制定并执行. 因此，若沿用传统网络演化博弈模型中以节点、支路为博弈参与者，参与者自主性的假设前提缺乏合理性，导致所建的演化博弈模型缺乏说服力.

有鉴于此，本节转换思路，重新选择定义演化博弈格局中的参与者. 如前所述，电网演化的主要驱动因素是电能供给、控制能力和负荷需求，其中电能供给与能源的分布情况、能源的开发利用现状、国情与能源政策等诸多因素息息相关，电能供给的核心目标是实现能源高效利用和优化配置，故其可归入能源监管部门的职责和管理范畴；控制能力是指广义的控制，包括调度形态、调控能力、应急能力、信息交互能力等，其控制功能实现依托于输配电网的建设，故将其纳入电网公司的经营和管理范畴；负荷需求是电网演化的根本和内在推动力，电力系统四大环节中前三者“发、输、配”都是为了“供”这一环节服务，本节以负荷用户这一角色与之对应. 综上，电网演化的主要驱动因素可分别归到能源监管部门、电网公司和负荷用户三类角色的职能范畴，这三类角色所辖功能范畴对应于电力系统拓扑中的节点和支路，如表 17.13 所示.

表 17.13 电力系统操控者所辖节点和支路

操控者	所辖节点	所辖支路
能源监管部门	发电机节点	
电网公司	过渡节点	输电线路，变压器支路
负荷用户	负荷节点	

以上三类角色管理经营着电力系统设计建造、操控运行和电力消费等，统称为电网演化的操控者. 他们各自代表的利益不同，故有着不同类型及性质的优化目标. 我们可以合理地假设他们是完全自私的，即他们以最大化自身利益为目标、选择对自身有利的策略，因而可以认为这三类角色是电网演化中具有博弈能力的参与者，三者之间相互作用，形成竞争合作博弈格局. 一方面，这三方参与者不得不选择合作，因为只要有一方退出博弈，电力系统可能在短期内即发生故障甚至瘫痪，或者短期内尚可支撑但却为长期可持续发展埋下重大隐患；另一方面，这三方参与者之间相互牵制，彼此影响，存在着利益冲突与矛盾.

2. 电网演化博弈的策略

从上述讨论可以看出，电网演化问题可以描述为能源监管部门、电网公司和负荷用户为了最大化自己所代表的群体利益而进行博弈的过程. 图 17.31 所示为电网演化博弈中的三方操控者、他们关心的利益焦点及相应的升级法则.

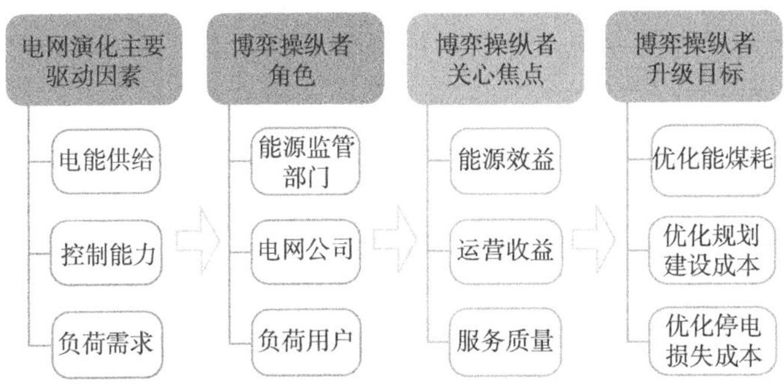

图 17.31 电网演化三方角色与利益示意图

首先是能源监管部门，他们很可能更加关心全局利益与长远利益，如能源利用情况等，对应于电网演化主要驱动因素中的电能供给因素. 在当前能源危机和环境问题日益凸显的大背景中，能源监管部门希望在保证电网可靠性的前提下，兼顾电网建设和运行经济性，逐步提高清洁能源消耗占总能源消耗的比例，降低化石能源消耗所占比例，并且提高化石能源的清洁化程度，与此同时尽可能提高能源的综合利用效率等. 在本节所述模型中，能源监管部门的升级策略是新建发电机容量，包括传统发电机容量和新能源机组容量.

其次是电网公司，他们倾向于更加关心运营利益的多少，即在负荷总需求不变、售电总额不变的前提下，电网公司寄希望于减少投入来提高获得的收益 (此处暂不考虑电网运行的网损). 本节所建立的模型中，为简明起见，电网公司的升级策略包括新建变电站和新建输电线路.

最后是用户，作为电力系统发、输、配、用四大环节的末端，用户是电能最终的消纳之处，故希望得到较好的服务质量，用电可靠性要求最高，抑或停电损失成本最小. 用户并不直接参与电力系统投资建设，但在电网演化博弈中，可以通过调整负载率触发升级阈值影响能源监管部门和电网公司的升级策略.

综上，本节所建立的电网演化的能源监管-电网公司-负荷用户博弈模型中，能源监管部门对应于节能性最优策略，电网公司对应于经济性最优策略，而负荷用户则对应于安全性最优策略，上述博弈格局充分揭示了电网演化中多个优化目标之间存在的相互竞争和冲突关系.

3. **支付**

支付是博弈的基本要素之一，由于在电网演化博弈中，需要极小化这些目标，故称为支付，反之称为收益. 在不同的策略组合下，每个参与者都有一个对应的支付，而他们都希望最小化自己的支付. 在本节所建的电网演化的操控者博弈模型中，能源监管部门、电网公司和负荷用户这三个博弈操控者依次编号为 I、II、III，其支付分别记为 u_{I}、u_{II}、u_{III}. 假定所研究的电力系统仅含火电和风光电站两类电厂.

对于希望清洁能源的应用程度尽可能高的能源监管部门，定义其支付函数 u_{I} 为

$$u_{\mathrm{I}}=\sum_{i=1}^{n_{\mathrm{G}}}e_{\mathrm{C},i}P_{\mathrm{GR},i} \tag{17.16}$$

即生产煤耗，其中，$e_{\mathrm{C},i}$ 表示第 i 台发电机单位功率对应的煤耗；$P_{\mathrm{GR},i}$ 表示第 i 台发电机的额定功率；n_{G} 表示系统中发电机组数量. 由于清洁能源生产成本低 (此处假设为 0)，故以煤耗最低为目标等同于以新能源发电量最大为目标.

对于希望提高自身经营效益的电网公司，定义其支付函数为

$$u_{\mathrm{II}}=\sum_{j=1}^{n_{\mathrm{T}}}m_{\mathrm{CT},j}+\sum_{k=1}^{n_{\mathrm{L}}}m_{\mathrm{CL},k}l_{\mathrm{L},k} \tag{17.17}$$

即电网建设投资，其中 $m_{\mathrm{CT},j}$ 表示第 j 台变压器的建造单价，n_{T} 表示系统中变压器的数量，$m_{\mathrm{CL},k}$ 表示第 k 条输电线路单位长度的造价成本，$l_{\mathrm{L},k}$ 表示第 k 条输电线路的长度，n_{L} 表示系统中传输线路的数量. 由于假设售电量为常数，故极小化投资成本等同于极大化利润.

对于希望得到优质电力服务的负荷用户，定义其支付函数为

$$u_{\mathrm{III}}=\sigma\sum_{i}C_N^i\vartheta^i(1-\vartheta)^{N-i}\frac{1}{N}\sum_{j=1}^{t}\frac{y_j^2}{y_{\max}}T_{\mathrm{m}}\kappa y_{\max} \tag{17.18}$$

即停电损失成本，是对电网安全性和供电可靠性评估的指标，可利用计及 SOC 特性的电网演化模型进行仿真测试和计算求得，式中符号含义与式 (17.12) 相同. u_{III} 数值越小，电网停电损失成本越低，即负荷用户的支付 u_{III} 也越低.

4. **电网演化法则**

一般而言，不同博弈操控者往往倾向于从自身利益出发选择升级法则. 但事实是，三位博弈操控者皆不能“随心所欲”，最后的优化策略也不能仅考虑某一方的利益，必须兼顾公平性原则. 根据第 8 章介绍的多目标优化问题的讨价还价博弈模型可推知兼顾能源监管-电网公司-负荷用户三方利益的电网演化策略为如下优化问题.

$$\begin{gathered}\max(1-\bar{u}_{\text{I}})(1-\bar{u}_{\text{II}})(1-\bar{u}_{\text{III}})\\ \text{s.t. 电网运行约束}\end{gathered} \tag{17.19}$$

的最优解，其中 $\bar{u}_{\text{I}} = u_{\text{I}}/u_{\text{I}}^*$，$\bar{u}_{\text{II}} = u_{\text{II}}/u_{\text{II}}^*$ 和 $\bar{u}_{\text{III}} = u_{\text{III}}/u_{\text{III}}^*$ 是归一化支付函数，$u_{\text{I}}^*, u_{\text{II}}^*, u_{\text{III}}^*$ 是谈判破裂点，即三方在谈判中能接受的最大支付；电网运行约束包括发电机、变压器和输电线路的容量约束以及功率平衡约束，其表达式为

$$\begin{gathered}P_{\text{G}}-P_{\text{D}}=B\theta\\ -F_{\text{R}}\leqslant T(P_{\text{G}}-P_{\text{D}})\leqslant F_{\text{R}}\\ S_{\text{T}}\leqslant S_{\text{TR}},\ P_{\text{G}}\leqslant P_{\text{GR}}\end{gathered} \tag{17.20}$$

其中，P_{G}、P_{D} 分别为节点发电量和负荷量；B 为系统节点导纳矩阵；T 为功率转移分布因子；F_{R} 为线路传输容量；S_{TR} 为变压器容量；P_{GR} 为发电机容量.

上述博弈的 Nash 讨价还价均衡无需人为干预，但也存在缺乏灵活性等不足. 例如，某时期国家节能减排政策大力扶持新能源发电，则能源监管部门的支付应当占主导地位. 为此，分别建立三个参与者主导的电网演化博弈问题如下:

$$\begin{gathered}\max(1-\bar{u}_{\text{I}})\\ \text{s.t. 电网运行约束}\\ \bar{u}_{\text{II}}\leqslant\alpha_{\text{II}},\quad \bar{u}_{\text{III}}\leqslant\alpha_{\text{III}}\end{gathered} \tag{17.21}$$

$$\begin{gathered}\max(1-\bar{u}_{\text{II}})\\ \text{s.t. 电网运行约束}\\ \bar{u}_{\text{I}}\leqslant\alpha_{\text{I}},\quad \bar{u}_{\text{III}}\leqslant\alpha_{\text{III}}\end{gathered} \tag{17.22}$$

$$\begin{gathered}\max(1-\bar{u}_{\text{III}})\\ \text{s.t. 电网运行约束}\\ \bar{u}_{\text{I}}\leqslant\alpha_{\text{I}},\quad \bar{u}_{\text{II}}\leqslant\alpha_{\text{II}}\end{gathered} \tag{17.23}$$

其中，α_{I}、α_{II}、α_{III} 为给定的支付上限.

17.4.3 节具体阐述电网演化博弈的过程及稳定均衡的求解.

17.4.3 电网演化过程及稳定均衡的求解

17.3 节讨论了计及电网 SOC 特性的电网演化模型，基于该模型研究了电网升级触发阈值与电网发展诊断指标中的经济性与安全性之间的关系，结论可归纳为：电网升级触发阈值越高，电网发展安全性越好，经济性越差；反之，则经济性越好，安全性越差. 基于这一事实，在电网演化过程中，以经济性为目标的能源监管部门和电网公司的升级策略与以安全性为目标的负荷用户升级策略存在冲突. 本节所提网络演化博弈模型与传统博弈模型的区别之一在于，电网演化博弈不仅具有传统博弈的必备要素，更有传统博弈未涉及的新概念——个体策略更新法则. 某一轮博弈结束后，参与博弈的个体通过观察等方式，比较本轮自身与其他博弈参与者收益，以此判断本轮策略选择成功与否，进而确定下一轮博弈是否需要调整策略，如需要调整，则该选择何种策略. 具体而言，电网升级触发阈值的演化算法如图 17.32 所示.

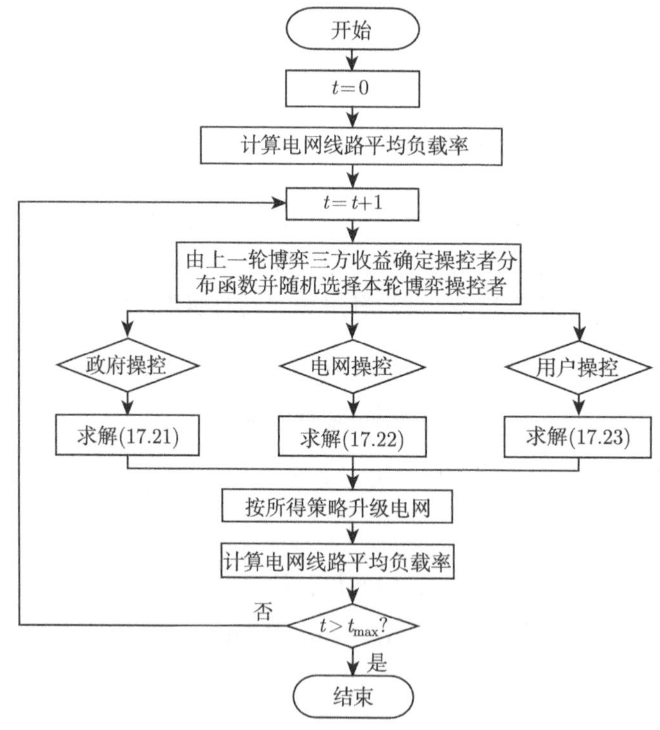

图 17.32 电网演化过程示意图

在上述演化过程中，为了维护“公平互利，长期合作”的基本方针，在确定每轮博弈操控者时，需要照顾上一轮博弈支付最大者，以便维持合作. 为此，按照以

下概率分布

$$p_i=\frac{\bar{u}_i}{\bar{u}_{\rm I}+\bar{u}_{\rm II}+\bar{u}_{\rm III}},\quad i={\rm I,II,III} \tag{17.24}$$

选择本轮博弈操控者. 可见，上一轮博弈中支付越大者，本轮博弈中成为操控者的概率越大.

17.4.4 算例分析

本节仍以 17.3.4 节介绍的河南开封-商丘地区 220kV 及以上主干输电网作为测试算例 (图 17.10). 根据所建立的电网演化能源监管-电网公司-负荷用户博弈模型，对上述算例进行仿真. 设置电网演化仿真总时长为 Year = 15 年，每年电网升级一次，即 ΔYear = 1 年，忽略电网建设工程耗时，演化时以年底负荷作为演化参考负荷.

在电网演化期内，每轮博弈所采用的策略及三方博弈操控者收益如表 17.14 所示，其中 Mani = {1, 2, 3} 分别表示操控者为能源监管部门、电网公司和用户.

表 17.14 基于电网演化博弈模型的河南开封-商丘地区电网仿真结果

时间断面	升级策略 Mani = {1, 2, 3}	三方操控者支付 $u=(u_{\rm I},u_{\rm II},u_{\rm III})$		
1	1	1	0.771 746	0.690 454
2	3	0.692 465	0.423 079	0.810 329
3	2	0.691 843	0.681 761	0.700 178
4	3	0.692 169	0.700 022	0.793 203
5	2	0.781 671	0.711 821	0.822 623
6	1	0.780 954	0.751 274	0.781 013
7	2	0.782 851	0.760 756	0.771 652
8	3	0.783 302	0.773 009	0.762 134
9	3	0.710 427	0.770 366	0.771 290
10	2	0.712 608	0.781 071	0.760 173
11	3	0.713 115	0.771 944	0.772 840
12	3	0.710 960	0.770 479	0.783 324
13	1	0.730 845	0.772 873	0.781 624
14	2	0.730 298	0.772 429	0.780 361
15	3	0.730 645	0.783 156	0.770 709

初始设置第一年博弈遵从能源监管部门升级策略 (Mani = 1)，以节能性最优为升级目标进行电网的演化升级，在坐标 (44, 15) 位置处有可开发新能源，并做一年后负荷预测. 进一步将负荷预测结果与现有系统装机容量、输电能力比照，若系统备用不足，则触发系统升级. 据此判断本年度应在 (44,15) 处新建新能源发电厂，并配置 500kV 升压变，该升压变连接至坐标 (30,8) 位置处“庄周”变电站，同时，庄周变电站扩容至 15 台变压器. 至此，第一年博弈过程结束，博弈结果如图 17.33

所示. 利用连锁故障模型做 Day = 365 天的快动态仿真：设置初始故障，触发连锁故障，统计停电负荷，计算停电损失成本. 最后，计算本轮演化博弈三方操控者支付分别为

$$u_{\mathrm{I}} = 1, \quad u_{\mathrm{II}} = 0.771, \quad u_{\mathrm{III}} = 0.690$$

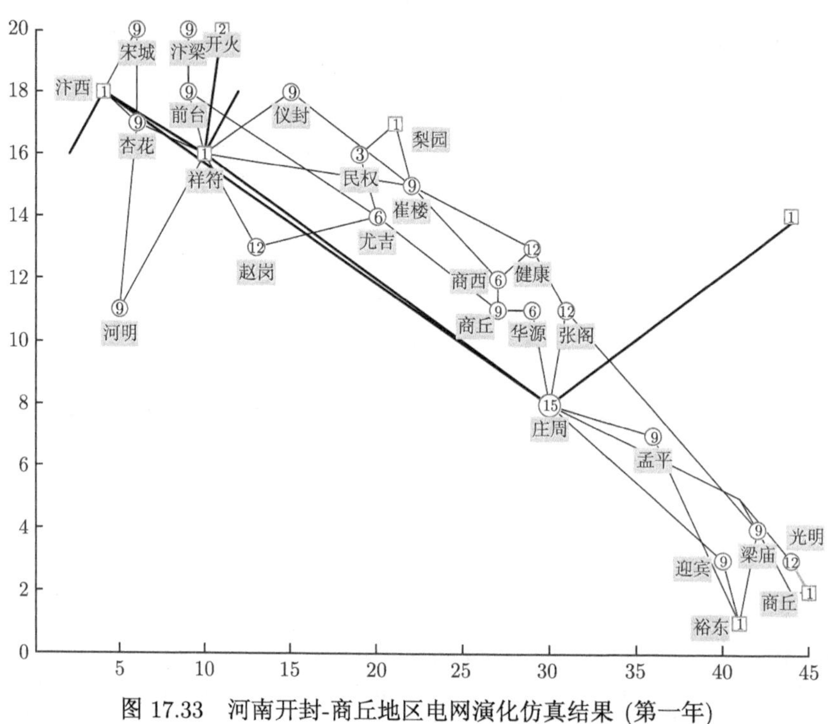

图 17.33 河南开封-商丘地区电网演化仿真结果 (第一年)

根据第一年三方操控者支付结果，并基于照顾获得收益最低者原则，计算得到第二年 (Year = 2) 选择负荷用户策略 (Mani = 3) 作为电网演化升级的策略. 进一步做一年后负荷预测，并将负荷预测结果与现有系统装机容量、输电能力比照，若系统备用不足，则触发系统升级. 据此判断本年度应在坐标 (5,14) 处有新建火电厂，并配置 500kV 升压变，该升压变连接至坐标 (30,8) 位置处“庄周”变电站. 同时，庄周变电站扩容至 18 台变压器. 至此，第二年博弈过程结束，博弈结果如图 17.34 所示. 计算该轮演化博弈三方操控者支付分别为

$$u_{\mathrm{I}} = 0.692, \quad u_{\mathrm{II}} = 0.423, \quad u_{\mathrm{III}} = 0.810$$

此后第 3~14 年演化的具体过程在此不再赘述. 到第 15 年，由第 14 年电网演化博弈中三方支付分配情况确定第 15 年电网演化采取负荷用户策略，即安全性优化升级策略. 最终电网演化结果如图 17.35 所示，从该图可以看出，至 15 年末演化结束，算例电网中共新建发电机组 5 台，变压器 31 台.

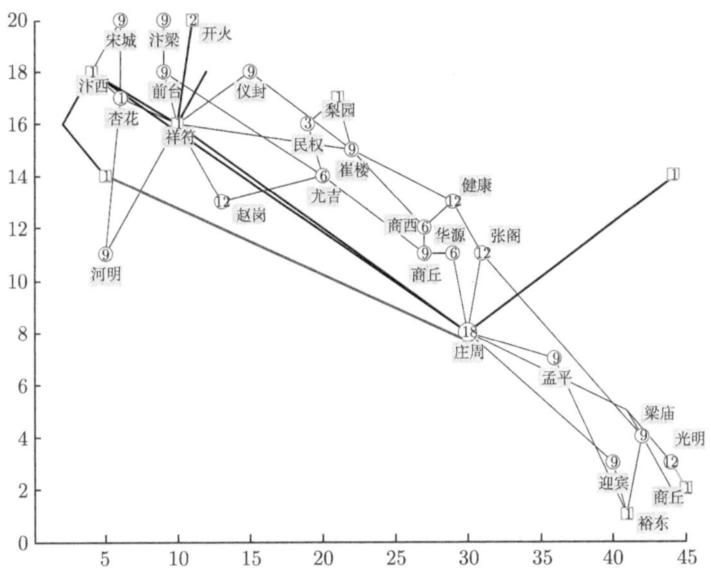

图 17.34 河南开封-商丘地区电网演化仿真结果 (第二年)

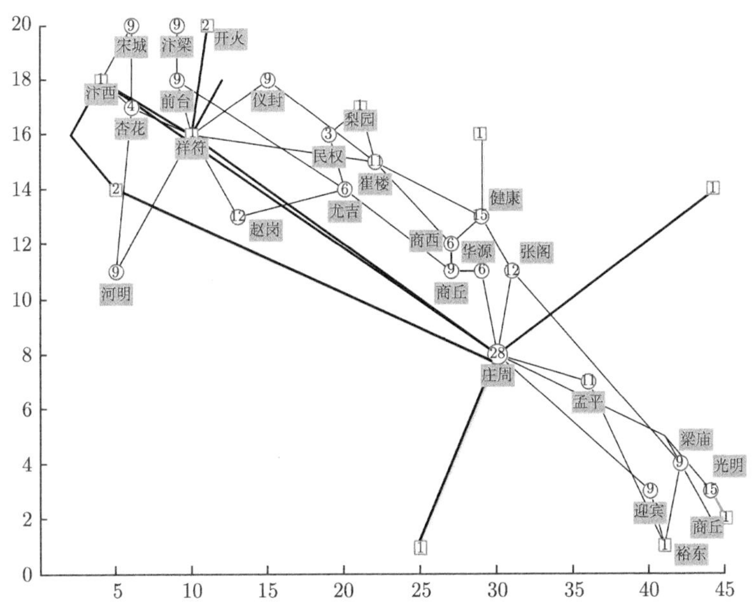

图 17.35 河南开封-商丘地区电网演化仿真结果 (第 15 年)

操控者收益的变化趋势如图 17.36 所示. 由该图可知，分别代表节能性策略、经济性策略和安全性策略的三方博弈操控者——能源监管部门、电网公司和负荷用户，经过一段时间的博弈，其收益逐渐稳定在区间 [0.7, 0.8] 内，表明该博弈将达到一个演化稳定均衡.

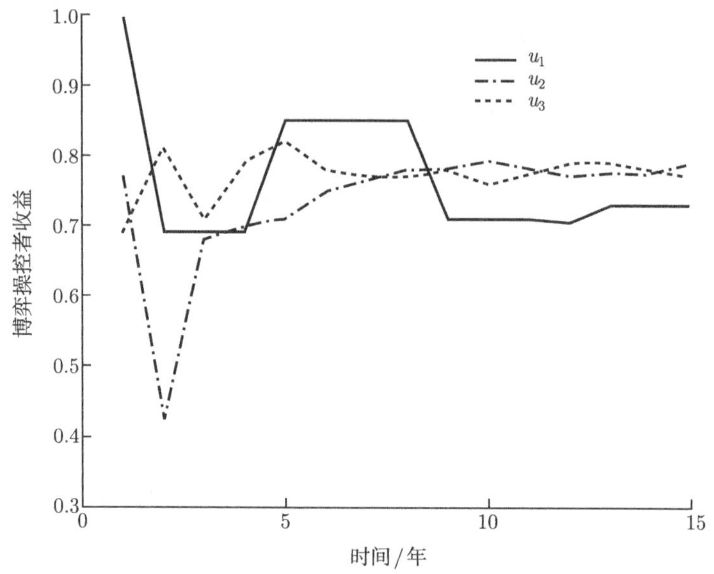

图 17.36　博弈操控者收益的变化趋势

17.5　说明与讨论

本章致力于探究电力网络的时空演化规律，厘清其建立连接的方式和意图，包括形成互联网络的前提条件及驱动因素、网络生长法则，从而深入地认识电力网络的发展演化规律，为未来电网的发展提供有力的科学依据. 本章借助演化博弈论这一先进工具，逐步建立并完善电网演化模型，进一步利用该演化模型，研究和揭示电网演化机制，求取电网演化的均衡策略. 本章主要完成了三项研究工作.

(1) 从物理层面出发，紧扣电能供给、控制能力和负荷需求三个电网生长演化的驱动因素，分析归纳电网演化生长需要满足的物理规律和技术条件，提出电网演化生长模型，利用所提模型复现了我国三代电网演化生长过程，从而验证了三代电网理论的正确性，从复杂网络角度为“三代电网理论”提供了数学依据. 该模型用于工程实践，不仅对复杂大电网安全性的研究具有深远意义，有利于提高我国电网的安全性和可靠性，减少大面积停电给社会带来的灾难性损失，而且能够大幅度提升我国电网规划的统一优化及规划水平，有利于实现从第二代电网向第三代电网的过渡，为最终实现大型电源与分布式电源相结合、骨干电网与微电网结合的智能电网格局提供决策依据.

(2) 基于电网演化模型，考虑大电网安全性对电网演化的影响，以电网演化模型为外层慢动态循环层，内层增设模拟连锁故障作为快动态循环层，提出一种计及

SOC 特性的电网演化模型. 利用该模型能够模拟系统在较长时间尺度上的演化过程，分析不同升级触发阈值对电网连锁故障的影响机制. 此外该模型可将负荷预测结果、能源分布等作为模型的输入数据代入进行仿真计算，故其仿真结果将对现实电网更具针对性和说明性. 总之该模型将有助于进一步了解大规模停电传播过程及机制，探究电网的 SOC 特性对其演化的影响，对未来电网规划、建设及大停电事故的整体预防有一定指导意义.

(3) 借助网络演化博弈论这一先进工具，将工程上电网演化寻求多目标最优的问题转化为寻求演化稳定均衡策略的问题. 基于网络拓扑概念，将电网拓扑中的节点和边按照各自所归属的利益群体进行划分，以能源监管部门、电网公司和负荷用户为电网演化博弈的参与者 (操控者)，建立电网演化的操控者博弈模型及求解电网演化稳定均衡的方法，从而为科学合理地开展电网规划、实现安全可靠和经济环保的电力系统的运营提供决策依据.

需要说明的是，本章所完成的工作只是采用演化博弈方法研究电网发展演化问题而开展的一些探索性工作，其中电网演化生长模型仅仅给出了广义的复制者动态，而驱动电网演化的三大因素——负荷需求、能量供给和控制能力，作为博弈决策主体或参与者的地位并未明确确立，随后的三代电网演化生长模型清晰地说明了此项不足. 至于考虑大电网安全的电网演化模型，本质上属于电力系统自组织临界模型的慢动态范畴，只能说是借鉴讨价还价博弈理论构建了一类电力系统慢动态模拟过程. 而 17.4 节提出的电网演化操控者博弈模型，虽然明确了参与者、收益函数及博弈规则，但所求出的所谓演化稳定均衡策略并不完全等同于 Maynard Smith 的 ESS，尽管前者有一定物理意义.

回到前言中对本章工作的说明，这里我们具体指出了所做工作的不足. 我们深信演化博弈对电力科学乃至一般工程科学而言不仅是一个全新的理论，还是一个极具实用前景的有力工具. 我们期待更多的专家学者，特别是青年学子加入工程演化博弈研究以努力发展这一新兴领域.

参 考 文 献

[1] 梅生伟，薛安成，张雪敏. 电力系统自组织临界特性与大电网安全. 北京: 清华大学出版社, 2009.

[2] 卢明富，梅生伟. 小世界电网生长演化模型及其潮流特性分析. 电工电能新技术, 2010, 29(1):25–29.

[3] 王光增，曹一家，包哲静，等. 一种新型电力网络局域世界演化模型. 物理学报, 2009, 58(6):3597–3602.

[4] 曹一家，王光增，包哲静，等. 一种复杂电力网络的时空演化模型. 电力自动化设备, 2009, 29(1):1–5.

[5] 龚媛. 电网演化模型及机理研究. 北京: 清华大学博士学位论文, 2015.
[6] 梅生伟，龚媛，刘锋. 三代电网演化模型及特性分析. 中国电机工程学报, 2014, 34(7):1003–1012.
[7] 龚媛，梅生伟，张雪敏，等. 考虑电力系统规划的OPA模型及自组织临界特性分析. 电网技术, 2014, 38(8):2021–2028.
[8] 汪小帆，李翔，陈关荣. 复杂网络理论及其应用. 北京: 清华大学出版社, 2006.
[9] 程浩忠，张焰. 电力网络规划的方法与应用. 上海: 上海科学技术出版社, 2002.
[10] 周孝信，陈树勇，鲁宗相. 电网和电网技术发展的回顾与展望——试论三代电网. 中国电机工程学报, 2013, 33(22):1–11.
[11] 梅生伟，王莹莹. 输电网-配电网-微电网三级电网规划的若干基础问题. 电力科学与技术学报, 2009, 24(4):3–11.
[12] Mei S，Zhang X，Cao M. Power Grid Complexity. Berlin: Springer Science & Business Media, 2011.
[13] 王成山. 微电网分析与仿真理论. 北京: 科学出版社, 2013.
[14] 薛禹胜. 综合防御由偶然故障演化为电力灾难——北美“814”大停电的警示. 电力系统自动化, 2003, 27(18):1–5.
[15] 李春艳，孙元章，陈向宜，等. 西欧“11.4”大停电事故的初步分析及防止我国大面积停电事故的措施. 电网技术, 2006, 30(24):16–21.
[16] 曾鸣，李娜，刘晓立. 印度大停电对我国电力工业的启示. 华东电力, 2012, 40(8):1273–1276.
[17] Dobson I，Carreras B A，Lynch V E. An initial model for complex dynamics in electric power system blackouts//Proceedings of the 34th Annual Hawaii International Conference on System Sciences, 2011, 710–718.
[18] 梅生伟，何飞，张雪敏，等. 一种改进的 OPA 模型及大停电风险评估. 电力系统自动化, 2008, 32(13):1–5.
[19] 曹一家，王光增，韩祯祥，等. 考虑电网拓扑演化的连锁故障模型. 电力系统自动化, 2009, 33(9):5–10.
[20] Qi J，Dobson I，Mei S. Towards estimating the statistics of simulated cascades of outages with branching processes. IEEE Transactions on Power Systems, 2013, 28(3):3410–3419.
[21] 亓俊健. 互联电网连锁故障模型及机理研究. 北京：清华大学博士学位论文，2013.
[22] 胡学浩. 智能电网——未来电网的发展态势. 电网技术, 2009, 33(14):1–5.
[23] Mei S，Ni Y，Wang G，et al. A study of self-organized criticality of power system under cascading failures based on ACOPF with voltage stability margin. IEEE Transactions on Power Systems, 2008, 23(4):1716–1729.
[24] 何大韧，刘宗华，汪秉宏. 复杂系统与复杂网络. 北京: 高等教育出版社, 2009.

索　引